U0343182

·湖北省学术著作出版专项资金资助项目·
水电科技前沿研究丛书 丛书主编 周建中 张勇传

湖泊水环境多维演化过程模拟与优化调控研究

周建中◎著

華中科技大學出版社
http://www.hustp.com
中国·武汉

内 容 简 介

本书以多学科综合交叉研究为手段，采用理论研究、建模仿真与工程应用验证相结合的技术路线，运用水文学、水资源、运筹学、系统科学、环境与生态学和经济学原理与方法，同时借鉴和发展复杂性科学理论在其他领域中的研究成果，以生态修复与保护背景下湖泊生态水网调度为主线，全方位揭示了生态友好环境下湖泊水网系统在社会经济发展过程中的演化规律，发展湖泊群水质水量优化调度的理论与方法体系，突破湖泊群生态水网调度所面临的关键理论与技术瓶颈，预期实现符合生态安全、满足社会经济综合效益最优的湖泊水资源开发与保护。

本书可作为湖泊科学、环境科学、水资源、水环境等相关专业院校的本科生和研究生学习用书，也可以作为相关学科的科研工作者或从事湖泊环境工作的管理者和风险评估者等的参考资料。

图书在版编目(CIP)数据

湖泊水环境多维演化过程模拟与优化调控研究/周建中著. —武汉：华中科技大学出版社，2022.1
(水电科技前沿研究丛书)
ISBN 978-7-5680-7677-7

Ⅰ.①湖… Ⅱ.①周… Ⅲ.①湖泊-水环境-环境综合整治-研究-湖北 Ⅳ.①X524

中国版本图书馆 CIP 数据核字(2022)第 016899 号

湖泊水环境多维演化过程模拟与优化调控研究
Hupo Shui Huanjing Duowei Yanhua Guocheng Moni yu Youhua Tiaokong Yanjiu
周建中 著

策划编辑：王汉江 姜新祺
责任编辑：王汉江
封面设计：原色设计
责任校对：曾 婷
责任监印：周治超
出版发行：华中科技大学出版社(中国·武汉) 电话：(027)81321913
武汉市东湖新技术开发区华工科技园 邮编：430223
录 排：武汉市洪山区佳年华文印部
印 刷：湖北恒泰印务有限公司
开 本：710mm×1000mm 1/16
印 张：28.75 插页：2
字 数：608 千字
版 次：2022 年 1 月第 1 版第 1 次印刷
定 价：168.00 元

序

“山水林田湖草是生命共同体”的论述深入人心，生态环境保护在我国受到了高度重视。湖泊作为地球水圈的关键组成单元，是人类赖以生存和可持续发展的自然依托。近年来，随着全球气候变化和人类活动的加剧，湖泊的生存与可持续发展均面临着严重威胁。目前，我国大量湖泊出现一系列生态环境恶化现象，富营养化的问题普遍突出。因此，政府逐步加大了湖泊污染治理力度。河湖水系连通作为解决湖泊水环境污染问题的重要途径，正受到前所未有的重视。2011 年，中共中央、国务院在《关于加快水利改革发展的决定》中，明确将河湖连通作为“加强水资源配置工程建设”一项措施进行说明，强调“完善优化水资源战略配置格局，在保护生态前提下，尽快建设一批骨干水源工程和河湖水系连通工程，提高水资源调控水平和供水保障能力”。

河湖连通背景下湖泊水网水质水量联合优化调控是水资源学科的重点研究方向之一。在其发展历程中，为满足不断提升的社会和工程需求，新的学科增长点不断涌现。周建中教授所著的该书，正是在此背景下顺应时代需要、引领学科发展的一本好书。全书系统介绍了作者历经数年来在大东湖生态水网水质水量调度分析理论与方法上的众多研究成果。

该书以多学科综合交叉研究为手段，采用理论研究、建模仿真与工程应用验证相结合的技术路线，运用水文学、水资源、运筹学、系统科学、环境与生态学和经济学原理与方法，同时借鉴和发展了复杂性科学理论在该领域中的应用，是一本集大成之佳作。在内容上，该书以生态修复与保护背景下大东湖生态水网调度为主线，全方位地揭示了生态友好环境下大东湖水网系统在社会经济发展过程中的演化规律，发展了湖泊群水质水量优化调度的理论与方法体系，突破了面向生态调控的湖泊群生态水网调度所面临的关键理论与技术瓶颈，运用很多非常精彩的技术手段巧妙解决了现实存在的众多技术难题。全书理论与实际相结合，逻辑严谨、内容丰富、由浅入深，既可作为相关行业专家的拜读经典，同时也是从事水资源、水环境和相关科学研究的工作者的一本难得的参考书。

周建中教授治学严谨，学术水平高，且勇于创新，善于思考和解决行业内的科学、技术难题。他所著的这一专著，相信将对解决我国当前所面临的水资源、水环境问题产生较大的推动作用。

中国工程院院士 张勇传

2021 年 9 月

前　言

作为地球上的璀璨明珠，湖泊在人类社会中占有极其重要的位置。在自然和人类活动的综合影响下，湖泊的水文过程和生态系统结构均发生深刻变化。我国是一个湖泊众多的国家，城市湖泊作为重要的取水水源地和备用水源地，其生态健康与安全是21世纪我国城市经济社会发展的重要保障。

在气候变化和人类活动的综合影响下，城市湖泊的水文过程和生态系统结构均发生着深刻变化。江湖连通的阻隔、富营养化状态的呈现和生态环境的破坏，导致了城市湖泊需要水环境污染的全面治理。对于沿江湖泊的治理而言，利用其地理位置特点修建引水、调水和水网连通工程，以恢复湖泊原有的通江特性并建立湖泊之间的水力联系，达到改善水环境的目的，是一条日益受到国家重视的解决环境污染问题的重要途径。为减小实施江湖连通工程的风险性，必须加强湖泊水网水质水量调度研究，为国家大规模开展湖泊治理和实施江湖连通工程进行技术储备。

“大东湖”水系作为长江中游最大的城市湖泊水系，具有重要的水资源配置作用，是武汉市水资源的重要组成部分。以东湖为中心，“大东湖”水系主要由东沙湖和北湖水系组成，构建了由江、湖、港、渠等构成的庞大水网，形成了江湖相济、湖湖相通的特有格局，是具有深厚历史积淀和独特水文景观的生态水网湿地群，发挥了强大的调蓄洪水、生态涵养、调节气候等多种环境功能及战略应急水源地等经济社会功能。

在湖泊水网连通空间背景场和边界条件下，如何实现湖泊群的多维水质水量调控，迫切需要从新的理论、模型、方法和技术上开展深入系统的专门研究。因此，探索自然和人文因素双重驱动下的湖泊水生态系统演变过程与格局，提出多重约束条件下湖泊水网复杂时空背景场特征分析及建模方法，研究基于分布式水动力学的连通湖泊污染物迁移与水质时空演变及其湖流耦合模型，揭示湖泊水生态系统内大气、水体、沉积物三相界面之间的相互作用规律，建立满足水环境改善和生态安全的湖泊水网水质水量多目标联合优化调控体系，是一项重要而迫切的研究命题。因此，本书以城市湖泊连通工程水网调度为切入点，以生态友好环境下湖泊水网水质时空演化规律分析为要素，系统地研究了湖泊水网水质水量多维调控的先进理论与方法，有效解决了面向生态修复与保护的湖泊水系连通工程优化运行和管理所面临的主要科学问题及关键技术难题。

本书主要研究内容和创新成果如下：充分考虑流域下垫面空间分布的异质性和不同水文单元间的水平联系，利用严格的数学物理方程表述各栅格单元水文循环的子过程，建立了能够反映流域气候条件和下垫面时空变异规律的分布式水文模型；综合考虑多种动力因子对湖流波动的影响，建立了大东湖水系分布式流场模型，计算研究湖泊流场的时空分布，揭示了湖泊群不同区域的流场特征及其内在的水动力学驱动机理；针对大东湖水系水质指标众多、水文环境复杂、调度方案多样等问题，分析了大东湖水系水体污染物在不同气候条件和流场条件下的时空变化规律及各污染物的自身变化规律，建立了大东湖水系多维预测模型，解析了大东湖水系水质时空演化的驱动因素及其过程机制；分析了不同调水方案下污染物的时空分布规律、迁移状态及水体置换速度，确定了面向湖泊群水质改善的大东湖生态水网调度策略，提出了复杂约束条件下大东湖生态水网水质水量联合优化调度决策模型和方案措施；研究了面向湖泊群生态水网调度的多属性决策优选方法，提出了基于模糊聚类迭代的水质改善程度多级评判方法和基于投影寻踪先进理论的水质改善程度关联性评价模型，解析了调度方案集与实际水质改善效果的耦合关系，解决了大东湖生态水网调度的复杂优化决策问题；提出了基于 WPF 的开放式交互系统松耦合持续集成方法，开发了基于 WebGIS 和可视化技术的大东湖水网优化调度决策支持系统。

本书的研究工作得到了水利部公益性行业科研专项“大东湖水网调度关键技术研究及应用(201001080)”的资助，主要内容为周建中教授的研究成果，部分章节由课题组内相关研究生和青年教师协助周建中教授完成。本书在研究和写作过程中，得到了水利部中国科学院水工程生态研究所和清华大学相关研究课题组成员的大力支持和帮助。

由于江湖连通背景下湖泊水网水质水量调度问题本身存在复杂性，且影响因素众多，许多理论与方法尚处于研究探索之中，加之作者水平有限，书中不当之处在所难免，敬请读者批评指正。

作　者
2021 年 9 月

目　　录

第1章　绪　　论

湖泊是人类可以直接利用的重要淡水资源，也是人类赖以生存的栖息之地。对于城市来讲，湖泊水系代表鲜活的城市生态和文化灵魂，好的湖泊环境是一张好的城市名片，优质的环境效益可为城市带来巨大的社会效益和经济效益。随着我国人口的快速增长和经济的飞速发展，城市对湖泊各种资源的需求和开发利用日趋加强，但是在开发利用的同时，却普遍忽视了湖泊环境的保护问题，片面强调和追求短期的经济效益，不顾长期的环境和生态效益，不可避免地引发了一系列环境问题，例如城市湖泊的污染加剧，水质下降，面积缩小，水体交换速率变慢，淤积加快，造成水体自净能力变差，水体功能退化，水环境问题日趋严重，在很大程度上制约了城市的可持续发展。如果这些问题得不到及时的处理和解决，不仅影响湖泊资源的进一步开发利用，而且会影响到湖区经济发展、人民的安居乐业甚至整个社会的可持续发展。因此，城市湖泊的治理迫在眉睫。

然而，近年来，以资源过度消耗为支撑的社会经济高速发展，给湖泊水环境带来了前所未有的压力，使湖泊自身的环境状况发生了巨大的变化。传统的"先污染再治理、边治理边污染"的策略，无法从根本上扭转其污染日益恶化的趋势，水质好转的目标也未能实现。当前，我国正处在推进资源节约型、环境友好型社会建设的新时期，社会对水环境治理的需求发生了较大变化，必须抛弃不适应社会发展的治理思路[1]。在这一新的时代背景下，武汉市在大东湖地区开展了大东湖生态水网构建工程[2]，以期通过污染控制、水网连通和生态环境修复等措施，实现大东湖地区水生态环境的综合治理，促进区域内的经济结构调整，探索符合时代发展趋势的城市内湖污染控制、治理及恢复的新思路与新途径，为我国长江中下游平原湖区的水环境治理、水生态恢复提供借鉴与示范。

1.1　湖泊水环境现状

湖泊作为陆地水资源的重要载体，是地球水圈的关键组成单元，是人类赖以生存和可持续发展的自然依托，但目前我国湖泊却遭受着各种各样的水环境问题，其中湖泊水资源萎缩、水污染和富营养化对我国经济发展的瓶颈作用日益突显，而富营养化导致的蓝藻水华暴发，更是危及到了我国部分地区的饮用水安全，几乎引发社会危机。《2011 年中国水资源公报》显示，全国 103 个主要湖泊中有 71 个处于富营养化状态。防治湖泊富营养化和藻类水华已经成为资源、环境、生态领域亟须解决的关键科学技术问题，对于促进生态文明建设，打造天蓝、地绿、水美的“美丽中国”和实现“中国梦”具有积极意义。

湖泊水环境模拟、调控及治理是一个综合自然环境和社会经济系统的复杂系统工程，涉及的因素多，总体性和综合性强，国内外在湖泊治理与生态修复、湖泊水动力过程与水环境模拟、水质水量联合优化调控等有关方面开展了较多研究工作[3-5]。

1.1.1 湖泊治理与生态修复

发达国家在湖泊治理方面强调立法和水资源保护。美国制定和修正了《联邦水污染控制法》，对水体功能进行了划分，制定水质标准、国家排放限制准则与标准，以及执行标准，重视对污染控制和环境科研的投入，强调从整体上解决环境问题，编制与经济环境相适应的环境规划[6]。芬兰湖泊众多，政府采取多方面措施予以保护，在立法方面，各级水资源管理和环保部门依法对严重污染水源和空气的企业进行监督，对污染环境的企业甚至可采取强制措施。在城市水源保护方面，芬兰利用先进的废水处理技术和设备，建设高效的污水处理厂，定期检查和维修供水系统和下水管道[7]。日本在各级环境管理机构中建立审议和咨询制度，由专家和不同利益团体代表组成审议和咨询机构，以保证环境决策科学与民主；制定了扶持建设“零排放工业区”政策，鼓励和资助企业及地方政府努力实现资源能源循环利用[8]。荷兰湖库水网排水体系比较完善，围堤、河渠、湖网、泵站等综合管理先进，利用风能作为水网调度和排水的主要能源，其湖网系统的设计不仅考虑调水和排水，还考虑风能不足时的蓄水特征，系统地在优化设计方面进行了研究，例如泵站和蓄水的优化配置。

国内有关湖泊水网的研究中，较为重视对模型和生态修复的研究，区域上以对太湖的研究较多，包括三维风生流数值模型[9]、物质输移扩散三维数值模型[10]、营养组分传输迁移的物理机制和生态过程的发展机理[11]等。在过去几年里，包括清华大学、北京大学、华中科技大学、武汉大学、河海大学、中国水利水电科学研究院、南京水利科学研究院、长江科学研究院等国内著名高校和研究单位在内的水资源生态保护研究机构主要围绕湖泊生态恢复和长效管理开展了大量的理论研究和技术实践，涉及水力学数值计算模型和方法[12]、湖泊水环境容量计算[13]、生态友好环境下的水质水量调度理论与运用[14]、水环境综合评价分析及预测[15]等方向的研究工作，并取得了若干研究结论与成果。

随着城市经济快速发展和水资源过度开发利用，生态环境遭受了重大破坏，而通过水力生态调度等相关措施，修复湖泊原有的水动力对于湖泊水生态环境的改善和恢复有着显著的意义，是湖泊水环境治理的重要发展趋势。从当前国内外湖泊环境的研究来看，研究工作主要集中在湖泊水环境的治理方法、建立湖泊水动力学模型等，而以水力调度为主的连通湖泊水网水环境综合治理的研究尚不多见。

1.1.2 湖泊水动力过程与水环境模拟

近年来，国内外对各类水域（河流、湖泊、海洋、水库、河口）的水动力过程及水质变化机理开展了富有成效的研究，出现了一大批考虑因素全面、功能完善的环境水动力与水质耦合模型和计算软件。其中，最富代表性的有美国国家环境保护局（USEPA）支持开发的 EFDC（Environmental Fluid Dynamics Code）模型[16-22]、荷兰 Delft 水力学实验室开发的 Delft3D 模型软件[23-28]、丹麦水资源与环境研究所 DHI（Danish Hydraulic Institute）开发的 Mike 系列软件[29-31]、里斯本科技大学海洋与环境科技研究中心 MARETEC（Marine and Environmental Technology Research Center）开发的 MOHID[32-36]软件等。这四种模型虽然并非完全针对湖泊所开发，但经过几十年的发展完善，普遍具备较强的适应能力和水环境综合模拟能力，完全能胜任湖泊水环境数值的模拟。此外，它们都提供了友好的人机交互界面，方便研究人员和工程技术人员使用。这些模型的发展从一个侧面反映了环境水动力与水质模型的发展进程和今后的发展趋势。

国内关于湖泊水动力与水质的数值模拟研究起步较晚，不过，经过了近几十年的不断发展，也取得了一定成就，理论和应用逐渐成熟。河海大学王惠中从风作用下湖泊水流运动的基本特性出发，在韩国其等[37]构建的准三维风生环流模型的基础上，充分考虑了垂向涡粘系数沿深度方向的变化，对其计算模式进行了改进，建立三维水质模型对太湖主要污染指标进行了模拟和分析，并提出了若干太湖流域水污染防治的对策和建议[38]。上海市科委组织的苏州河综合整治工程，通过 WASP 模型建立了主要用于研究点源污染问题的一维感潮河网水动力水质模型，并开发了基于该模型和 GIS（地理信息系统）技术的水环境综合整治决策支持系统[39]。郭磊等建立水动力、水体及底泥污染物运移数值模型，采用有限体积和有限差分相结合的方法，对北大港水库的氯离子浓度进行动态模拟，从而揭示了北大港水库各种运行方式下流场及水质变化的规律[40]。赵琰鑫等采用有限控制体积法将一维河网水质模型和二维湖泊水质模型进行耦合联用，建立了适合于太湖流域的湖泊河网耦合水动力水质模型[41]。余成等应用 MIKE21 软件建立了水动力学模型和对流扩散模型，对四种引水工况条件下的武汉东湖水质变化进行了数值模拟[42]。

1.1.3 湖泊水网水质水量联合优化调控

围绕水资源的配置、节约和保护等问题，基于湖泊及其流域的水资源开发利用，国内外学者提出了引江济湖、水体置换和生态修复等湖泊综合治理方法。该方法在江河水量充沛、城市密集地区得到有效的实施，如太湖流域引江济太调水[43]试验工程的实施，提高了太湖流域水环境的承载能力，在一定程度上改善了太湖的水质及水环境。

目前对于湖泊水网水质水量的调配研究侧重于利用水动力学模型模拟湖网地区的水体置换及水环境演变过程。国内学者主要针对湖网地区水质水量模拟方法的基本理论、发展过程及其工程应用状况，提出了适用于湖网地区的点、面源污染扩散模型[44]，建立适合于湖网地形的水动力学模型[45]，在模型边界控制条件、模拟精度、稳定性收敛和对复杂地形的适用性方面都取得一定进展。

对于水量水质的调配模拟研究集中在平原湖网地区，侧重于利用水动力学数模模拟湖网地区的水量和水环境演变计算分析[46-50]。湖网水量模型研究相对完善成熟，但湖网的水质模型仍处于发展阶段。徐贵泉等[51-53]根据湖网地区水量水质变化的相互关系和水体处于好氧、缺氧、厌氧状态的复杂条件，研制出适应性较强的湖网水量水质统一模型，并通过系统分解和综合分析、野外实测和室内模拟试验相结合的方法确定了模型参数，提出了调水改善水环境的措施，开创了我国利用水利工程改善水环境调水的先例。过去 20 年间，基于湖网水量水质模拟计算，指导水环境改善试验和水环境容量调配取得了广泛应用[54-56]。针对湖网地区主要水量水质模拟方法的基本理论、发展过程及其在生产实践中应用状况，韩龙喜等[57]分析了水流水质模型的优缺点，提出了改进数值模拟计算的设想，特别是提出根据陆域特征研究适用于湖网地区的面污染负荷模型，以及节点扩散质输移特征的精细模拟方法，有利于提高计算的实用性。曾凡棠等[58]建立了适合复杂湖网地形的一、二、三维系列模型，较好地实现了不同维数模型之间的联系，在模型边界控制条件、模拟精度、稳定性收敛和对复杂地形的适用性方面都取得了显著改进。

然而，湖泊水网系统是一个复杂的大系统，受到多种自然条件和经济发展的制约，有关水量水质的综合调度理论和技术研究方面尚存在大量关键性技术问题，亟须开展相关研究。特别是我国湖泊普遍存在水污染严重、水生环境退化及泥沙沉积等问题，在这种情况下利用水利工程进行引水调配，充分利用流域或区域外部水环境容量开展湖泊水质和生态环境改善的水网调度，达到改善水环境并且实现水生境均衡，是一种有效的技术途径。目前，我国在洪水调度、水电调度等研究与应用方面取得了丰硕的成果，处于国际领先水平，在调度综合评价上也开展了大量研究，因此进行湖泊水网调度具有一定的基础。但是，目前国内还没有规范化的湖泊水网调度技术标准，鲜有湖泊水网水质水量多目标联合优化调度方面的研究。

1.2 武汉大东湖水系概况

武汉市地处江汉平原东部，位于长江与汉江交汇之处（见图 1-1）。市内湖泊众多，素有“江城”和“百湖之市”的美誉，其中东湖作为我国最大的城中浅水湖泊，为城市的发展和城区人民的生活提供了重要的空间环境和资源支持。东湖在历史时期与长江天然联系，水体生态环境较好，随后由于人类社会经济的发展和人工水利设施的兴建，东湖与长江及其他湖泊之间的天然联系被逐渐割裂，湖体水动力条件非常不利于水体自净。同时，由于周边污染物的无序排放，导致东湖水体水质一度恶化，富营养化严重。为适应新时代背景下的水环境需求，武汉市开展了以东湖为中心的大东湖生态水网构建工程，以期通过污染控制、水网连通和生态环境修复等措施，实现大东湖地区水生态环境的综合治理。

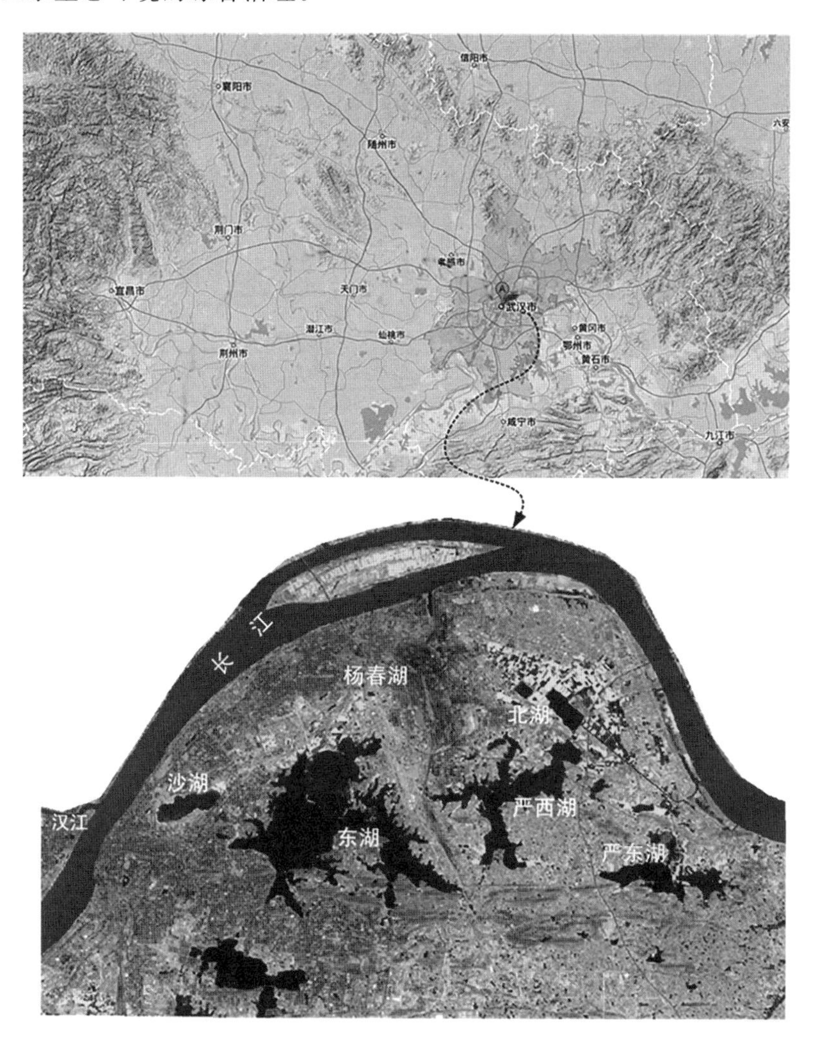

图 1-1 武汉大东湖水系地理位置

大东湖水系位于武汉市中部，长江以南，龟蛇山系以北，其西、北、东三面临长江。大东湖区域内国土面积为 436 km^2，湖泊汇水面积为 376 km^2。

图 1-2(a)显示了武汉大东湖水系格局，该水系包括东湖、沙湖、杨春湖、严西湖、严东湖、北湖等 6 个主要湖泊，区间还有竹子湖、青潭湖等小型湖泊，最高水位时水面面积达 60.12 km^2。东湖和沙湖又被合称为东沙湖水系(见图 1-2(b))，其余湖泊又

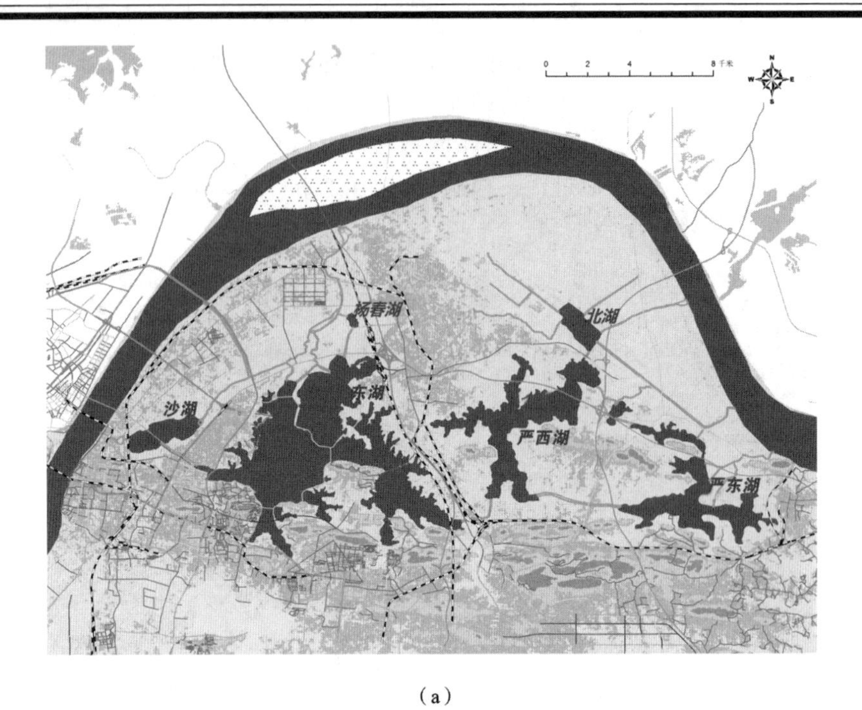

(a)

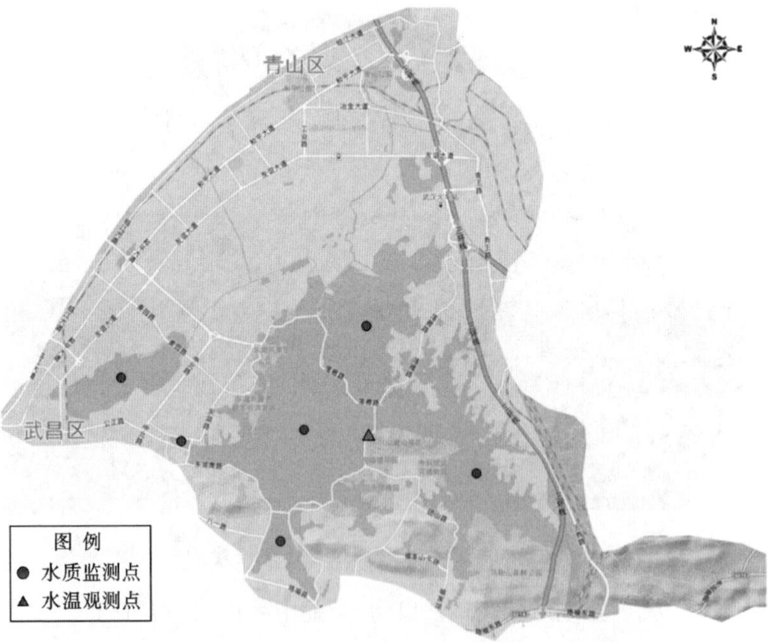

青山区
武昌区
图例
● 水质监测点
▲ 水温观测点

(b)

图 1-2 大东湖水系

(a) 大东湖水系格局;(b) 大东湖-东沙湖水系流域边界

被称为北湖水系。历史上，大东湖水系中的东湖与长江相通，其余各湖泊之间也有水力联系，区内主要港渠有14条，其中东湖港、沙湖港、北湖大港是由历史上的通江河流渠化而成，为各片区的汇水渠和外排通道，其他港渠多为人工排水渠道，共同构成一个江湖连通的复合湖泊水系。图1-3显示了大东湖水系区域的数字高程地形，总体来看，该区域呈现出西高东低的态势。

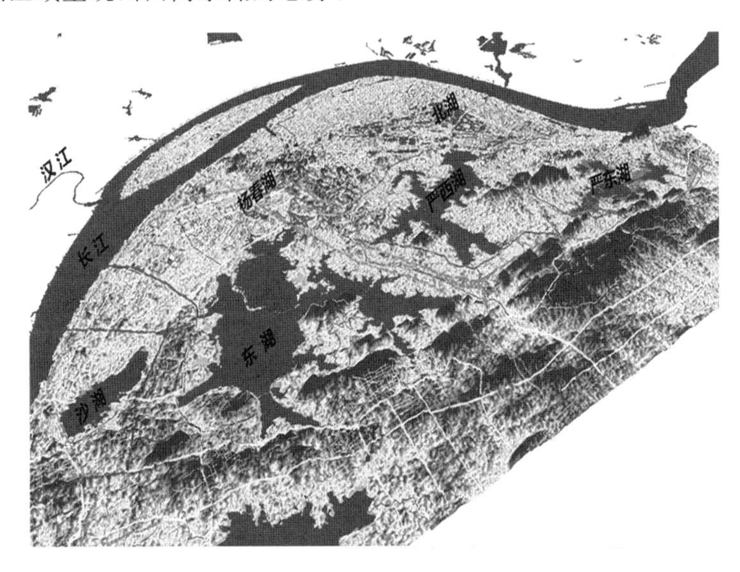

图1-3 大东湖地区数字高程地形

表1-1给出了大东湖水系中6个主要湖泊的特性(表中水域面积与容积数据对应湖泊的正常水位)，以下简要介绍其自然地理特征。

表1-1 大东湖水系湖泊特性

湖泊特性	东沙湖水系			北湖水系		
	东湖	杨春湖	沙湖	严东湖	严西湖	北湖
集水面积/km^2	128	4	23.2	34.22	69.3	75.2
岸线长度/km	138.25	3.71	8.63	35.07	86	6.88
平均水深/m	2.2	1.5	1.5	3.3	2.5	2.0
最高水位/m	19.65	19.65	19.65	18.85	19.55	19.55
正常水位/m	19.15	19.15	19.15	17.65	18.4	18.4
水位变幅/m	0.5	0.5	0.5	1.25	1.15	1.15
水域面积/km^2	33.002	0.205	2.822	7.527	10.78	1.817
容积/(10^4 m^3)	5699.9	20.9	260	421	2282	332
水力停留时间/a	0.44	—	—	—	—	—

注：图中“—”表示该数据未知。

1. 东湖

东湖北临长江、西部深入人口稠密的武昌主城区、南接东湖新技术开发区、东连磨山风景区，全湖集水面积约为 128 km^2。东湖碧波千顷，水天一色，以浩渺的湖水、曲折的港湾和山水相依的地貌饮誉海内外。东湖还是武汉市淡水鱼的重要生产基地。由于发展旅游、水产养殖等原因，自 20 世纪 60 年代后期开始，东湖中开始修路筑堤，人为将东湖水域分割为若干子湖，包括水果湖、汤菱湖、郭郑湖、鹰窝湖（又名后湖）、团湖、牛巢湖、庙湖、喻家湖、筲箕湖等，并以郭郑湖为主体。目前只有水果湖还和郭郑湖水面连成一片，其余湖区仅留有桥洞、闸洞或涵洞相通。这种人为湖体分割现象直接导致东湖水流不畅、水团物质交换受阻，形成局部“死水”。东湖水位年内变幅不大，多年平均仅为 0.5 m。一般每年 3 月份以后湖面水位开始上升，5—8 月份为相对高水位期，9 月份以后水位下降，9 月至次年 3 月份为相对低水位期。东湖常年平均水深为 2.2 m，湖水停留时间约为 0.44 年。

2. 沙湖

沙湖位于武汉市武昌东北部。清末修筑的粤汉铁路穿湖而过，路西为小沙湖，又名内沙湖，现已近乎湮没；路东为大沙湖，又名外沙湖，即现在的沙湖。现有面积 2.822 km^2，是武汉市区内环线内唯一的大型湖泊。

3. 杨春湖

杨春湖位于武汉市洪山区杨春湖城市副中心东北区域，三环线西侧，友谊大道南侧，现控制水域面积为 0.205 km^2，岸线长度约 4 km。

4. 北湖

北湖东北临长江，集水面积为 75.2 km^2。非汛期湖水由北湖闸和武惠闸自流排入长江，汛期湖水由北湖泵站排入长江。北湖地区周边为武汉市最重要的钢铁工业区、重化工区，是周边工业企业重要的污水承载体。

5. 严西湖

严西湖位于武汉市洪山区东部，北距武钢 1.5 km，西距东湖风景区 3 km，水域面积为 10.78 km^2，湖岸线约 86 km，有 99 个湖汊，被 56 个山头环抱。该湖目前也是武汉市重要的淡水渔业生产基地。

6. 严东湖

严东湖位于武汉市城郊过渡带，东与葛店镇相邻，西至花山镇土桥村，是武汉市仅存的几个自然湖泊之一。由于养殖影响，该湖被分割为三个子湖，即北部的龙角湖、西侧的朱仓湖和东部的阳雀湖。

除上述湖泊外，大东湖水系还包括众多的港渠等人工设施，其中主要的港渠有 10 条。表 1-2 给出了大东湖水系内的主要港渠及其主要功能。

大东湖水系湖泊群历史上与长江相连，湖泊水位受制于长江水位涨落，具有明显的季节性变化。随着自然环境的变迁和人类活动的加剧，20 世纪 50 年代以来，以武汉大东湖为代表的长江中下游湖泊群发生了重大变化，具体表现为以下几个方面：

表1-2 大东湖水系主要港渠及其功能

水系	港渠名称	起止地点	主要功能
东沙湖水系	罗家港	沙湖港—罗家港闸	排水
	沙湖港	友谊大道—沙湖	排水
	东湖港	东湖—青山港	排水/引水
	青山港	青山港进水闸—落步咀闸	排水/引水
	新沟渠	东湖—沙湖港	排水
北湖水系	北湖渠	北湖—北湖闸	排水
	北湖大港	北湖—北湖泵站	排水
	红旗渠	严西湖—北湖	排水
	北严港	严东湖—北湖大港	排水
	武惠渠	严东湖—武惠闸	排水/引水

①大量的闸坝、围垦建设切断了江湖间天然的水文联系与生态联系，江湖复合的水生态环境系统在水文连通方面受到严重阻碍，致使湖泊自净能力降低、生物多样性下降[59]。目前，长江中下游地区除洞庭湖、鄱阳湖和石臼湖仍保持着与长江的天然联系外，其余湖泊均建有闸坝，成为受人为调节的封闭或半封闭水体；②湖区周边多为经济发达地区，工业、农业和城市生活污水排放强度大，已远远超过湖泊的自净能力，湖泊普遍呈现富营养化状态；③大量的湖岸忖砌、水产养殖等人类活动破坏了湖泊自然生态环境，减少了营养物质输出途径[60]。

一般而言，沿江湖泊的治理除开展全面的截污控污、底泥疏浚等工程措施外，还可利用其地理位置特点修建引水、调水和水网连通工程，以恢复湖泊原有的通江特性并建立湖泊之间的水力联系。利用连通水网向受污水体引入相对清洁的水体，从而稀释和置换受污染水体，以达到改善水环境的目的。河湖水系连通作为解决水环境污染问题的一条重要途径，正受到国家前所未有的重视。2009年10月27日，水利部陈雷部长在全国水利发展“十二五”规划编制工作会议上首次提出河湖水系连通，“要深入研究河湖水系连通和水量调配问题”。2010年，陈雷部长在全国水利规划计划工作会议上再次强调“河湖连通是提高水资源配置能力的重要途径”，要“构建引得进、蓄得住、排得出、可调控的河湖水网体系，根据丰枯变化调水引流，实现水量优化配置，提高供水的可靠性，增强防洪保安能力，改善生态环境”。2011年中央一号文件——《中共中央、国务院关于加快水利改革发展的决定》中，明确将河湖连通作为“加强水资源配置工程建设”的一项措施进行说明，强调“完善优化水资源战略配置格局，在保护生态前提下，尽快建设一批骨干水源工程和河湖水系连通工程，提高水资源调控水平和供水保障能力”。然而，国内外的以往经验表明，实施江湖连通工程具有很大的风险性。面对目前国际上缺乏可借鉴经验的问题，必须加强湖泊水网水质水量调度研究，为国家大规模开展湖泊治理和实施江湖连通工程进行技术储备。

大东湖水网生态系统是一个开放的复杂大系统，其水资源优化配置与管理不是孤立的，而是处在一定的自然环境、经济环境、社会环境之中。连通湖泊水生态系统与外部环境不断进行物质、能量和信息的交换，系统交织着各种物质流与信息流的映射关系，这些作用关系相互耦合极为复杂。在湖泊水网连通空间背景场和边界条件下，如何实现湖泊群的多维水质水量调控，迫切需要从新的理论、模型、方法和技术上开展深入系统的专门研究。

1.3 主要内容

近年来，江(河)湖连通作为人们降低湖泊富营养化水平、遏制蓝藻水华暴发的新途径，在长江中下游湖群中进行了大量尝试，包括已经实施的杭州西湖引水、南京玄武湖引水、引江济太工程，以及正在实施的引江济巢和武汉市“汉阳六湖连通工程”与“大东湖生态水网构建工程”。其中“大东湖生态水网构建工程”充分利用了大东湖(东湖、沙湖、严西湖、严东湖、北湖和杨春湖)紧邻长江的地理优势，将六个湖泊相连并与长江连通，以江水补给湖水，将“死水”变“活水”，恢复长江与湖泊之间的天然水力联系，形成江河湖港连为一体的大东湖生态水网。该工程不仅将大大拓展湖泊群的水系空间，也能为后续的生态修复工程创造良好的水环境条件，将长江自然优良的生态系统引入大东湖区的生态退化区，丰富生物多样性，构建生态功能完善稳定的城市湖泊生态湿地群。

目前，江(河)湖连通已被水利部确定为新时期的水利发展战略，“十二五”期间建设的一批河湖水系连通工程，增强了水资源调控能力，这是我国继实施“最严格的水资源管理措施”之后的又一重大举措。江(河)湖连通后，将形成一个包含天然河湖和人工渠系闸坝，且高度综合的“自然-人工”复合水系，具有多目标、多功能、多层次等特征，涉及资源、环境、社会、经济等多方面要素，以上特点决定了必须对其进行深入研究。当前我国的江(河)湖水系连通战略刚刚启动，相关的理论和技术研究尚处于探索阶段，江(河)湖连通已成为水环境科学一个新的学术视角和前沿领域。

江(河)湖连通研究中，确定最佳连通方式和评估连通产生的多方效应是两大首要与核心问题。对于通过引江(河)入湖改善湖泊水环境和修复湖泊水生态的江(河)湖连通工程，前者包括引水线路和引水规模的优选，这直接决定了工程的投资规模和环境效益，最佳连通方式即以最少的投资取得最好的环境效益，使投资效益比最大。后者包括江(河)湖关系变化引起的水动力、水环境和水生态效应。水动力效应是指湖泊流场的变化；水环境效应是指湖泊水质因子浓度场、温度场、湖底泥沙分布、区域微气候等的变化；水生态效应是指湖区与湖滨带内水生生物群落的变化。它对于评估连通可能带来的水系紊乱、生态廊道受阻、湖泊淤积、外来物种入侵、生物多样性受损等潜在风险，以及如何规避这些风险具有重要意义。这两个核心问题相辅相成，缺一不可。前者是后者的基础，后者是对连通方式的更深入研究，其评估成果是确定最佳连通方式的重要参考，是前者的补充。

江(河)湖连通的本质是通过改变江河湖泊的原有水流方式，使其按照人为设定的路线流动。因此，解决以上两个核心问题的前提是必须弄清湖水的运动规律，这也是开展江(河)湖连通研究的重要基础。由于湖流运动在时间上和空间上呈现出高度复杂性，原型观测往往受条件限制，无法做到同步监测，而以流体力学中的Navier-Stokes方程为基础，利用计算数学方法发展起来的湖泊水动力学模型，由于费用低、物理意义明确，并能较好地模拟湖流运动的变化规律，已经成为国内外学者研究湖泊水动力特性的主要手段。以湖泊水动力学模型为基础，将其与水质模型、水温模型等耦合，就可建立湖泊水环境数学模型，用来研究湖泊的水环境特征及其变化规律。

因此，本书以大东湖生态水网构建工程为背景，系统研究大东湖水系湖泊群水环境多维演化过程模拟及优化调控等相关内容。本书总体目标旨在针对城市湖泊水环境改善、水体污染物控制、饮用水安全保障和生态系统修复与持续改善中水生生物群落结构和水体环境容量相关的科学与技术需求，为建立连通湖泊水质水量多目标联合优化调度的方法体系与决策支持系统提供生态和环境相关的技术支撑。具体思路为：首先，通过大东湖水系地形、气象、水文和水循环等特征分析，建立湖泊水网多维时空数据模型，研究大东湖水系复杂水循环过程及其时空演化规律，分析大东湖流场的基本特征、规律、成因并建立可视化表达方法，研究大东湖水系生境条件和生物种群分布规律，分析调水对大东湖水系生态环境的环境胁迫和对现存生态多样性的影响。其次，研究湖泊水循环系统演变下的水动力学驱动机理，解析大东湖水网调度的湖流过程与水体交换、污染物迁移、水质变化的作用关系，建立大东湖水网分布式湖流计算模型，实现湖泊水网数据场的空间特征和变化趋势的描述与表达，提出大东湖水网纳污能力计算方法，确定大东湖水网水环境容量和承载力，建立面源污染扩散模型，研究基于3S技术的面源识别和排放过程模拟及预测方法。然后，提出复杂水系结构下引江济湖连通工程引排水布置方案的优化设计方法，建立连通湖泊水质水量多目标联合优化调度模型及其高效求解方法；构建大东湖水质调度综合评价指标体系，研究水质调度效果评价的定量分析方法，建立水质水量联合优化调度决策支持系统。通过以上步骤和方法，为实现符合水环境改善、生态安全、满足社会经济综合效益最优的城市湖泊水网综合治理提供科学依据和技术支撑。

通过一系列湖泊连通工程生态环境安全创新成果的提出，将极大提升我国在湖泊环境治理与长效管理领域内的技术能力。坚持以“人水和谐”为主题，以社会效益、生态效益、经济效益相结合的综合效益最大为目标，将水质水量联合优化调度列为专题进行研究，凸显了生态友好型的湖泊环保理念，因此无论从社会效益、经济效益还是从生态效益等方面衡量，大东湖水系水质水量调度研究都具有重要的理论意义和工程应用价值。

本书以多学科综合交叉研究为手段，采用理论研究、建模仿真与工程应用验证相结合的技术路线，运用水文学、水资源、运筹学、系统科学、环境与生态学和经济学原理与方法，同时借鉴和发展复杂性科学理论在其他领域中的研究成果，以生态修复与保护背景下湖泊生态水网调度为主线，全方位揭示生态友好环境下湖泊水网系统在社会经济发展过程中的演化规律，发展湖泊群水质水量优化调度的理论与方法体系，突破湖泊群生态水网调度所面临的关键理论与技术瓶颈，预期实现符合生态安全、满足社会经济综合效益最优的湖泊水资源开发与保护。主要内容及创新成果如下：

1. 典型湖泊水网复杂背景场特征分析

以武汉市大东湖水系为典型生态系统观测站开展观测、试验及评估，研究城市湖泊水系生境现状和生物种群的种类及其分布，探寻主要生物群落的分布规律和维持生物多样性的生境条件；开展本底调查，通过实地测量全面掌握大东湖水系污染物的组成与分布，为湖泊水质规划与管理提供科学依据；运用现代传感器技术、自动测量技术、自动控制技术、计算机应用技术和通信网络，结合 ZigBee 网络组成的物联网设计一种水环境在线监测系统，有效提高水环境监测的实时性。

2. 湖泊流域分布式水文建模及预报方法

在深入分析研究区域复杂多变的气候因素和水文特性的基础上，建立具有物理机制且能反映流域水循环时空分布及变化差异的分布式水文预报模型；针对传统模型单目标参数率定方法往往不能全面反映不同水文特征，率定精度难以有效提高的缺陷，提出基于多目标水文模型优化率定框架，研究水文模型多目标高效智能优化率定方法，有效避免传统单目标优化导致的预报性能均化效应；为克服确定性预报无法刻画水文模型内在不确定性的不足，研究分布式水文模型的参数及预报不确定性分析方法，为湖泊水质模拟和水网调度提供重要的数据基础和技术支撑。

3. 湖泊水系分布式流场数值计算

通过分析多种动力因子造成的湖流与波动特征，结合连通湖泊水下地形和相邻区域 DEM 数据，建立湖泊水系分布式流场模型，揭示不同湖区的流场特征及其存在差异的内在原因，探讨水循环系统演变下的水动力学驱动机理；以湖泊二维浅水动力学理论为基础，采用 Godunov 型有限体积法求解数值模型，并针对湖泊流场具有地形边界复杂等特点，推导单元界面两侧水流参量所满足的间断条件，解决传统地形源项处理技术在大起伏地形上存在不足的问题；推求垂向 σ 坐标系下水量守恒与动量守恒方程组的表达形式，采用 κ-ε 垂向湍流闭合模型及 Smagorinsky 水平湍流闭合模型对方程组进行闭合，基于算子分裂的模式分裂法将把水体的运动分为两种速率明显不同的运动，由外膜、内膜依次计算，有效解决湖泊的三维流速场求解困难的问题。

4. 湖泊水质变化时空模式分析及预测

在 GIS 技术的支持下，建立湖泊水环境容量的计算模型；基于湖泊水系分布式流场及水体纳污能力计算结果，研究水体污染物在不同气候和流场条件下的迁移规律和迁移通量，以及由降水导致的面源污染带来的各相交换特性及其空间分布规律，深入分析湖泊水系水体中各污染物相自身变化规律，建立湖泊水系污染物变化的时空预测模型；利用多源遥感数据开展湖泊水文水质信息反演工作，并结合反演数据进行模型验证，研究并探讨不同气候背景下大东湖水系中东湖、沙湖、杨春湖、北湖、严西湖和严东湖六个主要湖泊的三维流场结构和水温时空变化规律。

5. 湖泊水质水量多维联合优化调控

在湖泊水下地形、水质实时监测等资料的基础上，综合运用连通湖泊分布式水动力学模型、水体污染物迁移模型以及非恒定流的水质水量耦合模型，研究调度过程中典型污染物运移路径、运移通量和对湖泊水系的贡献，分析不同调水方案下污染物的时空分布规律、迁移状态以及水体置换速度，确定面向湖泊群水质改善的大东湖生态水网调度策略；研究水质水量综合调度的关键因素、指标及变量，采用水力学、水文学和环境水力学相结合的建模途径，发展湖泊群水质水量多维联合优化调控的新方法，提出复杂约束条件下大东湖生态水网水质水量联合优化调度决策模型和方案措施。

6. 湖泊生态水网调度综合评价理论与方法

针对湖泊水网调度方案集综合评价的理论瓶颈，建立面向湖泊群生态水网调度的多属性决策优选方法，通过引入模糊数、区间数及逼近理想解法等相关理论发展基于生态水网调度多属性决策与对策的理论与方法；深入分析并探究水质水量调度评价指标体系的模糊性和不确定性，结合模糊理论、投影寻踪原理及高效求解算法研究水质改善的多级模糊综合评判模型，提出基于模糊聚类迭代的水质改善程度多级评判方法，建立基于投影寻踪先进理论的水质改善程度关联性评价模型，解析调度方案集与实际水质改善效果的耦合关系，解决湖泊生态水网调度的复杂优化决策问题。

7. 湖泊生态水网调度决策支持系统开发集成及应用

综合运用地球科学、信息科学、计算机科学、空间科学、通信科学、管理科学、经济人文科学等多学科理论和技术成果，结合数字工程方法克服传统信息系统的物理边缘、技术边缘、功能边缘和逻辑思维边缘，建立流域水资源管理统一数据共享平台，研发网络分布式模型驱动的水资源管理智能化开放式模型库，提出基于 WPF 的开放式交互系统松耦合持续集成方法，开发基于 WebGIS 和可视化技术的湖泊水网优化调度决策支持系统，并将此决策支持系统成功应用于大东湖水系水质水量调度工程。

参考文献

[1] 王学立. 东湖生态水网工程调度模型及其应用研究[D]. 武汉：华中科技大学，2008.

[2] 武汉水资源发展投资有限公司. 大东湖生态水网构建工程项目简介. http://wenku.baidu.com/view/9c1b16d376a20029bd642d9e.html.

[3] 陆桂华，张建华. 太湖水环境综合治理的现状、问题及对策[J]. 水资源保护，2014，30(2)：67-70.

[4] 朱喜，胡明明，朱金华，等. 巢湖水环境综合治理思路和措施[J]. 水资源保护，2016，32(1)：120-125.

[5] 何佳，徐晓梅，杨艳，等. 滇池水环境综合治理成效与存在问题[J]. 湖泊科学，2015，27(2)：195-199.

[6] 卫之奇. 美国加州等湖泊流域管理及蓝藻治理[J]. 全球科技经济瞭望，2008，23(3)：5-13.

[7] 赵长春. 芬兰的湖泊污染治理[J]. 陕西水利，2007(5)：42-43.

[8] 陈静. 日本琵琶湖环境保护与治理经验[J]. 环境科学导刊，2008(1)：37-39.

[9] 梁瑞驹，仲金华. 太湖风生流的三维数值模拟[J]. 湖泊科学，1994，6(4)：289-297.

[10] 胡维平，秦伯强. 太湖水动力学三维数值试验研究——4. 保守物质输移扩散[J]. 湖泊科学，2002，14(4)：310-316.

[11] 秦伯强，罗潋葱. 太湖生态环境演化及其原因分析[J]. 第四纪研究，2004，24(5)：561-568.

[12] 谭维炎. 计算浅水动力学：有限体积法的应用[M]. 北京：清华大学出版社，1998.

[13] 贾智敏. 基于 GIS 的湖泊水环境容量计算[D]. 武汉：华中科技大学，2012.

[14] 宋刚福，沈冰. 基于生态的城市河流水量水质联合调度模型[J]. 河海大学学报(自然科学版)，2012，40(3)：258-266.

[15] 侯英姿，陈晓玲，王方雄. 基于 GIS 的水环境价值模糊综合评价研究[J]. 地理科学，2008，28(1)：89-93.

[16] Anderson M A. Influence of pumped-storage hydroelectric plant operation on a shallow polymictic lake：Predictions from 3-D hydrodynamic modeling [J]. Lake and Reservoir Management，2010，26(1)：1-13.

[17] Liu Z J，Hashim N B，Kingery W L，et al. Hydrodynamic Modeling of St. Louis Bay Estuary and Watershed Using EFDC and HSPF[J]. Journal of Coastal Research，2008：107-116.

[18] Wu T S，Hamrick J M，Mccutcheon S C，et al. Benchmarking the EFDC/HEM3D surface water hydrodynamic and eutrophication models [M]. Next Generation Environment Models and Computational Methods，ed. G. Delic and M. F. Wheeler，1997.

[19] Hamrick J M，Wu T S. Computational design and optimization of the EFDC / HEM3D surface water hydrodynamic and eutrophication models [M]. Next Generation Environment Models and Computational Methods，ed. G. Delic and M. F. Wheeler，1997.

[20] Ji Z G，Hu G D，Shen J A，et al. Three-dimensional modeling of hydrody-

namic processes in the St. Lucie Estuary[J]. Estuarine Coastal and Shelf Science, 2007, 73(1-2):188-200.

[21] Park K, Jung H S, Kim H S, et al. Three-dimensional hydrodynamic-eutrophication model (HEM-3D): application to Kwang-Yang Bay, Korea [J]. Marine Environmental Research, 2005, 60(2):171-193.

[22] Wool T A, Davie S R, Rodriguez H N. Development of three-dimensional hydrodynamic and water quality models to support total maximum daily load decision process for the Neuse River Estuary, North Carolina [J]. Journal of Water Resources Planning and Management-Asce, 2003, 129(4):295-306.

[23] Kernkamp Herman W J, Van Dam A, Stelling G S, et al. Efficient scheme for the shallow water equations on unstructured grids with application to the Continental Shelf[J]. Ocean Dynamics, 2011, 61(8):1175-1188.

[24] Kuang C, He L, Xing F, et al. Numerical Study on the Evolution Process of Polluted Water Cluster in Gonghu, Taihu Lake[C]. 2009 3rd International Conference on Bioinformatics and Biomedical Engineering, 2009: 1-11.

[25] Los H. Eco-hydrodynamic modelling of primary production in coastal waters and lakes using BLOOM[M]. Ios Pr Inc, 2009.

[26] Nauta T A, Bongco A E, Santos-Borja A C. Set-up of a decision support system to support sustainable development of the Laguna de Bay, Philippines[J]. Marine Pollution Bulletin, 2003, 47(1-6):211-219.

[27] Xiao C, Liang X, Du C, et al. Numerical Simulation and Improvement Measures of Water Quality in Yangshapao Lake [M]. 2009 3rd International Conference on Bioinformatics and Biomedical Engineering, Vols 1-11. 2009.

[28] Zhu Y, Yang J, Hao J, et al. Numerical simulation of hydrodynamic characteristics and water quality in yangchenghu lake [M]. Advances in Water Resources and Hydraulic Engineering, Vols 1-6, ed. C. K. T. H. W. Zhang, 2009.

[29] Andersen H E, Kronvang B, Larsen S E, et al. Climate-change impacts on hydrology and nutrients in a Danish lowland river basin [J]. Science of the Total Environment, 2006, 365(1-3):223-237.

[30] Baker T, Lang J R. Fluid inclusion characteristics of intrusion-related gold mineralization, Tombstone-Tungsten magmatic belt, Yukon Territory, Canada[J]. Mineralium Deposita, 2001, 36(6):563-582.

[31] Moeini M H, Etemad-Shahidi A. Application of two numerical models for wave hindcasting in Lake Erie [J]. Applied Ocean Research, 2007, 29(3): 137-145.

[32] Carracedo P, Torres-Lopez S, Barreiro A, et al. Improvement of pollutant

drift forecast system applied to the Prestige oil spills in Galicia Coast (NW of Spain): Development of an operational system [J]. Marine Pollution Bulletin, 2006, 53(5-7):350-360.

[33] Saraiva S, Pina P, Martins F, et al. Modelling the influence of nutrient loads on Portuguese estuaries [J]. Hydrobiologia, 2007, 587:5-18.

[34] Trancoso A R, Braunschweig F, Leitao P C, et al. An advanced modelling tool for simulating complex river systems [J]. Science of the Total Environment, 2009, 407(8):3004-3016.

[35] Trancoso A R, Saraiva S, Fernandes L, et al. Modelling macroalgae using a 3D hydrodynamic-ecological model in a shallow, temperate estuary [J]. Ecological Modelling, 2005, 187(2-3):232-246.

[36] Vaz N, Dias J M, Leitao P C, et al. Application of the Mohid-2D model to a mesotidal temperate coastal lagoon[J]. Computers & Geosciences, 2007, 33(9):1204-1209.

[37] 韩国其，汪德爟，许协庆. 风生环流的准三维数值模拟[J]. 河海大学学报，1989，17(3)：1-8.

[38] 王惠中. 浅海与湖泊三维环流及水质数值模拟研究和应用[D]. 南京:河海大学，2001.

[39] 徐祖信，廖振良. 水质数学模型研究的发展阶段与空间层次[J]. 上海环境科学，2003，22(2)：79-85.

[40] 郭磊，高学平，张晨. 北大港水库水质模拟及分析[J]. 长江流域资源与环境，2007，16(1)：11-16.

[41] 赵琰鑫，张万顺，汤怡，等. 湖泊-河网耦合水动力水质模型研究[J]. 中国水利水电科学研究院学报，2011，9(1)：53-58.

[42] 余成，任宪友，班璇. 二维水质模型在武汉东湖引水工程中的应用[J]. 湖泊科学，2012，24(1)：43-50.

[43] 吴浩云. 引江济太调水试验关键技术研究和应用[J]. 中国水利，2008，1：6-8.

[44] 夏军，翟晓燕，张永勇. 水环境非点源污染模型研究进展[J]. 地理科学进展，2012，31(7)：941-952.

[45] 李畅游，史小红. 干旱半干旱地区湖泊二维水动力学模型[J]. 水利学报，2007，38(12)：1481-1487.

[46] 熊万永. 福州内河引水冲污工程的实践与认识[J]. 中国给水排水，2000 (7)：26-28.

[47] 李光炽，王船海. 大型河网水流模拟的矩阵标识法[J]. 河海大学学报，1995，1：36-43.

[48] 陈阳宇. 大型潮汐河网水质模型的求解方法及其应用[J]. 人民珠江，1995，2:

44-48.
[49] 吴作平，杨国录，甘明辉. 河网水流数值模拟方法研究[J]. 水科学进展，2003，3：350-353.
[50] 程开宇. 河网水流模拟计算数学模型探讨[J]. 东北水利水电，2005，3：3-5.
[51] 徐贵泉，宋德蕃，黄士力，等. 感潮河网水量水质模型及其数值模拟[J]. 应用基础与工程科学学报，1996，1：94-105.
[52] 徐贵泉，褚君达，吴祖扬，等. 感潮河网水环境容量影响因素研究[J]. 水科学进展，2000，4：375-380.
[53] 徐贵泉，褚君达，吴祖扬，等. 感潮河网水环境容量数值计算[J]. 环境科学学报，2000，3：263-268.
[54] 罗缙，逄勇，林颖，等. 太湖流域主要入湖河道污染物通量研究[J]. 河海大学学报，2005，33(2)：131-135.
[55] 罗缙，逄勇，罗清吉，等. 太湖流域平原河网区往复流河道水环境容量研究[J]. 河海大学学报，2004，32(2)：144-146.
[56] 丁训静，姚琪，阮晓红. 太湖流域污染负荷模型研究[J]. 水科学进展，2003，2：189-192.
[57] 韩龙喜，陆冬. 平原河网水流水质数值模拟研究展望[J]，河海大学学报，2004，2：127-130.
[58] 曾凡棠，黄水祥. 珠江三角洲潮汐河网水环境数学模型评述[J]. 海洋环境科学，2000，4：46-50.
[59] 田勇. 湖泊三维水动力水质模型研究与应用[D]. 武汉：华中科技大学，2012.
[60] 秦伯强. 长江中下游浅水湖泊富营养化发生机制与控制途径初探[J]. 湖泊科学，2002，14(3)：193-202.

第2章　湖泊水网复杂背景场特征分析

随着社会经济的快速发展，废水排放、围湖造田及过度养殖等人类活动严重威胁了城市湖泊的生态环境。湖泊生境是由生物和非生物因子综合形成的，生物与生境的关系是长期进化的结果。生物总是以特定的方式生活于某一生境之中，同样，生物的各种行为、种群动态及群落结构都与其生境分不开。水质作为生境的重要组成要素，对原生动物的种群分布起到一定作用。因此，研究和分析湖泊水网复杂背景场的生境现状和理化特征，是实现湖泊水网水质水量优化调控的首要步骤。

本章以武汉大东湖水系为例，选择典型生态系统观测站开展观测、试验以及评估，研究大东湖水系生境现状和生物种群的种类及其分布，探寻主要生物群落的分布规律和维持生物多样性的生境条件；开展湖泊水环境监测实验，全面掌握大东湖水系污染物的组成与分布；设计水环境监测在线系统，实现湖泊水环境的实时在线监测，为水质建模与水量调控提供科学依据。

2.1　大东湖水网气象水文环境概况

2.1.1　大东湖区域水文气象概况

大东湖区域表现为明显的大陆性气候特征，7月平均气温最高为28.8 ℃，1月平均气温最低为4.5 ℃，具体月平均气温变化见图2-1。大东湖区域年降雨量主要集中在4—7月，进入春季后降雨量逐渐增加，夏季最高，至秋季开始降雨量逐渐减少，冬季最低，具体月平均降雨量见图2-2。武汉市除南面外三面环山，从而导致整个地面风速相对较小，大东湖区域年最大风速19.1 m/s，年平均风速为2.8 m/s；月平均风速见图2-3，总体来看，月平均风速变化较小，在2.4～3.4 m/s之间。区域春季多为东风和北风，夏季以南风为主，秋冬季节以东北风为主。大东湖水系多年平

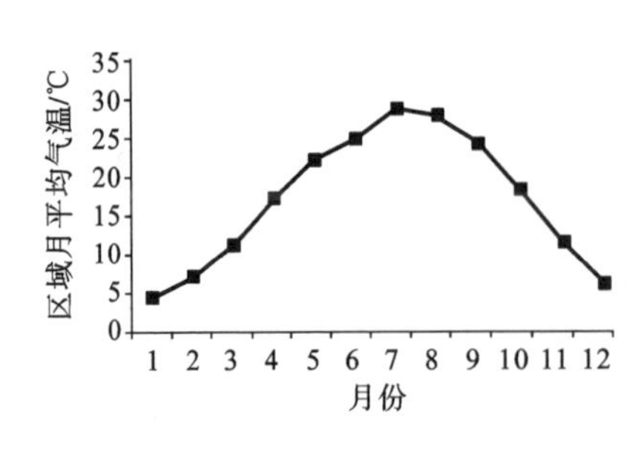

图2-1　大东湖区域月平均气温变化特征

均降水量、水面蒸发量年内分配见表 2-1。

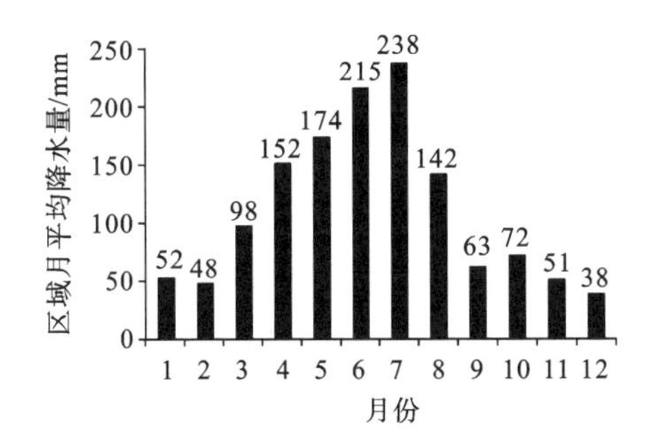

图 2-2　大东湖区域月平均降水量变化特征

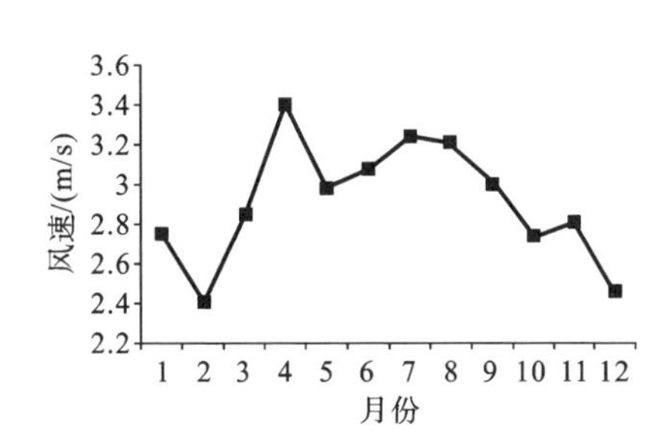

图 2-3　大东湖区域月平均风速变化特征

表 2-1　大东湖区域多年平均降水量、蒸发量分配表

时　段	降水量/mm	占年值比例/(%)	水面蒸发量/mm	占年值比例/(%)
1 月	41.9	3.32	28.5	3.3
2 月	59.5	4.72	28.3	3.3
3 月	99.5	7.89	42.6	5.0
4 月	141.3	11.20	59.4	7.0
5 月	160.5	12.72	72.0	8.4
6 月	221.3	17.54	85.0	9.9
7 月	180.2	14.29	124.4	14.5
8 月	119.2	9.45	126.9	14.8
9 月	76.4	6.05	103.5	12.1
10 月	76.8	6.09	76.7	9.0
11 月	53.8	4.26	62.8	7.3
12 月	31.2	2.48	45.0	5.3
年合计	1261.6	100	855.1	100

2.1.2　大东湖生态环境概述

东湖位于长江中下游武汉中心城区内，是中国最大的城中湖。大东湖水系东西北三面为长江环绕，南面为近似东西走向的低山丘陵(以喻家山最高，151.8 m)，将东湖与南湖分开。当东湖处在最高允许水位 21 m 时，湖水面积为 32.8 km^2 左右，相应最大湖容为 12.4×10^7 m^3；当东湖处于中水位 19.5 m 时，湖水面积为 30.75 km^2 左右，相应容积为 7.35×10^7 m^3。东湖平均水深约 2.5 m，最高水深约 4.7 m。东湖通过沙湖港、青山港等与沙湖、杨春湖、戴家湖、严西湖、严东湖等湖泊相连，与青潭湖、竹子湖等小湖泊构成一个江湖连通的大东湖湖泊水系，是国内少有的大型城市湖

泊群，具有供水、娱乐、养殖、洪水调蓄等多种功能。大东湖水系全流域集水面积 375 km^2，其中东湖集水面积约 119 km^2。

历史上，东湖原为敞水湖，与沙湖相连为一体，湖水紧贴青山江边，通过青山港与长江连接在一起，湖泊水位基本上受江水涨落所制约，夏涨冬枯。1949 年前武丰闸为东沙湖水系入江通道。1957 年，武钢建设青山江心泵和武丰闸，青山港用作供水渠道，从此东湖与长江完全隔绝，由天然湖泊转变为人工控制的内陆封闭水体，与长江的水力联系也被切断，江湖间赖以连通的渠道严重萎缩。20 世纪 60 年代后期，为进一步配合东湖风景区的建设和渔业养殖，在湖中筑堤修路，忽视了对东湖水环境的保护，使东湖 30 km^2 的大湖面先后分割为相对独立的子湖区。1967 年重建武丰灌溉闸，1978 年建罗家路排水闸，1979 年建罗家路电排站。目前，非汛期东沙湖水系通过武丰闸排入长江，汛期由罗卜咀电排站排入长江。自青山港武丰闸建成后，根据武钢与洪山区签订的协议，最高控制水位为 21.5 m。在其下的水位涨落变化，除了与湖区的降水、蒸发和地下水有关外，主要取决于沿湖水厂的取水、工农业用水以及城市、工厂排放的生活污水与工业废水。因此，东湖目前没有明显的有效水体交换，湖泊的自我净化能力、污染消解能力和生态修复能力大大降低。

大东湖湖区人口的快速增长与社会经济的发展导致土地利用方式的改变和污水的大量排放，从而造成大东湖水体富营养化。武汉市区人口从 1949 年末的 101.83 万人增加到 1986 年末的 349.26 万人。从 1987 年到 1999 年，东湖流域中的城镇面积从占全流域的 9.1%大幅增长到 29.6%，农业用地从 7.0%增长到 13.9%，而林地和水体分别从 33.6%和 30.4%降低到 24.3%和 23.8%。伴随着城市化进程的发展，东湖的水质情况不断恶化。从 20 世纪 50 年代开始，东湖湖水中总磷的浓度上升，并在 1983—1984 年间达到峰值，其中水果湖区总磷浓度达到 1.349 mg/L，郭郑湖区达到 0.757 mg/L，之后有明显的下降。1979—1980 年，东湖外源输入的氮、磷分别为 536.3 t 和 87.8 t，滞留在水体中的分别约为 60.3%和 77.1%，来源于生活污水和工业废水的分别约为 59.2%和 74.7%。1982—1992 的 10 年间，东湖氮磷营养物质的输入量增长较快，尤其是磷的输入量增加了一倍。东湖氨态氮的年平均值从 1975 年的 0.15 mg/L 增长到 1995 年的 0.26 mg/L。1997—1998 年，东湖的外源氮、磷负荷分别为 53 g/m^2、3.2 g/m^2；1998—1999 年分别为 42 g/m^2 和 3.1 g/m^2；其中，约 80%的氮、磷来源于污水排放，其余的来源于地表径流和降雨；由于东湖相对封闭、水体交换率低，大部分营养负荷滞留在水体中，其中滞留的氮约为 63%、磷约为 79%，其余的通过出流和鱼获移出湖体[1]。

与东湖富营养化进程相伴随的是藻类等浮游植物的大量滋生，并导致水华的暴发。东湖浮游藻类的历史进程中第一个特点是：初级生产力发生了显著的变化。东湖的浮游藻类的初级生产力从 20 世纪 60 年代的 1.2～1.6 $g(O_2)/(m^2 \cdot d)$持续稳定地增长到 20 世纪 80 年代的 4.0～6.2 $g(O_2)/(m^2 \cdot d)$；20 世纪 80 年代后，东湖的浮游藻类的初级生产力虽有上下波动，但仍保持相对稳定。东湖浮游藻类的历史进程中第二个特点是：藻类的种群也发生了显著的变化。20世纪50年代，甲藻和硅藻是第一和第二优势种；60年代，耐污的蓝藻和绿藻成为第一和第二优势种，蓝藻中的大型种类明显增加；70年代，绿藻种类逐步上升为第一优势种，其次为蓝藻；从70年代中期到1984年，主要藻类为蓝绿微囊藻且每年夏季均有水华暴发；1985年肉眼可见的大型蓝藻水华突然消失而逐渐向小型化发展，小型藻类逐渐占优势；1991—1993年，在水果湖区和郭郑湖区，蓝藻和绿藻合计占浮游藻类总数的70%～80%，而团湖湖区和后湖湖区同样以蓝藻和绿藻为主，两门藻类合计占总数的50%～70%。

东湖的渔业产量持续增长，1971年为180 t，1978年增长到800 t，1995年增长到1840 t。东湖渔业养殖放养的主要种类为鲢、鳙，并有少量的草鱼。20世纪70年代，以浮游生物为生的鲢鳙约占东湖放养鱼类总量的85%，以大型水生植物为生的草鱼约占3.6%；近些年，鲢鳙的放养比例超过了90%。东湖的渔业养殖是自然放养，在鱼苗投放后自然成长，没有人工提供饵料。虽然东湖的渔业生产稳定发展，但其对东湖水质的影响是次要的。氮、磷是鱼体的组成元素，渔业收获可以从水体中带出一部分氮磷，在一定程度上减轻了水体的营养负荷。1983年，东湖收获鱼类830 t，同时从水体中带出氮21.85 t、磷4.75 t，养鱼对东湖氮磷营养的影响分别只占整个东湖的氮磷循环的9.0%和2.5%。鲢鳙以包括藻类在内的浮游生物为食，鲢鳙的大量放养产生的对浮游藻类强大的牧食压力是东湖1985年水华突然消失的主要原因。1989年、1990年和1992年的围隔实验证明，东湖1985年以来水华的突然消失很可能是由于鱼类的放养率增大，如果东湖鱼类的放养率降低到阈值以下，使微囊藻从强大的鱼类牧食压力下释放出来，那么东湖的水华有可能重新出现。

大东湖内不合理的放养结构，使水生植被遭到破坏，改变了水生植物群落，加速了湖泊的富营养化进程。20世纪60—70年代，由于草鱼的过度放养，大型水生植物的种类和数量在全湖范围内大幅度降低。20世纪60年代以前，东湖是有大量水生植物生长的，这可从底泥中的有机碳分析得到证明。1962—1964年，有记录的大型水生植物达到83种，秋季全湖大型植物平均生物量湿重达到1068 g/m^2。郭郑湖区的植被覆盖面积从1963年的44%，减至1988年的不足10%；1963年水生植被可分为14个植物群丛，1988年仅存9个植物群丛。从20世纪80年代起，郭郑湖区的大型水生植物几乎全部消失，其对生态系统初级生产力的贡献几可忽略不计。与1957年、1962—1963年和1988—1994年相比，东湖水生植物的种类、分布面积和生物量进一步减少，东湖现存水生维管束植物分布面积仅占东湖总面积的0.7%，其中挺水植物分布面积又占了植被总面积的98%。在东湖的渔业养殖中，应合理利用湖泊中的水生植物。水生植物恢复的大型围隔试验表明，团湖、汤菱湖、后湖等湖区一旦停止放养草食性鱼类，加之适当的人工促进措施，沉水植物则可以恢复；而水果湖、官桥湖等污染严重的湖区，沉水植物则难以恢复。

2.1.3 大东湖水系水污染现状概述

在实施兴建了沙湖污水处理厂和部分截污工程后，根据《武汉市环境质量报告书(2001—2005 年度)》，在 1996—2005 年期间，大东湖水系水质总体保持稳定，污染呈一定上升趋势；西部湖区的污染程度大于东部湖区，而水果湖、庙湖等湖区水质为劣Ⅴ类[2]。2001—2007 年大东湖水系水质变化见表 2-2。

表 2-2 区域内湖泊水质变化表(2001—2007 年)

名　称	年　度	COD/(mg/L)	TN/(mg/L)	TP/(mg/L)	水质类别
杨春湖	2001	—	2.46	0.052	劣Ⅴ
	2002	—	1.83	0.054	Ⅴ
	2003	29	1.8	0.119	Ⅴ
	2004	20	0.92	0.094	Ⅳ
	2005	26	1.14	0.085	Ⅳ
	2006	37.15	1	0.245	劣Ⅴ
	2007	—	—	—	—
外沙湖	2001	70	6.36	0.068	劣Ⅴ
	2002	61	10.4	0.186	劣Ⅴ
	2003	51	10.7	0.196	劣Ⅴ
	2004	57	8.46	0.231	劣Ⅴ
	2005	50	6.11	0.225	劣Ⅴ
	2006	—	9.01	0.39	劣Ⅴ
	2007	—	6.9	0.4	劣Ⅴ
北湖	2001	—	2.91	0.099	劣Ⅴ
	2002	—	1.91	0.071	劣Ⅴ
	2003	18	1.9	0.116	Ⅴ
	2004	25	2.1	0.181	劣Ⅴ
	2005	32	3.81	0.122	劣Ⅴ
	2006	30.1	3.38	0.15	劣Ⅴ
	2007	—	3.6	0.18	劣Ⅴ
严西湖	2001	—	3.75	0.058	劣Ⅴ
	2002	—	3.33	0.064	劣Ⅴ
	2003	28	3.89	0.094	劣Ⅴ
	2004	62	4.03	0.146	劣Ⅴ
	2005	34	3.82	0.2	劣Ⅴ
	2006	—	—	—	—
	2007	—	—	—	—

续表

名　称	年　度	COD/(mg/L)	TN/(mg/L)	TP/(mg/L)	水质类别
严东湖	2001	—	0.99	0.024	Ⅲ
	2002	—	1.1	0.088	Ⅳ
	2003	12	0.52	0.023	Ⅲ
	2004	19	1.09	0.056	Ⅳ
	2005	15	0.76	0.022	Ⅲ
	2006	11.7	0.81	0.03	Ⅲ
	2007	11.1	—	0.01	Ⅲ
东湖	2001	20	4.31	0.261	劣Ⅴ
	2002	25	6.41	0.298	劣Ⅴ
	2003	25	4.4	0.37	劣Ⅴ
	2004	23	2.6	0.248	劣Ⅴ
	2005	24	2.32	0.196	劣Ⅴ
	2006	26.5	1.17	0.17	Ⅴ
	2007	26.7	1.08	0.28	劣Ⅴ
水果湖	2007	46.55	2.08	0.34	劣Ⅴ
郭郑湖	2007	42.25	0.69	0.28	劣Ⅴ
庙湖	2007	40.24	2.66	0.37	劣Ⅴ
后湖	2007	30.12	1.43	0.15	Ⅴ
团湖	2007	20.24	0.57	0.15	Ⅴ
汤菱湖	2007	30.36	0.43	0.2	Ⅴ
喻家湖	2007	38.46	1.76	0.27	劣Ⅴ
筲箕湖	2007	32.19	1.55	1.38	劣Ⅴ
天鹅湖	2007	60.17	4.68	0.85	劣Ⅴ
菱角湖	2007	41.04	1.74	0.11	劣Ⅴ

在大东湖水网的构建和配套工程逐步实施后，大东湖水系水质有所改善，根据《地表水环境质量标准》(GB 3838—2002)的指标标准，2011年水质符合Ⅲ类、Ⅳ类、Ⅴ类和劣Ⅴ类的湖泊(水库)分别有12、20、12、25个，大东湖水系中的菱角湖、严东湖、严西湖、东湖、杨春湖、水果湖、汤菱湖、郭郑湖和鹰窝湖水质类别均为Ⅳ类水。与历史水质监测结果相比，其中大东湖水系中的菱角湖水质有所下降，严西湖、沙湖水质有所好转[3]。

2.1.4 大东湖生态水网工程简介

湖泊水生态环境健康对武汉市的水生态环境保护和可持续发展有着重要作用。从太湖、巢湖和滇池多年的治理实践来看，国家投入了大量的资金，截污、治污、恢复水生态环境的力度不可谓不大。然而，湖泊污染状况并未从根本上得以扭转，水质好转的目标也未能实现，其原因是多方面的。当前，我国处在转变经济发展模式、推进“两型社会”建设的新时期。在新时代背景下，社会对水环境治理的需求发生了很大变化。2005 年 10 月，武汉市获国家水利部批复成为继桂林后的第二座全国水生态系统保护与修复试点城市。按照武汉市水务局制订的《武汉市水生态系统保护与修复试点工作实施方案》，实施大东湖生态水网构建工程。由此可见，对于处于新的发展背景下的东湖水环境治理，必须摒弃先污染后治理、边治理边污染的老路，探索城市内湖污染控制、治理及恢复新思路与新途径，为我国长江中下游平原湖区水环境治理、水生态恢复提供借鉴与示范。

大东湖生态水网工程通过污染控制、水网连通和生态环境修复等措施，将大东湖水网建设成为一个江湖连通的复合生态系统，扭转大东湖区域水污染加重和生态破坏的趋势，使东湖、沙湖等湖泊的水质逐渐好转，水质提升一个等级；随着水生态系统的重建与自我恢复，推动湖泊由藻型向草型转化，实现生态的良性循环，达到水功能区划要求；恢复东湖战略应急备用水源地的功能，保障武昌地区 200 万人应急水源地安全；进一步推动湖区经济发展结构的调整，促进武汉市和全省经济社会又好又快发展[4]。所以，大东湖生态水网构建工程，对于促进大东湖地区乃至整个武汉市综合治理水环境和保护生态环境、促进武汉市节能减排、推动“两型社会”建设、实现经济结构调整、维护长江中游地区的长远发展，具有重要意义。

2.2 大东湖生境现状调查研究

2.2.1 调查区域与研究方法

1. 样点布置

本节以大东湖生态系统为主要研究对象，包括沙湖、水果湖、郭郑湖、庙湖、筲箕湖、汤菱湖、团湖、后湖、喻家湖、严西湖、北湖、竹子湖、严东湖、青潭湖等 14 个湖泊和青山港、长江干流等沟渠和河流，共设立采样点 32 个（图 2-4，表 2-3）。为了解大东湖系统的生境现状，我们于 2009 年 8 月进行了一次全面的生态系统调查，调查内容包括理化特征、浮游植物、浮游动物、水生植物、底栖动物及鱼类，样点分布如图 2-4 所示。

图 2-4　大东湖生态系统调查样点分布图

（SH，沙湖；SGH，水果湖；GZH，郭郑湖；MH，庙湖；SJH，筲箕湖；TLH，汤菱湖；YCH，杨春湖；TH，团湖；HH，后湖；YXH，严西湖；BH，北湖；ZZH，竹子湖；YDH，严东湖；QTH，青潭湖；QSG，青山港；CJ，长江）

表 2-3　大东湖生态系统调查各湖区样点数分布

湖名	沙湖	水果湖	庙湖	郭郑湖	筲箕湖	汤菱湖
样点数	2	1	1	3	1	3
湖名	团湖	后湖	喻家湖	严西湖	北湖	竹子湖
样点数	2	2	1	4	1	1
湖名	严东湖	青潭湖	杨春湖	青山港	长江	
样点数	2	1	1	3	3	

2. 采样方法

1）水文及水体理化因子

采集地点的海拔高度用 GPS（测量误差 10 m 左右）测定，水深用 DW2004-3 型超声波测深仪测定，流速用 LS 1206B 型旋桨式流速仪测定，透明度的测量工具为 Secchi 盘，pH 值用雷磁 PHS-2F 数字 pH 计测定，电导率用 DDS-307B 数字电导率仪测定，泥沙含量的测定根据美国《水和废水标准检验方法》（第 15 版），《水质　总磷的测定　钼酸铵分光光度法》（GB 11893—1989），《水质　总氮的测定　碱性过硫酸钾消解紫外分光光度法》（GB 11894—1989），浮游植物叶绿素 a 含量和初级生产力分别用单色分光光度计法和黑白瓶法测定。

2）浮游植物

浮游植物采集方法如下：定量样品用 600 mL 样品瓶在水面下 0.5 m 取水，用鲁哥试液固定；定性样品用 25 号浮游生物网在水面下划“∞”形捞取，甲醛固定。

底栖藻类采集方法如下：定量样品在采样点随机选取 3～5 块石头，用尼龙刷将一定面积上的藻类刷下，然后装瓶，用鲁哥试液固定；定性样品则用镊子、小刀等工具采集。

定量样品回实验室后进行沉降、浓缩与定容。采用目镜视野法进行藻细胞计数，然后根据藻类体型的相近几何形状测量其体积，由于藻类的比重近于 1，故可以转换成生物量（湿重）。

3）浮游动物

定量样品采集方法如下：原生动物和轮虫标本采集取 1 L 水样加入鲁哥氏液固定，然后倒入有刻度的沉淀器定容，静置 24 h 后，用虹吸管吸取上层清液，并把沉淀物倒入已标定容积（30 mL）的小塑料瓶中。桡足类和枝角类的定量标本采取 20 L 水样经 25 号浮游生物网滤缩后放入小塑料瓶中，加甲醛固定保存。浮游动物定性样品采用 25 号浮游生物网捞取，加甲醛固定后带回实验室进行种类鉴定。

计数按规范方法进行。对于轮虫，取上述沉淀水样 1 mL 全片计数；对于原生动物，取上述沉淀水样 0.1 mL 全片计数；一般计数二片并取平均值。对于甲壳动物，将经网滤缩后样品全部计数。把个体数换算成生物量（湿重）时，每个原生动物计为 0.00005 mg，轮虫为 0.0012 mg，枝角类为 0.02 mg，桡足类成虫为 0.007 mg，无节幼体为 0.003 mg。

4）底栖动物

定量样品用 1/16 m^2 的加重的彼得生采泥器采集，泥样经 420 μm 的铜筛筛洗后，置于解剖盘中将动物捡出，个体较小的底栖动物用湿漏斗法分离。捡出的动物用 10%的甲醛固定，然后进行种类鉴定、计数，部分样品现场用解剖镜及显微镜进行活体观察。湿重的测定方法是：先用滤纸吸干水分，然后在电子天平上称重。定性样品用采泥器、抄网、手捡等方法采集。

5）大型水生植物

沉水植物用镰刀型采草器采集，单次采集面积 1/5 m^2，每样点采集 2～4 次。水草标本用塑料袋密封带回实验室，鉴定种类。清洗杂质，除去根部后称量湿重。挺水植物及湿生植物通过镰刀或园丁剪采集。

6）鱼类

鱼类调查以问讯为主，兼以网具捕捞。

3. 数据处理与分析

数据分析主要应用 Excel、Statistics 6.0 等软件处理，区系相似性应用聚类分析法（欧氏距离）进行分析。

2.2.2　大东湖水网生态系统现状

1. 水质参数

在大东湖水网区各水体中，严东湖的水体状况较好，水质清澈见底，水草丰富，覆盖率在 80%左右，其次是另外一个城郊湖严西湖，水草分布在沿岸带。其他湖泊均较差，最差的湖泊有沙湖、北湖、庙湖和水果湖。图 2-5 给出了几个湖泊的现场照片。图 2-6 至图 2-10 比较了大东湖各湖区及长江水质参数，分述如下。

1）透明度

从透明度上看，大东湖各湖区差别比较大，严东湖、团湖和后湖相对较高一些，严东湖透明度最高。沙湖与杨春湖透明度最低，另外，由于竹子湖以莲藕种植为主，无法测量透明度。

2）pH 值和电导率

各水体的 pH 值差异不大，如图 2-7 所示。电导率除北湖和沙湖较高之外，其他湖区间的差异也不大，如图 2-8 所示。

3）总氮浓度

与长江引水口相比，沙湖、水果湖、庙湖、北湖、后湖和竹子湖的总氮浓度相对较高，其余的湖区与之基本相同或相对较低，如图 2-9 所示。

4）总磷浓度

从总磷浓度上看，沙湖、庙湖、水果湖和杨春湖明显高于其他水体包括长江引水口，其余湖区的总磷浓度与长江引水口相同或相对更低，如图 2-10 所示。

5）叶绿素 a 浓度

大东湖区平均叶绿素 a 浓度为 54.6 μg/L，其中，庙湖最大为 80.18 μg/L，严东湖最小为 3.29 μg/L，如图 2-11 所示。

依据总氮、总磷、叶绿素 a 及透明度对各水体营养状况进行划分，结果如下：庙湖、竹子湖、沙湖、水果湖属于超富营养型湖泊；郭郑湖、汤菱湖、团湖、后湖、严西湖、筲箕湖、北湖、青潭湖、杨春湖属于富营养型湖泊；严东湖属于中营养型。

2. 浮游植物

1）种类组成

共鉴定出浮游植物 7 门 112 种。其中，绿藻门种类数最多，为 26 属 46 种，占 41.1%；蓝藻次之，有 19 属 27 种，占 24.1%；硅藻有 10 属 16 种，占 14.3%；裸藻有 3 属 10 种，占 8.9%；隐藻、甲藻和黄藻共 11 属 13 种，占总数的 11.6%。

在不同湖区中，水果湖的种类数最多，鉴定出 40 种；庙湖发生水华，种类较少，为 10 种；其他湖区种类数在 14 种到 37 种之间，如图 2-12 所示。

2）密度

浮游藻类平均细胞密度为 2.2×10^{8} cells/L。其中，发生水华的庙湖浮游藻类细

杨春湖　青潭湖

北湖　青山港-汤菱湖

沙湖　庙湖

水果湖　严西湖

图 2-5　大东湖各湖区现场照片

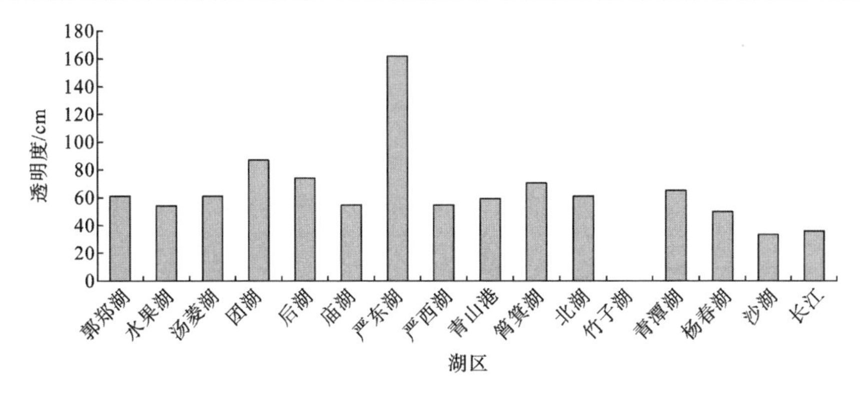

图 2-6 大东湖水网区各湖区透明度比较

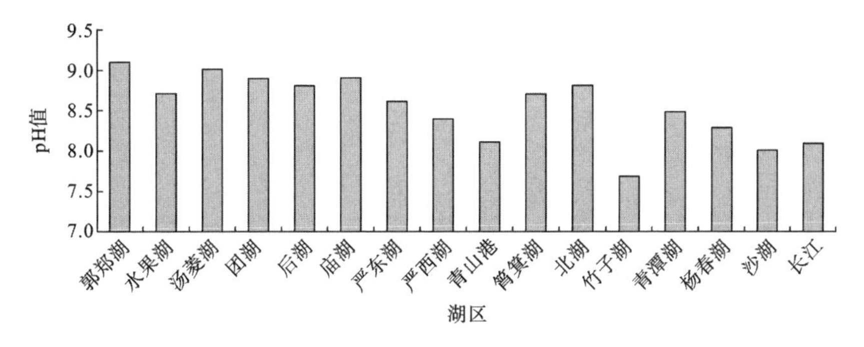

图 2-7 大东湖水网区各湖区 pH 值比较

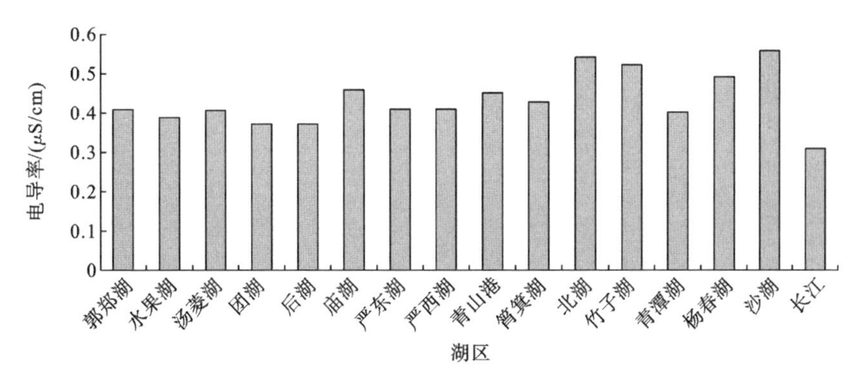

图 2-8 大东湖水网区各湖区电导率比较

胞密度最大，达 9.26×10^8 cells/L；严东湖最小，为 7.30×10^8 cells/L，如图 2-13 所示。

3）生物量

浮游藻类平均生物量为 32.62 mg/L。庙湖浮游藻类细胞生物量最大，为 135.5 mg/L；严东湖最小，为 1.8 mg/L，如图 2-14 所示。

总体而言，大东湖水网各水体浮游藻类种类以蓝、绿藻为主，生物量方面因庙湖

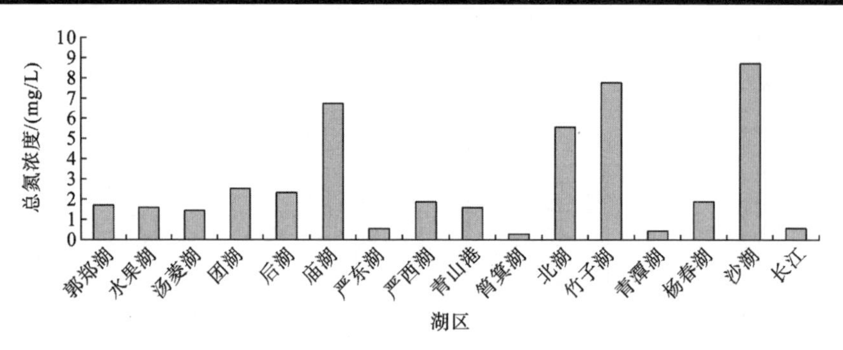

图 2-9 大东湖水网区各湖区总氮浓度比较

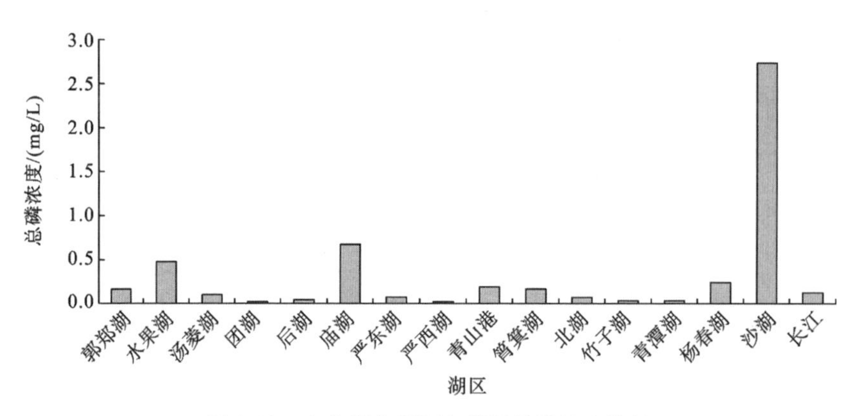

图 2-10 大东湖水网区各湖区总磷浓度比较

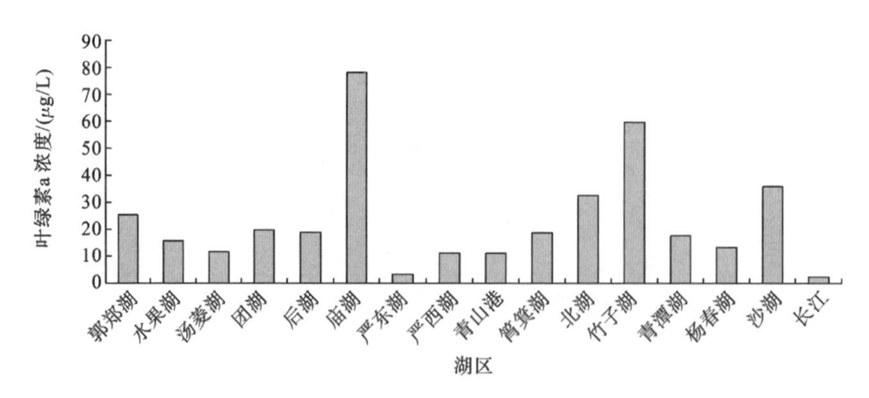

图 2-11 大东湖水网区各湖区叶绿素 a 浓度比较

在 2009 年 8 月发生蓝藻水华，密度和生物量均最高，严东湖浮游藻类的密度和生物量最低。

3. 浮游动物

1）种类组成

大东湖各湖区共发现浮游动物 45 种，其中原生动物 9 种，轮虫 7 种，枝角类 20 种，桡足类 9 种。在各湖区中，严东湖种类数最多（30 种），其次为青山港和庙湖（分

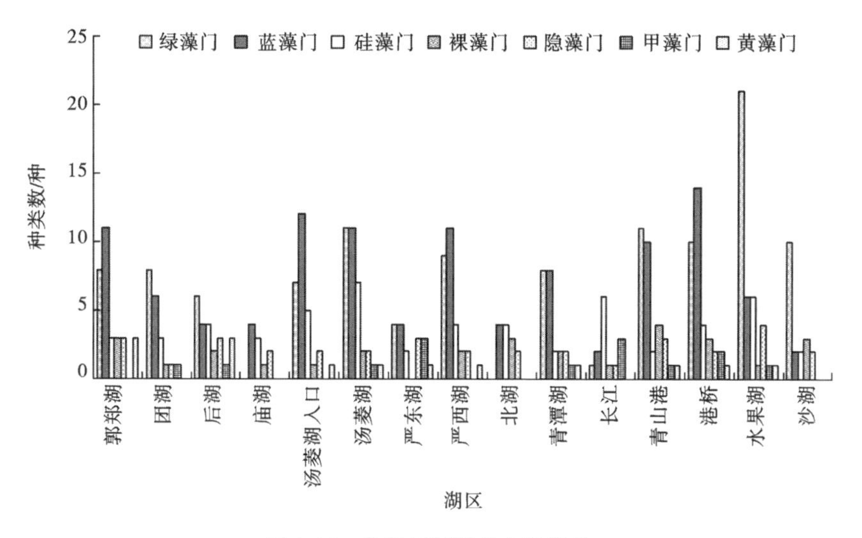

图 2-12　各湖区浮游植物种类数

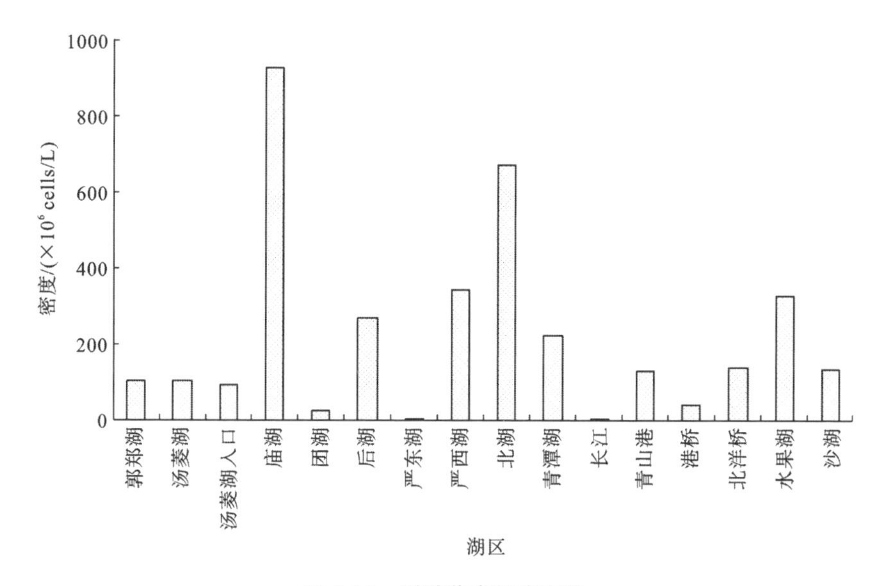

图 2-13　浮游藻类细胞密度

别为 26 种和 25 种)，种类数最少的为后湖(仅 4 种)。原生动物和轮虫的种类数也均在庙湖最大，其次为郭郑湖。王氏似铃壳虫 *Tintinnopsis wangi* 和针簇多枝轮虫 *Polyarthra trigla* 为普遍种，在各个湖区均出现。

2) 密度和生物量

密度方面，全湖原生动物占优势，占整个浮游动物的 80.1%，其次为轮虫；生物量则是轮虫占优势，为其总量的 51.9%；除了后湖外其他湖区均有同样的趋势。后湖各类群其密度较均匀，原生动物最多，为 39.6%；生物量方面，则为桡足类最大，达到 74.8%。表 2-4 给出大东湖各湖区浮游动物密度和生物量。

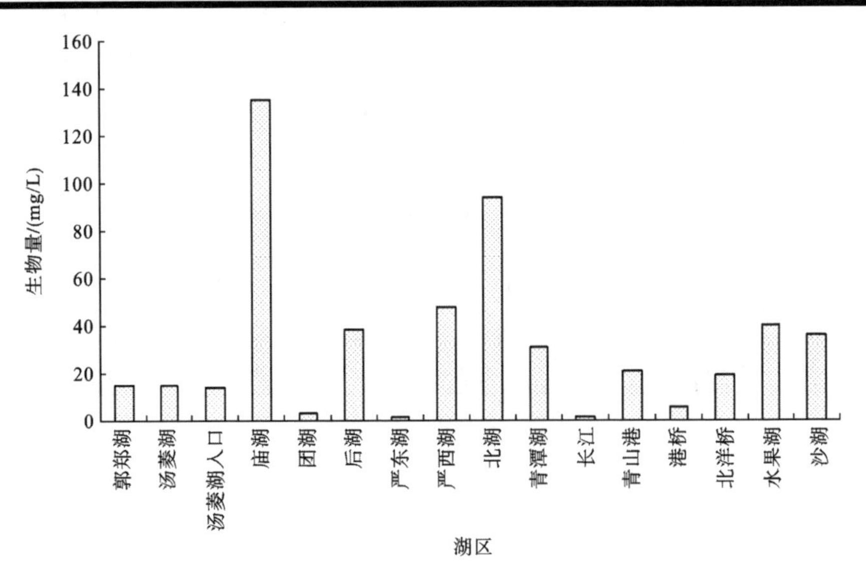

图 2-14 浮游藻类生物量

表 2-4 大东湖各湖区浮游动物密度和生物量

湖区	原生动物		轮虫		枝角类		桡足类		总计	
	密度/(ind/L)	生物量/(mg/L)	密度/(ind/L)	生物量/(mg/L)	密度/(ind/L)	生物量/(mg/L)	密度/(ind/L)	生物量/(mg/L)	密度/(ind/L)	生物量/(mg/L)
郭郑湖	3950	0.198	440	0.528	4	0.080	0	0.000	4394	0.806
水果湖	3840	0.192	680	0.816	8	0.160	180	0.540	4708	1.708
汤菱湖	3883	0.194	1122	1.346	16	0.320	172	0.516	5193	2.376
团湖	5400	0.270	1050	1.260	8	0.160	240	0.720	6698	2.410
后湖	1117	0.056	753	0.904	7	0.140	950	2.850	2827	3.950
庙湖	10450	0.523	1425	1.710	12	0.240	0	0.000	11887	2.473
严东湖	2400	0.120	480	0.576	16	0.320	150	0.450	3046	1.466
严西湖	4950	0.248	510	0.612	20	0.400	240	0.720	5720	1.980
青山港	4580	0.229	1055	1.266	14	0.280	320	0.960	5969	2.735
筲箕湖	2800	0.140	264	0.317	6	0.120	180	0.540	3250	1.117

续表

湖区	原生动物		轮虫		枝角类		桡足类		总计	
	密度/(ind/L)	生物量/(mg/L)	密度/(ind/L)	生物量/(mg/L)	密度/(ind/L)	生物量/(mg/L)	密度/(ind/L)	生物量/(mg/L)	密度/(ind/L)	生物量/(mg/L)
北湖	4720	0.236	1900	2.280	8	0.160	360	1.080	6988	3.756
竹子湖	5200	0.260	2442	2.930	18	0.360	178	0.534	7838	4.084
青潭湖	2540	0.127	350	0.420	16	0.320	286	0.858	3192	1.725
杨春湖	9860	0.493	254	0.305	0	0.000	264	0.792	10378	1.590
沙湖	15420	0.771	1532	1.838	0	0.000	354	1.062	17306	3.671
长江	2680	0.134	320	0.384	4	0.080	280	0.840	3284	1.438

4. 水生植物

对各湖泊湖滨带水生植物的调查结果表明，大东湖生态系统目前共有水生高等植物 25 种，隶属于 3 门，16 科。种类数最多的是青山港，共计 13 种，约占总数的 46.4%；种类数最少的是团湖，只有 1 种；其他各湖的种类数差异也较大。表 2-5 列出了各湖区不同生活型水生植物的种类数。

表 2-5 大东湖水网区各水体水生植物种类数

	汤菱湖-青山港	青山港	长江	杨春湖	水果湖	沙湖	郭郑湖	庙湖	后湖	团湖	严东湖	严西湖	竹子湖	青潭湖	北湖
挺水植物	3	4	4	3	6	1	3	1	4	1	1	4	3	1	5
漂浮植物	3	4	0	3	2	1	0	0	0	0	0	3	0	2	3
浮叶植物	3	4	1	1	2	1	1	1	2	0	2	3	1	2	2
沉水植物	3	2	0	2	1	0	0	0	0	0	2	2	0	0	0
总计	12	13	5	9	11	3	4	2	6	1	5	12	4	5	10

沉水植物仅在汤菱湖与港渠连接处、严东湖、严西湖、青潭湖及青山港有分布(见表 2-6)。其中，只有严东湖水草丰富，覆盖率在 80%以上，但种类比较单一，仅有狐尾藻和苦草，生物量分别为 667 g/m^2 和 7500 g/m^2。

图 2-15 显示了大东湖湖区现有的几种沉水植物。

5. 底栖动物

1) 种类组成

大东湖水网区各水体底栖动物计 50 种，隶属于 16 科 41 属，其中水栖寡毛类 2 科

表 2-6　沉水植物名录

种　　类	汤菱湖	严东湖	严西湖	青潭湖	青山港
金鱼藻科 Ceratophyllaceae					
金鱼藻 *Ceratophyllum demersum* L.					+
小二仙草科 Haloragidaceae					
聚草 *Myriophyllum spicatum* L.		+			+
眼子菜科 Potamogetonaceae					
菹草 *Potamogeton crispus* L.				+	
水鳖科 Hydrocharitaceae					
苦草 *Vallisneria spiralis* L.	+	+			+

图 2-15　大东湖湖区现有的几种沉水植物

(a) 金鱼藻 *Ceratophyllum demersum* L.；(b) 聚草 *Myriophyllum spicatum* L.；
(c) 菹草 *Potamogeton crispus* L.；(d) 苦草 *Vallisneria spiralis* L.

8属12种，软体动物7科10属12种，水生昆虫5科20属23种，其他动物3科3属。在湖泊中，严东湖底栖动物种数最多，有28种，其中水生昆虫占53.6%，北湖、青潭湖和杨春湖仅2～3种；沟渠青山港有21种，软体动物种类比较丰富，占33%。图2-16列出了大东湖湖区几种底栖动物。

(a)　(b)　(c)　(d)　(e)　(f)　(g)　(h)　(i)

图2-16　大东湖湖区几种代表性底栖动物

(a) 尖头杆吻虫 *Stylaria fossularis*；(b) 霍甫水丝蚓 *Limnodrilus hoffmeisteri*；(c) 湖球蚬 *Sphaerium lacustre*；(d) 背角无齿蚌 *Anodonta woodiana*；(e) 萝卜螺 *Radix* sp.；(f) 铜锈环棱螺 *Bellamya aeruginosa*；(g) 春蜓科一种 *Gomphidae* sp.；(h) 毛翅目幼虫 *Trichoptera*；(i) 摇蚊属一种 *Chironomus* sp.

东湖水网区各湖区底栖动物种类数如图2-17所示。严东湖和青山港的物种较其他湖泊丰富，其中严东湖有多个清洁水体种类，如毛翅目幼虫及摇蚊科的多足摇蚊、长跗摇蚊、流水长跗摇蚊等，这与其水生植物丰富有关；另外，青山港亦有21种，软体动物较为丰富，这与其功能性通长江有关；其他湖泊均较少，而以北湖、青潭湖和杨春湖为最少，物种数低于5种。

2）现存量

东湖水网中三个超富营养湖泊底栖动物的平均密度、生物量分别为3673 ind/m^2、

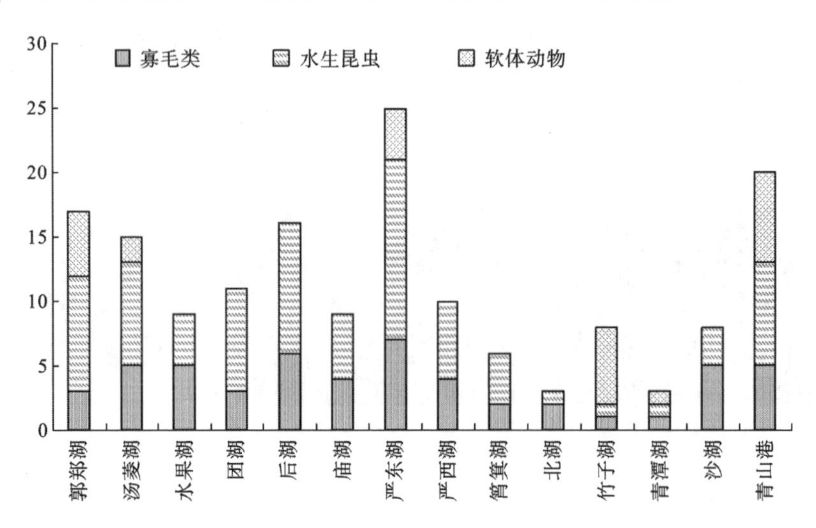

图 2-17 东湖水网区各湖区底栖动物种类数

14.2 g/m²,优势类群寡毛类和水生昆虫在密度上分别占79.0%和20.9%,在生物量上分别占51.4%和48.6%;富营养湖泊底栖动物的平均密度、生物量分别为396 ind/m²、1.8 g/m²,优势类群寡毛类和水生昆虫,在密度上分别占19.7%和78.3%,在生物量上分别占38.9%和44.4%;中营养湖泊底栖动物平均密度、生物量分别为325 ind/m²、19.3 g/m²,密度上水生昆虫占优势,为总量的59.1%;生物量上软体动物占优势,为总量的96.4%;沟渠青山港平均密度、生物量分别为546 ind/m²、363.4 g/m²,密度上寡毛类占优势,为总量的63.6%,生物量上软体动物占优势,为总量的99.1%,这与青山港保持一定的流水性有关(见表2-7)。

表 2-7 东湖水网各水体底栖动物密度和生物量

水体		寡毛类		软体动物		昆虫		其他		总计	
		密度	生物量	密度	生物量	密度	生物量	密度	生物量	密度	生物量
超富营养	水果湖	968	2.2	0	0	968	2.9	8	0.002	1944	5.1
	庙湖	3936	12.2	0	0	1216	17.4	0	0	5152	29.6
	沙湖	3806	7.4	0	0	117	0.3	0	0	3923	7.7
	平均	2903	7.3	0	0	767	6.9	3	0	3673	14.2
富营养	郭郑湖	208	1.1	0	0	178	0.6	0	0	386	1.7
	汤菱湖	92	1.2	2	0.03	296	0.6	4	0.01	394	1.8
	团湖	32	1.2	0	0	336	1.4	8	0.03	376	2.6
	后湖	59	0.4	0	0	312	1.0	0	0	371	1.4

续表

水体		寡毛类		软体动物		昆虫		其他		总计	
		密度	生物量	密度	生物量	密度	生物量	密度	生物量	密度	生物量
富营养	严西湖	198	0.6	0	0	937	2.8	7	0.04	1142	3.4
	筲箕湖	32	0.4	0	0	112	0.4	0	0	144	0.8
	北湖	48	1.1	0	0	8	0.1	0	0	56	1.2
	青潭湖	32	0.01	32	0.3	576	0.3	0	0	640	0.6
	杨春湖	0	0	16	2.1	32	0.1	0	0	48	2.2
	平均	78	0.7	6	0.3	310	0.8	2	0.01	396	1.8
中营养	严东湖	77	0.3	51	18.6	192	0.2	5	0.2	325	19.3
沟渠	青山港	381	1.7	59	212.2	99	0.8	11	0.01	550	214.7
长江	武汉段	80	0.2	54	0.032	32	0.003	15	0.013	181	0.29

注：表中密度的单位为 ind/m^2，生物量的单位为 g/m^2。

3）优势种

大东湖水网区底栖动物优势种的现存量及所占比例如表 2-8 所示，湖泊与沟渠中寡毛类和水生昆虫的优势种基本相同，寡毛类方面是霍甫水丝蚓和苏氏尾鳃蚓占

表 2-8 东湖水网区底栖动物优势种密度、生物量及其占比

种类	湖泊				沟渠			
	密度/(ind/m^2)	占比/(%)	生物量/(g/m^2)	占比/(%)	密度/(ind/m^2)	占比/(%)	生物量/(g/m^2)	占比/(%)
霍甫水丝蚓 *L. hoffmeisteri*	366	40.4	0.7	13.7	333	60.7	0.2	0.1
苏氏尾鳃蚓 *B. sowerbyi*	27	2.9	0.7	12.9	40	7.3	1.5	0.7
铜锈环棱螺 *B. aeruginosa*	1	0.1	1.4	26.6	43	7.8	72.9	34.0
背角无齿蚌 *A. woodiana*	0	0	0	0	3	0.5	81.9	38.1
圆顶珠蚌 *U. douglasiae*	0	0	0	0	3	0.5	51.5	24.0
羽摇蚊 *C. plumosus*	68	7.6	0.5	9	45	8.3	0.2	0.1
长足摇蚊 *Tanypus* sp.	242	26.7	0.7	14	3	0.5	0.003	0.0
合计	704	77.7	4.0	76.2	470	85.6	208.2	97.0

注：优势种以相对密度或相对生物量≥5%为标准。

优势，而水生昆虫方面，羽摇蚊和长足摇蚊是优势种。湖泊与沟渠中软体动物的优势种不同，在青山港出现了大量的铜锈环棱螺、少量的背角无齿蚌和圆顶珠蚌，而湖泊中软体动物只有铜锈环棱螺成为优势种，双壳类未采集到。

6. 鱼类

2009 年底对东湖鱼类组成进行了初步调查，调查区域包括国营东湖渔场经营的郭郑湖和汤菱湖，以及后湖、北湖、严东湖和严西湖。调查结果表明，东湖仍是以放养为主的养殖湖泊，渔获物以鲢（*Hypophthalmichthys molitrix*）、鳙（*Aristichthys nobilis*）为主，占整个渔获物 95%以上，其他还有鲤鱼（*Cyprinus carpio*）、鲫鱼（*Carassius auratus auratus*）、花鱼骨（*Hemibarbus maculates*）、黄尾鲴（*Xenocypris davidi*）、蒙古红鲌（*Culter mongolicus*）、鳜（*Siniperca chuatsi*）等，图 2-18 为东湖鱼类捕捞状况。渔场鲢、鳙鱼产量根据市场需求每天在 5000～10000 斤，比例约为 4∶1。

(a) (b) (c) (d)

图 2-18 东湖鱼类捕捞状况

(a) 鲢、鳙鱼围捕；(b) 鲢、鳙起获；(c) 黄尾鲴；(d) 花鱼骨

对严东湖、严西湖进行了调查，发现目前两湖区共计有青鱼（*Mylopharyngodon piceus*）、草鱼（*Ctenpoharyngodon idellus*）、鲢、鳙、鲤鱼、鲫鱼、鳊（*Parabramis pekinensis*）、团头鲂（*Megalobrama amblycephala*）、赤眼鳟（*Squaliobarbus curricu-*

lus)、黄尾鲴、鳡鱼(*Elopichthys bambusa*)、翘嘴鲌(*Culter alburnus*)、蒙古红鲌、达氏鲌(*Culter dabryi dabryi*)、黄颡鱼(*Pelteobagrus fulvidraco*)、餐(*Hemiculter leucisculus*)、鳜、乌鳢(*Channa argus*)等 18 种鱼类,其中主要放养鱼类为草鱼、鲢、鳙、鳊等。据严东湖承包人介绍,该湖每年也有灌江纳苗情况,所以会有鳡鱼等一些鱼类出现在该湖。

近期对严东湖、严西湖、青潭湖和青山港的港桥进行了调查,结果见表 2-9。几个水体均以常见种为主。

表 2-9　大东湖水网各水体鱼类名录

种类名录	东湖	严东湖	严西湖	青潭湖	杨春湖	沙湖	北湖	港桥
黄鳝 *Monopterus albus* (Zuiew)	+	+	+	+	+	+	+	+
黄颡鱼 *Pelteobagrus fulvidraco* (Richardson)		+	+					+
草鱼 *Ctenopharyngodon idellus* (Cuvier et Valenciennes)	+	+	+					+
鳊 *Parabramis pekinensis* (Basilewsky)	+	+	+					
团头鲂 *Megalobrama amblycephala* Yih	+		+					
青鱼 *Mylopharyngodon piceus* (Richardson)		+	+					+
鲢 *Hypophthalmichthys molitrix* (Cuvier et Valenciennes)	+	+	+	+	+	+	+	
鳙 *Aristichthys nobilis* (Richardson)	+	+	+	+	+	+	+	
鲫 *Carassius auratus auratus* (Linnaeus)	+	+	+	+	+	+	+	+
泥鳅 *Misgurnus anguillicaudatus* (Cantor)	+	+	+		+	+	+	+
赤眼鳟 *Squaliobarbus curriculus* (Richardson)		+						
鲤 *Cyprinus* (*Cyprinus*) *carpio* Linnaeus	+	+	+	+	+	+	+	+
乌鳢 *Channa argus* (Cantor)	+	+	+	+	+	+	+	
餐 *Hemiculter leucisculus* (Basilewsky)		+	+	+	+	+	+	+
翘嘴鲌 *Culter alburnus* Basilewsky	+	+	+					+
鳡 *Elopichthys bambusa* (Richardson)		+	+					
鳜 *Siniperca chuatsi* (Basilewsky)			+	+	+	+	+	
鲇 *Silurus asotus* Linnaeus			+					+
棒花鱼 *Abbottina rivularis* (Basilewsky)								+
中华刺鳅 *Mastacembelus sinensis* (Bleeker)								+

续表

种类名录	东湖	严东湖	严西湖	青潭湖	杨春湖	沙湖	北湖	港桥
河川沙塘鳢 *Odontobutis potamophila* (Günther)								+
鰕虎鱼科一种(问询)Gobiidae sp.								+
鮈亚科一种 Gobioninae sp.								+
黄鱼幼鱼 *Hypseleotris swinhonis* (Günther)								+
麦穗鱼 *Pseudorasbora parva* (Temminck et Schlegel)								+
花鱼骨(*Hemibarbus maculates*)	+							
黄尾鲴(*Xenocypris davidi*)	+							
蒙古红鲌(*Culter mongolicus*)								+
总计	13	15	17	8	9	9	9	17

2.2.3 大东湖生态系统退化原因

1. 江湖阻隔(20 世纪 60 年代)

东湖为全国最大的城中湖泊,历史上与长江自由连通,湖泊水位与长江干流保持一致,有着自然的涨落过程。20 世纪 60 年代初,青山港等地建闸,东湖失去了与长江的自由水文连通。近年来研究发现江湖阻隔对湖泊生态系统的影响甚大,造成了生物多样性的下降、生物资源的衰退和生态灾害风险的增加,主要体现在:①阻碍了湖泊与河流的水沙和营养传输,扰乱了周期性水文波动,阻断或延滞生物的交流和生长过程;②削弱了自然水文地貌过程,降低生境的时空异质性,致使阻隔湖泊物种丰富度下降 20%~50%;③终止或减弱了水文过程对生物群落的中度干扰作用,导致演替向顶级群落发展,竞争排斥作用增强。

2. 鱼类不合理放养(1973—1975 年)

沉水植被是维持湖泊清水稳态的关键类群,可以很好地改善水体的景观。沉水植被的多寡是决定生态系统健康与否的最关键因素,20 世纪 60 年代沉水植被是东湖生态系统中最主要的植被类型,其分布面积占湖泊面积的 60%以上,其中优势种黄丝草占植被生物量的 40%左右。随着人类活动对湖泊生态系统影响的加剧,从 20 世纪 60 年代起沉水植被的分布范围和生物量开始下降,70 年代主要湖区植被迅速下降,其主要影响包括 70 年代大量放养草鱼。

东湖鱼产量的水平在 1972 年以前相当低,一般在 7.5 千克/亩以下。据统计,在 1973—1978 年,每年投放各类鱼种 250 万尾以上;1978—1986 年每年放养量增加到

360 余万尾，特别是大量草食性鱼类。这些对由大型水生植物为主的草型湖泊演变为由浮游植物为主的藻型湖泊起到了重要的作用。在 20 世纪 50 年代和 60 年代初期，东湖的黄丝草是占绝对优势地位的种类；70 年代后由于渔业的强化，导致黄丝草迅速减少，直至绝迹。据对汤菱湖区调查，1972 年，水生植物量为 563.5 千克/亩，其中黄丝草占 51%，1973—1975 年，草鱼渔获量从 2.5 千克/亩上升到 6.65 千克/亩，如按植物饵料系数 120 计算，被草鱼消耗的植物量为 300～780 千克/亩，这样就造成了草鱼摄食量大大超过植物再生能力的现象，从而使水生植物量逐年降低，至 1975 年达到最低点。

3. 水体污染

东湖在 20 世纪 70—80 年代经历了快速的人为富营养化过程。在 50—70 年代，东湖总磷水平较低，均保持在 0.1 mg/L 以下。到了 80 年代，总磷水平迅速上升至 0.45 mg/L 左右。到了 90 年代，水体磷含量有所下降，但与 50—60 年代相比，仍然维持在较高水平。磷的含量是决定藻类生长的最关键因素，江湖阻隔引起的湖水静止也为浮游藻类的生长提供了优良的生境。相应地，东湖的浮游藻类也经历了急剧增长的过程。藻类的生长情况可从叶绿素 a 含量的变化得以反映。自 70 年代末有叶绿素 a 含量数据以来，东湖叶绿素 a 含量一直保持在 15 μg/L 以上的较高水平，且与总磷的变化趋势一致。70—80 年代中期，蓝藻水华大面积发生，80 年代东湖高磷是导致蓝藻水华暴发的主要原因。藻类的快速增长和蓝藻水华的暴发可造成一系列严重后果，如水体透明度的下降、沉水植被的消失、鱼类的死亡和水体的腥臭，最终导致湖泊生态系统服务功能的丧失，严重时可对人体健康带来危害。

2.3　湖泊水环境现状调查研究

为分析如何利用最优引水调度方案达到特定的湖体水环境，研究团队开展了大东湖水系水环境现状调查研究。通过实地测量，并结合泰森多边形法对湖泊整体区域水质进行估算，全面掌握了大东湖水系污染物的组成与分布，为湖泊水质规划与管理提供科学依据。

2.3.1　实验方法

1. 实验目标

实地测量东湖流速及水质，为大东湖水网调度模型参数率定提供实测数据。

2. 实验任务

按照研究要求，实验任务主要有：

①记录东湖各测点坐标和测量时间；

②实地测量东湖各测点的流速、水位；

③实地测量东湖各测点的 pH 值、溶解氧、水温、电导率、浊度；

④在各测点采取湖水水样，在实验室测量水样以下水质指标：总氮(TN)、总磷(TP)、COD。

2.3.2　实验地点及设备

1. 实验设备

各测量项目及所使用设备如表 2-10 所示。

表 2-10　测量项目及实验设备

测量项目	测量设备
测点定位和导航	莱卡手持式 GPS 仪 CS10
pH 值、溶解氧、水温	便携式多水质测试仪 YSI ProPlus
流速、水深	手持式流速流量测量仪 SonTek FlowTracker
流速	便携式面积速度流量计 ISCO2150
测点湖水采样	250 mL 塑料瓶 11 个
pH 值、溶解氧、水温、电导率、浊度	五参数水质分析仪 WTW

2. 设备及试验方法简介

1）设备介绍

①莱卡手持式 GPS 仪 CS10：是通用型手持式 GPS 测量设备，可进行各种测量，具有强大的编码功能，方便内业成图，能够以莱卡格式和 RINEX 格式记录原始数据，进行静态测量，支持 GPS L1、Glonass L1 和 SBAS，可以利用内置 SIM 卡或蓝牙手机接入 CORS，获得优于 0.4 m 的定位精度。

②便携式多水质测试仪 YSI ProPlus：YSI ProPlus 型手持式野外/实验室两用测量仪广泛应用于地表水、饮用水的水质测量，污水处理厂的溢流，湿地监测，盐潮入侵调研，可测量参数有溶解氧、pH 值、ORP、电导率、氨氮、硝氮、氯化物和温度。在大东湖水质系列测量中，为保证精度，氨氮、硝氮等指标选择取样后在实验室测量，现场测量指标为溶解氧、温度、pH 值及气压。通过连续水质测量，可明确大东湖水网污染类型为富营养化，即溶解氧、pH 值等无机指标基本达标，重点超标项目为 TP、TN、COD。水网调度成果的评价指标因此选择为 TP、TN、COD。

③手持式流速流量测量仪 SonTek FlowTracker：该仪器用来测量水道断面的流量。测试原理是通过测量离声学波束发射器约 10 cm 处的一个小的观测点的二维或三维流速来测出断面流量。在整个测验过程中，将 FlowTracker 和水深测量器绑定在五米杆上，深入水下，水深测量器可以实时显示水深读数，通过五米测量杆上的滑轮将探头提升到待测点特定水深处，由 FlowTracker 来测量出该点的

流速。

在流量测验时，仪器会自动消除由于水流方向而造成的流量测验影响。在测点的测量期间，仪器每秒记录一个流速数据，然后进行平均，计算得到平均流速。质量控制数据同时显示出来，如果发现流速的数据不令人满意，应当重新施测。最终可以得到各个测点特定水深处的 X、Y、Z 方向流速（X 表示东，Y 表示北，Z 表示垂直向上方向）及 SNR（信噪比）和水温等数据。

④便携式面积速度流量计 ISCO2150：该仪器主要应用于明渠流体的参数测量。该仪器测量的液位和平均流速数据由一个外接的放置在流体里的探头提供。面积速度探头借助超声波和多普勒效应原理测量平均流速，包含一对超声波传感器，其中一个传感器传送声波，随着超声波在流体里传播，颗粒和气泡会将声波反射回探头，由另一个传感器接收。模块内部的电路会比较声波频率并计算出差值，频率变化程度与流速成比例。

⑤五参数水质分析仪 WTW：该仪器主要监测水质项目为 pH 值、溶解氧、浊度、电导率、水温。其中，pH 值测试原理为：通过参比电极与指示电极对比，得出不同 pH 值的溶液中 H^+ 的含量不同，显示出不同的电极，来转换为 pH 值。

溶解氧测试原理为：按电化学反应过程（阳极：$Ag+Cl\rightarrow AgCl+2e^-$；阴极：$O_2+2H_2O+4e^-\rightarrow 4OH^-$）和法拉第定律，氧在水中的溶解度取决于温度、压力和水中溶解的盐；流过溶解氧分析仪电极的电流和氧分压成正比，在温度不变的情况下电流和氧浓度之间呈线性关系。

浊度测试原理为：当光线照射到液面上，入射光强、透射光强、散射光强相互之间的比值和水样浊度之间存在一定的相关关系，通过测定透射光强，计算散射光强与入射光强或透射光强与散射光强的比值来测定水样的浊度。

电导率测试原理为：根据欧姆定律，电导率(G)-电阻(R)的倒数是由导体本身决定的，因此将两块平行的极板放到被测溶液中，在极板的两端加上一定的电势（通常为正弦波电压），然后测量极板间流过的电流。

2）实验方法

总氮、总磷及 COD 的浓度测定在实验室内完成，具体方法如下：

①COD 测定方法：重铬酸钾法。

②TN 测定方法：过硫酸钾氧化-紫外分光光度法。

③TN 测定方法：钼锑抗分光光度法。

3. 实验测点及路线

图 2-19 中所示 S1、S2 为沙湖内流速以及水质测点，A1、A2、A3、A4、A5、A6、A7、A8、A9 为东湖内流速及水质测点，按照所标箭头顺序进行测量。

图中各测点的坐标如表 2-11 所示。

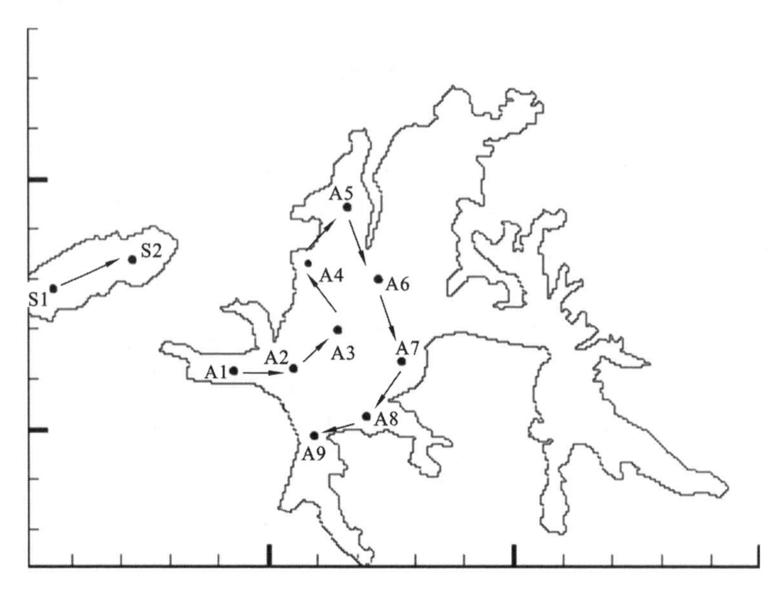

图 2-19 东湖和沙湖各测点位置示意图

表 2-11 测量项目及实验设备

编　号	纬　度	经　度
S1	30°33′51.88″	114°19′12.99″
S2	30°34′11.44″	114°20′05.05″
A1	30°32′58.67″	114°21′25.86″
A2	30°32′59.46″	114°22′10.97″
A3	30°33′13.57″	114°22′49.90″
A4	30°34′11.17″	114°22′15.91″
A5	30°34′52.34″	114°22′55.77″
A6	30°33′51.95″	114°23′22.19″
A7	30°32′55.01″	114°23′40.11″
A8	30°32′30.79″	114°23′15.39″
A9	30°32′12.96″	114°22′29.35″

4. 现场实测

研究团队对东湖水质进行了为期一年的监测，部分现场照片如图 2-20 所示，实验所测得数据用于大东湖分布式流场建模及水质预测模型中的参数率定。

5. 湖泊水质插值的泰森多边形法

将泰森多边形法的思想引入湖泊整体区域水质插值当中，目的是为了根据离散

图 2-20　实验现场

分布的水质测点数据来估算湖泊整体区域的水质。其原理为:将所有相邻测点连成三角形,作这些三角形各边的垂直平分线,每个测点周围的若干垂直平分线便围成一个泰森多边形,该多边形内包含一个唯一测点,并用测点的值代表多边形区域内的水质。如图 2-21 所示,图中虚线构成的多边形就是泰森多边形,每个顶点是每个三角形的外接圆圆心。

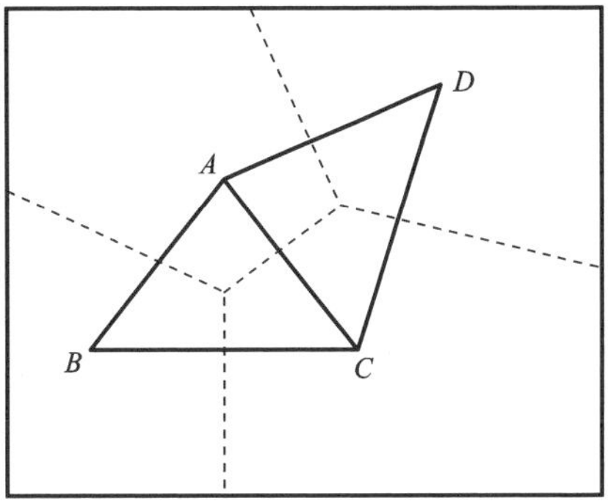

图 2-21　泰森多边形

泰森多边形的特点为:

①每个泰森多边形内仅含有一个测点;

②泰森多边形区域内的点到相应测点的距离最近;

③位于泰森多边形边上的点到其两边的测点的距离相等。

建立泰森多边形算法的关键是将离散数据点合理地连成三角网,即构建 Delaunay 三角网。建立泰森多边形的步骤如下。

步骤一:离散测点自动构建 Delaunay 三角网。对离散点和形成的三角形编号,记录每个三角形是由哪三个离散测点构成。

步骤二:找出与每个离散测点相邻的所有三角形的编号,并记录。

步骤三:对与每个离散测点相邻的三角形按顺时针或逆时针方向排序,以便下一步连接生成泰森多边形。

步骤四:找出每个三角形的外接圆圆心,并记录。

步骤五:根据每个离散测点的相邻三角形,连接这些相邻三角形的外接圆圆心,即得到泰森多边形。对于三角网边缘的泰森多边形,可作垂直平分线与边界相交,与边界一起构成泰森多边形。

2.4　水环境在线监测系统设计

本节设计了一种基于物联网的水环境在线监测系统。该系统主要分为三个部分:传感器节点采集部分、汇聚节点收发部分和上位机监控控制部分。传感器节点采集部分由电化学探头(温度、pH 值、电导率、溶解氧、浊度)、硬件调理电路和 ZigBee 发送节点组成。其中,被测参数经由化学探头识别转换变为电信号,再通过调理电路的放大和处理,最后通过发送节点将电信号转换成数字信号,编码成数据包发送上传到汇聚节点;汇聚节点收发部分由 ZigBee 接收节点和串口/USB 通信模块组成;接收节点负责接收经由发送节点发送的数据包,通过串口/USB 通信模块实现与上位机电脑之间的通信和传输;上位机监控控制部分通过上位机界面软件对接收的数据包实时处理,并经过图表分析有序、有目的地显示。

2.4.1 系统整体设计

基于物联网的水环境在线监测系统的优势在于:多点采样、实时在线监测、系统图表分析和直观显示。在实际工作中,首先综合规范标准的要求拟定湖泊、水库的水环境监测参数和系统整体性能指标;然后结合水环境监测技术相关理论,分析整体方案设计模块功能,给出整体设计方案;最后论述系统通信方式设计,为硬件设计和软件设计提供基础。

1. 设计目标

系统整体设计目标的确定到系统所能实现的功能,主要包括系统监测参数和系统测量指标两部分。

1) 系统监测参数

常规测量项目通常包括必测项目和选测项目,根据不同水体的要求,分为河流、饮用水源地和湖泊水库三类,如表 2-12 所示。

表 2-12 地表水监测项目

项目	必测项目	选测项目
河流	水温、pH 值、溶解氧、高锰酸盐指数、化学需氧量、BOD_5、氨氮、总氮、总磷、铜、锌、氟化物、硒、砷、汞、镉、铬(六价)、铅、氰化物、挥发酚、石油类、阴离子表面活性剂、硫化物和粪大肠菌群	总有机碳、甲基汞等
饮用水源地	水温、pH 值、溶解氧、悬浮物、高锰酸盐指数、化学需氧量、BOD_5、氨氮、总磷、总氮、铜、锌、氟化物、铁、锰、硒、砷、汞、镉、铬(六价)、铅、氰化物、挥发酚、石油类、阴离子表面活性剂、硫化物、硫酸盐、氯化物、硝酸盐和粪大肠菌群	锰、铜、锌、有机磷农药、硫酸盐、碳酸根等
湖泊水库	水温、pH 值、溶解氧、高锰酸盐指数、化学需氧量、BOD_5、氨氮、总磷、总氮、铜、锌、氟化物、硒、砷、汞、镉、铬(六价)、铅、氰化物、挥发酚、石油类、阴离子表面活性剂、硫化物和粪大肠菌群	总有机碳、甲基汞、硝酸盐、亚硝酸盐等

在表2-12必测项目中，水温、pH值、溶解氧三项是各个不同水体都要测量的项目，也是平常水体中最普遍和最基本的指标，这三项与浊度（悬浮物）和电导率两项构成了水环境监测系统的基本测量项目五参数测量[5,6]。

2）系统测量指标

参考各项参数测量的国家标准和水质在线传感器/分析设备（ISO 15839—2003），并根据实际水体环境的具体要求和设计系统实际情况，确定了五参数测量的三项基本性能指标（测量范围、分辨率以及测量误差），如表2-13所示。

表2-13 各参数测量指标

测量参数	测量范围	仪器分辨率	测量误差
水温/℃	0～100	0.1	5%
pH值（无量纲）[7]	2～12	0.01	0.1
溶解氧/（mg/L）[8]	0～20	0.1	0.3
电导率/（mS/m）[9]	0～500	1	1%
浊度/NTU[10]	0～100	0.1	5%

相比于人工采样，水环境无线在线监测系统可以根据实际的要求和具体的情况大大地提高监测频率和效率，通常每隔15 min采样一次[11]，实时提供真实可靠的数据。

2. 设计方案

1）系统整体设计框架

系统结构如图2-22所示，主要由以下五个部分组成。

①采水单元：分为管路、水泵、供电及安装结构部分。这部分裸露在野外安装时特别需要注意水位、气候、地质等环境条件变化，并提出相应解决措施。

②配水单元：分为水样自动清洗装置、预处理装置及辅助部分。这部分负责供给水样，需要经过淤泥、泥沙处理过滤装置送达测量点，提供的水样要符合普遍满足整体环境状况的要求。

③分析单元：水质分析仪器和监测仪器是中间的核心部分。这部分承担监测和分析水环境质量参数的核心工作，系统测量结果的好坏很大程度上与这个部分相关。监测参数包括水温、pH值、电导率、溶解氧、浊度等。

④控制单元：主要包括系统控制柜和控制软件，属于数据的集散中心，主要承担采集数据分析、处理和存储的任务，而且是控制的指挥中心，主要进行基站各单元的控制和监控，以及数据通信等任务。

⑤子站站房及配套设施：负责站房主体和各个单元的配套设施的设计。

从功能上来看，基于物联网水环境在线监测系统需要拥有数据加密传输、指标超标报警、数据存储和决策分析的功能，并且需要具备低功耗、高可靠性和安装简易等优点。

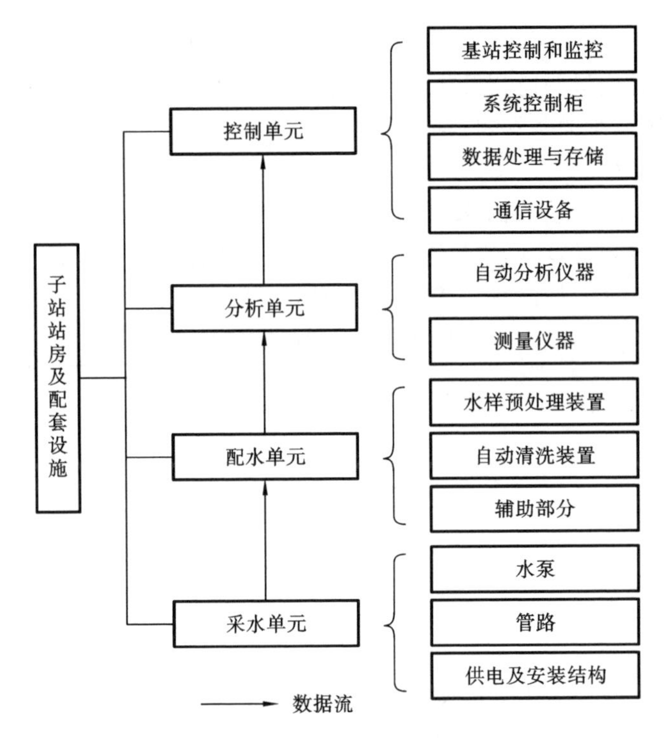

图 2-22 完整监测系统框架图

2）系统整体设计结构

武汉东湖湖面面积 33 km^2，是中国最大的城中湖。针对东湖湖面范围和水体状况，设计了水环境无线在线监测系统，该系统采用基于 CC2530 芯片的 ZigBee 网络通信作为数据采集的网络。

从功能结构上看，水环境无线在线监测系统的设计主要分为三个部分：传感器节点采集部分、汇聚节点收发部分和上位机监控控制部分。传感器节点采集部分由电化学探头、硬件调理电路和 ZigBee 发送节点组成。其中，被测参数经由化学探头识别转换成电信号，再通过调理电路的放大和处理，最后通过发送节点将电信号转换成数字信号，并编码成数据包发送上传到汇聚节点；汇聚节点收发部分由接收节点和串口转 USB 通信模块组成；接收节点负责接收经由发送节点发送的数据包，通过 USB 转串口通信模块实现与上位机电脑之间的通信和传输；上位机监控控制部分通过上位机界面软件对接收的数据包实时处理，并经过一定的图表分析有序、有目的地显示。

如图 2-23 所示，无线传感器网络由大量的集成了实时传感、数据收发处理和无线通信能力的小体积、低成本的位于测量区域的传感器节点和与该片区域匹配的汇聚节点、电脑上位机，自下而上自组织地构成了一套监测网络。传感器节点相当于集成了采水单元、配水单元及分析单元，实现各个单元相应的功能；汇聚节点和上位机控制相当于控制单元，实现监控显示、过程控制和远程通信的功能。无线传感器构成

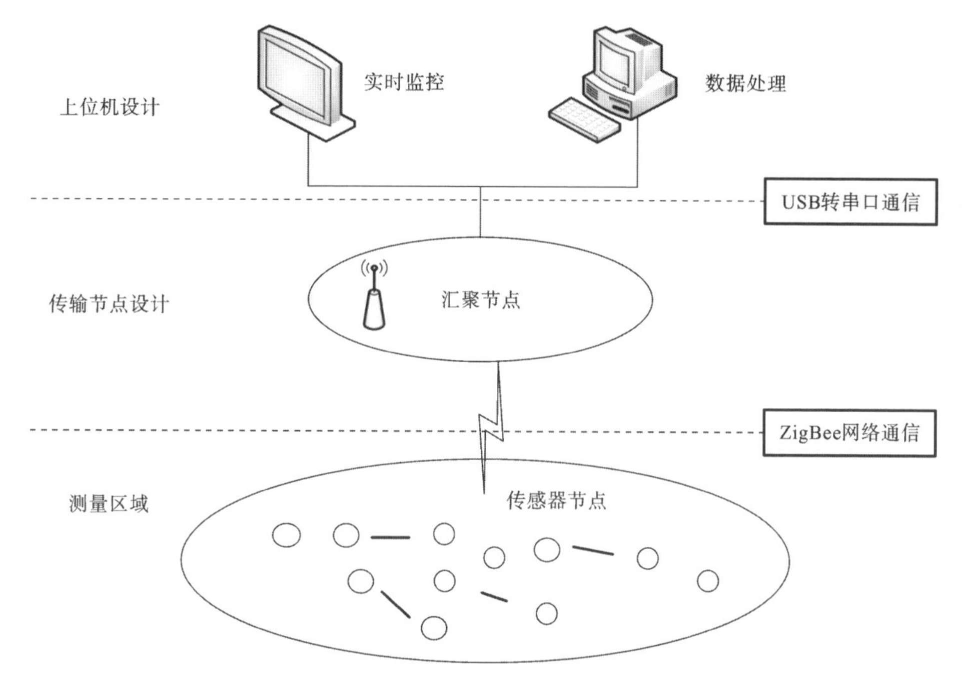

图 2-23　系统整体设计方案

的网络具备一个完整的水环境监测系统所要求的功能结构。

3. 通信方式

1) ZigBee 无线 RF 通信

IEEE 802.15.4—2006 标准中的帧格式如表 2-14 所示，传送帧主要由帧头、帧负载和帧尾构成完整的数据包。

表 2-14　IEEE 802.15.4—2006 帧格式

帧位	2	1	0～20	n	2
Mac 层	帧控制域	数据序列号	寻址信息	帧负载	帧校验序列
		Mac 层帧头(MHR)		Mac 层负载	Mac 帧尾
			Mac 协议数据单元(MPDU)		
帧位	4	1	1	m	
物理层(PHY)	前导序列	帧首定界符	帧长度	Mac 层协议数据单元	
	同步头(SHR)		PHY 帧头	PHY 服务数据(PSDU)	
			PHY 协议数据单元(PPDU)		

2) RS232 转 USB 通信

采用 RS232-USB 转化器 PL2303 芯片来实现串口和 USB 接口之间的转换应用于汇聚节点和上位机 PC 之间的通信，达到接口普遍性使用的要求。

2.4.2　系统硬件电路设计

系统硬件电路是基于物联网的水环境在线监测系统实现的硬件基础，是系统实现整体设计目标的必要条件。硬件电路设计包括传感器节点和汇聚节点两个部分，上位机 PC 监控界面设计属于软件设计部分的内容。传感器节点和汇聚节点在无线收发通信模块的硬件电路设计方面大致相同，不同的是在传感器节点方面，包括前端传感器调理电路和电化学探头。

1. 硬件电路总体设计方案

1）汇聚节点硬件电路总体设计

汇聚节点在 ZigBee 网络中承担网络协调器的角色，它是连接传感器节点和上位机 PC 的一个桥梁，也是监测参数数据传输的中间环节，主要用于处理传感器节点零时传送过来的数据，之后再将之上传至上位机 PC，通过监控界面的功能对其进行处理之后保存。

汇聚节点硬件电路设计的结构框架如图 2-24 所示。设计包括七大部分：供电电源硬件电路设计、LED 指示灯硬件电路设计、振荡器晶振硬件电路设计、编程仿真硬件电路设计、RF 无线电收发射频硬件电路设计、按键复位控制硬件电路设计和串口/USB 转换硬件电路设计。

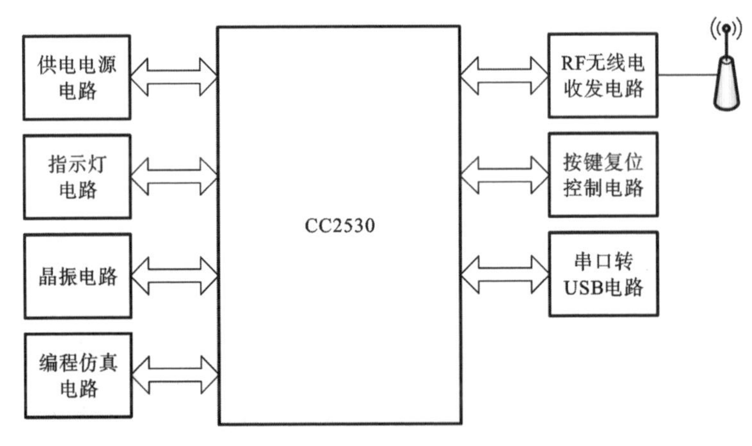

图 2-24　汇聚节点硬件电路设计概述

2）传感器节点硬件电路总体设计

传感器节点位于水环境监测的第一现场，传感器网络收发部分要置于湖面之上并做好相应的防水措施，电化学传感器要置于湖面以下，探头顶端要完全置于水体之中进行测量。数据采集的全部工作都是由传感器节点完成，采集数据的有效性、精度和采样频率由传感器探头转换方式和精度、调理电路的可靠性和放大倍数、ADC 转换精度和分辨率等共同决定。

如图 2-25 所示，传感器节点主要包括电化学传感器（包括 pH 电极、溶解氧电

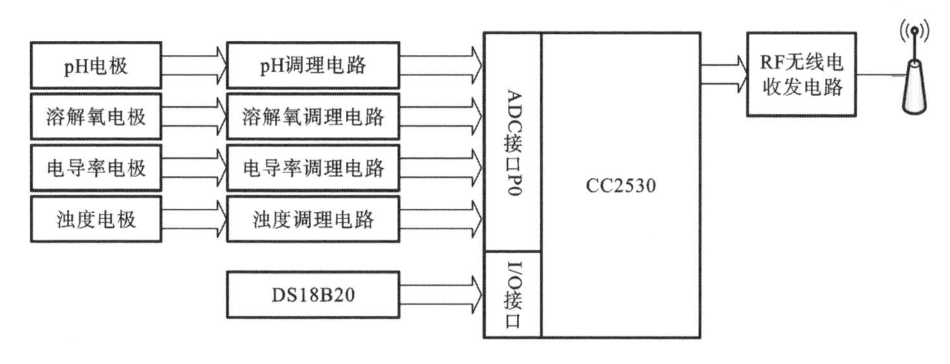

图 2-25 传感器节点简化框架

极、电导率电极和浊度电极)、传感器调理电路(包括 pH 调理电路、溶解氧调理电路、电导率调理电路和浊度调理电路等)、ADC 转换部分(包括 ADC 接口和 I/O 接口等)和 RF 无线电收发电路四个部分,需要承担数据采集、转换和传送工作。

2. 汇聚节点硬件电路设计

1) 供电电源电路设计

供电电源电路中主要的器件是 LM1117,采用其固定输出电压 3.3 V。

如图 2-26 所示,电路板通过开关 S4 控制两种电源供电方式:第一种来自于电池的电源接口(图中 S4 的 1 端口)供电;第二种来自于由 LM1117 器件稳压输出 3.3 V(图中 S4 的 3 端口)供电。图中左端 S3 开关控制 USB 端供电的开启与关闭,连接上 USB 接口之后就可以实现 USB 接口供电。

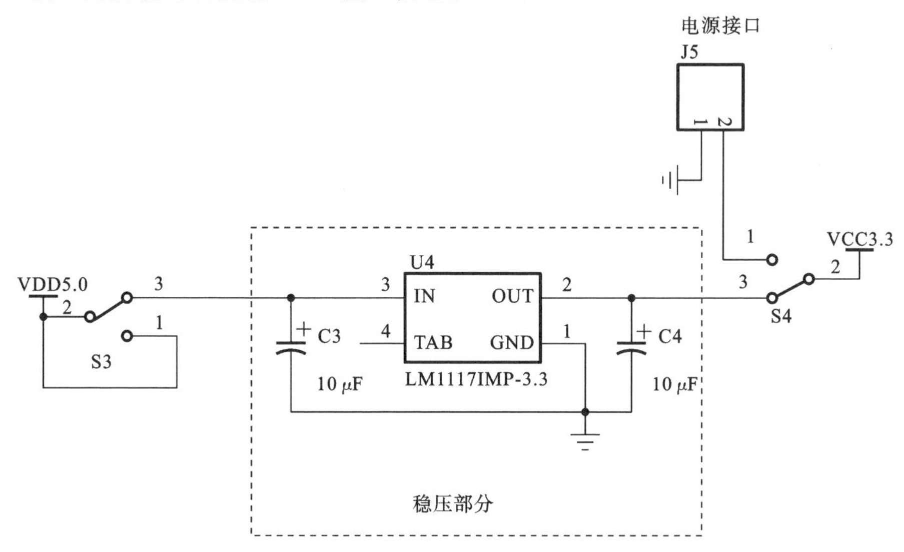

图 2-26 供电电源电路

2) LED 指示灯和按键复位控制电路设计

如图 2-27 所示,LED 指示灯由两个 LED 灯和两个电阻接地串联构成,通过 P1

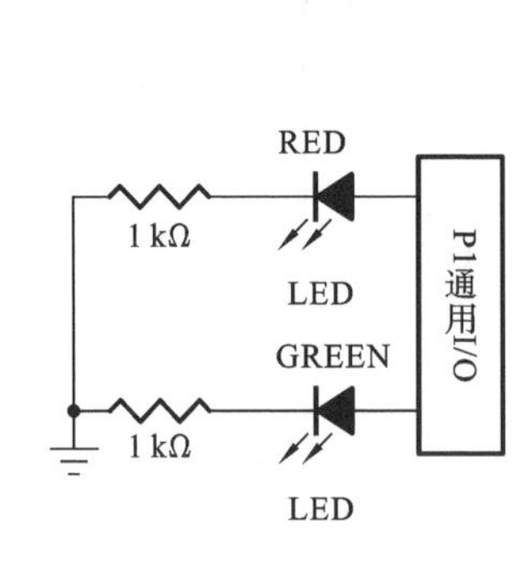

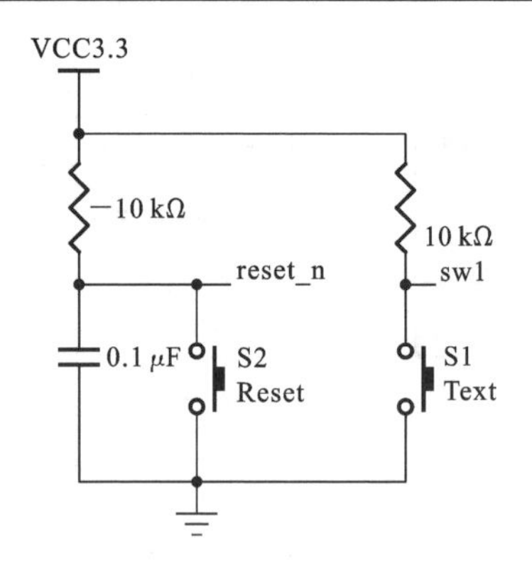

图 2-27 LED 指示灯和按键复位控制电路

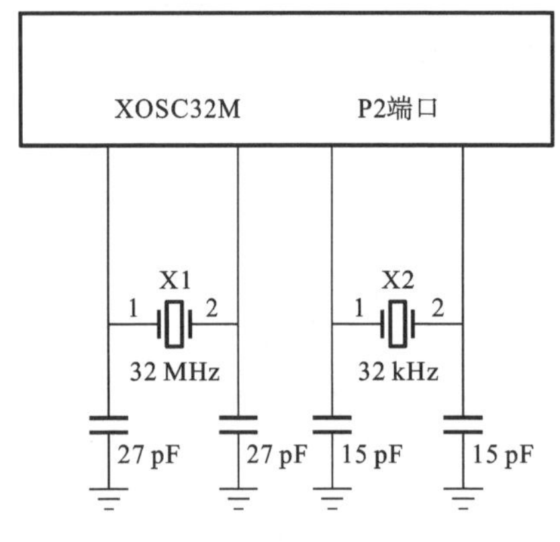

图 2-28 晶体电路

端口控制;按键复位电路通过 3.3 V 电源、电阻和按键串联构成。

3）晶振电路设计

设备 CC2530 采用 32 MHz 晶体振荡器作为高频振荡器和 32 kHz 晶体振荡器作为低频振荡器。

具体的电路如图 2-28 所示,由两个晶振源和相应的电容组成。由于两个振荡器的存在和各自承担不同的工作任务,设备 CC2530 对于两个振荡器的控制和电源的控制有一套相应的管理方式,目的是期望通过分时服用的理念降低设备功耗,尽可能地减少设备电路板在野外的电能损耗。

如表 2-15 所示,设备 CC2530 提供了五种不同的供电运行模式:主动模式、空闲模式、PM1、PM2 和 PM3。从表中可以看到,在不同模式下有相应的运行模式可以尽可能地减少设备在野外的功耗。这一点非常符合实际应用,野外的电源供给有限且水环境监测不需要时刻不停地采集数据,可以根据需要制定采样的频率和时间点,在其余时间段可以根据需求的不同选取不同的供电模式,这样能在很大程度上增加设备电源的利用率和利用时长。

表 2-15 供电模式

供电模式	高频振荡器	低频振荡器	稳压器(数字)
配置	32 MHz	32 kHz	
主动/空闲模式	运行	运行	开
PM1	停止运行	运行	开
PM2	停止运行	运行	关
PM3	停止运行	停止运行	关

4）RF 无线电收发电路设计

ZigBee 模块是针对快速、高效、稳定应用的产品开发而准备的模块，CC2530 芯片将要外接的复杂高频走线过程隐藏起来，用户不需要详细地了解射频知识，根据数据手册提供的典型 RF 电路可以完成 ZigBee 用户所需的功能，大大地减少了开发的时间和增加了开发的适用性。具体设计如图 2-29 所示，简单的射频收发电路和 CC2530 RF 内核接口连接即可完成设计。

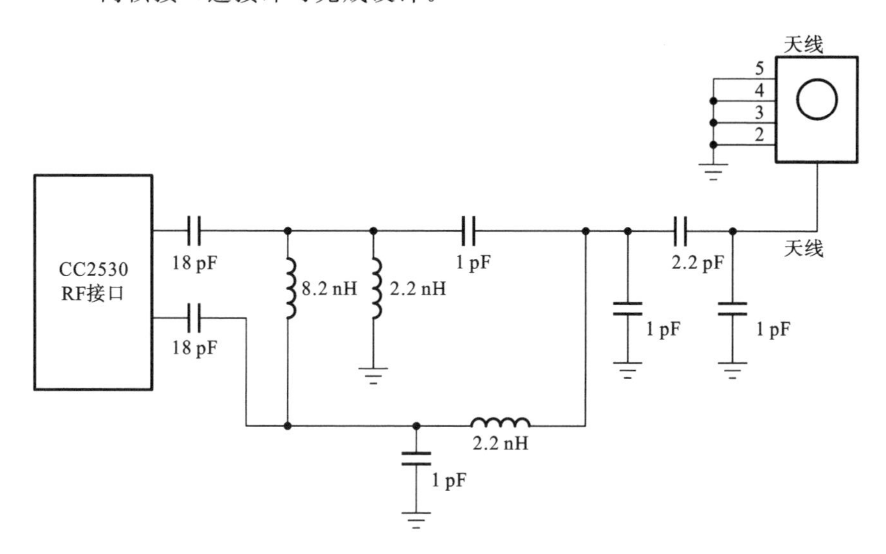

图 2-29　RF 无线电收发电路

5）串口/USB 转换电路设计

串口/USB 转换电路一方面通过 USB 接口模拟串口实现上传数据的作用，另一方面可以通过 USB 接口给 CC2530 电路板提供稳定 3.3 V 电压。上传数据的波特率编码非常广泛，完全能够完成 RS232 串口所具备的所有功能，更加适应了当前电脑普遍配备了 USB 接口的潮流。

如图 2-30 中所示，串口/USB 转换电路的核心器件是 PL2303。串口/USB 转换电路由四个部分组成：PL2303 芯片工作晶振电路、外围电路、Mini USB 接口电路和 CC2530 四线接口。

3. 温度传感器节点设计

1）温度传感器 DS18B20 简介

如图 2-31 所示，温度传感器 DS18B20 采用一线式总线式结构，将地址线、数据线和控制线集成为一根双向串行传输数据的信号线，具有更精简的结构、更高的可靠性和更出色的抗干扰能力。

2）DS18B20 一线式服务实现方式

温度传感器 DS18B20 一线式总线结构比较特殊，尽管硬件结构简单但是涉及的

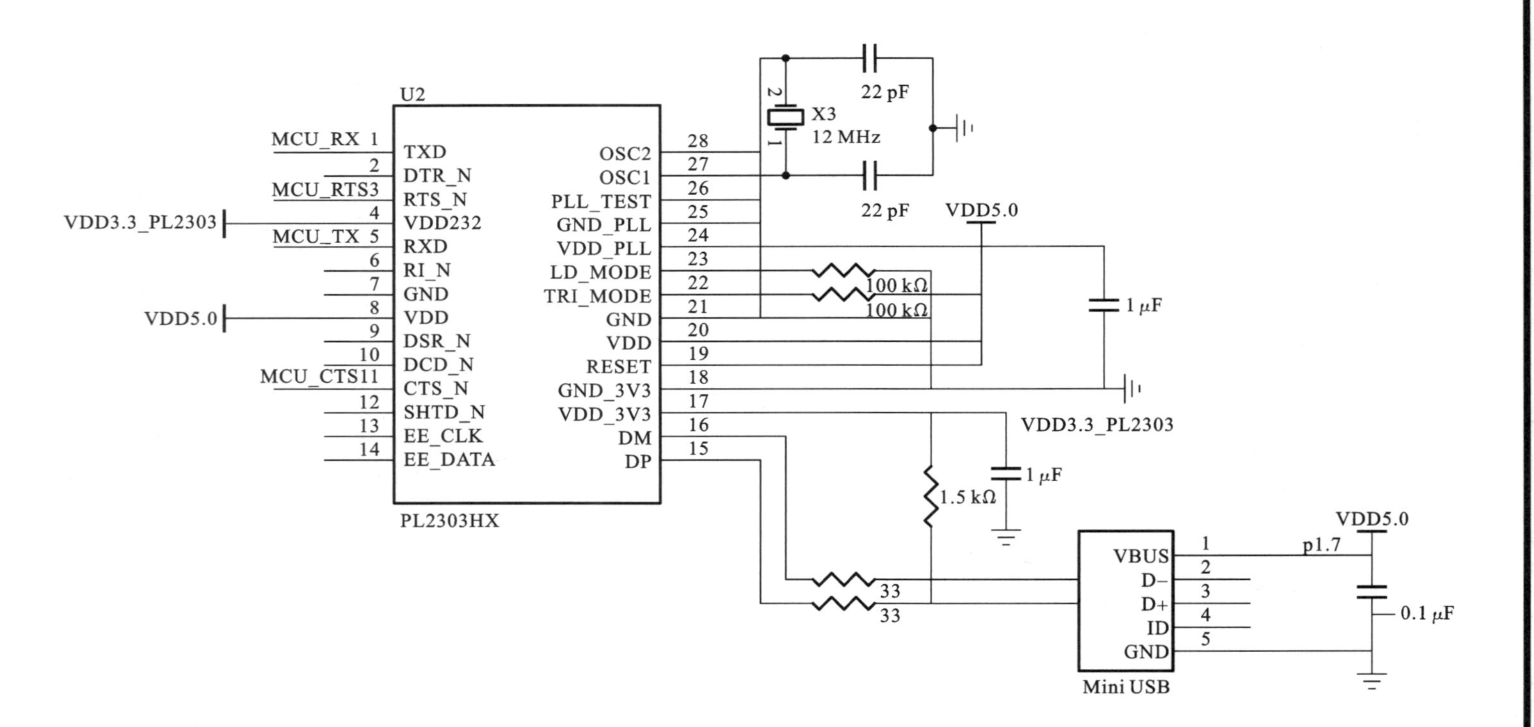

图 2-30 串口/USB转换电路

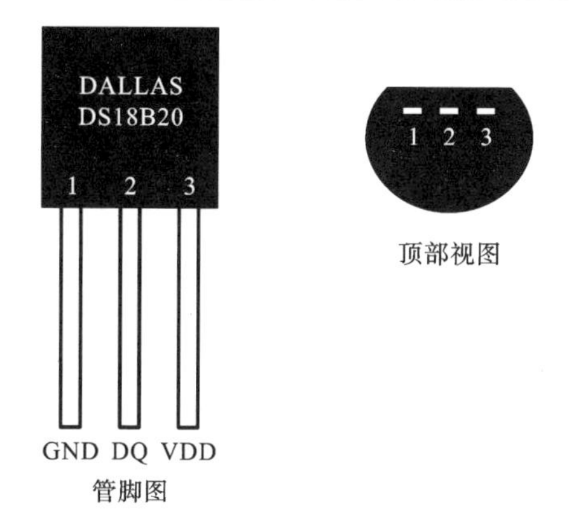

图 2-31　温度传感器 DS18B20 引脚排列

软件设计相对比较复杂。其主要功能通过不同工作时序来完成，工作流程为初始化、ROM 操作指令、存储器操作指令和数据传输。DQ 一线式结构主要实现三个功能：复位、写时间片和读时间片，如图 2-32 所示。

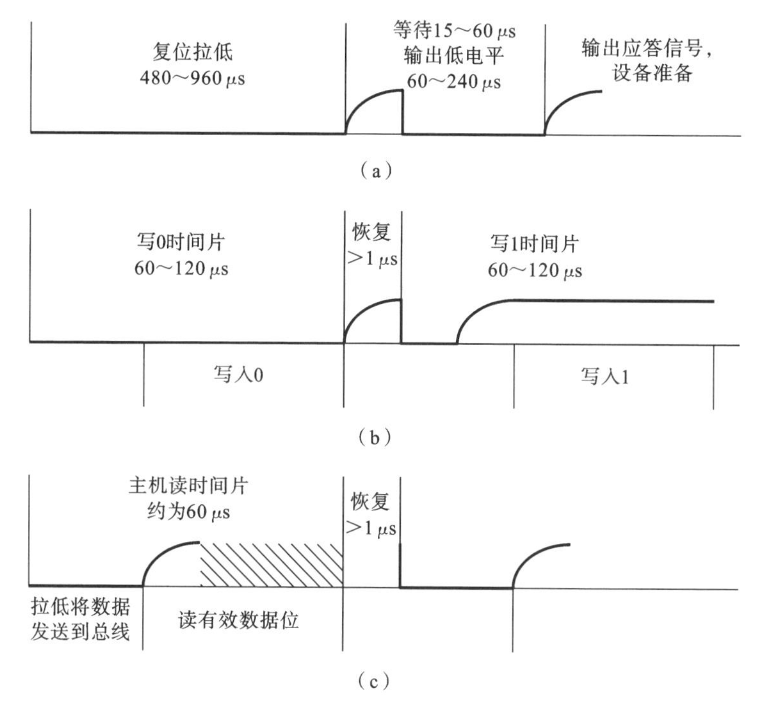

图 2-32　DS18B20 工作时序图

(a) 初始化时序；(b) 写时序；(c) 读时序

3) DS18B20 硬件电路设计

DS18B20 的硬件电路非常简洁，只需要微机的一个通用 I/O 端口即可满足控制、数据传输、寻址等需求，其电路设计如图 2-33 所示。

4. pH 传感器节点设计

1）pH 传感器简介

选用电极型 pH 传感器，经过标准溶液校准、定位之后，CC2530 就是通过调理电路获取电极中的微弱信号来实现对 pH 值的采集。采用的 pH 传感器型号是 E-201-CpH 复合电极[12]，由上海精密科学仪器有限公司雷磁仪器厂制造。pH 传感器原理如图 2-34 所示。

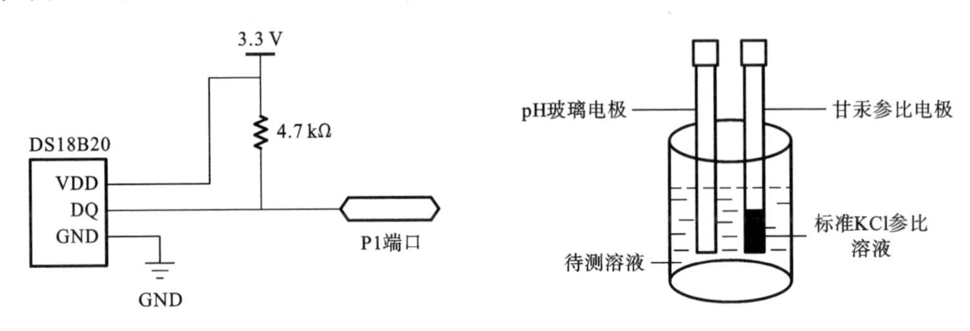

图 2-33　DS18B20 **硬件电路设计**

图 2-34　pH **传感器原理**

2）pH 调理电路设计

如图 2-35 所示，pH 调理电路采用三级放大电路和阻容耦合的连接方式来设计：高阻抗输入级、滤波中间级和稳定输出级。其中，输入级选用器件 CA3140 作为高阻抗输入级的核心器件，主要负责采集微弱信号的功能而不侧重于放大；中间级选用器件 UA741 作为放大器件，主要负责信号传输和信号滤波处理；输出级选用器件 UA741 作为放大器件，主要负责信号的放大和信号输出。

5. 溶解氧传感器节点理论设计

1）溶解氧传感器简介

溶解氧是指溶解在水中的分子态氧的含量，常用的测量方法有碘量法和电化学探头法[13]，前者是化学实验法检测，后者是智能传感器检测。传统电化学探头法运用化学探头电极反应产生的微弱电流信号来采集溶解氧的值，具体如图 2-36 所示。设计中采用由美国生产的 WQ401 型溶解氧传感器，输出电流为 4～20 mA，精度为 0.5%，其中有专门针对在线监测系统设计的在线型传感器 WQ401-O 型。

2）溶解氧调理电路的研究

针对 WQ401 型这款溶解氧传感器，图 2-37 详细阐述了其硬件调理电路的设计。图 2-37 所示的电路可以完成采集微弱电流信号 0～20 mA，并且输出适合微机处理的 ADC 电压信号 0～3 V。

6. 电导率传感器节点理论设计

如图 2-38 所示，电极测量电导率的硬件电路主要分为激励极化电压供给电路和信号放大电路两个部分。接触型传感器 WQ301 的输出电流在 4～20 mA 之间，可以

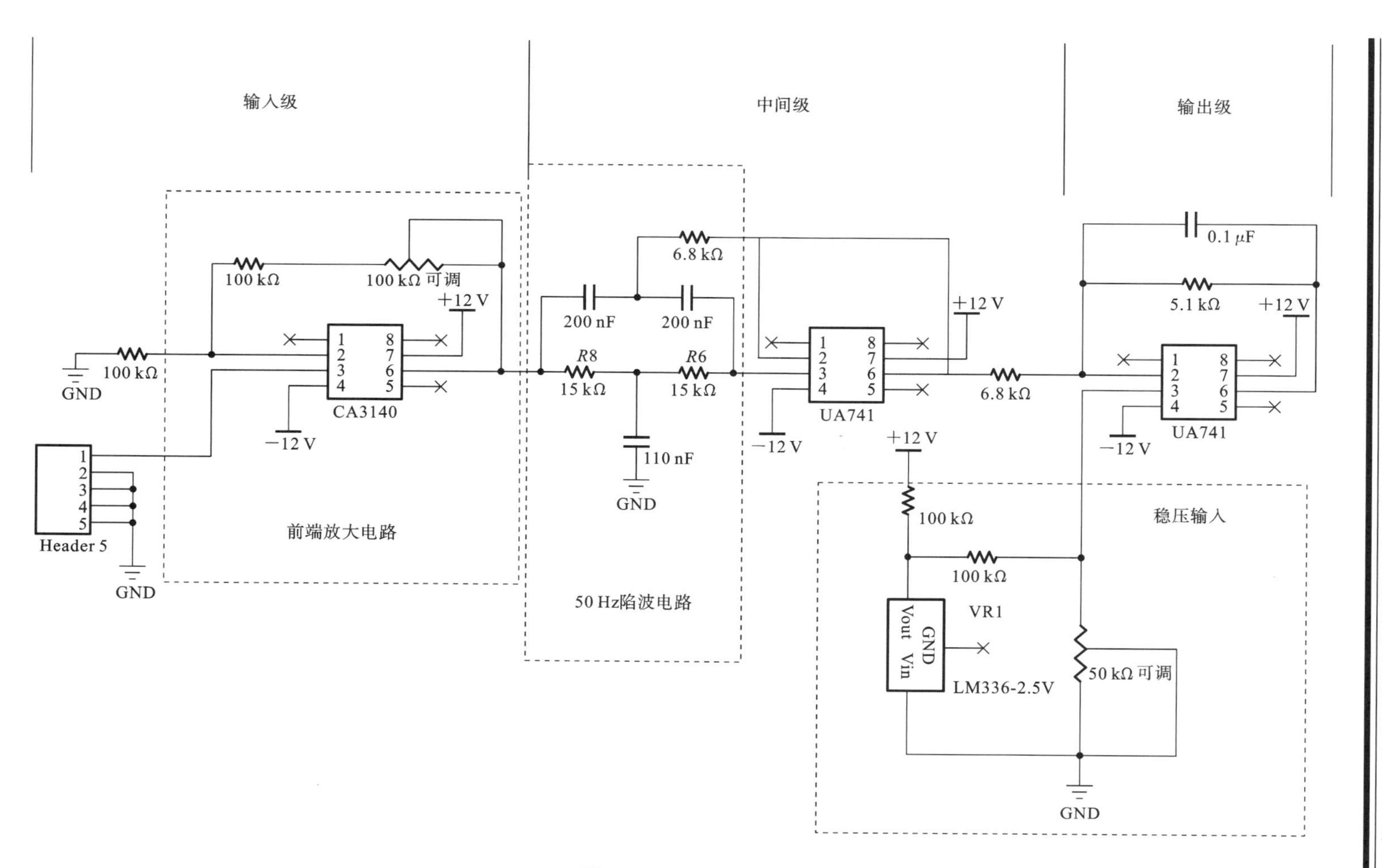
输入级
中间级
输出级
前端放大电路
50 Hz陷波电路
稳压输入
CA3140
UA741
UA741
LM336-2.5V
VR1
GND
Vout Vin
Header 5
+12 V
−12 V
0.1 μF
5.1 kΩ
6.8 kΩ
100 kΩ
100 kΩ 可调
50 kΩ 可调
200 nF
110 nF
R8
R6
15 kΩ

图 2-35　pH调理电路

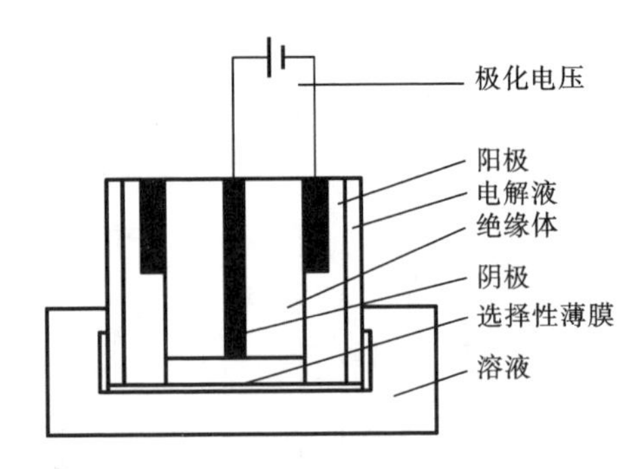

图 2-36 传统两极溶解氧传感器结构

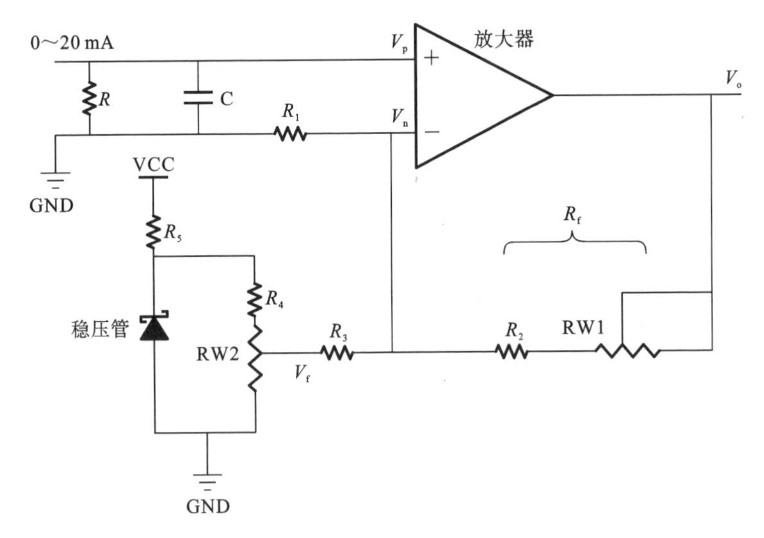

图 2-37 溶解氧传感器调理电路

根据之前溶解氧设计的调理电路来完成该模拟信号的采集工作。

7. 浊度传感器调理电路节点设计

1）浊度传感器简介

浊度传感器测量方法可以分为透射式和散射式传感器两类。透射式传感器是通过光发生器发射单色光，光束透射到水体中遇到水体中悬浮物而致使光散射能量衰减，测量透射光的强度计算光发生散射的衰减率，从而测量水体浊度。

如图 2-39 所示，散射式传感器是通过光发生器发射高强度的单色光（890 nm 波长），光束照射到水体中遇水体中悬浮物而产生散射光，测量与照射角度垂直的散射光的强度，从而测量水体浊度。研究工作选用散射式浊度传感器 WQ730，可测范围为 0～50 NTU 和 0～1000 NTU，输出模拟电流为 4～20 mA。

2）浊度调理电路研究

散射式浊度传感器的硬件电路设计主要包括两个部分：LED 光源电路和 LED

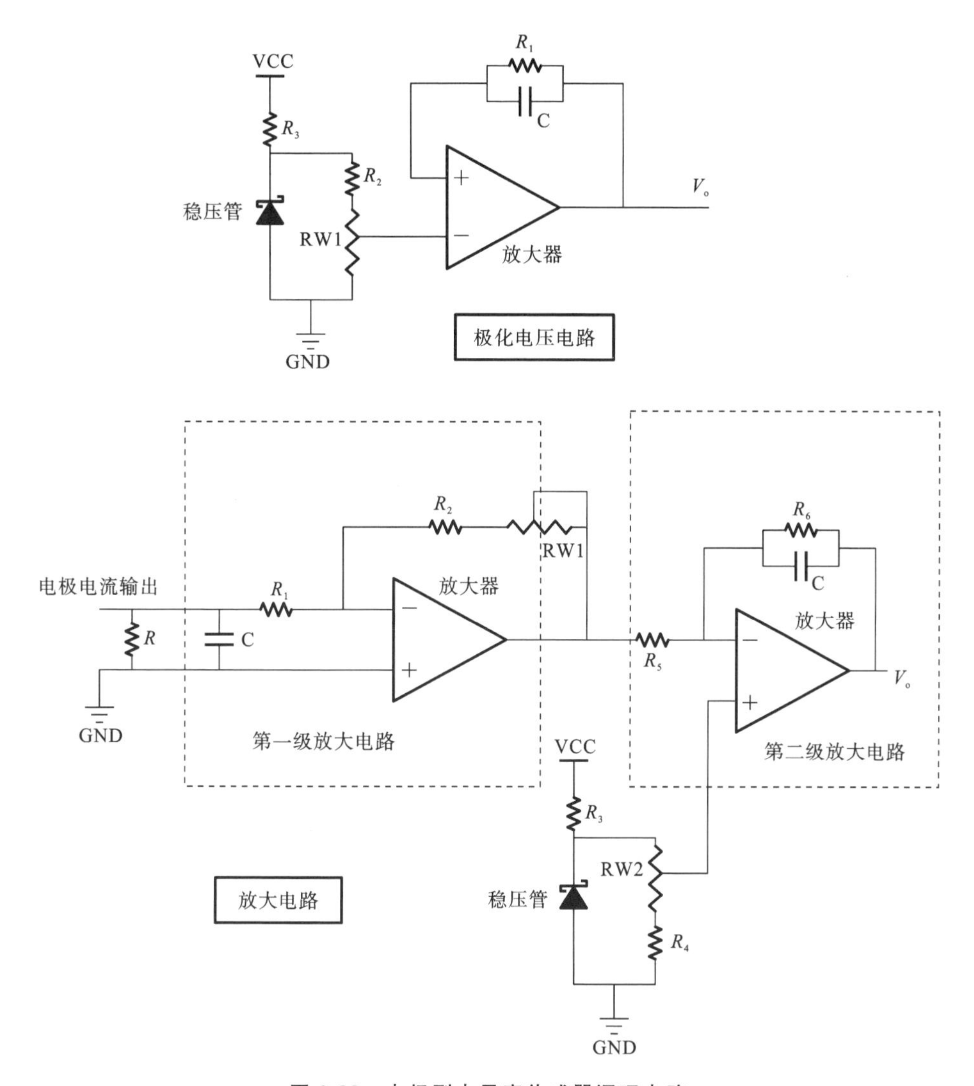

图 2-38　电极型电导率传感器调理电路

光接收处理放大电路，如图 2-40 所示。LED 光源电路由电源、电阻和发光 LED 组成，通过微机接口输出信号控制 LED 的开关，关闭水环境监测系统时，关闭 LED 的发射节省系统本身功耗。LED 光处理电路由光敏接收电路和放大电路组成：它们分别负责将接收散射的光强度转换成模拟电流量，将模拟电流小信号量放大至 A/D 可以识别的程度，并且满量程输出 0～3 V 的电压。研究选用 WQ730 型散射式浊度传感器。根据其技术资料，输出模拟电流在 4～20 mA 之间，选用溶解氧调理电路就可以完成信号放大的功能。

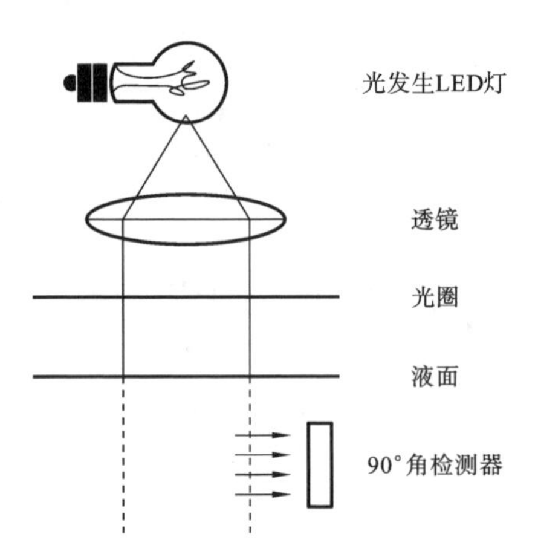

图 2-39　散射式浊度传感器测量原理

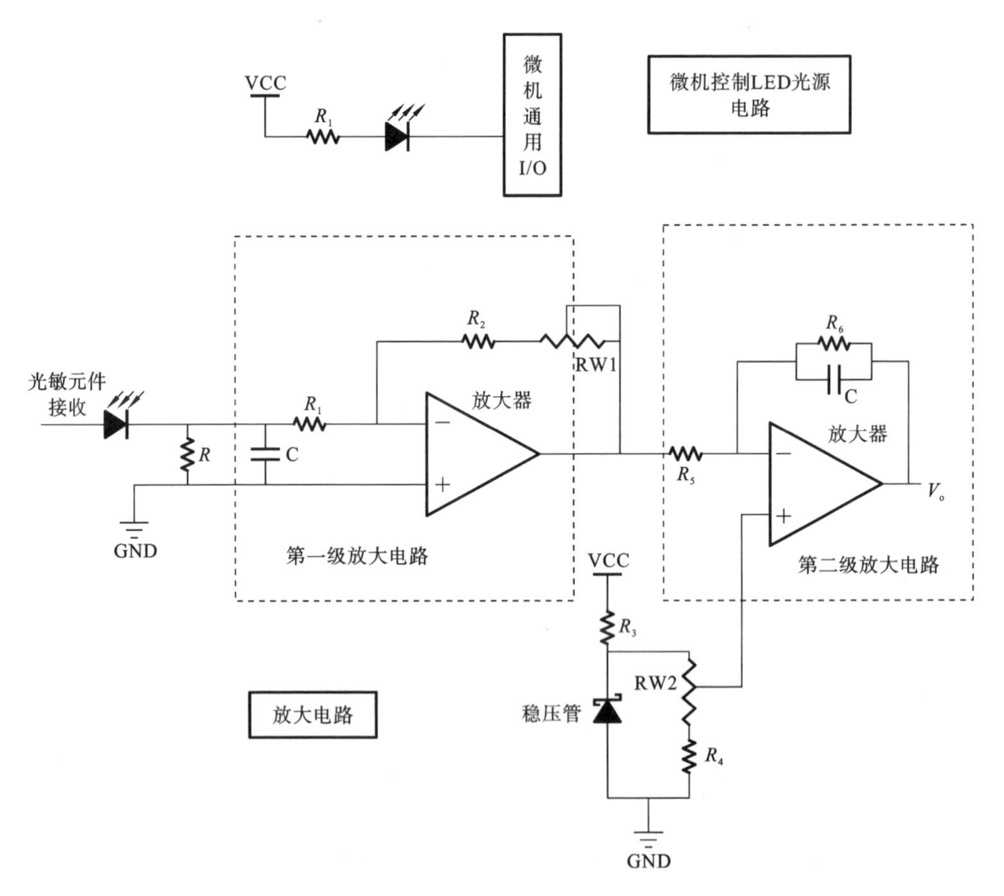

图 2-40　散射式浊度传感器调理电路

2.4.3　系统软件设计

1. 软件设计概述

1）系统软件设计功能

基于物联网水环境在线监测系统软件设计是基于 CC2530 生产厂商 TI 公司提供的 Zstack-CC2530-2.3.0-1.4.0 的基础上实现的，物理层和网络层均是根据 ZigBee 的标准 IEEE 802.15.4—2006 设计的。系统软件设计主要包括传感器节点、路由节点、汇聚节点和上位机软件设计。如图 2-41 所示，CC2530 电路板 51 内核软件设计实现如下功能：传感器节点主要负责传感器 A/D 转换设计、数据结构设计和发送数据；路由节点主要承担数据链路的功能，在距离有限或者遇障碍物传感器节点无法直接去汇聚节点通信时，起到一个中继的作用（硬件设计与汇聚节点无异，软件设计有所区别，将其归结为前端传感器节点这一类）；汇聚节点主要承担接收数据、数据报重新编译和与 PC 串口通信的任务。上位机软件设计主要负责数据实时串口调试和接收、曲线图在线实时分析显示及数据存储。

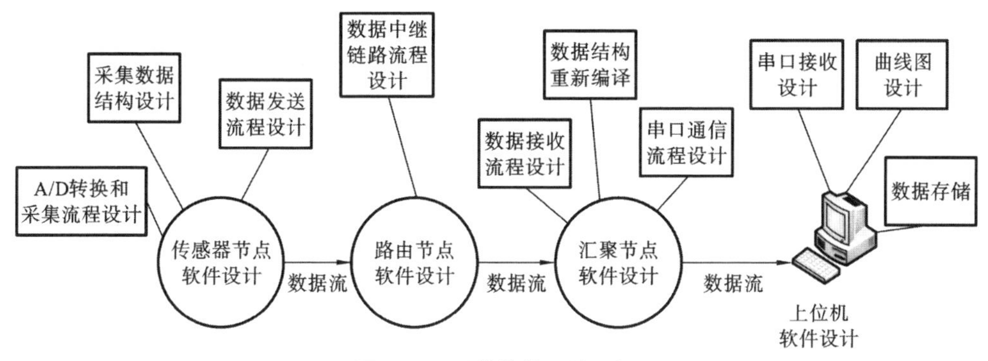

图 2-41　系统软件设计目标

传感器节点、路由节点、汇聚节点的 CC2530 的 51 内核软件设计属于嵌入式软件开发，根据硬件接口电路的设计原理通过 51 内核软件驱动实现硬件设计的基本功能。上位机软件设计属于界面 Windows 窗体开发，结合多种多样的控件功能实现上位机设计目标。

2）开发环境简介

软件设计的开发环境根据设计要求的不同，分别选用 IAR Embedded WorkBench 和 Visual Studio 2010 进行嵌入式和上位机界面显示的软件设计。

2. 嵌入式设计

嵌入式软件设计的具体流程分为以下三个方面：通信功能模块软件设计、数字式传感器采集软件设计和模拟量传感器采集软件设计。

1）通信模块软件设计

通信模块软件设计包括 ZigBee 网络通信和串口通信两部分，在三个通信设备节点上都有应用，是系统软件设计中的一个重要组成部分。ZigBee 网络通信的软件设计用于驱动 CC2530 硬件组建网络，协调器设备（汇聚设备节点）分配给组网内部目标设备通信地址，路由设备附近传感器节点到协调器实现数据链路，传感器加入 ZigBee 网络通过无线网络通信传输采集数据；串口通信的软件设计驱动汇聚节点硬件通用 I/O 以一定的波特率传输数据给上位机 PC。

如图 2-42 所示，汇聚节点属于网络管理者负责构建网络分配通信地址完成 ZigBee 组网的角色，在组网过程中需要处理 PanID 冲突和信道冲突完成组网的功能。其次，汇聚节点还负责接收测量区域节点传输的数据并编译成 16 位字节数组结构，采用 RS232 串口通信方式发送给上位机 PC。

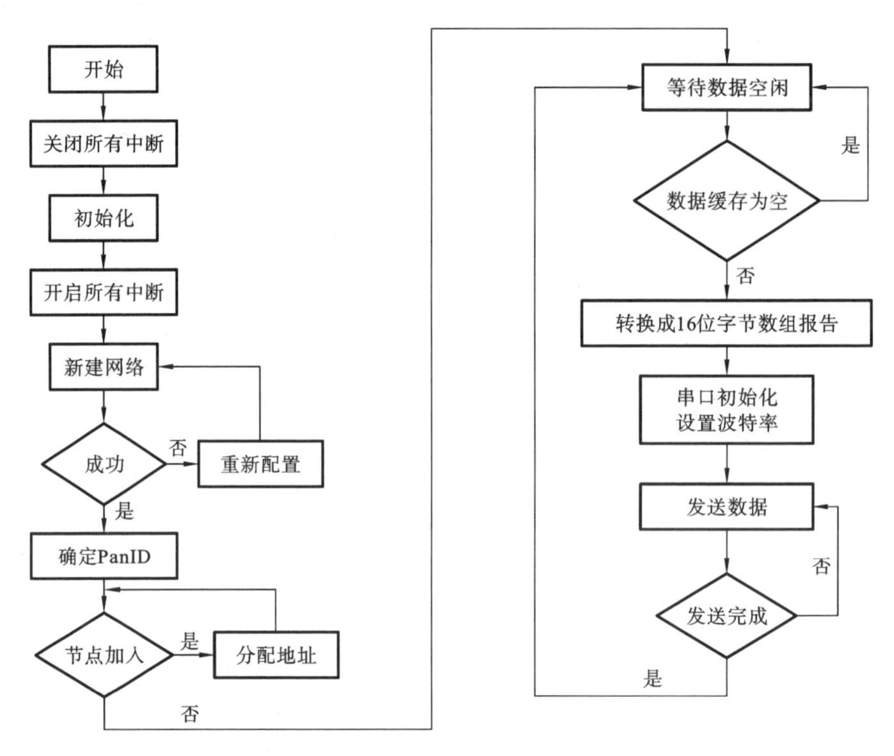

图 2-42　汇聚节点通信模块软件设计流程

如图 2-43 所示，路由节点通信模块软件设计驱动路由节点通过路由算法，负责为传感器节点和汇聚节点提供数据链路，增加数据传输的距离和可靠性，增大组网范围。传感器节点通信模块软件设计驱动传感器节点加入无线网络，连接实现采集数据的有效传输。

2）数字式采集传感器 DS18B20 软件设计

数字式采集传感器 DS18B20 通过一线式来控制 16 位的温度转换，结合之前介绍过的时序工作原理，完成控制指令的写入和采集温度数据的输出。数字式 DS18B20 传感器具体软件设计流程如图 2-44 所示，温度采集转换完成之后送入通信

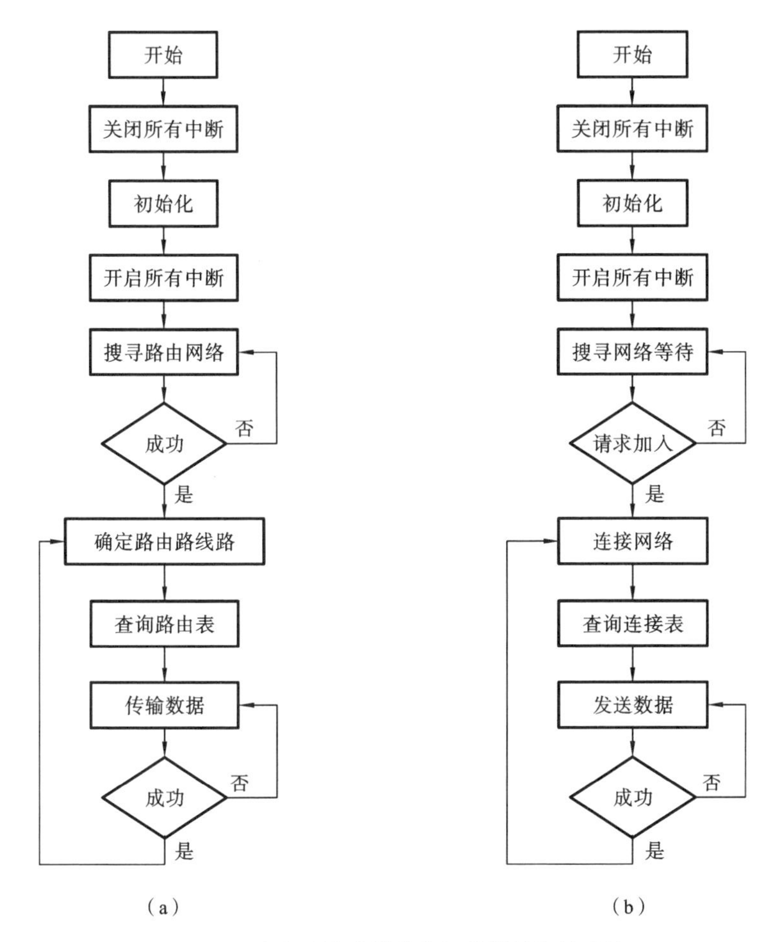

图 2-43　路由和传感器节点通信模块软件设计

(a) 路由节点;(b) 传感器节点

模块进行传输。

3) 模拟量传感器采集软件设计

模拟量传感器采集软件设计流程如图 2-45 所示,初始化设置好 ADC 寄存器控制量后开始转换模拟量。这个部分的处理需要注意在传感器节点不要将转换的电压信号直接转化成对应 pH 值,51 内核不适合做浮点运算,读取有效数字位之后保存下来直接传输运算的部分交由上位机进行处理。

3. 上位机软件界面设计

1) 功能控件

上位机软件设计定义功能有串口调试、图表显示和数据存储。针对设计的目标功能,使用微软公司版权所有的 VS2010 基于 C# 环境下的窗体应用程序开发。应用窗体的功能开发都是基于最基础的控件功能的应用, 主要功能控件有:①Tabcontrol 控件;②RichTextBox 控件;③Chart 控件等。

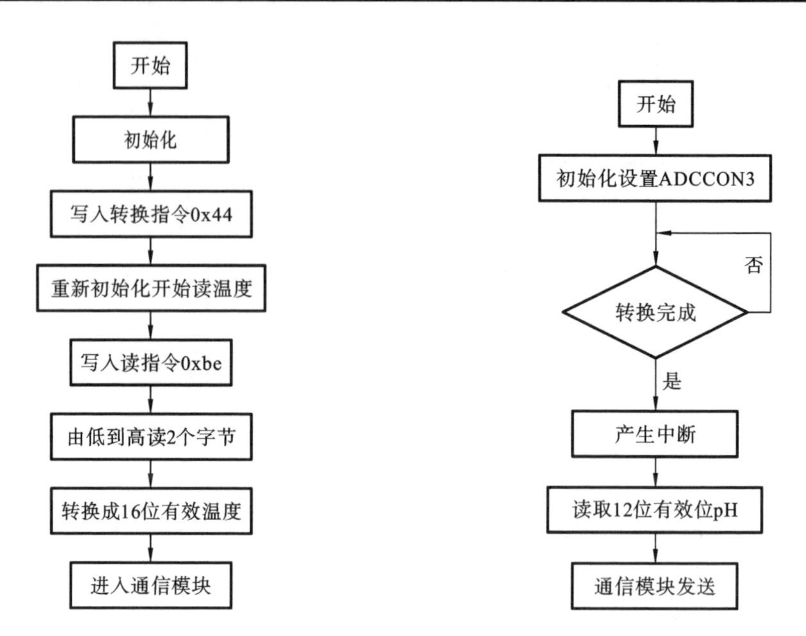

图 2-44　数字式采集传感器 DS18B20 软件设计流程　**图 2-45　模拟量传感器采集软件设计流程**

2) 界面功能效果展示

监测界面依据设计需求划分为两个主界面：串口调试页面和实时图表界面。每个界面都依据界面布局划分为显示窗口和控制按钮面板，操作简单方便，显示直观清晰。

串口调试界面用于调试串口功能接收下位机发送上来的数据报告，处理并选择出其中有效的数据位在显示界面中展示，具体的界面如图 2-46 所示。

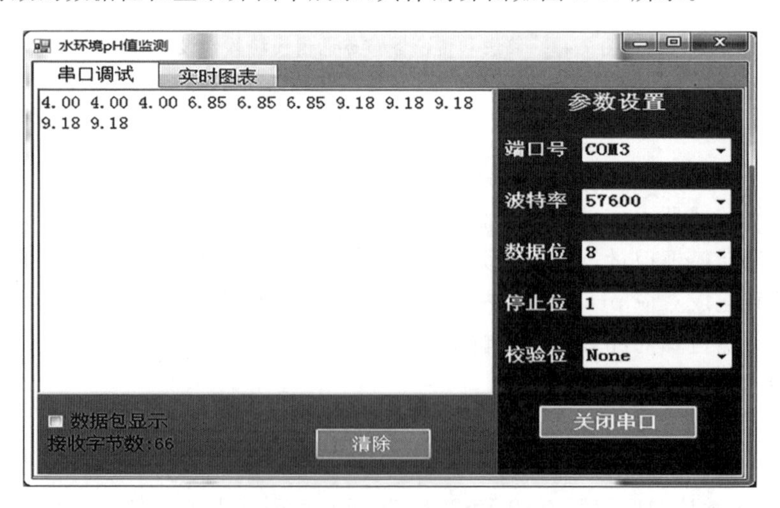

图 2-46　串口调试页面

实时图表界面如图 2-47 所示，由于图表是动态的制作，使用 SPLIne 曲线在采集数据量较少的情况下不能非常直观地显示数据的具体走势，在采集数据较多之后这条数据曲线的走势将会更为平缓和直观，在每个采集的数据点都会显示相应的采集数值。

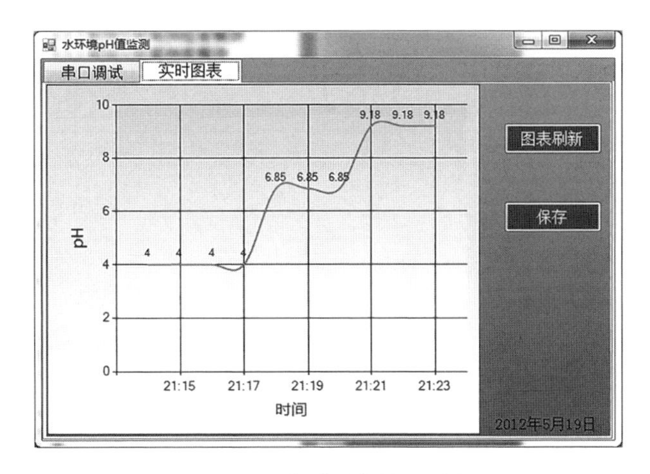

图 2-47　实时图表显示页面

参考文献

[1] 陈雄志，王芳. 武汉东湖水污染成因和特征分析及综合治理措施探索[J]. 城市规划学刊，2009(7):209-212.

[2] 湖北省水利水电勘测设计院. 湖北省武汉市大东湖生态水网构建——水网连通工程(近期)可行性研究报告[R]. 武汉:武汉水资源发展投资有限公司，2010.

[3] 甘义群，郭永龙. 武汉东湖富营养化现状分析及治理对策[J]. 长江流域资源与环境，2004，13(3)：277-281.

[4] 严江涌，黎南关. 武汉市大东湖水网连通治理工程浅析[J]. 人民长江，2010，41(11):82-84.

[5] 王广华. 对水环境自动监测系统检测指标的评价[J]. 河南大学学报(自然科学版)，2008，38(4):373-376.

[6] 高娟，华珞，滑丽萍，等. 地表水水质监测现状分析与对策[J]. 首都师范大学学报(自然科学版)，2006，27(1):75-80.

[7] HJ/T 96—2003. pH 水质自动分析仪技术要求[S].

[8] HJ/T 99—2003. 溶解氧(DO)水质自动分析仪技术要求[S].

[9] HJ/T 97—2003. 电导率水质自动分析仪技术要求[S].

[10] HJ/T 98—2003. 浊度水质自动分析仪技术要求[S].

[11] Siliang Gong，Yingguan Wang. Design and Realization of Lake Water Quality Detection System Based on Wireless Sensor Networks[J]. //2011 Second In-

ternational Conference on Mechanic Automation and Control Engeering. Piscataway, NJ, USA: IEEE, 2011.
[12] 付庆波. 基于 8051F 的多参数水质在线分析系统的研制[D]. 长春:吉林大学, 2009.
[13] 刘庆, 邹应全, 行鸿彦,等. 基于 MSP430 单片机的溶解氧测量仪[J]. 仪表技术与传感器, 2009(9):33-35.

第3章 湖泊流域分布式水文建模及预报

流域水文模拟和预报是水文学领域的重要研究内容。围绕流域水文水资源分析面临的关键科学问题,研究复杂气候条件下流域水文建模与预报的先进理论和方法,对了解流域内水文情势时空变异规律具有重要作用。大东湖区域内水域面积所占比例较高,且与众多生活区交错布置,气候条件复杂,如何建立充分精细地反映流域下垫面条件和水文循环要素空间分布的物理机制水文模型是研究中面临的重大挑战。

在上一章对大东湖区域气候因素和水文特性分析的基础上,本章进一步通过将分布式水文模型应用于大东湖区域水文过程模拟,揭示大东湖区域水文条件时空变异规律,建立具有物理机制且能反映流域水循环时空分布及变化差异的分布式水文预报模型;同时,针对传统模型单目标参数率定方法往往不能同时全面反映不同水文特征,率定精度难以有效提高的缺陷,提出基于多目标水文模型参数优化率定框架,研究水文模型多目标高效智能优化率定方法,有效避免传统单目标优化导致的预报性能均化效应;为克服确定性预报无法刻画水文模型内在不确定性的问题,研究分布式水文模型的参数及预报不确定性分析方法,精确量化模型预报的不确定性,为大东湖水质模拟和水网调度提供重要的数据基础和技术支撑。

3.1 具有物理机制的流域分布式水文模型建模

流域水文模型的种类很多。在水文学科领域中概念性流域水文模型的研究历史最悠久、进展最多、工程应用也最为广泛。所谓概念性水文模型,是以流域水文循环各要素为核心,以流域水文循环要素间的演化过程描述为切入点,对各水文要素演化过程进行概化或假设处理,采用物理意义明确的数学方程建立符合水文情势演变规律的水文模型。

新安江模型是比较有代表性的流域集总式概念性水文预报模型,模型计算主要基于蓄满产流原理,适用于湿润和半湿润流域,在国内外流域得到广泛验证和应用,因此本章选取新安江模型为例开展研究。同时,考虑到集总式水文模型无法充分、全面反映流域下垫面及水文情势时空变异规律,本章基于新安江模型产汇流计算基本原理，结合 GIS 技术的强大空间数据处理能力，提出了基于栅格的分布式新安江水文预报模型。

3.1.1 集总式概念性流域水文预报模型

集总式水文模型将流域概化为一个整体，忽略流域内部地质、地貌、土壤、植被等要素局部不均性对水文循环的影响，该类模型结构简单、明晰，且易于通过计算机编程实现，在科学研究和工程应用领域受到广泛青睐。集总式概念性水文模型的研究最早可追溯到 20 世纪 50 年代，比较有代表性的是由 Linsley 和 Crawford[1] 提出的 Stanford 模型，该模型是水文模型研究领域具有里程碑意义的产物；随后，国内外水文学者相继提出了众多概念性水文模型，如美国的 Sacrament 模型、日本的 TANK 模型、爱尔兰的 SMAR 模型，以及我国的新安江模型。

本章以新安江模型作为典型的集总式概念性水文模型开展研究。

1. 新安江模型结构

新安江模型[2] 是典型的集总式概念性流域水文预报模型，该模型由河海大学的赵人俊在 1963 年提出，模型建模基础为湿润地区蓄满产流计算原理，主要是由于湿润流域径流变化与降雨强度没有直接关系，而蓄满产流原理能较好地描述这一现象。最早建立的新安江模型只分为地表水和地下水，也称之为“二水源新安江模型”，该模型由于没有划出壤中流，使得径流汇流计算过程呈现较大的非线性变化特性，模型预报性能较差。20 世纪 80 年代初赵人俊借鉴“山坡水文学”的相关建模思想及理论研究进展，提出了基于三水源的新安江模型，其主要适用于湿润与半湿润地区，目前在国内外得到了广泛应用。为了叙述的方便，下面的“新安江模型”均表示“三水源新安江模型”。

新安江模型考虑到地表水、壤中流和地下径流三种水源存在不同的汇流特性，将这三种水源分别单独进行汇流计算，同时，针对坡地区域和河网区域，三种水源的汇流速度也存在典型差异，新安江模型中将这两个区域的汇流计算分为两个阶段：坡面汇流计算和河网汇流计算。

新安江模型主要包含如下四个计算模块。

①蒸散发计算模块：根据土壤蓄水特性分上层、下层和深层三层分别计算。

②产流计算模块：采用流域蓄满产流原理计算流域产流量。

③分水源计算模块：采用自由水蓄水库将产流量分为地表、壤中和地下三种水源。

④汇流计算模块：根据坡面和河网水流运动特性的较大差异，将汇流分为坡面汇流和河网汇流分别计算。

新安江模型计算流程框图如图 3-1 所示，实际观测降雨量 P 和实测水面蒸发量 EM 作为模型的输入，输出为流域出口断面流量过程 Q 及流域蒸发量 E。

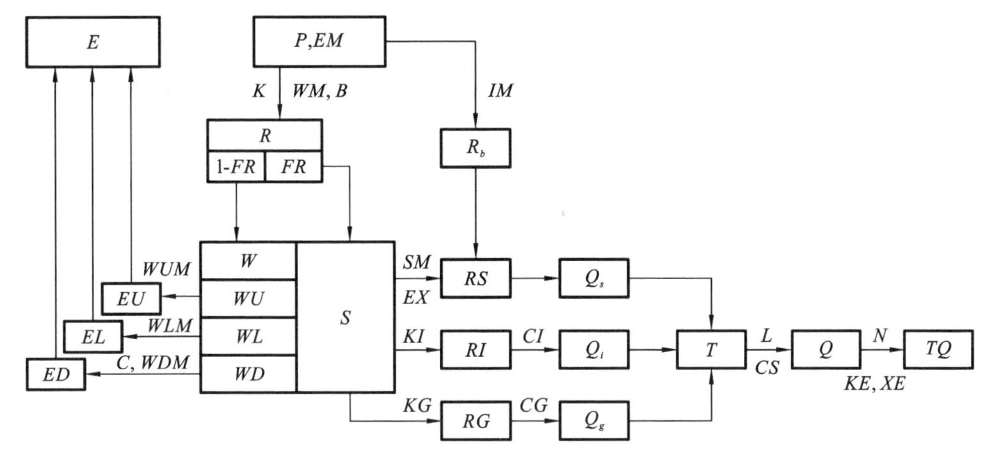

图 3-1　新安江三水源模型结构图

新安江模型共有 18 个参数，各参数物理意义及取值范围如表 3-1 所示：

表 3-1　新安江模型参数

参　　数	物理意义	取值范围
WUM	上层张力水容量	5～30 mm
WLM	下层张力水容量	60～90 mm
WDM	深层张力水容量	15～60 mm
B	张力水蓄水容量曲线方次	0.1～0.4
IM	流域不透水面积比例	0～0.03%
K	蒸发能力折算系数	0.5～1.1
C	深层蒸散发系数	0.08～0.18
SM	自由水蓄水容量	10～50 mm
EX	自由水蓄水容量曲线方次	0.5～2.0
KG	地下水的出流系数	0.35～0.45
KI	壤中流的出流系数	0.25～0.6
CG	地下水退水系数	0.99～0.998
CI	壤中流退水系数	0.5～0.9
CS	河网蓄水量退水系数	0.01～0.5
KE	Muskingum 演算参数	0～时间步长
XE	Muskingum 演算参数	0～0.5
L	河网汇流滞时	经验值
N	河道汇流河段数	经验值

2. 新安江模型计算原理

新安江模型的计算原理可分为如下四大部分。

1）蒸散发计算

在蒸散发计算中，首先要获取流域的实际水面蒸发值，根据观测值，基于三层蒸发模式计算实际蒸散发量 E，它由三部分组成：上层蒸散发量 EU、下层蒸散发量 EL 和深层蒸散发量 ED。三层的蒸散发量与各层的张力水蓄水容量及当前时刻各层张力水含量密切相关，三层张力水蓄水容量分别为上层张力水容量 WUM、下层张力水容量 WLM、深层张力水容量 WDM，三者共同构成了土壤张力水容量 WM（$WM=WUM+WLM+WDM$）。蒸散发计算模块的输入为实测的水面蒸发量 E，计算参数包括蒸散发折算系数 K 和深层蒸发系数 C，模块的输出包括三层实际蒸散发量和三层土壤张力水含量。

三层蒸散发计算原理为：上层张力水按照蒸散发能力蒸发，当上层张力水全部蒸发时，余下的蒸发量从下层张力水蒸发，当下层张力水不够蒸发时，深层张力水开始蒸发。

上层蒸发量由上层张力水按蒸散发能力计算得到，其计算公式为

$$EU=EP=K\times EM \tag{3-1}$$

当上层张力水含量 WU 不够蒸发时，即 $WU+P-E<0$，下层张力水 WL 开始蒸发，下层蒸发量 EL 计算公式为

$$EL=\frac{(EP-EU)\times WL}{WLM} \tag{3-2}$$

当 $\frac{EL}{EP-EU}>C$ 时，下层全部蒸发且深层张力水开始蒸发时，深层蒸发量计算公式为

$$ED=C\times(EP-EU)-EL \tag{3-3}$$

2）产流计算

新安江模型产流模块计算是基于蓄满产流原理。其基本思想为：由于土壤中包气带的作用，土壤具有一定的含水能力，称之为田间持水量，在流域发生降雨时，降雨量经过蒸发折算后首先会填充土壤的田间持水量，在此阶段中，流域不会发生产流，当土壤田间持水量饱和时，后续的降雨量经过蒸发折算后会全部转换为流域产流量。

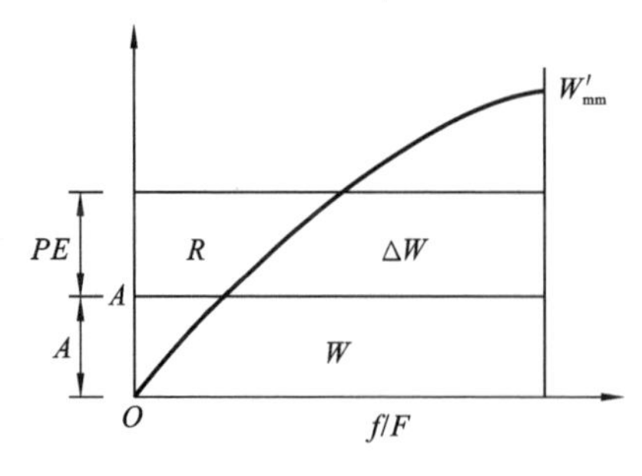

图 3-2　流域蓄水容量变化曲线

由于流域地形地貌的空间分布差异性，流域不同区域的土壤张力水蓄水容量也各有不同，新安江模型中将流域土壤蓄水容量分布近似为一条抛物线，如图 3-2 所示，流域土壤蓄水容量分布曲线数学方程为

$$\frac{f}{F}=1-\left(1-\frac{W'_{m}}{W'_{mm}}\right)^{B} \tag{3-4}$$

式中：W'_{mm}为流域内张力水蓄水容量最大值，W'_m 为流域任意点的张力水蓄水容量，f/F 表示张力水蓄水容量小于等于 W'_m 值所占流域面积的比例，B 为流域张力水蓄水容量曲线分布系数。

流域平均蓄水容量计算公式为

$$WM=\int_0^{W'_{mm}}\left(1-\frac{f}{F}\right)\mathrm{d}W'_m=\frac{W'_{mm}}{B+1} \tag{3-5}$$

考虑流域不透水面积的影响，若流域不透水面积比例为 IM，则流域最大蓄水容量可通过下式计算：

$$W'_{mm}=WM\times\frac{1+B}{1-IM} \tag{3-6}$$

假设流域初始张力水蓄水容量为 W，其对应图 3-2 中的纵坐标 A 为

$$A=W'_{mm}\left(1-\left(1-\frac{W}{WM}\right)^{\frac{1}{B+1}}\right) \tag{3-7}$$

同时，扣除降雨蒸散发量得到 PE，即

$$PE=P-K\times EM \tag{3-8}$$

若 $PE\leqslant 0$，流域不产流，即 $R=0$。若 $PE>0$，流域开始产流，此时产流量 R 计算公式为

$$\begin{cases}R=PE-WM+W+WM\left(1-\dfrac{PE+A}{W'_{mm}}\right)^{1+B}, & PE+A<W'_{mm}\\ R=PE-WM+W, & PE+A\geqslant W'_{mm}\end{cases} \tag{3-9}$$

产流计算模块的输入为扣除蒸散发的净雨量 PE，输出为流域产流量 R 和时段末流域张力水含水量 W。

3）分水源计算

新安江模型采用具有两个出口的自由水水库将产流量划分为地表、壤中和地下三种水源，自由水水库示意图如图 3-3 所示。蓄满产流模块计算得到的产流量 R 进入自由水水库，当自由水水库蓄满后溢出的水形成地表径流 RS；从水库侧边出口流出的水为壤中流 RI，侧边出口的出流系数为 KI；从底端出口流出的水为地下径流 RG，底端出口水流出流系数为 KG。三种水源分别进入各自的汇流水库，新安江模型中采用线性水库消退来描述三种水源的汇流规律，地表水由于汇流速度较快，一般可以认为直接汇入河网形成 TRS，壤中流 RI 和地下径流 RG 经过线性水库调节后分别得到 TRI 和 TRG。

另外，由于产流面积对三种水源流量计算影响较大，而流域不同区域的产流面积存在一定差异，为考虑到这种因素的影响，与张力水容量分布不均性处理方法类似，新安江模型将流域的产流面积 FR 上自由水容量 SM 分布特性用抛物线近似，如图 3-4 所示，抛物线的数学方程如下式所示：

$$\frac{FS}{FR}=1-\left(1-\frac{SM'}{MS}\right)^{EX} \tag{3-10}$$

式中:SM'表示产流面积 FR 上自由水容量,MS 为 FR 上自由水蓄水容量的最大值,FS/FR 表示自由水蓄水能力小于等于 SM'的流域面积占产流面积的比例,EX 为流域自由水蓄水容量曲线的分布指数。

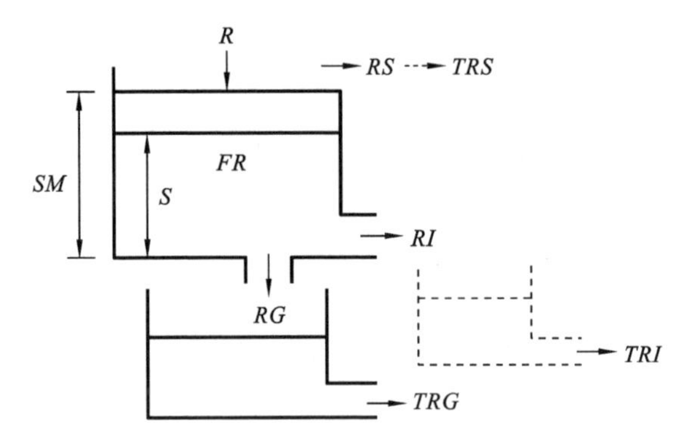

图 3-3 新安江模型分水源计算示意图

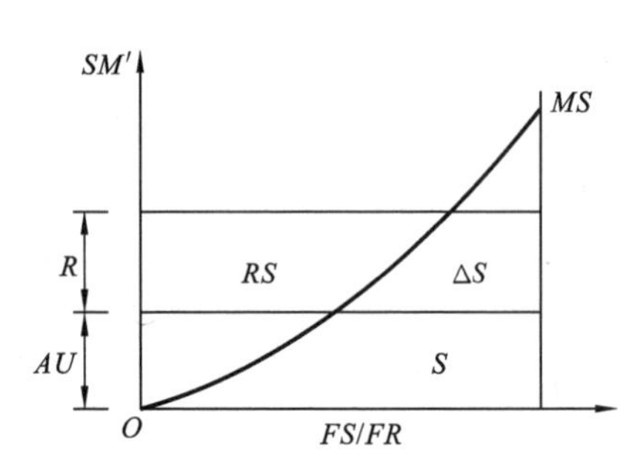

图 3-4 流域自由水容量变化曲线

流域平均蓄水容量 SM 计算公式为

$$SM=\frac{MS}{1+EX} \tag{3-11}$$

假设流域初始自由水容量为 S,其对应图 3-4 中的纵坐标 AU 为

$$AU=MS\times\left(1-\left(1-\frac{S}{SM}\right)^{\frac{1}{1+EX}}\right) \tag{3-12}$$

产流量 R 对应的产流面积 FR 为

$$FR=\frac{R-IM\times PE}{PE} \tag{3-13}$$

地面径流量 RS 可通过下式计算:

$$\begin{cases} RS=\left(PE-SM+S+SM\times\left(1-\dfrac{PE+AU}{MS}\right)^{1+EX}\right)\times FR, & PE+AU<MS \\ RS=(PE+S-SM)\times FR, & PE+AU\geqslant MS \end{cases} \tag{3-14}$$

自由水蓄水水库两个出流口的出流,即壤中流 RI、地下径流 RG 的计算公式为

$$RI=[(PE+S)\times FR-RS]\times KI \tag{3-15}$$

$$RG=[(PE+S)\times FR-RS]\times KG \tag{3-16}$$

式中:KI,KG 分别为壤中流与地下径流的出流系数。

由于产流面积 FR 上自由水容量分布不均匀性,将产流量 R 当作初始时刻或结束时刻进入自由水蓄水水库计算三种水源时会导致较大的差分计算误差,而实际情况中产流量 R 是时段内均匀进入水库,为减小这种差分计算误差,一种可行的方案是将 R 按 5 mm 为一段分为 G 等分分别进入水库,亦即相当于将计算时段平均划分为以 $\Delta t/G$ 为时段间隔的 G 个时段。相应地,壤中流和地下径流出流系数也应作对应的变换，变换后的出流系数分别为 KID 和 KGD，如下式所示：

$$KID=\frac{1-[1-(KI+KG)]^{1/G}}{1+KG/KI} \tag{3-17}$$

$$KGD=KID\times\frac{KG}{KI} \tag{3-18}$$

4）汇流计算

新安江模型中考虑到坡面区域和河道区域水流运动特性的不同，将汇流计算分为坡面汇流阶段和河网汇流阶段。

在坡面汇流阶段，地表径流 RS 直接汇入河网，计算公式如式(3-19)；壤中流 RI 经过线性水库调蓄形成 TRI，计算公式如式(3-20)；地下径流 RG 经过线性水库调蓄形成 TRG，计算公式如式(3-21)；三种水源共同汇入河网，经过河网调蓄，形成最终的 TQ，计算公式如下式所示：

$$TRS(t)=RS(t)\times U \tag{3-19}$$

$$TRI(t)=TRI(t-1)\times CI+RI(t)\times(1-CI)\times U \tag{3-20}$$

$$TRG(t)=TRG(t-1)\times CG+RG(t)\times(1-CG)\times U \tag{3-21}$$

$$TR(t)=TRS(t)+TRI(t)+TRG(t) \tag{3-22}$$

$$TQ(t)=TQ(t-1)\times CS+(1-CS)\times TR(t) \tag{3-23}$$

$$U=\frac{F}{3.6\Delta t} \tag{3-24}$$

式中：CI 和 CG 的含义见表 3-1，U 为将降雨量换算成流量的单位换算系数，F 为流域面积(单位：km^2)，Δt 为时段长(单位：h)，CS 为河网调蓄系数。

在河网汇流阶段，TQ 经河网汇流形成单元面积的出口流量。采用马斯京根法作为河网汇流演算方法，具体计算原理描述如下：

$$Q_2=C_0I_2+C_1I_1+C_2Q_1 \tag{3-25}$$

$$C_0=\frac{0.5\Delta t-KE\times XE}{0.5\Delta t+KE-KE\times XE} \tag{3-26}$$

$$C_1=\frac{0.5\Delta t+KE\times XE}{0.5\Delta t+KE-KE\times XE} \tag{3-27}$$

$$C_2=\frac{-0.5\Delta t+KE-KE\times XE}{0.5\Delta t+KE-KE\times XE} \tag{3-28}$$

$$C_0+C_1+C_2=1 \tag{3-29}$$

式中：Q_1 为上一时段出流量，Q_2 为计算时段出流量，I_1 为上一时段入流量，I_2 为计算时段入流量，KE 和 XE 为马斯京根演算参数。

3.1.2 具有物理机制的分布式栅格新安江模型

集总式水文模型将流域单元作为一个整体考虑，无法充分精细反映流域下垫面条件和流域水文循环各要素空间分布不均性及其对水文系统特征的影响规律，使得其在流域降雨径流模拟中存在一定的局限性。本章基于新安江三水源模型的产汇流计算基本原理，结合流域气候条件和下垫面时空变异规律，充分考虑流域下垫面空间分布的异质性和不同水文单元间的水平联系，将流域划分成若干个具有水平联系和垂向联系的栅格单元，并用严格的数学物理方程表述各子栅格单元水文循环的子过程及栅格单元间的水量交换关系[3]，实现流域水文高精度模拟。本章基于新安江三水源模型的计算原理，提出了流域具有物理机制的分布式栅格新安江模型，并将该模型应用于大东湖区域水文模拟。

1. 分布式栅格新安江水文模型结构

分布式栅格新安江模型的主要结构包括 DEM 数据预处理、栅格蓄水容量计算、栅格演算次序计算、栅格单元产汇流计算（包括产流计算、蒸发计算、分水源计算、坡地汇流计算、河网调蓄计算、河道汇流计算等）等部分，其框架结构如图 3-5 所示，图中 t 表示当前计算时段，T 表示最大计算时段数，o 表示当前演算次序，O_{max} 表示最大演算次序。

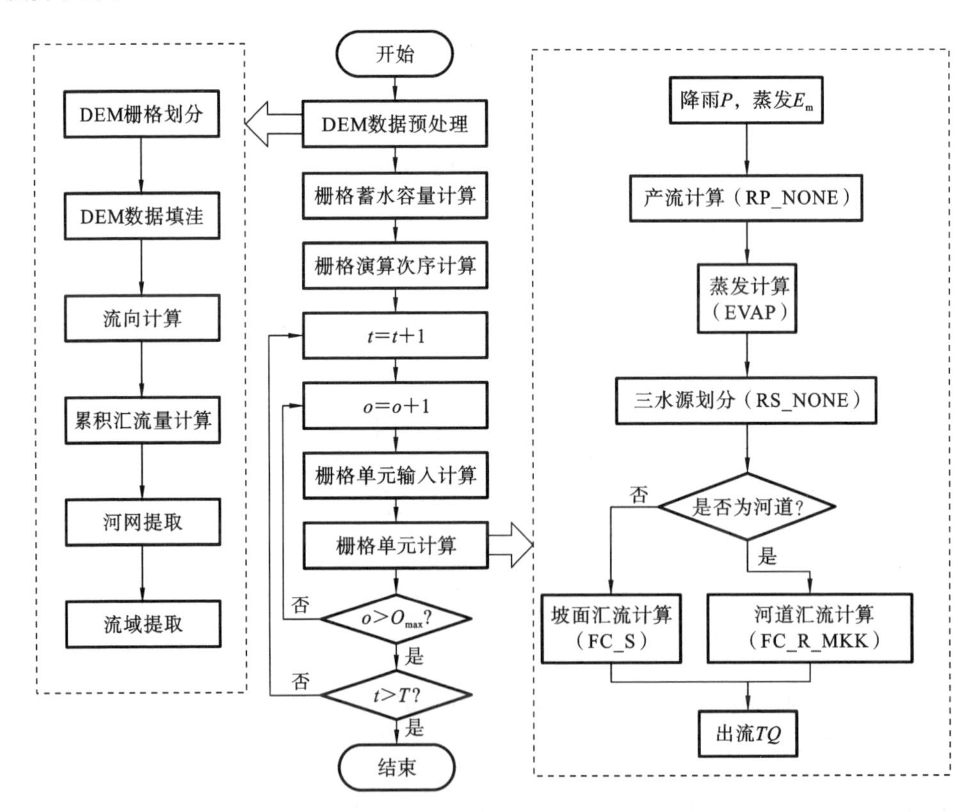

图 3-5 分布式栅格新安江模型结构

分布式栅格新安江模型的主要参数如表 3-2 所示：

表3-2　分布式栅格新安江模型的主要参数

参　数	参数意义	取值范围
K	蒸散发折算系数	0.5～1.1
C	深层散发系数	0.08～0.18
KG	地下水出流系数	0.35～0.45
KI	壤中流出流系数	0.25～0.6
CG	地下水退水系数	0.99～0.998
CI	壤中流退水系数	0.5～0.9
CS	河网水流退水系数	0.01～0.5
KE	河道汇流参数	0～时间步长
XE	河道汇流参数	0～0.5

2. 分布式栅格新安江模型计算基本原理

分布式栅格新安江模型主要由以下十个部分组成，各部分详细描述如下。

1）地形数据预处理

地形数据预处理主要包括以下五个主要内容。

（1）填洼处理。

原始的DEM数据由于数据采集的精度有限，或受到数据采集、传输和存储过程的影响，存在一定数量的异常数据，如洼地、高地、平地等，在进行栅格单元流向计算时，如果遇到高地或洼地，会导致栅格流向不连续，进而无法提取出连续的河网；当遇到平地栅格时，栅格的流向将会变得不确定，使得提取的河网偏离真实情况。因此，在进行栅格流向计算时，必须要先进行填洼处理。填洼处理一般分为洼地填平和平地增高两个部分。

①洼地填平。

步骤一：对于任一栅格 g，若与栅格 g 相邻的8个栅格高程均不低于栅格 g，则将栅格 g 标记为洼地栅格，逐栅格扫描DEM栅格数据，标记DEM数据中的所有洼地栅格。

步骤二：对于任一洼地栅格 w，扫描以栅格 w 为中心的 5×5 的栅格窗口。

步骤三：针对在扫描窗口内的任一栅格 c，若栅格 c 沿着最陡方向或沿着平地栅格流向洼地栅格 w，则将栅格 c 标记为洼地栅格 w 控制的集水栅格。

步骤四：扩大搜索窗口，重复步骤三，直到所有洼地集水栅格均被标记。

步骤五：重复步骤二，直到所有的洼地栅格均被扫描。

步骤六：对于洼地栅格 w 控制的任一集水栅格 s，若栅格 s 流向的栅格不为洼地集水格，则栅格 s 为洼地栅格 w 的潜在出口栅格，比较所有潜在出口栅格的高程，选定高程最低的栅格为洼地栅格 w 的最可能出口栅格，若该最可能出口栅格高程大于

栅格 w 高程，则该洼地为凹形洼地，否则为平地，并将平地栅格赋予平地标记。

步骤七：若洼地为凹形洼地，则将该洼地控制的集水栅格高程抬高至该洼地栅格的最可能出口栅格高程。

步骤八：重复步骤六，直至所有的洼地均被抬高。

②平地增高。

平地栅格如果不加处理会导致栅格流向不确定性或偏离实际流向，其主要处理方法是将平地栅格人为增高形成倾斜地形，使得水流能正常地流向平地栅格。平地栅格增高处理的基本步骤如下。

步骤一：基于洼地填充的结果，将所有带有平地栅格标记的栅格叠加一个微小的高程值。

步骤二：扫描平地栅格，确定平地区域中不需要叠加高程增量的栅格，并删除其平地栅格标记。

步骤三：重复步骤一和二，直到所有的栅格均不带有平地栅格标记。

(2) 流向计算。

当 DEM 数据完成填洼处理后，下一步需要基于填洼后的数据进行栅格流向计算。流向计算方法可以大致分为两类：单一流向法和多流向法。单一流向法计算方法简便，在实际计算中应用最为广泛，本书也采用单一流向法。

单一流向计算方法有多种，这里采用最常用的 D8 算法，该算法基于最陡坡降法确定栅格流向。D8 算法以当前计算栅格为中心的 3×3 的栅格为计算窗口，计算当前栅格与其周围相邻的 8 个栅格之间的距离权落差(设当前栅格为 a，与栅格 a 相邻的某一栅格为 b，栅格 a 对栅格 b 的距离权落差定义为栅格 a 的高程与栅格 b 的高程之差除以两栅格间的距离)，取距离权落差最小的栅格为当前栅格的流向栅格，对应的方向为当前栅格的流向。任一栅格有 8 种可能流向，采用 8 个不同数值表示栅格的流向，如图 3-6 所示，1 表示东，2 表示东南，4 表示南，8 表示西南，依此类推。

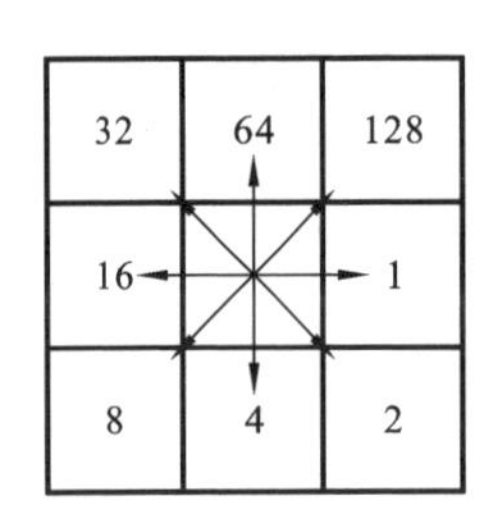

图 3-6 栅格流向示意图

(3) 累积汇流量计算。

栅格累积汇流量是指汇入当前栅格的所有栅格数目。以栅格流向数据为基础，逐栅格计算栅格累积汇流量。

(4) 河网提取。

水流从坡面栅格汇集到河网栅格，当栅格累积汇流量达到一定阈值时，则认为形成了河流，因此，设定一累积汇流量阈值，超过阈值的部分置为 1，其余部分置为 0，提取得到最终流域河网。

(5) 流域提取。

首先要设定流域出口位置，流域出口位置的确定对于流域边界及流域面积计算影响十分巨大。根据栅格流向及设定的流域出口位置，确定汇集到流域出口的所有栅格，进而可以确定流域的精确边界，为流域分布式水文模型的建立提供重要的数据基础。

2）泰森多边形划分

当流域面积较小时，可以假定流域内的水文气象条件具有均一性，但当流域范围较广时，这种假定便不再适用。为充分反映流域水文气象条件的不均匀性，必须结合流域内水文观测站点布置情况，计算流域各栅格水文输入数据，本书采用的是泰森多边形法。

3）栅格演算次序计算

栅格演算次序是流域栅格间水量交换计算的基础，其计算步骤如下。

步骤一：寻找流域内累积汇流量最大的栅格，将其等级置为1。

步骤二：设定等级变量 $r=1$。

步骤三：设等级为 r 的栅格为 g，遍历所有汇入 g 且未设置等级的栅格，将其等级设置为 $r+1$。

步骤四：若所有栅格均已设置等级，转入步骤五；否则 $r=r+1$，转步骤三。

步骤五：将栅格等级从大到小依次交换。

4）栅格单元蓄水容量计算

栅格张力水容量 WM 可用下式计算：

$$WM=(\theta_f-\theta_r)\times L_{包} \tag{3-30}$$

式中：θ_f 为田间持水量，θ_r 为凋萎含水量，$L_{包}$ 为包气带厚度。

栅格自由水容量 SM 的计算公式为

$$SM=(\theta_s-\theta_f)\times L_{腐} \tag{3-31}$$

式中：θ_s 为饱和持水量，$L_{腐}$ 为腐殖层厚度。

田间持水量、凋萎含水量和饱和持水量与土壤类型的关系查算表如表3-3所示。

表3-3　田间持水量、凋萎含水量和饱和持水量与土壤类型的关系查算表

土壤类型	饱和持水量	田间持水量	凋萎含水量
砂土	0.38	0.15	0.04
壤砂土	0.41	0.19	0.05
砂壤土	0.42	0.27	0.09
粉壤土	0.47	0.35	0.15
粉土	0.48	0.34	0.11
壤土	0.44	0.3	0.14
砂质黏壤土	0.43	0.29	0.16
粉质黏壤土	0.47	0.41	0.24
黏壤土	0.45	0.36	0.21

续表

土 壤 类 型	饱和持水量	田间持水量	凋萎含水量
砂质黏土	0.42	0.33	0.21
粉黏土	0.45	0.43	0.28
黏土	0.45	0.4	0.28

包气带厚度 $L_{包}$ 的计算方法具体如下：

$$\begin{cases} \max(L_{包})=\xi_a\times TI_{\min}+\xi_b=\dfrac{\max(WM)}{\theta_{f,TI_{\min}}-\theta_{r,TI_{\min}}} \\ \min(L_{包})=\xi_a\times TI_{\max}+\xi_b=\dfrac{\min(WM)}{\theta_{f,TI_{\max}}-\theta_{r,TI_{\max}}} \end{cases} \tag{3-32}$$

式中：$TI_{\min}$表示最小的地形指数，$TI_{\max}$表示最大的地形指数，$\theta_{f,TI_{\min}}$为最小地形指数处的田间持水量，$\theta_{f,TI_{\max}}$为最大地形指数处的田间持水量，$\theta_{r,TI_{\min}}$为最小地形指数处的凋萎含水量，$\theta_{r,TI_{\max}}$为最大地形指数处的凋萎含水量，WM 为蓄水容量。

解上述方程组即可得到参数 ξ_a 和 ξ_b 的值，进而可以求得各栅格的包气带厚度：

$$L_{a,i}=\xi_a\times TI_i+\xi_b \tag{3-33}$$

腐殖层厚度 $L_{腐}$ 与土壤类型和植被覆盖都密切相关，其计算公式为

$$L_{腐}=\zeta\times L_{包} \tag{3-34}$$

式中：ζ 为折算系数，其与植被覆盖类型相关。

在计算腐殖层厚度 $L_{腐}$ 的过程中，Yao[4]等提出了首先要估算出流域的自由水分布曲线，然后根据不同植被覆盖类型设定不同折算系数，根据式(3-31)计算出流域每个栅格自由水容量，并统计出自由水分布曲线，最后通过调整折算系数使得该自由水分布曲线与原先估算的自由水分布曲线尽量接近，进而得到最终的流域栅格自由水容量。

5）产流计算

在栅格蓄水容量计算中已经考虑了流域下垫面条件的不均匀性，因此，在产流计算模块(RP_NONE)中忽略了栅格内部的不透水面积和蓄水容量分布不均匀性对产流的影响，其计算原理如下所示：

假设流域初始蓄水容量为 W，若 $PE\leqslant 0$，流域不产流，即 $R=0$。若 $PE>0$，流域开始产流，此时产流量 R 的计算公式为

$$\begin{cases} R=0, & PE+W<WM \\ R=PE-WM+W, & PE+W\geqslant WM \end{cases} \tag{3-35}$$

6）蒸发计算

本模型中沿用了集总式新安江模型的蒸发计算方法。

7）分水源计算

分水源计算模块(RS_NONE)忽略了栅格单元内的张力水分布不均匀性，假定栅格单元张力水分布均匀，其计算原理如下：

若栅格单元的自由水含量为 S，地面径流量 RS 为

$$\begin{cases} RS=0, & R+S<SM \\ RS=R+S-SM, & R+S\geqslant SM \end{cases} \tag{3-36}$$

自由水蓄水库两个出流孔的出流，即壤中流 RI、地下径流 RG 的计算式为

$$RI=[(PE+S)-RS]\times KI \tag{3-37}$$

$$RG=[(PE+S)-RS]\times KG \tag{3-38}$$

式中：KI、KG 分别为壤中流与地下径流的日出流系数。

8）坡地汇流计算

在坡地栅格，考虑到地面径流 RS 流速较大，可以直接将上游栅格的 RS 与本栅格的 RS 进行线性叠加。而对于 RI 和 RG，采用线性水库进行汇流计算，具体计算过程如下：

$$TTRI_i(t)=\sum_{j=1}^{upi} TRI_j(t) \tag{3-39}$$

$$TRI_j(t)=TRI_j(t-1)\times CI+RI_j(t)\times(1-CI) \tag{3-40}$$

$$TTRG_i(t)=\sum_{j=1}^{upi} TRG_j(t) \tag{3-41}$$

$$TRG_j(t)=TRG_j(t-1)\times CG+RG_j(t)\times(1-CG) \tag{3-42}$$

式中：TRI_j 和 TRG_j 分别为第 j 个网格自身产生的壤中流和地下径流；CI 和 CG 分别为壤中流和地下径流消退系数；up_i 为第 i 个网格上游的网格数；$TTRI_i$ 和 $TTRG_i$ 分别是第 i 个网格上游网格及第 i 个网格本身产生的壤中流和地下径流。

9）河网调蓄计算

本模型中将河网的调蓄作用反映在地表水流的调蓄演算中，具体为将地表水流的演算公式修改为

$$QS(t)=QS(t-1)\times CS+RS\times(1-CS) \tag{3-43}$$

式中：CS 为河网调蓄系数，$QS(t)$ 和 $QS(t-1)$ 为本时刻和上一时刻地表水流量，RS 为栅格地表产流量。

10）河道汇流计算

对于河道栅格，采用马斯京根-康吉方法进行汇流演算，马斯京根-康吉方法在原马斯京根方法的基础上考虑侧向入流的影响，其计算原理如下：

$$Q_{j+1}^{n+1}=C_1Q_j^n+C_2Q_j^{n+1}+C_3Q_{j+1}^n+C_4 \tag{3-44}$$

$$C_1=\frac{X_{mc}K_{mc}+0.5\Delta t}{(1-X_{mc})K_{mc}+0.5\Delta t} \tag{3-45}$$

$$C_2=\frac{0.5\Delta t-X_{mc}K_{mc}}{(1-X_{mc})K_{mc}+0.5\Delta t} \tag{3-46}$$

$$C_3=\frac{(1-X_{mc})K_{mc}-0.5\Delta t}{(1-X_{mc})K_{mc}+0.5\Delta t} \tag{3-47}$$

$$C_4=\frac{q\Delta t\Delta l}{(1-X_{mc})K_{mc}+0.5\Delta t} \tag{3-48}$$

式中：C_1、C_2、C_3 和 C_4 为演算系数；K_{mc} 为洪水波在河段长为 Δl 中的传播时间；X_{mc} 为马斯京根-康吉方法的权重系数；q 为侧向入流。

判定侧向入流的方法为：如果栅格为河道源头栅格，则将上游栅格的出流叠加作为入流，将本栅格产流作为侧流；如果栅格为非河道源头栅格，则将河道栅格的出流作为入流，将本栅格产流和坡面栅格出流作为侧流。

3.1.3　大东湖区域分布式水循环演变规律分析

大东湖是我国最大的城中湖，其水质水环境保护与治理一直是武汉市水资源管理重点关注的内容之一，通过将分布式水文模型应用于大东湖区域水文过程模拟，获得大东湖区域水文条件时空变异规律，可为大东湖水网调度提供重要的理论支撑和数量依据。

本书将按照分布式栅格新安江模型构建的基本步骤详细论述其在大东湖区域的应用与检验。

1. DEM 数据裁剪

根据以大东湖为核心的六湖区域（东湖、严东湖、严西湖、北湖、杨春湖和沙湖）经纬度，裁剪得到大东湖区域 DEM 数据，如图 3-7 所示。

图 3-7　大东湖区域 DEM 数据

2. DEM 数据填洼

大东湖区域与一般流域不同，常见的流域内多为陆地覆盖，DEM 高程数据起伏明显，而大东湖区域多为水域，水域范围 DEM 高程相同，形成了平地栅格区域，在 DEM 数据填洼处理时，会将湖面水域人为抬高成倾斜水面，形成跨接湖泊的虚拟河道，不符合大东湖区域的实际情况，如图 3-8 所示。

因此，对于大东湖区域不能采取与通常流域相同的填洼方法。为消除湖泊平地

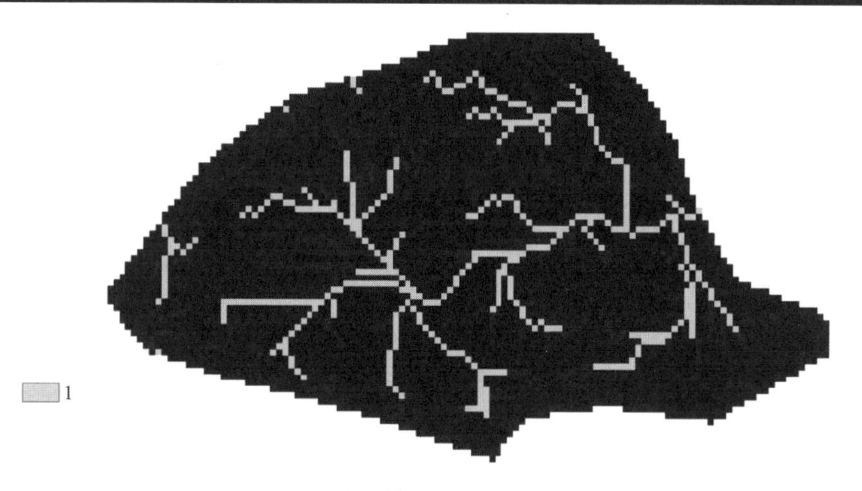

图 3-8　常规填洼方法提取的河网

栅格区域对流域填洼的影响，首先根据实际地形分布情况提取出湖泊区域，然后在原始 DEM 数据中剔除湖泊区域，再进行填洼处理，得到更符合大东湖区域实际情况的结果，如图 3-9 所示。

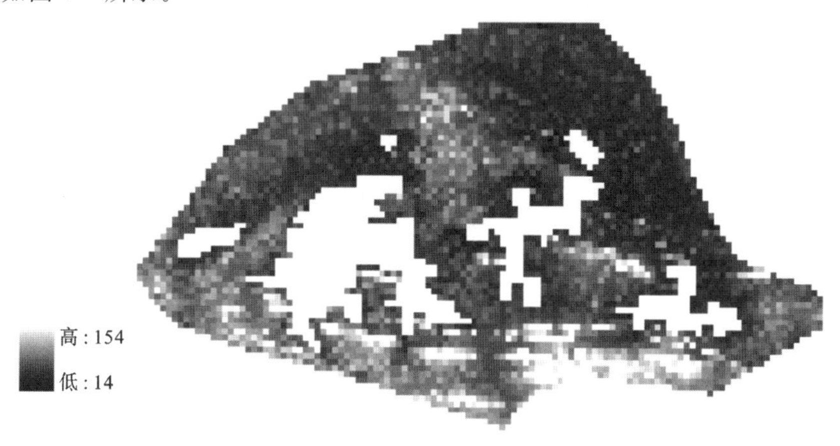

图 3-9　剔除六湖后的填洼结果

3. 栅格流向计算

基于剔除六湖后的填洼 DEM 数据，采用 D8 算法计算栅格流向，结果如图 3-10 所示。

4. 栅格累积汇流量计算

以栅格流向计算结果为基础，计算各栅格累积汇流量，如图 3-11 所示。

5. 河网提取

本实例中设定阈值为 300，得到河网提取结果，如图 3-12 所示。

6. 流域提取

由于大东湖区域的流域出口点有若干个，根据每个流域出口提取子流域十分繁

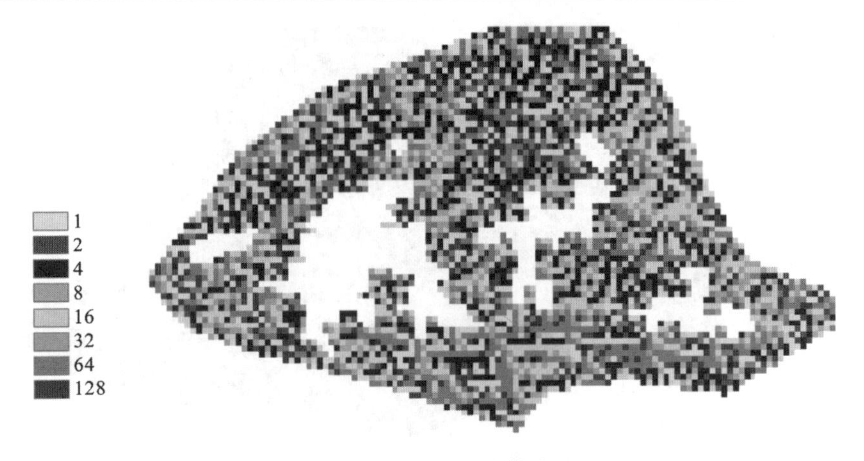

图 3-10　栅格流向计算结果

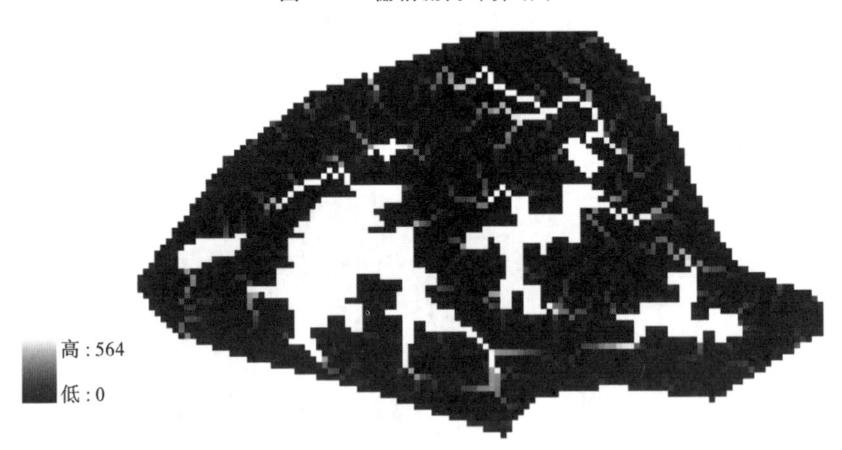

图 3-11　栅格累积汇流量

图 3-12　河网提取结果

琐，当已知栅格流向和河网提取结果时，可以由分布式栅格新安江模型计算得到各栅格产汇流信息，因此，在本实例研究中流域提取步骤可以省略。

7. 栅格演算次序计算

根据上述的栅格演算次序计算方法，计算大东湖区域栅格演算次序，如图3-13所示。

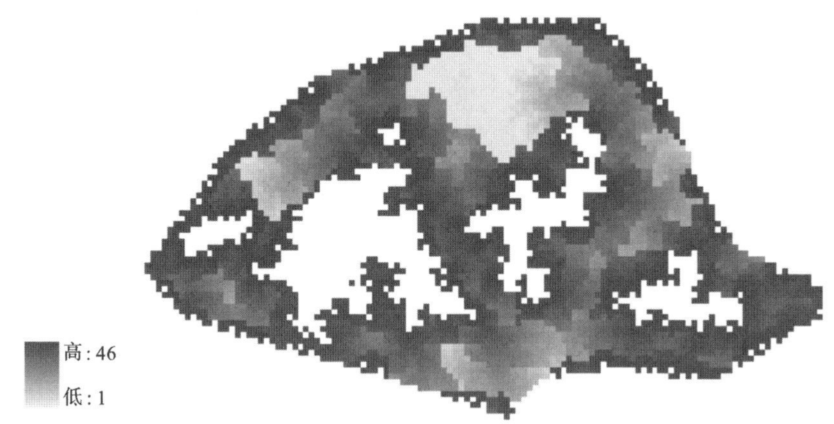

图3-13　大东湖区域栅格演算次序

8. 栅格张力水容量计算

首先计算大东湖区域地形指数分布，如图3-14所示。

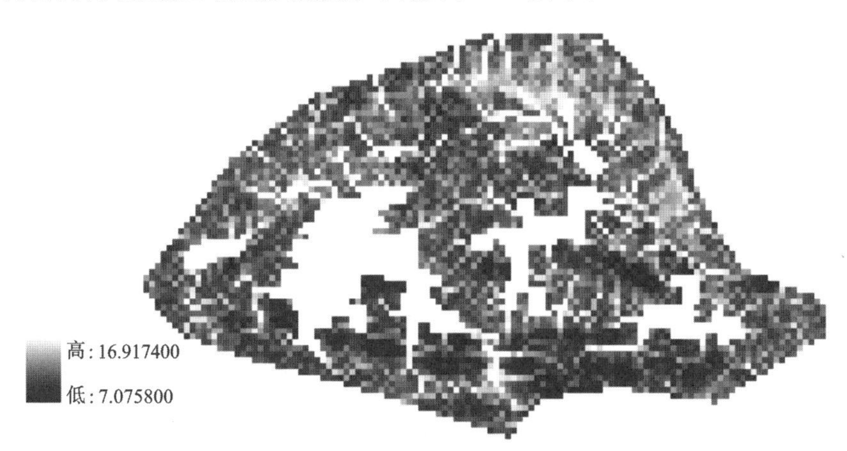

图3-14　大东湖区域地形指数分布

根据地形指数计算结果和土壤类型数据，计算得到流域栅格张力水容量分布结果，如图3-15所示。

9. 栅格自由水容量计算

由于大东湖区域没有产汇流的观测资料，首先根据经验估算流域自由水分布曲线系数 $EX=1.5$，通过调整不同植被类型对应的折算系数ζ，计算流域栅格自由水容量，使得计算的自由水容量曲线与估算的自由水容量曲线相匹配，如图3-16所示。

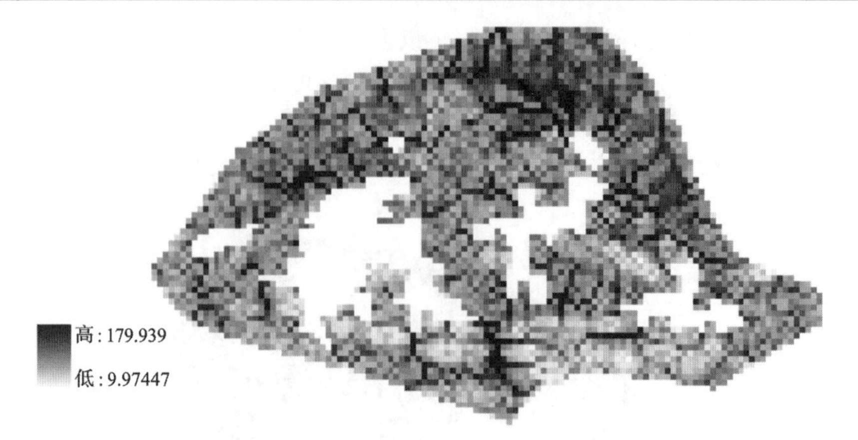

图 3-15 大东湖区域张力水分布结果

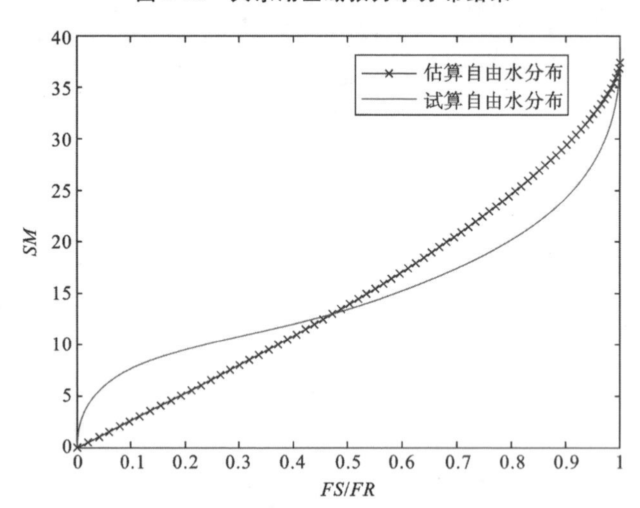

图 3-16 大东湖栅格自由水分布计算

与之相对应的流域栅格自由水容量结果,如图 3-17 所示。

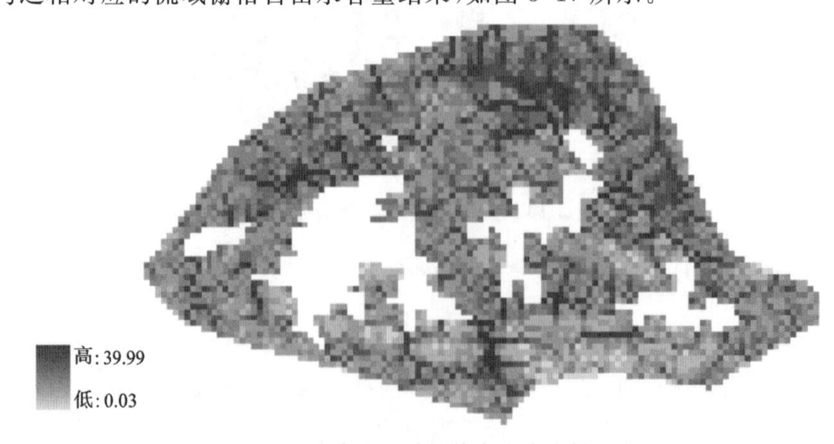

图 3-17 大东湖区域栅格自由水容量分布

10. 模型参数设置

根据经验设置分布式栅格新安江模型参数，如表3-4所示。

表3-4 分布式栅格新安江模型参数设置

参数名称	参数取值	参数名称	参数取值	参数名称	参数取值
K	1.1	KI	0.35	CS	0.01
C	0.18	CG	0.995	KE	0.01
KG	0.25	CI	0.8	XE	0.2

11. 模型结果分析

将模型应用于大东湖区域分布式产汇流模拟，以2000年武汉站降雨和蒸发资料为模型输入，得到大东湖区域六湖入流过程结果如图3-18所示，本次试验计算结果的年径流深度为442.38 mm，对比《湖北省武汉市大东湖生态水网构建可行性研究报告》的结果，与其基本保持一致，表明了计算结果的可靠性。

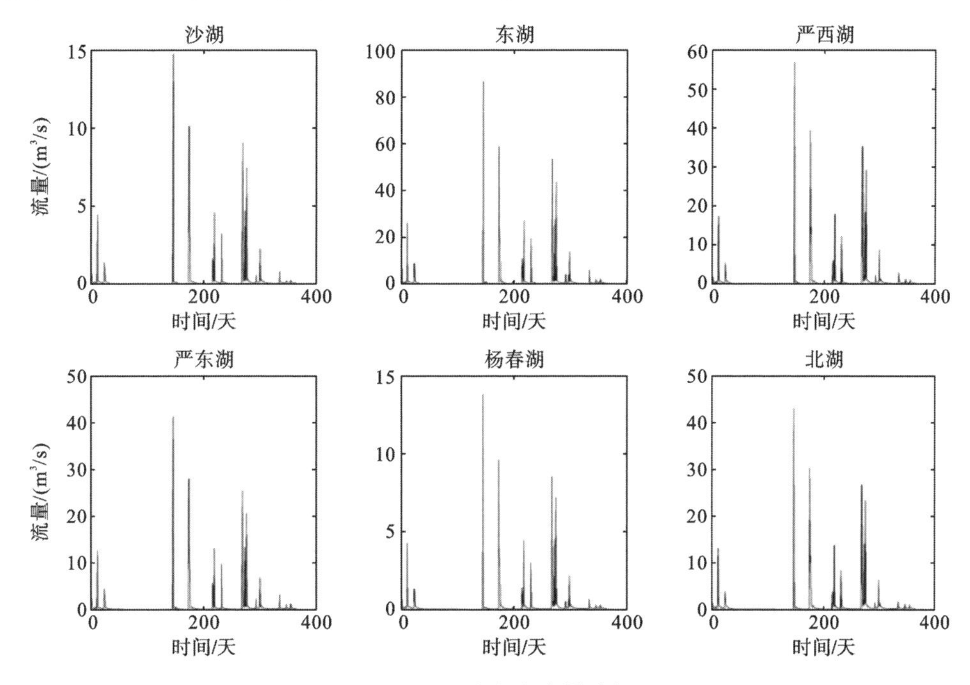

图3-18 六湖入湖流量过程

分布式栅格新安江模型不仅能获得湖泊入湖流量过程，而且还能获得流域每个栅格不同时间的产汇流信息，提高了水文模拟的空间精度。图3-19展示了选取的典型时刻流域产汇流空间分布结果。从结果可知，分布式栅格新安江模型可有效模拟大东湖区域水文情势时空变化规律，为大东湖六湖联通工程实施水质水量优化调度提供必要的数据支撑。

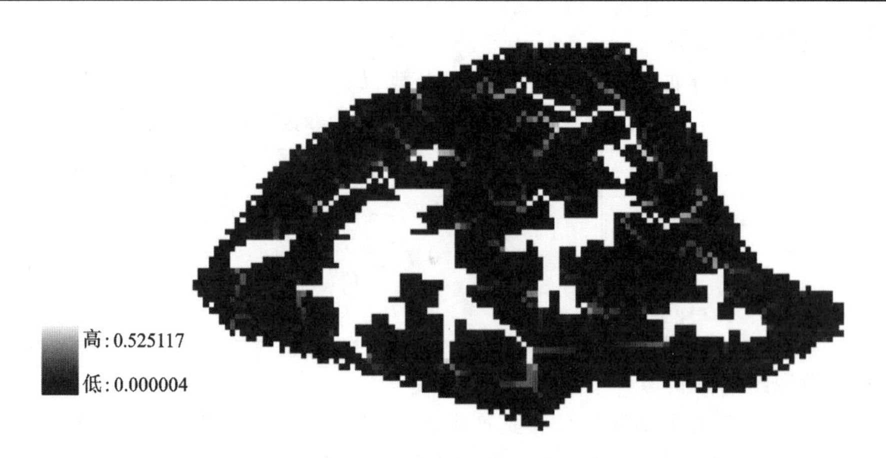

图 3-19 2000 年 7 月 1 日大东湖区域分布式产汇流结果

3.2 流域分布式水文模型参数自适应高效智能优化方法

水文模型优化率定是水文预报领域的重要研究内容。水文模型的参数优选的本质就是通过调整水文模型的结构或参数，使得模型的预报结果尽可能地反映真实水文系统的时空演化规律。当水文模型的结构确定后，水文模型参数的选择对水文模型整体性能和水文预报结果的好坏有着至关重要的影响[5]。水文预报模型优化率定是一类复杂的优化问题，国内外研究较多的水文模型参数率定方法主要有 Simplex 法、Rosenbrock 法、SCE-UA 算法、遗传算法等智能进化搜索算法。然而，这些方法均是基于单一目标优化，仅仅考虑了水文系统某一特定方面的特性，无法充分、全面地反映水文系统的不同动力学行为特征。在流域实际水文预报过程中，由于水文模型预报性能的局限性，模型优化率定时往往无法同时兼顾多个彼此制约的优化目标函数。研究水文模型多目标优化率定方法，获得反映水文系统多方面特性一系列非劣优化方案，可为工程应用提供更为全面、充分的预报方案决策信息，具有重要的工程应用价值。

3.2.1 水文预报模型优化率定的数学描述与表达

1. 多目标优化问题

假设多目标优化问题中目标函数均为最小化，其数学形式可以描述为

$$\begin{cases} \min\{f_1(X), f_2(X), \cdots, f_O(X)\} \\ X=(x_1, x_2, \cdots, x_D) \\ \text{s.t.}\ \ g_i(X)\geqslant 0, \quad i=1,2,\cdots,l \end{cases} \tag{3-49}$$

式中：O 为目标函数维数，D 为决策变量维数，X 为决策变量向量，$g_i(X)\geqslant 0$ 为优化

问题的约束条件。

多目标优化问题需要同时优化多个彼此制约、相互影响的目标，传统的解决方法一般是将多个目标函数通过权系数转换为单目标优化问题，但是，在实际工程问题中，目标函数间往往无法公度，确定合理的权系数十分困难，而多目标优化理论的出现为该类优化问题提供了一条有效的解决途径。多目标优化理论中涉及的一些基本概念阐述如下。

1）Pareto 支配

针对上式的多目标参数优化问题，若存在两个可行解 X_1 和 X_2，且两个可行解对应的目标函数同时满足下式关系，则称解 X_1 支配解 X_2，记为 $X_1 \succ X_2$，或者称解 X_2 支配于解 X_1，记为 $X_2 \prec X_1$。

$$\begin{cases} \forall i \in \{1,2,\cdots,O\}: f_i(X_1) \leqslant f_i(X_2) \\ \exists i \in \{1,2,\cdots,O\}: f_i(X_1) < f_i(X_2) \end{cases} \tag{3-50}$$

2）Pareto 最优解

假定所有的可行解集合为 F，若可行解 X^* 满足如下关系，则称解 X^* 为 Pareto 最优解。

$$\neg \exists X^i \in F: X^i \succ X^* \tag{3-51}$$

3）Pareto 最优解集

所有的 Pareto 最优解构成的集合称之为 Pareto 最优解集。若有 Pareto 最优解集 P，则下式关系必定成立。

$$\begin{cases} \forall X^i \in P, \quad \forall X^j \in F-P: X^i \succ X^j \\ \neg \exists X^i \in P, \quad \forall X^k \in P: X^i \succ X^k \end{cases} \tag{3-52}$$

4）Pareto 最优前沿（非劣前沿）

所有的 Pareto 最优解构成的区域（点、线、面、超曲面）称之为 Pareto 最优前沿或者非劣前沿。

图 3-20 以二维多目标优化问题直观地展示了多目标优化理论的相关定义和关系。

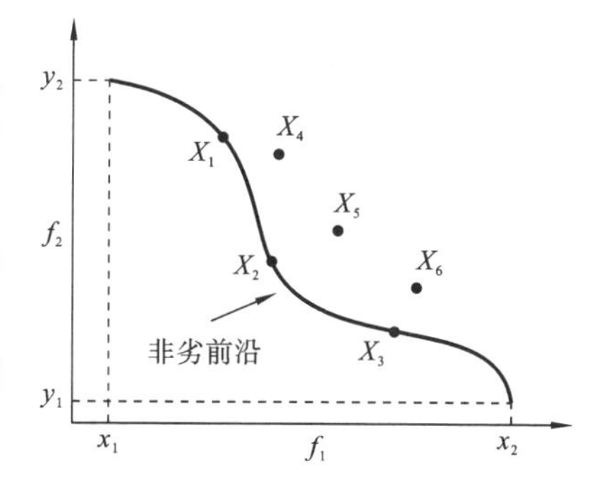

图 3-20　多目标优化示意图

图中包含两个目标函数 f_1 和 f_2，f_1 的变化范围为$[x_1, x_2]$，f_2 的变化范围为$[y_1, y_2]$，X_1、X_2和 X_3 表示 Pareto 最优解，X_4、X_5 和 X_6 为可行解且均被 Pareto 最优解 X_1、X_2和 X_3 支配，所有的 Pareto 最优解构成了图中实线曲线的非劣前沿。

2. 水文模型多目标参数优化率定的数学描述

水文模型参数优化率定的本质是优选出最优的水文模型参数组合，使得模型的输出结果能真实地反映流域水文系统的变化规律。

传统的水文模型优化率定方法仅仅考虑单一目标函数，目标函数一般设置为模

型预报与实测的吻合程度。假定目标函数为最小化，基于单一目标的水文模型参数优化率定形式可以表示为

$$\begin{cases}\min\{f(X)\}\\ X=[x_1,x_2,\cdots,x_D]\end{cases} \tag{3-53}$$

式中：$f(X)$为选定的目标函数，比较常用的主要有均方根误差 $RMSE$ 和确定性系数 R^2；D 为模型中需要优化率定的参数个数；X 为水文模型中需要优化率定的参数。

在水文模型多目标参数优化率定的框架下，为充分考虑水文系统的多方面变化特性，优化率定过程中需要同时兼顾多个目标函数，若选定的多个目标函数之间相互制约、彼此冲突，基于 Pareto 最优化理论，那么优化率定结果不是为唯一的最优解，而是由目标空间组成的非劣解集。假设优化率定选定的多个目标函数均为越小越优，则基于多目标优化框架的水文模型参数率定的数学形式可以描述为

$$\begin{cases}\min\{f_1(X),f_2(X),\cdots,f_O(X)\}\\ X=[x_1,x_2,\cdots,x_D]\end{cases} \tag{3-54}$$

式中：O 表示目标函数空间维数；$f_i(\cdot)(i=1,2,\cdots,O)$为选定的 O 个目标函数；D 为水文模型中需要优化率定的参数维数；X 为水文模型中需要优化率定的参数。

为分析比较不同多目标算法的优化性能，研究工作提出了一种简便的比较不同目标组合优化结果性能的方法，具体描述如下。

假设有 M 种不同的多目标算法，各算法的形式描述如下：

$$\begin{cases}A_1=\{f_1^1,f_2^1,\cdots,f_N^1\}\\ A_2=\{f_1^2,f_2^2,\cdots,f_N^2\}\\ \quad\vdots\\ A_M=\{f_1^M,f_2^M,\cdots,f_N^M\}\end{cases} \tag{3-55}$$

式中：A_i 表示第 i 种多目标优化算法；N 为目标函数空间维数；f_j^i 中上标表示第 i 种算法，下标表示第 j 个目标函数。

为比较不同算法的计算性能，每个优化算法的目标函数设为相同。下面对比分析不同优化算法性能的计算流程。

(1) 假设有 M 种优化算法，优化计算的目标函数均相同，每种算法计算得到的非劣解集结果，如下所示：

$$\begin{cases}R_1=\{f_1^1(X_i^1),f_2^1(X_i^1),\cdots,f_N^1(X_i^1)\mid X_i^1,i=1,2,\cdots,n\}\\ R_2=\{f_1^2(X_i^2),f_2^2(X_i^2),\cdots,f_N^2(X_i^2)\mid X_i^2,i=1,2,\cdots,n\}\\ \quad\vdots\\ R_M=\{f_1^M(X_i^M),f_2^M(X_i^M),\cdots,f_N^M(X_i^M)\mid X_i^M,i=1,2,\cdots,n\}\end{cases} \tag{3-56}$$

式中：R_i表示第 i 种多目标算法的目标空间非劣解集；$X_i^j(i=1,2,\cdots,n)$表示第 j 种算法的非劣解对应的模型参数组合；n 为得到的非劣解的个数。

(2) 考虑到算法均以随机智能进化为核心演算机制，为减小计算时随机因素的影响，需要基于算法多次独立运行结果统计其计算性能。算法 K 次独立运行得到的

非劣解集 $P_i^k(i=1,2,\cdots,M;k=1,2,\cdots,K)$ 如下：

$$\begin{cases} P_1^k=\{f_1^1(X_i^j),f_2^1(X_i^j),\cdots,f_N^1(X_i^j), \quad X_i^j\in R_1 \mid \neg \hat{X}_i^j\in R_1:\hat{X}_i^j\prec X_i^j\} \\ P_2^k=\{f_1^2(X_i^j),f_2^2(X_i^j),\cdots,f_N^2(X_i^j), \quad X_i^j\in R_2 \mid \neg \hat{X}_i^j\in R_2:\hat{X}_i^j\prec X_i^j\} \\ \quad\vdots \\ P_M^k=\{f_1^M(X_i^j),f_2^M(X_i^j),\cdots,f_N^M(X_i^j), \quad X_i^j\in R_M \mid \neg \hat{X}_i^j\in R_M:\hat{X}_i^j\prec X_i^j\} \end{cases} \tag{3-57}$$

(3) 将各多目标算法得到的非劣解集合并，合并后的非劣解集中的个体可能不是全部为 Pareto 排序等级为 1，因此，必须要剔除其中 Pareto 排序等级不为 1 的个体，得到综合非劣解集 T，如下式所示：

$$\begin{cases} T_1^k=\{f_1^1(X_i^j),f_2^1(X_i^j),\cdots,f_N^1(X_i^j), \quad X_i^j\in R_1 \mid \neg \hat{X}_i^j\in R_1,X_i^j\in T:\hat{X}_i^j\prec X_i^j\} \\ T_2^k=\{f_1^2(X_i^j),f_2^2(X_i^j),\cdots,f_N^2(X_i^j), \quad X_i^j\in R_2 \mid \neg \hat{X}_i^j\in R_2,X_i^j\in T:\hat{X}_i^j\prec X_i^j\} \\ \quad\vdots \\ T_M^k=\{f_1^M(X_i^j),f_2^M(X_i^j),\cdots,f_N^M(X_i^j), \quad X_i^j\in R_M \mid \neg \hat{X}_i^j\in R_M,X_i^j\in T:\hat{X}_i^j\prec X_i^j\} \\ T=\{T_i^k,i=1,2,\cdots,M,k=1,2,\cdots,K\} \end{cases} \tag{3-58}$$

式中：T_i^k 表示第 i 种算法生成的同时也属于 T 的个体。

(4) 以集合 T 作为优化问题的近似真实非劣解前沿，根据各算法优化结果计算两种性能指标值，通过指标值对比分析不同算法的优劣程度。

3.2.2 流域分布式水文模型多目标高效智能优化率定方法

为高效求解水文模型率定的多目标优化问题，基于经典的水文模型单目标优化率定算法 SCE-UA，提出了一种高效多目标优化算法——多目标文化混合复形差分进化算法(Multi-objective Culture Shuffled Complex Differential Evolution，MOC-SCDE)。该算法将 SCE-UA 算法置于文化进化(CA)的优化框架下，利用群体进化过程中总结的知识信息指导算法的运行，提高进化的计算可靠性和效率，同时针对 SCE-UA 算法中单纯形算子难以充分挖掘群体信息、计算效率较低的不足，采用全局搜索能力强的 DE 算法作为全局寻优的核心算子，可以更为充分地提取群体携带的有效信息进行进化搜索，在保证收敛精度的同时进一步提升优化计算的收敛速度。

1. 基本理论与方法

1) CA 算法

CA 算法由 Reynolds[6] 于 1994 年提出的一种自适应智能进化算法，其进化的基本思想是仿照人类文化知识的演变进程，既依赖于群体中个体知识的积累，又需要群体集体知识的总结归纳。CA 算法将进化空间划分为两大类：小尺度的群体个体进化形成的种群空间(Population Space，PS)和大尺度的群体知识总结归纳形成的信仰空间(Belief Space，BS)。在进化计算过程中，两种空间相互依存、相互影响，种群空间的个体通过自身知识积累以及与群体中其他个体的信息交流,同时以信仰空间提供的知识经验作为指导,不断向最优化方向进化,而群体进化过程中也会相应地总结规律、知识和经验,使得信仰空间的信息更加可靠完备,两者间的相互作用,使得算法收敛到全局最优解。

2) SCE-UA 算法

SCE-UA 算法是 Duan 等人于 1992 年提出的水文模型自动率定算法,该算法融合了全局搜索(群体优胜劣汰)和局部搜索(Simplex 搜索)的优点,具有较强的全局收敛性,SCE-UA 算法从提出至今在水文模型参数率定中得到了广泛的应用和验证。SCE-UA 算法的详细描述和计算步骤可参见研究文献[7, 8]。SCE-UA 算法的计算流程如图 3-21 所示。

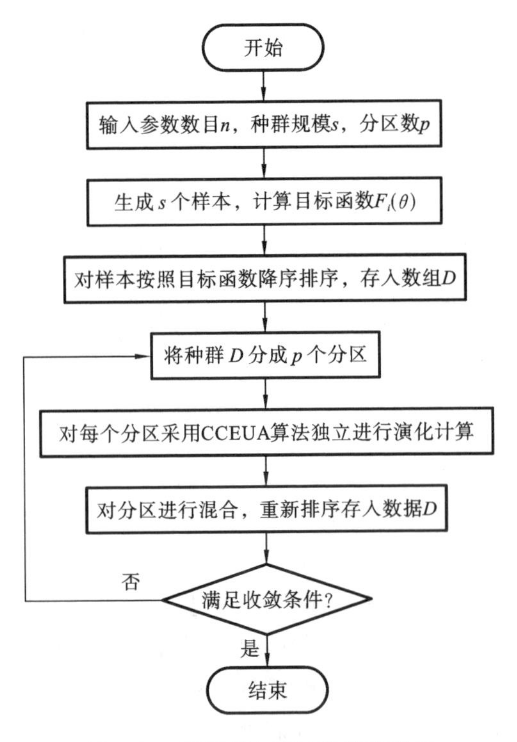

图 3-21 SCE-UA 算法计算流程图

SCE-UA 算法在种群分区与竞争进化中需要进行种群个体间的优劣判断,在单目标优化中,比较两个体的优劣主要根据个体的目标函数值;而在多目标优化中,一个个体同时拥有多个目标函数值,此时需要根据个体的 Pareto 等级和个体拥挤距离两个指标比较优劣,Pareto 等级高且拥挤距离大的个体更优, Pareto 等级和拥挤距离的计算方法参考文献[9]。

3) 差分进化(DE)算法

DE 算法是由 Storn[10] 等人于 1995 年提出的一种新型高效智能进化算法,该算法计算原理简单，易于编程实现，且较少的用户自定义参数大大提高了算法的使用便捷性，同时该算法不需要离散可行域空间，具备很强的全局优化能力和较高的鲁棒性，在诸多研究领域获得了成功应用与验证。

差分进化算法主要包括变异、交叉、选择三种算子，本书采用的形式是 DE/rand/1/bin。

变异算子用来产生新的个体，如下式所示：

$$v_i^{g+1}=x_{r_1}^g+F(x_{r_2}^g-x_{r_3}^g),\quad i=1,2,\cdots,N \tag{3-59}$$

式中：N 为种群规模；g 为当前种群进化代数；v_i^{g+1} 为第 $g+1$ 代产生的第 i 个个体；r_1,r_2,r_3 为随机生成的范围为[1, N]的3个整数；x_i^g 为第 g 代种群中的第 i 个个体。

然后，将种群的 N 个个体与新产生的 N 个个体一一对应地进行交叉操作，如下式所示：

$$u_{i,j}^{g+1}=\begin{cases}v_{i,j}^{g+1}, & \text{random}()<CR \text{ 或 } j=\text{random}(1,D)\\ x_{i,j}^{g+1}, & \text{其他}\end{cases} \tag{3-60}$$

式中：u_i^g 为第 g 代产生的试验个体；$u_{i,j}^g$ 为个体 u_i^g 的第 j 维；random()为范围为[0, 1]的随机浮点数；CR 为设置的交叉概率。

最后，DE 算法采用贪婪策略选择较优的个体进入下一代，如下式所示：

$$x_i^{g+1}=\begin{cases}u_i^{g+1}\\ x_i^g\end{cases} \tag{3-61}$$

其中，u_i^{g+1} 优于 x_i^g。

在单目标优化中，比较试验个体与原种群个体的优劣主要根据个体的目标函数值；而在多目标优化中，首先要比较两个体的 Pareto 关系，处于支配地位的个体进入下一代，若两个体相互非劣，则拥挤距离较大的个体进入下一代。

2. MOCSCDE 算法设计

MOCSCDE 采用 CA 作为算法演算的大框架，以 SCE-UA 算法作为 CA 群体进化的核心算子，在进化过程中总结归纳群体进化的知识信息，用于指导算法的进一步进化演算，提高进化的计算可靠性和效率，同时，采用全局搜索能力强的 DE 算法作为 SCE-UA 全局寻优的核心算子，可以更为充分提取群体携带的有效信息进行进化搜索，在保证收敛精度的同时进一步提升了优化计算的收敛速度。下面将分别详细介绍 MOCSCDE 算法中三种知识结构设计策略。

1) 形势知识(Situational Knowledge，SK)设计

SK 主要包括两大部分：

①每个复形(Complex)$C_i(i=1,2,\cdots,NC)$寻优获得的非劣个体集合 $P_i^c(i=1,2,\cdots,NC)$(NC 表示复形个数)；

②整个群体寻优计算得到的非劣个体集合 P。设 P_i^c 和 P 均包含 N 个个体，$P_{i,j}^c$ 表示 P_i^c 的第 j 个个体，P_j 表示 P 的第 j 个个体，形势知识结构示意图如图 3-22 所示。

SK 的进化策略为：$P_i^c(i=1,2,\cdots,NC)$和 P 首先均存储在群体中 Pareto 排序为

$P_i^c(i=1,2,\cdots,NC)$			
$P_{i,1}^c$	$P_{i,2}^c$	$\cdots$	$P_{i,N}^c$
P			
P_1	P_2	$\cdots$	P_N

图 3-22 形势知识结构示意图

1 的个体。进化过程中,每演算完成一代,将 $C_i(i=1,2,\cdots,NC)$ 的 Pareto 排序为 1 的个体添加到 P_i^c 中,每间隔 NBS(Number of Iteration Before Shuffling)代,将所有 $C_i(i=1,2,\cdots,NC)$合并,并提取群体中所有 Pareto 排序为 1 的个体存储到 P 中,并将 P 更新为 $P_i^c(i=1,2,\cdots,NC)$。

非劣个体 I_{tmp} 添加到 P_i^c(或 P)的步骤如下:若 I_{tmp} 劣于 P_i^c(或 P)中的某一个体,则 I_{tmp} 不应增加到 P_i^c(或 P);若 I_{tmp} 优于 P_i^c(或 P)中的某个或某些个体,将 I_{tmp} 增加到 P_i^c(或 P)中并剔除 P_i^c(或 P)中劣于 I_{tmp} 的个体;若 I_{tmp} 与 P_i^c(或 P)中的所有个体均互为非劣,则将 I_{tmp} 增加到 P_i^c(或 P)。个体间优劣的比较均是基于 Pareto 最优原理。当 I_{tmp} 增加到 P_i^c(或 P)后,此时若群体大小超出了预定的容量,则重新计算添加 I_{tmp} 后的 P_i^c(或 P)中各个个体的拥挤距离,并剔除具有最小拥挤距离的个体,以保证群体分布的均匀性。

SK 对 PS 的作用机制为:当集合 P_i^c 的大小超过预定的阈值(为防止算法陷入局部最优,该阈值不宜设定的过小,本次实验中设置为达到群体容量的 1/5)时,差分进化进行变异操作时从 P_i^c 中随机提取候选个体,而不是从原群体中选取。考虑到 P_i^c 中保存的个体携带有“优势基因”信息,以 P_i^c 种群为基础进行变异运算可充分利用已经获得的优势解信息,进而提升进化演算的收敛效率。

2) 规范化知识(Normative Knowledge,NK)设计

NK 用于存储群体决策变量的上下限信息,若决策变量维数为 D,l_i 表示第 i 维下限,u_i 表示第 i 维上限,规范化知识结构示意图如图 3-23 所示。

第1维	第2维	$\cdots$	第D维
l_1,u_1	l_2,u_2	$\cdots$	l_D,u_D

图 3-23 规范化知识结构示意图

NK 的进化策略为:初始的 NK 代表各维决策变量的可行域范围。当 SK 进化完成后且 SK 中 P 的当前规模超过设定阈值(本次实验中设置为达到群体容量的 1/5)时,则更新 NK 为 P 中所有个体的上下限。

NK 对 PS 的作用方式为:由差分进化变异算子的计算公式可知,差分进化算法生成的变异个体可能不在决策变量的可行域范围内,一般的解决方法是将越界的值设定为可行范围的上限或下限,具体如下式所示:

$$\begin{cases} x_i=L_i, & x_i<L_i, \\ x_i=U_i, & x_i>U_i, \end{cases} \quad i=1,2,\cdots,D \tag{3-62}$$

式中:L_i 为第 i 维决策变量可行域的下限;U_i 为第 i 维决策变量可行域的上限;x_i 为第 i 维决策变量;D 为决策变量维数。

由于 NK 中存储的可行范围可能包含有“精英解”信息,因此能引导算法向最优化方向进化。因此,在研究工作提出的 MOCSCDE 算法中则将越界的值设定为 NK 的上限或下限,具体如下式所示。

$$\begin{cases} x_i = l_i, & x_i < l_i, \\ x_i = u_i, & x_i > u_i, \end{cases} \quad i=1,2,\cdots,D \tag{3-63}$$

式中：l_i为NK中第i维决策变量的最小取值；u_i为NK中第i维决策变量的最大取值；x_i为第i维决策变量；D为决策变量维数。

3）历史知识（History Knowledge，HK）设计

HK用于记录算法演化计算的过程，HK设计为用于保存群体P中各个体间的差异程度，差异程度按照每一维决策变量分别计算。历史知识结构示意图如图3-24所示。

第1维	第2维	…	第D维
S_1	S_2	…	S_D

图3-24 历史知识结构示意图

S_i表示第i维决策变量的差异程度，差异程度[11]的计算公式如下所示：

$$S_j = \sqrt{\frac{1}{N}\sum_{i=1}^{N}\left(\frac{x_{i,j}-\overline{x_j}}{u_j-l_j}\right)^2}, \quad j=1,2,\cdots,D \tag{3-64}$$

式中：N代表集合P中个体的数目；l_j和u_j为NK中的可行范围；D表示决策变量维数；$x_{i,j}$为第i个个体第j维决策变量；$\overline{x^j}$为所有个体第j维决策变量的均值。

HK的进化策略为：群体每进化NM代，SK和NK完成进化后，则按照式(3-64)计算SK中种群P的各维决策变量的分布特性，并将其保存为HK。

HK对种群空间的作用方式为：当S_i的数值很小时，根据差分进化变异算子的定义，差分进化算法无法根据变异操作生成新的个体，也就表示算法无法搜索到新的可行域空间，此时算法已经陷入局部极值。为有效克服这一缺陷，研究工作提出的MOCSCDE算法引入了Cauchy变异算子，如下式所示。Cauchy变异算子的计算原理为：当S_i的值小于事先设定的阈值时，采用Cauchy变异算子附加一个小的数值到第i维决策变量，使得该维决策变量的差异程度增大，进而可以通过差分进化算法的变异算子产生新的个体，跳出局部最优。

$$x_{i,j} = x_{i,j}(1+\eta C(0,1)), \quad i=1,2,\cdots,N, j=1,2,\cdots,D \tag{3-65}$$

式中：N为个体的数目；D为决策变量维数；$x_{i,j}$为第i个个体第j维决策变量；$C(0,1)$表示服从标准Cauchy分布的随机数；η为调整Cauchy变异算子变异程度的系数，该系数设置对于算法计算十分敏感，设置过大会降低算法的收敛性，而设置的过小不利于算法跳出局部最优。

3. MOCSCDE算法计算的基本流程

MOCSCDE算法中需要用户自定义的参数主要有群体规模N、决策变量维数D、目标空间维数O、交叉概率CR、Complex的数目NC、Complex混合前的进化代数NBS、算法最大进化代数Max、SK中$P_i^c(i=1,2,\cdots,NC)$的规模NPC、SK中P的规模NP、HK的进化间隔NM代、判断是否使用Cauchy变异的阈值ε、Cauchy变异系数η。

MOCSCDE算法的流程图如图3-25所示：

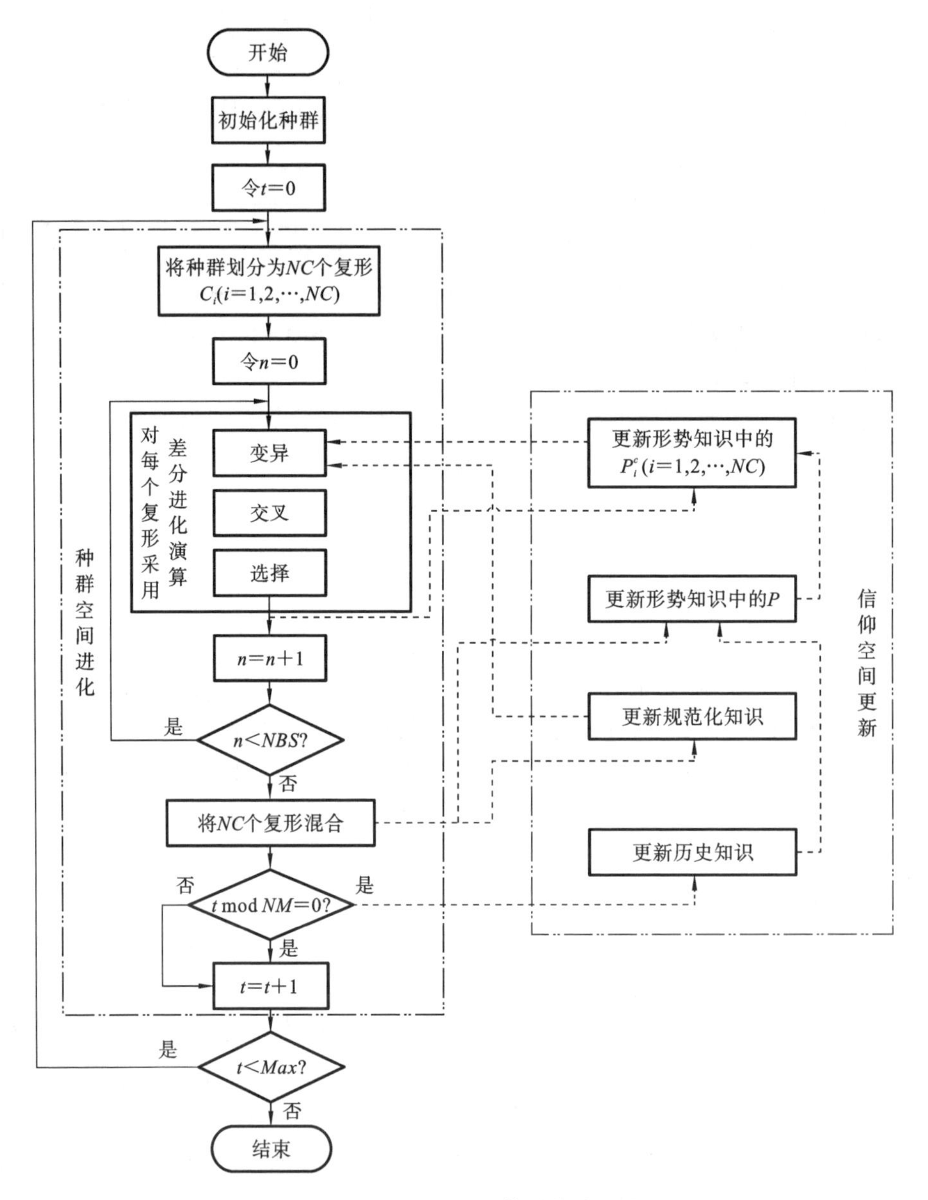

图 3-25 MOCSCDE 算法的流程图

MOCSCDE 算法的计算步骤描述如下：

步骤一：初始化 PS，并根据 PS 提取知识信息生成 BS。

步骤二：根据群体个体的 Pareto 排序结果将群体等分成 NC 个 Complex。

步骤三：每个 Complex 分别地进行变异、交叉、选择等进化演算，并在进化过程中基于 SK、NK 和 HK 进行引导，每进化计算一代，更新 SK 中的 $P_i^c(i=1,2,\cdots,NC)$。

步骤四：每个 Complex 进化 NBS 代后，混合所有的 Complex，并更新 SK 中的 P

以及 NK。

步骤五：每进化 NM 代，更新 HK。

步骤六：判断是否达到最大进化代数 Max，若否，则跳转到步骤二，若是，则跳转到步骤七。

步骤七：进化结束，并输出计算结果。

4. MOCSCDE 算法性能测试

1）标准测试函数

为验证算法设计的有效性，选取多目标优化中常用的五种标准测试函数测试 MOCSCDE 算法的计算性能，标准测试函数定义如表 3-5 所示：

表 3-5 标准测试函数

测试函数	维数	取值范围	目标函数	最优解	特征
ZDT1	30	[0, 1]	$f_1(x)=x_1$ $f_2(x)=g[1-\sqrt{f_1/g}]$ $g(x)=1+9\dfrac{\sum_{i=2}^{n}x_i}{n-1}$	$x_1\in[0,1]$ $x_i=0$, $i=2,3,\cdots,n$	凸
ZDT2	30	[0, 1]	$f_1(x)=x_1$ $f_2(x)=g[1-(f_1/g)^2]$ $g(x)=1+9\dfrac{\sum_{i=2}^{n}x_i}{n-1}$	$x_1\in[0,1]$ $x_i=0$, $i=2,3,\cdots,n$	非凸
ZDT3	30	[0, 1]	$f_1(x)=x_1$ $f_2(x)=g[1-\sqrt{f_1/g}-(f_1/g)$ $\cdot\sin(10\pi f_1)]$ $g(x)=1+9\dfrac{\sum_{i=2}^{n}x_i}{n-1}$	$x_1\in[0,1]$ $x_i=0$, $i=2,3,\cdots,n$	凸 不连续
ZDT4	10	$x_1\in[0,1]$ $x_i\in[-5,5]$, $i=2,3,\cdots,n$	$f_1(x)=x_1$ $f_2(x)=g[1-\sqrt{f_1/g}]$ $g(x)=1+10(n-1)+$ $\sum_{i=2}^{n}[x_i^2-10\cos(4\pi x_i)]$	$x_1\in[0,1]$ $x_i=0$, $i=2,3,\cdots,n$	非凸
ZDT6	10	[0, 1]	$f_1(x)=1-\exp(-4x_1)\sin^6(6\pi x_1)$ $f_2(x)=g[1-(f_1/g)^2]$ $g(x)=1+9\dfrac{\sum_{i=2}^{n}x_i}{(n-1)^{1/4}}$	$x_1\in[0,1]$ $x_i=0$, $i=2,3,\cdots,n$	非凸 不均一

2）性能评价指标

与单目标优化不同，多目标算法优化计算得到的非劣解集不仅要考虑计算结果的收敛精度，还要分析所得非劣解集对真实非劣前沿的覆盖均匀程度，也即分布特性。当真实非劣前沿已知时，可直接通过下两式计算，而当真实非劣前沿未知或不可获得时，需要根据已有算法的计算结果推算近似的真实非劣前沿，然后采用以下两式计算。下式给出了常用的两种指标定义：

$$\gamma = \frac{1}{n}\sqrt{\sum_{i=1}^{n} g_i^2} \tag{3-66}$$

$$\Delta = \frac{d_f + d_l + \sum_{i=1}^{n-1} |d_i - \bar{d}|}{d_f + d_l + (n-1)\bar{d}} \tag{3-67}$$

式中：n 为非劣解集包含个体个数；g_i 为非劣解集中第 i 个个体与真实非劣前沿的最小间距；d_f 和 d_l 分别为非劣解集首尾两点与真实非劣前沿首尾两点的距离；d_i 为非劣解第 i 个个体与其相邻个体的间距；$\bar{d}$ 为间距 d_i 的均值。

3）性能评价结果

应用 MOCSCDE 算法求解表 3-5 中的五种测试函数，MOCSCDE 算法的参数设置如下：群体规模 $N=100$；决策变量维数 D 对应表中第二列；目标空间维数 $O=2$；交叉操作概率 $CR=0.2$；复形个数 $NC=2$；复形混合前的进化代数 $NBS=50$；算法最大进化代数 $Max=50$；SK 中 $P_i^c(i=1,2,\cdots,NC)$ 的规模 $NPC=100$；SK 中 P 的规模 $NP=100$；群体更新 HK 间隔 $NM=25$ 代；Cauchy 变异阈值 $\varepsilon=0.1$；Cauchy 变异系数 $\eta=0.5$。

MOCSCDE 算法的求解结果如图 3-26 至图 3-30 所示。从图中结果可知，该算

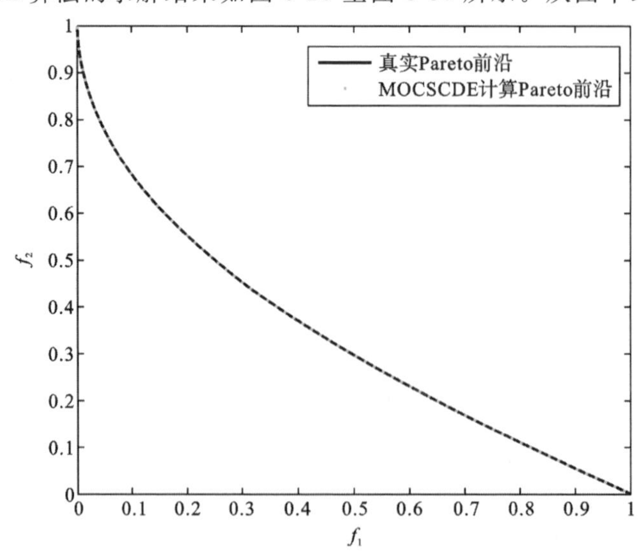

图 3-26 ZDT1 **求解结果**

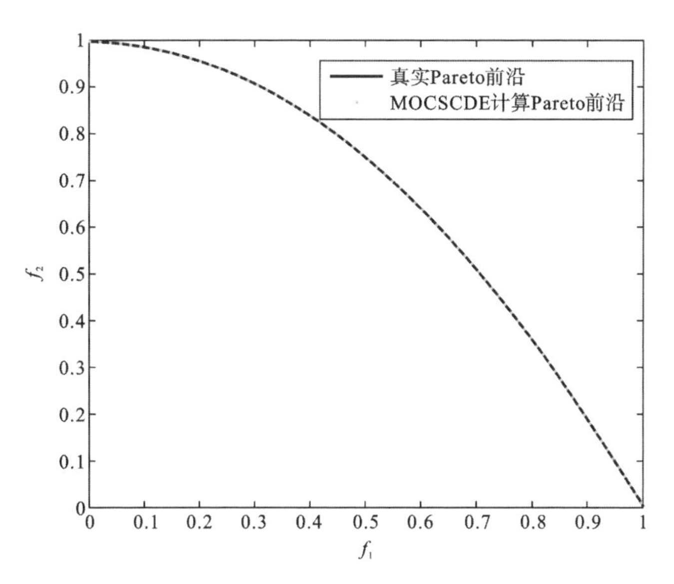

图 3-27 ZDT2 求解结果

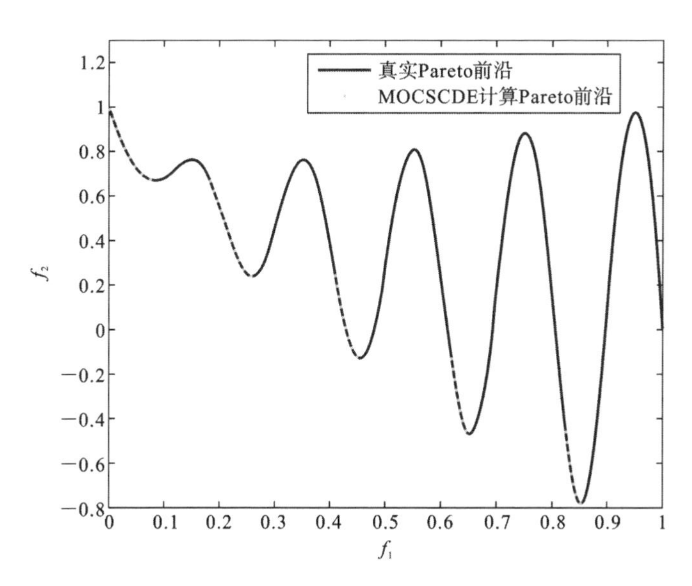

图 3-28 ZDT3 求解结果

法能有效地求解多目标优化问题,且算法计算得到的非劣解集能均匀覆盖真实非劣前沿。同时,采用收敛性和分布性评价指标,精确量化 MOCSCDE 算法的计算性能,并将计算结果与已有的算法进行对比分析,如表 3-6 和表 3-7 所示。为消除算法的随机因素的影响,算法独立运行 30 次,表格中的性能指标均由 30 次运行结果统计得到。表格中 NSGA-Ⅱ算法的结果来自文献[9],SPEA2 的结果来自文献[12],PDEA

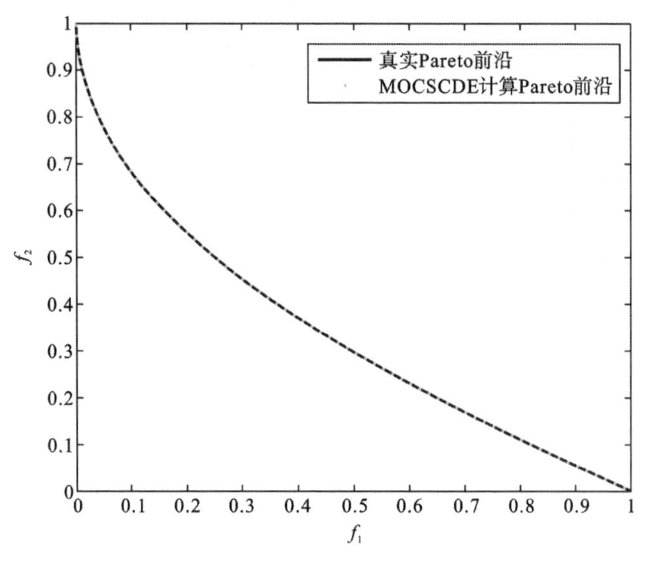

图 3-29 ZDT4 **求解结果**

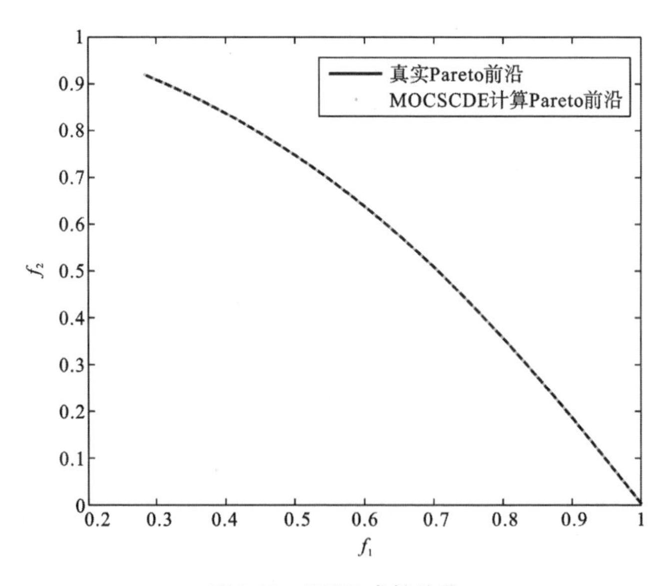

图 3-30 ZDT6 **求解结果**

的结果来自文献[13],PMODE 的结果来自文献[14],DEMO/parent 的结果来自文献[15],ADEA 的结果来自文献[16],MOSCEM-UA 算法的计算结果来自文献[17]。由表可知,MOCSCDE 算法的收敛性和分布性均优于其他同类算法,除了在求解 ZDT1、ZDT2 问题时收敛的稳定性能略低于 PDEA,以及求解 ZDT1、ZDT2 和 ZDT4 时非劣解分布的稳定性略低于 SPEA2、NSGA-Ⅱ和 PDEA。

表 3-6 算法收敛性比较分析

算法	收敛性	ZDT1	ZDT2	ZDT3	ZDT4	ZDT6
NSGA-Ⅱ	均值	0.033482	0.072391	0.1145	0.513053	0.296564
	方差	0.00475	0.031689	0.00794	0.11846	0.013135
SPEA2	均值	0.023285	0.16762	0.018409	4.9271	0.232551
	方差	0	0.000815	0	2.703	0.004945
PDEA	均值	0.000615	0.000652	0.000563	0.618258	0.023886
	方差	0.000001	0.000001	0	0.826881	0.003294
PMODE	均值	0.0058	0.0055	0.02156	0.63895	0.02623
	方差	0	0	0	0.5002	0.000861
DEMO/parent	均值	0.001083	0.000755	0.001178	0.001037	0.000629
	方差	0.000113	0.000045	0.000059	0.000134	0.000044
ADEA	均值	0.002741	0.002203	0.002741	0.1001	0.000624
	方差	0.000385	0.000297	0.00012	0.4462	0.00006
MOSCEM-UA	均值	0.816874	1.810324	0.728134	52.1836	4.337343
	方差	0.140576	0.189223	0.141831	8.342508	0.711898
MOCSCDE	均值	0.00021	0.000179	0.000452	0.000564	0.000084
	方差	0.000048	0.000035	0.000024	0.000118	0.000053

表 3-7 算法分布性比较分析

算法	分布性	ZDT1	ZDT2	ZDT3	ZDT4	ZDT6
NSGA-Ⅱ	均值	0.390307	0.430776	0.73854	0.702612	0.668025
	方差	0.001876	0.004721	0.019706	0.064648	0.009923
SPEA2	均值	0.154723	0.33945	0.4691	0.8239	1.04422
	方差	0.000874	0.001755	0.005265	0.002883	0.158106
PDEA	均值	0.298567	0.317958	0.623812	0.840852	0.473074
	方差	0.000742	0.001389	0.000225	0.035741	0.021721
PMODE	均值	—	—	—	—	—
	方差	—	—	—	—	—
DEMO/parent	均值	0.325237	0.329151	0.309436	0.359905	0.442308
	方差	0.030249	0.032408	0.018603	0.037672	0.021721

续表

算法	分布性	ZDT1	ZDT2	ZDT3	ZDT4	ZDT6
ADEA	均值	0.38289	0.34578	0.52577	0.4363	0.3611
	方差	0.001435	0.0039	0.04303	0.11	0.0361
MOSCEM-UA	均值	0.884156	1.021752	1.258547	0.918093	0.747306
	方差	0.055875	0.037374	0.052283	0.028336	0.213499
MOCSCDE	均值	0.101625	0.093684	0.129752	0.139753	0.0834
	方差	0.010042	0.012184	0.011802	0.016218	0.010123

3.2.3 基于多目标优化框架的水文预报模型优化率定

1. 目标函数选择

针对传统的仅仅考虑单一目标函数的模型率定，通常以观测值和预测值的均方根误差 *RMSE* 作为优化率定的目标函数。

在多目标优化中，目标函数选取 *MSLE*[18] 和 *M4E*[19]，其定义分别如式(3-68)、式(3-69)所示：

$$MSLE = \frac{1}{N}\sum_{i=1}^{N}(\ln Q_i - \ln \hat{Q}_i)^2 \tag{3-68}$$

$$M4E = \frac{1}{N}\sum_{i=1}^{N}(Q_i - \hat{Q}_i)^4 \tag{3-69}$$

式中：N 为选用的样本长度，Q_i 为实测径流，$\hat{Q}_i$ 为预测径流。

为验证模型的有效性和适用性，本书将模型在长江上游多营坪以上区间(为简便起见，下文统一称之为“多营坪流域”)进行应用研究。多营坪流域面积为 8777 km^2，位于岷江支流，流域降雨充沛，属于典型的湿润流域，且由于流域地形变化的作用，流域水文特性地区差异性较显著，降雨量基本符合由东南向西北递减的趋势，北部宝兴多年平均降雨量仅 790 mm，而东部则高达 1800 mm，荥经高达 2400 mm 以上，且降水一般集中于 7 月到 9 月间，汛期的降水占到全年降水的比例约为 60%。流域洪水与降水基本同步，流域洪水具有洪峰高、洪量大的特性，且一般集中于 6 月至 9 月之间。

根据目标函数 *MSLE* 的定义可知，*MSLE* 表示观测值和预测值的对数均方误差，由于取对数运算的影响，*MSLE* 对枯期流量时段的预报误差更为敏感，所以 *MSLE* 更着重于反映枯期流量的变化特性。而根据目标函数 *M4E* 的定义可知，*M4E* 表示观测值和预测值的 4 次幂平均误差，由于其中 4 次幂运算的影响，*M4E* 对流量值较大的预报误差更为敏感，因此 *M4E* 的率定重心在于峰值流量特性。若目

标函数 $MSLE$ 和 $M4E$ 之间是相互冲突、相互制约的，则表明当峰值流量过程预报效果较好时会降低枯期流量的预报性能，反之亦然。

2. 算法参数设置

MOCSCDE 算法的用户自定义参数设置为如下：群体集合大小 $N=100$；需要率定参数个数 $D=9$；优化目标个数 $O=2$；交叉概率 $CR=0.2$；Complex 个数 $NC=2$；Complex 混合前的进化代数间隔 $NBS=5$；考虑到分布式水文模型计算量约比集总式水文模型多 2～3 个数量级，因此，这里设置模型计算次数为 10000，亦即算法最大进化代数 $Max=20$；SK 中 $P_i^c(i=1,2,\cdots,NC)$ 的规模 $NPC=100$；SK 中 P 的规模 $NP=100$；群体更新 HK 间隔 $NM=25$；Cauchy 变异阈值 $\varepsilon=0.1$；Cauchy 变异系数 $\eta=0.5$。

根据已有参考文献[7]的建议，SCE-UA 算法的用户自定义参数设为：需要率定参数个数 9，优化目标个数 2，Complex 个数 2，Complex 的大小为 $2\times9+1=19$，Simplex 的大小 $9+1=10$，Complex 混合进化间隔 19 代，群体集合大小 $2\times19=38$，目标函数最大计算次数 10000。

3. 应用结果分析

以 $MSLE$ 和 $M4E$ 为横纵坐标，多目标算法 MOCSCDE 优化的非劣前沿如图 3-31 所示。由图可知，目标函数 $MSLE$ 和 $M4E$ 间存在典型的此消彼长的对立关系，减小 $MSLE$（或 $M4E$）会以增大 $M4E$（或 $MSLE$）为代价，表明分布式栅格新安江水文预报模型无法同时兼顾峰值流量和枯期流量的预报精度，将该模型优化率定作为单目标处理时，必然会导致模型预报精度的"均化效应"，难以有效提高模型预报精度。

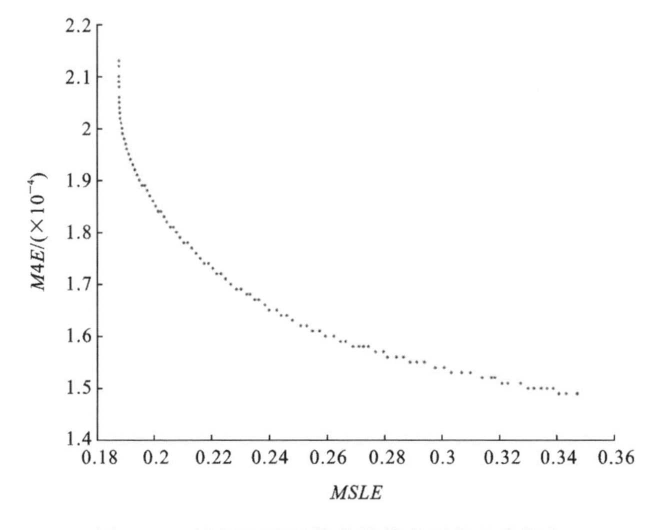

图 3-31 MOCSCDE 算法计算得到的非劣解集

由于 MOCSCDE 和 SCE-UA 算法均是以智能进化机制为核心的优化算法，为减小算法中随机因素对计算结果的影响，MOCSCDE 和 SCE-UA 算法分别独立运行 10 次，多目标优化中选取优化结果中误差最小的作为预测流量，以两种评价指标计算不同优化模式 10 次运行优化性能的统计结果，如表 3-8 所示，为清晰起见，表中最优值加粗标示。

表 3-8 算法预报性能对比分析

评价指标		率定期		校验期	
		MOCSCDE	SCE-UA	MOCSCDE	SCE-UA
RMSE	平均值	**89.5550**	176.6845	**52.3616**	104.2173
	标准差	0.5316	0.8801	0.4859	0.5026
R^2	平均值	**0.9039**	0.6260	**0.9230**	0.6949
	标准差	0.0056	0.0073	0.0033	0.0051

将多目标优化算法 MOCSCDE 的计算结果与 SCE-UA 的优化结果绘制于一张图中，其率定期和校验期分别如图 3-32 和图 3-33 所示。由图可以明显看出：单目标优化由于优化目标函数 *RMSE* 对误差的均化处理，导致在小流量和峰值流量预报误差的均化效应，而多目标优化能够兼顾大流量和小流量的预报性能，可有效提高预报精度。另外，多目标优化的预报流量结果有些情况并不能完全包含实测流量值，表明预报模型的结构还不够完善，有待进一步改进。

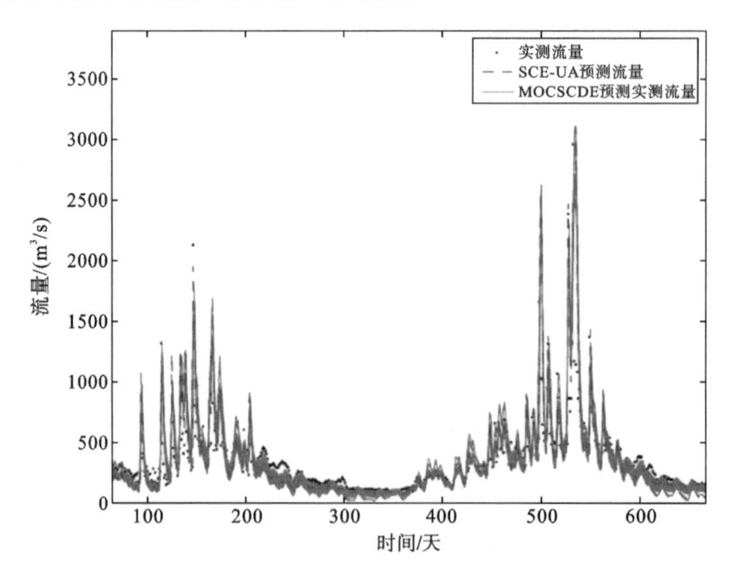

图 3-32 模型率定期预报结果

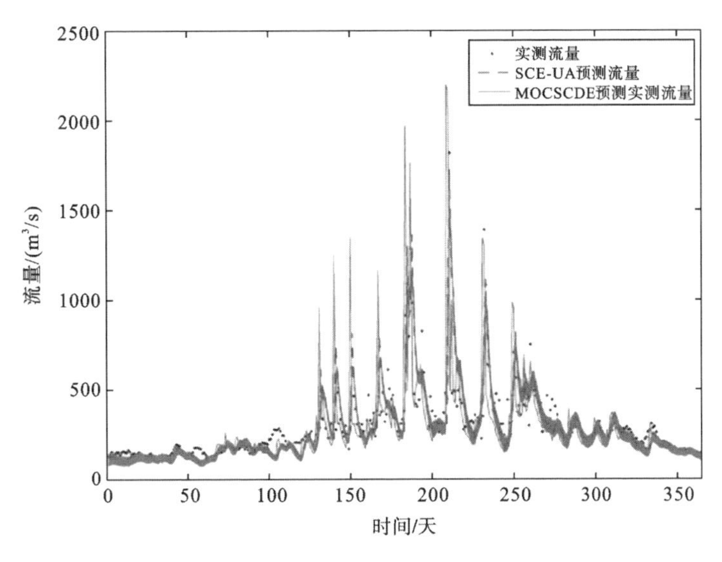

图 3-33　模型校验期预报结果

3.3　基于贝叶斯理论的分布式水文模型不确定性分析

近 20 年来，水文预报建模理论与方法取得了巨大进展，水文建模理论日趋成熟，水文预报模型层出不穷；然而，这类方法和模型主要为确定性预报，忽略了水文预报中存在的不确定性。由于受到水文观测条件和人类对于水文系统认识的限制，水文模型不可避免地会存在一定的不确定性。精确量化模型预报不确定性，不仅能对模型预报性能有更全面的认识，而且对模型结构优化和改进具有重要的指导作用。水文模型不确定性分析研究逐渐成为水文领域的热点研究方向之一。

3.3.1　流域水文模型不确定性分析方法

采用 SCEM-UA 算法分析水文模型的不确定性。SCEM-UA 算法是由 Vrugt[20] 等人于 2003 年提出的一种新型高效不确定性分析方法，并在模型不确定性分析中得到广泛应用。该算法以马尔科夫-蒙特卡洛（Markov Chain-Monte Carlo，MCMC）进化为核心，算法在进化过程中会生成若干条马尔科夫链，每条马尔科夫链独立进化搜索，并定期进行信息交换，这种进化机制使得算法能有效获得目标的后验概率分布。SCEM-UA 算法的计算流程如图 3-34 示。

SCEM-UA 算法中有 3 个参数：种群大小 s、马尔科夫链条数 q 和最大计算次数。根据已有研究文献[20]的建议，对于简单的高斯分布求解可设置 $q \leqslant 5$ 和 $s \leqslant 100$，而对于更复杂的问题，参数应设置为 $q \geqslant 10$ 和 $s \geqslant 250$。

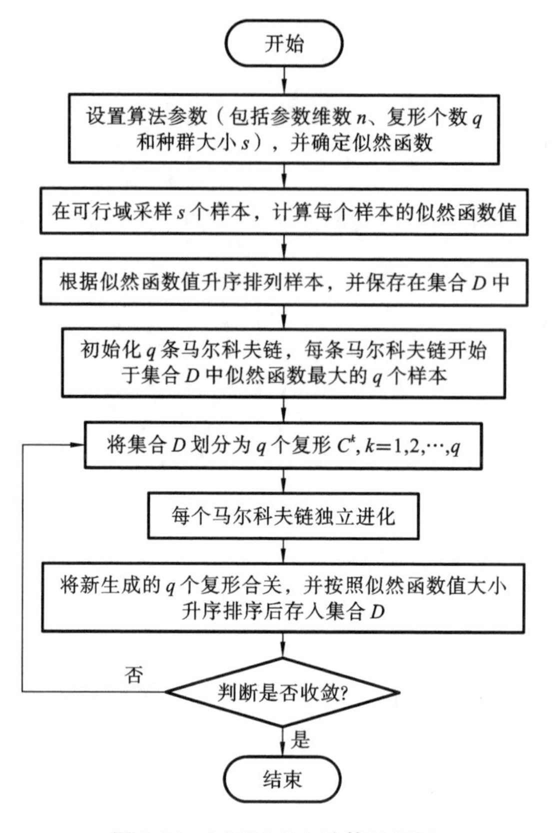

图 3-34　SCEM-UA 计算流程图

SCEM-UA 算法的收敛指标为 $\sqrt{SR}$，其定义如下式所示[21]：

$$\sqrt{SR}=\sqrt{\frac{g-1}{g}+\frac{q+1}{q\cdot g}\cdot\frac{B}{W}} \tag{3-70}$$

式中：g 为马尔科夫链包含收敛解的个数，B 为 q 条马尔科夫链均值的方差，W 为 q 条马尔科夫链方差的均值。

对于每个参数，当 $\sqrt{SR}$ 值接近 1 时，表示马尔科夫链搜索开始收敛。但是，实际计算过程中，$\sqrt{SR}$ 的值很难达到 1，一般均采用 $\sqrt{SR}\leqslant 1.2$ 作为收敛的判别条件。

选用基于 formal 范式的模型不确定性分析方法。首先，假设模型预报误差独立同分布，误差满足以下分布：

$$E(\sigma,\gamma)=\frac{\omega(\gamma)}{\sigma}\exp\left[-c(\gamma)\left|\frac{x}{\sigma}\right|^{2/(1+\gamma)}\right] \tag{3-71}$$

$$\omega(\gamma)=\frac{\{\Gamma[3(1+\gamma)/2]\}^{1/2}}{(1+\gamma)\{\Gamma[(1+\gamma)/2]\}^{3/2}} \tag{3-72}$$

$$c(\gamma)=\left\{\frac{\Gamma[3(1+\gamma)/2]}{\Gamma[(1+\gamma)/2]}\right\}^{1/(1+\gamma)} \tag{3-73}$$

式中：x 为自变量；σ 为分布均值；γ 用于控制模型预报残差的分布形态，当 $\gamma=0$ 时，残差为正态分布，当 $\gamma=1$ 时，残差为双指数分布，当 γ 趋向于 -1 时，残差趋向于均匀分布。

基于上述模型预报误差分布假定，可以得到给定模型参数组合 θ 下的似然函数为

$$L(\theta \mid Y,\gamma) = \left[\frac{\omega(\gamma)}{\sigma}\right]^N \exp\left[-c(\gamma)\sum_{i=1}^{N}\left|\frac{e_i(\theta)}{\sigma}\right|^{2/(1+\gamma)}\right] \tag{3-74}$$

式中：$e_i(\theta)$ 表示第 i 时刻的预报误差，N 表示样本长度，Y 表示样本观测值，γ 和 σ 与上面相同。

为剔除误差分布均值 σ 对似然函数计算的影响，假定误差分布满足如下关系：

$$p(\theta,\sigma \mid \gamma) \propto \frac{1}{\sigma} \tag{3-75}$$

那么，似然函数可以转换为

$$L(\theta \mid Y,\gamma) = C \cdot [M(\theta)]^{-N(1+\gamma)/2} \tag{3-76}$$

$$C^{-1} = \int_{\Theta} [M(\theta)]^{-N(1+\gamma)/2} \mathrm{d}\theta \tag{3-77}$$

$$M(\theta) = \sum_{i=1}^{N} \mid e_i(\theta) \mid^{2/(1+\gamma)} \tag{3-78}$$

通常，采用似然函数的对数形式作为似然值，其计算公式如下：

$$L(\theta \mid Y,\gamma) = \log C - \frac{N(1+\gamma)}{2}\log[M(\theta)] \tag{3-79}$$

3.3.2　耦合贝叶斯推理和马尔科夫蒙特卡罗的分布式水文模型不确定性分析

1. 集总式水文模型不确定性分析

1）水文模型不确定分析方法参数设置

集总式新安江水文预报模型，共有 16 个参数，因此，SCEM-UA 算法的参数设置为 $q=5$ 和 $s=250$，同时，为保证算法计算收敛，最大模型评价次数（或最大计算次数）设为 20000。另外，SCEM-UA 算法中设置模型参数的搜索区间如表 3-9 所示。

表 3-9　不同 λ 值下的性能指标

λ	$\lambda=0.1$	$\lambda=0.3$	$\lambda=0.5$	$\lambda=0.7$	$\lambda=0.9$
FREE_NEG	72.0731	119.4042	141.7429	181.3909	215.2650
FREE_POS	87.4124	89.9070	96.6281	110.3455	143.9332
FREE	159.4855	209.3112	238.3710	291.7364	359.1982

2）径流序列异方差性处理

采用 Box-Cox[22] 变换处理径流时间序列的异方差性，Box-Cox 变换的计算公式如下：

$$z=\frac{(y+1)^{\lambda}-1}{\lambda} \tag{3-80}$$

式中：y 为变换前的变量，z 为变换后的变量，λ 为变换参数。

为确定最优的 λ 值，首先根据经验假定误差分布参数 $\sigma=0$，通过试算不同 λ 值下的性能指标 *FREE_POS*、*FREE_NEG* 和 *FREE*。三种性能指标的定义如下：

$$\begin{aligned} FREE\_POS &= \frac{1}{N_{POS}}\sum_{i=1}^{N_{POS}} d_i \\ FREE\_NEG &= \frac{1}{N_{NEG}}\sum_{i=1}^{N_{NEG}} |d_i| \\ FREE &= FREE\_POS + FREE\_NEG \end{aligned} \tag{3-81}$$

$$d_i=\begin{cases} Q_i^{\max 95}-Q_i^{obs}, & Q_i^{obs}\geqslant Q_i^{mlh} \\ Q_i^{obs}-Q_i^{\min 95}, & Q_i^{obs}<Q_i^{mlh} \end{cases} \tag{3-82}$$

式中：d_i 表示第 i 时刻的距离，$Q_i^{\max 95}$ 表示第 i 时刻 95%分位数的上限值，$Q_i^{\min 95}$ 表示第 i 时刻 95%分位数的下限值，Q_i^{obs} 表示第 i 时刻的实测值，Q_i^{mlh} 为第 i 时刻对应似然值最大的模拟值，N_{POS} 为距离 d_i 为正的个数，N_{NEG} 为距离 d_i 为负的个数。

通过上式的定义可知，三种性能指标主要用于评价不确定带宽的宽度及其覆盖率。当不确定带宽较窄时，*FREE_POS* 值更小，而较高的不确定带宽覆盖率会得到较小的 *FREE_NEG* 值。*FREE* 用于评价综合性能，*FREE* 值越小，表示性能越优越。

结合 SCEM-UA 算法，通过试算不同 λ 值下的性能指标如表 3-9 所示，由表可知 λ 的值应取 0.1。

3）误差分布类型确定

误差分布类型的选择对于模型不确定性结果影响较大，为确定合理的误差分布类型，采用与上述确定变换参数 λ 类似的方法，根据上述得到的 λ 值，计算拟定的几种典型误差分布类型下的性能指标，如表 3-10 所示。

表 3-10 典型误差分布类型下的性能指标

γ	$\gamma=-0.99$	$\gamma=-0.5$	$\gamma=0$	$\gamma=0.5$	$\gamma=1$
FREE_NEG	39.4242	65.0606	72.0731	88.6216	94.8567
FREE_POS	119.3466	85.0793	87.4124	92.6042	93.4913
FREE	158.7708	150.1399	159.4855	181.2258	188.3480

由表 3-10 计算结果可知，当 $\gamma=-0.5$ 时可以得到最小的不确定带宽宽度（*FREE_POS* 值最小），而当 $\gamma=-0.99$ 时可以得到最优的不确定带宽覆盖率（*FREE_NEG* 值最小）。一般而言，当减小不确定带宽宽度时会相应降低不确定带宽覆盖率，因而从上述结果很难确定最优的误差分布类型参数 γ。为此，进一步绘制

了 $\gamma=-0.5$ 和 $\gamma=-0.99$ 两种条件下的误差分布曲线，如图 3-35 所示，从图可知当 $\gamma=-0.5$ 时，误差分布的对称性更好，因此，最终确定误差分布类型参数 $\gamma=-0.5$。

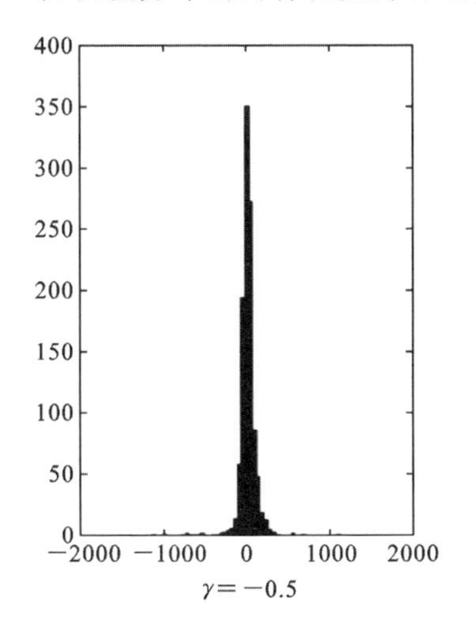

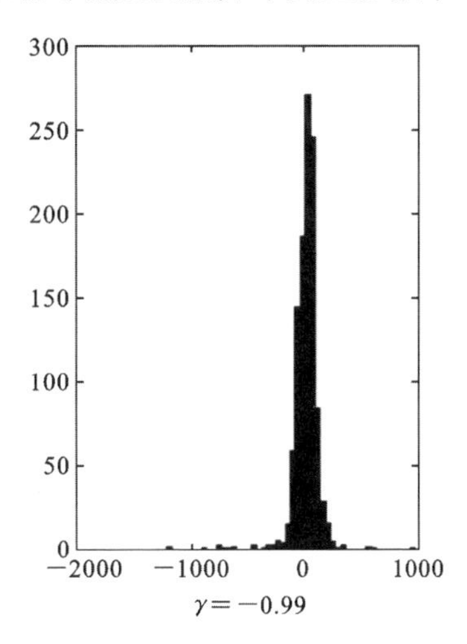

图 3-35　误差分布柱状图

4）集总式概念性水文预报模型不确定性分析

根据上述分析得到的参数，将 SCEM-UA 算法应用于集总式新安江水文预报模型参数不确定性分析，得到模型 16 个参数收敛性指标 $\sqrt{SR}$ 随模型计算次数的变化特性，如图 3-36 所示。从图中可以看出，算法在模型计算约 3900 次时开始收敛。

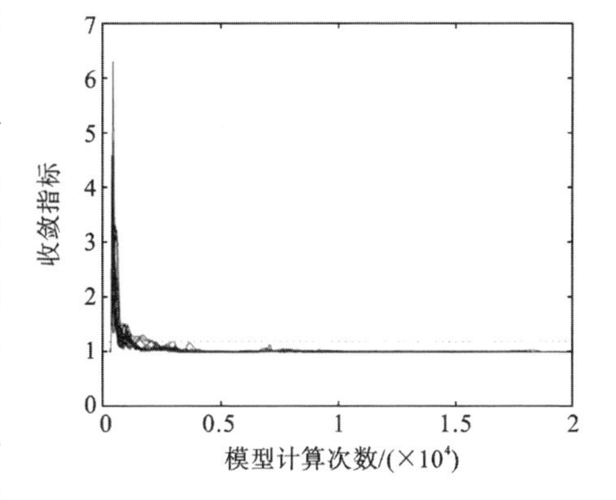

图 3-36　集总式新安江模型参数收敛性变化特性

根据算法收敛后得到的参数组合，计算模型 16 个参数的不确定性分布图，如图 3-37 所示。

同时，为验证 SCEM-UA 算法计算的稳定性，我们选取了参数组合个数为 8000 的参数不确定性分布图，如图 3-38 所示。对比图 3-37 和图 3-38，发现其参数不确定性分布图基本一致。

从上述参数不确定性分布结果可知，参数 C、IM、SM、EX 分布较分散，说明流域下垫面植被覆盖条件分布不均性较明显；参数 UM、LM、DM、B、K 分布比较集中（集中于一个值或两个值），表明流域张力水容量和流域气候条件区域性差异不显著。

此外，还给出了模型在训练期和校验期预报结果的不确定性分布，如图 3-39 所示，图中阴影部分为 95%不确定性预测带宽，散点为实测值。由于流域水文输入条件的不均性，当整个流域使用相同的汇流参数时，导致汇流参数 KI、KG、CI、CS、XE 呈现较大的不确定性。

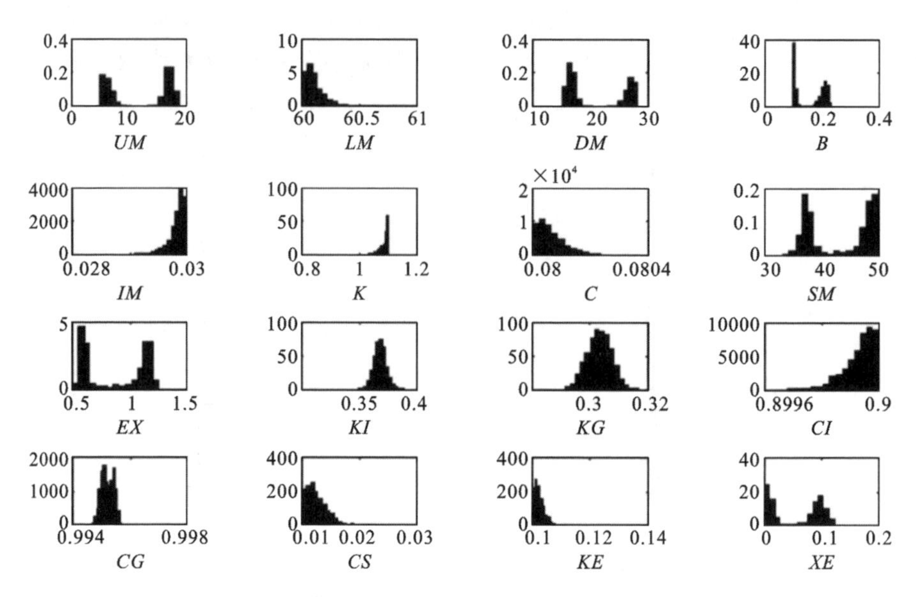

图 3-37 集总式新安江模型参数不确定性分布(模型参数组合个数为 10000)

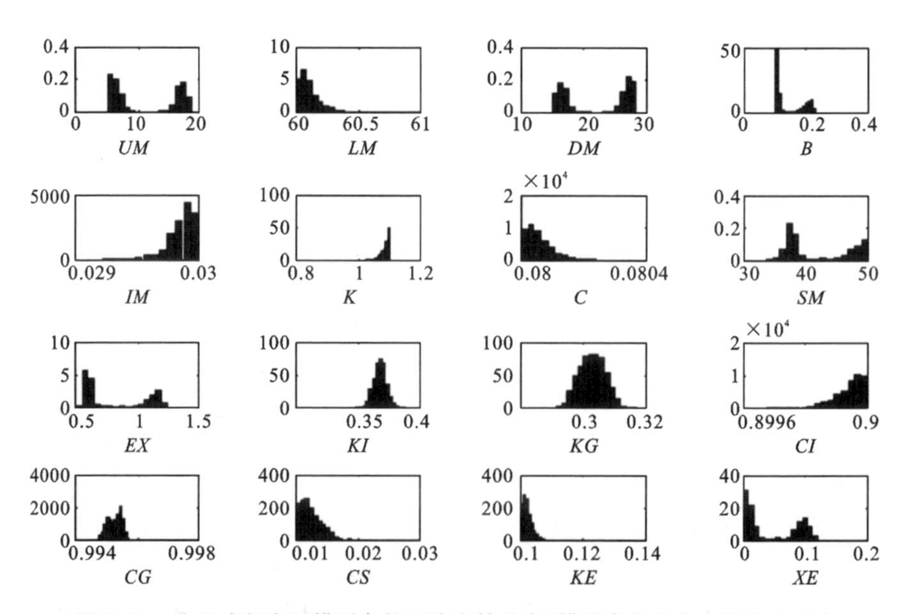

图 3-38 集总式新安江模型参数不确定性分布(模型参数组合个数为 8000)

由图 3-39 和图 3-40 中模型预报结果不确定性分布可知,模型校验期的预报不确定性带宽略大于率定期,且不确定性带宽基本完全包含枯期流量过程,而无法完全包含涨速较快的洪峰流量过程,表明水文模型对于模拟多营坪流域暴雨洪水特性存在一定的不足,总体而言,集总式新安江水文预报模型能够较好地模拟该流域降雨-径流变化特性,具有良好的地域适应性。

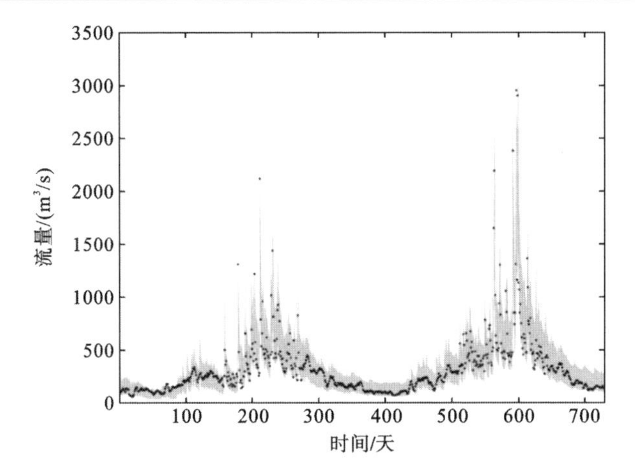

图 3-39 集总式新安江模型率定期预报结果不确定性分布

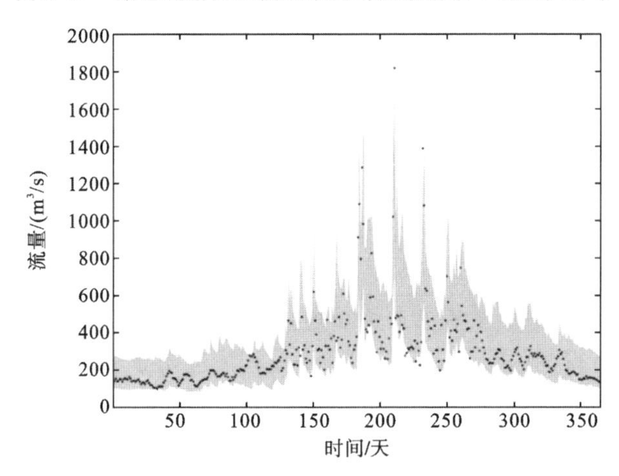

图 3-40 集总式新安江模型校验期预报结果不确定性分布

2. 分布式水文模型不确定性分析

1）水文模型不确定分析方法参数设置

已建立的分布式栅格新安江水文预报模型共有9个参数，因此，SCEM-UA算法的参数设置为$q=5$和$s=250$；同时，为保证算法计算收敛，同时考虑到分布式水文预报模型计算量较大，设置最大模型评价次数为10000。另外，SCEM-UA算法中设置模型参数的搜索区间如表3-11所示。

表 3-11 不同λ值下的性能指标

λ	$\lambda=0.1$	$\lambda=0.3$	$\lambda=0.5$	$\lambda=0.7$	$\lambda=0.9$
FREE_NEG	103.7115	170.2536	227.1184	237.8495	255.4896
FREE_POS	184.6306	150.3870	143.1330	159.5246	199.9166
FREE	288.3420	320.6406	370.2515	397.3741	455.4062

2）径流序列异方差性处理

采用 Box-Cox 变换处理径流序列的异方差性，结合 SCEM-UA 算法，假定误差分布参数 $\gamma=0$，通过试算不同 λ 值下的性能指标 *FREE_POS*、*FREE_NEG* 和 *FREE*，如表 3-11 所示，当 λ 的值为 0.1 时，不确定性带宽覆盖率最优，当 λ 的值取 0.5 时，不确定性带宽的宽度最小但覆盖率远小于前者。因此，最优的 λ 值取 0.1。

3）误差分布类型确定

为确定合理的误差分布类型，根据上述得到的 λ 值，拟定几种典型误差分布，计算拟定的几种典型误差分布类型下的性能指标，如表 3-12 所示。

表 3-12 典型误差分布类型下的性能指标

γ	$\gamma=-0.99$	$\gamma=-0.5$	$\gamma=0$	$\gamma=0.5$	$\gamma=1$
FREE_NEG	176.6816	126.3794	103.7115	79.4160	72.5086
FREE_POS	196.6192	181.0829	184.6306	188.4599	189.6598
FREE	373.3007	307.4623	288.3420	267.8759	262.1685

从上表计算结果可知，当误差分布逐渐由"矮胖"变为"尖瘦"时，模型预报不确定性带宽覆盖率逐渐变高（*FREE_NEG* 变小），而不确定性带宽宽度呈略微增大趋势（*FREE_POS* 变大），综合考虑两种性能指标计算结果，选取最优误差分布参数 $\gamma=1$。

4）分布式水文预报模型不确定性分析

根据上述分析得到的参数，将 SCEM-UA 算法应用于分布式栅格新安江水文预报模型参数不确定性分析，得到模型 9 个参数收敛性指标 $\sqrt{SR}$ 随模型计算次数的变化特性，如图 3-41 所示，从图中可以看出算法在模型计算约 3000 次时开始收敛。

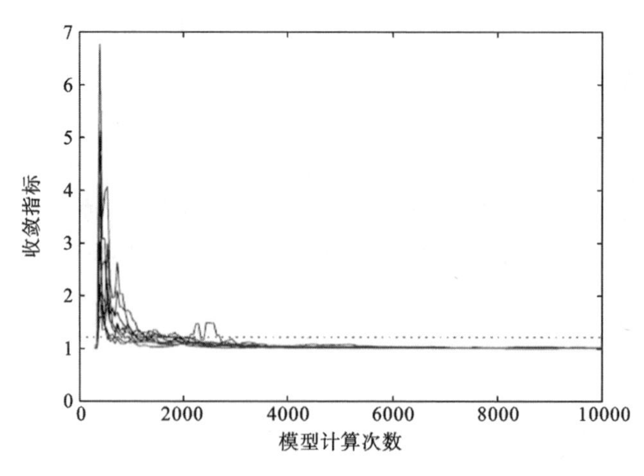

图 3-41 分布式栅格新安江模型参数收敛性变化特性

选取算法收敛后得到的参数组合，分析计算模型 9 个参数的不确定性分布图，如

图 3-42 所示。

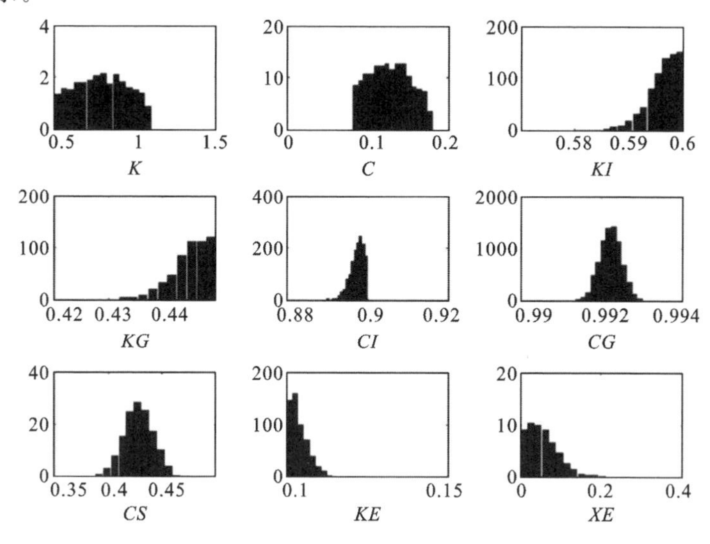

图 3-42　分布式栅格新安江模型参数不确定性分布(模型参数组合个数为 5000)

同时,为验证 SCEM-UA 算法计算的稳定性,计算了不同参数组合个数条件下的参数不确定性分布图,如图 3-43 所示。对比图 3-42 和图 3-43,可知其参数不确定性分布图基本一致。

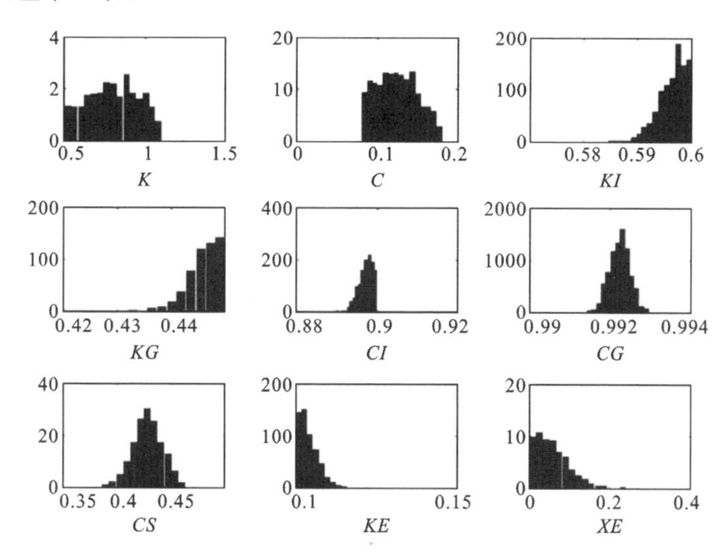

图 3-43　分布式栅格新安江模型参数不确定性分布(模型参数组合个数为 3000)

根据上述参数不确定性分布结果可知,参数 KI、KG、CI、CG、CS 分布相对比较集中,流域地形地貌对于三层产流和坡面汇流影响不显著;而河道汇流参数 XE 由于受地形影响较大,当整个流域使用同一汇流参数时,会导致参数 XE 的不确定性程度较大。

此外，还给出了模型在训练期和校验期预报结果的不确定性分布，分别如图3-44和图3-45所示，图中阴影部分为95%不确定性预测带宽，散点为实测值。由以上结果可知，我们在后续模型建模中应考虑采用分布式的河道汇流参数；同时，由于在模型未考虑流域气候分布不均性，蒸发参数 K 和 C 也呈现较大程度的不确定性。

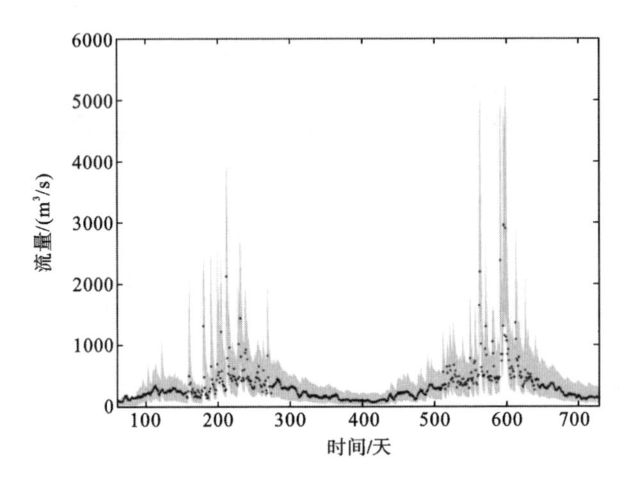

图 3-44　分布式栅格新安江模型率定期预报结果不确定性分布

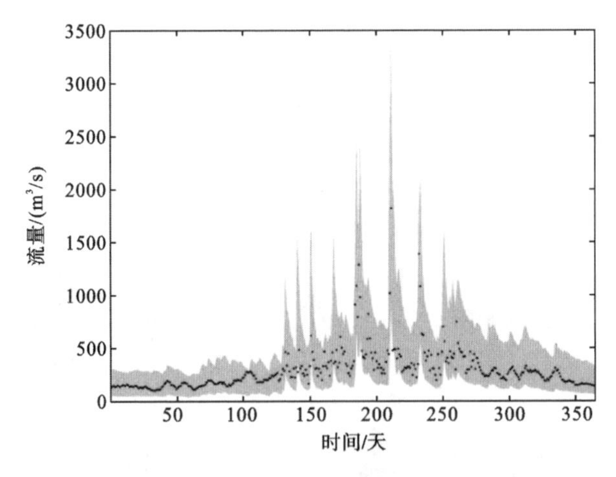

图 3-45　分布式栅格新安江模型校验期预报结果不确定性分布

从以上两图中模型预报结果不确定性分布可知，模型在率定期和校验期均能较好地模拟径流的变化特性，模型在枯水期的不确定性程度要小于丰水期，如何降低模型丰水期预报不确定性程度是今后需要研究的重要问题，同时，对比集总式新安江模型的计算结果，分布式栅格新安江模型预报结果不确定性带宽能基本全部包含实测值，表明分布式水文模型考虑流域空间分布不均性对流域产汇流影响，能有效提高模型预报性能，为流域水资源优化配置和管理提供更为可靠的决策参考。

参考文献

[1] Linsley R K，Crawford N H. Computation of a synthetic streamflow record on a digital computer [J]. Hydrological Sciences Bulletin，1960，51：526-538.

[2] 赵人俊. 流域水文模拟——新安江模型和陕北模型[M]. 北京：水利电力出版社，1984.

[3] 周建中. 十二五国家科技支撑计划"长江上游干支流控制性水库群联合调度关键技术研究与应用示范"项目申请报告[R]. 武汉：华中科技大学，2011.

[4] Yao C，Li Z，Yu Z，et al. A priori parameter estimates for a distributed，grid-based Xinanjiang model using geographically based information[J]. Journal of Hydrology，2012，468(1)：47-62.

[5] 郭俊，周建中，邹强，等. 水文模型参数多目标优化率定及目标函数组合对优化结果的影响[J]. 四川大学学报(工程科学版)，2011，43(6)：58-63.

[6] Reynolds R G. An introduction to cultural algorithms[C]. Proceedings of the Third Annual Conference on Evolutionary Programming，1994：131-139.

[7] Duan Q Y，Sorooshian S，Gupta V. Effective and efficient global optimization for conceptual rainfall-runoff models[J]. Water Resources Research，1992，28(4)：1015-1031.

[8] Duan Q Y，Gupta V K，Sorooshian S. Shuffled Complex Evolution Approach for Effective and Efficient Global Minimization[J]. Journal of Optimization Theory and Applications，1993，76(3)：501-521.

[9] Deb K，Agrawal S，Pratap A，et al. A fast elitist nondominated sorting genetic algorithm for multi-objective optimization：NSGA-Ⅱ[C]. Proceedings of the Parallel Problem Solving，2000，1917：849-858.

[10] Storn R，Price K. Differential evolution-a simple and efficient adaptive scheme for global optimization over continuous spaces[M]. Berkeley：ICSI，1995.

[11] Qin H，Zhou J，Lu Y，et al. Multi-objective Cultured Differential Evolution for Generating Optimal Trade-offs in Reservoir Flood Control Operation[J]. Water Resources Management，2010，24(11)：2611-2632.

[12] 雷德明，吴智铭. 基于个体密集距离的多目标进化算法[J]. 计算机学报，2005，28(8)：1320-1326.

[13] Madavan N K. Multiobjective optimization using a Pareto differential evolution approach[C]. Proceeding of the Congress on Evolutionary Computation，2002，2：1145-1150.

[14] Xue F，Sanderson A C，Graves R J. Pareto-based multi-objective differential

evolution[J]. Proceedings of the Congress on Evolutionary Computation, 2003, 2: 862-869.

[15] Rolic T, Filipic B. DEMO: differential evolution for multi-objective optimization[J]. Lecture notes in computer science, 2005, 520-533.

[16] Qian W Y, Li A J. Adaptive differential evolution algorithm for multiobjective optimization problems[J]. Applied Mathematics and Computation, 2008, 201(1-2): 431-440.

[17] Guo J, Zhou J, Zou Q, et al. A Novel Multi-Objective Shuffled Complex Differential Evolution Algorithm with Application to Hydrological Model Parameter Optimization [J]. Water Resources Management, 2013, 27 (8): 2923-2946.

[18] Hogue T S, Sorooshian S, Gupta H, et al. A multi-step automatic calibration scheme for river forecasting models[J]. Journal of Hydrometeorology, 2000, 1(6): 524-542.

[19] de Vos N J, Rientjes T H M. Multiobjective training of artificial neural networks for rainfall-runoff modeling[J]. Water Resources Research, 2008, 44 (8), W08434.

[20] Vrugt J A, Gupta H V, Bouten W, et al. A Shuffled Complex Evolution Metropolis algorithm for optimization and uncertainty assessment of hydrologic model parameters[J]. Water Resources Research, 2003, 39(8): 1201.

[21] Gelman A, Rubin D B. Inference from iterative simulation using multiple sequences[J]. Statistical Science, 1992, 7(4): 457-472.

[22] Box G E P, Tiao G C. Bayesian inference in statistical analysis[J]. Massachusetts: Addison-Wesley-Longman, 1973.

第4章　湖泊水系分布式流场数值计算

探索自然和人文因素双重驱动下的湖泊水生态系统演变过程与格局，揭示湖泊水生态系统内大气、水体、沉积物三相界面之间的相互作用规律，是湖泊水环境治理、湖泊生态调控、重大江湖连通工程优化调度等领域重要而迫切的研究命题，而建立湖泊水动力数学模型、开展湖泊水系分布式流场数值计算是完成这一研究命题的重要途径。

本章通过分析多种动力因子造成的湖流与波动特征，结合连通湖泊水下地形和相邻区域DEM数据，建立大东湖水系分布式流场模型，分析研究区域各单元的水深、流速等水力要素的时空分布，揭示不同湖区的流场特征及其存在差异的内在原因，探讨水循环系统演变下的水动力学驱动机理。以湖泊二维浅水动力学理论为基础，建立大东湖二维流场数值模型，并采用Godunov型有限体积法求解数值模型，计算研究区域各单元的水深、流速等水力要素的时空分布。针对湖泊流场具有地形边界复杂等特点，推导单元界面两侧水流参量所满足的间断条件，提出集成底坡源项的一维浅水方程近似Riemann求解器，解决传统地形源项处理技术在大起伏地形上存在不足的问题。此外，湖泊水流运动复杂多变，湖流输运和混合作用强烈，为正确地模拟湖泊水动力过程，本章推求垂向σ坐标系下水量守恒与动量守恒方程组的表达形式，采用κ-ε垂向湍流闭合模型及Smagorinsky水平湍流闭合模型对方程组进行闭合，基于算子分裂的模式分裂法将把水体的运动分为两种速率明显不同的运动，由外膜、内膜依次计算，有效解决湖泊的三维流速场求解困难的问题。

4.1　二维浅水动力学理论基础

由质量守恒定律和动量守恒定律推导而来的流体力学Navier-Stokes方程能够很精确地描述流体运动的物理机制，但是其数值求解需要耗费大量的计算资源，因此极少应用于大空间尺度的湖泊水流数值模拟。对Navier-Stokes方程进行垂直方向平均近似可得到二维圣维南方程，即二维浅水方程。由于二维浅水方程能够较好地描述湖泊水流的物理现象，同时方程数值求解的计算效率也能满足实际应用的要求，因此国内外学术界和工程界广泛采用二维浅水方程作为湖泊水流控制方程。本节首先介绍三维 Navier-Stokes 方程，然后给出传统二维浅水方程的推导过程，从理论上详细论述由于使用传统二维浅水方程导致基于斜底三角单元和中心型底坡项近似方法的数值模型需要构造动量通量校正项的问题，并进一步阐明所构造的动量通量校正项可能引起的计算失稳问题，进而针对上述问题提出二维浅水方程的一种改进形式。

4.1.1 三维 Navier-Stokes 方程

暂不考虑泥沙问题，由湖泊水流满足均质不可压缩牛顿流体假设，采用三维 Navier-Stokes 方程描述湖泊水流演进问题[1-3]。

1. 连续性方程

$$\frac{\partial u}{\partial x}+\frac{\partial v}{\partial y}+\frac{\partial w}{\partial z}=0 \tag{4-1}$$

2. 动量方程

$$\begin{cases}\rho\left(\dfrac{\partial u}{\partial t}+u\dfrac{\partial u}{\partial x}+v\dfrac{\partial u}{\partial y}+w\dfrac{\partial u}{\partial z}\right)=-\dfrac{\partial p}{\partial x}+\dfrac{\partial \tau_{xx}}{\partial x}+\dfrac{\partial \tau_{yx}}{\partial y}+\dfrac{\partial \tau_{zx}}{\partial z}\\ \rho\left(\dfrac{\partial v}{\partial t}+u\dfrac{\partial v}{\partial x}+v\dfrac{\partial v}{\partial y}+w\dfrac{\partial v}{\partial z}\right)=-\dfrac{\partial p}{\partial y}+\dfrac{\partial \tau_{xy}}{\partial x}+\dfrac{\partial \tau_{yy}}{\partial y}+\dfrac{\partial \tau_{zy}}{\partial z}\\ \rho\left(\dfrac{\partial w}{\partial t}+u\dfrac{\partial w}{\partial x}+v\dfrac{\partial w}{\partial y}+w\dfrac{\partial w}{\partial z}\right)=-\dfrac{\partial p}{\partial z}+\dfrac{\partial \tau_{xz}}{\partial x}+\dfrac{\partial \tau_{yz}}{\partial y}+\dfrac{\partial \tau_{zz}}{\partial z}-\rho g\end{cases} \tag{4-2}$$

式中：x、y、z 为笛卡儿坐标系统的坐标轴；u、v、w 分别为 x、y、z 方向的流速分量；ρ 为水体密度（$\mathrm{kg/m^3}$）；g 为重力加速度（$\mathrm{m/s^2}$）；p 为流体微元体上的压力；τ_{xx}、τ_{yy}、τ_{zz} 为与水流黏滞性有关的法向应力，τ_{xy}、τ_{yx}、τ_{yz}、τ_{zy}、τ_{xz}、τ_{zx} 为与水流黏滞性有关的切向应力，其中，第一个下标表示作用面的法线方向，第二个下标表示应力分量的投影方向。应力与应变率关系的本构方程为

$$\begin{cases}\tau_{xx}=2\rho\varepsilon_{xx}\dfrac{\partial u}{\partial x}\\ \tau_{yy}=2\rho\varepsilon_{yy}\dfrac{\partial v}{\partial y}\\ \tau_{zz}=2\rho\varepsilon_{zz}\dfrac{\partial w}{\partial z}\\ \tau_{xy}=\tau_{yx}=\rho\varepsilon_{xy}\left(\dfrac{\partial u}{\partial y}+\dfrac{\partial v}{\partial x}\right)\\ \tau_{xz}=\tau_{zx}=\rho\varepsilon_{xz}\left(\dfrac{\partial u}{\partial z}+\dfrac{\partial w}{\partial x}\right)\\ \tau_{yz}=\tau_{zy}=\rho\varepsilon_{yz}\left(\dfrac{\partial v}{\partial z}+\dfrac{\partial w}{\partial y}\right)\end{cases} \tag{4-3}$$

式中：ε_{xx}、ε_{yy}、ε_{zz}、ε_{xy}、ε_{xz}、ε_{yz} 为各方向的紊动黏性系数（$\mathrm{m^2/s}$）。

对于任意标量 $\phi=\phi(x,y,z,t)$，其偏导数定义如下：

$$\phi_t \equiv \frac{\partial \phi}{\partial t} \equiv \partial_t \phi, \quad \phi_x \equiv \frac{\partial \phi}{\partial x} \equiv \partial_x \phi, \quad \phi_y \equiv \frac{\partial \phi}{\partial y} \equiv \partial_y \phi, \quad \phi_z \equiv \frac{\partial \phi}{\partial z} \equiv \partial_z \phi \tag{4-4}$$

对于任意向量 $\mathbf{A}=(a_1,a_2,a_3)^{\mathrm{T}}$，其散度定义如下：

$$\nabla \cdot \mathbf{A} \equiv \frac{\partial a_1}{\partial x} + \frac{\partial a_2}{\partial y} + \frac{\partial a_3}{\partial z} \tag{4-5}$$

基于式(4-4)、式(4-5)的定义，上述 Navier-Stokes 方程(4-1)～方程(4-3)可写成如下微分型守恒律形式：

$$\nabla \cdot \mathbf{V} = 0 \tag{4-6}$$

$$\frac{\partial \rho \mathbf{V}}{\partial t} + \nabla \cdot (\rho \mathbf{V} \otimes \mathbf{V} + p\boldsymbol{I} - \boldsymbol{\Pi}) = \rho \boldsymbol{g} \tag{4-7}$$

式中：

$$\mathbf{V} = \begin{bmatrix} u \\ v \\ w \end{bmatrix}, \quad \boldsymbol{g} = \begin{bmatrix} 0 \\ 0 \\ -g \end{bmatrix}, \quad \mathbf{V} \otimes \mathbf{V} = \begin{bmatrix} u^2 & uv & uw \\ vu & v^2 & vw \\ wu & wv & w^2 \end{bmatrix},$$

$$\boldsymbol{I} = \begin{bmatrix} 1 & 0 & 0 \\ 0 & 1 & 0 \\ 0 & 0 & 1 \end{bmatrix}, \quad \boldsymbol{\Pi} = \begin{bmatrix} \tau_{xx} & \tau_{yx} & \tau_{zx} \\ \tau_{xy} & \tau_{yy} & \tau_{zy} \\ \tau_{xz} & \tau_{yz} & \tau_{zz} \end{bmatrix}$$

4.1.2　二维浅水方程

湖泊水流演进属于三维流动问题，需要用式(4-1)～式(4-3)所示 Navier-Stokes 方程来精确描述湖泊水流运动的物理机制。由于湖泊水流的传播范围较大，水平方向运动的尺度远大于垂直尺度，流场特性沿垂直方向的变化幅度要远小于沿水平方向的变化幅度，且 Navier-Stokes 方程的数值求解需要耗费大量的计算资源，在现有的技术条件下难以实现大空间尺度的方程高效求解。因此，综合考虑模拟精度和计算效率的要求，忽略流速等物理量沿垂直方向的变化，将湖泊水流演进概化为具有自由表面的二维浅水流动问题，采用二维圣维南方程作为湖泊水流的控制方程。

由 Saint-Venant[4] 于 1871 年提出的圣维南方程至今仍在水动力学中发挥着极其重要的作用。由于圣维南方程描述了具有自由表面的浅水流动问题，因此圣维南方程又名为浅水方程。通过采取静水压力分布、物理量沿垂向均匀分布等假设条件，结合水面、河床等边界条件，将 Navier-Stokes 方程沿垂直方向进行积分并简化，可得到二维浅水方程。

如图 4-1 所示，约定高程基准面的高程值为 0，假设水位为 $\eta(x,y,t)$，河底高程为 $b(x,y)$，水深为 $h(x,y,t)$，则三者满足如下关系：

$$\eta(x,y,t) = h(x,y,t) + b(x,y) \tag{4-8}$$

对于水面，有

$$\varphi(x,y,z,t) \equiv z - \eta(x,y,t) = 0 \tag{4-9}$$

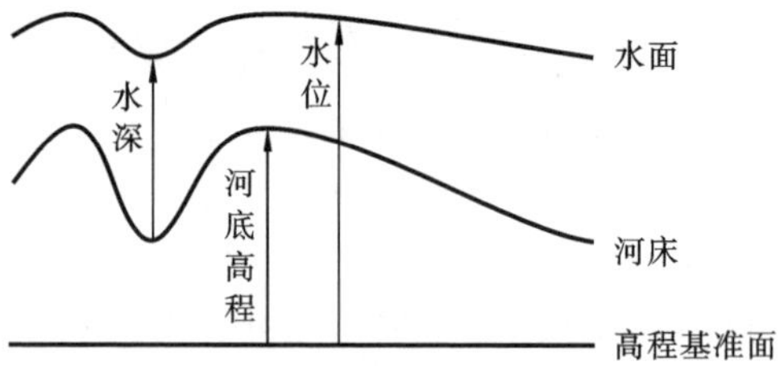

图 4-1 水位、水深、河底高程示意图

水面相应的边界条件为

$$\frac{\mathrm{d}}{\mathrm{d}t}(z-\eta(x,y,t))=0 \Rightarrow (\eta_t+u\eta_x+v\eta_y-w)|_{z=\eta}=0 \tag{4-10}$$

$$p(x,y,z,t)|_{z=\eta(x,y,t)}=0 \tag{4-11}$$

对于河床，有

$$\varphi(x,y,z,t)\equiv z-b(x,y)=0 \tag{4-12}$$

河床相应的边界条件为

$$\frac{\mathrm{d}}{\mathrm{d}t}(z-b(x,y))=0 \Rightarrow (ub_x+vb_y-w)\Big|_{z=b}=0 \tag{4-13}$$

假设垂直方向的加速度可以忽略，压强沿垂直方向分布可采用静水压强分布假定，即

$$p_z=-\rho g \tag{4-14}$$

结合式(4-11)，由式(4-14)有

$$p=\rho g(\eta-z) \tag{4-15}$$

因此，由式(4-15)有

$$p_x=\rho g\eta_x,\quad p_y=\rho g\eta_y \tag{4-16}$$

忽略垂直方向速度分量所产生的剪切应力，即

$$\begin{cases}\tau_{zz}=0\\ \tau_{xz}=\tau_{zx}=\rho\varepsilon_{xz}\dfrac{\partial u}{\partial z}\\ \tau_{yz}=\tau_{zy}=\rho\varepsilon_{yz}\dfrac{\partial v}{\partial z}\end{cases} \tag{4-17}$$

定义沿垂直方向平均的流速为

$$\begin{cases}\tilde{u}=\dfrac{1}{h}\displaystyle\int_b^\eta u\,\mathrm{d}z\\ \tilde{v}=\dfrac{1}{h}\displaystyle\int_b^\eta v\,\mathrm{d}z\end{cases} \tag{4-18}$$

将式(4-1)沿垂直方向积分，可得

$$\int_b^\eta (u_x+v_y+w_z)\mathrm{d}z=0 \tag{4-19}$$

由式(4-19)，有

$$w\big|_{z=\eta}-w\big|_{z=b}+\int_b^\eta u_x\mathrm{d}z+\int_b^\eta v_y\mathrm{d}z=0 \tag{4-20}$$

由式(4-10)、式(4-13)和式(4-20)，可得

$$(\eta_t+u\eta_x+v\eta_y)\big|_{z=\eta}-(ub_x+vb_y)\big|_{z=b}+\int_b^\eta u_x\mathrm{d}z+\int_b^\eta v_y\mathrm{d}z=0 \tag{4-21}$$

应用莱布尼兹(Leibnitz)法则，对式(4-21)等号左边的后两项进行变换：

$$\int_b^\eta u_x\mathrm{d}z=\frac{\partial}{\partial x}\int_b^\eta u\mathrm{d}z-u\big|_{z=\eta}\cdot\eta_x+u\big|_{z=b}\cdot b_x \tag{4-22}$$

$$\int_b^\eta v_y\mathrm{d}z=\frac{\partial}{\partial y}\int_b^\eta v\mathrm{d}z-v\big|_{z=\eta}\cdot\eta_y+v\big|_{z=b}\cdot b_y \tag{4-23}$$

将式(4-22)、式(4-23)代入式(4-21)，可得

$$\eta_t+\frac{\partial}{\partial x}\int_b^\eta u\mathrm{d}z+\frac{\partial}{\partial y}\int_b^\eta v\mathrm{d}z=0 \tag{4-24}$$

由于不考虑泥沙问题，即$\frac{\partial b}{\partial t}=0$，由式(4-8)、式(4-18)和式(4-24)可得沿垂直方向平均的连续性方程：

$$\frac{\partial h}{\partial t}+\frac{\partial}{\partial x}(h\tilde{u})+\frac{\partial}{\partial y}(h\tilde{v})=0 \tag{4-25}$$

将式(4-2)前两个等式沿垂直方向积分并取平均，结合水面处边界条件，即风引起的剪切力：

$$\rho\varepsilon_{xz}\frac{\partial u}{\partial z}\bigg|_{z=\eta}=\frac{\tau_x^w}{\rho} \tag{4-26}$$

$$\rho\varepsilon_{yz}\frac{\partial v}{\partial z}\bigg|_{z=\eta}=\frac{\tau_y^w}{\rho} \tag{4-27}$$

以及河底处边界条件，即河底表面引起的摩阻力：

$$\rho\varepsilon_{xz}\frac{\partial u}{\partial z}\bigg|_{z=b}=\frac{\tau_x^b}{\rho} \tag{4-28}$$

$$\rho\varepsilon_{yz}\frac{\partial v}{\partial z}\bigg|_{z=b}=\frac{\tau_y^b}{\rho} \tag{4-29}$$

可得沿垂直方向平均的动量方程：

$$\begin{aligned}&\frac{\partial}{\partial t}(h\tilde{u})+\frac{\partial}{\partial x}\left(h\tilde{u}^2+\frac{1}{2}gh^2\right)+\frac{\partial}{\partial y}(h\tilde{u}\tilde{v})\\&=-gh\frac{\partial b}{\partial x}+\frac{1}{\rho}(\tau_x^w-\tau_x^b)+\frac{1}{\rho}\left[\frac{\partial}{\partial x}\left(2h\rho\varepsilon_{xx}\frac{\partial\tilde{u}}{\partial x}\right)+\frac{\partial}{\partial y}\left(h\rho\varepsilon_{xy}\left(\frac{\partial\tilde{u}}{\partial y}+\frac{\partial\tilde{v}}{\partial x}\right)\right)\right]\end{aligned} \tag{4-30}$$

$$\begin{aligned}&\frac{\partial}{\partial t}(h\tilde{v})+\frac{\partial}{\partial x}(h\tilde{u}\tilde{v})+\frac{\partial}{\partial y}\left(h\tilde{v}^2+\frac{1}{2}gh^2\right)\\&=-gh\frac{\partial b}{\partial y}+\frac{1}{\rho}(\tau_y^w-\tau_y^b)+\frac{1}{\rho}\left[\frac{\partial}{\partial x}\left(h\rho\varepsilon_{xy}\left(\frac{\partial\tilde{u}}{\partial y}+\frac{\partial\tilde{v}}{\partial x}\right)\right)+\frac{\partial}{\partial y}\left(2h\rho\varepsilon_{yy}\frac{\partial\tilde{v}}{\partial y}\right)\right]\end{aligned} \tag{4-31}$$

式中：τ_x^w、τ_y^w 分别为表面风应力在 x、y 方向的分量；τ_x^b、τ_y^b 分别为底摩阻力在 x、y 方

向的分量。

为书写方便，略去垂直方向平均流速分量 $\tilde{u}$ 和 $\tilde{v}$ 的波浪号，即本章后续内容中，用 u、v 分别代表垂直方向平均流速在 x、y 方向的分量。

假设水平方向的紊动黏性系数相等，即

$$\nu_t=\varepsilon_{xx}=\varepsilon_{xy}=\varepsilon_{yy} \tag{4-32}$$

式中：ν_t 代表水平方向的紊动黏性系数。

忽略表面风应力，由式(4-25)、式(4-30)和式(4-31)组成的二维浅水方程可表示为如下微分型守恒律形式：

$$\frac{\partial \boldsymbol{U}}{\partial t}+\frac{\partial \boldsymbol{E}^{\mathrm{adv}}}{\partial x}+\frac{\partial \boldsymbol{G}^{\mathrm{adv}}}{\partial y}=\frac{\partial \boldsymbol{E}^{\mathrm{diff}}}{\partial x}+\frac{\partial \boldsymbol{G}^{\mathrm{diff}}}{\partial y}+\boldsymbol{S} \tag{4-33}$$

式中，$\boldsymbol{U}$ 为守恒向量；$\boldsymbol{E}^{\mathrm{adv}}$、$\boldsymbol{G}^{\mathrm{adv}}$ 分别为 x、y 方向的对流通量向量；$\boldsymbol{E}^{\mathrm{diff}}$、$\boldsymbol{G}^{\mathrm{diff}}$ 分别为 x、y 方向的扩散通量向量；$\boldsymbol{S}$ 为源项向量：

$$\begin{gathered}
\boldsymbol{U}=\begin{bmatrix} h \\ hu \\ hv \end{bmatrix},\quad \boldsymbol{S}=\boldsymbol{S}_0+\boldsymbol{S}_f=\begin{bmatrix} 0 \\ ghS_{0x} \\ ghS_{0y} \end{bmatrix}+\begin{bmatrix} 0 \\ -ghS_{fx} \\ -ghS_{fy} \end{bmatrix}, \\
\boldsymbol{E}^{\mathrm{adv}}=\begin{bmatrix} hu \\ hu^2+gh^2/2 \\ huv \end{bmatrix},\quad \boldsymbol{G}^{\mathrm{adv}}=\begin{bmatrix} hv \\ huv \\ hv^2+gh^2/2 \end{bmatrix}, \\
\boldsymbol{E}^{\mathrm{diff}}=\begin{bmatrix} 0 \\ 2h\nu_t\dfrac{\partial u}{\partial x} \\ h\nu_t\left(\dfrac{\partial u}{\partial y}+\dfrac{\partial v}{\partial x}\right) \end{bmatrix},\quad \boldsymbol{G}^{\mathrm{diff}}=\begin{bmatrix} 0 \\ h\nu_t\left(\dfrac{\partial u}{\partial y}+\dfrac{\partial v}{\partial x}\right) \\ 2h\nu_t\dfrac{\partial v}{\partial y} \end{bmatrix}
\end{gathered} \tag{4-34}$$

式中，S_{fx}、S_{fy} 分别为 x、y 方向的摩阻斜率；S_{0x}、S_{0y} 分别为 x、y 方向的底坡斜率：

$$S_{0x}=-\frac{\partial b(x,y)}{\partial x},\quad S_{0y}=-\frac{\partial b(x,y)}{\partial y} \tag{4-35}$$

浅水流动的水流阻力与地表下垫面情况和水流水力要素有关，一般通过室内试验和野外观测建立相应的水力学公式。本章采用 Manning 公式计算摩阻斜率：

$$S_{fx}=\frac{n^2u\sqrt{u^2+v^2}}{h^{4/3}},\quad S_{fy}=\frac{n^2v\sqrt{u^2+v^2}}{h^{4/3}} \tag{4-36}$$

式中，n 为 Manning 系数，与地形地貌、地表粗糙程度、植被覆盖等下垫面情况有关，一般结合经验给定 Manning 系数值。

为确定紊动黏性系数 ν_t，国内外学者推求了多种复杂程度各异的模型，包括取常数值、代数封闭模式以及 k-ε 紊流模型。综合考虑计算复杂度和模拟精度的要求，本章采用如下代数关系计算紊动黏性系数：

$$\nu_t=\alpha\kappa u_* h \tag{4-37}$$

式中，α 为比例系数，一般取 0.2，若取 0 则表示模型不考虑紊动扩散项；κ 为卡门

(von Karman)系数,取 0.4;u_* 为床面剪切流速,且

$$u_* = \sqrt{\frac{gn^2(u^2+v^2)}{h^{1/3}}} \tag{4-38}$$

4.2 网格自适应加密与稀疏技术

在数值模拟中,地形概化精度对模拟结果有较大影响。实际湖泊水域地形下,计算域边界不规则,计算区域内地形梯度变化较大,传统的结构网格模型将边界概化为折线,若网格尺寸较小则网格数急剧上升,严重影响模型计算效率,若网格尺寸较大则削弱数值解精度,产生较大的误差。同时,为实现模型捕获水流激波区域,提高动态过程模拟精度,需要动态布置网格。自适应网格模型,拓扑结构简单,网格邻接关系易于计算,可灵活地布置计算网格,近年来在空气动力学模拟流域已得到广泛的研究,在水动力学领域亦逐渐引起国内外学者的重视。

研究以结构网格为基础建立自适应网格,如图 4-2 所示。每个网格单元除基本的空间坐标 x-y 值、守恒变量水深及流速等字段还存储了能够表达网格拓扑关系的信息:划分等级 *level*、深度 *depth*、相邻网格 C_j($j=1,2,\cdots,8$)、母网格 *parent* 及子网格激活状态 *chdActive*。初始网格划分等级与叶节点深度定义为 0。网格的尺度由其划分等级 $level_i$ 确定 $M_i=M_0/2^{level_i}$,$N_i=N_0/2^{level_i}$,其中 M_i、N_i 分别为网格的宽与高,M_0、N_0 为原始网格的宽与高。

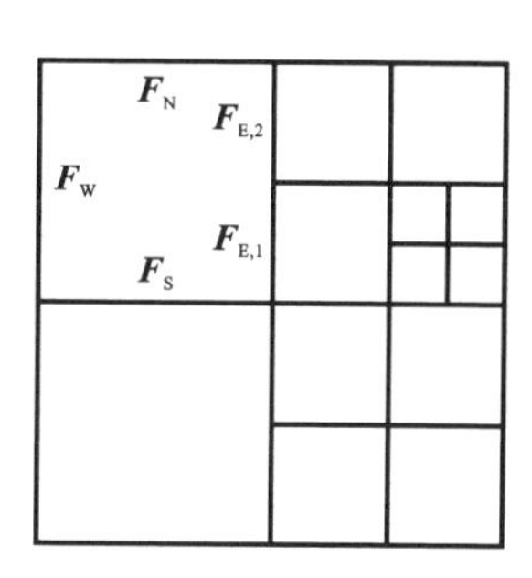

图 4-2　自适应网格模型

将任意网格 C_i 在水平、竖直方向上各等分后得到相同大小的 4 个子网格,子网格与母网格具有以下关系:子网格的等级等于母网格等级加 1,母网格的深度等于 4 个子网格深度的最大值加 1,子网格边长为母网格边长的一半。在网格动态布置过程中应保证任意相邻网格满足两倍边长关系,即网格的任意边长只能是相邻网格对应边长的 2 倍、1 倍或一半,如图 4-2 所示。自适应网格生成过程如下:

步骤一:整个计算域用原始网格覆盖。

步骤二:输入待加密的种子点(常位于边界、地形起伏剧烈或者研究的核心区域)。

步骤三:若种子点队列不为空,从队列中取出一点,定位其所在的网格,记为当前网格 C_i;否则,结束加密过程,跳至步骤八。

步骤四:若当前网格等级大于给定值,即网格已加密到最高等级,回至步骤三。

步骤五:判断当前网格等级 $level_i$ 与相邻网格等级 $level_j$ 的关系,若 $level_i>level_j$ 即当前网格 i 的边长小于相邻网格的边长,对网格 C_i 加密。

步骤六:重复步骤五所述过程,直至对当前网格 C_i 的所有相邻网格 C_j 均有 *lev-*

$el_i \leqslant level_j$。

步骤七:对当前网格 C_i 加密,回至步骤八。

步骤八:计算并设置所有网格的初始水深流速。

4.2.1 网格密集化

加密过程需预先确定种子点位置,常在地形坡度较大及初始水深流速变化较大的地方布置,以提高模型求解的精度;同时在边界处也应设置种子点,保证模型边界与物理边界位置一致。

网格加密过程中,应根据子网格的坐标值计算新的底高程值,而非直接继承母网格的高程值,提高模型对地形的识别能力;同时,合理设置子网格的守恒量,本章遵循质量守恒原则,4 个子网格内水位相等,除非某网格内新底高程值过高。值得注意的是,由于地形的原因,网格的新计算水位与初始水位往往不等,因此网格加密可能在静水条件下产生短暂的扰动。

加密结束时,自动更新子网格及相关网格的拓扑邻接关系,减少计算流场梯度、界面通量时寻找邻接网格的重复工作;更新当前网格 C_i 的划分等级 $level_i$ 及深度 $depth_i$;置布尔变量 $chdActive_i$ 为真。

4.2.2 网格稀疏化

模型网格经过初始加密后,实现了模型对地形及初始水位变化显著区域的辨识能力,然而随着浅水波的演进,各网格的水位梯度、流速梯度发生改变,峰线位置随之变化。模型的网格在大网格高梯度区加密变得十分必要,同时在小网格低梯度区,水力要素变化不显著,多个叶网格可以合并,实现网格的消去,减少计算域内总网格数。

与加密过程在叶网格上进行不同,网格消去过程仅作用于深度为 1 的网格。稀疏化过程,置 $chdActive$ 为假;更新相应网格的深度,在水量不变的原则下计算网格的守恒量;最后更新相邻网格的邻接关系。

4.2.3 网格自适应准则

动态加密消去的判定变量 θ 选择为水位梯度的模值。网格动态加密消去过程,即网格自适应过程在整个计算域完成一次更新后进行。

$$\theta=\sqrt{\left(\frac{\partial \eta}{\partial x}\right)^2+\left(\frac{\partial \eta}{\partial y}\right)^2} \tag{4-39}$$

网格加密过程遍历所有的叶节点,若当前网格为湿网格且梯度模值大于加密阈值 $\theta_{\max}$ 时,网格执行加密过程,网格加密时应保证相邻网格间的两倍边长关系。在加密时,4 个子网格的底高程须重新计算,同时需要调整 4 个子网格的水位,以保证加密过程中水量守恒、动量守恒。

随着浅水波在计算域内推进，部分区域水位梯度减弱，θ 值降低，网格内水位值变幅较小，具备网格消去的条件。与网格加密过程作用于所有满足 $\theta>\theta_{\max}$ 条件的叶网格不同，网格消去过程，遍历所有深度为1的网格，若同时满足以下两个条件，则合并网格：①网格为湿网格且 θ 值小于给定消去阈值 $\theta_{\min}$，或者为干网格；②网格周围不存在等级超过 $level_i+1$ 的网格。合并网格后守恒变量 $\boldsymbol{U}$ 的设置遵循水量守恒及动量守恒，水深分量及动量分量取各子网格中对应量的平均值，水位分量取为水深分量加网格高程值。

4.3 湖泊水流数值计算模型及验证

暂不考虑紊动扩散项，即式(4-37)中 α 取0。运用Godunov格式[5-8]的有限体积法对方程(4-33)进行离散，可得

$$\Omega_i\frac{\mathrm{d}\boldsymbol{U}_i}{\mathrm{d}t}=-\sum_{k=1}^{m}\boldsymbol{F}_{i,k}\cdot\boldsymbol{n}_{i,k}L_{i,k}+\boldsymbol{S}_i \tag{4-40}$$

式中：$\boldsymbol{F}=[\boldsymbol{E},\boldsymbol{G}]^{\mathrm{T}}$ 为通量；Ω 为面积；$\boldsymbol{n}$ 为边的单位外法线向量；L 为边长；m 为控制体边数。

4.3.1 黎曼问题及近似黎曼求解器

黎曼问题是一维时间变量欧拉方程的初值问题，定义为

$$\begin{cases}\dfrac{\partial\boldsymbol{U}}{\partial t}+\dfrac{\partial\boldsymbol{F}(\boldsymbol{U})}{\partial x}=\boldsymbol{0}\\ \boldsymbol{U}(x,0)=\begin{cases}\boldsymbol{U}_{\mathrm{L}}, & x<0\\ \boldsymbol{U}_{\mathrm{R}}, & x>0\end{cases}\end{cases} \tag{4-41}$$

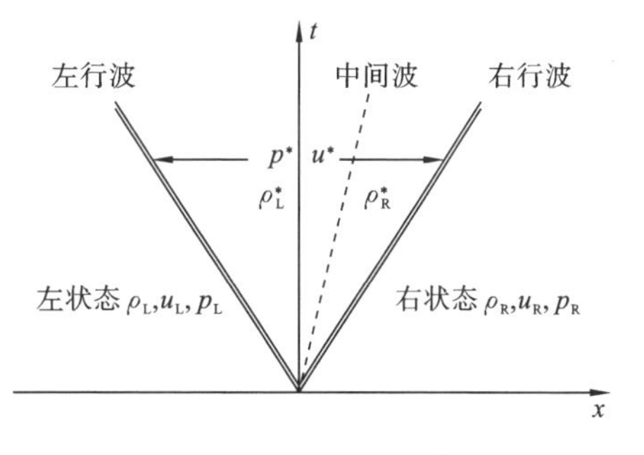

图4-3 Riemann解结构

常用的近似黎曼求解器有Roe型[12]、HLLC型[13]等。HLLC型近似黎曼求解器能够很好地包括干湿界面的处理且易于实现，得到了广泛的应用。HLLC近似黎曼求解器的解结构，如图4-3所示，由左行波、中波、右行波划分为4个区域。考虑左右波速 $S_{\mathrm{L}}<0$ 且 $S_{\mathrm{R}}>0$，如图4-3所示，在矩形 $ABCD$ 中积分，得

$$\begin{aligned}\boldsymbol{U}_{i+\frac{1}{2}}^{*}&=\frac{S_{\mathrm{R}}\boldsymbol{U}_{\mathrm{R}}-S_{\mathrm{L}}\boldsymbol{U}_{\mathrm{L}}-(\boldsymbol{f}_{\mathrm{R}}-\boldsymbol{f}_{\mathrm{L}})}{S_{\mathrm{R}}-S_{\mathrm{L}}}\\ \boldsymbol{f}_{i+\frac{1}{2}}^{*}&=\frac{S_{\mathrm{R}}\boldsymbol{f}_{\mathrm{L}}-S_{\mathrm{L}}\boldsymbol{f}_{\mathrm{R}}+S_{\mathrm{L}}S_{\mathrm{R}}(\boldsymbol{U}_{\mathrm{R}}-\boldsymbol{U}_{\mathrm{L}})}{S_{\mathrm{R}}-S_{\mathrm{L}}}\end{aligned} \tag{4-42}$$

界面通量可以计算为

$$\boldsymbol{f}=\begin{cases}\boldsymbol{f}_{\mathrm{L}}, & 0\leqslant S_{\mathrm{L}}\\ \boldsymbol{f}_{*\mathrm{L}}, & S_{\mathrm{L}}\leqslant 0\leqslant S_{\mathrm{M}}\\ \boldsymbol{f}_{*\mathrm{R}}, & S_{\mathrm{M}}\leqslant 0\leqslant S_{\mathrm{R}}\\ \boldsymbol{f}_{\mathrm{R}}, & S_{\mathrm{R}}\leqslant 0\end{cases} \tag{4-43}$$

其中，$\boldsymbol{f}_{\mathrm{L}}=\boldsymbol{f}(\boldsymbol{U}_{\mathrm{L}})$，$\boldsymbol{f}_{\mathrm{R}}=\boldsymbol{f}(\boldsymbol{U}_{\mathrm{R}})$直接由界面左右的黎曼状态$\boldsymbol{U}_{\mathrm{L}}$、$\boldsymbol{U}_{\mathrm{R}}$得到。

$$\begin{cases}\boldsymbol{f}_{*\mathrm{L}}=[f_{*1},f_{*2},v_{\mathrm{L}}*f_{*1}]^{\mathrm{T}}\\ \boldsymbol{f}_{*\mathrm{R}}=[f_{*1},f_{*2},v_{\mathrm{R}}*f_{*1}]^{\mathrm{T}}\end{cases} \tag{4-44}$$

$$\boldsymbol{f}_{*}=\frac{S_{\mathrm{R}}\boldsymbol{f}_{\mathrm{L}}-S_{\mathrm{L}}\boldsymbol{f}_{\mathrm{R}}+S_{\mathrm{L}}S_{\mathrm{R}}(\boldsymbol{U}_{\mathrm{R}}-\boldsymbol{U}_{\mathrm{L}})}{S_{\mathrm{R}}-S_{\mathrm{L}}} \tag{4-45}$$

其中，f_{*1}，f_{*2}为$\boldsymbol{f}_{*}$的前两个分量。波速计算有多种近似方法，常采用双稀疏波假设计算波速。

$$S_{\mathrm{L}}=\begin{cases}u_{\mathrm{R}}-2\sqrt{gh_{\mathrm{R}}}, & h_{\mathrm{L}}\leqslant 0\\ \min(u_{\mathrm{L}}-\sqrt{gh_{\mathrm{L}}},u_{*}-\sqrt{gh_{*}}), & h_{\mathrm{L}}>0\end{cases} \tag{4-46(a)}$$

$$S_{\mathrm{R}}=\begin{cases}u_{\mathrm{L}}+2\sqrt{gh_{\mathrm{L}}}, & h_{\mathrm{R}}\leqslant 0\\ \max(u_{\mathrm{R}}+\sqrt{gh_{\mathrm{R}}},u_{*}+\sqrt{gh_{*}}), & h_{\mathrm{R}}>0\end{cases} \tag{4-46(b)}$$

$$S_{\mathrm{M}}=\frac{S_{\mathrm{L}}h_{\mathrm{R}}(u_{\mathrm{R}}-S_{\mathrm{R}})-S_{\mathrm{R}}h_{\mathrm{L}}(u_{\mathrm{L}}-S_{\mathrm{L}})}{h_{\mathrm{R}}(u_{\mathrm{R}}-S_{\mathrm{R}})-h_{\mathrm{L}}(u_{\mathrm{L}}-S_{\mathrm{L}})} \tag{4-46(c)}$$

其中，u_{L}，u_{R}，h_{L}，h_{R}为待求黎曼问题的左右黎曼状态；u_{*}，h_{*}为黎曼解中间状态。

$$\begin{cases}u_{*}=\dfrac{1}{2}(u_{\mathrm{L}}+u_{\mathrm{R}})+\sqrt{gh_{\mathrm{L}}}-\sqrt{gh_{\mathrm{R}}}\\ h_{*}=\dfrac{1}{16g}[u_{\mathrm{L}}-u_{\mathrm{R}}+2(\sqrt{gh_{\mathrm{L}}}+\sqrt{gh_{\mathrm{R}}})]^{2}\end{cases} \tag{4-47}$$

4.3.2 梯度限制器

为提高计算的空间精度，须采用限制梯度方法。以x方向为例，重构的黎曼状态

$$\boldsymbol{U}_{i,E}=\boldsymbol{U}_{i}+\frac{1}{2}\boldsymbol{\Psi}_{i,x}(\boldsymbol{U}_{i}-\boldsymbol{U}_{w}),\quad \boldsymbol{U}_{e,W}=\boldsymbol{U}_{e}-\frac{1}{2}\boldsymbol{\Psi}_{e,x}(\boldsymbol{U}_{e}-\boldsymbol{U}_{i}) \tag{4-48}$$

其中，$\boldsymbol{\Psi}_{x}=\boldsymbol{\Psi}(\boldsymbol{r}_{x})$为梯度算子，$\boldsymbol{r}_{x}=\dfrac{\boldsymbol{U}_{e}-\boldsymbol{U}_{i}}{\boldsymbol{U}_{i}-\boldsymbol{U}_{w}}$。常见的梯度限制器有 VanLeer、VanAlbada、Minmod。

VanLeer 限制器：

$$\boldsymbol{\Psi}(r)=\begin{cases}\dfrac{r+|r|}{1+r}, & r>0\\ 0, & r\leqslant 0\end{cases} \tag{4-49}$$

VanAlbada 限制器：

$$\Psi(r)=\begin{cases}\dfrac{r+r^2}{1+r^2}, & r>0\\ 0, & r\leqslant 0\end{cases} \tag{4-50}$$

Minmod 限制器：

$$\Psi(r)=\max(0,\min(r,1)) \tag{4-51}$$

采用 Minmod 限制算子[14]。网格 C_i 各个界面黎曼状态水位，水深，x、y 方向动量经限制器重构算得

$$\boldsymbol{U}_i(\Delta x,\Delta y)=\boldsymbol{U}_i+\Delta x\cdot\boldsymbol{\Psi}(\boldsymbol{r}_x)\frac{\boldsymbol{U}_e-\boldsymbol{U}_i}{\boldsymbol{U}_i-\boldsymbol{U}_w}+\Delta y\cdot\boldsymbol{\Psi}(\boldsymbol{r}_y)\frac{\boldsymbol{U}_n-\boldsymbol{U}_i}{\boldsymbol{U}_i-\boldsymbol{U}_s} \tag{4-52}$$

界面两侧重构底高程分别为 $b_{\mathrm{L}}=\eta_{\mathrm{L}}-h_{\mathrm{L}}$，$b_{\mathrm{R}}=\eta_{\mathrm{R}}-h_{\mathrm{R}}$，定义界面处高程 $b=\max(b_{\mathrm{L}},b_{\mathrm{R}})$，界面左右水深、水位调整为

$$h_{\mathrm{L}}^*=\max(0,\eta_{\mathrm{L}}-b),\quad h_{\mathrm{R}}^*=\max(0,\eta_{\mathrm{R}}-b),\quad \eta_{\mathrm{L}}^*=h_{\mathrm{L}}^*+b,\quad \eta_{\mathrm{R}}^*=h_{\mathrm{R}}^*+b \tag{4-53}$$

式(4-53)定义的相对于统一界面底高程下的水深，具有非负的特性，能够直接代入式(4-43)～式(4-47)求解界面通量。

4.3.3 高阶时间格式

由式(4-39)，可以得到模型的时间更新的显示格式

$$\boldsymbol{U}_i^{n+1}=\boldsymbol{U}_i^n+\Delta t\cdot\boldsymbol{L}_i(\boldsymbol{U}^n) \tag{4-54}$$

其中，$\boldsymbol{L}_i$ 为更新算子，$\boldsymbol{L}_i(\boldsymbol{U}^n)=\boldsymbol{s}_i-\dfrac{\boldsymbol{f}_{\mathrm{E}}-\boldsymbol{f}_{\mathrm{W}}}{\Delta x}-\dfrac{\boldsymbol{f}_{\mathrm{N}}-\boldsymbol{f}_{\mathrm{S}}}{\Delta y}$。

1. 两步 Ruang-Kutta

应用两步 Runge-Kutta 法[14]，在时间上达到二阶精度。式(4-41)变为

$$\boldsymbol{U}_i^{n+1}=\boldsymbol{U}_i^n+\frac{1}{2}\Delta t[\boldsymbol{L}_i(\boldsymbol{U}_i^n)+\boldsymbol{L}_i(\boldsymbol{U}_i^{n+1/2})] \tag{4-55}$$

其中，过渡状态守恒向量 $\boldsymbol{U}_i^{n+1/2}=\boldsymbol{U}_i^n+\dfrac{1}{2}\Delta t\boldsymbol{L}_i(\boldsymbol{U}_i^n)$。时间积分过程具体实现如下：

(1) 计算通量，算得更新量 $\boldsymbol{L}_i(\boldsymbol{U}_i^n)$，$n+\dfrac{1}{2}$时刻守恒向量 $\boldsymbol{U}_i^{n+1/2}$；

(2) 以 $\boldsymbol{U}_i^{n+1/2}$ 为初值计算通量，计算各界面通量，得到 $\boldsymbol{L}_i(\boldsymbol{U}_i^{n+1/2})$；

(3) 按式(4-55)更新守恒向量，进入 $n+1$ 时刻。

2. Hancock 预测校正法

Hancock 预测校正法[15]分两步完成时间步更新，在提高解时间精度的同时，仅计算一步黎曼问题，显著提高计算效率。预测步中，

$$\bar{\boldsymbol{U}}_i^{n+1/2}=\boldsymbol{U}_i^n-\frac{\Delta t}{2\Delta x}(\boldsymbol{f}_{\mathrm{E}}-\boldsymbol{f}_{\mathrm{W}})-\frac{\Delta t}{2\Delta y}(\boldsymbol{g}_{\mathrm{N}}-\boldsymbol{g}_{\mathrm{S}})+\frac{\Delta t}{2}\boldsymbol{s}_i \tag{4-56}$$

通量 $\boldsymbol{f}_{\mathrm{E}}$，$\boldsymbol{f}_{\mathrm{W}}$，$\boldsymbol{g}_{\mathrm{N}}$，$\boldsymbol{g}_{\mathrm{S}}$ 单元边界中心点处的值来计算，而边界中心点处的值是由单

元中心点的值线性插值得到。在预测步中，不是通过黎曼问题求解通量，而是用单元边界处的值直接估算通量。很明显，在这里用单元内边界的通量来代替该单元边界的通量是不守恒的。但是，预测步所引起的不守恒只对中间状态量起作用，并不影响整个数值格式的守恒性。在校正步中，利用 HLLC 黎曼求解器求得单元界面处的通量并用公式(4-56)对守恒量进行一个时间步长的更新，这个过程是守恒的。在矫正步中，黎曼状态是通过预测步后相邻单元中心量线性重构得到。

4.3.4 摩阻项处理

采用算子分裂法处理摩阻项[16]，即

$$\frac{\mathrm{d}\boldsymbol{U}_i}{\mathrm{d}t}=\boldsymbol{S}_f(\boldsymbol{U}_i) \Rightarrow \frac{\mathrm{d}}{\mathrm{d}t}\begin{bmatrix} h \\ hu \\ hv \end{bmatrix}=\begin{bmatrix} 0 \\ -gn^2hu\sqrt{u^2+v^2}/h^{4/3} \\ -gn^2hv\sqrt{u^2+v^2}/h^{4/3} \end{bmatrix} \tag{4-57}$$

由于$\frac{\mathrm{d}h}{\mathrm{d}t}=0$，因此，式(4-57)可简化为

$$\frac{\mathrm{d}}{\mathrm{d}t}\begin{bmatrix} u \\ v \end{bmatrix}=\begin{bmatrix} -gn^2u\sqrt{u^2+v^2}/h^{4/3} \\ -gn^2v\sqrt{u^2+v^2}/h^{4/3} \end{bmatrix}=-gn^2h^{-4/3}\begin{bmatrix} u\sqrt{u^2+v^2} \\ v\sqrt{u^2+v^2} \end{bmatrix} \tag{4-58}$$

令 $\boldsymbol{u}=[u,v]^{\mathrm{T}}$，$\boldsymbol{R}(\boldsymbol{u})=-gn^2h^{-4/3}[u\sqrt{u^2+v^2},v\sqrt{u^2+v^2}]$，则 $\boldsymbol{R}(\boldsymbol{u})$ 的雅可比矩阵为

$$\boldsymbol{J}=\frac{\partial \boldsymbol{R}(\boldsymbol{u})}{\partial \boldsymbol{u}}=-gn^2h^{-4/3}\begin{bmatrix} \sqrt{u^2+v^2}+u^2/\sqrt{u^2+v^2} & uv/\sqrt{u^2+v^2} \\ uv/\sqrt{u^2+v^2} & \sqrt{u^2+v^2}+v^2/\sqrt{u^2+v^2} \end{bmatrix} \tag{4-59}$$

其特征值为

$$\lambda_1=-gn^2h^{-4/3}\sqrt{u^2+v^2},\quad \lambda_2=-2gn^2h^{-4/3}\sqrt{u^2+v^2}$$

若采用两步龙格库塔法计算式(4-57)，结合模型方程 $y'=\lambda y$，进行绝对稳定性分析，可得

$$|E(\lambda\Delta t)|=\left|1+\lambda\Delta t+\frac{1}{2}(\lambda\Delta t)^2\right|<1 \tag{4-60}$$

故 $-2<\lambda\Delta t<0$。复杂地形的陡峭坡面，使局部区域的水深非常小，而流速很大，导致 $|\lambda_{1,2}|$ 很大，即式(4-57)对应的常微分方程系统的 Lipschitz 常数很大，摩阻项将引起刚性问题。此时，若采用一般的显式数值方法，将显著影响数值计算的稳定性，或将极大减小时间步长，从而降低计算效率。

为解决摩阻项引起的刚性问题，提高模型的数值稳定性，研究工作提出了一种半隐式计算格式。令 $\tau=-gn^2\sqrt{u^2+v^2}h^{-4/3}$，由式(4-58)有 $\mathrm{d}u/\mathrm{d}t=\tau u$。利用半隐式求解格式有 $(u^{n+1}-\hat{u}^n)/\Delta t=\hat{\tau}^n u^{n+1}$，即

$$u^{n+1}=\frac{1}{1-\Delta t\hat{\tau}^{n}}\hat{u}^{n},\quad v^{n+1}=\frac{1}{1-\Delta t\hat{\tau}^{n}}\hat{v}^{n} \tag{4-61}$$

其中，$\hat{\tau}^{n}=-gn^{2}\sqrt{(\hat{u}^{n})^{2}+(\hat{v}^{n})^{2}}(\hat{h}^{n})^{-4/3}$；$\hat{h}^{n}$、$\hat{u}^{n}$、$\hat{v}^{n}$ 为利用数值通量对 n 时刻已知量进行更新得到的值。式(4-61)能保证不改变流速的方向，有利于计算稳定。

4.3.5　底坡源项处理

为使格式和谐，实现底坡源项与通量在静水条件下相等，模型添加了额外底坡源项，并证明在各种情况下额外项能够保证格式和谐。

$$\boldsymbol{s}_{b}=[0,s_{bx},s_{by}]^{\mathrm{T}},\quad s_{bx}=-g\eta\frac{\partial b}{\partial x}+s_{b,e}+s_{b,w},\quad s_{by}=-g\eta\frac{\partial b}{\partial y}+s_{b,n}+s_{b,s}$$

s_{bx} 的第一项中水位可以直接取界面黎曼状态中水位变量的平均值。

$$-g\eta\frac{\partial b}{\partial x}=-g\bar{\eta}_{x}\left(\frac{b_{e}-b_{w}}{\Delta x}\right),\quad \bar{\eta}_{x}=\frac{\eta_{e}^{*}+\eta_{w}^{*}}{2}$$

附加额外项

$$s_{b,e}=g\Delta b_{e}\frac{(b_{e}-\Delta b_{e})-b_{w}}{2\Delta x},\quad s_{b,w}=g\Delta b_{w}\frac{b_{e}-(b_{w}-\Delta b_{w})}{2\Delta x} \tag{4-62}$$

$$\Delta b_{e}=\max\{0,-(\eta_{e,\mathrm{L}}-b_{e})\},\Delta b_{w}=\max\{0,-(\eta_{w,\mathrm{R}}-b_{w})\} \tag{4-63}$$

附加源项仅在干河床时有效，否则界面处 $\Delta b=0$，相应的附加源项也自动为0。将下标 n、s 与 y 分别替换为 e、w 与 x 即可得到南北方向底坡源项的计算公式。

4.3.6　边界处理

在边界网格远离计算域处设立虚拟镜像网格，镜像网格 C_{g} 的守恒向量 $\boldsymbol{U}_{\mathrm{g}}$ 的设定受相邻边界网格 C_{b} 及边界条件的影响。若为固壁边界条件(水陆边界条件)，可直接得到 $\boldsymbol{U}_{\mathrm{g}}(\eta_{\mathrm{g}}=\eta_{\mathrm{b}},u_{\perp,\mathrm{g}}=-u_{\perp,\mathrm{b}},u_{/\!/,\mathrm{g}}=u_{/\!/,\mathrm{b}})$；否则，需先计算网格的局部弗汝德数 $Fr=\sqrt{(u^{2}+v^{2})/(gh)}$，以及边界外法线方向 $\boldsymbol{n}$ 的法向速度 $u_{\perp}$、斜向速度 $u_{/\!/}$，再根据边界类型选择合适的方法计算 $\boldsymbol{U}_{\mathrm{g}}$。

1. 亚临界流 $Fr<1$

(1) 给定水位 h_{s}，联立方程求解。

$$\begin{cases}h_{\mathrm{g}}=h_{\mathrm{s}}\\u_{\perp,\mathrm{g}}=u_{\perp,\mathrm{b}}+2\sqrt{g}(h_{\mathrm{s}}-h_{\mathrm{b}})\\u_{/\!/,\mathrm{g}}=u_{/\!/,\mathrm{b}}\end{cases} \tag{4-64}$$

(2) 给定法向流速 $u_{\perp,\mathrm{s}}$，联立方程求解。

$$\begin{cases}h_{\mathrm{g}}=[h_{\mathrm{b}}+(u_{\perp,\mathrm{s}}-u_{\perp,\mathrm{b}})/(2\sqrt{g})]^{2}\\u_{\perp,\mathrm{g}}=u_{\perp,\mathrm{b}}\\u_{/\!/,\mathrm{g}}=u_{/\!/,\mathrm{b}}\end{cases} \tag{4-65}$$

(3) 给定输入流量 $Q_{n,s}$，联立方程，采用牛顿迭代法等数值方法求解。

$$\begin{cases} h_g \cdot u_{\perp,g} = -Q_{\perp,s} \\ u_{\perp,g} + 2\sqrt{gh_g} = u_{\perp,b} + 2\sqrt{gh_b} \\ u_{/\!/,g} = u_{/\!/,b} \end{cases} \tag{4-66}$$

2. 超临界流 $Fr>1$

若为入流条件，$u_{\perp,b}<0$，则 h_g，η_g，$u_{\perp,g}$，$u_{/\!/,g}$ 指定为预先确定的值；若为出流条件，$u_{\perp,b}>0$，则虚拟网格的黎曼状态直接复制边界网格处的相应值。

$$\begin{cases} h_g = h_b \\ u_{\perp,g} = u_{\perp,b} \\ u_{/\!/,g} = u_{/\!/,b} \end{cases} \tag{4-67}$$

4.3.7 稳定性条件

整体上计算为显示格式，稳定性受 CFL 条件的限制。基于笛卡儿坐标系下的二维结构自适应加密网格，计算时间步长可以表示为

$$\Delta t = N_{CFL} \cdot \min\{\Delta t_x, \Delta t_y\} \tag{4-68}$$

$$\Delta t_x = \min_i \left\{ \frac{M_i}{|u_i| + \sqrt{gh_i}} \right\}, \quad \Delta t_y = \min_i \left\{ \frac{N_i}{|v_i| + \sqrt{gh_i}} \right\} \tag{4-69}$$

其中，N_{CFL} 为科朗数，应满足 $0<N_{CFL}\leqslant 1$。在本章中，为使得结构网格自适应加密模型稳定运行，通常取 $N_{CFL}=0.6$。计算时间步长受整个计算域内最小网格的限制，为提高计算效率应引入局部时间步长。

4.3.8 模型验证

1. 具有收缩扩散段的水槽试验

选取 Bellos 等设计的水槽中部具有一个收缩扩散段的溃坝试验。水槽长 21.2 m，底坡为 0.002。水闸位于水槽中最窄断面处，该处水槽宽度为 0.6 m，底高程为 0.15 m，距离上游边界 8.5 m。收缩扩散段起点距离上游边界 5 m，终点距离下游边界 4.7 m。收缩扩散段外的区域，水槽宽 1.4 m。$t=0$ 时刻闸门瞬间打开。模型初始条件为水闸上游水位 0.3 m，下游水深为 0 m。糙率 $n=0.012$。上游及水槽两侧为固壁边界，下游为开边界。该水槽的三角网格剖分如图 4-4 所示，共 1584 个三角单元。选择水槽中心线上一系列点($x=-8.5$ m，-4.0 m，-0.0 m，$+0.0$ m，5.0 m，10.0 m)作为水深测量点，测点位置如图 4-4 中实心黑圆点所示。

水深计算值与实测值对比如图 4-5 所示。由图 4-5 可知，水闸上游测点的计算值与实测值拟合良好；下游测点的拟合精度较差，但计算值随时间变化的趋势与实测值基本一致。由于下游由缓流变为急流，其中的垂线流速比较显著，而本文提出的模型没有考虑水流的垂线运动，因此，下游测点的拟合精度较差。但总体而言，模型计

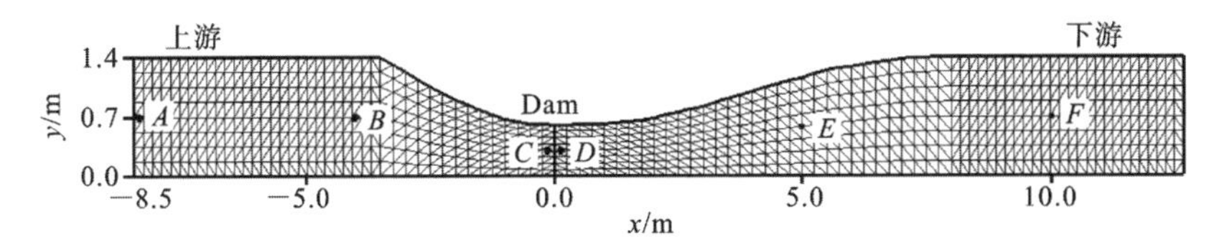

图 4-4　实验水槽网格剖分平面示意图

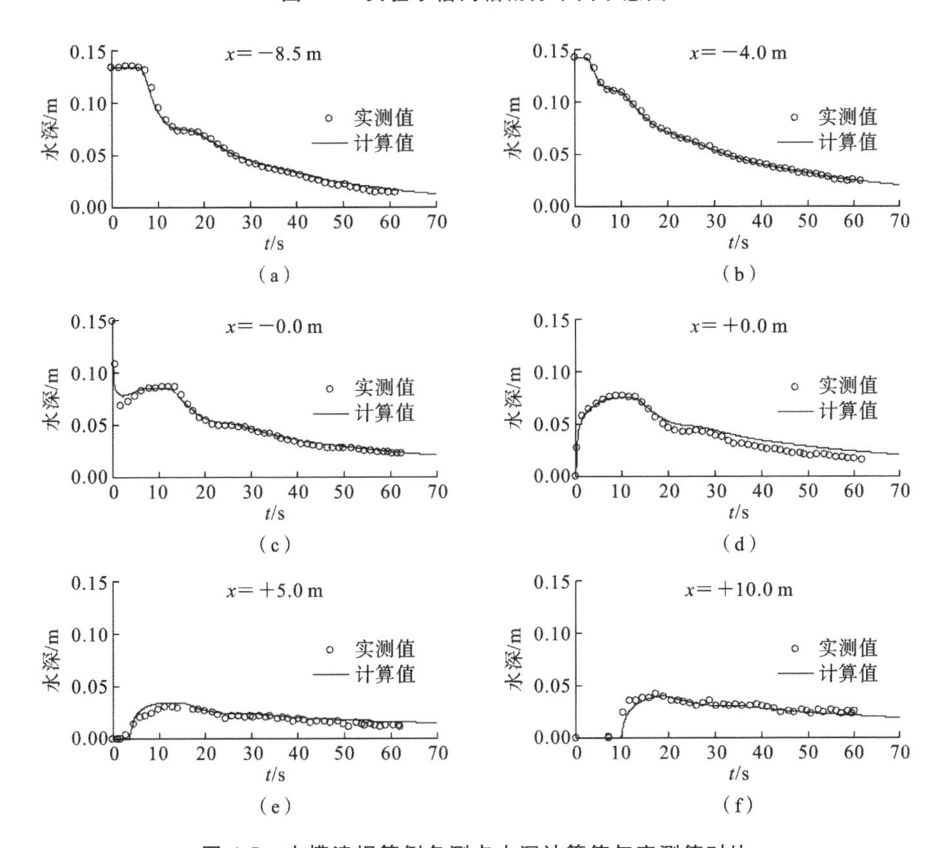

图 4-5　水槽溃坝算例各测点水深计算值与实测值对比

算精度可满足工程实际要求。

2. 抛物型有阻力河床上的自由水面

Sampson 等给出了抛物型有阻力河床上浅水方程的解析解，该算例可用来检验模型的计算精度和处理源项和动边界的能力。

已知河床底高程为 $b(x,y)=h_0(x/a)^2$，其中 h_0 和 a 为常数。$p=\sqrt{8gh_0}/a$ 为峰值。当 $\tau<p$ 时，任意时刻水位 $z(x,t)$ 的解析表达式为

$$z(x,t)=\max\left\{b(x),h_0-\frac{\mathrm{e}^{-\tau t/2}}{g}\left(B s\cos st+\frac{\tau B}{2}\sin st\right)x+\frac{a^2B^2\mathrm{e}^{-\tau t}}{8g^2h_0}\left[-s\tau\sin 2st+\left(\frac{\tau^2}{4}-s^2\right)\cos 2st\right]-\frac{B^2\mathrm{e}^{-\tau t}}{4g}\right\} \tag{4-70}$$

式中：B 为常数，$s=\sqrt{p^2-\tau^2}/2$。取 $a=3000$ m，$h_0=10$ m，$B=5$ m/s，$\tau=0.001$ s^{-1}，计算域为[−5000 m，5000 m]，$\Delta x=100$ m，初始时刻流速为零，水位为 $z(x,0)$。各时刻计算结果如图 4-6 所示。由图 4-6 可知，计算结果与准确解很接近，表明模型能准确地处理底坡项和摩擦源项，适应干湿界面计算。

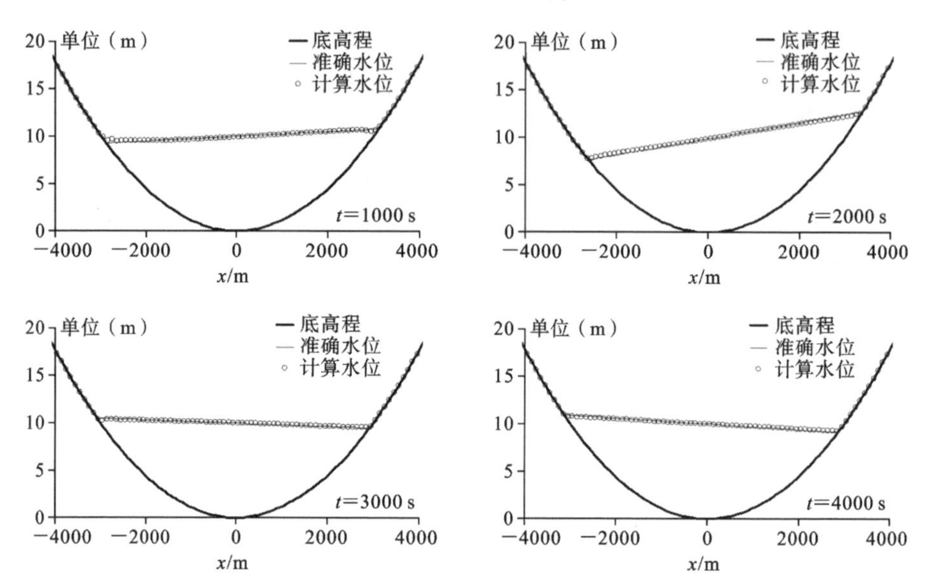

图 4-6 抛物形有阻力河床上的自由水面计算结果与准确解对比

3. 二维弯曲河道上室内试验

本算例为 L 形状的 90°弯曲河道上二维溃坝试验。如图 4-7 所示，计算域由一个 2.40 m×2.40 m 的正方形水库和 L 形状的 90°弯曲河道组成，河道里程为 7.25 m。6 个测点的编号名称及其位置分别为

(1)“P_1”，$x=1.20$ m，$y=1.20$ m；

(2)“P_2”，$x=2.75$ m，$y=0.70$ m；

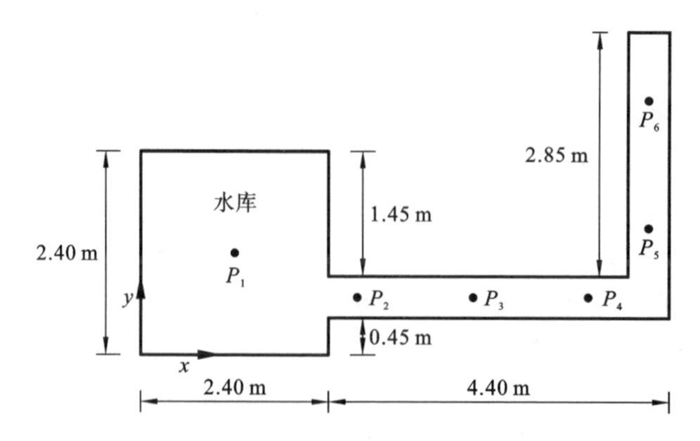

图 4-7 弯曲河道上二维溃坝室内试验：计算区域及测点位置示意图

(3) “P_3”, x=4.25 m, y=0.70 m;

(4) “P_4”, x=5.75 m, y=0.70 m;

(5) “P_5”, x=6.55 m, y=1.50 m;

(6) “P_6”, x=6.55 m, y=3.00 m。

水库初始水深为0.2 m,流速为0;下游为干底河床。水库边界及河道左、右岸为固壁边界条件,河道出口处为自由出流边界条件。水库及河道均为平底,曼宁系数取 $n=0.0095\ \mathrm{s/m^{1/3}}$。如图4-8所示,采用2934个三角形单元剖分计算域,共1584个节点和4517条边,单元的平均面积为0.0032 $\mathrm{m^2}$。

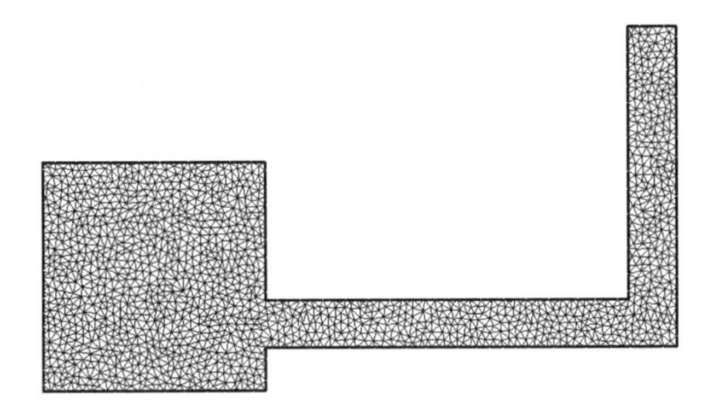

图4-8　弯曲河道上二维溃坝室内试验:计算网格示意图

假设 $t=0$ 时大坝瞬时溃决。模拟了40 s内的溃坝水流运动情况。6个测点的水深数值解与实测值之间的对比如图4-9所示。由图4-9可知,测点的数值解与实测值基本吻合,尤其是模型准确预测了下游各测点的洪水到达时间。同时,由图4-9可以看出,测点 P_2、P_3 和 P_4 均存在两次水位快速上涨的情况。如图4-7所示,下游测点 P_2、P_3 和 P_4 位于大坝和河道90°弯角处之间的河段。对测点 P_2、P_3 和 P_4 而言,第一次水位快速上涨的直接原因是由于大坝溃决后水体急剧下泄,而第二次水位快速上涨是由于河道直角转弯处的阻水作用。另一方面,由于下游测点 P_5 和 P_6 没有直接受到河道直角转弯处阻水作用的影响,故仅存在一次水位快速上涨的情况,之后随着水体流出计算域,测点的水位逐渐下降。

受历史原因和多种因素影响,武汉大东湖城市湖泊群水体与长江已失去天然联系,背景风场是大东湖湖泊流场的主要驱动力,复杂地形及不规则水陆边界是湖泊流场的重要影响因素。长江-大东湖及各湖泊间的沟渠建成后,各水体恢复连通关系,水网连通工程中各闸、泵的运行状态,对湖泊流场的影响日益显著。为此,本书以水动力学模型为基础,解析了风驱动力、闸泵引水以及地球自转柯氏力等动力因子造成的湖泊分布式流场,研究了湖流与波动的特征,通过分析湖泊滞水区域特性,为大东湖水质模拟和六湖水网调度提供重要的数据基础和技术支撑。

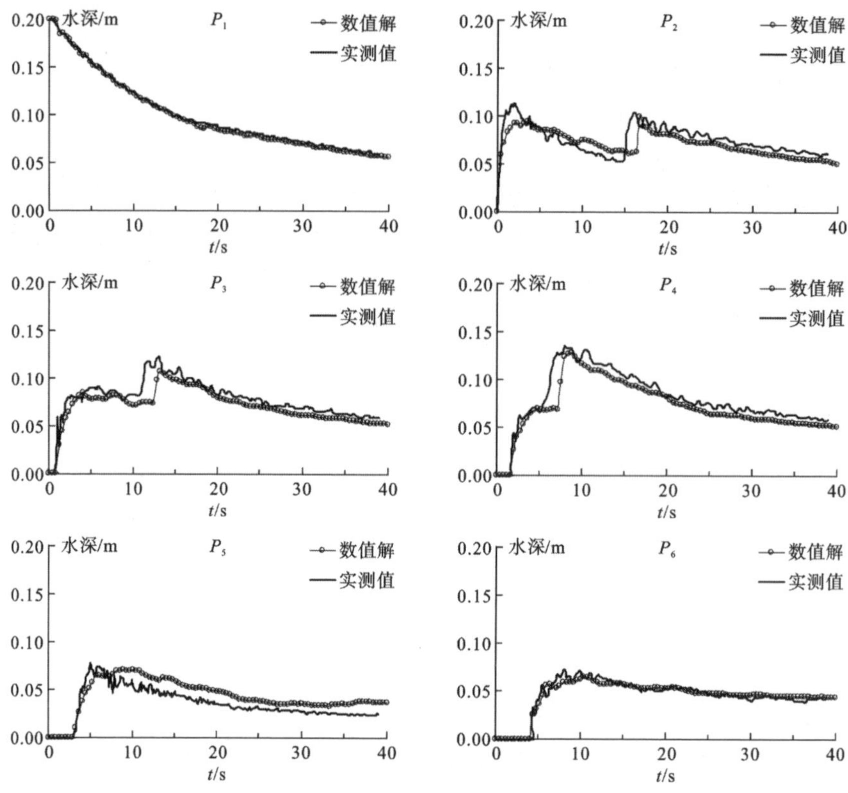

图 4-9 弯曲河道上二维溃坝室内试验:测点的水深数值解与实测值对比

4.4 湖泊三维水动力与水温模型

湖泊水流运动复杂多变、湖流输运和混合作用强烈,为正确地模拟湖泊水动力过程,本节推导建立了 Sigma 坐标系下由连续性方程、动量方程、温度方程和物质输运方程组成的三维湖泊水动力模型控制方程组。采用 κ-ε 垂向湍流闭合模型及 Smagorinsky 水平湍流闭合模型对方程组进行闭合。考虑到数值模型计算需要,推导建立了二维垂向积分方程。采用无结构三角形网格和垂向 Sigma 坐标来剖分计算区域,空间上模型采用有限体积法离散三维水动力控制方程,时间上采用模式分裂技术,即分别通过外模求解二维垂向积分方程以获得水深分布,通过内模求解三维水流运动方程组获得三维流场细节,解析得到湖泊的三维流速场。

4.4.1 垂向 σ 坐标系下的控制方程

1. 原始控制方程

1) 连续性方程

实际的湖泊水动力模拟经常要处理在常温常压下、重力场中的传热和传质问题,如将江河中较冷的水引入到较暖的湖泊中，再如将污染物(可溶性的或非可溶性的，统称为异质)排入湖泊后的水流传质传热等。由于温度和异质浓度变化，致使水体密度在流场中也是变化的，这种流也称为变密度流。因此，湖泊水动力模拟中必须考虑变密度流体。

在三维流场中选一个未受水温影响的点作为参考点，设该点的密度为 ρ_0，该点的绝对压强和绝对温度分别为 p_0 和 T_0，则流场中其他各液体点处的密度、绝对压强和绝对温度可写为

$$\begin{cases}\rho=\rho_0+\Delta\rho \\ p=p_0+\Delta p \\ T=T_0+\Delta T\end{cases} \tag{4-71}$$

在局部热平衡及水中含异质条件下，水体密度受温度 T 和异质浓度 C 的影响。本节仅考虑密度受水温的影响，并采用下式拟合两者之间的关系：

$$\rho=00000161T^3-0598T^2+00219T+99997 \tag{4-72}$$

设瞬时速度场 $\boldsymbol{v}=\boldsymbol{v}(u,v,w)$，则变密度流的连续性方程为

$$\frac{\partial\rho}{\partial t}+\frac{\partial\rho u}{\partial x}+\frac{\partial\rho v}{\partial y}+\frac{\partial\rho w}{\partial z}=0 \tag{4-73}$$

引入散度记号 div，上式可写为

$$\frac{\partial\rho}{\partial t}+\mathrm{div}(\rho\boldsymbol{v})=0 \tag{4-74}$$

在一般常温常压下，$\Delta\rho/\rho_0\ll1$，即水流质点的密度沿质点运动轨迹变化很小，不可压缩流体的连续性方程仍可适用，即 $\frac{\partial\rho}{\partial t}=0$，则方程(4-74)可简化为

$$\mathrm{div}(\boldsymbol{v})=0 \tag{4-75}$$

2) 动量方程

在 Navier-Stokes 方程基础之上，引入布辛涅斯克(Boussinesq)假设：流体密度的改变并不显著地影响液体的性质，如黏滞性等；运动方程中，密度的变化对惯性力项、压强梯度项和黏性力项的影响可忽略不计；紊动应力可类比于层流的黏性应力，与时均速度的梯度成正比。因此，变密度水流的运动微分方程为

$$\begin{cases}\dfrac{\partial u}{\partial t}+\boldsymbol{v}\cdot\nabla u=-\dfrac{1}{\rho_0}\dfrac{\partial P}{\partial x}+\dfrac{\partial}{\partial x}\left(\mu_h\dfrac{\partial u}{\partial x}\right)+\dfrac{\partial}{\partial y}\left(\mu_h\dfrac{\partial u}{\partial y}\right)+\dfrac{\partial}{\partial z}\left(\mu_v\dfrac{\partial u}{\partial z}\right)+f_x \\ \dfrac{\partial v}{\partial t}+\boldsymbol{v}\cdot\nabla v=-\dfrac{1}{\rho_0}\dfrac{\partial P}{\partial y}+\dfrac{\partial}{\partial x}\left(\mu_h\dfrac{\partial v}{\partial x}\right)+\dfrac{\partial}{\partial y}\left(\mu_h\dfrac{\partial v}{\partial y}\right)+\dfrac{\partial}{\partial z}\left(\mu_v\dfrac{\partial v}{\partial z}\right)+f_y \\ \dfrac{\partial w}{\partial t}+\boldsymbol{v}\cdot\nabla w=-\dfrac{1}{\rho_0}\dfrac{\partial P}{\partial z}+\dfrac{\partial}{\partial x}\left(\mu_h\dfrac{\partial w}{\partial x}\right)+\dfrac{\partial}{\partial y}\left(\mu_h\dfrac{\partial w}{\partial y}\right)+\dfrac{\partial}{\partial z}\left(\mu_v\dfrac{\partial w}{\partial z}\right)+f_z\end{cases} \tag{4-76}$$

式中：p 为动水压强；f_x、f_y、f_z 为单位质量力；ρ_0 为水体参考密度；μ_h 和 μ_v 分别为水平方向和垂直方向的紊动黏性系数(亦称涡旋黏性系数或涡黏度)；区别于分子运动系数，紊动黏性系数不是流体的固有性质，而是依赖于紊动状态。μ_h、μ_v 不仅在水流

中的不同点取不同数值，而且不同的水流中也取不同的数值。为了确定 μ_h、μ_v 在流场中的分布，必须引入额外的方程，即所谓的紊流模型。紊流模型描述紊动输运的规律，用以模拟实际紊流的时均性质。紊流模型表示为微分方程或代数方程，这些方程与连续方程式(4-75)和动量方程式(4-76)联立，组成封闭的方程组，便可求解紊流的速度场、压力场。

式(4-76)中的 f_x、f_y 一般为地球科氏力：

$$f_x = fv,\quad f_y = -fu,\quad f = 2\Omega\sin\Theta,\quad \Omega = 2\pi/86184 \tag{4-77}$$

式中：Θ 为当地纬度；f 为科氏力系数；Ω 为地球自转频率。

对于湖泊、水库等天然水域的水体，水流运动的水平尺度远大于垂向尺度，水质点的垂向加速度与重力加速度相比可以忽略，即垂向压力符合静压分布。因此，可作如下假设：垂直方向的加速度为 0，压力分布服从静压假定，可以用静水压强分布式代入垂向动量方程，则垂向方向的动量方程退化为

$$\frac{\partial P}{\partial z} = -\rho g \tag{4-78}$$

对式(4-78)沿垂向积分得

$$P = \int_z^\zeta \rho g\,\mathrm{d}z = g\int_z^\zeta \rho\,\mathrm{d}z \tag{4-79}$$

并有

$$\begin{cases} \dfrac{1}{\rho_0}\dfrac{\partial P}{\partial x} = \dfrac{g}{\rho_0}\dfrac{\partial}{\partial x}\displaystyle\int_z^\zeta \rho\,\mathrm{d}z = \dfrac{g}{\rho_0}\dfrac{\partial}{\partial x}\displaystyle\int_z^\zeta (\rho_0 + \rho^*)\,\mathrm{d}z = g\dfrac{\partial \zeta}{\partial x} + \dfrac{g}{\rho_0}\dfrac{\partial}{\partial x}\displaystyle\int_z^\zeta \rho^*\,\mathrm{d}z \\ \dfrac{1}{\rho_0}\dfrac{\partial P}{\partial y} = \dfrac{g}{\rho_0}\dfrac{\partial}{\partial y}\displaystyle\int_z^\zeta \rho\,\mathrm{d}z = \dfrac{g}{\rho_0}\dfrac{\partial}{\partial y}\displaystyle\int_z^\zeta (\rho_0 + \rho^*)\,\mathrm{d}z = g\dfrac{\partial \zeta}{\partial y} + \dfrac{g}{\rho_0}\dfrac{\partial}{\partial y}\displaystyle\int_z^\zeta \rho^*\,\mathrm{d}z \end{cases} \tag{4-80}$$

将式(4-80)代入式(4-76)，得动量控制方程

$$\begin{aligned} \frac{\partial u}{\partial t} + \boldsymbol{v}\cdot\nabla u &= -g\frac{\partial \zeta}{\partial x} - \frac{g}{\rho_0}\frac{\partial}{\partial x}\int_z^\zeta (\rho - \rho_0)\,\mathrm{d}z + \frac{\partial}{\partial x}\left(\mu_h\frac{\partial u}{\partial x}\right) \\ &\quad + \frac{\partial}{\partial y}\left(\mu_h\frac{\partial u}{\partial y}\right) + \frac{\partial}{\partial z}\left(\mu_v\frac{\partial u}{\partial z}\right) + fv \\ \frac{\partial v}{\partial t} + \boldsymbol{v}\cdot\nabla v &= -g\frac{\partial \zeta}{\partial y} - \frac{g}{\rho_0}\frac{\partial}{\partial y}\int_z^\zeta (\rho - \rho_0)\,\mathrm{d}z + fv + \frac{\partial}{\partial x}\left(\mu_h\frac{\partial v}{\partial x}\right) \\ &\quad + \frac{\partial}{\partial y}\left(\mu_h\frac{\partial v}{\partial y}\right) + \frac{\partial}{\partial z}\left(\mu_v\frac{\partial v}{\partial z}\right) - fu \end{aligned} \tag{4-81}$$

2. σ 坐标系与笛卡儿坐标系的转换关系

本节所使用的笛卡儿坐标系如图 4-10 所示，图中 z 为实际物理域中的水位；$z=0$ 为基准静水面；ζ 为相对于 $z=0$ 处的水面水位，并有 $\zeta=\zeta(x,y,t)$；h 为基准静水面至湖底的水深；$H=h+\zeta$ 为总水深。

为推导 σ 坐标系下的控制方程，首先建立三维笛卡儿坐标系(x,y,z,t)与垂向坐标系(x',y',σ',t)之间的转换关系，图 4-10 显示了这种转换关系。

具体转换公式如下：

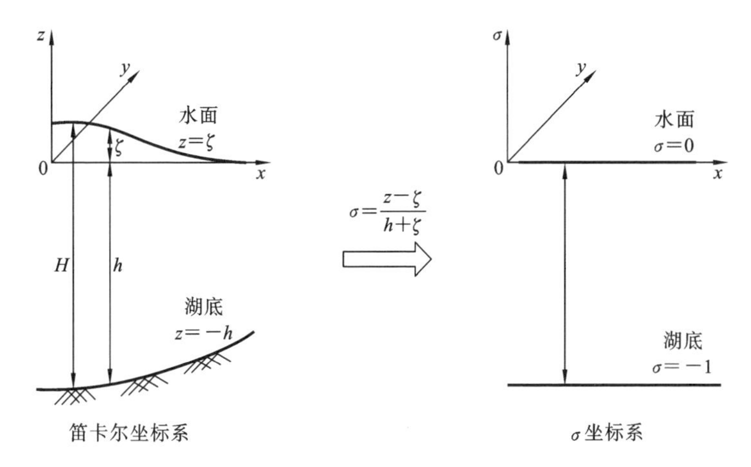

图 4-10　笛卡儿坐标系与 σ 坐标系

$$
\begin{cases}
x \equiv x' \\
y \equiv y' \\
\sigma = \dfrac{z-\zeta}{h+\zeta} = \dfrac{z-\zeta}{H} \\
t \equiv t^{*}
\end{cases}
\tag{4-82}
$$

式中：σ 为变换后的垂向坐标，$\sigma \in (-1,0)$，$\sigma=0$ 对应于静水面，$\sigma=1$ 对应于湖底。由式(4-82)，可得出以下导数转换关系：

$$
\begin{cases}
\dfrac{\partial \sigma}{\partial t} = \dfrac{\partial}{\partial t^{*}}\left(\dfrac{z-\zeta}{H}\right) = \dfrac{(z-\zeta)'_{t^{*}} H - (z-\zeta) H'_{t^{*}}}{H^{2}} = -\dfrac{(1+\sigma)}{H}\dfrac{\partial \zeta}{\partial t^{*}} \\
\dfrac{\partial \sigma}{\partial x} = \dfrac{\partial}{\partial x'}\left(\dfrac{z-\zeta}{H}\right) = -\dfrac{1}{H}\left(\dfrac{\partial \zeta}{\partial x'} + \sigma \dfrac{\partial H}{\partial x'}\right) \\
\dfrac{\partial \sigma}{\partial y} = \dfrac{\partial}{\partial y'}\left(\dfrac{z-\zeta}{H}\right) = -\dfrac{1}{H}\left(\dfrac{\partial \zeta}{\partial y'} + \sigma \dfrac{\partial H}{\partial y'}\right) \\
\dfrac{\partial \sigma}{\partial z} = \dfrac{1}{H}
\end{cases}
\tag{4-83}
$$

对任何守恒性变量 $\phi(x,y,z,t)=\phi'(x',y',\sigma,t')$，利用导数的链式法则，可导出守恒变量在两种坐标系下的导数转换关系：

$$
\begin{cases}
\dfrac{\partial \phi}{\partial x} = \dfrac{\partial \phi'}{\partial x'} + \dfrac{\partial \phi'}{\partial \sigma}\dfrac{\partial \sigma}{\partial x'} = \dfrac{\partial \phi'}{\partial x'} - \dfrac{1}{H}\dfrac{\partial \phi'}{\partial \sigma}\left(\dfrac{\partial \zeta}{\partial x'} + \sigma \dfrac{\partial H}{\partial x'}\right) \\
\dfrac{\partial \phi}{\partial y} = \dfrac{\partial \phi'}{\partial y'} + \dfrac{\partial \phi'}{\partial \sigma}\dfrac{\partial \sigma}{\partial y'} = \dfrac{\partial \phi'}{\partial y'} - \dfrac{1}{H}\dfrac{\partial \phi'}{\partial \sigma}\left(\dfrac{\partial \zeta}{\partial y'} + \sigma \dfrac{\partial H}{\partial y'}\right) \\
\dfrac{\partial \phi}{\partial z} = \dfrac{1}{H}\dfrac{\partial \phi'}{\partial \sigma} \\
\dfrac{\partial \phi}{\partial t} = \dfrac{\partial \phi'}{\partial t^{*}} + \dfrac{\partial \phi'}{\partial t^{*}}\dfrac{\partial \sigma}{\partial t^{*}} = \dfrac{\partial \phi'}{\partial t^{*}} - \dfrac{(1+\sigma)}{H}\dfrac{\partial \zeta}{\partial t^{*}}\dfrac{\partial \phi'}{\partial \sigma}
\end{cases}
\tag{4-84}
$$

坐标系(x',y',σ,t')下的速度分量(u',v',w')分别定义如下：

$$\begin{cases} u' = \dfrac{\mathrm{d}x'}{\mathrm{d}t^*}, \quad v' = \dfrac{\mathrm{d}y'}{\mathrm{d}t^*} \\ w' = H\dfrac{\mathrm{d}\sigma}{\mathrm{d}t^*} = H\left(\dfrac{\partial\sigma}{\partial t^*} + \dfrac{\partial\sigma}{\partial x'}\dfrac{\partial x'}{\partial t^*} + \dfrac{\partial\sigma}{\partial y'}\dfrac{\partial y'}{\partial t^*} + \dfrac{\partial\sigma}{\partial z}\dfrac{\partial z}{\partial t^*}\right) \\ \quad = -(1+\sigma)\dfrac{\partial\zeta}{\partial t^*} - u'\left(\dfrac{\partial\zeta}{\partial x'} + \sigma\dfrac{\partial H}{\partial x'}\right) - v'\left(\dfrac{\partial\zeta}{\partial y'} + \sigma\dfrac{\partial H}{\partial y'}\right) + w \end{cases} \tag{4-85}$$

根据以上定义，σ 坐标系与笛卡儿坐标系下的速度分量转换关系为

$$\begin{cases} u = \dfrac{\mathrm{d}x}{\mathrm{d}t} = u', \quad v = \dfrac{\mathrm{d}y}{\mathrm{d}t} = v' \\ w = w' + (1+\sigma)\dfrac{\partial\zeta}{\partial t^*} + u\left(\dfrac{\partial\zeta}{\partial x'} + \sigma\dfrac{\partial H}{\partial x'}\right) + v\left(\dfrac{\partial\zeta}{\partial y'} + \sigma\dfrac{\partial H}{\partial y'}\right) \end{cases} \tag{4-86}$$

由式(4-84)得

$$\begin{cases} \dfrac{\partial u}{\partial x} = \dfrac{\partial u}{\partial x'} - \dfrac{1}{H}\dfrac{\partial u}{\partial\sigma}\left(\dfrac{\partial\zeta}{\partial x'} + \sigma\dfrac{\partial H}{\partial x'}\right) \\ \dfrac{\partial v}{\partial y} = \dfrac{\partial v}{\partial y'} - \dfrac{1}{H}\dfrac{\partial v}{\partial\sigma}\left(\dfrac{\partial\zeta}{\partial y'} + \sigma\dfrac{\partial H}{\partial y'}\right) \\ \dfrac{\partial w}{\partial z} = \dfrac{1}{H}\dfrac{\partial w}{\partial\sigma} \end{cases} \tag{4-87}$$

4.4.2 边界条件

控制方程的边界条件可分为自由表面边界条件、底部边界条件、开边界条件和侧向闭边界。

1. 自由表面边界条件

在自由表面，满足下列条件：

(1) 运动边界条件

$$w|_{z=\zeta} = \frac{\partial\zeta}{\partial t} + u\frac{\partial\zeta}{\partial x} + v\frac{\partial\zeta}{\partial y} \tag{4-88}$$

(2) 表面应力边界条件

$$\mu_v\left(\frac{\partial u}{\partial z}, \frac{\partial v}{\partial z}\right) = \frac{1}{\rho_0}(\tau_{sx}, \tau_{sy}) \tag{4-89}$$

上式右端为自由水面表面应力。若考虑风对水面的影响时，(τ_{sx}, τ_{sy}) 为风应力。表面风应力可采用如下公式计算：

$$\begin{cases} \tau_{sx} = \rho_{\text{air}} c_{\text{dn}} u_{sx} U_{\text{wind}} \\ \tau_{sy} = \rho_{\text{air}} c_{\text{dn}} u_{sy} U_{\text{wind}} \\ U_{\text{wind}} = \sqrt{u_{sx}^2 + u_{sy}^2} \end{cases} \tag{4-90}$$

式中，U_{wind} 为水面上空 10 m 处的风速；u_{sx}，u_{sy} 是 U_{wind} 在 x，y 方向的速度分量；ρ_{air} 为空气密度；c_{dn} 为风拖曳力系数，可采用 Large 和 Pond 提出的系数公式计算：

$$c_{dn}=\begin{cases}1.2\times10^3, & 4\leqslant U_{10}<11\\ 1.2\times10^3(0.49+0.056U_{wind}), & 11\leqslant U_{10}\leqslant25\end{cases} \tag{4-91}$$

（3）表面温度边界条件

$$\frac{\partial T}{\partial z}=\frac{1}{\rho C_p\mu_v^T}Q_H(x,y,t),\quad 在\ z=\xi(x,y,t)处 \tag{4-92}$$

式中，C_p 为水的比热容（$J\cdot kg^{-1}\cdot K^{-1}$）。

2. 底部边界条件

（1）运动边界条件

$$w|_{z=-H}=-H\frac{\partial u}{\partial x}-H\frac{\partial v}{\partial y}+\frac{Q_b}{A_b} \tag{4-93}$$

式中，Q_b 为底部地下水水源流量；A_b 为底部地下水水源面积。

（2）底部应力边界条件

在实际流动中，底部边界上的液体质点必然黏附在固体边界上，与边界没有相对流动。不管流动的雷诺数多大，固体边界上的流速必然为零，称为无滑移条件。距壁面很小范围内，在外边界的外发现方向上流速从零迅速增大到一定的流速，这样边界附近的流层内存在很大的流速梯度。这个流层被称为边界层（也称黏性底层），其内部的黏性作用不可忽视。边界层的厚度通常由流动雷诺数决定，但不管雷诺数多大，这个流层总是存在的。由于受固体边壁的限制，边界层内质点的紊动和混合长度几乎为零，时均流速为线性分布，紊流切应力可以忽略，而只考虑黏性切应力

$$\mu_v\left(\frac{\partial u}{\partial z},\frac{\partial v}{\partial z}\right)=\frac{1}{\rho_0}(\tau_{bx},\tau_{by}) \tag{4-94}$$

式中，(τ_{bx},τ_{by})分别为 x，y 方向上的底部黏性切应力，其计算公式为

$$(\tau_{bx},\tau_{by})=c_d\sqrt{u_b^2+v_b^2}(u_b,v_b) \tag{4-95}$$

式中，c_d 为拖曳力系数；u_b，v_b 为近壁流速。对于许多的工程实际流动问题，采用壁面函数来确定近壁流速分布公式是很好的选择。近壁函数公式种类繁多，较常采用的是 Launder 和 Spalding 提出的对数分布近壁流速公式：

$$\frac{u_m}{u_*}=\frac{1}{\kappa}\ln\frac{z_{ab}}{z_0} \tag{4-96}$$

式中，u_* 为摩阻流速；$\kappa=0.4$ 为冯·卡门常数；$u_m=\sqrt{u_b^2+v_b^2}$ 为距离近壁面 z_{ab} 处某点的流速；z_0 壁面粗糙度（或糙率）。

在实际数值计算时，可利用近壁网格中心点的已知流速计算出摩阻流速。为保证拖曳力系数不至于过小，一般用下式计算 c_d：

$$c_d=\max\left(\frac{\kappa^2}{\ln(z_{ab}/z_0)^2},0.0025\right) \tag{4-97}$$

（3）侧向闭边界条件

沿侧向固壁边界的法向方向的流速分量永远为零，即满足不可入边界条件：

$$\boldsymbol{v}\cdot\boldsymbol{n}=0 \tag{4-98}$$

式中，$\boldsymbol{n}$ 为固壁边界的外法向方向单位矢量。

侧固壁边界的切向流速，视模型的应用要求而定，在天然的水域计算中，可采用不可滑移边界条件，即垂向流速和水平切向流速为0。在计算精度要求较高的水体时，侧向固壁边界处理采用与底边界相同的处理方法，利用壁函数来计算近壁流速。

(4) 开边界条件

水动力边界条件分为流量或流速控制边界条件和水位控制边界条件。入过湖泊有入流口或出流口，一般给定流量边界条件。若有可控制水位的水工建筑物，为模拟此类建筑的影响，还需给出水位边界条件。

4.4.3 二维垂向积分方程

水流运动方程组中有三个未知数流速：u，v 和水深 H。这三个未知数相互耦合在一起，即动量方程中含有水位(或压力)梯度项，而又没有独立的方程来求解水位，因此要想得到正确的速度场，必须要采用某种方法预先得到或模拟水位场。解决这一问题，三维水动力研究领域主要有基于 SIMPLE 算法的压力校正法和基于算子分裂的模式分裂法，此外还有联立求解法、压力泊松方程法等，其中前两种方法使用得最多。

压力校正法的核心思想是利用连续方程导出压力校正方程，运用有限体积法得出压力校正值，再根据此压力校正值对压力和速度进行修正，如此循环往复，最终得到同时满足连续方程和动量方程的速度场。在静压假定下，动量方程中的压力梯度项实际上被转化成水位梯度项，对压力的校正实际上就是对水深的校正。

模式分裂法的基本观点是把水体的运动分为两种速率明显不同的运动，一种是与表面重力波相关的快速运动，另一种是与密度场有关的较慢变化的运动。前者与垂直各层中的流动细节无关，所以可直接由垂直积分后的二维方程组计算，称为外模。而后者主要是由三维的密度场不均匀所致，其运动速度远小于表面重力波相速，称为内模。在求解动量方程时，先由外模求解出总水深，然后再由内模求解出三维流速场。

压力校正法由于精度较高，目前在 FVM 得到广泛应用，但由于其每个时间步长内都需对压力和速度反复迭代计算，计算量巨大。而模式分裂法可以用较短的时间步长来追踪外模水位场变化，而用较长的时间步长求解三维内模流速场，期间不涉及迭代计算，与压力校正法相比，计算时间大为缩短。鉴于模式分裂法在三维水动力领域已有成熟应用，本章采用此种方法。由于模式分裂技术需要使用二维垂向积分方程，为此，将三维连续性方程和水平方向的动量方程沿水深积分，以获得二维垂向积分方程。

(1) 连续性方程

$$\frac{\partial \zeta}{\partial t}+\frac{\partial(H\bar{u})}{\partial x}+\frac{\partial(H\bar{v})}{\partial y}=0 \tag{4-99}$$

（2）水平动量方程

$$\begin{cases}\dfrac{\partial H\bar{u}}{\partial t}+\dfrac{\partial H\bar{u}^2}{\partial x}+\dfrac{\partial H\bar{u}\bar{v}}{\partial y}=-gH\dfrac{\partial \zeta}{\partial x}-\dfrac{\tau_{sx}-\tau_{bx}}{\rho_0}-BGX2+F_H+f\bar{v}H\\ \dfrac{\partial H\bar{v}}{\partial t}+\dfrac{\partial H\bar{u}\bar{v}}{\partial x}+\dfrac{\partial H\bar{v}^2}{\partial y}=-gH\dfrac{\partial \zeta}{\partial y}-\dfrac{\tau_{sy}-\tau_{by}}{\rho_0}-BGY2+F_y-f\bar{u}H\end{cases} \tag{4-100}$$

式中，$BGX2$、$BGY2$ 分别为 x、y 方向上的斜压梯度项：

$$\begin{cases}BGX2=\dfrac{gH}{\rho_0}\left[\displaystyle\int_{-1}^{0}\dfrac{\partial}{\partial x}\left(\int_{\sigma}^{0}\rho^{*}\,\mathrm{d}\sigma'\right)\mathrm{d}\sigma+\dfrac{\partial H}{\partial x}\int_{-1}^{0}\sigma\rho^{*}\,\mathrm{d}\sigma\right]\\ BGY2=\dfrac{gH}{\rho_0}\left[\displaystyle\int_{-1}^{0}\dfrac{\partial}{\partial y}\left(\int_{\sigma}^{0}\rho^{*}\,\mathrm{d}\sigma'\right)\mathrm{d}\sigma+\dfrac{\partial H}{\partial y}\int_{-1}^{0}\sigma\rho^{*}\,\mathrm{d}\sigma\right]\end{cases} \tag{4-101}$$

$\hat{F}_x$，$\hat{F}_y$ 分别为水平紊动扩散项：

$$\begin{cases}F_x=\dfrac{\partial}{\partial x}\left(\bar{u}_h H\dfrac{\partial \bar{u}}{\partial x}\right)+\dfrac{\partial}{\partial y}\left(\bar{u}_h H\dfrac{\partial \bar{u}}{\partial y}\right)\\ F_y=\dfrac{\partial}{\partial y}\left(\bar{u}_h H\dfrac{\partial \bar{v}}{\partial y}\right)+\dfrac{\partial}{\partial y}\left(\bar{u}_h H\dfrac{\partial \bar{v}}{\partial y}\right)\end{cases} \tag{4-102}$$

式(4-100)～式(4-102)中的顶标符号 $\bar{\varphi}$ 表示对给定变量 φ 的垂向积分：

$$\bar{\varphi}=\int_{-1}^{0}\varphi\mathrm{d}\sigma \tag{4-103}$$

4.4.4　紊流闭合模型

水流运动方程和物质输运方程中的紊动黏性系数由紊流模型确定。根据该紊流模型采用的微分输运方程的个数，可将紊流模型划分为零方程模型、单方程模型、双方程模型和多方程模型。实际工程中应用较多的是双方程模型。考虑到水平方向上速度梯度一般比水深方向小，以及由此造成的紊动能量和紊动尺寸在水平方向和垂直方向上的差异，将水平紊动黏滞系数和垂向紊动黏滞系数分开计算。

1. 水平方向上的紊动黏滞系数

动量方程中的水平方向紊动黏滞系数采用 Smagorinsky 紊动模型计算，即

$$\mu_x=\mu_y=0.5C_s\Phi^v\sqrt{\left(\frac{\partial u}{\partial x}\right)^2+0.5\left(\frac{\partial u}{\partial y}+\frac{\partial v}{\partial x}\right)^2+\left(\frac{\partial v}{\partial x}\right)^2} \tag{4-104}$$

式中，C_s 为常数；Φ^v 是动量控制体的面积。显然，μ_x，μ_y 随模型分辨率及速度梯度发生变化。标量变量水平方向的紊动扩散系数也可由类似的公式计算。对于温度，有

$$\Gamma_x^{\mathrm{T}}=\Gamma_y^{\mathrm{T}}=\frac{0.5C_s\Phi^s}{P_r}\sqrt{\left(\frac{\partial u}{\partial x}\right)^2+0.5\left(\frac{\partial u}{\partial y}+\frac{\partial v}{\partial x}\right)^2+\left(\frac{\partial v}{\partial x}\right)^2} \tag{4-105}$$

$$P_r=\frac{\gamma}{\kappa_c} \tag{4-106}$$

式中：Φ^s 是标量控制体的面积；P_r 是无量纲的普朗特(Prandtl)数，它是运动黏性系数 $\gamma(\mathrm{m^2\cdot s^{-1}})$ 与导热系数 $\kappa_c(\mathrm{m^2\cdot s^{-1}})$ 的比值。γ 和 κ_c 分别表示分子传递过程中动

量传递和热量传递的特性。P_r 代表了热边界层与流动边界层的相对厚度，也就是流体中动量扩散与热量扩散能力的对比。当几何尺寸和流速一定时，流体黏度大，流动边界层厚度也大；流体导温系数大，温度传递速度快，温度边界层厚度发展得快，使温度边界层厚度增加。因此，普朗特数的大小可直接用来衡量两种边界层厚度的比值。在 20 ℃时，水的 P_r 约为 7。

2. 垂直方向上的紊动黏滞系数

两方程模型中，基于紊动黏性系数各向同性的标准 k-ε 紊流模型较为常用，其主要原因是该紊流模型已经较为精确，并且相对比较简单。在该模型中，紊动黏性系数定义为

$$\mu_t = c_\mu \frac{k^2}{\varepsilon} \tag{4-107}$$

式中，k 代表紊动动能；ε 代表紊动动能耗散；k 和 ε 的值由以下输运方程确定：

$$\frac{\partial k}{\partial t} + \boldsymbol{v}\nabla k = \mathrm{div}\left[\frac{\mu_t}{\sigma_k}\nabla k\right] + P + G - \varepsilon \tag{4-108}$$

$$\frac{\partial \varepsilon}{\partial t} + \boldsymbol{v}\nabla \varepsilon = \mathrm{div}\left[\frac{\mu_t}{\sigma_k}\nabla \varepsilon\right] + c_{1\varepsilon}\frac{k}{\varepsilon}(P + c_{3\varepsilon}G) - c_{2\varepsilon}\frac{k^2}{\varepsilon} \tag{4-109}$$

式中：P 为由切应力导致的紊动动能产生项；G 为由浮力导致的紊动动能产生项；$c_{1\varepsilon}$，$c_{2\varepsilon}$，$c_{3\varepsilon}$ 为实验常数项；σ_k，σ_ε 为紊动普朗特数。

在标准的 k-ε 模型中，

$$P = -\overline{u'_i u'_j}\frac{\partial u_i}{\partial x_j} = -\mu_t\left(\frac{\partial u_i}{\partial x_j} + \frac{\partial u_j}{\partial x_i}\right)\frac{\partial u_i}{\partial x_j} \tag{4-110}$$

$$G = -\overline{u'_i u'_j}\frac{\rho_0}{g} \tag{4-111}$$

根据 Rodi 的研究，在边界层模拟中，k-ε 模型可简化为

$$\frac{\partial k}{\partial t} - \frac{\partial}{\partial z}\left(\frac{\mu_t}{\sigma_k}\frac{\partial k}{\partial z}\right) = P + G - \varepsilon \tag{4-112}$$

$$\frac{\partial \varepsilon}{\partial t} - \frac{\partial}{\partial z}\left(\frac{\mu_t}{\sigma_k}\frac{\partial \varepsilon}{\partial z}\right) = c_1\frac{k}{\varepsilon}(P + c_3 G) - c_2\frac{k^2}{\varepsilon} \tag{4-113}$$

上式中，

$$P = -\overline{u'w'}\frac{\partial \bar{u}}{\partial z} - \overline{v'w'}\frac{\partial \bar{v}}{\partial z} = -\mu_t\left[\left(\frac{\partial \bar{u}}{\partial z}\right)^2 + \left(\frac{\partial \bar{v}}{\partial z}\right)^2\right] \tag{4-114}$$

$$G = -\frac{\rho_0}{g}\overline{w'\rho'} = -\frac{\rho_0}{g}\frac{\mu_t}{\sigma_k}\frac{\partial \bar{\rho}}{\partial z} \tag{4-115}$$

其中，u'、v'、w'、ρ' 都是脉动值；$\bar{u}$、$\bar{v}$、$\bar{\rho}$ 为时均值；并有

$$\sigma_k = \begin{cases} \dfrac{[1 + (10/3)R_i]^{3/2}}{[1 + 10R_i]^{1/2}}, & R_i \geqslant 0 \\ 1, & R_i < 0 \end{cases} \tag{4-116}$$

R_i 是梯度 Richardson 数，其定义如下：

$$R_i=\frac{N_G^2}{N_P^2},\quad N_G^2=\frac{\rho_0}{g}\frac{\partial\bar{\rho}}{\partial z},\quad N_P^2=\left(\frac{\partial\bar{u}}{\partial z}\right)^2+\left(\frac{\partial\bar{v}}{\partial z}\right)\tag{4-117}$$

上述 k-ε 模型中的实验常数项的标准取值如下：

$$(c_\mu,c_1,c_2,\sigma_k,\sigma_\varepsilon)=(0.09,1.44,1.92,1.00,1.30)\tag{4-118}$$

由式(4-107)中可看出，标准 k-ε 模型假设雷诺应力各个分量的紊动黏性系数相同，是各向同性的标量，因而不能反映紊动的各向异性。这也是标准 k-ε 模型的一个主要缺陷。当需要精确地描述紊动应力各分量的输运时，各向同性的紊动黏性概念和据此建立的 k-ε 模型便无能为力。为克服这一缺陷，出现了改进的 k-ε 模型，即在式(4-107)和式(4-108)基础之上，额外加入 6 个输运方程，其中 3 个为雷诺应力方程($\overline{u'w'}$,$\overline{v'w'}$和$\overline{w'w'}$)，另外三个为紊动热通量方程($\overline{u'T'}$,$\overline{v'T'}$和$\overline{w'T'}$)。在改进模型中，μ_t 仍采用式(4-108)的形式计算；但 c_μ 不再是常数，而是流层间内摩擦力(由水平速度在垂向的梯度形成的剪切力)的函数。此时，紊动黏性系数和热扩散系数计算公式为

$$\mu_t=c_\mu(\alpha_P,\alpha_G,C_F)\frac{k^2}{\varepsilon},\quad \mu_T=c'_\mu(\alpha_P,\alpha_G,C_F)\frac{k^2}{\varepsilon}\tag{4-119}$$

式中：$\alpha_P=\frac{k^2}{\varepsilon^2}N_P^2$；$\alpha_G=\frac{k^2}{\varepsilon^2}N_G^2$；$C_F$ 是近壁修正系数。

4.5　大东湖水网分布式流场模拟

4.5.1　风驱动力湖泊分布流场模拟

以静水为初始条件，即各湖泊无初始流速，初始水位如表 4-1 所示，对应的湖底高程分布如图 4-11 所示。选取背景风场的风速 $V_{\text{wind}}=2.3$ m/s，分别计算不同风向下湖泊的风生流流场。计算 5 天后获取稳定的风生流流场。各湖泊不同风向下流场结果如图 4-12、图 4-13 所示。

表 4-1　大东湖湖泊群初始水位

湖　泊	初始水位/m
沙湖	19.15
东湖	19.15
杨春湖	19.15
北湖	18.40
严西湖	18.40

图 4-11 大东湖湖泊群湖底高程分布图

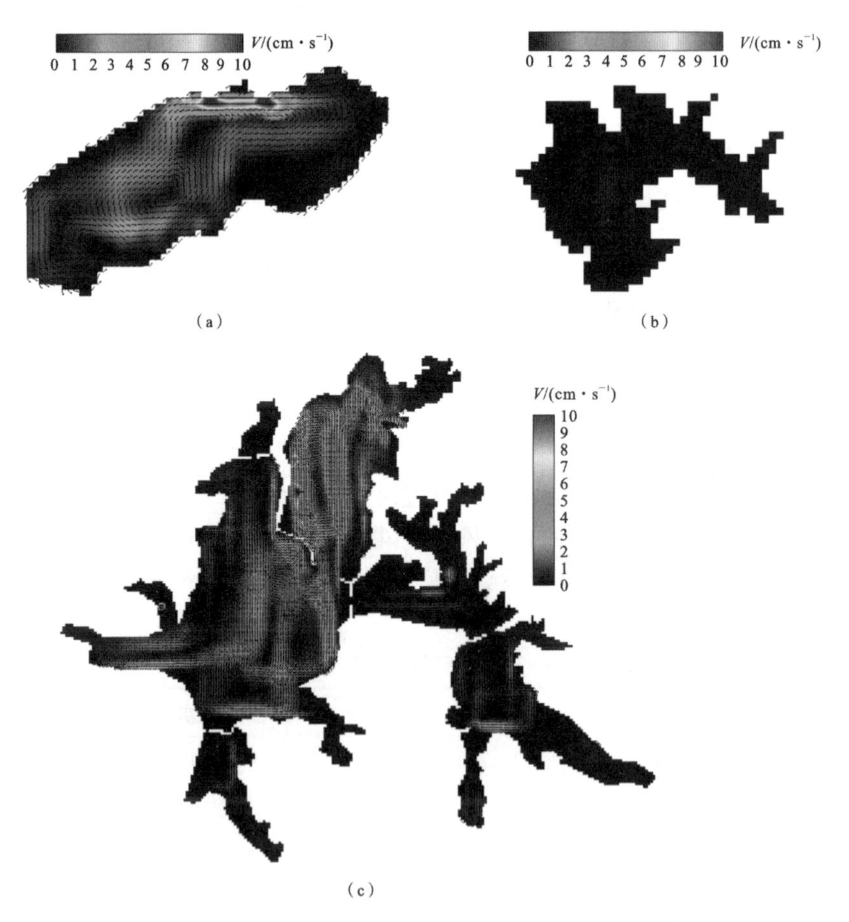

图 4-12 大东湖湖泊群东北风流速场

(a) 沙湖;(b) 杨春湖;(c) 东湖;(d) 严西湖

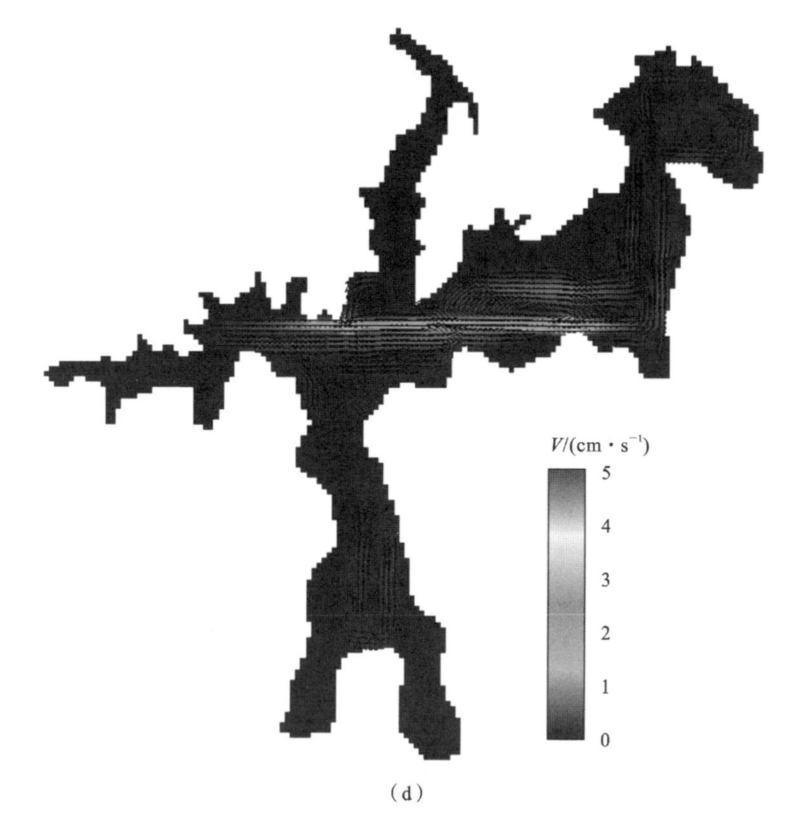

(d)

续图 4-12

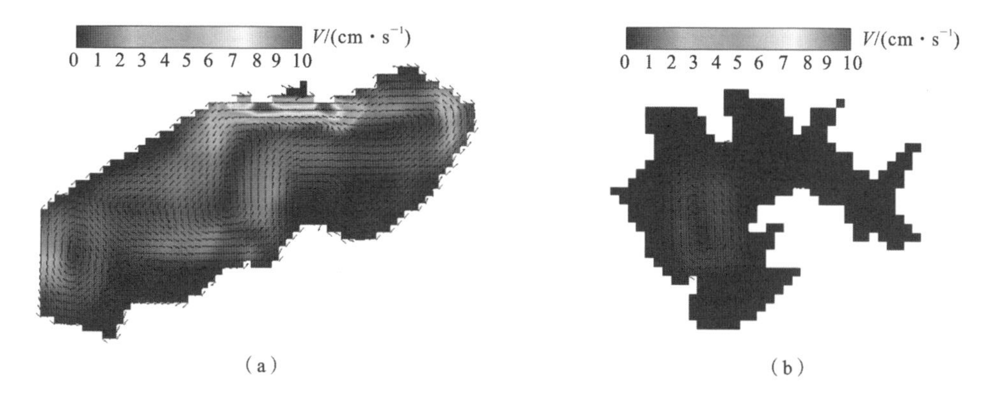

(a)　　(b)

图 4-13　大东湖湖泊群东南风风速场

(a) 沙湖;(b) 杨春湖;(c) 东湖;(d) 严西湖

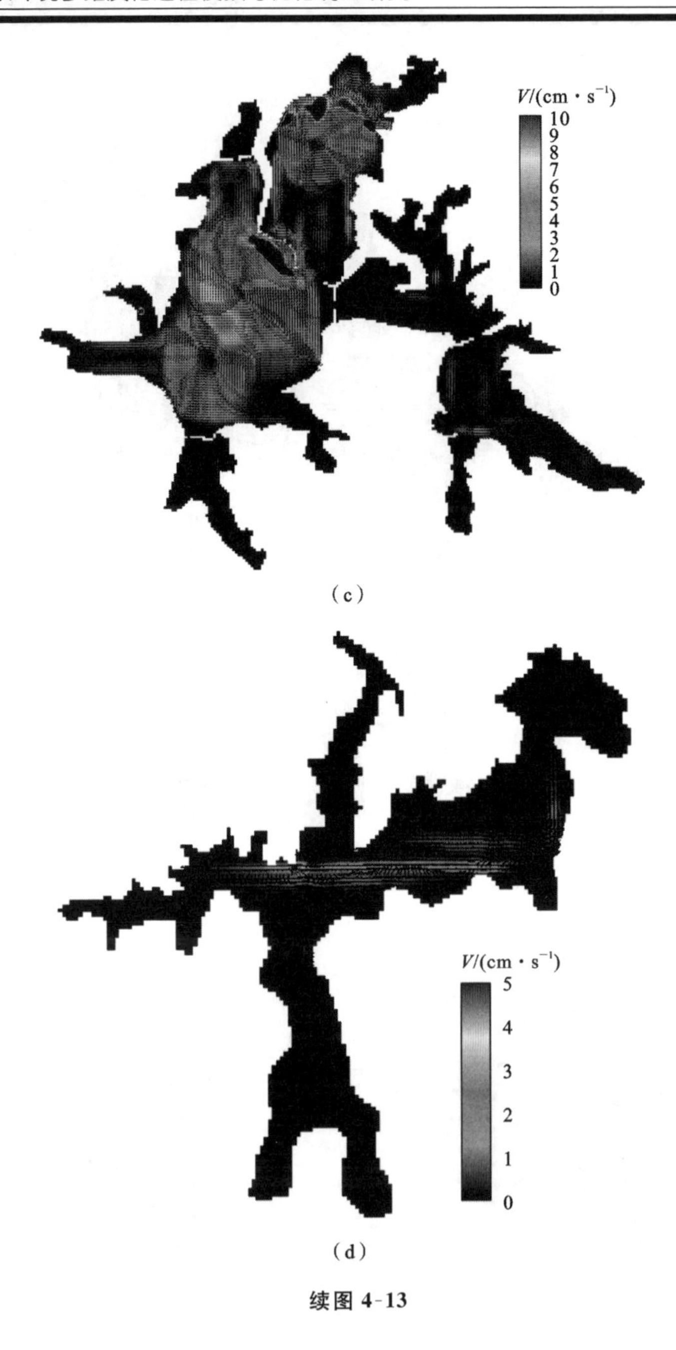

(c)

(d)

续图 4-13

4.5.2 不同引水情形下湖泊流场及滞水区分析

选取表 4-1 中各湖水位为水动力学模型初始条件，在各具有引水功能的站泵处设置流量边界条件，分析特定引水情势下湖泊流场的分布情况，如图 4-13 所示。港渠引水设置方案见表 4-2。经过 5 天计算得到各湖泊稳定的分布式流场。

表4-2 各港渠入湖流量(m^3/s)

港渠	方案1	方案2	方案3
曾家巷	+10	+10	+10
东杨港	0	+10	+10
东湖港	0	+20	+20
沙湖港	−10	0	0
新沟渠	0	−40	−20
北湖大港	0	0	−20

1. 方案1流速流场

方案1中,仅沙湖有引水流量,其他各个湖泊无引水。调水仅对沙湖的流场有影响。沙湖入水口位于沙湖最西边,而出水口在沙湖东北角,沙湖调水口连线贯穿了沙湖主要区域。如图4-14所示,沙湖中滞水区面积小。该方案对沙湖水体更新效果显著。

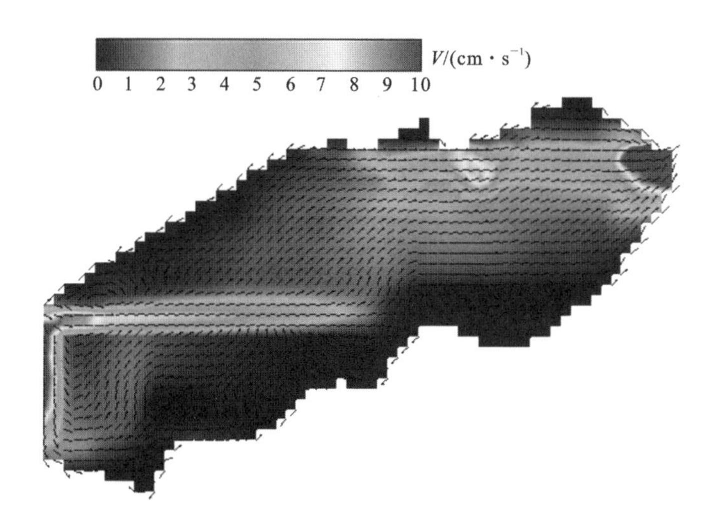

图4-14 方案1流速场:沙湖流场分布图

2. 方案2流速流场

方案2中,调水首先分别进入沙湖与杨春湖,然后进入东湖,最后经港渠排入长江。方案2的流场模拟结果如图4-15所示。与方案1对比,沙湖出水口移至沙湖南边中部,沙湖北部区域水体更新效果降低。杨春湖面积小,调水口连线从北向南贯穿杨春湖,水体更新效果好,但在杨春湖东侧水域受地形限制,调水对流场贡献不显著。方案2中,东湖有3个调水口,其中,2个入水口分别位于东湖西部的水果湖水域与北部的武家湖水域,水体来源对应为沙湖与杨春湖出水;1个出水口位于东湖西北部的筲箕湖水域。方案2对东湖的主要子湖如水果湖、郭郑湖、汤菱湖等水域有明显的水体更新效果，但庙湖、团湖、后湖、喻家湖等水域表现为滞水状态。

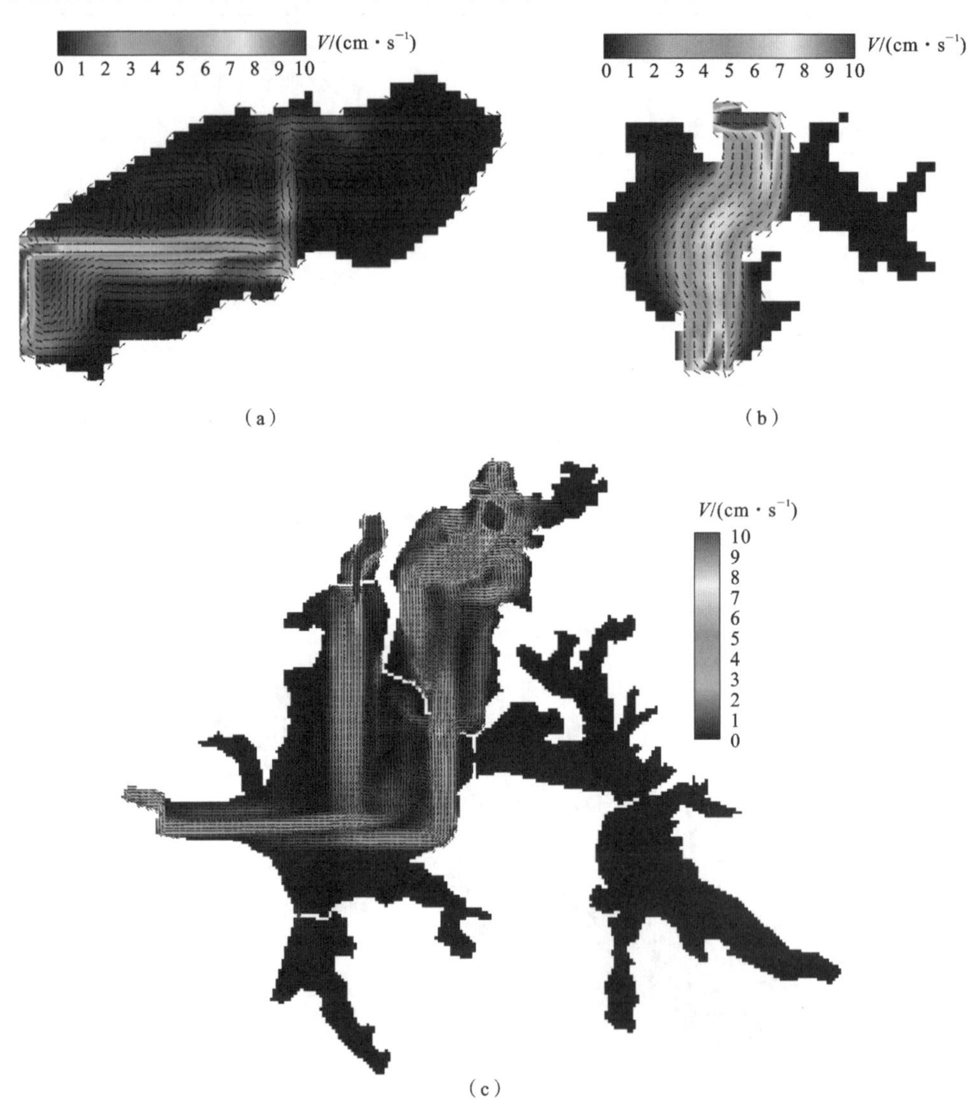

图 4-15 方案 2 流速场

(a) 沙湖；(b) 杨春湖；(c) 东湖

3. 方案 3 流速流场

方案 3 中，调水首先分别进入沙湖与杨春湖，然后进入东湖，最后水流分为两部分，一部分直接经港渠排除，一部分依次流过严西湖、北湖并排入长江。方案 3 流场模拟结果如图 4-16 所示，其中沙湖和杨春湖的引水策略与方案 2 中的两湖引水策略完全相同，表现为相同的引水流场。与方案 2 对比，东湖的出水口由西北部的筲箕湖水域移至东南部的后湖水域，大大改善了团湖和后湖流场。由于庙湖与郭郑湖连接

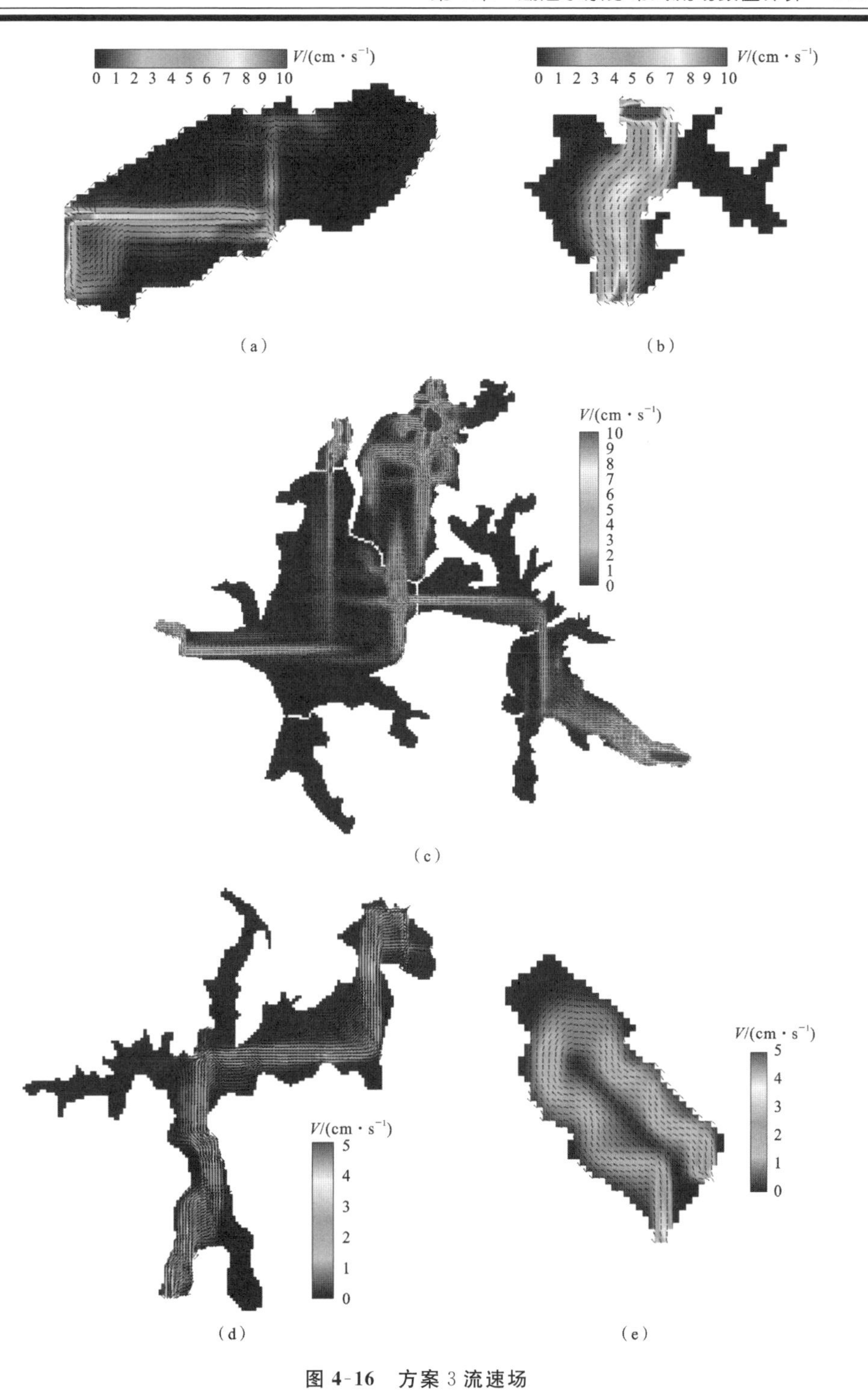

图 4-16 方案 3 流速场

(a) 沙湖;(b) 杨春湖;(c) 东湖;(d) 严西湖;(e) 北湖

性较差，庙湖水域水体更新依旧较慢，呈现滞水状态。方案3新增了严西湖与北湖引水。严西湖水域受水陆边界限制呈狭长十字状，在严西湖西侧、北侧分支流速较小。北湖面积较小，形状上呈倾斜的矩形，其2个调水口均在其东侧，由于北湖中部导流堤的存在，北湖水域整体呈顺时针流动，水质改善效果显著。

参考文献

[1] 周雪漪. 计算水力学[M]. 北京:清华大学出版社，1995.

[2] 谭维炎. 计算浅水动力学——有限体积法的应用[M]. 北京:清华大学出版社,1998.

[3] 曹祖德，王运洪. 水动力泥沙数值模拟[M]. 天津:天津大学出版社，1994.

[4] Saint-Venant A J C. Théorie du mouvement non-permanent des eaus，avec application aux crues des rivières et à l'introduction des marées dans leur lit[J]. Compte-Rendu à l'Académie des Sciences de Paris，1871，73：147-154.

[5] 潘存鸿. 三角形网格下求解二维浅水方程的和谐 Godunov 格式[J]. 水科学进展,2007，18(2)：204-209.

[6] 宋利祥，周建中，邹强，等. 一维浅水方程的强和谐 Riemann 求解器[J]. 水动力学研究与进展：A 辑，2010,25(2)：231-238.

[7] 张华杰，周建中，毕胜，等. 基于自适应结构网格的二维浅水动力学模型[J]. 水动力学研究与进展：A 辑，2012，27(6)：667-678.

[8] 宋利祥，周建中，王光谦，等. 溃坝水流数值计算的非结构有限体积模型[J]. 水科学进展，2011，22(3)：373-381.

[9] 王志力，耿艳芬，金生. 具有复杂计算域和地形的二维浅水流动数值模拟[J]. 水利学报,2005，36(4)：439-444.

[10] 毕胜，周建中，张华杰，等. 复杂地形上非恒定浅水二维流动数值模拟[J]. 水动力学研究与进展：A 辑，2013 (001)：94-104.

[11] 宋利祥. 溃坝洪水数学模型及水动力学特性分析[D]. 武汉：华中科技大学，2012.

[12] Begnudelli L，Sanders B F. Unstructured grid finite-volume algorithm for shallow-water flow and scalar transport with wetting and drying[J]. ASCE Journal of Hydraulic Engineering，2006，132(4)：371-384.

[13] Liangxiang Song，Jiangzhong Zhou，Qingqing Li，et al. An unstructured finite volume model for dam-break floods with wet/dry fronts over complex topography[J]. International Journal for numerical methods in fluids. 2011，67 (8)：960-980.

[14] Qiuhua Liang，Fabien Marche. Numerical resolution of well-balanced shallow

water equations with complex source terms[J]. Advances in Water Resources, 2009, 32(6): 873-884.

[15] Qiuhua Liang, Alistaire G L. Borthwick. Adaptive quadtree simulation of shallow flows with wet-dry fronts over complex topography[J]. Computers & Fluids, 2009,38(2):221-234.

[16] Lixiang Song, Jiangzhong Zhou, Jun Guo, et al. A robust well-balanced finite volume model for shallow water flows with wetting and drying over irregular terrain[J]. Advances in Water Resources, 2011, 34(7):915-932.

第5章 湖泊水质变化时空模式分析及预测

湖泊作为陆地的生态系统，在生物地球化学循环和营养盐流动方面的重要作用越来越受到人们的关注。然而，随着经济的迅速发展和人口的过快增长，大量含有氮、磷营养物质的污水排入湖泊，使得湖泊环境污染和水体富营养化的程度日趋严重。研究表明，江湖连通是改善湖泊污染状况的有效途径，而湖泊系统的水质变化时空分析是湖泊水网调度的关键部分。因此，研究大东湖水系的污染物时空变化规律对于选择最适宜的水网调度方案和污染控制管理措施具有极其重要的意义。

本章在大东湖水系分布式流场模拟的基础上，提出大东湖水网最大纳污能力计算方法，确定湖泊的水环境容量和承载力，研究水体污染物在不同气候和流场条件下的迁移规律，以及由降水导致的面源污染带来的各相交换特性及其空间分布规律，深入分析大东湖水系水体中各污染物相自身变化规律，包括水体颗粒物的垂直沉降分布，水体自净能力的时空变化，不同水质的水体交换与稀释能力，湖底底泥溶解与释放对水体污染物含量的影响，建立大东湖水系污染物变化的时空预测模型，实现大东湖水系水质预测，解析水体污染物分布、迁移特性和水质各相作用，揭示大东湖水系的污染物时空变化规律。

5.1 湖泊水环境容量计算

湖泊水环境容量研究是水环境保护的一项基础性工作，是进行水环境管理的重要手段之一。本章以武汉市东湖为实例，在水环境监测的基础上，对东湖水环境质量状况进行评价，结果表明影响东湖水质的主要污染物为总氮(TP)、总磷(TN)、化学需氧量(CODcr)，面向湖北省环境保护管理部门对东湖提出的Ⅲ类水质目标，分别计算 TP、TN、CODcr 的水环境容量，为有效控制湖泊水体污染，制定东湖湖区水资源的可持续发展规划方案提供科学依据。

5.1.1 水环境容量计算模型

1. 均匀混合模型

小湖泊(平均水深≤10 m，水面面积≤5 km^2)情况下，采用均匀混合模型，其计算公式如下：

$$C(t)=\frac{m+m_0}{K_hV}+\left(C_h-\frac{m+m_0}{K_hV}\right)\exp(-K_ht) \tag{5-1}$$

$$K_h=\frac{Q}{V}+K \tag{5-2}$$

平衡时，

$$C(t)=\frac{m+m_0}{K_hV} \tag{5-3}$$

式中：$C(t)$为计算时段污染物浓度，单位为 mg/L；m 为污染物入湖速率，单位为 g/s；$m_0=C_hQ$ 为入湖河流污染物排放速率，单位为 g/s；K_h 为中间变量，单位为 1/s；V 为湖泊容积，单位为 m^3；Q 为入湖河流流量，单位为 m^3/s；K 为污染物综合衰减系数，单位为 1/s；C_h 为湖泊现状污染物浓度，单位为 mg/L；t 为计算时段，单位为 s。

小湖泊水环境容量的计算公式如下：

$$M=(C_s-C_0)V \tag{5-4}$$

式中，M 为水域纳污能力，单位为 kg/s；C_S 为水质目标浓度值，单位为 mg/L；C_0 为湖泊现状污染物浓度，单位为 mg/L。

2. 非均匀混合模型

大、中湖泊（平均水深＞10 m，水面面积＞5 km^2）情况下，采用非均匀混合模型，其计算公式如下：

$$C_r=C_0+C_p\exp\left(\frac{k_p\phi Hr^2}{2Q_p}\right)=C_0+\frac{m}{Q_p}\exp\left(\frac{k_p\phi Hr^2}{2Q_p}\right) \tag{5-5}$$

$$M=(C_S-C_0)\exp\left(-\frac{K\phi Hr^2}{2Q_p}\right)Q_p \tag{5-6}$$

式中：C_r 为距排污口 r 处污染物浓度，单位为 mg/L；C_p 为污染物排放浓度，单位为 mg/L；C_0 为湖泊背景浓度，单位为 mg/L；H 为扩散区湖泊平均水深，单位为 m；Q_p 为污水排放流量，单位为 m^3/s；r 为距排污口距离，单位为 m；ϕ 为扩散角，由排放口附近地形决定。排污口在开阔的岸边垂直排放时，$\phi=\pi$；排污口在湖泊中排放时，$\phi=2\pi$。

3. 富营养化湖泊模型

氮、磷是影响湖泊水体富营养化的最主要因子。因此，实行湖泊氮、磷的纳污总量控制是防止湖泊富营养化的关键所在。由于湖泊具有水域辽阔、流速缓慢和风浪影响明显等特点，就像一个巨大的箱式反应器，完全混合模型在目前湖泊水质预测中应用比较广泛。在水质模型的基础上，提出了沃伦威德尔（Vollenweider）水环境容量模型，主要用于计算水环境容量的三个部分：稀释容量、自净容量和输移容量。另外，在箱式完全混合模型的基础上，还建立了其他水环境容量计算模型，如狄龙（Dillion）模型、合田健模型、OECD 模型。

1）Vollenweider 模型

Vollenweider 模型的计算公式如下：

$$M_N=C_S\times A\times Z\times\left(\sigma+\frac{Q_a}{V}\right) \tag{5-7}$$

式中：M_N 为磷或氮的水域纳污能力，单位为 t/a；C_S 为水质目标值，单位为 mg/L；A 为不同年份平均水位相应的计算水域面积，单位为 m^2；Z 为湖泊计算水域的平均水深，单位为 m；σ 为沉降系数，单位为 1/a，$\sigma=10/Z$；Q_a 为湖泊出流量；V 为湖库容积，单位为 m^3。

2）Dillion 模型

该模型是用来定量描述氮、磷的年总负荷 L 与湖库氮、磷的年平均质量浓度 P 之间的关系的一种数学解析表达式，是专为湖泊氮、磷的质量浓度预测设计的，属于灰色模型。其基本原理是：湖泊的氮、磷量减去湖泊中支出的氮、磷量等于湖泊中氮、磷的变化量，且计算公式可以表示为

$$P=\frac{L_p(1-R_p)}{\beta h} \tag{5-8}$$

其中，

$$R_p=1-\frac{W_{出}}{W_{入}} \tag{5-9}$$

式中：L_p 为单位湖泊水面积中氮或磷的负荷，单位为 $g/(m^2 \cdot a)$；h 为湖泊平均水深，单位为 m；P 为湖泊中磷或磷的平均浓度，单位为 g/m^3；R_p 为氮或磷在湖泊中的滞留系数，单位为 1/a；$W_{入}$ 为总磷或总氮的年入湖总量，单位为 t/a；$W_{出}$ 为总磷或总氮的年出湖总量，单位为 t/a；β 为水力冲刷系数，且 $\beta=Q_a/V$，单位为 t/a。

湖泊中氮、磷的水环境容量为

$$M_N=L_S\times A \tag{5-10}$$

其中，

$$L_S=\frac{P_S h Q_a}{(1-R_p)V} \tag{5-11}$$

式中：M_N 为氮或磷的水域纳污能力，单位为 t/a；L_S 为单位湖泊水面积中氮或磷的水域纳污能力，单位为 $g/(m^2 \cdot a)$；A 为湖泊水面积，单位为 m^2；P_S 为湖泊中氮或磷的年平均控制浓度，单位为 g/m^3；R_p 为氮或磷在湖泊中的滞留系数，单位为 1/a；Q_a 为湖泊出流量，单位为 m^3/a；V 为湖泊容积，单位为 m^3。P_S 为已知量，计算时根据 P_S 求得 L_S，然后求得 M_N。

3）合田健模型

合田健模型的计算公式可以表示为

$$L=2.7\times10^{-6}P\times Z\left(\frac{Q_a}{V}+\frac{10}{Z}\right) \tag{5-12}$$

另外，湖泊中氮或磷的水环境容量为

$$M_N=L_S\times A \tag{5-13}$$

其中，

$$L_S=2.7\times10^{-6}C_S\times Z\left(\frac{Q_a}{V}+\frac{10}{Z}\right) \tag{5-14}$$

式中：M_N 为磷或氮的水域纳污能力，单位为 t/a；2.7×10^{-6} 为换算系数；C_S 为水质目标值，单位为 mg/L；Z 为湖泊计算水域的平均水深，单位为 m；Q_a 为湖泊出流量，单位为 m^3/a；σ 为沉降系数，且 $\sigma=10/Z$，其单位为 1/a；A 为不同年型平均水位相应的计算水域面积，单位为 m^2；V 为湖库容积，单位为 m^3。

4. OEDC 模型

OEDC 模型的计算公式为

$$C=C_i\left[1+2.27\left(\frac{V}{Q_a}\right)^{0.586}\right]^{-1} \tag{5-15}$$

$$M_N=L_S\times A \tag{5-16}$$

其中，

$$L_S=2.7\times10^{-6}q_S\times C_S\left[1+2.27\left(\frac{V}{Q_a}\right)^{0.586}\right] \tag{5-17}$$

式中：M_N 为磷或氮的水域纳污能力，单位为 t/a；q_S 为湖泊单位面积的水量负荷，且 $q_S=Q_{入}/A$，其单位为 m/a；C_i 为流入湖泊水按流量加权的年平均总氮、总磷浓度，单位为 mg/L；τ 为湖水水力停留时间，且 $\tau=V/Q_a$，其单位为 a；A 为湖泊水面积，单位为 m^2；L_S 为单位湖泊水面积中氮或磷的水域纳污能力，单位为 $g/(m^2\cdot a)$。

5. 有机物的水环境容量模型

根据 Vollenweider 模型的假定，湖泊中污染物浓度随时间的变化率是输入、输出和湖泊内沉淀的该种污染物质量的函数，从物质平衡方程出发，得到的有机物水环境容量计算公式为

$$M_{COD}=Q_a\times C_S+K\times C_S\times V \tag{5-18}$$

式中，M_{COD} 为湖泊水库中有机物的水环境容量，单位为 t/a；C_S 为水质目标值，单位为 mg/L；Q_a 为湖泊出流量，单位为 m^3/a；K 为污染物耗氧系数，且 $K=K_1-K_2$，其单位为 1/a（K_1 为 COD 降解速率，单位为 1/a；K_2 为底泥释放速率，单位为 1/a）；V 为湖泊容积，单位为 m^3。

5.1.2　水环境容量模型参数确定

1. 水功能区水质目标浓度值 C_S 的确定

根据水功能区的水质目标、水质状况、排污状况和当地技术经济等条件确定。

2. 初始断面污染物浓度值 C_0 的确定

根据上一个水功能区的水质目标浓度值 C_S 确定。

3. 降解系数 K

降解系数 K 是水环境容量计算过程中的重要参数，除了与湖泊的水文条件，如流量、流速、水深、湖面宽度等因素有关外，还与湖泊的污染程度有关。确定降解系数 K 的方法主要有以下三种。

1）分析借用法

根据计算水域以往工作和研究中的有关资料，经过分析检验后可被采用。无资

料时，可借用水力特性、污染状况及地理、气象条件相似的邻近河流资料。

2）实测法

对于湖泊，选取一个入河排污口，在距入河排污口一定距离处分别布设2个采样点（近距离处：A点；远距离处：B点）监测污水排放流量和污染物浓度值。按下式计算K值：

$$K=\frac{2Q_p}{\phi H(r_B^2-r_A^2)}\ln\frac{C_A}{C_B} \tag{5-19}$$

式中：C_A为上断面污染物浓度，单位为mg/L；C_B为下断面污染物浓度，单位为mg/L；r_A、r_B为分别为远近两测点距排放点的距离，单位为m。

3）经验公式法

怀特经验公式可以表示为

$$K=10.3Q^{-0.49} \tag{5-20}$$

或者可以表示为

$$K=39.6P-0.34 \tag{5-21}$$

式中：P为河床湿周，单位为m。其余符号意义同前。此外，各地还可根据本地实际情况采用其他方法拟定综合衰减系数。

5.1.3　东湖水环境容量计算

1. 污染物总磷(TP)的计算

选用模型：OECD模型、Dillion模型、合田健模型和Vollenweider模型。

模型计算参数：水深、面积、容积、年入湖水量、年出湖水量、水力冲刷系数、水力停留时间、年水量负荷、TP入湖量、TP出湖量和TP滞留系数。

计算参数取值如表5-1所示。

表5-1　计算TP的水环境容量模型参数值

项　目	数　值	单　位
平均水深	3	m
面积	34.35	km^2
容积	7250	$10^4\ m^3$
入湖水量	10410.49	$10^4\ m^3$
出湖水量	11910.38	$10^4\ m^3$
水力冲刷系数	1.4356	1/a
水力停留时间	0.608	a
年水量负荷	3.031	m^3/a
TP入湖量	51.481	t/a
TP出湖量	246.208	t/a
TP滞留系数	0.0721	1/a

选取水质级别：Ⅰ～Ⅴ类，对应的污染物浓度分别为0.01 mg/L、0.025 mg/L、0.05 mg/L、0.1 mg/L、0.2 mg/L，结果见表5-2。随着水质级别的依次降低，各模型计算出TP的水环境容量值都依次递增的。其中，当水质级别从Ⅲ类降到Ⅳ类时，OECD模型计算的结果从14.039 t/a增加到了28.077 t/a，增长倍数为1；Dillion模型计算的结果从7.981 t/a增加到了15.963 t/a，增长倍数为1；合田健模型计算的结果从25.64 t/a增加到了51.279 t/a，增长倍数为1；Vollenweider模型计算的结果从8.593 t/a增加到了17.187 t/a，增长倍数为1。由各模型计算公式可知，其计算结果与污染物控制浓度成正比，随着污染物浓度的增长，其水环境容量也随之增长，但是各模型增长的绝对值不一样，根据计算结果，OECD模型增量为14.038 t/a，Dillion模型增量为7.982 t/a，合田健模型增量为25.639 t/a，Vollenweider模型增量是8.594 t/a。合田健模型在水质级别增长的过程中水环境容量增量最大，Dillion模型计算值增长量最小。

表5-2　四种模型不同水质标准下的TP环境容量

水质级别	水质标准值/(mg/L)	OECD模型/(t/a)	Dillion模型/(t/a)	合田健模型/(t/a)	Vollenweider模型/(t/a)
Ⅰ	0.010	2.808	1.596	5.128	1.719
Ⅱ	0.025	7.019	3.991	12.82	4.297
Ⅲ	0.050	14.039	7.981	25.64	8.593
Ⅳ	0.100	28.077	15.963	51.279	17.187
Ⅴ	0.200	56.155	31.925	102.558	34.374

湖北省环保厅提出的《湖北省水环境功能区划》对东湖的水质目标要求为Ⅲ类，OECD模型计算结果是14.039 t/a，Dillion模型计算结果是7.981 t/a，合田健模型计算结果是25.64 t/a，Vollenweider模型计算结果是8.593 t/a，其中Dillion模型得出的计算值最小，合田健模型计算值最大。

Vollenweider模型和Dillion模型计算值相近，但是由于Vollenweider模型中的沉降系数较难测定，所以结果可能存在误差；合田健模型计算值偏大的主要原因是没有考虑沉降系数，所以没有除去TP在水体中沉降的那部分容量，从而造成结果偏大；而Dillion模型考虑了污染物的滞留系数，并可根据湖泊入流出流总量来确定滞留系数。综上所述，Dillion模型较适合计算东湖TP的水环境容量。

2. 污染物总氮(TN)的计算

选用模型：OECD模型、Dillion模型、合田健模型和Vollenweider模型。

模型计算参数：水深、面积、容积、年入湖水量、年出湖水量、水力冲刷系数、水力停留时间、年水量负荷、TN入湖量、TN出湖量和TN滞留系数。

计算参数取值如表5-3所示。

表 5-3　计算 TN 的水环境容量模型参数值

项　目	数　值	单　位
平均水深	3	m
面积	34.35	km^2
容积	7250	$10^4\ m^3$
入湖水量	10410.49	$10^4\ m^3$
出湖水量	11910.38	$10^4\ m^3$
水力冲刷系数	1.4356	1/a
水力停留时间	0.608	a
年水量负荷	3.031	m^3/a
TN 入湖量	555.189	t/a
TN 出湖量	47.748	t/a
TN 滞留系数	0.5556	1/a

选取水质级别：Ⅰ～Ⅴ类，对应的污染物浓度分别为 0.2 mg/L、0.5 mg/L、1 mg/L、1.5 mg/L、2 mg/L。计算结果见表 5-4。随着水质级别从Ⅰ～Ⅴ降低，OECD 模型、Dillion 模型、合田健模型、Vollenweider 模型计算出的 TN 水环境容量值都是递增的。其中，当水质级别从Ⅲ类降到Ⅳ类时，OECD 模型计算的结果从 280.775 t/a 增加到了 421.162 t/a，增长倍数为 0.5；Dillion 模型计算的结果从 333.272 t/a 增加到了 499.908 t/a，增长倍数为 0.5；合田健模型计算的结果从 512.792 t/a 增加到了 769.188 t/a，增长倍数为 0.5；Vollenweider 模型计算的结果从 171.868 t/a 增加到了 257.802 t/a，增长倍数为 0.5。

表 5-4　四种模型不同水质标准下的 TN 环境容量

水质级别	水质标准值 /(mg/L)	OECD 模型 /(t/a)	Dillion 模型 /(t/a)	合田健模型 /(t/a)	Vollenweider 模型 /(t/a)
Ⅰ	0.2	56.155	66.654	102.558	34.374
Ⅱ	0.5	140.387	166.636	256.396	85.934
Ⅲ	1.0	280.775	333.272	512.792	171.868
Ⅳ	1.5	421.162	499.908	769.188	257.802
Ⅴ	2.0	561.55	666.544	1025.584	343.736

由于各模型计算公式可知，其计算结果与污染物控制浓度成正比，随着污染物浓度的增长，其水环境容量也随之增长，但是各模型增长的绝对值不一样。根据计算结果，OECD 模型增量为 140.387 t/a，Dillion 模型增量为 166.636 t/a，合田健模型增量为 256.396 t/a，Vollenweider 模型增量是 85.934 t/a。合田健模型在水质级别增长的过程中水环境容量增量最大，Vollenweider 模型计算值增长量最小。

湖北省环保厅提出的《湖北省水环境功能区划》对东湖的水质目标要求为Ⅲ类，OECD模型计算结果是280.775 t/a，Dillion模型计算结果是333.272 t/a，合田健模型计算结果是512.792 t/a，Vollenweider模型计算结果是171.868 t/a，其中Vollenweider模型得出的计算值最小，合田健模型计算值最大。

3. 污染物CODcr的计算

选用模型：有机物的水环境容量模型。

模型计算参数：水质目标值、湖泊出流量、污染物耗氧系数和湖泊容积。

计算参数取值如表5-5所示。

表5-5　计算CODcr的水环境容量模型参数值

项　　目	数　　值	单　　位
湖泊出流量	11910.38	10^4 m^3
污染物耗氧系数	0.025	1/a
湖泊容积	7250	10^4 m^3

选取水质级别：Ⅰ～Ⅴ类，对应的污染物浓度分别为15 mg/L、15 mg/L、20 mg/L、30 mg/L、40 mg/L。计算结果如表5-6所示。

表5-6　四种模型不同水质标准下的CODcr环境容量

水质级别	水质标准值/(mg/L)	OECD模型/(t/a)	Dillion模型/(t/a)	合田健模型/(t/a)	Vollenweider模型/(t/a)
Ⅰ	15	1813.74	66.654	102.558	34.374
Ⅱ	15	1813.74	166.636	256.396	85.934
Ⅲ	20	2418.33	333.272	512.792	171.868
Ⅳ	30	3627.49	499.908	769.188	257.802
Ⅴ	40	4836.66	666.544	1025.584	343.736

随着水质级别从Ⅰ类降低至Ⅴ类，有机物的水环境容量模型计算出的CODcr水环境容量值均为递增的。

5.2　湖泊水流-水质的高精度数学耦合模型及验证

对于复杂流体运动中的输运问题，国内外学者通常借助数值模拟手段研究其运动规律[1-8]；然而，数值模拟常面临水流形态复杂多样、运动干湿界面、对流算子非线性导致较大阻尼和虚假振荡等难题。因此，如何建立高效、稳定、实用的水流-输运耦合模型是当前研究的热点，也是难点所在。

本章针对复杂流体运动中水质输运方程的数值计算面临地形复杂、数值阻尼过大及数值振荡等难题，建立Godunov格式下求解二维水流-水质方程的高精度数学耦合模型，提出集成输运对流项的HLLC型近似黎曼算子同时计算水量、动量及输运通量,有效减少水质输运过程中产生的数值阻尼过大和不稳定振荡等现象,进一步探究水质的时空变化过程及驱动力,揭示水质的时空演化规律,为大东湖水质水量优化调度与调控提供依据。

5.2.1 二维水流-水质控制方程及有限体积离散

二维水流-水质控制方程分别由浅水方程和对流-扩散方程组成,其守恒型格式为[3]

$$\frac{\partial \boldsymbol{U}}{\partial t}+\frac{\partial \boldsymbol{F}}{\partial x}+\frac{\partial \boldsymbol{G}}{\partial y}=\boldsymbol{S} \tag{5-22}$$

式中:t 为时间;x 和 y 为空间坐标,$\boldsymbol{U}$ 为守恒量;$\boldsymbol{F}$ 和 $\boldsymbol{G}$ 分别为 x 和 y 方向的通量;$\boldsymbol{B}$ 为源项。在忽视柯氏效应、黏性项以及表面压力的情况下,有

$$\boldsymbol{U}=\begin{pmatrix} h \\ uh \\ vh \\ Ch \end{pmatrix} \quad \boldsymbol{F}=\begin{pmatrix} hu \\ hu^2+\frac{1}{2}gh^2 \\ huv \\ huC \end{pmatrix} \quad \boldsymbol{G}=\begin{pmatrix} hu \\ hu^2+\frac{1}{2}gh^2 \\ huv \\ huC \end{pmatrix}$$
$$\boldsymbol{S}=\begin{pmatrix} 0 \\ gh(S_{0x}-S_{fx}) \\ gh(S_{0y}-S_{fy}) \\ \frac{\partial}{\partial x}\left(D_x h\frac{\partial C}{\partial x}\right)+\frac{\partial}{\partial y}\left(D_y h\frac{\partial C}{\partial y}\right)+\beta hC+S \end{pmatrix} \tag{5-23}$$

式中:h 表示平均水深;u 和 v 分别表示沿 x 和 y 方向的流速;S_{0x} 和 S_{0y} 分别为 x 和 y 方向的底坡;S_{fx} 和 S_{fy} 分别为 x 和 y 方向的摩阻坡降;C 为物质浓度;β 为线性反应系数;S 为源汇项;D_x、D_y 分别为 x 和 y 方向的扩散系数;g 是重力加速度。

采用有限体积法剖分计算域,将水深、流速、水质等物理量定义于网格中心,控制体为单元本身,可得

$$\boldsymbol{U}_i^{n+1}=\boldsymbol{U}_i^n-\frac{\Delta t}{\Delta x}(\boldsymbol{F}_{\mathrm{E}}-\boldsymbol{F}_{\mathrm{W}})-\frac{\Delta t}{\Delta y}(\boldsymbol{G}_{\mathrm{N}}-\boldsymbol{G}_{\mathrm{S}})+\Delta t\boldsymbol{S}_i \tag{5-24}$$

式中:上标 n 表示时间;下标 i 表示网格单元号;Δt 表示时间步长;$\boldsymbol{F}_{\mathrm{E}}$ 和 $\boldsymbol{F}_{\mathrm{W}}$ 分别表示通过该单元东、西表面的通量;$\boldsymbol{G}_{\mathrm{N}}$ 和 $\boldsymbol{G}_{\mathrm{S}}$ 分别表示通过该单元北、南表面的通量。

5.2.2 高阶格式与水深-水位加权变量重构技术

为提高计算格式的时空精度,本节采用 Hancock 预测校正方法[8]。

预测步:

$$\boldsymbol{U}_i^{n+1/2}=\boldsymbol{U}_i^n-\frac{\Delta t}{2\Delta x}(\boldsymbol{F}_{\mathrm{E}}-\boldsymbol{F}_{\mathrm{W}})-\frac{\Delta t}{2\Delta y}(\boldsymbol{G}_{\mathrm{N}}-\boldsymbol{G}_{\mathrm{S}})+\frac{\Delta t}{2}\boldsymbol{S}_i \tag{5-25}$$

校正步:

$$\boldsymbol{U}_i^{n+1}=\boldsymbol{U}_i^{n+1/2}-\frac{\Delta t}{\Delta x}(\boldsymbol{F}_{\mathrm{E}}-\boldsymbol{F}_{\mathrm{W}})-\frac{\Delta t}{\Delta y}(\boldsymbol{G}_{\mathrm{N}}-\boldsymbol{G}_{\mathrm{S}})+\Delta t\boldsymbol{S}_i \tag{5-26}$$

其中 $\boldsymbol{U}_i^{n+1/2}$ 为中间变量。Hancock 预测校正法只需要在校正步计算一次 Riemann 问题，因此其效率相对 Runge-Kutta 法较高。

Riemann 求解器在计算界面通量时，为提高模型处理复杂混合流的能力，并且抑制变量梯度较大时引起的虚假数值振荡，本节引入了水深-水位加权变量重构技术和梯度限制技术。以东边界面为例，

$$\boldsymbol{U}_{\mathrm{L}}=\boldsymbol{U}_i+\frac{1}{2}\varphi(\boldsymbol{r})(\boldsymbol{U}_{i,j}-\boldsymbol{U}_{i-1,j}),\quad \boldsymbol{U}_{\mathrm{R}}=\boldsymbol{U}_{i+1}-\frac{1}{2}\varphi(\boldsymbol{r})(\boldsymbol{U}_{i+1,j}-\boldsymbol{U}_{i,j}) \tag{5-27}$$

式中：$\boldsymbol{r}=\dfrac{\boldsymbol{U}_{i,j}-\boldsymbol{U}_{i-1,j}}{\boldsymbol{U}_{i+1,j}-\boldsymbol{U}_{i,j}}$ 为限制因子；$\varphi(\boldsymbol{r})$ 为通量限制器，本节选取 Minmod 限制器：

$$\varphi(r)=\begin{cases}\min(r,1) & r>0\\ 0 & r\leqslant 0\end{cases} \tag{5-28}$$

由于传统的水深重构不能完全保证静水和谐，而水位重构可能引起小水深大流速问题，进而导致计算失稳。本节基于单元 Froude 数，采用了水深-水位加权重构技术：

$$h_{i+1/2,j}^{\mathrm{L}}=\omega_{i,j}h_{i+1/2,j}^{\mathrm{L,D}}+(1-\omega_{i,j})h_{i+1/2,j}^{\mathrm{L,S}},\quad h_{i+1/2,j}^{\mathrm{R}}=\omega_{i,j}h_{i+1/2,j}^{\mathrm{R,D}}+(1-\omega_{i,j})h_{i+1/2,j}^{\mathrm{R,S}} \tag{5-29}$$

其中 $h^{\mathrm{L,D}},h^{\mathrm{R,D}},h^{\mathrm{L,S}},h^{\mathrm{R,S}}$ 为界面左、右状态的水深重构值和水位重构值，它们由式(5-30)计算得到：

$$\begin{cases}h_{i+1/2,j}^{\mathrm{L,D}}=h_{i,j}+\dfrac{1}{2}\varphi(r)(h_{i,j}-h_{i-1,j})\\ h_{i+1/2,j}^{\mathrm{R,D}}=h_{i+1,j}-\dfrac{1}{2}\varphi(r)(h_{i+1,j}-h_{i,j})\\ h_{i+1/2,j}^{\mathrm{L,S}}=\eta_{i,j}+\dfrac{1}{2}\varphi(r)(\eta_{i,j}-\eta_{i-1,j})-z_{b_{i+1/2}}\\ h_{i+1/2,j}^{\mathrm{R,S}}=\eta_{i+1,j}-\dfrac{1}{2}\varphi(r)(\eta_{i+1,j}-\eta_{i,j})-z_{b_{i+1/2}}\end{cases} \tag{5-30}$$

其中 $z_{b_{i+1/2}}$ 为东边界面处的底高程。本节中，重构加权系数 $\omega_{i,j}$ 的值根据不同的水流形态确定：

$$\omega_{i,j}=\begin{cases}0, & 0\leqslant Fr_{i,j}\leqslant 1\\ 1, & Fr_{i,j}>1\end{cases} \tag{5-31}$$

5.2.3　数值通量计算

针对对流算子的非线性特征，本节基于上述离散化模型，提出了一种集成对流项的 HLLC 近似黎曼算子计算数值通量[8]，如图 5-1(b)所示。该方法能有效减少输运问题对流项产生的数值阻尼过大或剧烈数值振荡的情况，并且能较好地处理复杂地形下的干湿界面变化，具有较强的激波捕获能力。

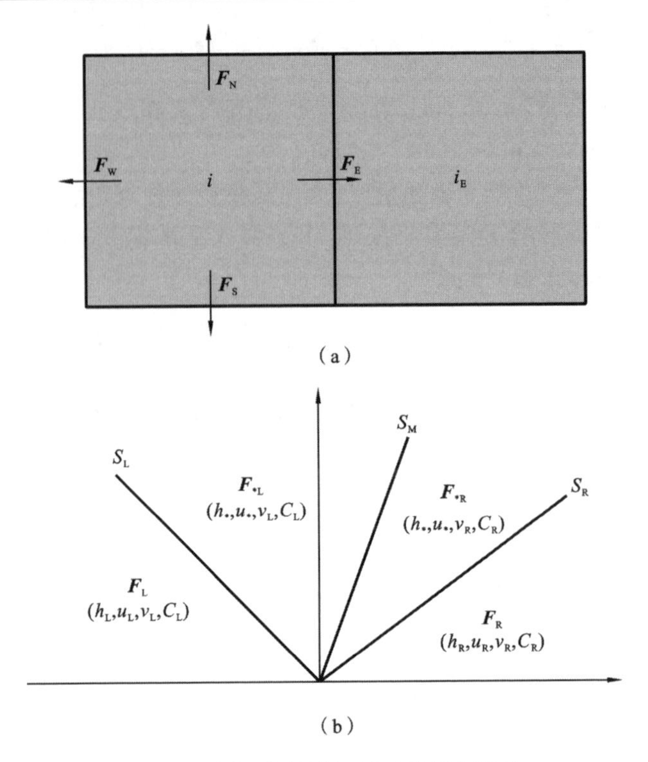

图 5-1　界面通量及 HLLC 黎曼解结构

以东边通量 $\boldsymbol{F}_E$ 为例：

$$\boldsymbol{F}_E=\begin{cases}\boldsymbol{F}_L, & 0\leqslant S_L\\ \boldsymbol{F}_{*L}, & S_L\leqslant 0\leqslant S_M\\ \boldsymbol{F}_{*R}, & S_M\leqslant 0\leqslant S_R\\ \boldsymbol{F}_R, & 0\geqslant S_R\end{cases} \tag{5-32}$$

$\boldsymbol{F}_L=F(\boldsymbol{U}_L)$ 和 $\boldsymbol{F}_R=F(\boldsymbol{U}_R)$ 由边界处两边的黎曼状态计算；$\boldsymbol{F}_*=[f_{*1},f_{*2},f_{*3},f_4]^T$ 由式(5-33)计算，$\boldsymbol{F}_{*L}$ 和 $\boldsymbol{F}_{*R}$ 分别为 $\boldsymbol{F}_{*L}=[f_{*1},f_{*2},v_L f_{*1},C_L f_{*1}]^T$ 和 $\boldsymbol{F}_{*R}=[f_{*1},f_{*2},v_R f_{*1},C_R f_{*1}]^T$，其中 v 和 C 分别表示黎曼问题处切线速度和物质浓度，它们在左右波处保持不变；波速 S_L、S_M、S_R 由式(5-34)计算。

$$\boldsymbol{F}_*=\frac{S_R\boldsymbol{F}_L-S_L\boldsymbol{F}_R+S_L S_R(U_R-U_L)}{S_R-S_L} \tag{5-33}$$

$$\begin{cases}S_L=\begin{cases}u_R-2\sqrt{gh_R}, & h_L=0\\ \min(u_L-\sqrt{gh_L},u_*-\sqrt{gh_*}), & h_L>0\end{cases}\\ S_R=\begin{cases}u_L+2\sqrt{gh_L}, & h_R=0\\ \max(u_R-\sqrt{gh_R},u_*+\sqrt{gh_*}), & h_R>0\end{cases}\\ S_M=\dfrac{S_L h_R(u_R-S_R)-S_R h_L(u_L-S_L)}{h_R(u_R-S_R)-h_L(u_L-S_L)}\end{cases} \tag{5-34}$$

式中：h_*和u_*由式(5-35)计算，且当$h_*=0$时，有$u_*=0$。

$$\begin{cases} h_* = \dfrac{1}{g}\left[\dfrac{1}{2}(\sqrt{gh_L}+\sqrt{gh_R})+\dfrac{1}{4}(u_L-u_R)\right]^2 \\ u_* = \dfrac{1}{2}(u_L+u_R)+\sqrt{gh_L}-\sqrt{gh_R} \end{cases} \tag{5-35}$$

对于另外3个方向的通量，可采用相同方法计算。

5.2.4 水流-水质模型验证

1. 浓度峰的输运模拟

为了检验模型在输运过程中抑制数值阻尼和虚假振荡、适应非稳定流及捕获大浓度间断的能力，算例模拟了高斯浓度峰在均匀流场、非稳定流场中的输运及浓度峰面的推进问题。

计算区域为$[0\leqslant x\leqslant 12800, 0\leqslant y\leqslant 1000]$（单位：m），模拟时间为9600 s；流速为常速$u_0=0.5$ m/s，初始浓度分布为

$$C_0=\exp\left(-\frac{(x-2000)^2}{2\sigma_0^2}\right)$$

其中$\sigma_0=264$ m为高斯分布的标准差；解析解为

$$C(x,t)=\frac{\sigma_0}{\sigma}\exp\left(-\frac{(x-\bar{x})^2}{2\sigma^2}\right)$$

其中$\sigma^2=\sigma_0^2+2Dt$，$\bar{x}=2000+\int_0^t u(\eta)\mathrm{d}\eta$。

分别模拟扩散系数为0 m²/s、2 m²/s、50 m²/s的条件下浓度峰输运沿程分布情况，并将结果与解析解进行对比，如图5-2(a)～(d)所示。无论在对流占优($D=0$ m²/s或$D=2$ m²/s)还是扩散占优($D=50$ m²/s)的条件下，本节的模拟结果均与解析解基本一致。传统的线性插值方法在模拟输运问题的过程中，通常因对流算子的非线性而产生较大数值阻尼，甚至导致了模拟失真。如图5-2(a)所示，当本节模型具有二阶精度时，浓度峰的峰值衰减非常小，模拟过程没有出现浓度为负或者数值振荡的现象，表明模型能有效减少数值阻尼且具有精度高、稳定性好的特点。当模拟纯对流问题时，假如模型只具有一阶精度，模拟结果存在少量数值阻尼，相对二阶精度的模拟结果较差，但明显优于线性插值方法的结果，如图5-2(a)、(b)所示；当$D=2$ m²/s或者$D=50$ m²/s时，本节模型的一阶精度也能取得较好的模拟结果，如图5-2(c)、(d)所示。

对于非稳定流场，假设$u(t)=\dfrac{\pi}{4}\sin\dfrac{\pi t}{9600}$，其余计算条件不变。模拟纯对流问题，如图5-3(a)所示，$t=9600$ s时的模拟结果与解析解吻合得非常好，表明该模型在非稳定流场的条件下同样具有非常好的适应性。图5-3(b)为模型二阶精度的模拟结果与解析解之间随时间变化的最大误差和平均误差。结果显示最大误差不超过0.04%，表明模型能较好的模拟非稳定流场中浓度输运问题。

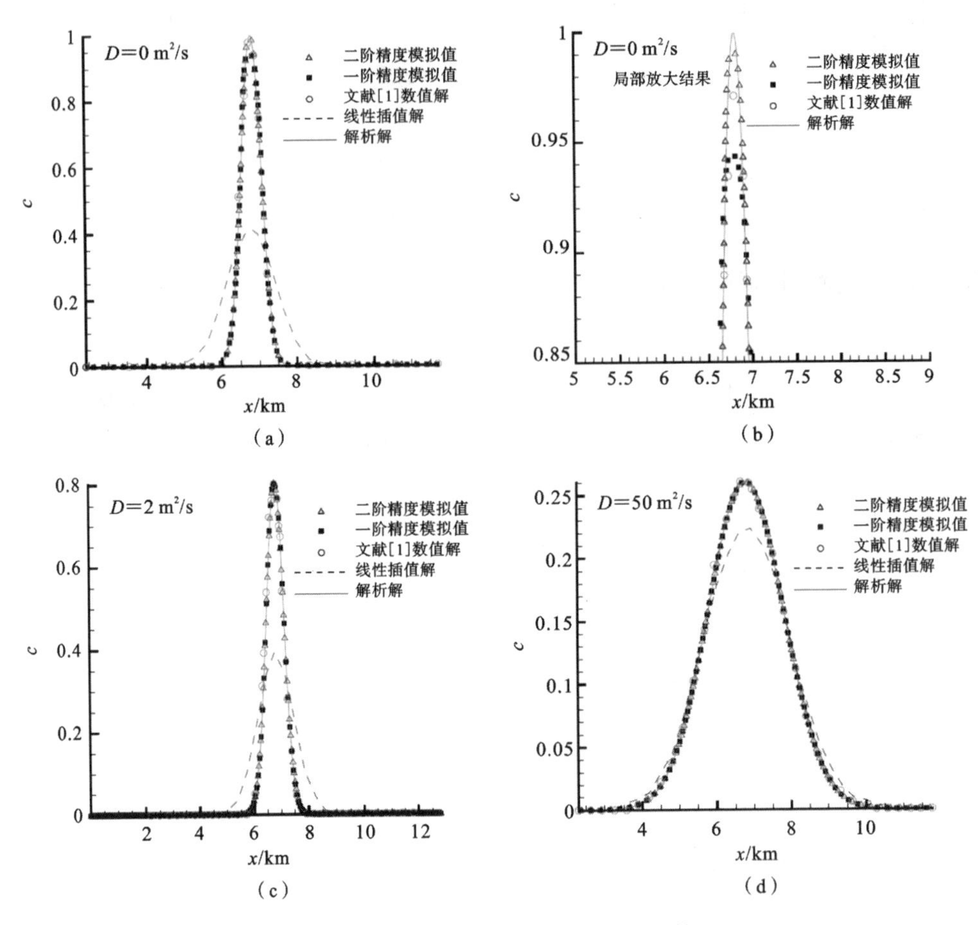

图 5-2 不同条件下浓度分布结果比较

(a) $D=0\ \mathrm{m^2/s}$;(b) $D=0\ \mathrm{m^2/s}$(局部放大);(c) $D=2\ \mathrm{m^2/s}$;(d) $D=50\ \mathrm{m^2/s}$

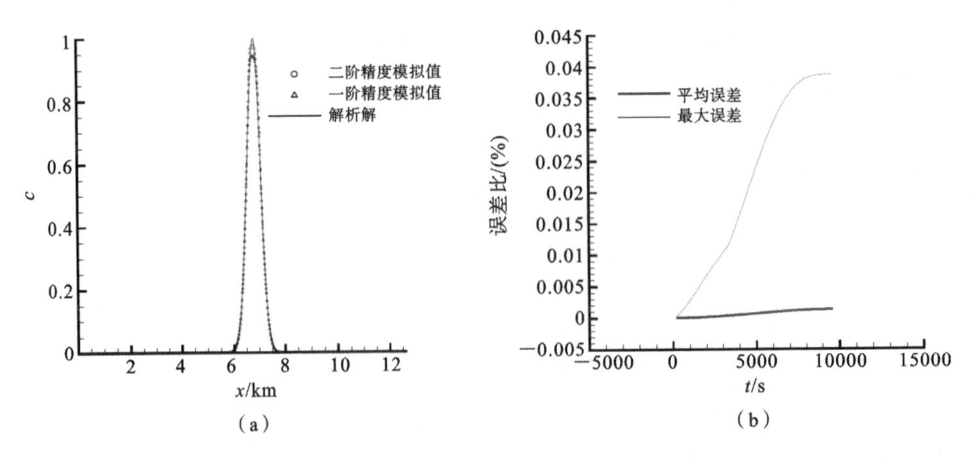

图 5-3 非稳定流场条件下浓度分布比较及误差

2. 浓度锋面的推进模拟

该算例为大浓度梯度的推进问题。初始条件、边界条件和解析解分别由式(5-36)给出,其他计算条件与均匀流场算例相同。

$$C(x,y,0)=\begin{cases}1, & x\leqslant 2000\\ 0, & x>2000\end{cases} \tag{5-36}$$

入流边界 $C_\Gamma(x,y,t)=1,\ t\geqslant 0$,解析解为

$$C(x,t)=\frac{1}{2}\left(\mathrm{erfc}\left(\frac{x-ut}{2\sqrt{Dt}}\right)+\exp\left(\frac{ux}{D}\right)\mathrm{erfc}\left(\frac{x+ut}{2\sqrt{Dt}}\right)\right) \tag{5-37}$$

式中:erfc 为余补误差函数。图 5-4 分别给出了 $D=0\ \mathrm{m^2/s}$、$2\ \mathrm{m^2/s}$、$50\ \mathrm{m^2/s}$ 条件下的浓度锋面的推进结果,结果表明不同扩散系数条件下的模拟值与解析解均吻合得较好,且模拟浓度峰在输运过程中没有出现负值及数值振荡;特别当对流占优时模拟结果明显优于线性插值的结果,表明模型能较好地处理大浓度间断的输运问题。

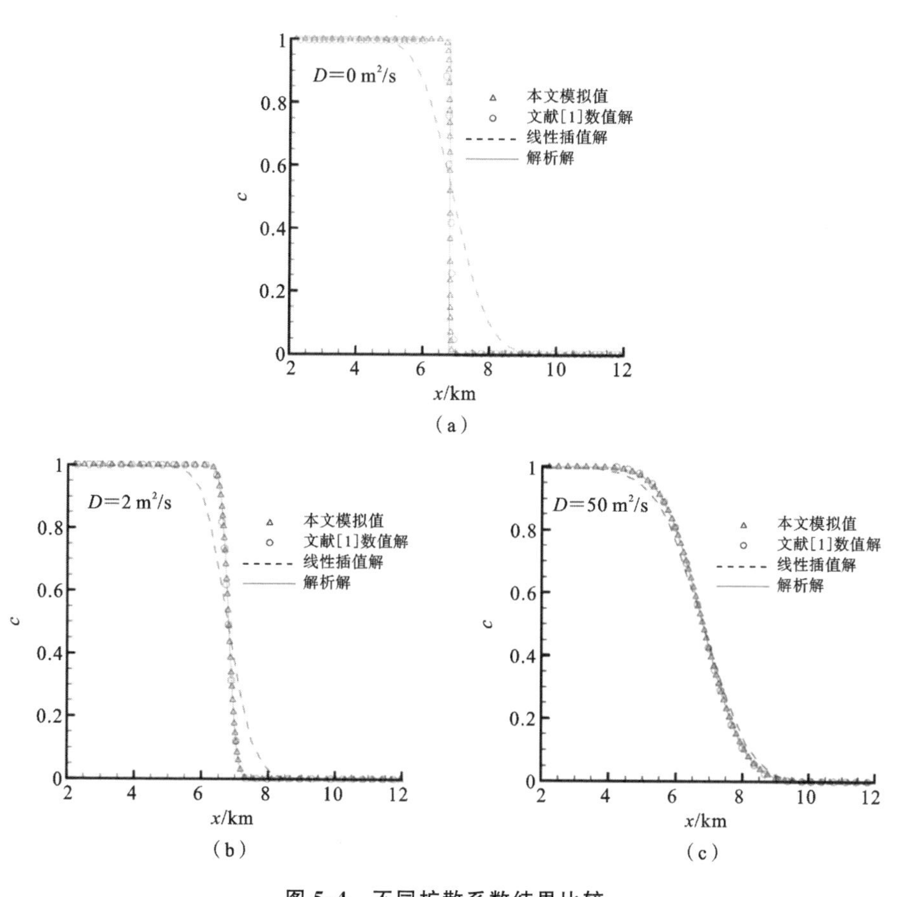

图 5-4 不同扩散系数结果比较

(a) $D=0\ \mathrm{m^2/s}$;(b) $D=2\ \mathrm{m^2/s}$;(c) $D=50\ \mathrm{m^2/s}$

5.3　湖泊多指标水质模拟及时空分析

5.3.1　湖泊综合水质及模拟

湖泊水质指标众多，本节结合观测资料、专题图、监测站实测数据，建立大东湖综合水质模型。利用空间统计学方法及空间变异理论，研究水质指标的空间分布特征，揭示空间变化控制因素及其机理；分析时间序列数据的特点，解析大东湖水系水质时空演化的驱动因素及其过程机制。通过分析各指标变量的空间扩展模式、时间涨落模式及指标间的相互关系，研究单指标或多指标组合的水质变化时空模式及其特征，探究其时空过程的内在机制及驱动力，进而揭示大东湖水系水质的时空演化规律。

1. 湖泊综合水质

模型的水质变量包括溶解氧、氨氮、硝酸盐氮、有机氮、无机磷、有机磷、碳生化需氧量和叶绿素 a。上述 8 个变量之间的相互影响和转化归属于 4 个反应系统：溶解氧平衡、氮循环、磷循环和藻类生长动力过程。为方便书写，对水质变量统一编号，其表示符号和单位见表 5-7。

表 5-7　水质变量说明

变量名称	缩写	表示符号	单位
溶解氧	DO	C_1	mg/L
浮游植物碳	PHYT	C_2	μg/L
碳生化需氧量	CBOD	C_3	mg/L
氨氮	NH_3-N	C_4	mg/L
硝酸盐氮	NO_3-N	C_5	mg/L
无机磷	OPO_4	C_6	mg/L
有机氮	ON	C_7	mg/L
有机磷	OP	C_8	mg/L

需要说明的是，叶绿素 a 以浮游植物碳的浓度间接表示，即利用浮游植物碳（PHYT）与叶绿素 a 的比值关系来获得叶绿素 a 的浓度。

图 5-5 描述了上述 8 变量之间生化反应过程的概念框架，以下介绍该框架中重要的水质变量。

1）溶解氧（DO）

溶解氧是最重要的水质指标之一。溶解氧的主要来源是水柱中浮游植物（主要是藻类）的碳固化作用，其浓度与藻类的种群密度与生长率成正比例。由风或者水体流动引起的大气复氧是溶解氧的另一来源，不过有时可能会是汇。如果水柱中的溶

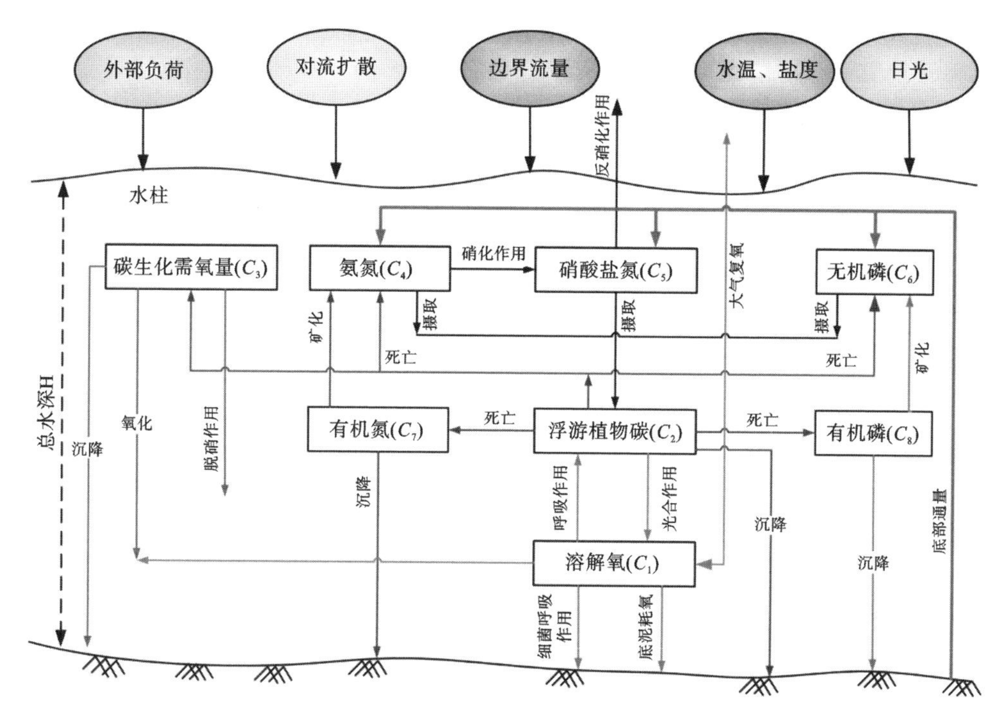

图 5-5 湖泊水质模型概念框架

解氧浓度未饱和,空气中的氧会不断溶入水柱中以补充溶解氧,这种复氧过程是湖水达到自净的必要条件,而风力引起的波浪可使湖水的复氧过程加快。底泥耗氧、浮游植物的呼吸作用、硝化作用及细菌的呼吸作用,均会导致水柱中溶解氧的消耗。

2) 浮游植物

浮游植物是水生态系统的初级生产者,它在物质循环和能量转化过程中起着关键作用。浮游植物的初级生产力是水体生物生产力的基础,是食物链的第一个环节。进入水体的氮、磷等营养素,通过浮游植物光合作用的吸收,进入浮游动物和鱼类体内,最终输出到水生态系统。浮游植物的生长率与太阳辐射、水温、营养物的可利用率及透光深度密切相关。营养物对浮游植物生长率的影响可用 Michaelis-Menten 函数来描述:当营养物浓度处于较低水平时,生长率与营养物浓度线性相关;当营养物浓度较高时,生长率与其无关。利用 Di Toro 等提出的方法考虑光对浮游植物生长的限制性因素,该方法认为浮游植物仅在透光层中才会生长,并且其生长率会随光线的增强而加快,直至达到最佳的种群密度。

浮游植物的初级生产力,在水体物质循环和能量转换过程中起着极为重要的作用。它是表示浮游植物群落和整个水生态系统功能的重要指标,也是评价受污染水体水质指标的重要参数。浮游植物初级生产力主要受内源性呼吸、细胞溶解作用、浮游动物捕食、沉降至底泥层等因素影响。其中,浮游动物捕食率对浮游植物初级生产力起着重要作用。精细描述浮游动物的捕食行为及生长过程非常困难,因此,在水质模型中通过设置一个捕食率常数来综合描述浮游动物与浮游植物之间极其复杂的交互关系。

3）碳生化需氧量(CBOD)

由于初级生产者(如浮游植物、藻类)的死亡而形成的颗粒有机碎屑是 CBOD 的主要内源性源。CBOD 的内源性汇包括碳质氧化作用、颗粒含碳物质对底层的沉降等。当水柱中溶解氧浓度较低时，反硝化作用也为 CBOD 提供了汇，其化学反应式为

$$5CH_2O+4NO_3^-+4H^+ \longrightarrow 5C_2O+2N_2+7H_2O \tag{5-38}$$

4）三氮迁移转化与氮循环

氮是生命有机体中最重要的元素之一，是构成蛋白质、DNA、RNA 等必不可少的一种元素，其含量约占生物质量的 10%。水体中的氮元素主要以氨氮、硝酸盐氮(简称硝氮)和有机氮三种形式存在，统称为三氮。湖泊中的三氮转化过程如图 5-6 所示，三氮的转化主要与以下三种作用相关。

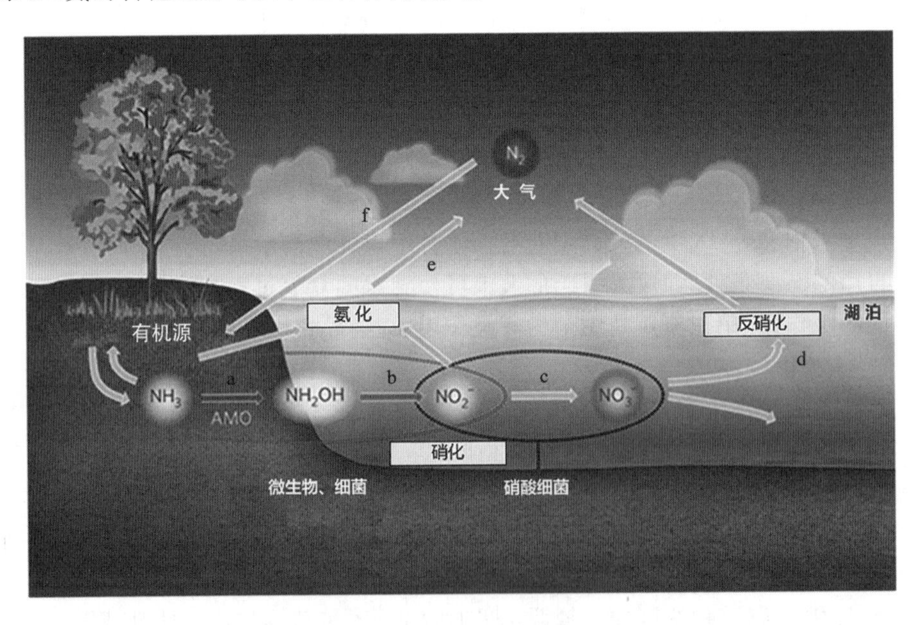

图 5-6 湖泊中三氮转化过程

(1) 氨化作用：是含氮有机物经微生物降解释放出氨的过程。含氮有机物包括动物、植物和微生物残体，以及它们的排泄物、代谢物中所含的有机氮化物。氨化作用无论在好氧还是厌氧条件下，中性、碱性还是酸性环境中都能进行，只是作用的微生物种类不同、作用的强弱不一。

(2) 硝化作用：是生物自养型硝化细菌，如亚硝酸盐细菌和硝酸细菌，利用氧气将氨氧化为亚硝酸盐，继而将亚硝酸盐氧化为硝酸盐的过程。

(3) 反硝化作用：也称脱氮作用，是反硝化细菌在缺氧条件下，还原硝酸盐，释放

出分子态氮(N_2)或一氧化二氮(N_2O)的过程。

浮游植物生长期间会直接吸收无机的氨氮和硝酸盐氮，吸收的速率与氨氮及硝酸盐氮的浓度之和相关。而浮游植物呼吸或者被浮游动物捕食而死亡时，一部分氮以溶解性和颗粒性有机氮的形式返回水柱以补充有机氮库，另一部分会返回至无机硝酸盐氮库。在溶解氧的参与下，氨氮可被转化为硝酸盐氮。这一过程受 pH 值、水温、水流条件、水流紊动和盐分的影响。在较低的溶解氧水平下，硝酸盐氮会在反硝化作用下被转化为 N_2 或 N_2O。此外，有机氮在被浮游植物摄入之前，可由细菌分解作用或矿化作用转化为氨氮。

5）磷迁移转化与磷循环

天然水体中的磷素主要有溶解态和颗粒态两种物理状态。通常情况下，湖泊水体中溶解态的磷素主要以磷酸盐形式存在。来源于人类生产生活废水或者由生物所合成的聚合磷酸盐与偏磷酸盐也是湖泊水体中溶解性磷酸盐的存在形态，但是该两种物质稳定性较弱，一般会逐渐通过水解作用分解成正磷酸。在正常湖泊水体中还有很大一部分的磷素是以有机磷或者被生物细胞所吸收的磷形态存在的。

由于磷元素存在形式多样，为简化模型，在水质模型中将磷划分为有机磷和无机磷两种基本形态。其中，无机磷的内部来源包括：①直接来源于浮游植物呼吸作用和死亡的再循环过程；②通过细菌分解或矿化作用从有机磷转化而来。无机磷的汇主要是浮游植物的捕食摄入；有机磷主要来源于浮游植物的呼吸及死亡后的再循环。磷循环系统与氮循环系统类似，溶解性无机磷在浮游植物生长过程中被吸收；在浮游植物的内源呼吸作用和死亡过程中，磷以溶解性和颗粒性有机磷的形式回到水体中；有机磷又在矿化作用下转化为溶解性无机磷。

6）氮、磷元素在水-沉积物界面的迁移转化

底泥沉积物是湖泊中营养盐和其他污染物质的蓄积地。输入到湖泊的氮、磷等物质，经过一系列物理、化学及生物过程，在搬运、沉淀、絮凝、吸附等各种作用下会蓄积于湖泊沉积物中，成为营养盐的内负荷，当界面环境条件发生改变时，沉积物中所蕴含的营养素又可能会通过各种解析和释放作用重新回到水体中。一般认为，沉积物作为接收磷素输入时称为汇，而沉积物向上覆水中释放磷素时则称为源，随着环境条件的改变，营养盐会在水体与沉积物之间进行不断地迁移转化，因而沉积物也会在汇与源的角色中不断改变。

在湖泊的富营养化状态修复过程中，底泥中的磷库会向水体中源源不断地释放磷，这种效应在外源输入逐步得到控制甚至消除的情况下显得尤为明显。当湖泊的外来污染负荷得到有效控制后，水体接收的外来营养素会逐步减少。此时，由于长期污染输入而大量聚积于沉积物中的营养素，会在适宜的环境条件下发生季节性释放，继而成为水体中营养素的主要来源。目前沉积物在多数情况下将作为源的角色，向湖泊水体中源源不断地提供营养元素，提高水体的富营养化水平，有研究显示这种化学恢复力甚至可以维持湖泊富营养化状态超过 30 年。总的来说，目前的理论还无法

很好地解释沉积物汇、源的转换机制，关于营养素在浅湖泊水-沉积物界面转化的过程仍有许多未知的机理需进行更深入地研究。

2. 湖泊综合水质模型求解

根据物质输运方程，对于水质模型中的任一水质变量 C_i，σ 坐标系下描述该变量迁移转化规律的控制方程为

$$\frac{\partial C}{\partial t}+\frac{\partial HuC}{\partial x}+\frac{\partial HvC}{\partial y}+\frac{\partial Cw}{\partial \sigma}=\frac{\partial}{\partial x}\left(\mu_h^c\frac{\partial C}{\partial x}\right)+\frac{\partial}{\partial y}\left(\mu_h^c\frac{\partial C}{\partial y}\right)+\frac{1}{H}\frac{\partial C}{\partial \sigma}\left(\mu_v^c\frac{\partial C_i}{\partial \sigma}\right)+L_i+S_i \tag{5-39}$$

式中：$i=1,2,\cdots,8$；L_i 为外源污染负荷；S_i 是反映水质变量 C_i 内源性源或汇的函数。对不同的水质变量而言，S_i 具有不同的形式，体现了不同水质变量之间的相互作用关系。从式(5-39)可看出，建立水质数学模型的关键在于确定 S_i。

1）溶解氧平衡系统

在溶解氧平衡系统中，溶解氧(DO)、氨氮(NH_3-N)、硝酸盐氮(NO_3-N)、碳生化需氧量(CBOD)、叶绿素 a 等 5 个变量发生相互作用。

$$\begin{aligned}
S_1 &= \frac{\partial C_1}{\partial t}\\
&= k_{r1}\Theta_{r1}^{(T-20)}(C_s-C_1) \quad (\text{大气复氧})\\
&\quad -k_{d1}\Theta_{d1}^{(T-20)}\left(\frac{C_1C_3}{K_{\mathrm{BOD}}+C_1}\right) \quad (\text{CBOD 降解})\\
&\quad -\frac{32}{12}k_{r2}\Theta_{r2}^{(T-20)}C_2 \quad (\text{浮游植物内源性呼吸})\\
&\quad -\frac{64}{14}k_{ni}\Theta_{ni}^{(T-20)}\left(\frac{C_1C_4}{K_{\mathrm{NITR}}+C_1}\right) \quad (\text{硝化作用})\\
&\quad +G_p\left(\frac{32}{12}+\frac{48}{14}\alpha_{NC}(1-P_{\mathrm{NH_4}})\right)C_2 \quad (\text{浮游植物生长})\\
&\quad -\Theta_{\mathrm{SOD}}^{(T-20)}\frac{SOD}{H}-k_{r3} \quad (\text{底泥耗氧})
\end{aligned} \tag{5-40}$$

式中：$\alpha_{NC}=14/12$；其他参数的说明见表 5-8 和表 5-9。

表 5-8 水质模型参数表

参数名称	描　述	参数范围	单　位
k_{r1}	20 ℃水体的大气复氧速率	$\max(k_f, k_w)$	1/d
k_f	水体流动引起的大气复氧速率	Covar 方法	1/d
k_w	风引起的大气复氧速率	O'Connor 方法	1/d
k_{d1}	20 ℃时 CBOD 脱氧速率	0.01～0.3	1/d
k_{r2}	20 ℃时浮游植物内源性呼吸速率	0.01～0.2	1/d
k_{r3}	细菌呼吸速率	0.01～0.2	$mg(O_2)/L$

续表

参数名称	描　　述	参数范围	单　　位
k_{dn}	20 ℃时反硝化速率	0.01～0.2	1/d
k_{gr}	20 ℃条件下浮游植物的最佳生长速率	0.1～4.0	1/d
$k_{par}+k_{grz}$	浮游植物的非捕食性死亡速率	0.01～0.2	1/d
k_{ni}	20 ℃时氨氮的硝化速率	0.01～0.31	1/d
k_{m1}	20 ℃溶解性有机氮的矿化速率	0.01～0.2	1/d
k_{m2}	20 ℃时溶解性有机磷的矿化速度	0.01～2	1/d
k_{g2}	单位浮游动物量对浮游植物的抓捕速率	0.01～0.2	L/(mg・d)
K_{BOD}	CBOD 半饱和常数	0.1～3.0	mg(O_2)/L
K_{NITR}	硝化时氧限制半饱和浓度	0.1～3.0	mg(O_2)/L
K_{NO_3}	反硝化时氧限制半饱和浓度	0.1～2	mg(O_2)/L
K_{mN}	氮摄入的半饱和浓度	0.025	mg(N)/L
K_{mP}	磷摄入的半饱和浓度	0.001	mg(P)/L
K_{mPc}	浮游植物的半饱和浓度	0～1.0	mg(C)/L
C_s	饱和溶解氧浓度	式(5-42)	mg(O_2)/L
G_p	浮游植物生长率	式(5-45)	1/d
D_p	浮游植物死亡率	式(5-47)	1/d
SOD	20 ℃时的底泥耗氧速率	0.1～4.0	g/(m^2・d)
w_{2s}	浮游植物的沉积速度	0.5	m/s
w_{3s}	CBOD 的沉降速度	0.5	m/s
w_{7s}	有机物的沉降速度	0.5	m/s
w_{8s}	有机磷的沉降速度	0.5	m/s
H	单元水深	—	m
B_1	底部氨氮通量	式(5-53)	mg(N)/d
B_2	底部硝酸盐氮通量	式(5-53)	mg(N)/d
B_3	底部无机磷通量	式(5-53)	mg(P)/d

表 5-9　水质模型无因次参数表

参数名称	描　　述	参数范围
f_{D_3}	溶解性 CBOD 的比例	0.5
f_{D_7}	溶解性有机氮的比例	1.0
f_{D_8}	溶解性有机磷的比例	1.0

续表

参数名称	描　　述	参数范围
f_{on}	浮游植物内源呼吸/死亡补充至有机氮库的比例	0.65
f_{op}	浮游植物内源呼吸/死亡补充至有机磷库的比例	0.65
P_{NH_4}	NH_4 吸收优先项	式(5-41)
α_{OC}	浮游植物的氧碳比	32/12
α_{NC}	浮游植物的氮碳比	0.25
α_{PC}	浮游植物的磷碳比	0.025
Θ_{r1}	k_{r1} 的温度调整系数	1.028
Θ_{d1}	k_{d1} 的温度调整系数	1.0～1.1(1.047)
Θ_{r2}	k_{r2} 的温度调整系数	1.0～1.1
Θ_{ni}	k_{ni} 的温度调整系数	1.0～1.1
Θ_{SOD}	SOD 的温度调整系数	1.0～1.1
Θ_{dn}	k_{dn} 的温度调整系数	1.0～1.1
Θ_{m1}	k_{m1} 的温度调整系数	1.0～1.1
Θ_{m2}	k_{m2} 的温度调整系数	1.0～1.1
Θ_{gr}	k_{gr} 的温度调整系数	1.0～1.1

浮游植物生长期间，氨氮和硝酸盐氮均可被摄入。由于生理学方面的原因，氨氮会被优先捕食。优先捕食项 P_{NH_4} 用下式描述：

$$P_{NH_4}=\frac{C_4C_5}{(K_{mN}+C_4)(K_{mN}+C_5)}+\frac{C_4K_{mN}}{(C_5+C_4)(K_{mN}+C_5)} \tag{5-41}$$

大气复氧速率 $k_{r1}=\max(k_f,k_w)$，其中 k_f 是由水体流动引起的大气复氧速率，可由 Covar 方法计算[9]；k_w 是由风引起的大气复氧速率，可用 O′Connor 方法计算[10]。

根据 APHA(American Public Health Association)建议的计算方法，可得饱和溶解氧浓度 C_s 是水温 T 的函数：

$$\begin{aligned}C_s=&-139.34+1.5757\times10^5T^{-1}-6.6423\times10^7T^{-2}\\&+1.2438\times10^{10}T^{-3}-8.6219\times10^{11}T^{-4}\end{aligned} \tag{5-42}$$

2）碳生化需氧量(CBOD)的反应方程

$$\begin{aligned}S_3&=\frac{\partial C_3}{\partial t}\\&=\alpha_{OC}(k_{par}+k_{grz})C_2 \quad \text{(浮游植物死亡)}\\&\quad -k_{d1}\Theta_{d1}^{(T-20)}\left(\frac{C_1C_3}{K_{BOD}+C_1}\right) \quad \text{(降解)}\\&\quad -\frac{w_{3S}(1-f_{D_3})}{D}C_3 \quad \text{(沉降)}\end{aligned}$$

$$-\frac{5}{4}\frac{32}{14}k_{dn}\Theta_{dn}^{(T-20)}\left(\frac{K_{NO_3}}{K_{NO_3}+C_1}\right)C_5 \quad (\text{反硝化}) \tag{5-43}$$

3）浮游植物生长系统

浮游植物生长动力学方程可表示为

$$\begin{aligned} S_2 &= \frac{\partial C_2}{\partial t} \\ &= G_p C_2 \quad (\text{浮游植物生长}) \\ &\quad - D_p C_2 \quad (\text{浮游植物死亡与内源呼吸}) \\ &\quad - \frac{w_{2S}}{H} C_2 \quad (\text{浮游植物沉降}) \end{aligned} \tag{5-44}$$

式中，浮游植物生长率 G_p 可由下式计算：

$$G_p = k_{gr}\Theta_{gr}^{(T-20)} F_{RI} F_{RN} \tag{5-45}$$

式中，F_{RI} 光照限制因子；F_{RN} 为营养物限制因子，可由 Machaelis-Menten 函数计算：

$$F_{RN} = \min\left(\frac{C_4+C_5}{C_4+C_5+K_{mN}}, \frac{C_6}{C_6+K_{mP}}\right) \tag{5-46}$$

浮游植物的死亡速率 D_p 由下式计算：

$$D_p = k_{par} + k_{grz} + k_{r2}\Theta_{r2}^{(T-20)} + k_{g2} Z(t) \tag{5-47}$$

式中，$Z(t)$ 为浮游动物量（mg/L），其他参数说明见表 5-8 和表 5-9。

4）氮循环系统

（1）氨氮反应方程

$$\begin{aligned} S_4 &= \frac{\partial C_4}{\partial t} \\ &= \alpha_{NC} D_p (1-f_{on}) C_4 \quad (\text{浮游植物死亡与内源呼吸}) \\ &\quad + k_{m1}\Theta_{m1}^{(T-20)}\left(\frac{C_2 C_7}{K_{mPc}+C_2}\right) \quad (\text{矿化}) \\ &\quad - \alpha_{NC} G_p P_{NH_4} C_2 \quad (\text{浮游植物生长}) \\ &\quad - k_{ni}\Theta_{ni}^{(T-20)}\left(\frac{C_1 C_4}{K_{NITR}+C_1}\right) \quad (\text{硝化}) \\ &\quad + B_1 \quad (\text{底部氨氮通量}) \end{aligned} \tag{5-48}$$

当浮游植物的浓度增加时，有机氮的矿化速率会随之增加。式中浮游植物的半饱和常数 K_{mPc} 较小时，意味着浮游植物对矿化的影响小；K_{mPc} 较大时，则需要较高的浮游植物浓度以驱动矿化；对于一般的模型应用，K_{mPc} 取 0。

（2）硝酸盐氮反应方程

$$\begin{aligned} S_5 &= \frac{\partial C_5}{\partial t} \\ &= k_{ni}\Theta_{ni}^{(T-20)}\left(\frac{C_1 C_4}{K_{NITR}+C_1}\right) \quad (\text{硝化}) \\ &\quad - \alpha_{NC} G_p (1-P_{NH_4}) C_2 \quad (\text{浮游植物生长}) \end{aligned}$$

$$-k_{dn}\Theta_{dn}^{(T-20)}\left(\frac{K_{NO_3}}{K_{NO_3}+C_1}\right)C_5 \quad (\text{反硝化})$$

$$+B_2 \quad (\text{底部硝酸盐氮通量}) \tag{5-49}$$

(3) 有机氮反应方程

$$S_7=\frac{\partial C_7}{\partial t}$$
$$=\alpha_{NC}D_p f_{on}C_2$$
$$-k_{m1}\Theta_{m1}^{(T-20)}\left(\frac{C_2C_7}{K_{mPc}+C_2}\right)$$
$$-\frac{w_{7s}(1-f_{D_7})}{H}C_7 \tag{5-50}$$

(4) 磷循环系统

无机磷反应方程：

$$S_6=\frac{\partial C_6}{\partial t}$$
$$=\alpha_{PC}D_p(1-f_{op})C_2 \quad (\text{浮游植物死亡与内源呼吸})$$
$$+k_{m2}\Theta_{m2}^{(T-20)}\left(\frac{C_2C_8}{K_{mPc}+C_2}\right) \quad (\text{矿化})$$
$$-\alpha_{PC}G_pC_2 \quad (\text{浮游植物生长})$$
$$+B_3 \quad (\text{底部无机磷通量}) \tag{5-51}$$

有机磷反应方程：

$$S_8=\frac{\partial C_8}{\partial t}$$
$$=\alpha_{PC}D_p f_{op}C_2 \quad (\text{浮游植物死亡与内源呼吸})$$
$$-k_{m2}\Theta_{m2}^{(T-20)}\left(\frac{C_2C_8}{K_{mPc}+C_2}\right) \quad (\text{矿化})$$
$$-\frac{w_{8s}(1-f_{D_8})}{H}C_8 \quad (\text{沉降}) \tag{5-52}$$

(5) 底部氮、磷通量计算

式(5-48)、式(5-49)和式(5-51)中分别含有一个沉积物通量 B_i($i=1,2,3$ 分别代表氨氮、硝酸盐氮和无机磷通量)，用于模拟沉积物向水柱中释放营养素的过程。由于该过程涉及目前未知的物理过程，而且非常复杂，本节假设营养素释放通量同水动力模型计算的底部切应力与沉积物再悬浮的临界切应力之差成正比：

$$B_i=\dot{o}_i(\tau_{bs}-\tau_{cs})^+ \tag{5-53}$$

式中：τ_{bs}是水动力模型计算的底部切应力；τ_{cs}是沉积物再悬浮的临界切应力，根据 Blake 等的研究[11]，τ_{cs} 可取 0.196 kg/(s · m)；$\dot{o}_i$ 为常数，可根据实测值与计算值拟合确定；“+”是 Heaviside 算子。

3. 大东湖水系总体水质

图 5-7(a)显示大东湖水系 2011 年水质现状。从图中可看出，大东湖水系总体

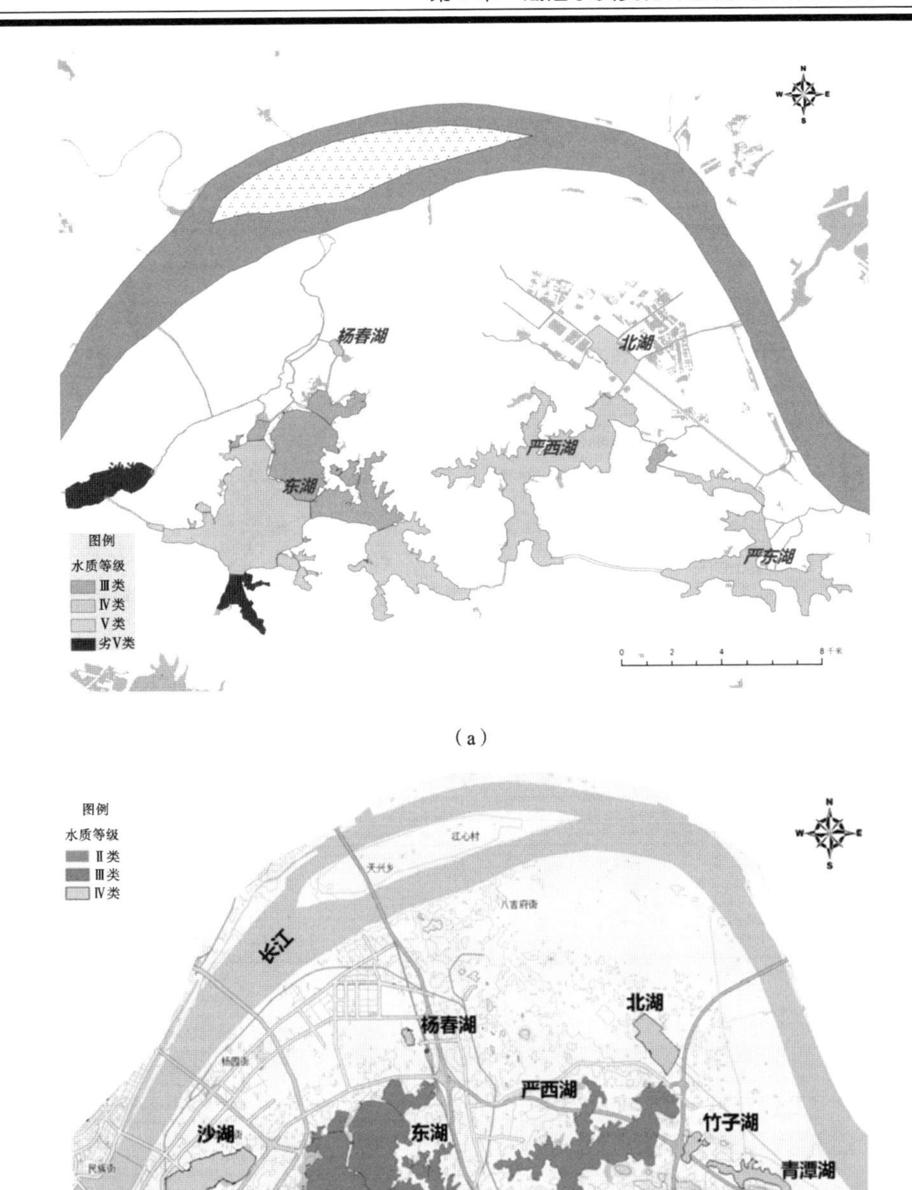

(a)

(b)

图 5-7　2011 年武汉大东湖水系水质现状和功能区规划

(a) 现状；(b) 功能区规划

水质较差，沙湖水质最差达到劣Ⅴ类，北湖污染为Ⅴ类水，其余四个湖水质均为Ⅳ类。除北湖、杨春湖外，其他湖泊均未达到水质功能区类别标准。北湖、杨春湖虽然达标，但其水质功能区类别标准本身就较低。东湖面积较大，各子湖间水质区别较大，水质最差的庙湖基本维持在劣Ⅴ类，水质最好的可达到Ⅲ类。另外需要注意的是，2010年之前，武汉市环保局公布的东湖水质评价公报中包含庙湖湖区，由于庙湖污染极为严重，因此严重拉低了东湖的整体水质。2010年经国家环保部批准，暂不将庙湖监测结果纳入东湖整体水质进行评价，相应地，东湖水质从原来的劣Ⅴ类提升至Ⅳ类。庙湖面积只占整个东湖的2%，水质长期为劣Ⅴ类，将庙湖暂时剔除，可更好反映东湖主体水质的真实情况。大东湖水系引水来源即长江和青山港的水质较好，达到Ⅲ类水质标准，这为实施引江济湖工程提供了良好的水源保证。

表5-10给出了2011年大东湖水系主要水质参数。从表中可看出，严东湖水质较好，其总磷和叶绿素a含量最低；沙湖的总氮和总磷含量最高；叶绿素a含量最高的是北湖。值得注意的是，表中的竹子湖由于以种植莲藕为主，其各项水质指标均较高，故未参与比较。按OECD建议的标准[12]，沙湖、庙湖、北湖及竹子湖可认为达到超富营养型，严东湖为中营养型，其余湖泊属于富营养型。按照《武汉城市总体规划(2006—2020年)》和《武汉市水生态系统保护与修复规划》中确定的大东湖水系中各湖泊的综合功能定位，确立了未来各湖泊应达到的水质目标，见图5-7(b)。

表5-10　2011年大东湖水系主要水质参数

湖泊	透明度/m	总氮/(mg/L)	总磷/(mg/L)	叶绿素a/(μg/L)	富营养化等级
东湖	0.6	1.273	0.136	24.96	富营养
严东湖	0.162	0.25	0.057	30.18	中营养
严西湖	0.55	0.81	0.118	21.30	富营养
沙湖	0.33	3.465	0.311	6.06	超富营养
杨春湖	0.5	1.86	0.150	13.96	富营养
北湖	0.6	2.536	0.274	32.89	超富营养
竹子湖	—	3.318	0.142	59.69	超富营养
青潭湖	—	0.203	0.036	17.56	富营养
青山港	0.6	0.63	0.098	11.2	富营养

4. 武汉东湖水质模拟

1) 水质现状

东湖各个子湖区之间的水质差异较大(见表5-11)。图5-7以图形化方式显示了东湖各湖区的水质等级。根据富营养化评价结果，东湖富营养化水体占到整个面积的60%以上，其余均为中营养状态，贫营养的水体不存在。其中，汤菱湖、团湖、菱角湖和鹰窝湖湖区为中营养向富营养过渡型水体，其余湖区均已达到富营养甚至极富营养的水平。整体来看，东湖富营养化程度在空间上很不均匀，呈现出自西南向东北递减的态势。

表 5-11　武汉东湖各子湖区主要水质参数

湖区	平均水深/m	透明度/m	总氮/(mg/L)	总磷/(mg/L)	叶绿素/(μg/L)	溶解氧/(mg/L)	水质等级
郭郑湖	3.35	0.65	0.625	0.121	25.7	8.35	Ⅳ
汤菱湖	2.45	0.84	0.329	0.066	11.8	8.5	Ⅳ
鹰窝湖	3.6	0.85	0.482	0.04	18.91	8.67	Ⅲ
团湖	3.6	0.85	0.22	0.035	9.91	8.45	Ⅲ
庙湖	3.3	0.47	5.52	0.395	78.25	7.98	劣Ⅴ
水果湖	2.7	0.57	1.43	0.18	21.14	4.62	Ⅴ
筲箕湖	2.45	0.61	1.273	0.072	8.99	8.7	Ⅳ
菱角湖	3.08	0.88	0.68	0.19	21.5	9.58	Ⅳ
喻家湖	1.95	0.45	1.02	0.22	26.8	8.76	Ⅴ

从表 5-11 和图 5-8 中可看出，以穿湖而过的落雁路（又称沿湖路）为界，东湖的水质明显分为两个区域：落雁路以东的汤菱湖、团湖和鹰窝湖水质较好，水质等级可到Ⅲ类及以上；而落雁路以西，从郭郑湖开始直至位于西南端的庙湖、官桥湖，水质逐渐变差。菱角湖、郭郑湖、筲箕湖水质基本维持在Ⅳ类；庙湖、喻家湖和水果湖水质最差，尤其是庙湖常年都为劣Ⅴ类水质。这直接反映了东湖中的道路对湖泊水质的分

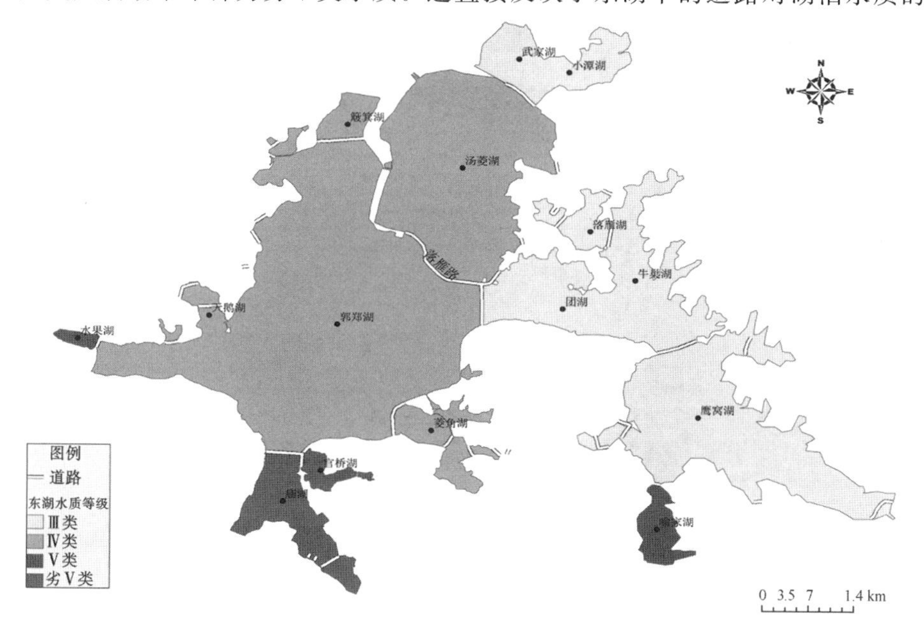

图 5-8　2011 年武汉东湖水质等级

割影响。

在实施截污工程以前，东湖富营养化主要是湖区周围大量生活污水和工业废水排入和农田残余化肥、营养盐等点源与面源污染不断输入造成的。据分析，东湖的主要污染物是总磷、总氮、COD、粪类大肠杆菌、BOD_5 等，属有机污染型，其中又以磷为主控因素。

2）基于遥感影像的湖泊叶绿素 a 信息提取

叶绿素 a 含量是衡量湖泊富营养化的重要指标，是湖泊水质监测的重要内容。叶绿素 a 含量的调查对于防控蓝藻暴发具有重要意义。国内外许多学者针对利用遥感技术监测湖泊叶绿素做了大量工作，研究成果表明应用遥感技术提取内陆湖泊的叶绿素 a 含量是可行的。

目前用于提取叶绿素 a 的遥感数据源有 MODIS、Landsat TM/ETM＋、MERIS、HJ-1A/B。本节采用 Landsat TM/ETM＋影像进行反演。已有研究中，常采用的 TM 波段包括第 1～4 波段，如谢杰等[13]使用（$TM_2+TM_4-TM_3$）/ln（TM_3）模型提取了巢湖水体叶绿素 a 的相对浓度信息，式中 TM_2 等表示波段反射率，其余类似。

经大量实验后发现，利用如下模型从 TM/ETM＋图像中提取叶绿素 a 的相对浓度信息与实际情况比较吻合：

$$Chla=\ln\left(\frac{TM_2+TM_4}{2}\right)\Big/\ln(TM_3) \tag{5-54}$$

图 5-9 给出了根据式(5-54)从 TM/ETM＋影像中提取的 2009 年 9 月 6 日大东

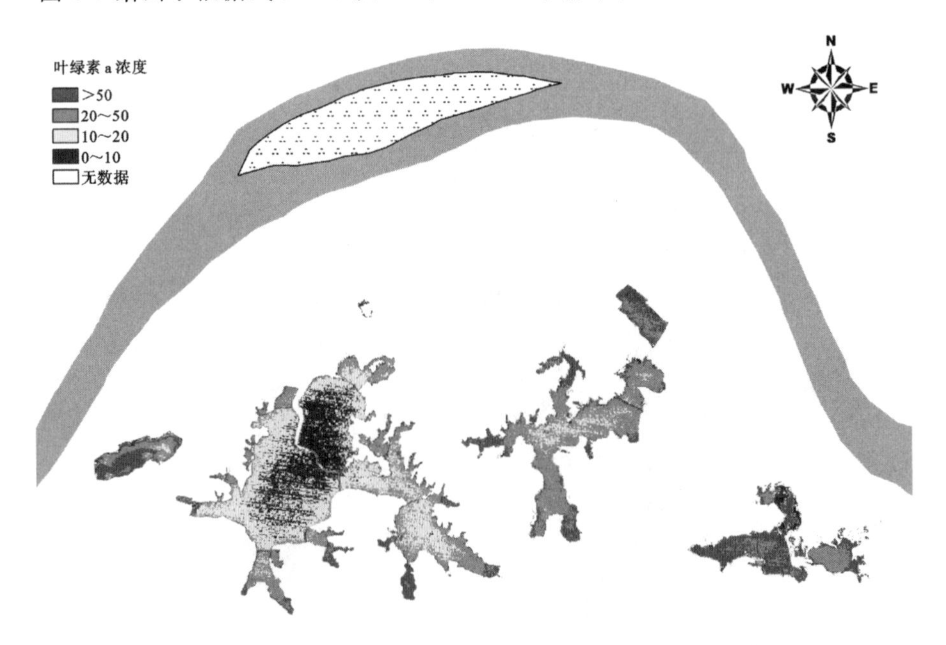

图 5-9 2009 年 9 月 6 日大东湖水系叶绿素 a 的相对浓度分布

湖叶绿素 a 的相对浓度分布。由图可见，沙湖、北湖和严东湖的叶绿素 a 的浓度较高，东湖和严西湖在湖湾处叶绿素 a 的浓度较高。

3）入湖污染物估算

（1）点源污染。

大东湖水系点源污染的主要来源为城市生活污水和少量的工业废水。2003 年实施截污工程后，入湖的点源污染物量已大幅下降，但仍有数个排污口在运行。根据最近的调查和研究报告，每天总入湖污水总量约为 1.96×10^5 m^3。污水中 COD、TN 和 TP 的平均浓度约为 68.4 mg/L、11 mg/L 和 0.74 mg/L。

（2）城市入湖面源污染。

城市地表径流污染物种类较多，影响湖泊富营养化的主要为 COD、TN 和 TP。从城市建设区迁移出的污染物可以分为以降雨径流为载体的溶解态氮、磷和以泥沙为载体的颗粒态氮、磷。对于城市建设区，仅考虑降雨径流引起的入湖污染。根据已有研究，本节采用如下的地表径流污染负荷模数公式：

$$M_{COD}=C_{COD}R \tag{5-55}$$

$$M_{TN}=C_{TN}R \tag{5-56}$$

$$M_{TP}=C_{TP}R \tag{5-57}$$

式中：M_{COD}，M_{TN}，M_{TP}分别为 COD、TN、TP 三种污染物的地表径流污染负荷模数，单位为 kg/km^2；R 为降雨量，单位为 mm；C_{COD}，C_{TN}，C_{TP}为系数，单位为 $kg/(km^2\cdot mm)$，其取值如下：$C_{COD}=0.076\sim0.11$，$C_{TN}=5.54\times10^{-3}\sim7.38\times10^{-3}$，$C_{TP}=5.5\times10^{-4}\sim9.16\times10^{-4}$。利用上述公式，根据任意时段内的降雨量，即可估算出该时段内入湖的面源污染量。

（3）农村入湖面源污染。

农村面源污染源包括畜禽养殖、渔业养殖、生活污水和化肥农药等。根据测算，农村面源污染总量如下：TN 为 315 t/a，TP 为 86 t/a。

（4）内源污染。

大东湖水系中多年来沉积于湖泊的内源污染物数量巨大，以东湖为例，其底泥淤积厚度为 0.5～1.5 m，根据估算[14]，累积氮、磷总量分别为 21823 t 和 1470 t（2005 年数据）。参照国内其他湖泊底泥释放研究成果，按Ⅲ类水体确定大东湖水体底泥释放速率如下：TN 为 60 $mg/(m^2\cdot d)$，TP 为 30 $mg/(m^2\cdot d)$。

（5）入湖大气降尘污染。

大气降尘是指大气中自然降落于地面的颗粒物，其粒径多在 10 μm 以上。研究表明大气降尘对水体污染也有一定贡献量。根据研究，大东湖地区大气降尘的污染物指标如下：COD 为 0.0168 $g/(m^2\cdot d)$，TN 为 0.002 $g/(m^2\cdot d)$，TP 为 1.02×10^{-4} $g/(m^2\cdot d)$。

4）模拟工况

本节根据未实施大东湖生态水网建设之前的实际自然状况，设置了多种模拟工况，模拟了实际水文气象条件及盛行风场下大东湖水系中各湖泊的流场结构和温度场，解析了水体污染物分布、迁移特性和水质各相作用。表 5-12 给出了各模拟工况设置概要，包括模拟时段、模拟内容和采用的数据。

表 5-12　现状条件下大东湖水系模拟工况

工况名称	模拟对象	模拟时段	模拟内容	采用数据
工况 1	6 湖	120 h	盛行东北风下的湖泊流速场、温度场	多年平均的春季气象数据
工况 2	东湖、严西湖	120 h	盛行南风下的湖泊流速场、温度场	多年平均的夏季气象数据
工况 3	东湖	2011 年 5—8 月	真实的湖泊流场、温度场、水质变量时空变化	实测水文气象数据、湖泊水温反演数据、实测水质监测数据

工况 1、工况 2 分别用于研究春季、夏季盛行风场下各湖泊的水流运动模式与水温分布规律。由于各工况在运行 4 天后，流场都能达到稳定状态，因此运行时段都定为 120 h。

工况 3 用于模拟真实水文气象条件下东湖的三维流场、温度场及水质时空变化过程。由于东湖的各项基础资料较全，因此工况 3 仅限于模拟东湖。此工况中，采用 2011 年 5—8 月每小时的气象观测资料来驱动模型，利用同时段的湖泊水温反演数据来验证、率定水动力模型，使用同时段的湖泊水质监测数据来验证和率定水质模型。工况 3 加入了水质模拟，由于浅水湖泊在风浪作用下会引起湖底沉积物和水体之间的物质交换，因此模拟中必须考虑沉积物对污染物吸收和释放的影响。但由于基础资料的限制，在应用水动力及水质模型时，进行了以下简化。

(1) 东湖的各子湖区水质差异较大，各水质变量的初始浓度设置必须考虑到空间分布的差异性。但由于受观测手段限制，东湖的水质采样点有限，各子湖区分别只有一个采样点。因此，模型中各子湖区的初始水质变量浓度分别采用各自采样点的数据来设置，即认为各子湖区内水质变量浓度空间分布一致。

(2) 东湖水质的富营养化监测指标为总氮、总磷，而本节水质模型中的氮、磷循环模拟需要更细化的指标，即有机氮、氨氮、硝氮、有机磷和无机磷(正磷酸盐)。为了能够使用现行的标准监测数据，需要确定有机氮、氨氮、硝氮占总氮的比例，以及有机磷和无机磷占总磷的比例。本节参考相关研究成果，给出了各细化指标的分配比例(见表 5-13)。

(3) 浮游植物是影响氮、磷循环的一个重要因素，但由于浮游植物种类繁多，且缺乏对各种不同浮游植物的监测数据，考虑到所有藻类都含叶绿素 a，因此采用叶绿素 a 的浓度来表征浮游植物对氮、磷循环的综合影响。

表 5-13　东湖各形态氮磷占总氮、总磷的比例

子湖	TN 分配比例/(%)			TP 分配比例/(%)	
	NH_3-N	NO_3-N	ON	OP	OPO_4
郭郑湖	19.25	16.35	64.40	76.45	23.55
汤菱湖	18.40	26.75	54.85	75.15	24.85
后湖	15.79	5.26	78.95	65.66	34.34
团湖	52.33	17.44	30.23	75.45	24.55
庙湖	41.28	13.76	44.95	74.43	25.57
水果湖	31.17	10.39	58.44	72.82	27.18

5）初始条件与边界条件

表 5-14 和表 5-15 分别给出了工况 1 和工况 2 的初始条件与边界条件设置，具体说明如下。

表 5-14　工况 1 与工况 2 的初始条件设置

	项目	东湖	严东湖	严西湖	沙湖	杨春湖	北湖
工况1	初始水位/m	19.15	17.65	18.4	19.15	19.15	18.4
	初始水温/℃	12.5	14.1	13.5	16.5	17	14.4
	初始流速/(m/s)	0	0	0	0	0	0
工况2	初始水位/m	19.5	18.63	19.13	19.5	19.5	19.15
	初始水温/℃	30.5	30.7	30.3	31.5	31.8	32.5
	初始流速/(m/s)	0	0	0	0	0	0

表 5-15　工况 1 与工况 2 的气象边界条件

工况	气温/℃	大气压强/hPa	相对湿度/(%)	降水强度/(m/s)	蒸发强度/(m/s)	风速/(m/s)	风向/(°)	短波辐射强度/(W/m^2)
工况 1	11.3	1019.3	75	3.66e−5	2.3e−5	2.8	45	102
工况 2	28.8	1003.6	84	8.9e−5	5.3e−5	3.25	135	197.88

（1）工况 1。

初始条件：各湖泊的初始水位设置为春季枯水期水位；初始水温设为 3 月湖泊的平均温度；初始流速全场取为 0，即采用冷启动方式。

边界条件：气象边界条件采用多年平均的春季气象资料；各湖泊均没有入出湖流量，因此都设为 0；由于沙湖和杨春湖地处城市热岛中心，其周边气温要明显高于其他湖泊，为更准确模拟气温对湖泊水温的影响，这两个湖泊的气温边界条件均设为 17 ℃。

（2）工况 2。

初始条件：各湖泊的初始水位设置为夏季丰水期水位；初始水温设为 7 月湖泊的平均温度；初始流速全场取为 0。

边界条件：气象边界条件采用夏季七月多年平均的气象资料；沙湖和杨春湖的气温设为 28 ℃。

（3）工况 3。

工况 3 中，采用 2011 年 5—7 月真实的气象资料来驱动模型。初始水位采用丰水期东湖水位，初始水温采用计算开始日期的水温空间分布，初始流速仍取为 0。工况 3 还需模拟水质变量，因此需对各水质变量的初始值和边界值进行设定，其中东湖各子湖区初始的水质变量值见表 5-16 和表 5-17。

表 5-16 工况 3：东湖各子湖区 TN、TP 初始浓度值

子湖	TN 初始值/(mg/L)			TP 初始值/(mg/L)	
	NH_3-N	NO_3-N	ON	OP	OPO_4
郭郑湖	0.120	0.102	0.403	0.093	0.028
汤菱湖	0.061	0.088	0.180	0.050	0.016
鹰窝湖	0.076	0.025	0.381	0.026	0.014
团湖	0.115	0.038	0.067	0.026	0.009
庙湖	2.279	0.760	2.481	0.294	0.101
水果湖	0.446	0.149	0.836	0.131	0.049
筲箕湖	0.546	0.182	0.546	0.054	0.018
菱角湖	0.129	0.043	0.508	0.144	0.046
喻家湖	0.242	0.081	0.698	0.155	0.065

表 5-17 工况 3：东湖各子湖区初始 DO、BOD_5、Chl-a 浓度值

子湖	DO/(mg/L)	BOD_5/(mg/L)	Chl-a/(μg/L)
郭郑湖	8.35	4.21	20.17
汤菱湖	8.5	1.79	12.5
鹰窝湖	8.67	1.42	21.6
团湖	8.45	1.78	19.8
庙湖	7.98	9.13	95.6
水果湖	4.62	6.66	28.89
筲箕湖	8.7	4.95	22.5
菱角湖	9.58	1.76	14.6
喻家湖	8.73	5.56	25.2

6）水质模拟结果

工况 3 采用综合水质模型模拟了东湖 2011 年 5—8 月共计 4 个月内的水质变化，用东湖 5 个子湖区内每月监测一次的水质监测值来率定模型参数。

模型中关键参数取值见表 5-18。图 5-10(a)～(e)分别显示了郭郑湖、水果湖、汤菱湖、鹰窝湖和庙湖 TN、TP 的模拟值。图中为便于分析，取每个监测点处每 120 h（即 5 天）的水质变量模拟浓度时间序列绘成曲线图，并将其与实测浓度值进行对比。从图中可看出，利用该模型计算的东湖各子湖区 TN、TP 的月际变化与实测值较为吻合。

表 5-18　水质模型重要参数取值表

类别	名称	描　　述	取值	单位
溶解氧	SOD	20 ℃时的底泥耗氧速率	0.5	g/(m² · d)
碳化需氧量	k_{d1}	20 ℃时 CBOD 脱氧速率	0.18	1/d
	K_{BOD}	CBOD 半饱和常数	0.5	mg/L
浮游植物	K_{r2}	20 ℃时浮游植物内源性呼吸速率	0.125	1/d
	K_{g2}	单位浮游动物量对浮游植物的抓捕速率	0.1	L/(mg · d)
	K_{gr}	20 ℃条件下浮游植物的最佳生长速率	0.2	1/d
	$K_{par}+K_{gr2}$	浮游植物的非捕食性死亡速率	0.016	1/d
氮与磷	K_{mpe}	浮游植物的半饱和浓度	0.6	mg/L
	K_{ni}	20 ℃时氨氮的硝化速率	0.11	1/d
	K_{dn}	20 ℃时反硝化速率	0.15	1/d
	K_{m1}	20 ℃溶解性有机氮的矿化速率	0.08	1/d
	K_{m2}	20 ℃时溶解性有机磷的矿化速度	0.06	1/d

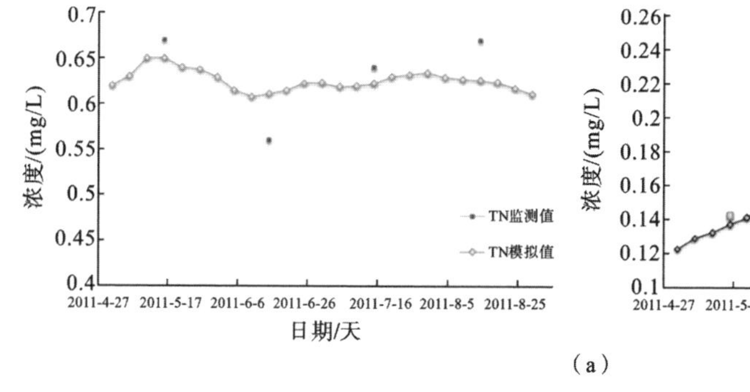

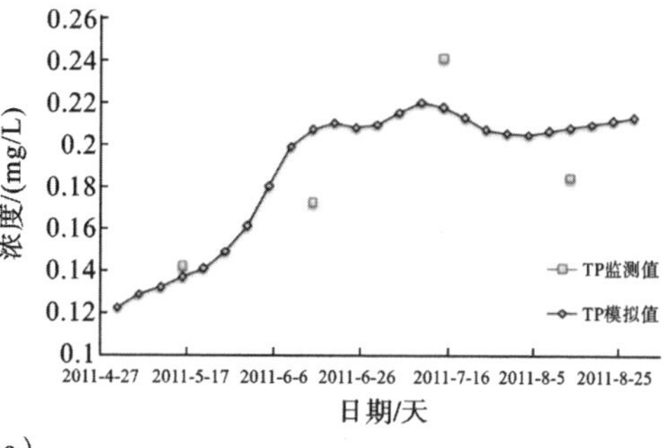

(a)

图 5-10　东湖各子湖区 TN、TP 模拟值与监测值对比

(a) 郭郑湖；(b) 水果湖；(c) 汤菱湖；(d) 鹰窝湖；(e) 庙湖

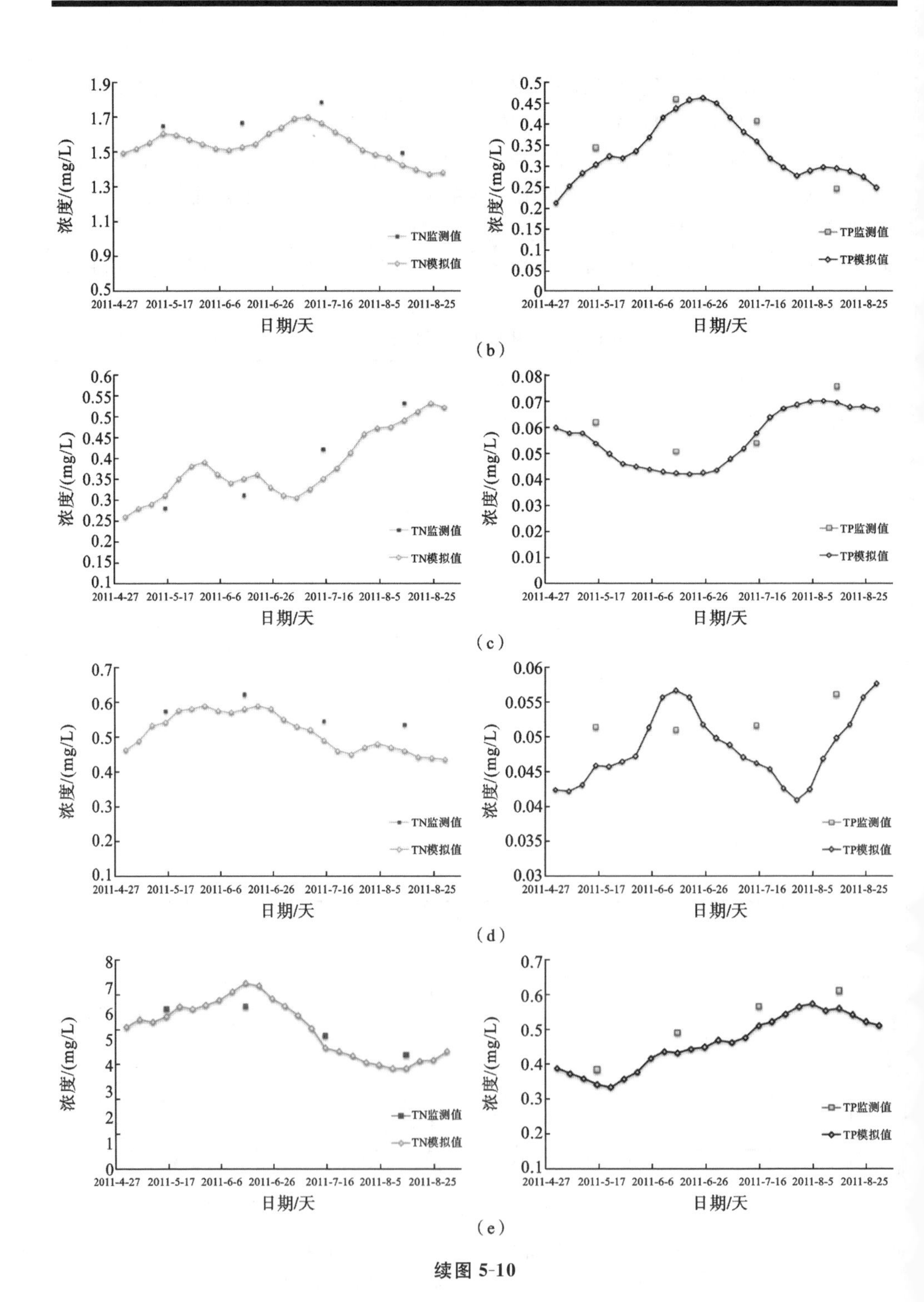

浓度/(mg/L)
日期/天
TN监测值
TN模拟值
TP监测值
TP模拟值
2011-4-27
2011-5-17
2011-6-6
2011-6-26
2011-7-16
2011-8-5
2011-8-25
(b)
(c)
(d)
(e)

续图 5-10

各子湖区的模拟浓度与实测浓度的统计误差见表 5-19，表中数据表明，郭郑湖的模拟精度最高，水果湖次之，鹰窝湖和汤菱湖的模拟精度较低。导致模拟出现较大偏差的可能原因在于，鹰窝湖和汤菱湖的水质状况较好，TN、TP 浓度较低，由于难以全面还原模拟时的物理背景场，故模拟数值较小的 TN、TP 时存在相对更大的不确定性，导致相对误差偏大。

表 5-19　东湖富营养化水质变量模拟误差

子湖	TN/(%)	TP/(%)
郭郑湖	5.39	11.23
水果湖	6.65	12.09
汤菱湖	12.0	11.12
鹰窝湖	9.11	10.98
庙湖	10.59	9.22
平均	8.75	10.93

以下分析水质指标日内变化规律。为此，在东湖郭郑湖区湖心处设置一采样点，采集逐小时的各水质变量浓度时间序列。图 5-11 绘制了 2011-7-20 0:00 至 2011-7-21 24:00 共计 48 小时的 DO 浓度变化曲线。

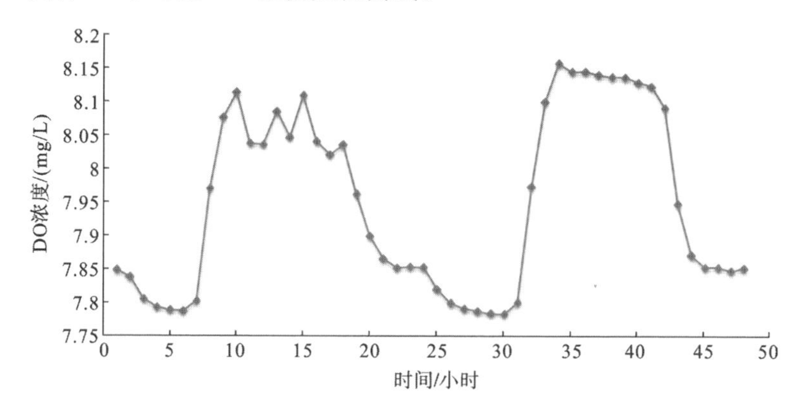

图 5-11　东湖郭郑湖区溶解氧 DO 浓度逐小时变化过程

上图中 DO 浓度表现出以下的变化规律：白天日出之后，DO 浓度不断攀升，并在正午左右达到最高值。随后太阳西行，DO 浓度也开始下降；随着夜幕的降临，DO 浓度逐渐降低，并在黎明前后达到最低值。如前所述，溶解氧的主要来源途径为藻类光合作用和大气溶解。高温季节，氧气在水中的净溶解量呈下降趋势，从而光合作用产氧的比例进一步提高。白天，植物的光合作用强，水中溶氧特别是表层溶氧通常达到饱和或过饱和。而夜间植物光合作用消失，水体溶氧来源仅依赖少量大气溶解，此外随着鱼类、浮游动植物及底质对氧的持续消耗，因而 DO 浓度持续下降。正午之前水体水温的日变化与水中的溶氧变化规律较为一致,即逐步上升。高温季节的正午,由于太阳直射水体,表层温度较高,因此即使水中溶氧高也会限制浮游动物在表层摄食,DO浓度可保持较高浓度。在正午1～2小时后,随着太阳西行,水温开始逐渐下降,而DO浓度由于光合作用的持续进行可继续维持较高浓度。

采用类似方法分析其他水质变量包括TP、TN和COD,发现这几种变量的日内变化规律与DO相似,即凌晨6:00左右其浓度处于低谷,而到午后1～2小时浓度处于峰值,这与已有研究成果基本一致。

5. 大东湖水系水质模拟

1) 模拟区域

武汉市在2005年被水利部批准为国家水生态系统保护与修复试点城市，于2007年正式提出大东湖的构想,并于2009年批复了《大东湖水网构建工程总体方案》,预计实施周期为12年,总投资159.78亿元。总体方案包括三个方面:①投资30.97亿元建设污染控制工程,包括新建污水处理厂2座,升级现有污水处理厂4座,新建和完善污水管网396 km等;②投资29.52亿元实施生态修复工程,重点清淤疏浚东湖、沙湖、杨春湖、竹子湖、青潭湖湖泊底泥,新建人工湿地13.37 hm^2;③投资36.19亿元构建大东湖水网工程,重点是新、改、扩建青山港、东湖港、沙湖港等18条港渠,总长48 km,将沙湖、水果湖、大东湖、严西湖、严东湖、北湖、竹子湖等连通为一体,并通过引江水,改变整个水网的水动力和改善水环境。因此,本节建立的大东湖水系二维水动力水质模拟区域如图5-12所示,而大东湖所包括的子湖分布如图5-13所示。由于大东湖水系水质在5—9月较差,研究模拟时间范围选在该时段,污染物指标选择为COD、TN、TP。

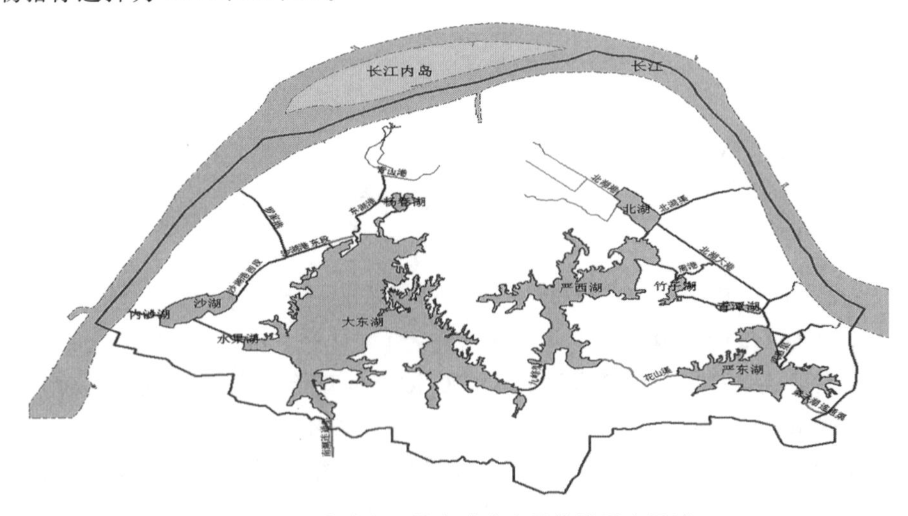

图5-12　大东湖二维水动力水质模拟研究区域

2) 大东湖水系概念模型

具体来讲,整个模拟区域包括东湖、沙湖、内沙湖、杨春湖、严西湖、严东湖、北湖、

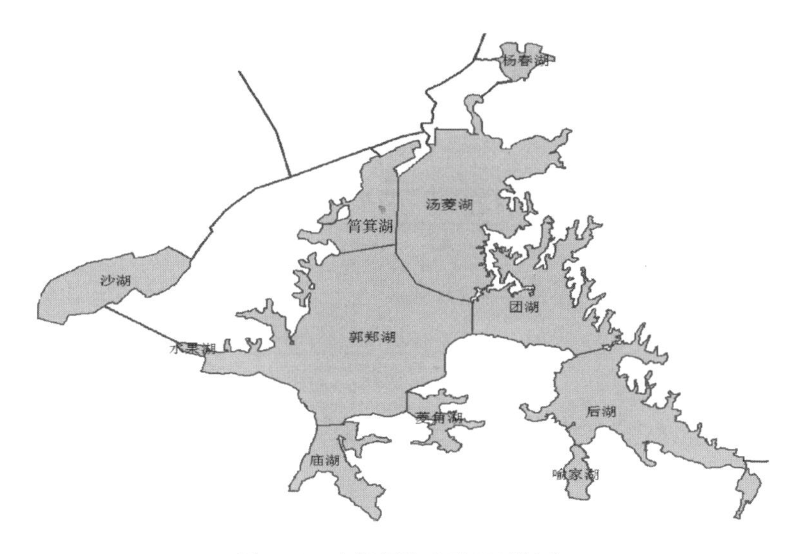

图 5-13　东湖子湖大致区域划分

竹子湖、青潭湖，以及各湖区之间相连的渠道、各闸门控制设施，其中东湖包括水果湖、筲箕湖、庙湖、菱角湖、郭郑湖、汤菱湖、团湖、后湖。模拟区域众湖泊、闸渠与长江相互之间的水流关系及控制闸分布见图 5-14。从长江引水入大东湖水系主要有两

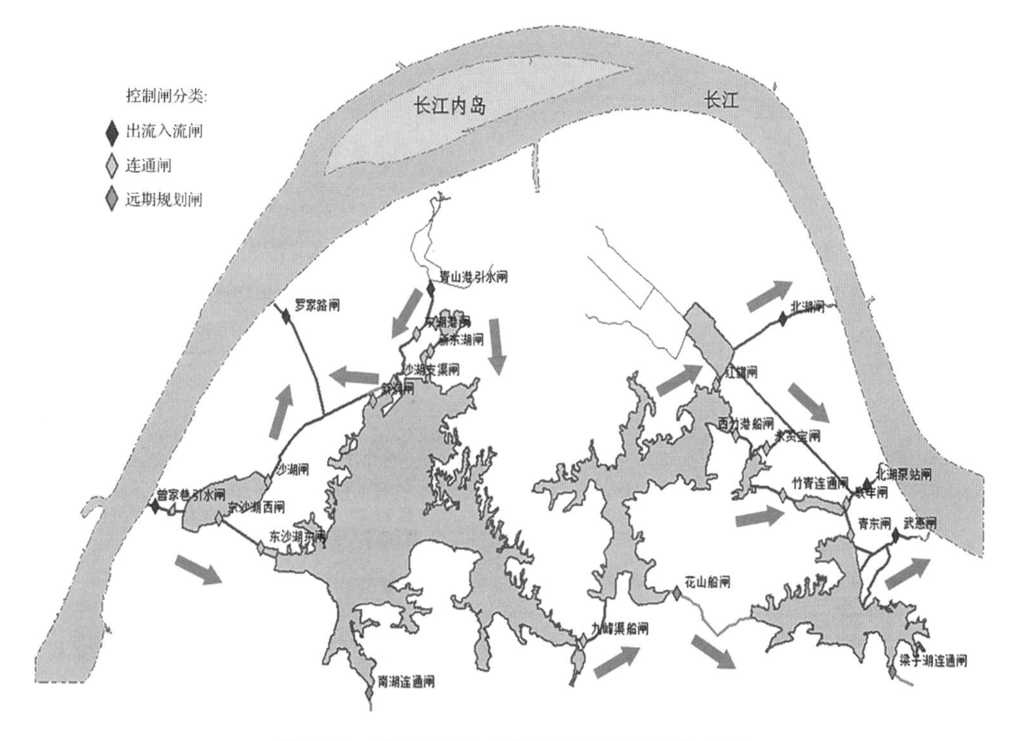

图 5-14　模拟区总体水流流向及控制闸分布图

个途径：一是从曾家巷进水闸引入沙湖，二是从青山港引水进入杨春湖、东湖（见表5-20）。整个大东湖水系的闸渠系统见表5-21。在闸渠系统控制下，通过青山港引水闸，引江水通过东湖港闸进入湖系中的杨春湖，再经新东湖港闸进入东湖，曾家巷引水闸引江水进入沙湖，部分沙湖水通过沙湖港经沙湖闸进入罗家港排入长江。

表 5-20　大东湖水系主要进水口和出水口及其功能

类　型	名　称	功　能
主要进水口	曾家巷进水闸	引水进入沙湖
	青山港进水口	引水进入杨春湖、东湖
主要出水口	罗家路泵站	沙湖、东湖排水
	北湖出水闸	北湖排水
	北湖大港泵站	北湖、竹子湖、青潭湖排水
	武惠闸	严东湖排水

表 5-21　大东湖水系闸渠系统

闸门名称	闸门作用
东沙湖渠西闸、东沙湖渠东闸	沙湖水经东沙湖渠，进入水果湖
沙湖闸	沙湖水经沙湖港，从罗家港排水
东湖港闸	青山港水进入东湖港
东杨港闸	青山港水进入杨春湖
沙湖支渠闸	东湖港水分流排入沙湖港
新东湖闸	杨春湖水进入东湖
新沟闸	东湖水经新沟渠，从罗家港排水
九峰船闸	东湖水经九峰渠，进入严西湖
红旗闸	严西湖水经红旗渠，进入北湖
西竹港船闸	严西湖水进入竹子湖
永贤宝闸	竹子湖水经北湖大港排出
竹青连通闸	竹子湖水进入青潭湖
联丰闸	青潭湖水进入北湖大港排出
青东闸	青潭湖水连通严东湖水

东湖部分水体通过沙湖支渠闸排入沙湖港，再进入罗家港后排入长江。沙湖水体和杨春湖水体进入东湖后混掺，大部分水体进入九峰渠途径九峰港闸进入严西湖。之后严西湖部分水流进入红旗渠，通过红旗闸进入北湖，另一部分水体通过西竹港船

闸，进入竹子湖。竹子湖的部分水体经永贤宝闸、北湖大港排出进入长江，另一部分水体经竹青连通闸进入青潭湖。青潭湖部分水体经联丰闸进入北湖大港排出入江，另一部分水体经青东闸与严东湖水相连通。在远期规划中，将新建花山渠道通过花山船闸连通严东湖与严西湖，改善严冬湖、严西湖水动力流通。新建南湖连通渠，通过南湖连通闸，从东湖南部排水。新建梁子湖连通渠，通过梁子湖连通闸控制严东湖出水。

3）湖底地形与计算网格

大东湖水系面积较大，且地形和边界复杂，结合水动力水质模拟的模型求解精度与收敛性要求，采用无规则网格进行划分，网格划分精度为 100 m，湖泊区域采用四边形网格，渠道及小型湖泊采用三角网格划分，如图 5-15 所示。据现场收集到的湖底地形资料，利用 CAD 湖底地形数据，运用 ArcGIS 工具箱，输入地形测量点和等高线，生成地形三角网 TIN，通过插值方法生成湖底地形，再获取各个网格单元中心的高程值，大部分湖底地形集中在 16～20 m，最后结果如图 5-15 所示。大东湖水系的平均水深在 1.5～3.3 m 之间，相比平面尺寸来讲很小，可以认为沿水体垂直方向掺混比较均匀，用垂向平均化的二维不可压缩模型来描述流场和水质浓度的变化过程合理、有效。

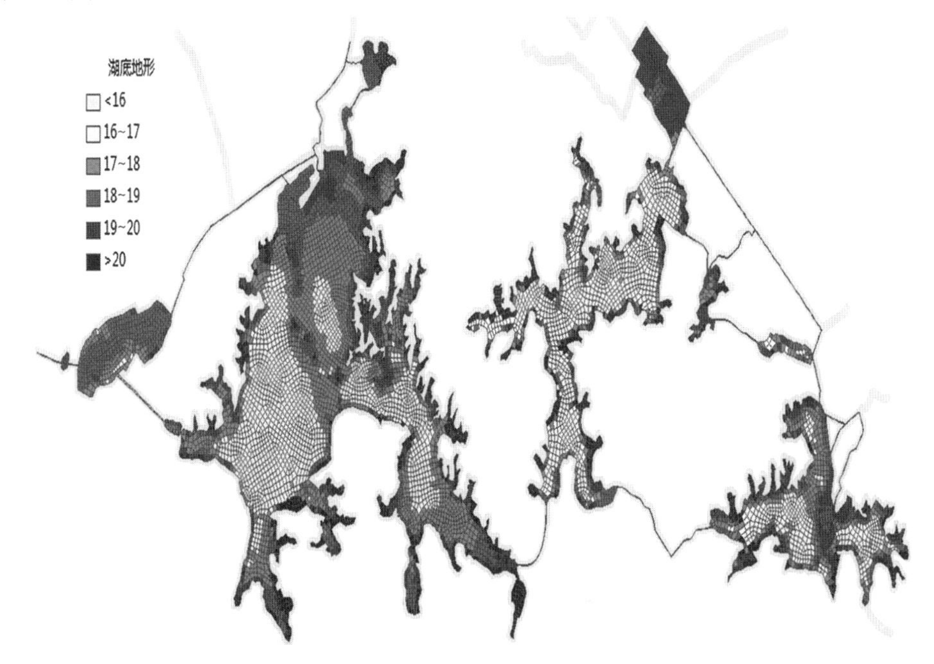

图 5-15　大东湖水系计算网格划分与湖底地形

4）模型参数及边界条件

利用建立的二维水动力水质模型模拟湖泊水质变化过程。模型中需要的边界条件包括开边界处各水质变量（TN、TP、COD）的浓度、气象因子（气压、干湿球湿度、降雨量、蒸发量、温度、云量、风速、风向等)、入湖流量、水体温度等;初始条件为湖区各网格处水位、湖区各网格水体的初始水温、初始水质变量浓度等。模型输出文件包括水质变量浓度、流速、流向、水深等。长江入流水质假定在Ⅱ～Ⅲ类,根据《国家地表水水质标准》(GB 3838—2002),结合当地部门监测资料,取COD、TN、TP浓度分别为15 mg/L、1 mg/L、0.05 mg/L。

(1) 入湖点源。

通过实际调研,确定大东湖水系主要入湖点源有16个,其位置分布如图5-16中三角形所示,其中沙湖有2个点源排放口,东湖有7个点源排放口,严东湖有6个点源排放口,北湖有1个点源排放口,具体模拟编号如表5-22所示。

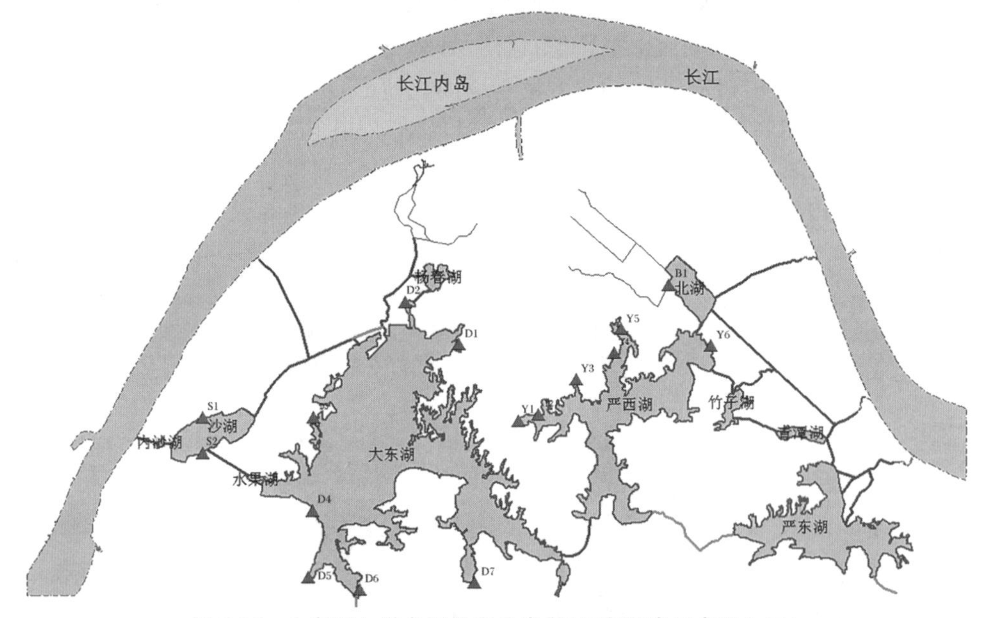

图5-16 大东湖入湖点源分布示意图(三角形表示点源入口)

表5-22 大东湖水系入湖主要点源编号

编号	点源入口	编号	点源入口
S1	沙湖点源1	D7	东湖点源7
S2	沙湖点源2	Y1	严东湖点源1
D1	东湖点源1	Y2	严东湖点源2
D2	东湖点源2	Y3	严东湖点源3
D3	东湖点源3	Y4	严东湖点源4
D4	东湖点源4	Y5	严东湖点源5
D5	东湖点源5	Y6	严东湖点源6
D6	东湖点源6	B1	北湖点源1

大东湖水系的污染源包括点源和面源两个部分，其中点源污染主要为城市生活污水和工业污水，且以生活污水为主，工业废水主要来自青山热电厂排水。因此，选取代表性的 COD、TN 和 TP 作为点源污染的指标。根据相关报告并结合大东湖水系内人口数量对入湖污水进行估算，入湖点源排放量 COD、TN、TP 分别为 4900 t/a、800 t/a、55 t/a；按污水排放量为 1.96×10^5 m^3/d 进行换算，入湖点源污水排放量为 2.269 m^3/s。由于缺乏相应的各点源详细的排放信息，因此将排放负荷平摊，取每个点源入口的污水流量为 0.142 m^3/s，其中 COD、TN、TP 的浓度分别为 67.1 mg/L、11.18 mg/L、0.77 mg/L。

（2）入湖面源污染估算。

面源污染包括城市和农村面源污染，其中城市面源污染主要来自人类活动导致的路面污染物积聚、无序堆放固体垃圾在城市降雨径流的冲刷和挟带下进入湖体。本章中主要考虑城市面源污染对大东湖水系的影响，在数值模拟模型中利用 COD、TN、TP 三种污染物的地表径流污染负荷模数，结合城区降雨量计算入湖的城市面源污染量。

在缺乏具体面源观测信息的情况下，结合大东湖区域的地形资料，对降雨径流的汇流路径进行分析，确定大东湖水系各湖泊汇水入流口位置，如图 5-17 所示。降雨径流汇流入口共有 26 个，如表 5-23 所示。

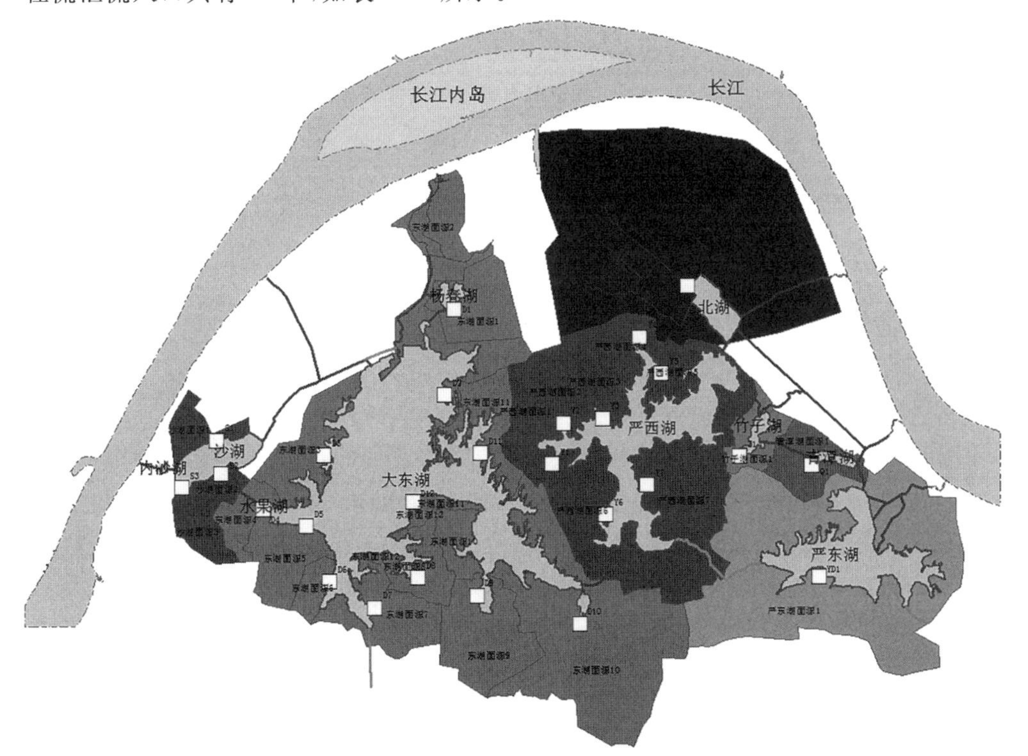

图 5-17　大东湖入湖面源入流位置分布图

表 5-23 各入湖面源编号

编号	面源入口	编号	面源入口
S1	沙湖面源 1	D11	东湖面源 11
S2	沙湖面源 2	D12	东湖面源 12
S3	沙湖面源 3	Y1	严西湖面源 1
D1	东湖面源 1	Y2	严西湖面源 2
D2	东湖面源 2	Y3	严西湖面源 3
D3	东湖面源 3	Y4	严西湖面源 4
D4	东湖面源 4	Y5	严西湖面源 5
D5	东湖面源 5	Y6	严西湖面源 6
D6	东湖面源 6	Y7	严西湖面源 7
D7	东湖面源 7	B1	北湖面源 1
D8	东湖面源 8	Z1	竹子湖面源 1
D9	东湖面源 9	Q1	青潭湖面源 1
D10	东湖面源 10	YD1	严东湖面源 1

与点源污染类似，选取代表性的 COD、TN 和 TP 作为面源污染的指标。首先根据相关资料，可知研究区域内的多年月平均降水量，按降水量和地表径流污染负荷模数公式可获取面源污染量，如表 5-24 所示。

表 5-24 月平均面源污染负荷估算

月份	月平均降雨/mm	COD	TN	TP
		地表径流污染负荷模数/(kg/km²)		
五月	174	1276.81	617.22	47.4575
六月	215	1593.53	765.47	58.6505
七月	238	1771.21	848.64	64.9295
八月	142	1029.61	501.51	38.7215
九月	63	419.33	215.84	17.1545
		污染负荷浓度/(mg/L)		
五月	174	36.69	17.74	1.364
六月	215	37.06	17.80	1.364
七月	238	37.21	17.83	1.364
八月	142	36.25	17.66	1.363
九月	63	33.28	17.13	1.361

续表

月份	月平均降雨/mm	COD	TN	TP
		地表径流污染负荷模数/(kg/km²)		
		面源总量/(吨/月)		
五月	174	315.40	152.47	11.72
六月	215	393.64	189.09	14.49
七月	238	437.53	209.63	16.04
八月	142	254.34	123.88	9.57
九月	63	103.59	53.32	4.24
5个月合计	832	1504.50	728.39	56.06

地表径流污染负荷模数公式如下：

$$M_{COD}=7.725H-67.343 \tag{5-58}$$

$$M_{TN}=3.616H-11.967 \tag{5-59}$$

$$M_{TP}=0.273H-0.0445 \tag{5-60}$$

式中：M_{COD}、M_{TN}、M_{TP}分别表示COD、TN、TP三种污染物地表径流污染负荷模数(kg/km^2)；H为降雨量(mm)。根据月平均降雨量信息，可计算得到不同月份COD、TN、TP的地表径流污染负荷模数，结果如表5-24所示。地表径流污染负荷浓度公式如下所示：

$$c_{COD}=\frac{M_{COD}\cdot A\cdot 10^6}{q\cdot H\cdot A\cdot 10^6\cdot 10^{-3}\cdot 10^{-3}}=\frac{M_{COD}}{q\cdot H}\ (mg/L) \tag{5-61}$$

$$c_{TN}=\frac{M_{TN}}{q\cdot H}\ (mg/L),\quad c_{TP}=\frac{M_{TP}}{q\cdot H}\ (mg/L) \tag{5-62}$$

式中：A为地表汇水面积，单位为km^2；q为产流系数，根据相关文献资料，产流系数取0.2。由此可计算得到COD、TN、TP不同月份的地表径流污染浓度，结果如表5-24所示。同样，根据产流系数和地表汇水面积，可计算得到面源的汇水流量：

$$Q=\frac{q\cdot H\cdot 10^{-3}\cdot A\cdot 10^6}{d\cdot 24\cdot 3600} \tag{5-62}$$

式中：d为每月降雨天数。地表径流流量如表5-25所示。根据地表径流污染负荷模数，可以计算得到地表污染负荷总量(见表5-24)。

表5-25 逐月面源入湖径流量(单位：m^3/s)

面源	面积/km²	五月	六月	七月	八月	九月
沙湖面源1	2.720	0.122	0.150	0.166	0.099	0.044
沙湖面源2	1.866	0.084	0.103	0.114	0.068	0.030
沙湖面源3	3.017	0.135	0.167	0.185	0.110	0.049
东湖面源1	5.875	0.263	0.325	0.360	0.215	0.095

续表

面源	面积/km²	五月	六月	七月	八月	九月
东湖面源 2	11.465	0.513	0.634	0.702	0.419	0.186
东湖面源 3	6.486	0.290	0.359	0.397	0.237	0.105
东湖面源 4	2.933	0.131	0.162	0.180	0.107	0.048
东湖面源 5	5.610	0.251	0.310	0.343	0.205	0.091
东湖面源 6	1.944	0.087	0.108	0.119	0.071	0.032
东湖面源 7	6.782	0.304	0.375	0.415	0.248	0.110
东湖面源 8	3.878	0.174	0.214	0.237	0.142	0.063
东湖面源 9	9.134	0.409	0.505	0.559	0.334	0.148
东湖面源 10	30.146	1.349	1.667	1.845	1.101	0.488
东湖面源 11	5.783	0.259	0.320	0.354	0.211	0.094
东湖面源 12	0.787	0.035	0.044	0.048	0.029	0.013
严西湖面源 1	2.897	0.130	0.160	0.177	0.106	0.047
严西湖面源 2	4.221	0.189	0.233	0.258	0.154	0.068
严西湖面源 3	4.270	0.191	0.236	0.261	0.156	0.069
严西湖面源 4	3.526	0.158	0.195	0.216	0.129	0.057
严西湖面源 5	3.182	0.142	0.176	0.195	0.116	0.052
严西湖面源 6	11.067	0.495	0.612	0.677	0.404	0.179
严西湖面源 7	15.657	0.701	0.866	0.958	0.572	0.254
北湖面源 1	58.263	2.607	3.222	3.567	2.128	0.944
竹子湖面源 1	2.977	0.133	0.165	0.182	0.109	0.048
青潭湖面源 1	4.810	0.215	0.266	0.294	0.176	0.078
严东湖面源 1	37.726	1.688	2.086	2.309	1.378	0.611
总和	247.024	11.055	13.660	15.121	9.022	4.003
平均值		0.425	0.525	0.582	0.347	0.154

(3) 风速风向条件。

武汉西、北、东三面环山，城区地面风速相对较小。根据研究资料，区域内多年平均风速为 2.8 m/s。表 5-26 给出了 5—9 月的多年月平均风速，以及盛行风向(正北为 0°，顺时针方向)。可见风速变化较为平缓，均在 3～3.2 m/s；在研究周期内，盛行风向多为东南风(140°)和南风(180°)，因此夏季的风向与总体水流方向相反，将会一定程度上阻碍东湖水自西向东流动，从而降低流速，但近水面的紊动程度会增加。

表 5-26 研究区月平均风速风向

月份	五月	六月	七月	八月	九月
月平均风速/(m/s)	2.96	3.08	3.26	3.21	3.2
盛行风向(正北顺时针)/(°)	110～120	130～140	130～140	140～180	20～30

(4) 湖区初始水质。

由于现有观测资料只有湖区部分网格点处的水污染因子观测数据,对于湖区各模拟计算网格的初始污染浓度的设定,只能根据2013年不同地点的水质采样数据及当地环保部门公布的环境状况公报和部分文献资料数据(见表5-27),利用插值方法,生成湖区各计算网格污染物的初始浓度,大东湖水系水质分布情况见图5-18～图5-20。沙湖、杨春湖、北湖等湖区,由于各种生活污水和工业废水排放,导致水质一直为劣Ⅴ类。而东湖、严西湖、严东湖、竹子湖、青潭湖等湖区整体水质自西向东逐步好转,但整体来说还是以Ⅴ类、Ⅳ类水质为主。而东湖各个子湖中,水果湖、庙湖、菱角湖、喻家湖、筲箕湖水质较差,一般为Ⅴ类或劣Ⅴ类,而郭郑湖、汤菱湖、团湖、后湖的水质相对较好,一般为Ⅳ类,局部地区能达到Ⅲ类。

表 5-27 大东湖水系现状水质状况

湖名	水质现状	湖名	水质现状
沙湖	劣Ⅴ类	东湖-水果湖	劣Ⅴ类
杨春湖	劣Ⅴ类	东湖-庙湖	劣Ⅴ类
北湖	劣Ⅴ类	东湖-菱角湖	Ⅴ类～劣Ⅴ类
东湖	Ⅳ类～劣Ⅴ类	东湖-喻家湖	Ⅴ类～劣Ⅴ类
严西湖	Ⅳ类～Ⅴ类	东湖-筲箕湖	Ⅴ类～劣Ⅴ类
严东湖	Ⅲ类～Ⅳ类	东湖-郭郑湖	Ⅳ类～Ⅴ类
竹子湖	Ⅴ类	东湖-汤菱湖	Ⅳ类～Ⅴ类
青潭湖	Ⅳ类	东湖-团湖	Ⅳ类
		东湖-后湖	Ⅳ类

5) 模型参数的率定

利用2013年5月27日、6月3日和6月9日的沙湖和东湖区域水质采样数据(见表5-28),对模型参数进行率定,采样点位置如图5-21所示。由于缺乏实际的流速采样数据,因此模型水动力参数和水质参数的率定都通过最终水质模拟结果来判定和调整,所含假设为如果水动力模拟不准确,水质参数必然也不准确。同时,针对水动力参数,主要是湖底糙率系数的确定,还重点参考了针对大东湖地区的相关研究文献和报导,最终确定湖底糙率系数为0.025,渠道糙率系数为0.02。水质主要参数则参考国内外湖泊水动力水质模拟的相关文献,结合其他研究结果给定一个水质参

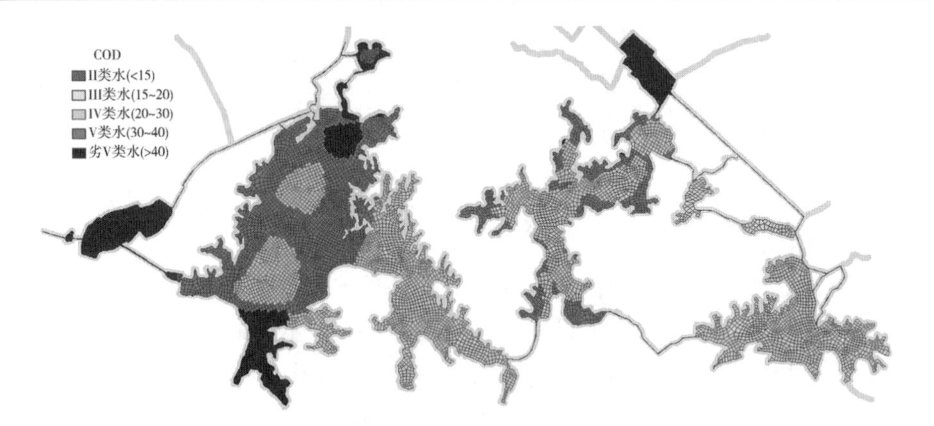

图 5-18 大东湖水系各计算网格 COD 初始水质分布图

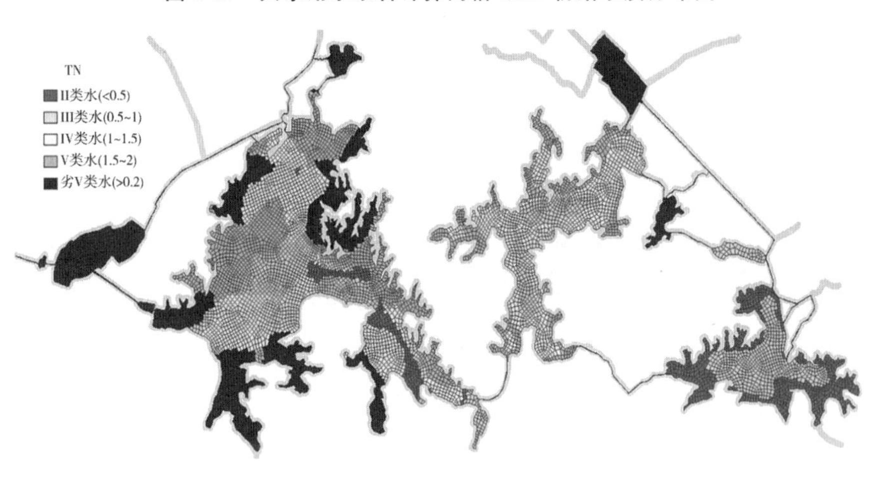

图 5-19 大东湖水系各计算网格 TN 水质分布图

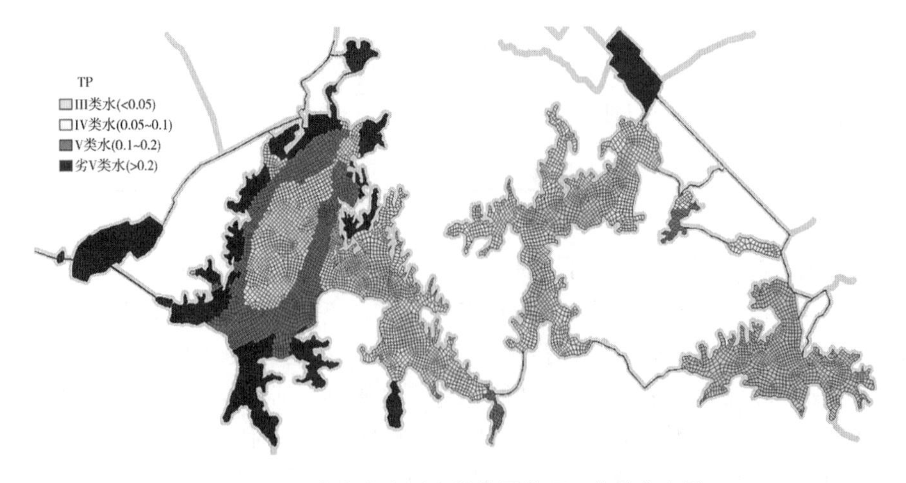

图 5-20 大东湖水系各计算网格 TP 水质分布图

数初始值，然后根据实际情况反复试算得到一组较好的参数值。对于本模型中涉及的水质参数，其取值主要通过相关实验数据、参考文献和模型率定等方式联合确定。本次模拟水质参数的降解系数最终确定为COD、TN、TP分别为0.015 d^{-1}、0.008 d^{-1}、0.05 d^{-1}，与其他研究大东湖地区湖泊的结论基本一致。

表5-28　2013年各采样点实测结果(单位:mg/L)

测点＼指标	COD			TN			TP		
	5/27	6/3	6/9	5/27	6/3	6/9	5/27	6/3	6/9
S1	14.00	17.42	12.18	0.12	3.44	2.91	0.25	0.20	0.31
S2	20.00	20.10	10.83	0.29	4.40	4.88	0.36	0.42	0.35
A1	16.00	8.04	13.54	3.70	5.18	1.14	0.12	0.08	0.10
A2	14.00	8.04	13.54	3.70	5.18	1.14	0.12	0.08	0.10
A3	12.00	10.72	14.89	0.40	4.08	0.62	0.10	0.09	0.11
A4	8.06	6.70	10.83	2.08	4.99	0.52	0.26	0.10	0.03
A5	10.08	4.02	10.83	3.14	5.18	0.90	0.25	0.11	0.10
A6	12.09	6.70	9.48	2.84	3.21	0.12	0.15	0.09	0.07
A7	12.09	5.36	9.48	2.27	4.02	0.63	0.13	0.12	0.09
A8	18.14	6.70	14.89	5.24	5.15	0.24	0.16	0.13	0.09
A9	8.06	8.04	12.18	3.95	4.16	0.69	0.13	0.13	0.08

图5-21　采样点位置分布示意图

图5-22至图5-30分别给出了COD、TN、TP在2013年5月27日、6月3日和6月9日的实测值和模拟计算值对比图。从图中可以看出，在不同时间点，大东湖水系中11个不同位置处的COD、TN、TP总体分布特征模拟值与实测值基本相近。表5-29给出了各观测点不同时间点的模拟值与实测值之间的相对误差统计结果，总体来看COD模拟结果相对较好，TN、TP在个别时间点个别采样点的实测值与观测值的误差相对较大，超过30%，但大部分相对误差在10%～30%之间。个别误差较大的，主要是实测值本身就非常小，在实际模拟中容易出现较大误差。总体上，建立的模型能够较好地模拟湖区水质的变化，可以用于各种工况分析。

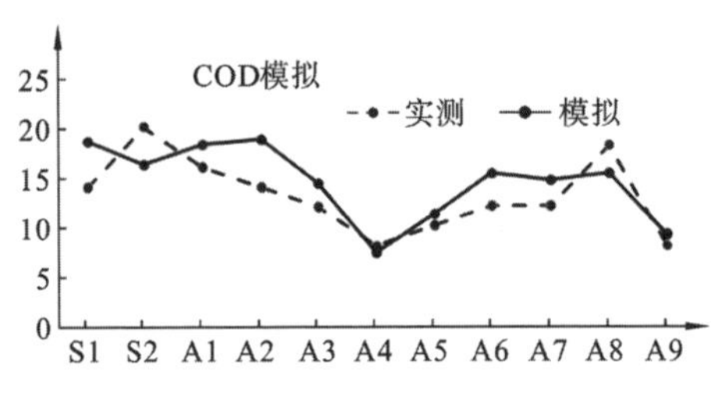

图5-22 5月27日各采样点COD观测值与模拟值对比(mg/L)

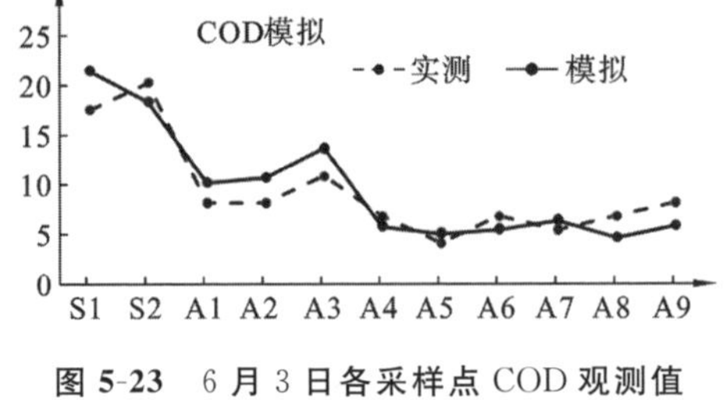

图5-23 6月3日各采样点COD观测值与模拟值对比(mg/L)

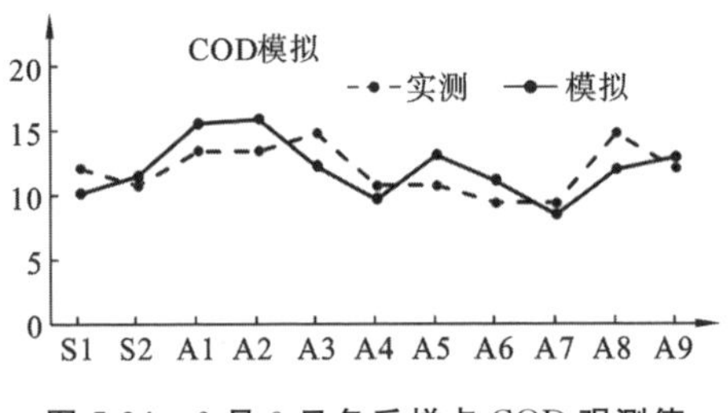

图5-24 6月9日各采样点COD观测值与模拟值对比(mg/L)

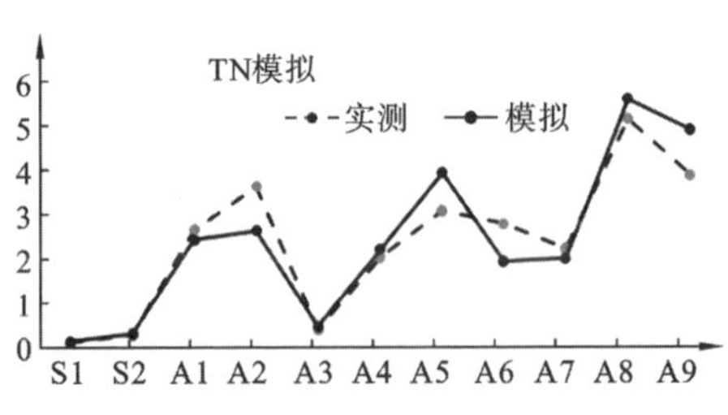

图5-25 5月27日各采样点TN观测值与模拟值对比(mg/L)

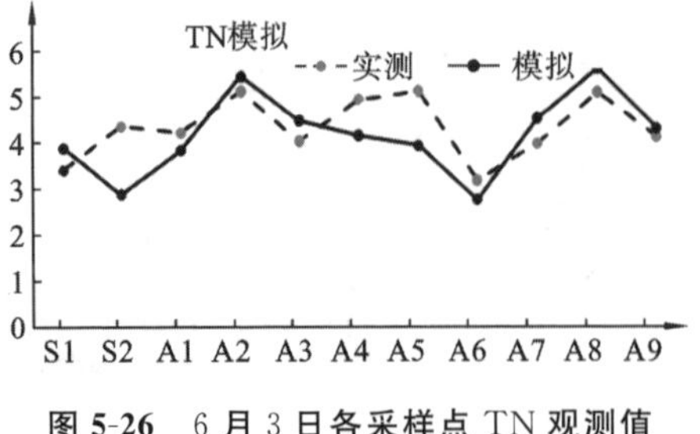

图5-26 6月3日各采样点TN观测值与模拟值对比(mg/L)

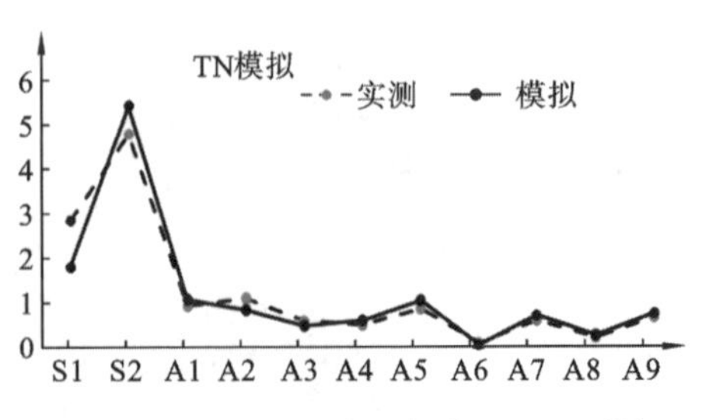

图5-27 6月9日各采样点TN观测值与模拟值对比(mg/L)

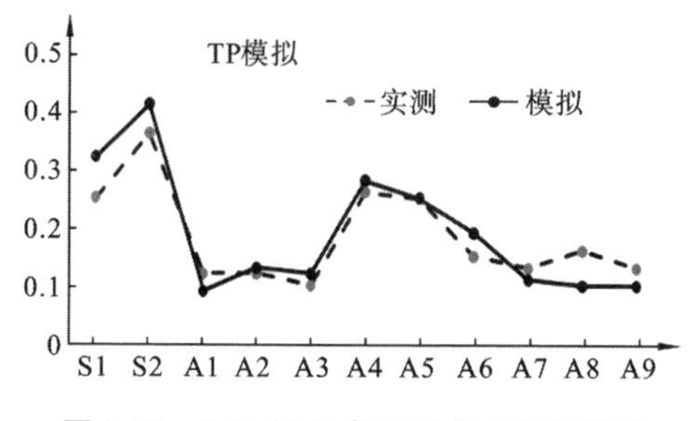

图 5-28　5 月 27 日各采样点 TP 观测值与模拟值对比(mg/L)

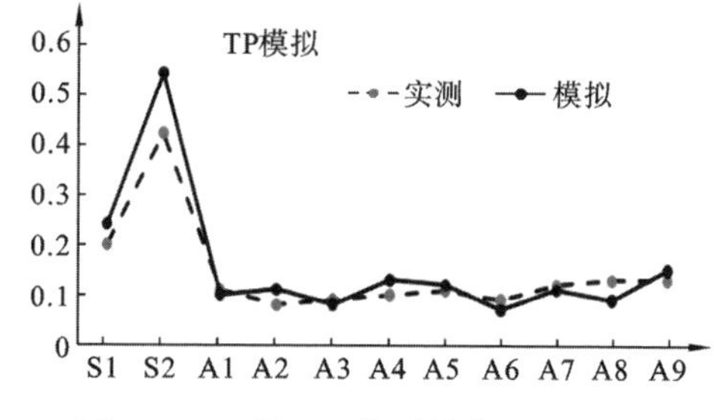

图 5-29　6 月 3 日各采样点 TP 观测值与模拟值对比(mg/L)

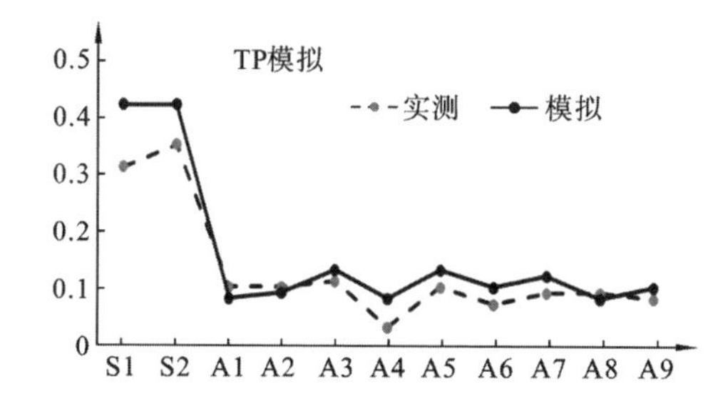

图 5-30　6 月 9 日各采样点 TP 观测值与模拟值对比(mg/L)

表 5-29　模型参数率定相对误差分析

COD /(mg/L)	5 月 27 日			6 月 3 日			6 月 9 日		
	实测	模拟	相对误差 /(%)	实测	模拟	相对误差 /(%)	实测	模拟	相对误差 /(%)
S1	14	18.53	32.4	17.42	21.34	22.5	12.18	10.24	15.9
S2	20	16.24	18.8	20.1	18.23	9.3	10.83	11.57	6.8
A1	16	18.23	13.9	8.04	10.12	25.9	13.54	15.67	15.7
A2	14	18.74	33.9	8.04	10.57	31.5	13.54	16.02	18.3
A3	12	14.36	19.7	10.72	13.57	26.6	14.89	12.37	16.9
A4	8.06	7.32	9.2	6.7	5.7	14.9	10.83	9.78	9.7
A5	10.08	11.23	11.4	4.02	5.03	25.1	10.83	13.21	22.0
A6	12.09	15.32	26.7	6.7	5.43	19.0	9.48	11.23	18.5
A7	12.09	14.65	21.2	5.36	6.32	17.9	9.48	8.56	9.7
A8	18.14	15.32	15.5	6.7	4.58	31.6	14.89	12.1	18.7
A9	8.06	9.14	13.4	8.04	5.78	28.1	12.18	13.08	7.4

续表

TN /(mg/L)	5月27日			6月3日			6月9日		
	实测	模拟	相对误差 /(%)	实测	模拟	相对误差 /(%)	实测	模拟	相对误差 /(%)
S1	0.12	0.14	16.7	3.44	3.92	14.0	2.91	1.85	36.4
S2	0.29	0.32	10.3	4.4	2.89	34.3	4.88	5.52	13.1
A1	2.71	2.47	8.9	4.26	3.87	9.2	0.96	1.12	16.7
A2	3.7	2.68	27.6	5.18	5.51	6.4	1.14	0.88	22.8
A3	0.4	0.47	17.5	4.08	4.53	11.0	0.62	0.52	16.1
A4	2.08	2.25	8.2	4.99	4.19	16.0	0.52	0.64	23.1
A5	3.14	4.01	27.7	5.18	3.97	23.4	0.9	1.1	22.2
A6	2.84	1.98	30.3	3.21	2.78	13.4	0.12	0.08	33.3
A7	2.27	2.04	10.1	4.02	4.58	13.9	0.63	0.75	19.0
A8	5.24	5.69	8.6	5.15	5.68	10.3	0.24	0.3	25.0
A9	3.95	4.98	26.1	4.16	4.35	4.6	0.69	0.8	15.9
TP /(mg/L)	实测	模拟	相对误差 /(%)	实测	模拟	相对误差 /(%)	实测	模拟	相对误差 /(%)
S1	0.25	0.32	28.0	0.2	0.24	20	0.31	0.42	35.5
S2	0.36	0.41	13.9	0.42	0.54	28.6	0.35	0.42	20.0
A1	0.12	0.09	25.0	0.11	0.1	9.1	0.1	0.08	20.0
A2	0.12	0.13	8.3	0.08	0.11	37.5	0.1	0.09	10.0
A3	0.1	0.12	20.0	0.09	0.08	11.1	0.11	0.13	18.2
A4	0.26	0.28	7.7	0.1	0.13	30	0.03	0.08	166.7
A5	0.25	0.25	0	0.11	0.12	9.1	0.1	0.13	30.0
A6	0.15	0.19	26.7	0.09	0.07	22.2	0.07	0.1	42.9
A7	0.13	0.11	15.4	0.12	0.11	8.3	0.09	0.12	33.3
A8	0.16	0.1	37.5	0.13	0.09	30.8	0.09	0.08	11.1
A9	0.13	0.1	23.1	0.13	0.15	15.4	0.08	0.1	25.0

5.3.2 不同背景场下大东湖水系水动力水质变化特征分析

1. 模拟工况设计

本节开展大东湖水系水动力水质模拟的主要目的是：①掌握湖区的水动力状况和水污染分布特征；②探索不同江水调引方案下湖区水动力和水质的改善情况，为大东湖闸渠系统的运行调度提供决策依据;③研究不同污染源控制措施下湖区水体水质的改善程度;④湖区风速对水动力水质特征的影响。针对上述研究目的,制定了如表5-30和表5-31所示的模拟工况。

表5-30 点源和面源污染模拟工况

方案组	点源污染浓度/(mg/L)				面源污染浓度/(mg/L)			
	方案	COD	TN	TP	方案	COD	TN	TP
G1/H1	现状	68.49	11.18	0.77	现状	36.1	17.63	1.36
G2	削减30%	47.95	7.83	0.54				
G3	削减60%	27.4	4.47	0.31				
G4	削减90%	6.85	1.12	0.08				
H2	现状	68.49	11.18	0.77	+50%	54.15	26.45	2.05
H3					−50%	18.05	8.82	0.68

根据现有资料,在不同标准的污染物排放量下,湖区的污染负荷总量是有差异的,为分析污染负荷总量对于湖区水质的影响,一共设计了6套方案组,每一套方案组对应于不同的点源和面源排放浓度,具体如表5-30所示。在表5-30中给出了点源污染负荷分别削减30%、60%、90%,面源污染削减50%和不采取措施面源负荷继续增加50%的设定。针对不同的污染物排放设定,又对应设计不同引江水运行方案(入流流量、引江水运行时间间隔、闸渠控制闸门开启状态)和不同风力条件方案(见表5-31),从而形成多组交叉方案。根据各个交叉方案的模拟结果,来分析单一因子对于湖区水动力和水质的影响效应。对于每一组污染源方案,对应有27组交叉方案,如表5-31所示。因此,综合所有套方案组,一共设计了162组方案。

表5-31 引江水调度方案和闸门运行状态工况设计

每套方案组内的方案	青山港入流/(m^3/s)	曾家巷入流/(m^3/s)	入流间隔天数	闸门状态	风速/(m/s)
A1	15	5	0	全开	0
A2	30	5			
A3/B4/C2/D2/E1/F1	30	10			
A4	30	15			
A5	30	20			
B1	15	10			
B2	20	10			
B3	25	10			

续表

每套方案组内的方案	青山港入流/(m^3/s)	曾家巷入流/(m^3/s)	入流间隔天数	闸门状态	风速/(m/s)
B5	35	10			
B6	40	10			
C1	40	0			
C3	10	20			
C4	10	30			
C5	0	40			
D1	30	10		关闭沙湖支渠闸、花山船闸	
D3	30	10		关闭沙湖支渠闸	
D4	30	10		关闭花山船闸	
D5	30	10		南湖连通渠放水	
D6	30	10		南湖连通渠、梁子湖连通渠放水	
E2	30	10	1		
E3	30	10	2		
E4	30	10	3		
E5	30	10	4	全开	
E6	30	10	5		
F2	30	10			1
F3	30	10	0		2
F4	30	10			3

2. 模拟工况结果对比分析

1) G1/H1 组下的 A1 方案

该方案为现状点源和面源污染排放条件下，由青山港和曾家巷分别持续引流，流量为 15 m^3/s、5 m^3/s，其他渠道闸门全部运营，而远景规划的南湖连通渠和梁子湖连通渠不启动，湖区无风。模拟结果见图 5-31～图 5-34。从图中可以看出，在小流量引入江水的条件下，整个大东湖水系湖区水流流速仍然偏小，除了渠道中流速较快外，其他流速为 0.0001～0.05 m/s，主要原因为整个湖区水域面积非常大，所以导致湖区水流流速没有显著提高。从 COD、TN、TP 湖区浓度随时间变化的模拟结果来看，随着江水进入湖区，在稀释作用、水体水动力改善提高湖区自净能力及污染物扩散速度加快的综合作用下，湖区水质有明显的改善，但点源污染排放口处的水质仍然

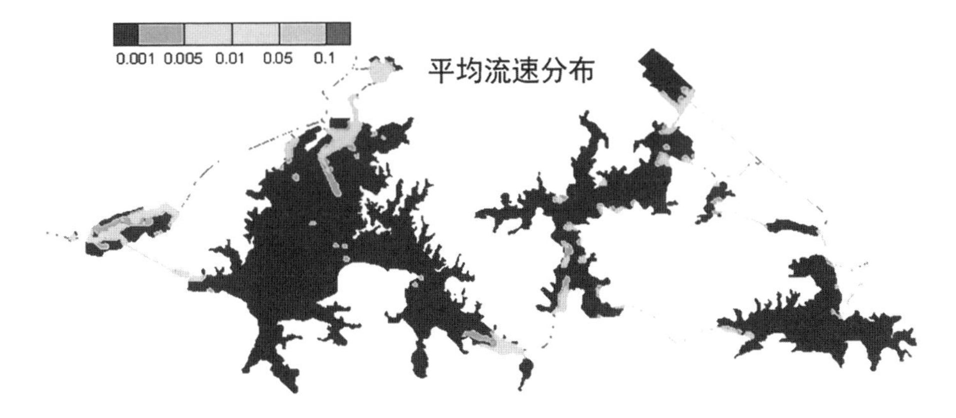

图 5-31 G1/H1 组下的 A1 方案水动力分布特征

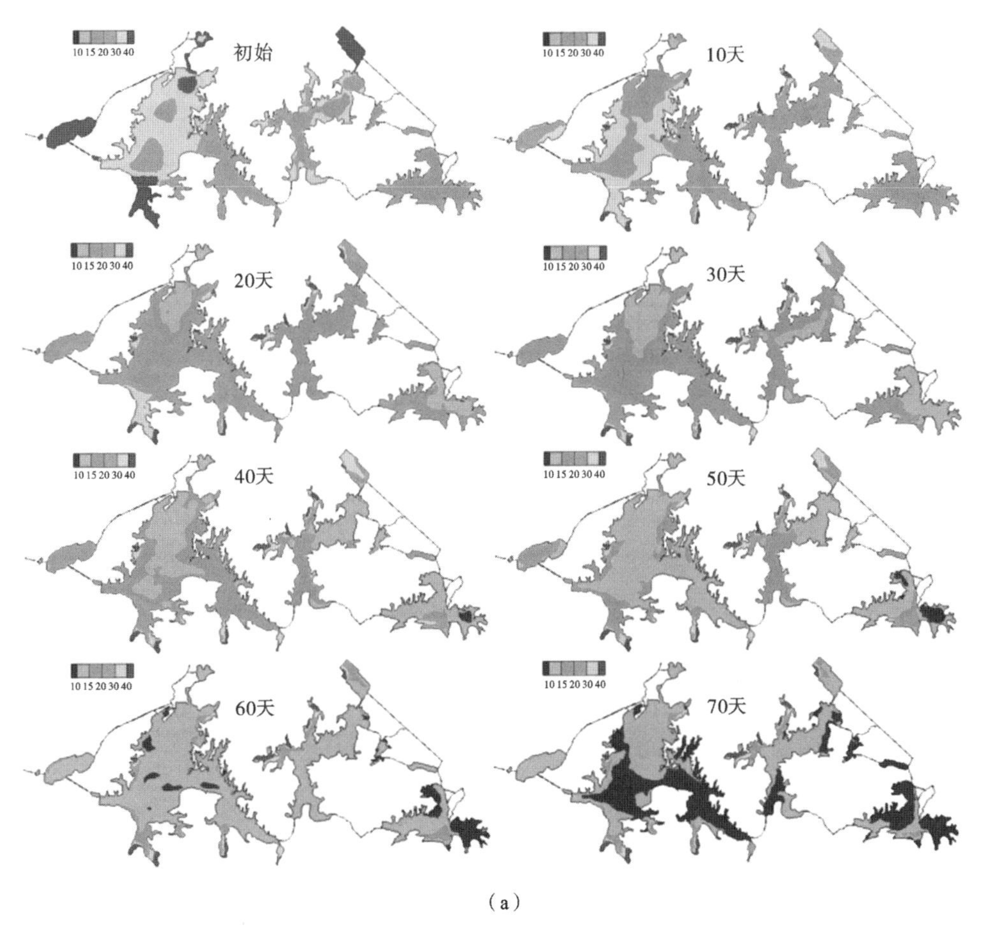

(a)

图 5-32 G1/H1 组下的 A1 方案下湖区 COD 浓度分布变化

(a) 前 70 天(每 10 天);(b) 70~100 天(每 10 天)

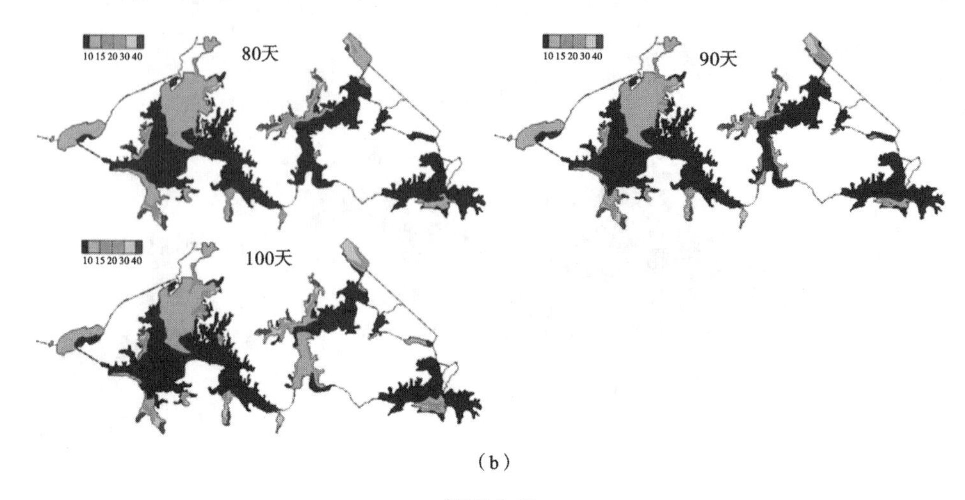

（b）

续图 5-32

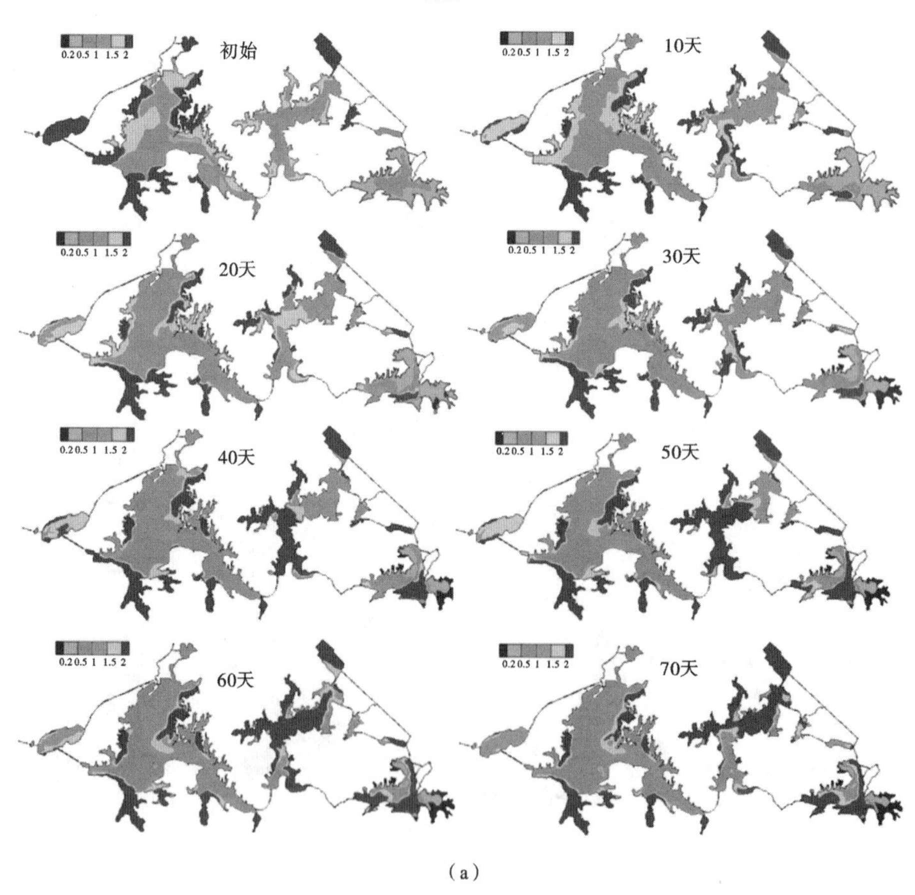

（a）

图 5-33 G1/H1 组下的 A1 方案下湖区 TN 浓度分布变化

(a) 前 70 天(每 10 天)；(b) 70～100 天(每 10 天)

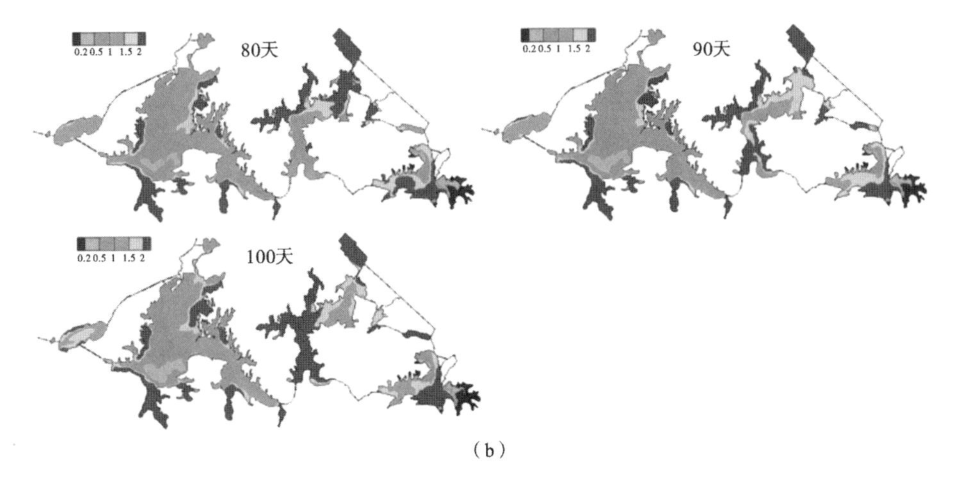

(b)

续图 5-33

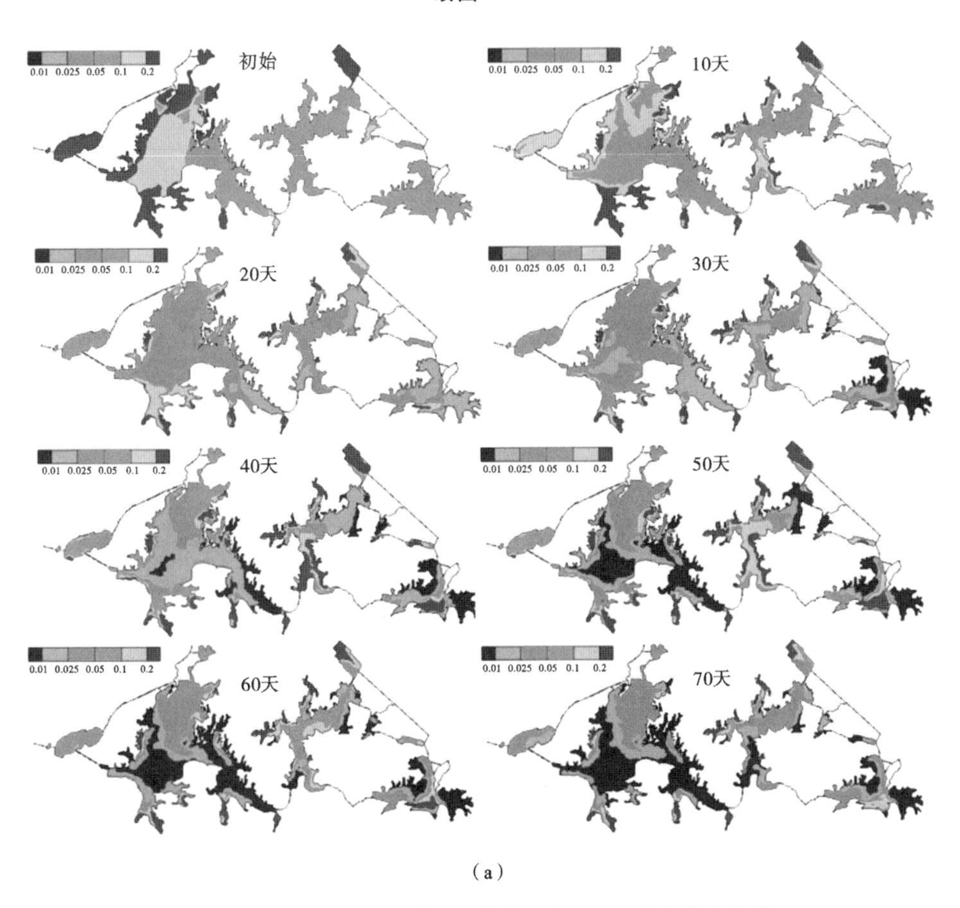

(a)

图 5-34　G1/H1 组下的 A1 方案下湖区 TP 浓度分布变化

(a) 前 70 天(每 10 天);(b) 70～100 天(每 10 天)

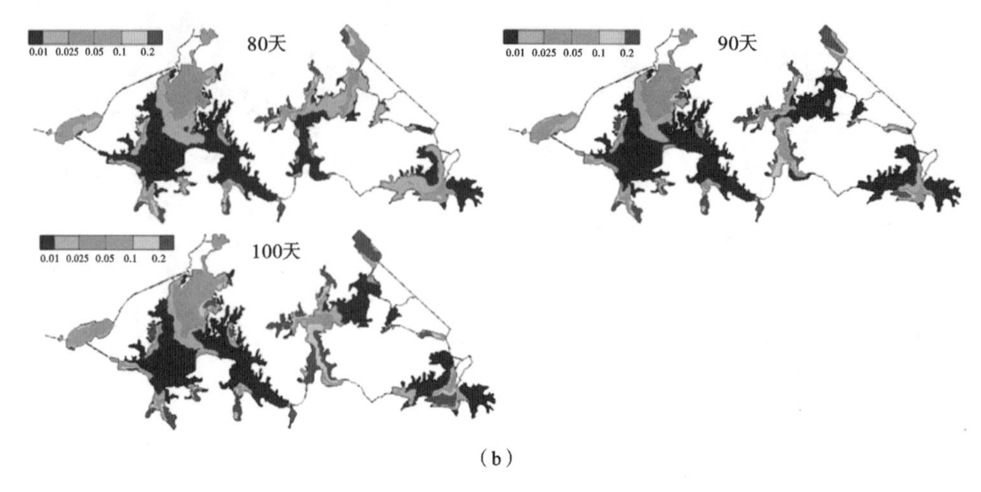

（b）

续图 5-34

较差，主要原因是污染物的扩散受限于水流条件。总的来看，COD 水质改善的效果要远好于 TN 和 TP。为了进一步分析湖区水质改善效果，图 5-35 对湖区不同水质类别的面积进行统计分析，结果表明，模拟工况 100 天后，湖区 COD 达到Ⅲ类水以上的面积约占整个湖区水域面积的 80%，劣于Ⅲ类水的水域主要分布在点源排放口附近；湖区 TN 在Ⅲ类水以上的水域面积仅达到 30%左右，而 TP 约占 60%。湖区流速小于 0.05 m/s 的面积占到 90%以上。

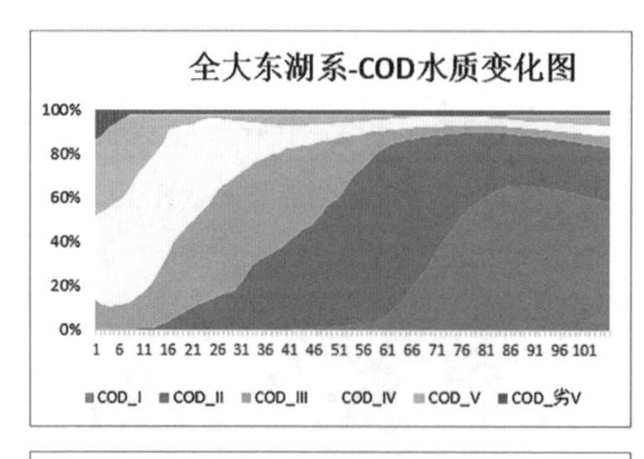

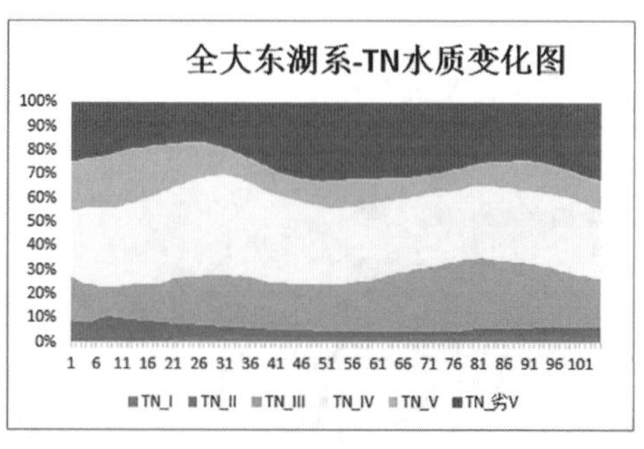

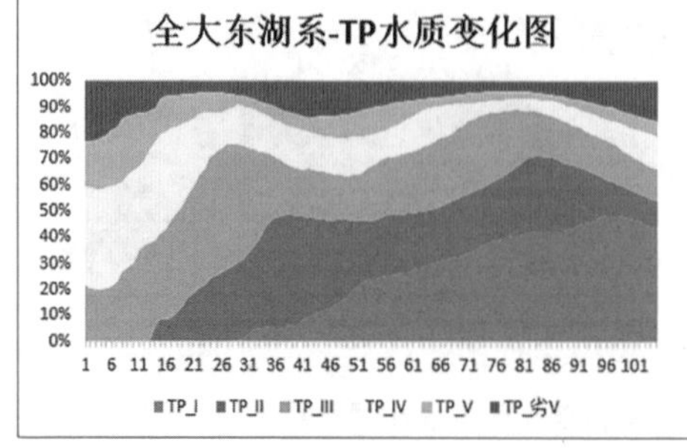

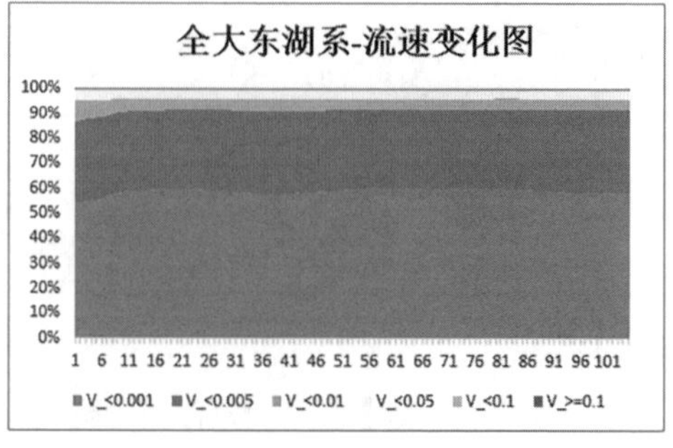

图 5-35 G1/H1 组下的 A1 方案下湖区不同水质类别和不同流速水平所占面积百分比变化

图 5-36～图 5-38 给出了大东湖水系中主要湖泊 COD、TN、TP 不同水质类别的面积占各自水体总面积的百分比。从图中可以明显看出，无论是 COD、TN 还是 TP，北湖的水污染改善程度最低，相对问题比较严重。而对于 TN，沙湖、严西湖、北湖和竹子湖的问题仍然比较严重，劣于Ⅲ类水的水域面积仍然占了多数。对于 TP 来说，北湖问题最为严重，严西湖和沙湖次之。

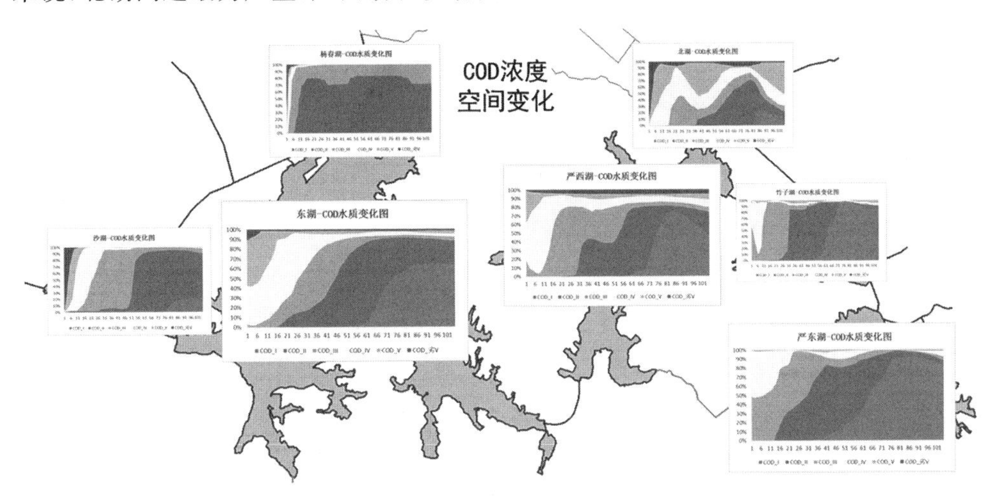

图 5-36　G1/H1 组下的 A1 方案下主要湖泊 COD 不同水质类别所占面积百分比变化

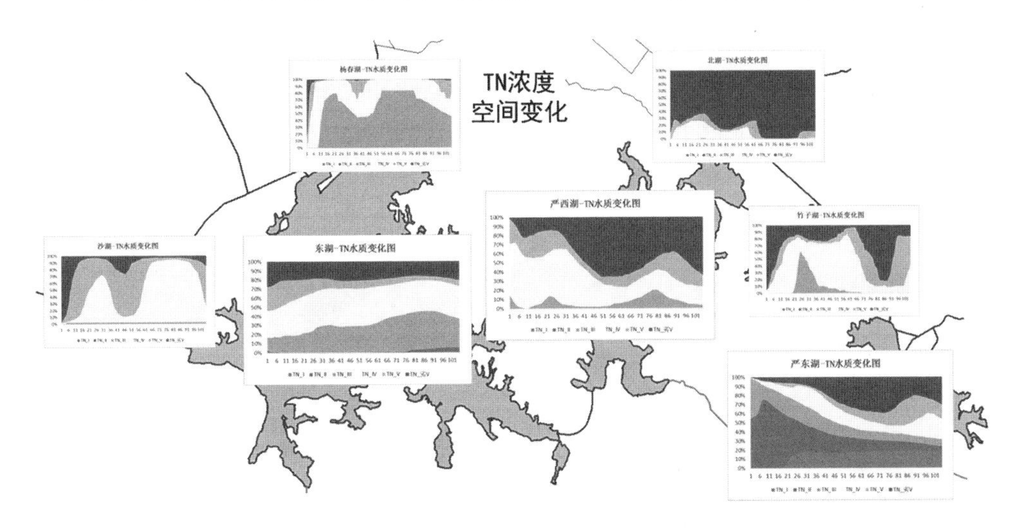

图 5-37　G1/H1 组下的 A1 方案下主要湖泊 TN 不同水质类别所占面积百分比变化

2) G1/H1 组下的 A3/B4/C2/D2/E1/F1 方案

该方案为现状点源和面源污染排放条件下，由青山港和曾家巷分别持续引流，流量为 30 m^3/s、10 m^3/s，其他渠道闸门全部运营，而远景规划的南湖连通渠和梁子湖连通渠不启动，湖区无风。模拟结果见图 5-39～图 5-42。从图中可以看出，在大流

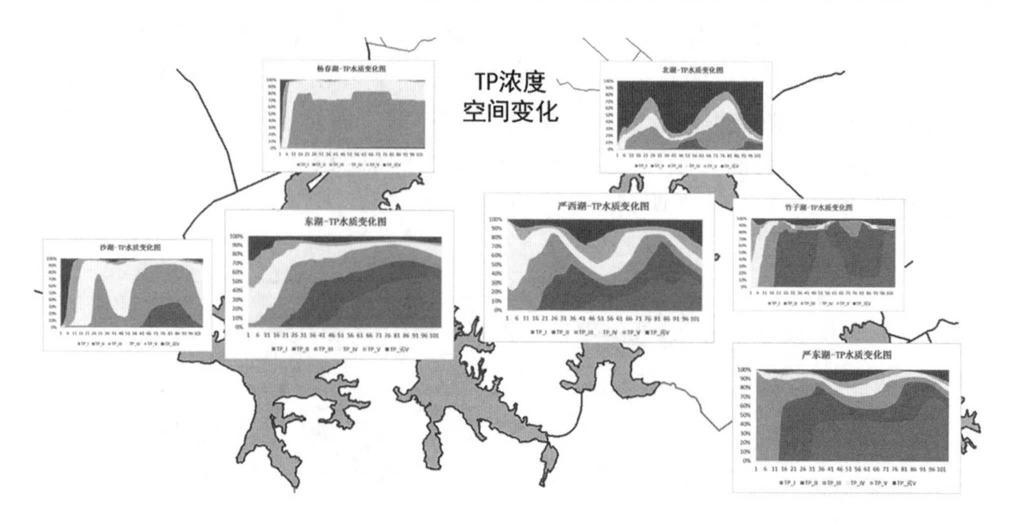

图 5-38 G1/H1 **组下的** A1 **方案下主要湖泊** TP **不同水质类别所占面积百分比变化**

量引入江水的条件下，整个大东湖水系湖区水流流速相比“G1/H1 组下的 A1 方案”有了明显的改善，有相当部分的水域流速为 0.01～0.05 m/s。从 COD、TN、TP 湖区浓度随时间变化的模拟结果来看，随着江水进入湖区，在稀释作用、水体水动力改善提高湖区自净能力及污染物扩散速度加快的综合作用下，湖区水质有更为明显的改善，但同样点源排放口处的水质仍然要差于其他区域，但要好于“G1/H1 组下的 A1 方案”。同样，COD 水质改善的效果要远好于 TN 和 TP。对湖区不同水质类别面积进行统计分析，结果如图 5-43 所示。统计结果表明，模拟工况 100 天后，湖区 COD 达到Ⅲ类水以上的面积约占整个湖区水域面积的 90%；湖区 TN 达到Ⅲ类水以上的水域面积达到 60%左右，而 TP 约占 80%，效果明显好于“G1/H1 组下的 A1 方案”。

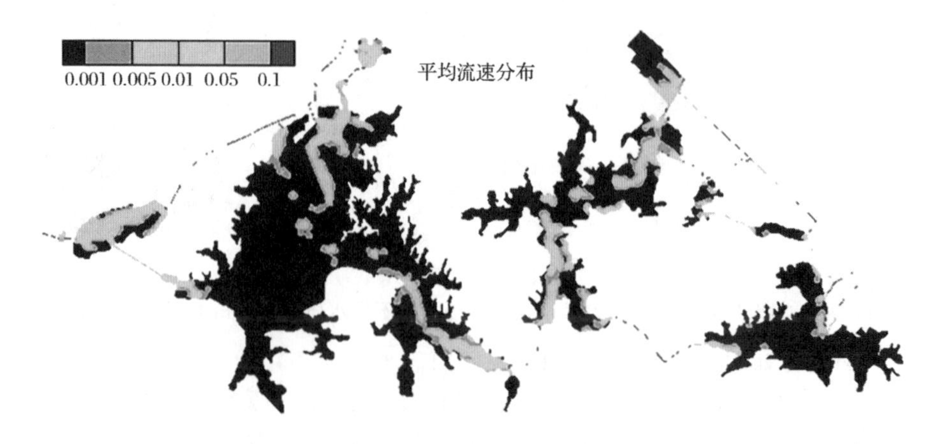

图 5-39 G1/H1 **组下的** A3/B4/C2/D2/E1/F1 **方案下湖区流速变化**

图 5-44～图 5-46 给出了大东湖水系中主要湖泊的 COD、TN、TP 不同水质类别

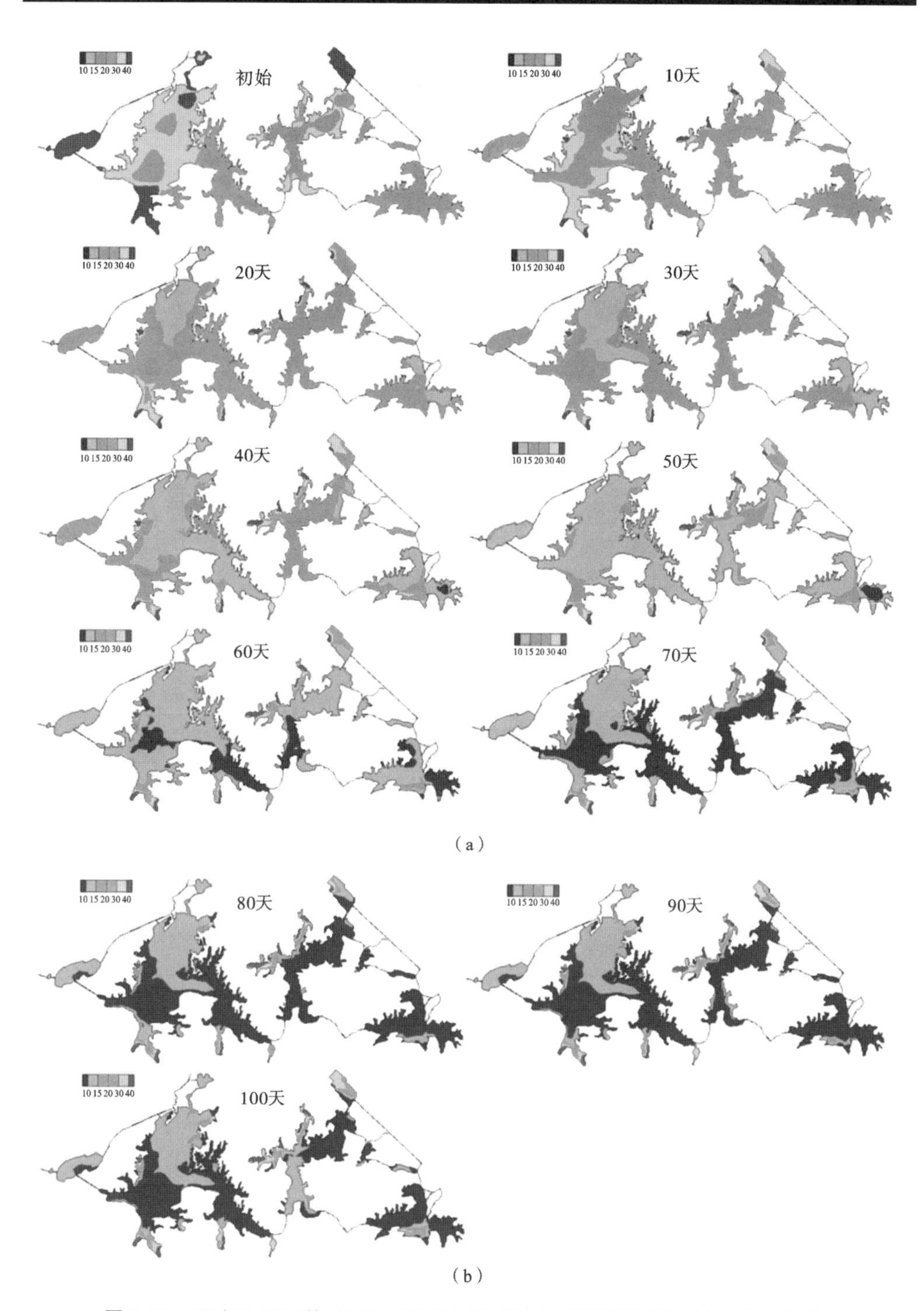

图 5-40　G1/H1 组下的 A3/B4/C2/D2/E1/F1 方案下湖区 COD 浓度分布变化

(a) 前 70 天(每 10 天);(b) 70～100 天(每 10 天)

图 5-41　G1/H1 组下的 A3/B4/C2/D2/E1/F1 方案下湖区 TN 浓度分布变化

(a) 前 70 天(每 10 天)；(b) 70～100 天(每 10 天)

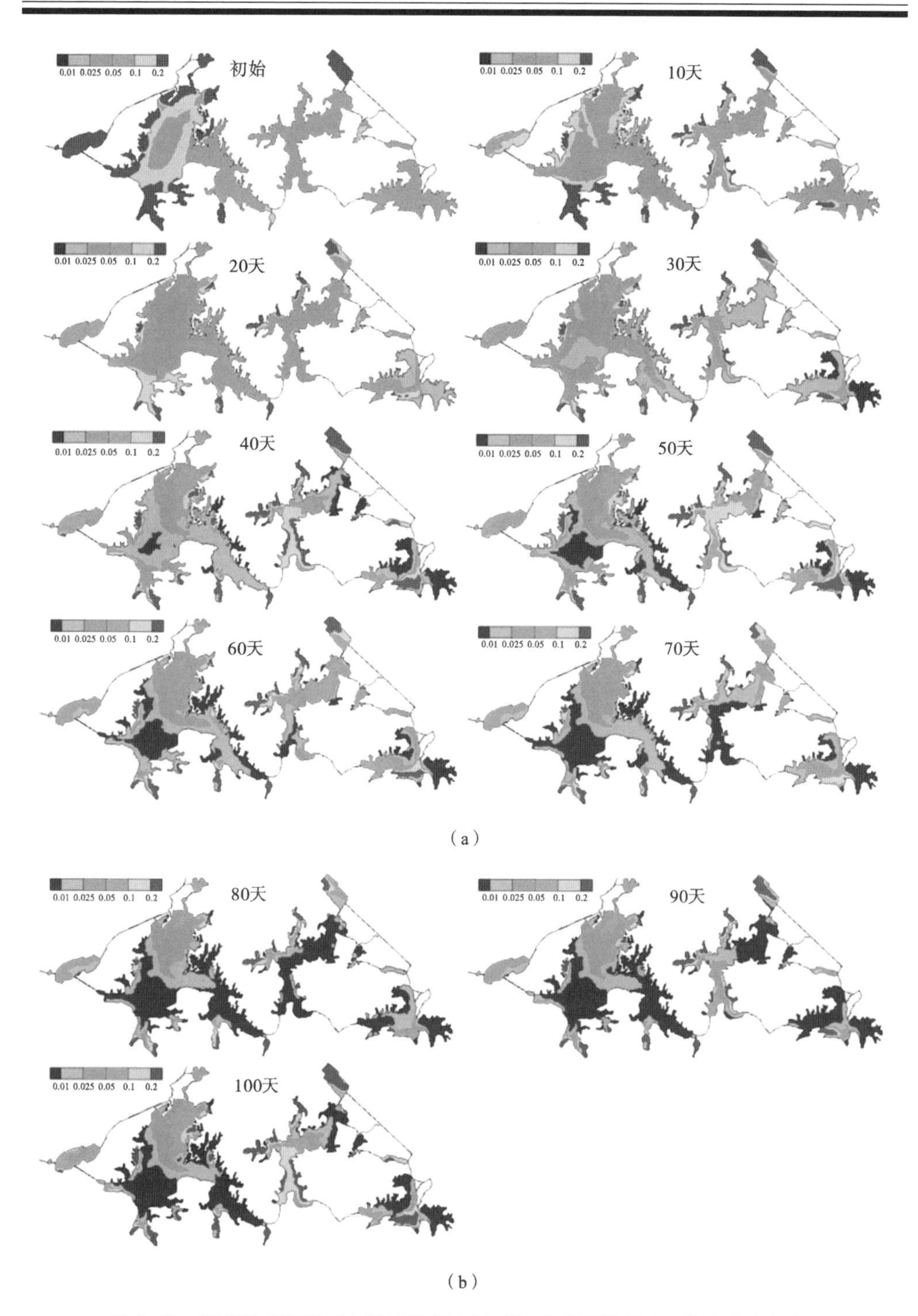

图5-42　G1/H1组下的A3/B4/C2/D2/E1/F1方案下湖区TP浓度分布变化

(a) 前70天(每10天)；(b) 70～100天(每10天)

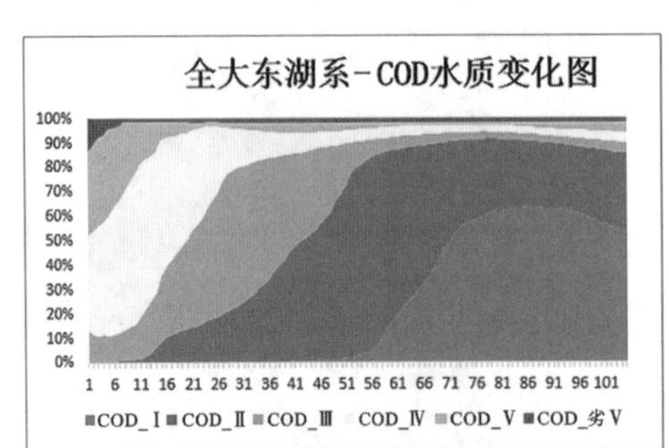

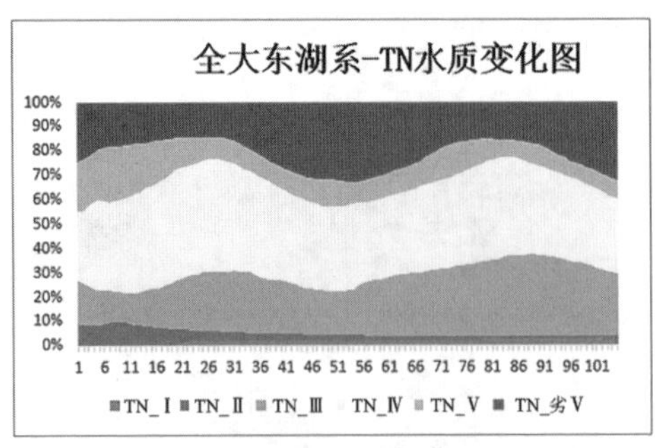

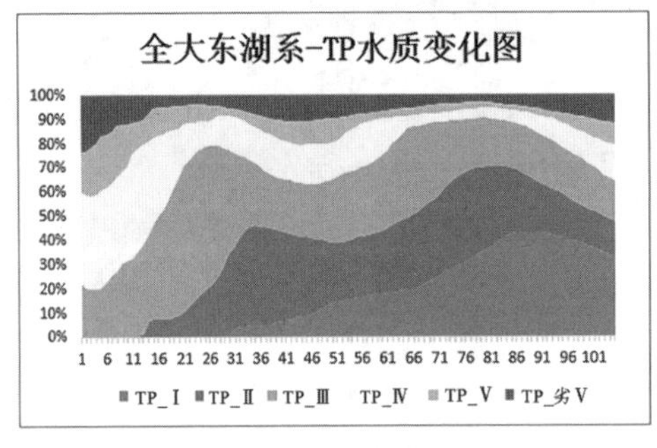

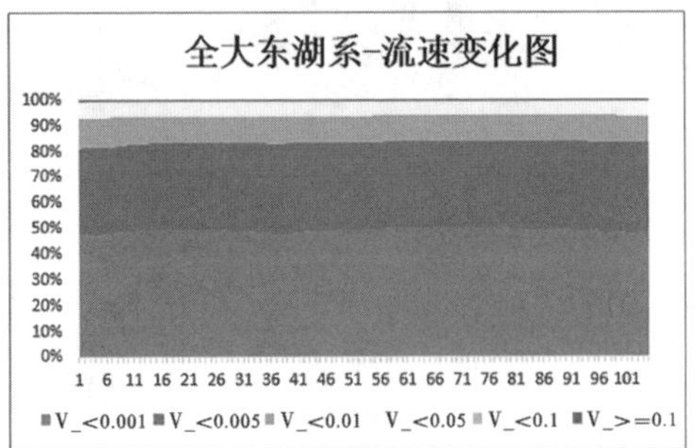

图 5-43　G1/H1 组下的 A3/B4/C2/D2/E1/F1 方案下湖区不同水质类别和不同流速水平所占面积百分比变化

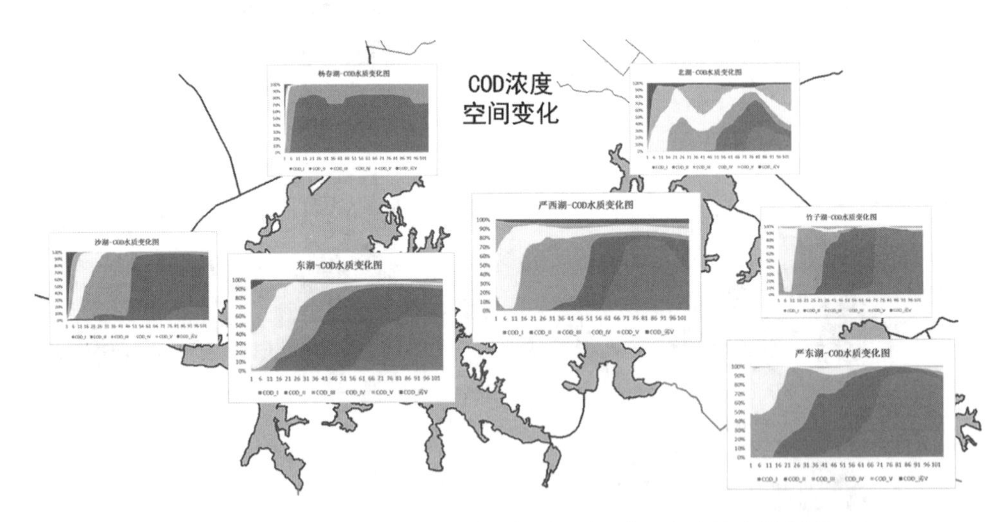

图 5-44　G1/H1 组下的 A3/B4/C2/D2/E1/F1 方案下主要湖泊 COD 不同水质类别所占面积百分比变化

的面积占各自水体总面积的百分比。从图中可以明显看出，无论是 COD、TN 还是 TP，北湖的水污染改善程度仍然最低，但要好于低引流方案。而对于 TN，严西湖、北湖的问题仍然比较严重，劣于Ⅲ类水的水域面积仍然占多数。而竹子湖的水污染得到显著改善。对于 TP 来说，北湖问题最为严重，严西湖次之。

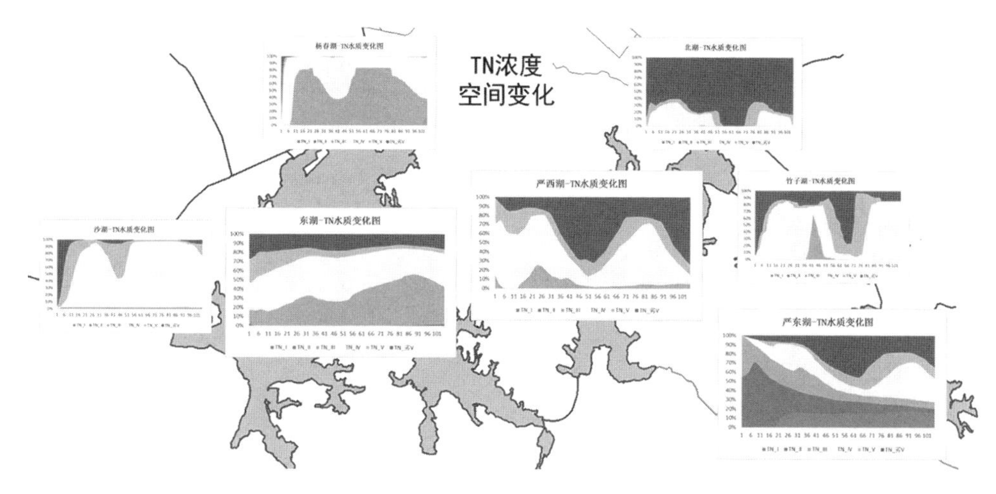

图 5-45　G1/H1 组下的 A3/B4/C2/D2/E1/F1 方案下主要湖泊 TN 不同水质类别所占面积百分比变化

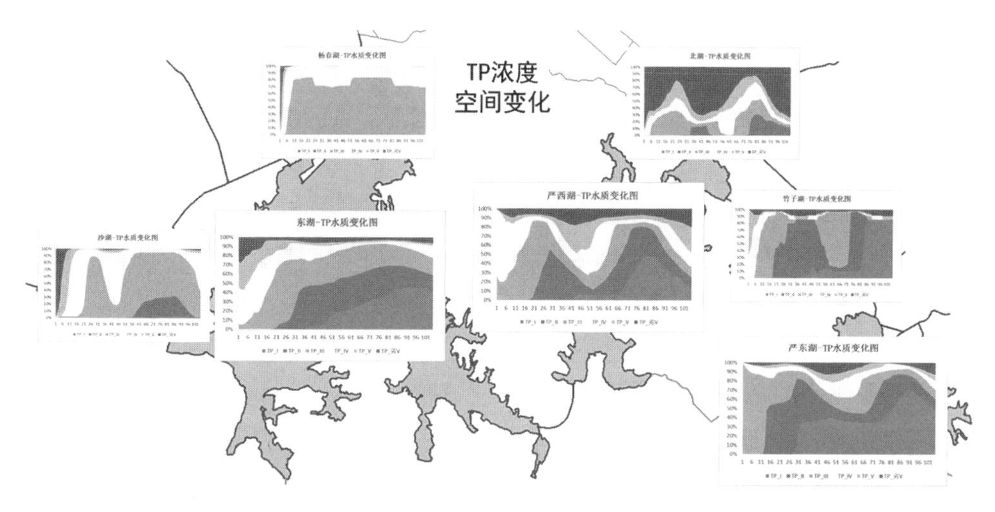

图 5-46　G1/H1 组下的 A3/B4/C2/D2/E1/F1 方案下主要湖泊 TP 不同水质类别所占面积百分比变化

3) G2 组下的 A3/B4/C2/D2/E1/F1 方案

该方案为面源污染排放条件下，入湖点源污染负荷在现状条件下削减 30%，由青山港和曾家巷分别持续引流，流量分别为 30 m^3/s、10 m^3/s，其他渠道闸门全部运营，而远景规划的南湖连通渠和梁子湖连通渠不启动，湖区无风。模拟结果见图 5-47～图 5-49。由于引江水流量工况条件与“G1/H1 组下的 A3/B4/C2/D2/E1/F1 方案”模拟的水动力特征相同，而湖区 COD、TN、TP 浓度的改善主要体现在点源污染排放口区域，但主体水域改善效果不明显。同样对湖区不同水质类别面积进行统计分析，结果如图 5-50 所示。统计结果表明，模拟工况 100 天后，湖区 COD 达到Ⅲ

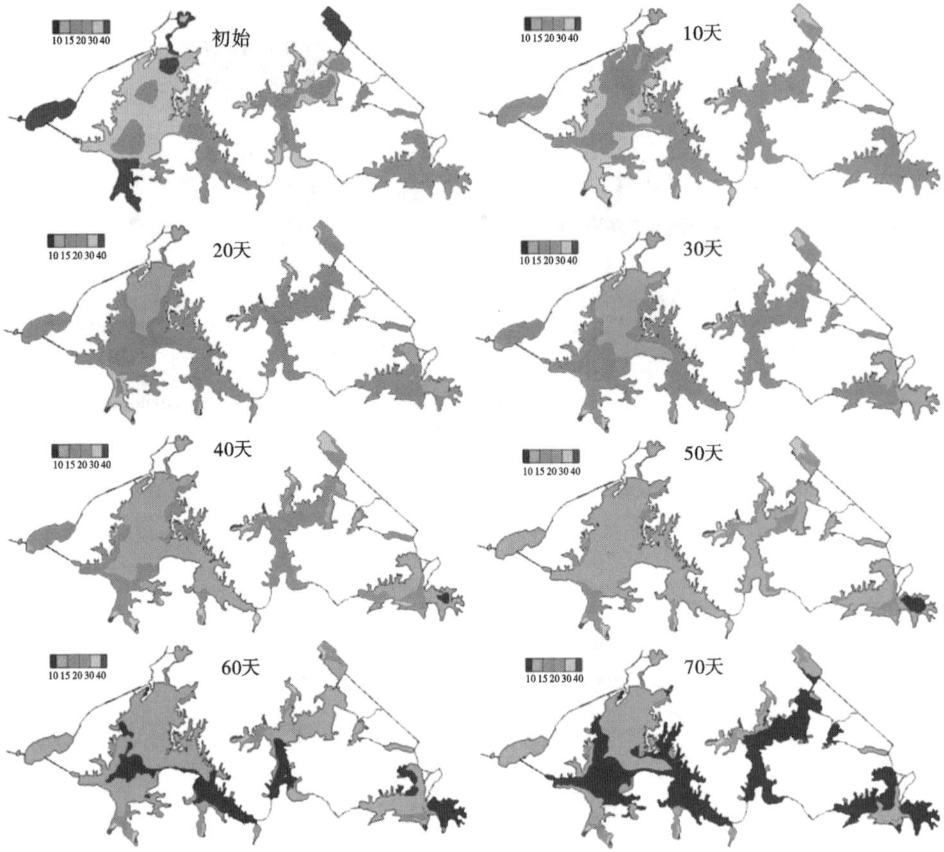

初始 10天 20天 30天 40天 50天 60天 70天

(a)

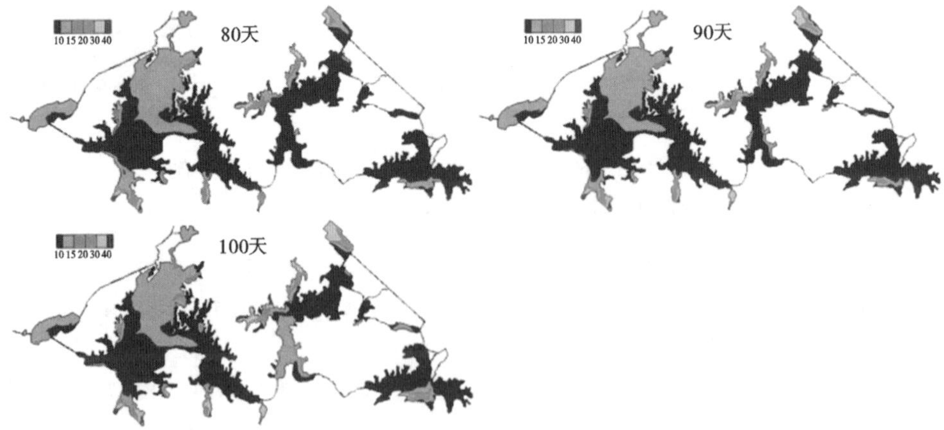

80天 90天 100天

(b)

图 5-47 G2 组下的 A3/B4/C2/D2/E1/F1 方案下湖区 COD 浓度分布变化

(a) 前 70 天(每 10 天);(b) 70～100 天(每 10 天)

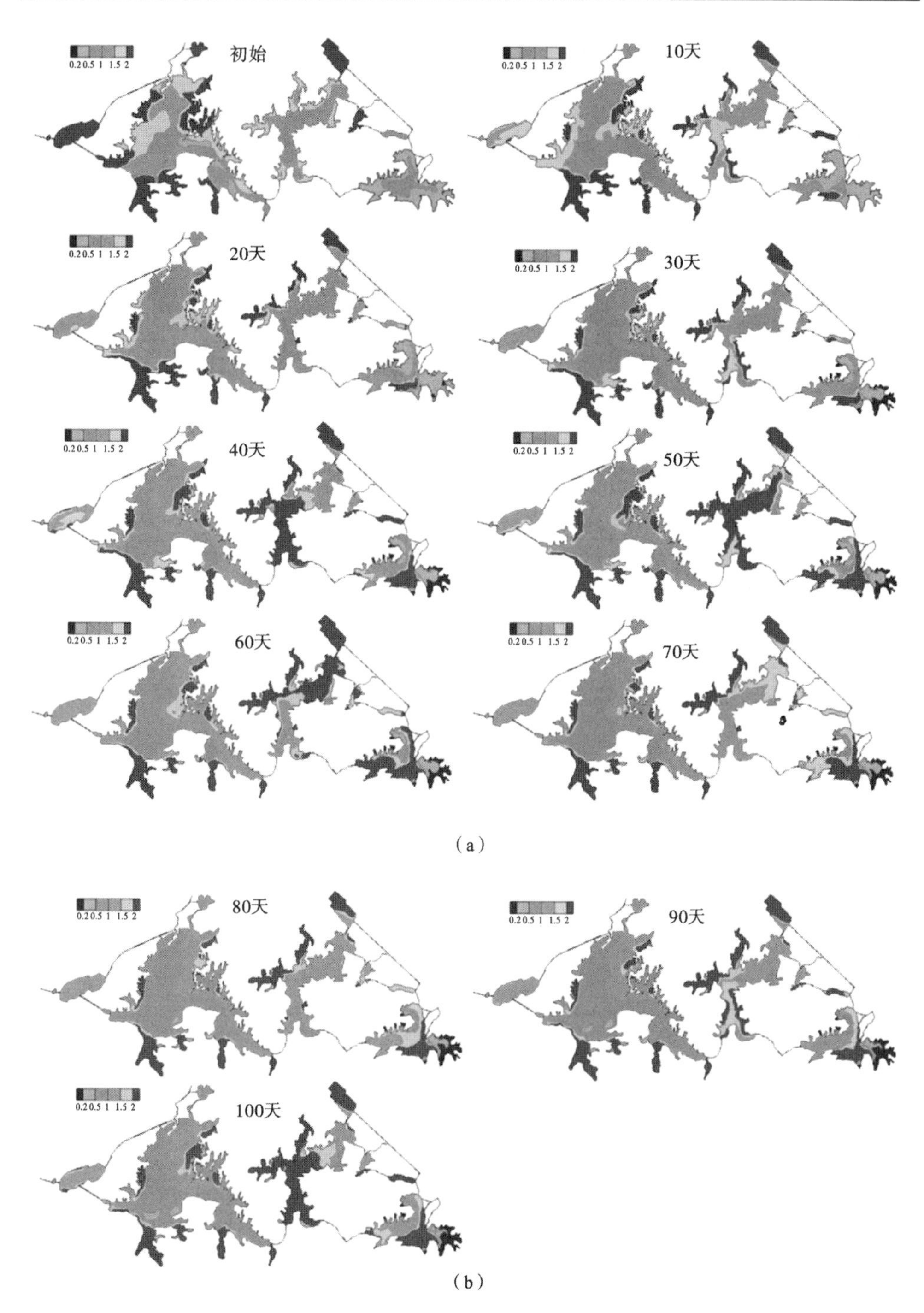

(a)

(b)

图 5-48 G2 组下的 A3/B4/C2/D2/E1/F1 方案下湖区 TN 浓度分布变化

(a) 前 70 天(每 10 天);(b) 70～100 天(每 10 天)

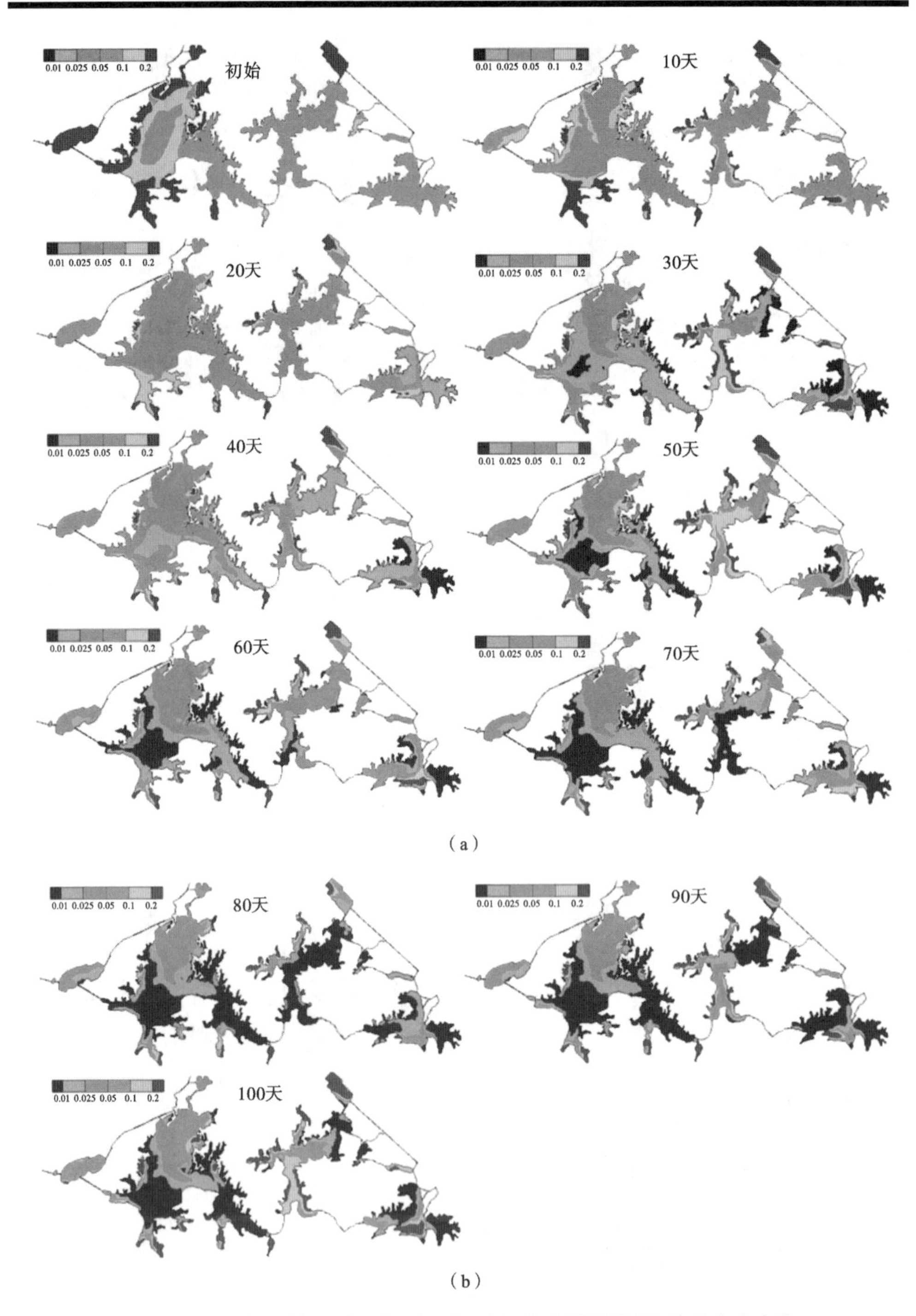

图 5-49 G2 组下的 A3/B4/C2/D2/E1/F1 方案下湖区 TP 浓度分布变化

(a) 前 70 天(每 10 天);(b) 70～100 天(每 10 天)

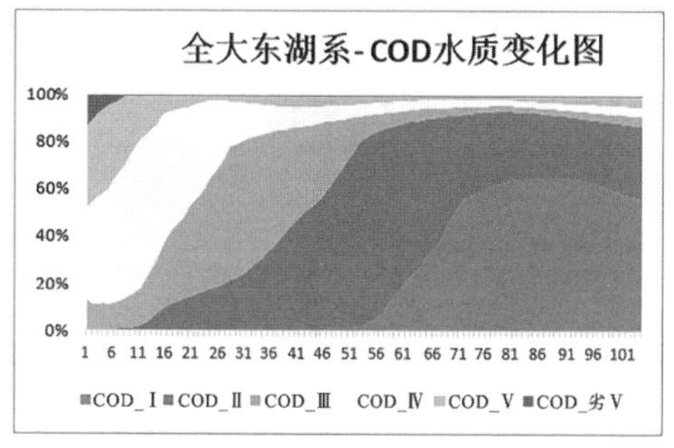

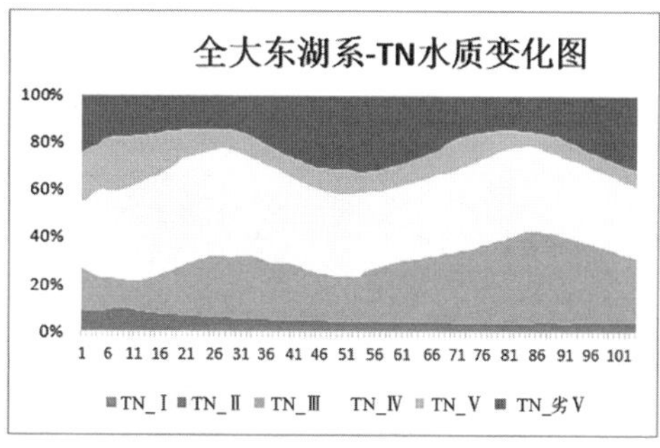

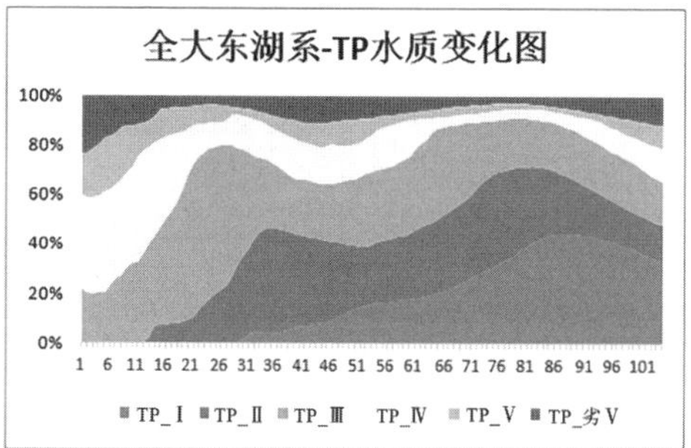

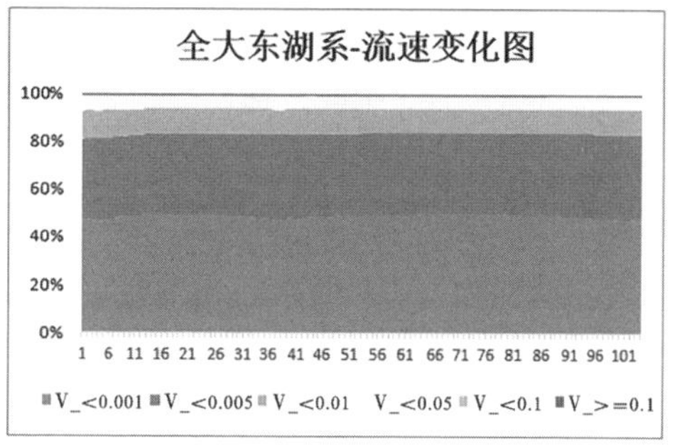

图 5-50　G2 组下的 A3/B4/C2/D2/E1/F1 方案下湖区不同水质类别和不同流速水平所占面积百分比变化

类水以上的水域面积在 90%以上，湖区 TN 达到Ⅲ类水以上的水域面积仍然为 60%左右，而 TP 约占 80%。虽然水质类别面积相比“G1/H1 组下的 A3/B4/C2/D2/E1/F1 方案”没有大的变化，但水质因子实际浓度值要低。图 5-51～图 5-53 给出了大东

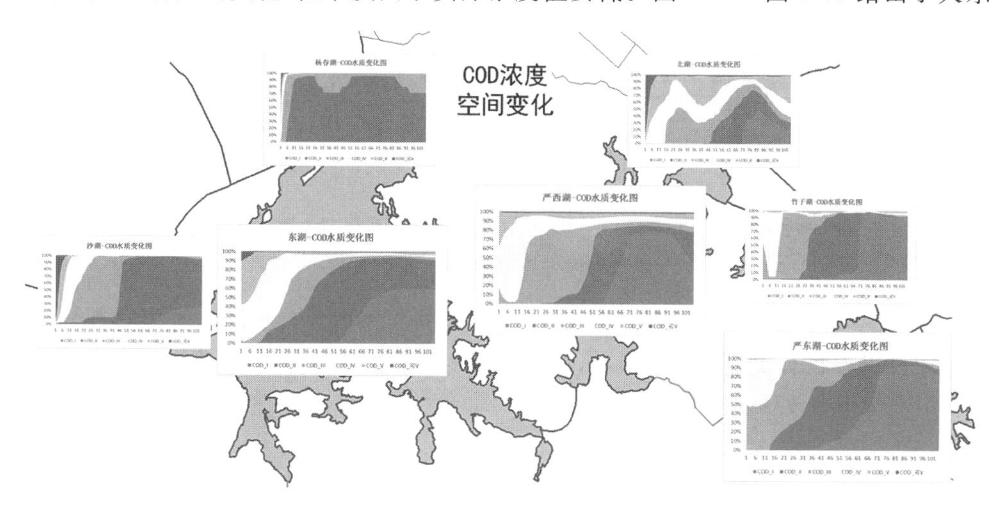

图 5-51　G2 组下的 A3/B4/C2/D2/E1/F1 方案下主要湖泊 COD 不同水质类别所占面积百分比变化

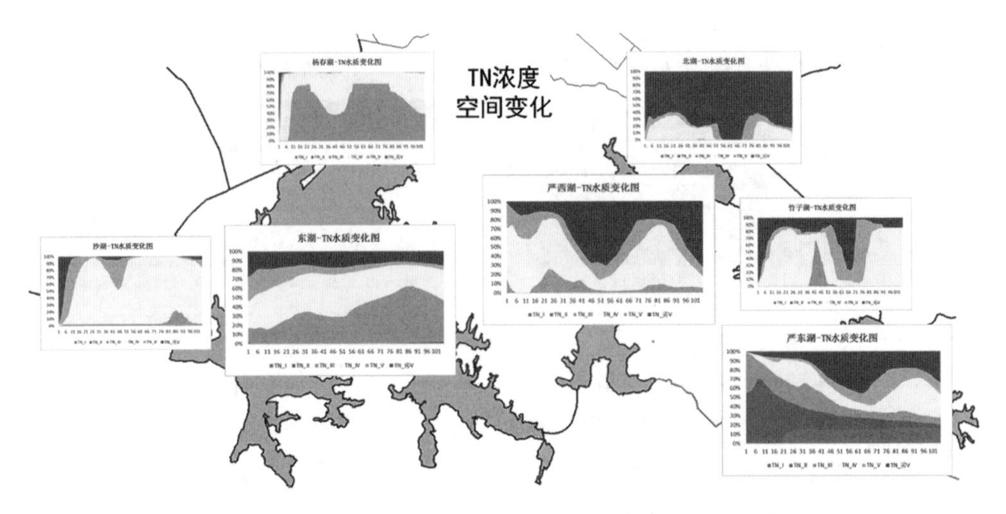

图 5-52 G2 组下的 A3/B4/C2/D2/E1/F1 方案下主要湖泊 TN 不同水质类别所占面积百分比变化

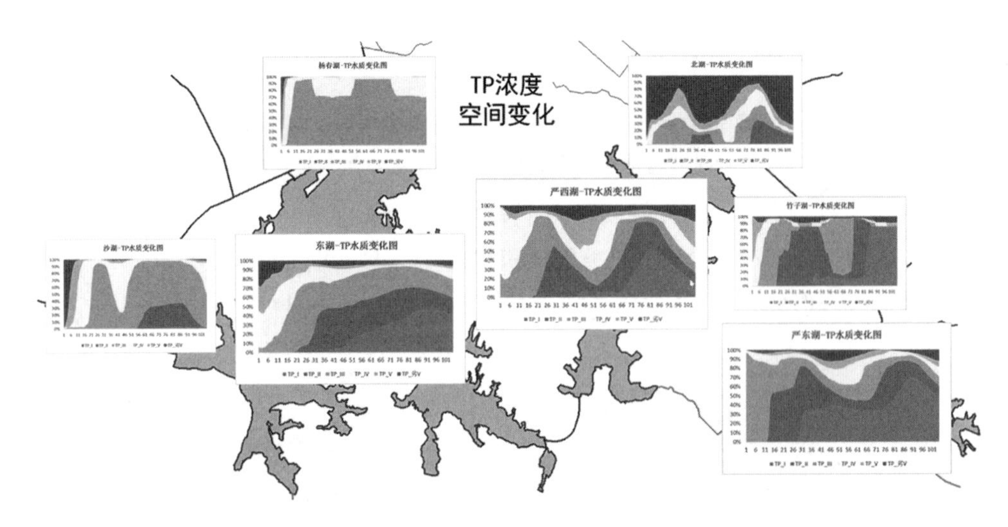

图 5-53 G2 组下的 A3/B4/C2/D2/E1/F1 方案下主要湖泊 TP 不同水质类别所占面积百分比变化

湖水系中主要湖泊 COD、TN、TP 不同水质类别的面积占各自水体总面积的百分比。从图中可以明显看出，对于 COD，北湖和严西湖的劣Ⅴ类水体面积明显减小；而对于 TN 和 TP，相对改善不明显。

4) G3 组下的 A3/B4/C2/D2/E1/F1 方案

该方案为面源污染排放条件下，入湖点源污染负荷在现状条件下削减 60%，由青山港和曾家巷分别持续引流，流量分别为 30 m^3/s、10 m^3/s，其他渠道闸门全部运营，而远景规划的南湖连通渠和梁子湖连通渠不启动，湖区无风。模拟结果见图 5-54～图 5-56。由于引江水流量工况条件与“G1/H1 组下的 A3/B4/C2/D2/E1/F1

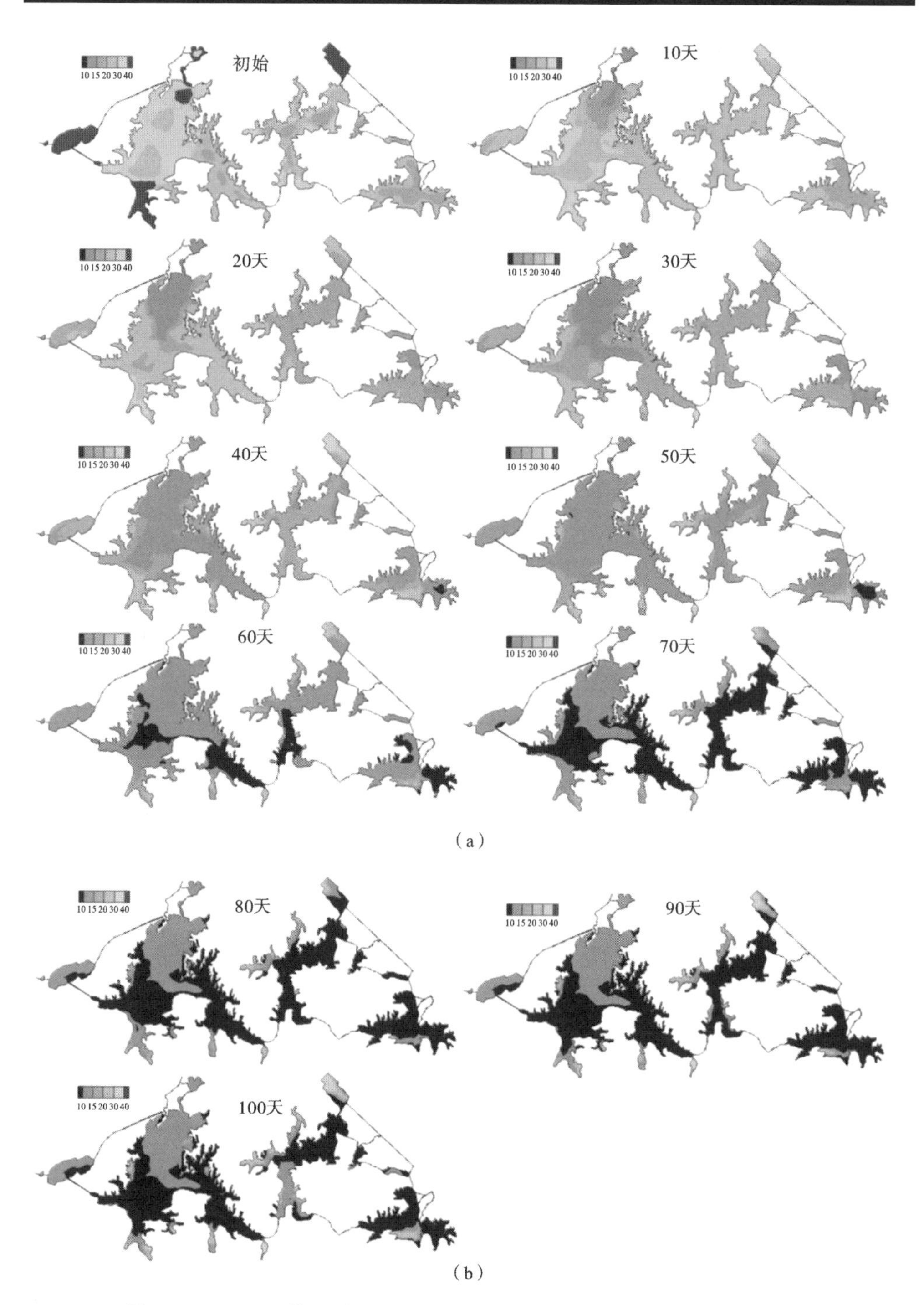

图 5-54　G3 组下的 A3/B4/C2/D2/E1/F1 方案下湖区 COD 浓度分布变化

(a) 前 70 天(每 10 天);(b) 70～100 天(每 10 天)

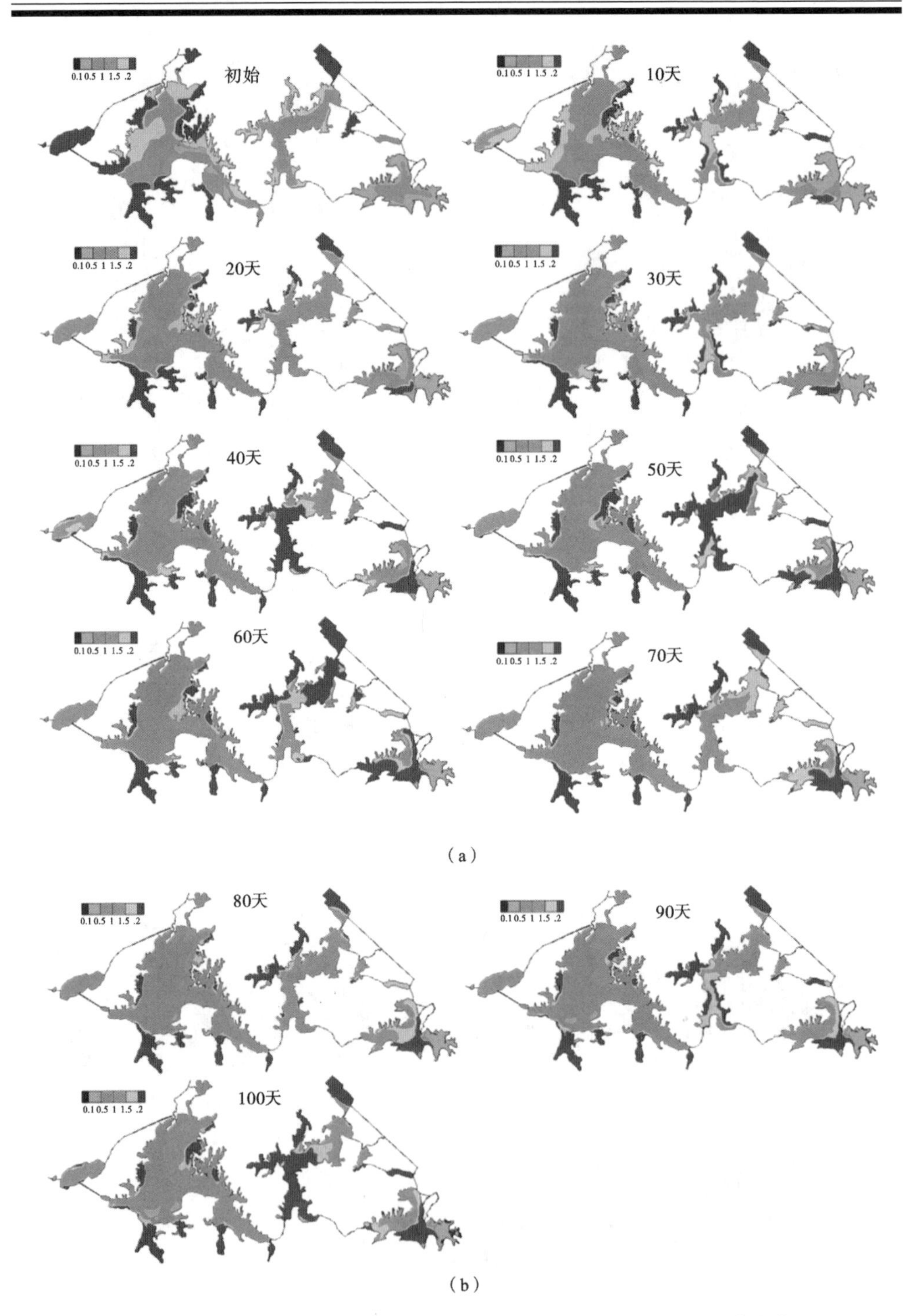

图 5-55 G3 组下的 A3/B4/C2/D2/E1/F1 **方案下湖区** TN **浓度分布变化**

(a) 前 70 天(每 10 天);(b) 70～100 天(每 10 天)

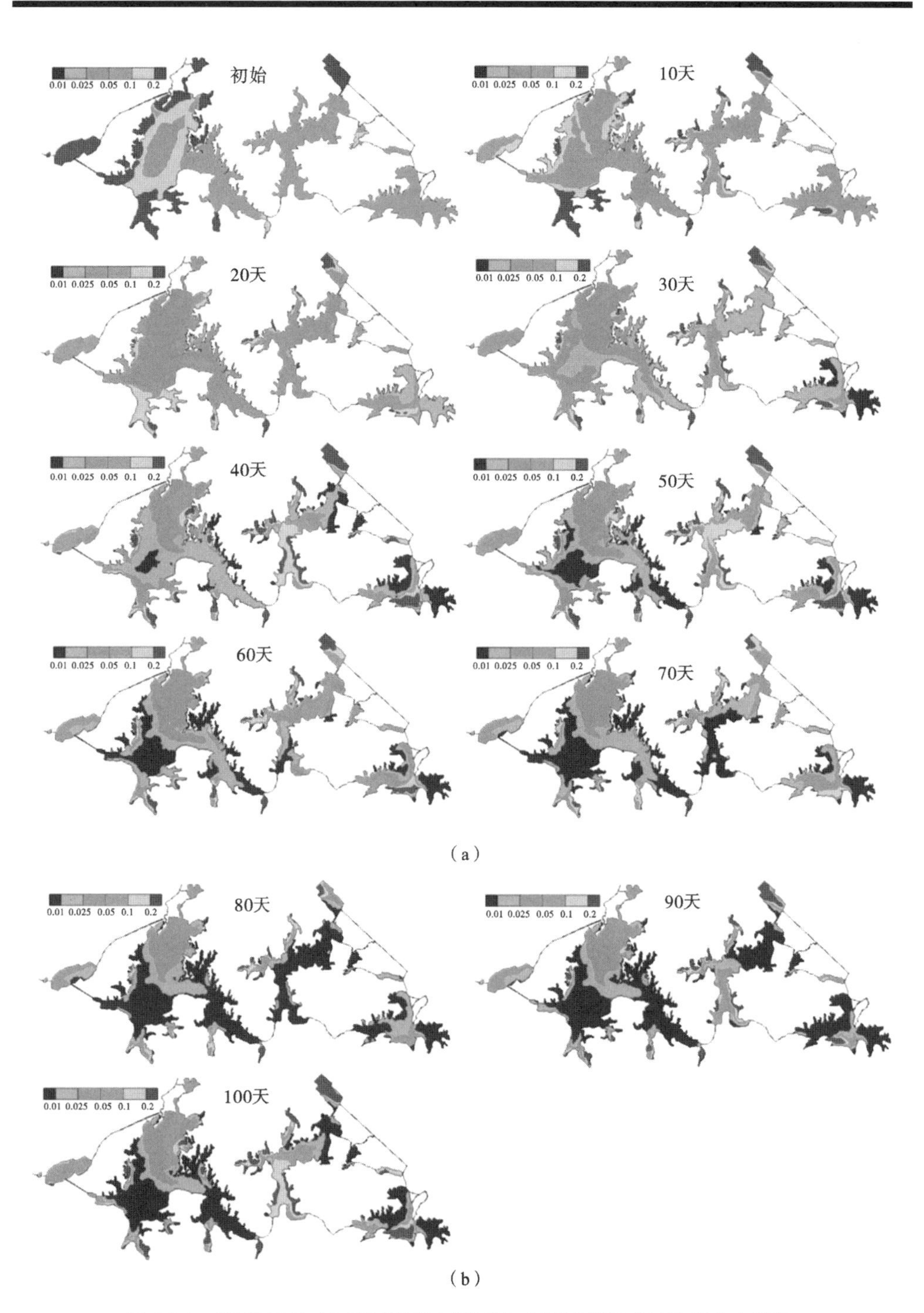

图 5-56　G3 组下的 A3/B4/C2/D2/E1/F1 方案下湖区 TP 浓度分布变化

(a) 前 70 天(每 10 天)；(b) 70～100 天(每 10 天)

方案”模拟的水动力特征相同，而湖区 COD、TN、TP 浓度的改善效果明显，尤其是点源排放口区域，对于 COD，整个大东湖水系基本达到Ⅲ类水以上水质。同样对湖区不同水质类别面积进行统计分析，结果如图 5-57 示。统计结果表明，模拟工况 100 天后，湖区 COD 达到Ⅲ类水以上的面积约占整个湖区水域面积的 95%；湖区 TN 达到Ⅲ类水以上的水域面积达到 70%左右，而 TP 约占 85%。图 5-58～图 5-60 给出了大东湖水系中主要湖泊 COD、TN、TP 不同水质类别的面积占各自水体总面积的百分比。从图中可以明显看出，对于 COD，问题最严重的北湖已经全部在Ⅳ类水以上；而对于 TN 和 TP，相对改善不明显。客观上讲，在大流量引江水的条件下，江水稀释的作用要远大于点源污染削减的效果。

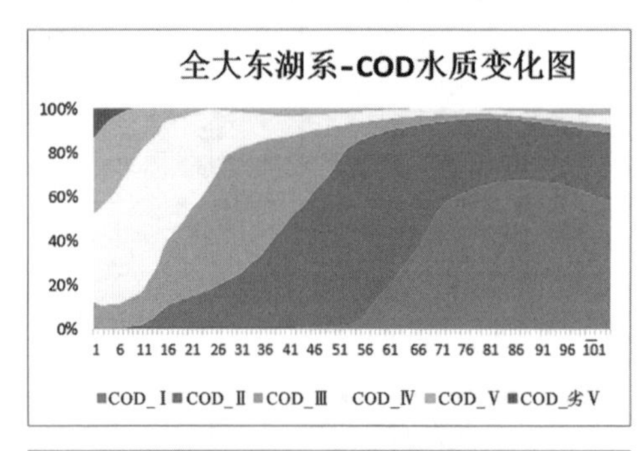

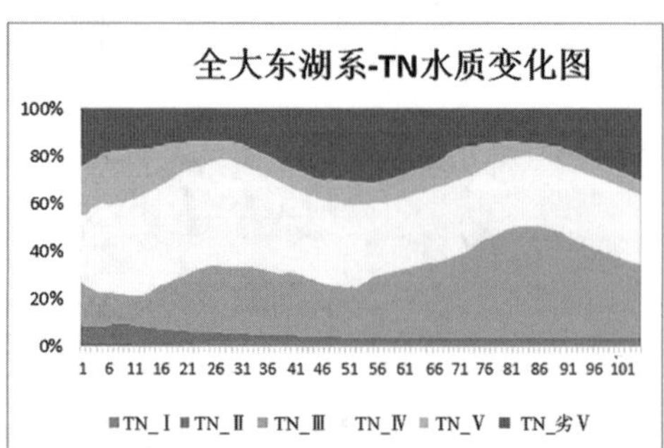

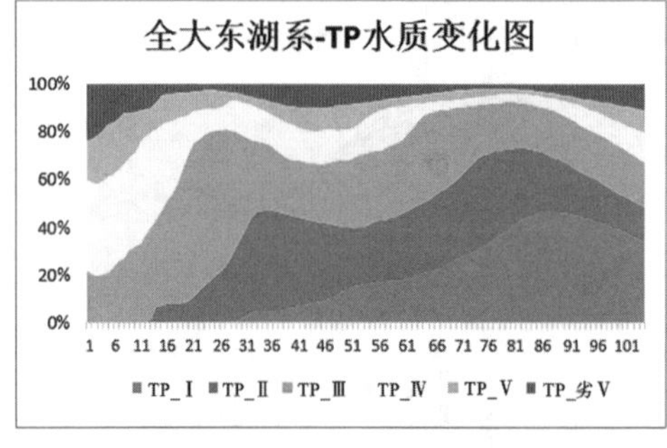

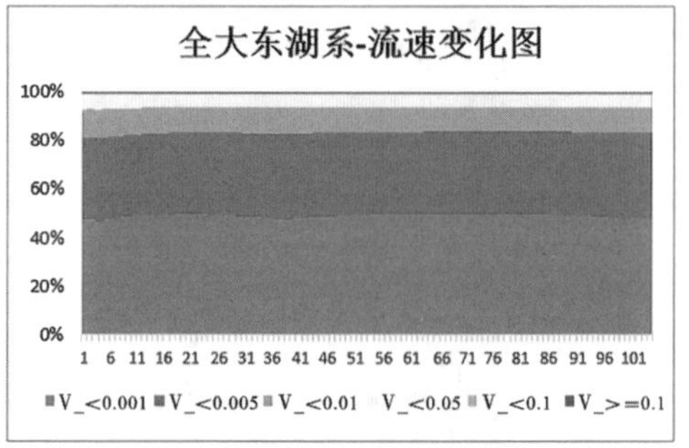

图 5-57　G3 组下的 A3/B4/C2/D2/E1/F1 方案下湖区不同水质类别和不同流速水平所占面积百分比变化

5）H3 组下的 A3/B4/C2/D2/E1/F1 方案

该方案为现状点源污染排放条件下，入湖面源污染负荷在现状条件下削减 50%，由青山港和曾家巷分别持续引流，流量分别为 30 m^3/s、10 m^3/s，其他渠道闸门全部运营，而远景规划的南湖连通渠和梁子湖连通渠不启动，湖区无风。模拟结果见图 5-61～图 5-63。由于引江水流量工况条件与“G1/H1 组下的 A3/B4/C2/D2/E1/F1 方案”模拟的水动力特征相同，而湖区 COD、TN、TP 浓度的改善效果明显，尤其是面源汇流入口区域。同样对湖区不同水质类别面积进行统计分析，结果如图 5-64 所示。统计结果表明，模拟工况 100 天后，湖区 COD 基本上达到Ⅲ类水以上水质；湖区 TN 达到Ⅲ类水以上的水域面积为 70%左右，而 TP 约占 90%。从模拟结果来

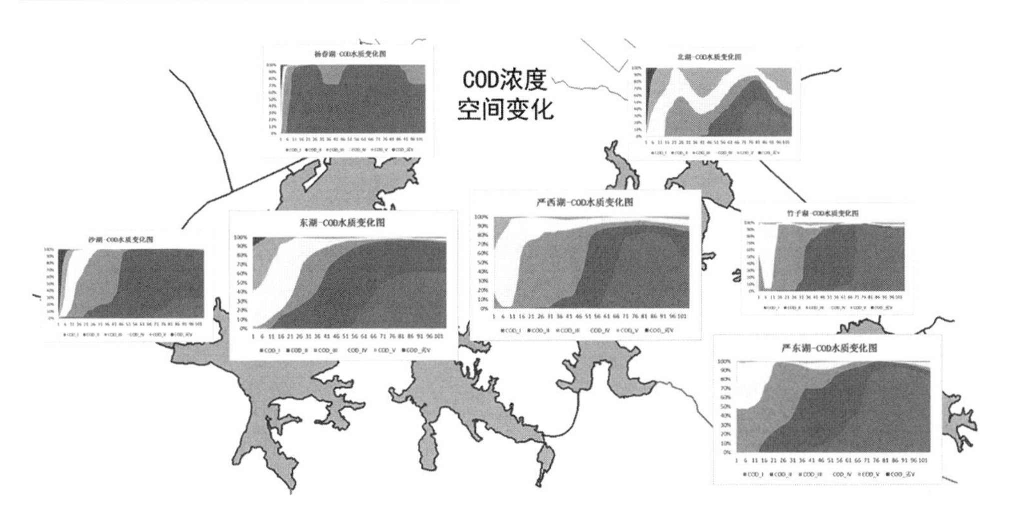

图 5-58　G3 组下的 A3/B4/C2/D2/E1/F1 方案下主要湖泊 COD 不同水质类别所占面积百分比变化

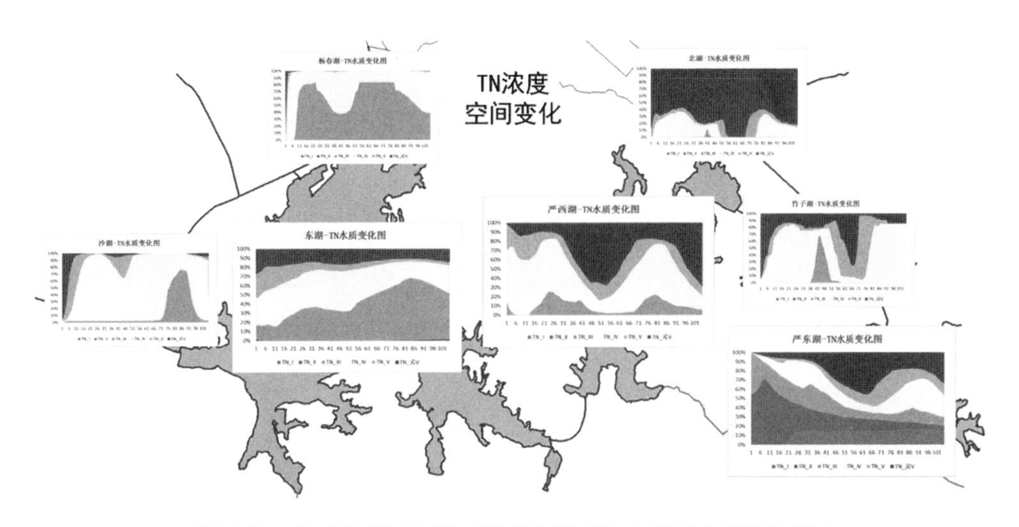

图 5-59　G3 组下的 A3/B4/C2/D2/E1/F1 方案下主要湖泊 TN 不同水质类别所占面积百分比变化

看，对比“G3 组下的 A3/B4/C2/D2/E1/F1 方案”，可以看出，大东湖水系面源污染的控制非常重要。图 5-65～图 5-67 给出了大东湖水系中主要湖泊 COD、TN、TP 不同水质类别的面积占各自水体总面积的百分比。从图中可以明显看出，在面源削减后，北湖问题基本得到解决，严东湖尚有小面积水域水质在Ⅳ类水以上；而对于 TN 和 TP，北湖问题仍然相对严重，严西湖明显好转。客观上讲，面源削减效果显著。

6）H3 组下的 A3/B4/C2/D2/E1/F1 方案

该方案其他条件与“G1/H1 组下的 A3/B4/C2/D2/E1/F1 方案”相同，仅引水方

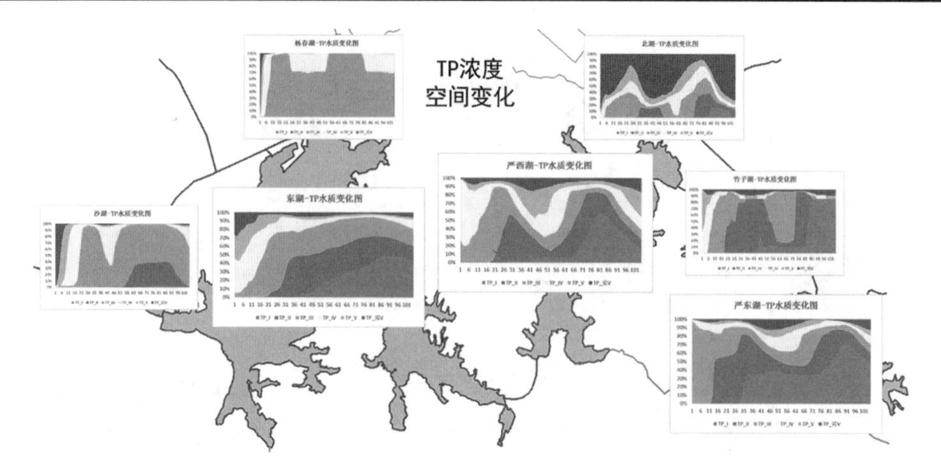

图 5-60 G3 组下的 A3/B4/C2/D2/E1/F1 方案下主要湖泊 TP 不同水质类别所占面积百分比变化

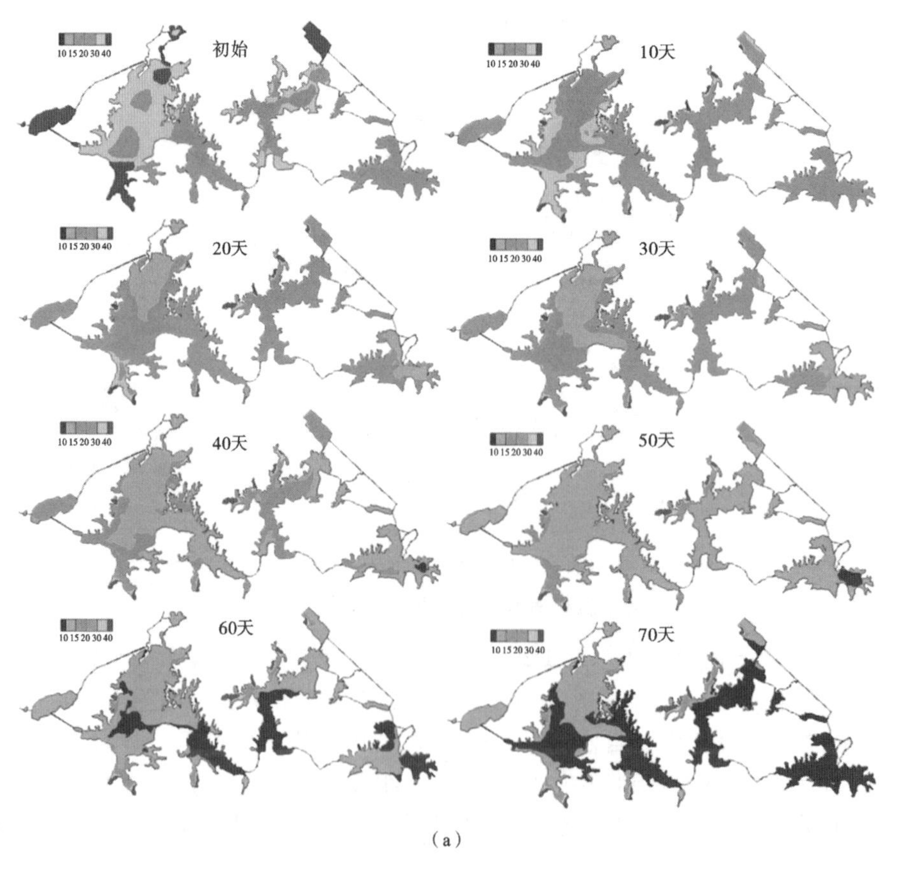

(a)

图 5-61 H3 组下的 A3/B4/C2/D2/E1/F1 方案下湖区 COD 浓度分布变化

(a) 前 70 天(每 10 天);(b) 70～100 天(每 10 天)

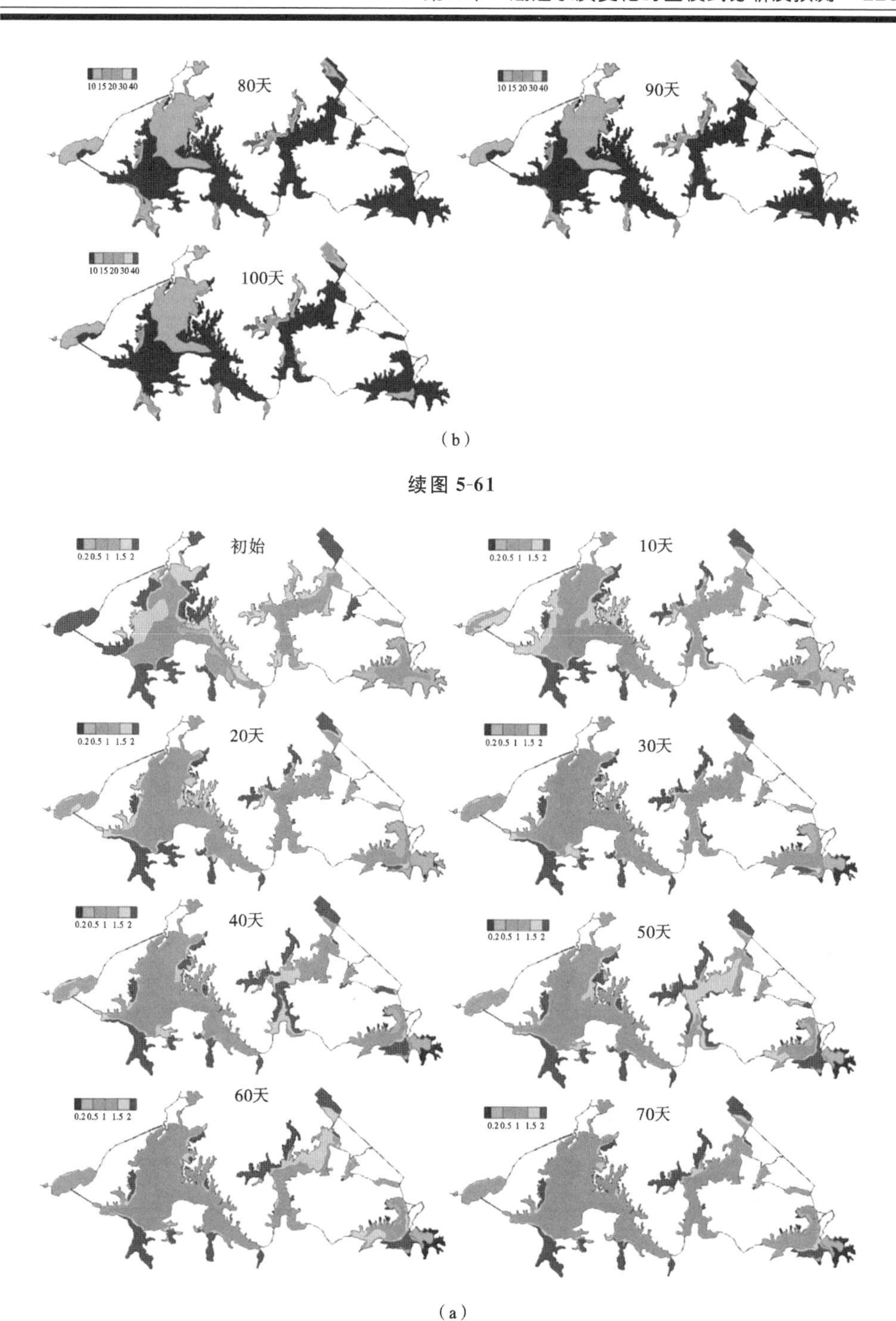

续图 5-61

图 5-62　H3 组下的 A3/B4/C2/D2/E1/F1 方案下湖区 TN 浓度分布变化

(a) 前 70 天(每 10 天)；(b) 70～100 天(每 10 天)

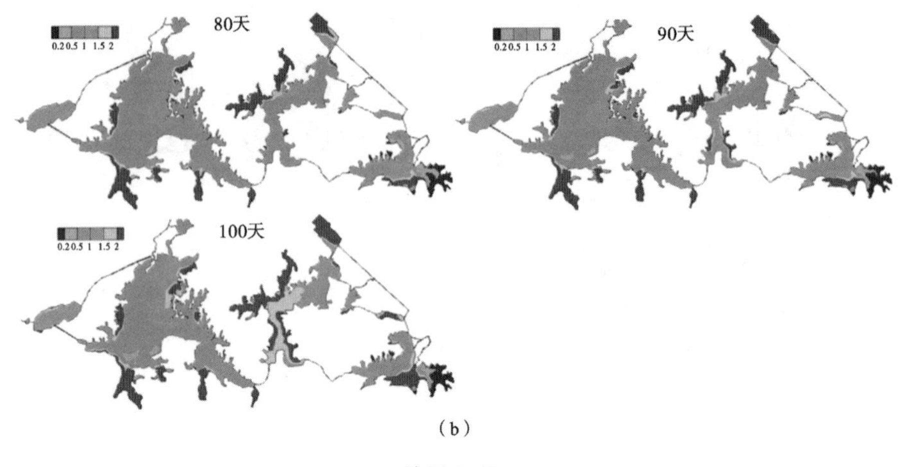

(b)

续图 5-62

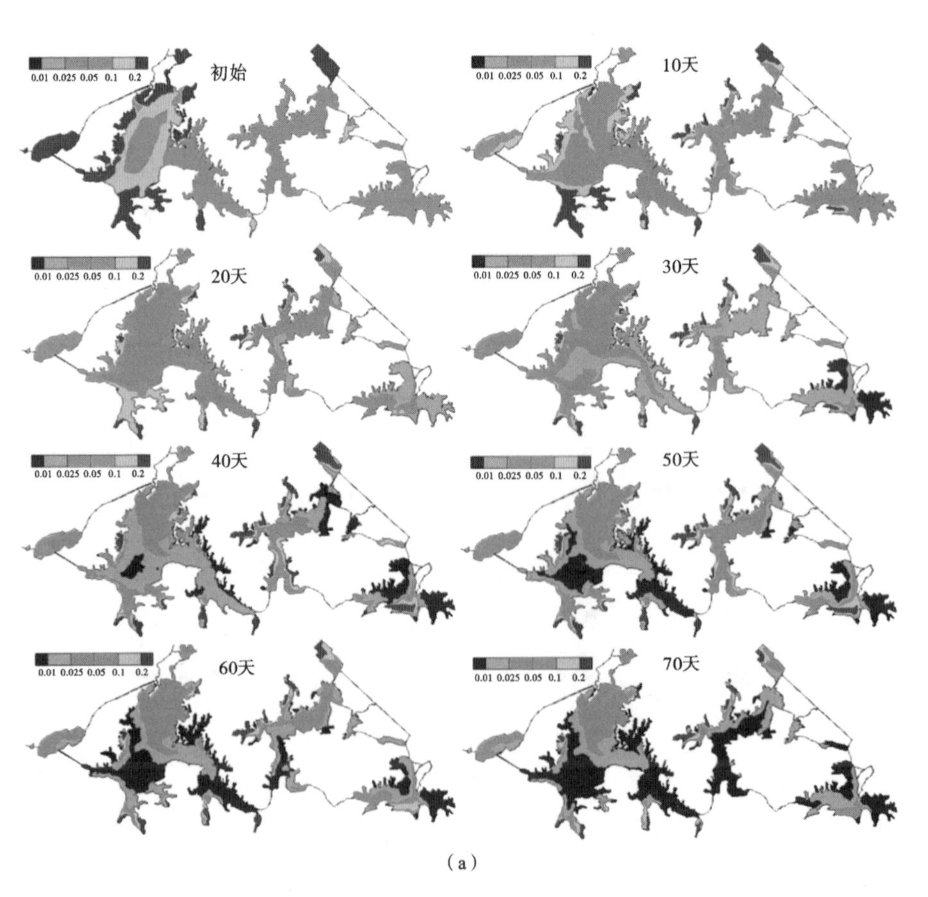

(a)

图 5-63　H3 组下的 A3/B4/C2/D2/E1/F1 方案下湖区 TP 浓度分布变化

(a) 前 70 天(每 10 天);(b) 70～100 天(每 10 天)

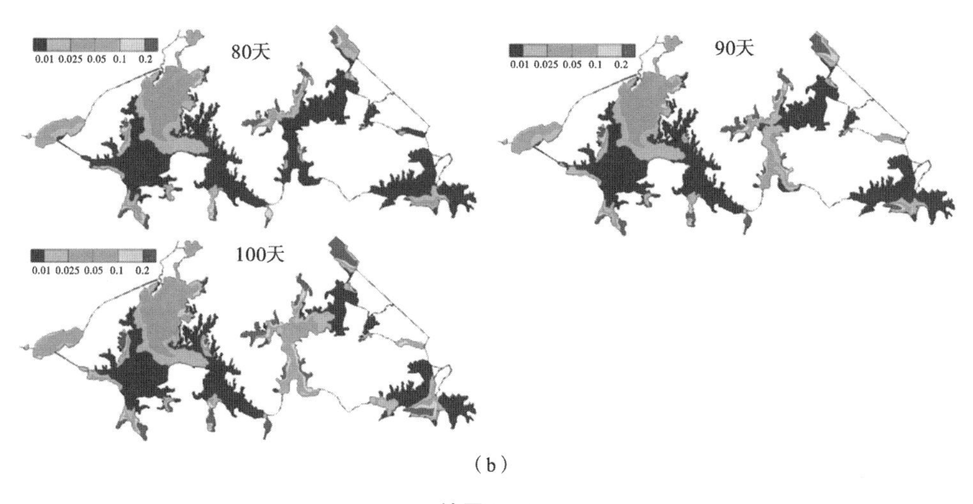

(b)

续图 5-63

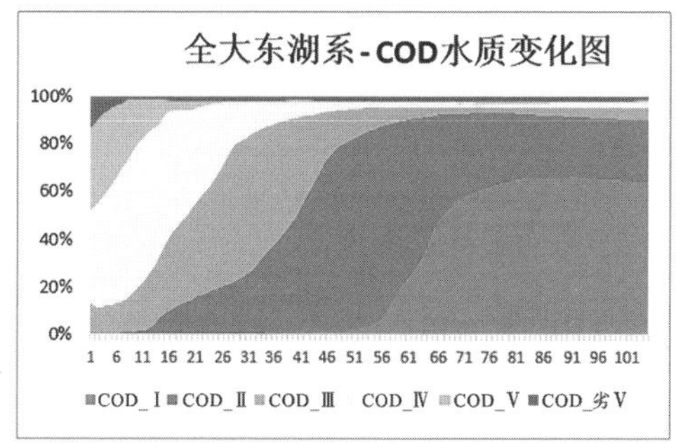

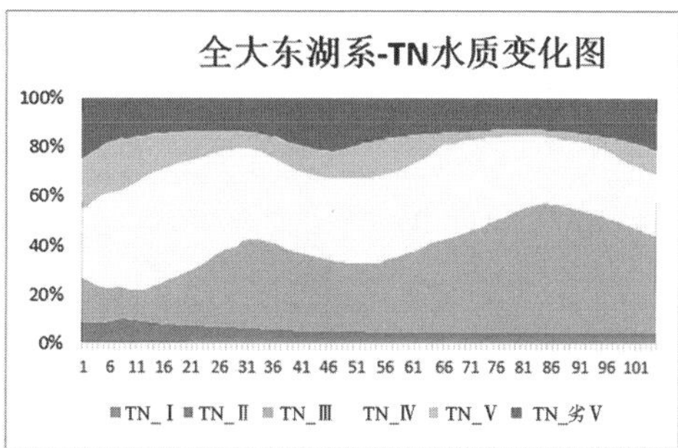

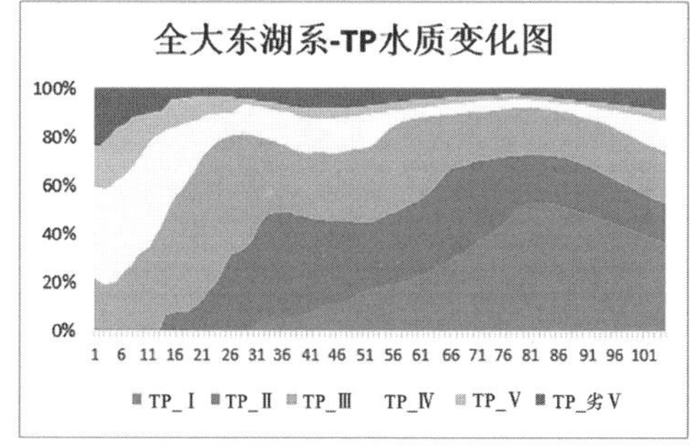

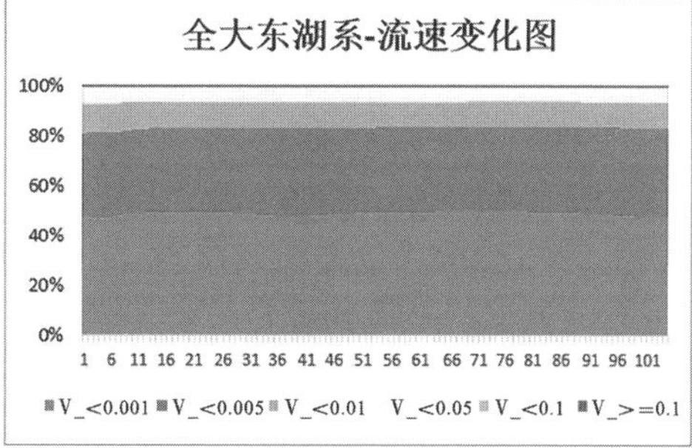

图 5-64　H3 组下的 A3/B4/C2/D2/E1/F1 方案下湖区不同水质类别和不同流速水平所占面积百分比变化

式变化，引水 3 天后，停止 3 天，如此反复。模拟结果见图 5-68～图 5-71。由于引江水模式发生变化，与“G1/H1 组下的 A3/B4/C2/D2/E1/F1 方案”模拟的水动力相比，湖区水动力有所改变，但不明显。而湖区 COD、TN、TP 浓度分布除北湖和严东湖外，没有显著性的差别。同样对湖区不同水质类别面积进行统计分析，结果如图

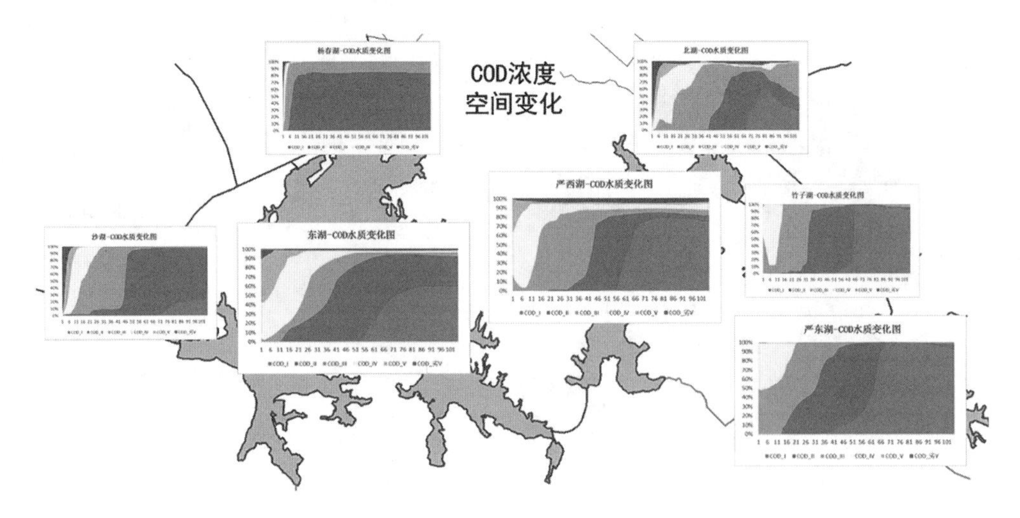

图 5-65　H3 **组下的** A3/B4/C2/D2/E1/F1 **方案下主要湖泊** COD **不同水质类别所占面积百分比变化**

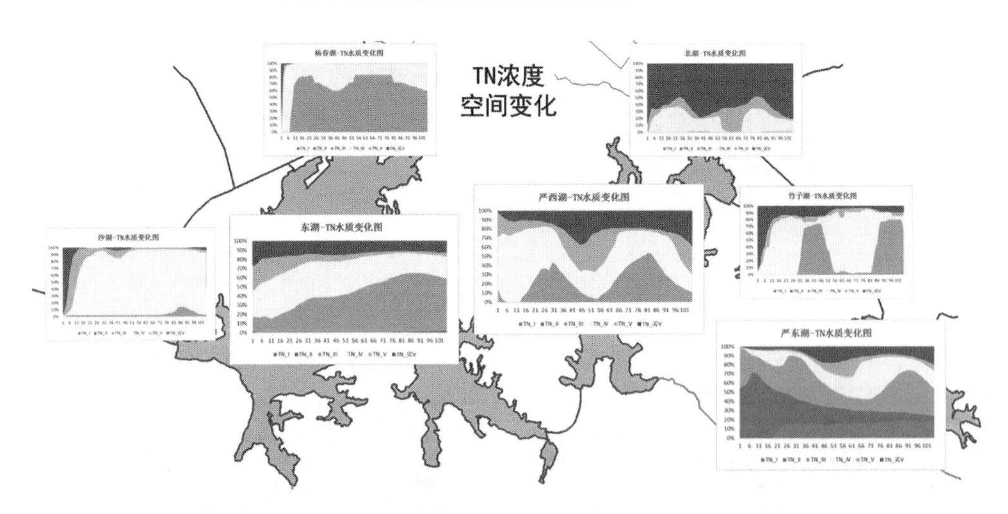

图 5-66　H3 **组下的** A3/B4/C2/D2/E1/F1 **方案下主要湖泊** TN **不同水质类别所占面积百分比变化**

5-72 所示。统计结果表明，模拟工况 100 天后，湖区 COD Ⅲ类水以上面积占 90%；湖区 TN 达Ⅲ类水以上的水域面积近 50%，而 TP 约占 80%。从模拟结果来看，对比“G1/H1 组下的 A3/B4/C2/D2/E1/F1 方案”可以看出，除了 TN 浓度略有下降外，间歇式引水与持续引水效果没有显著性的区别，在引水运行管理中需要进一步优化论证运行方案，从而达到最佳经济效益。图 5-73～图 5-75 给出了大东湖水系中主要湖泊 COD、TN、TP 不同水质类别的面积占各自水体总面积的百分比。从图中可以看出，间歇式引水后，对于 TN 和 TP，北湖问题比较严重，其次为严西湖。其主要原因是距离引水口较远，同时又有点源和面源污染的贡献。

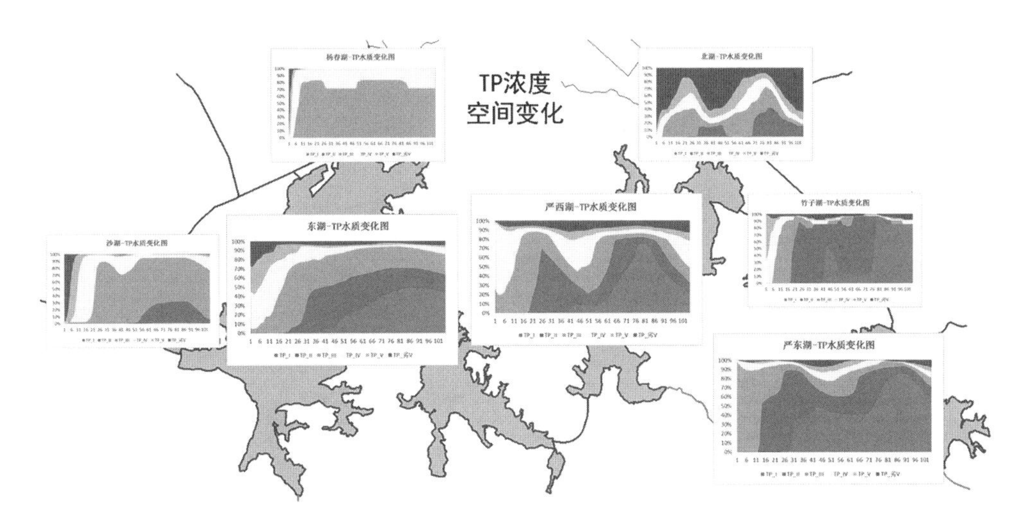

图5-67 H3组下的A3/B4/C2/D2/E1/F1方案下主要湖泊TP不同水质类别所占面积百分比变化

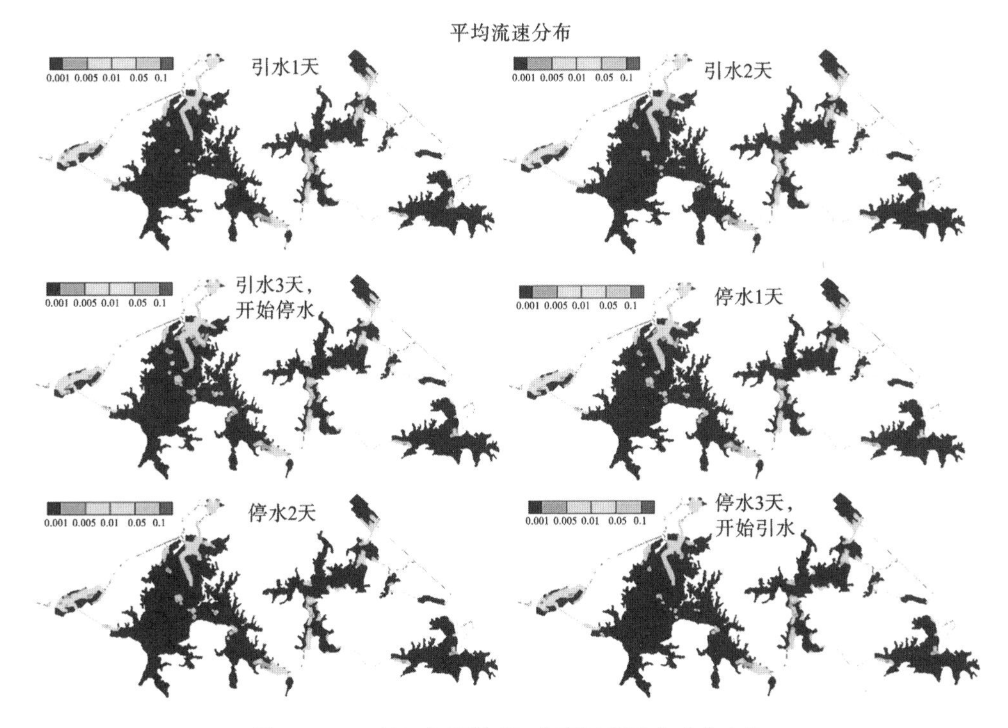

图5-68 G1/H1组下的E4方案下湖区水动力变化

7）G1/H1组下的F4方案

该方案其他条件与“G1/H1组下的A3/B4/C2/D2/E1/F1方案”相同，仅风力条件发生变化，考虑了3 m/s的风速，风向130°。模拟结果见图5-76～图5-79。大东

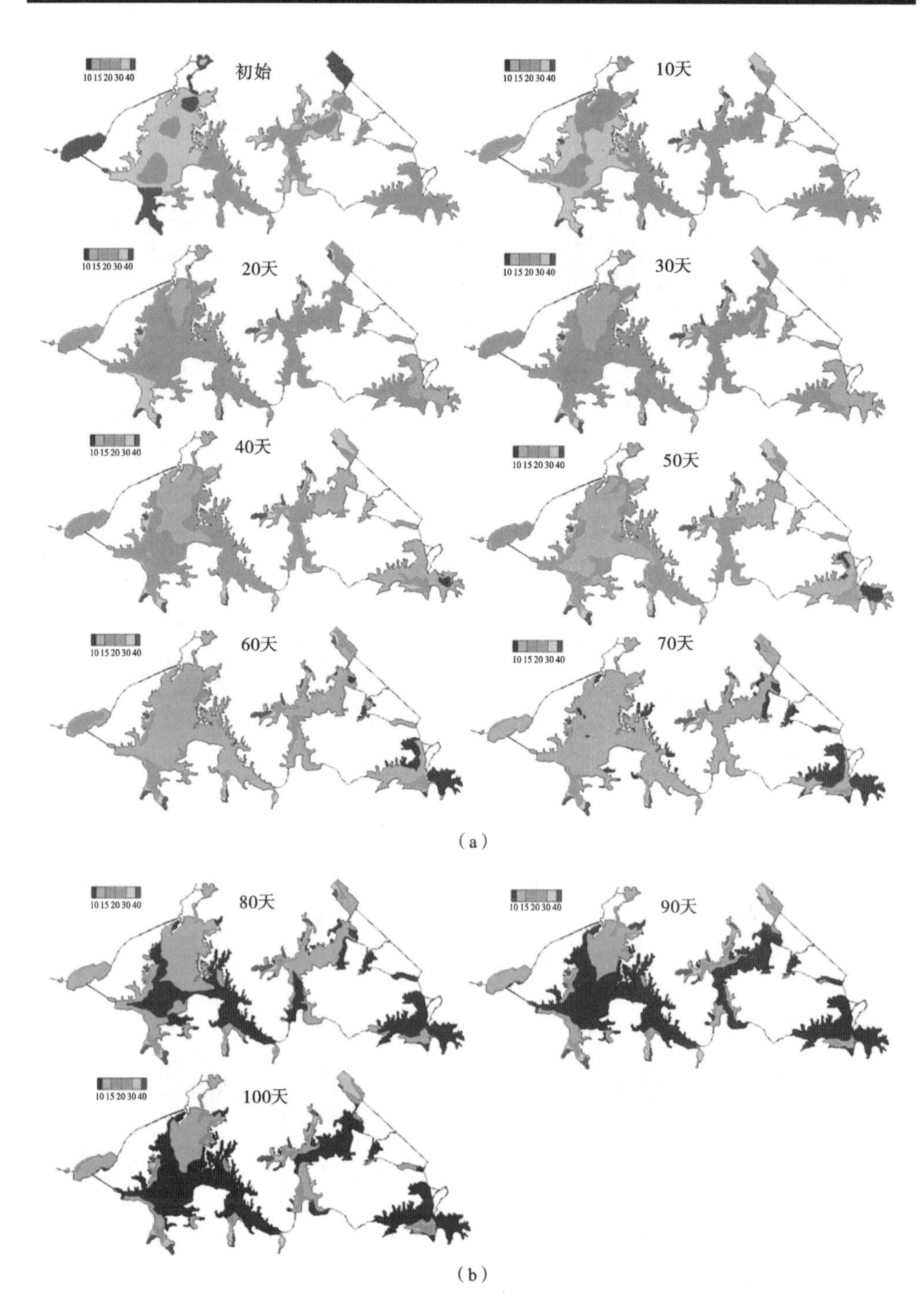

(a)

(b)

图 5-69 G1/H1 组下的 E4 方案下湖区 COD 浓度分布变化

(a) 前 70 天(每 10 天);(b) 70～100 天(每 10 天)

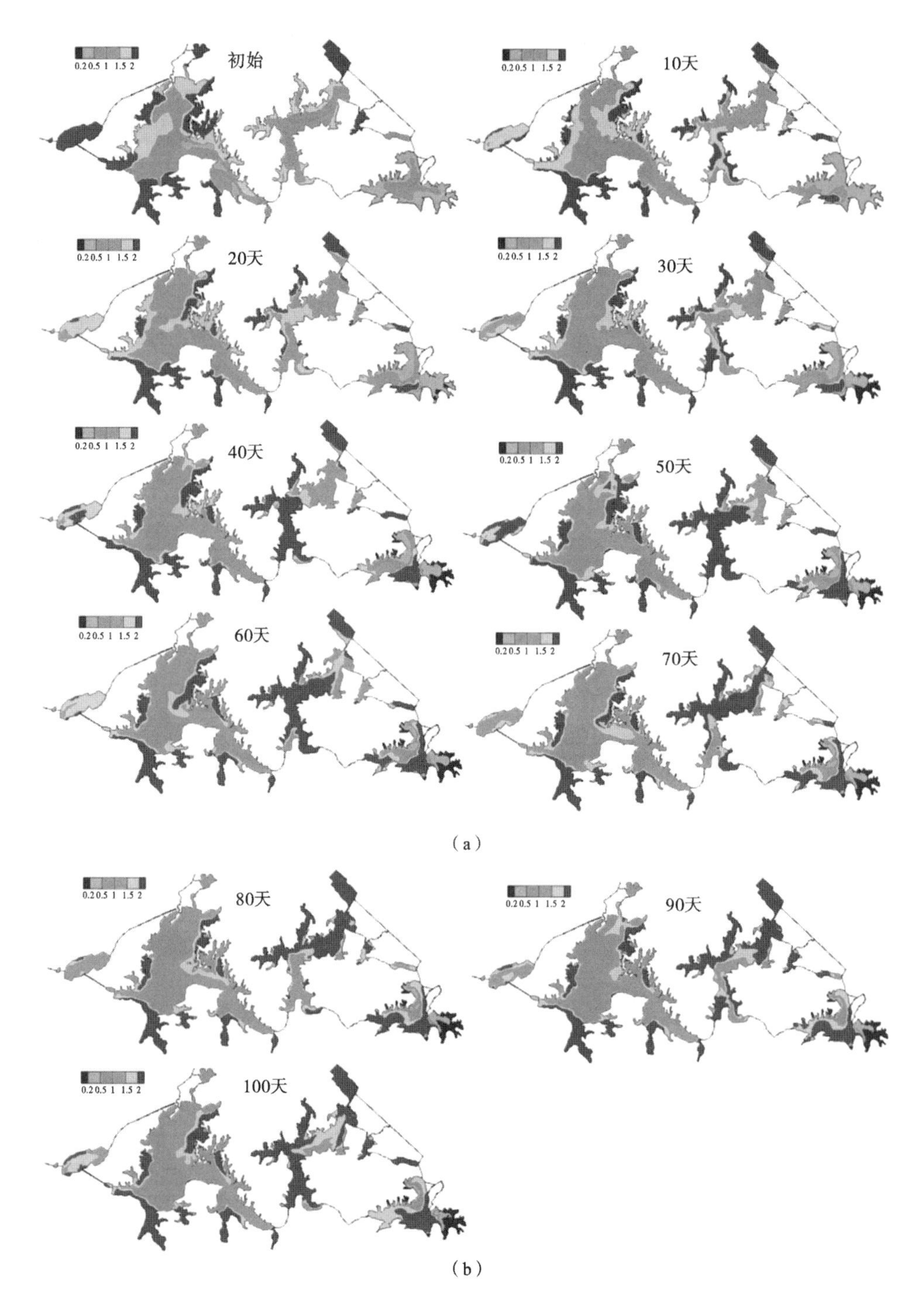

图 5-70　G1/H1 组下的 E4 方案下湖区 TN 浓度分布变化

(a) 前 70 天(每 10 天);(b) 70～100 天(每 10 天)

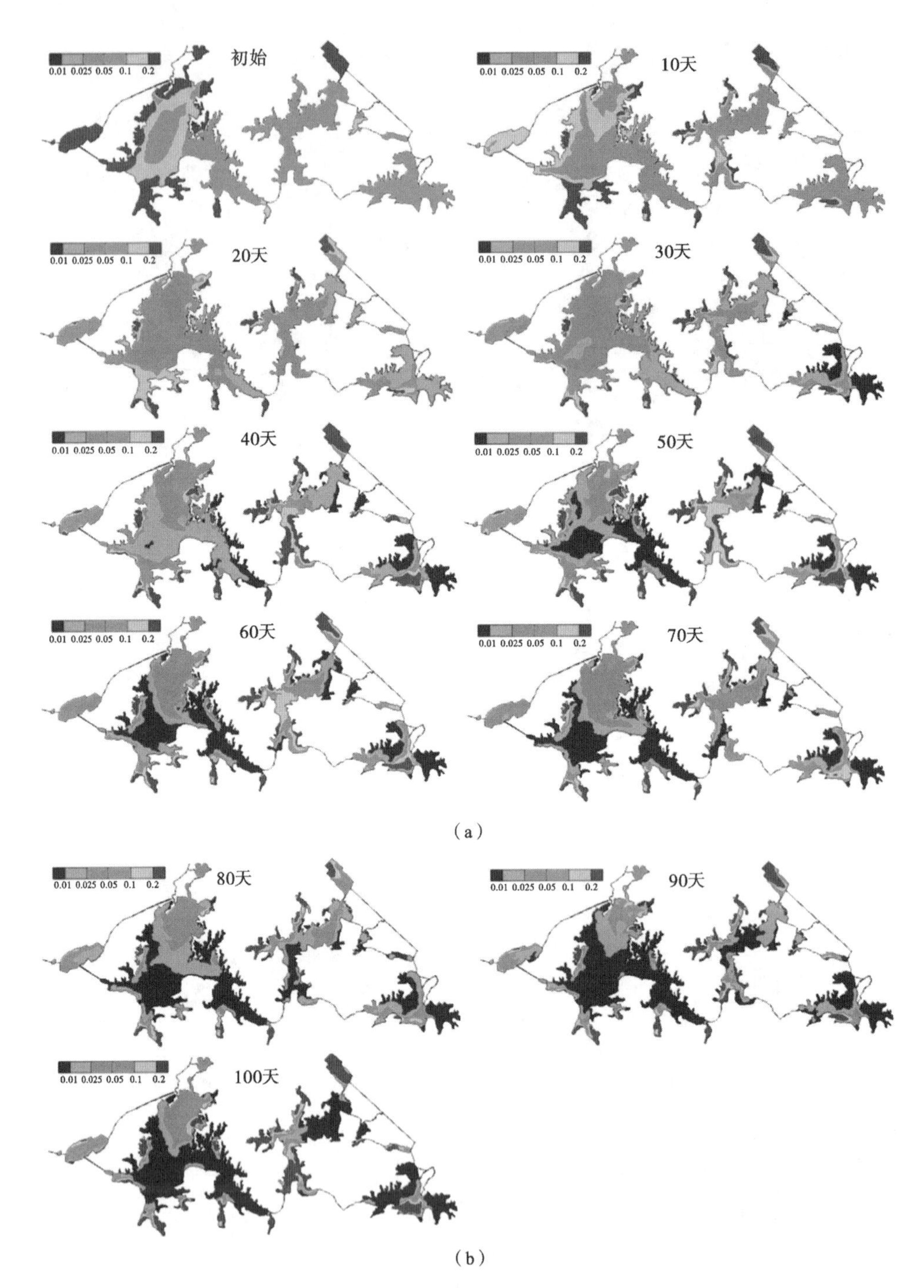

图 5-71 G1/H1 组下的 E4 方案下湖区 TP 浓度分布变化

(a) 前 70 天(每 10 天);(b) 70～100 天(每 10 天)

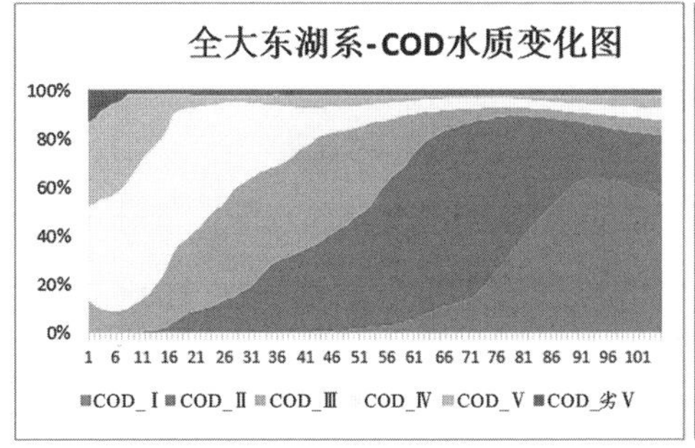

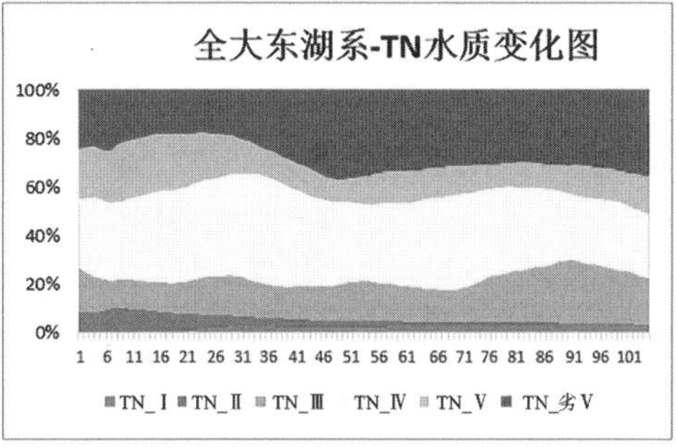

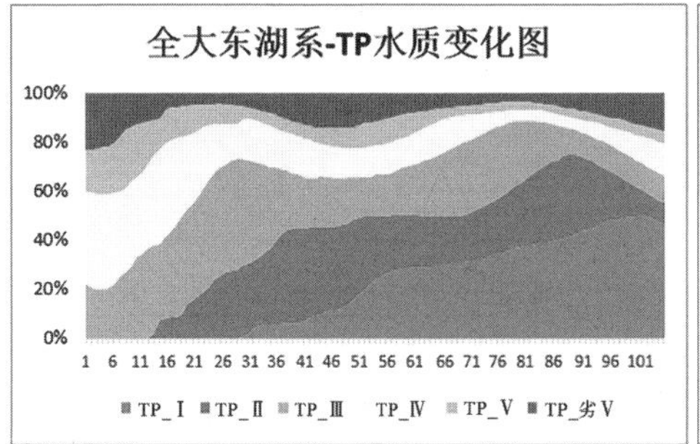

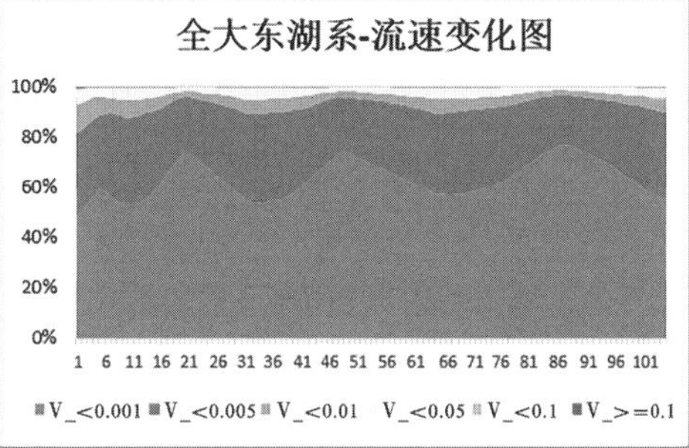

图 5-72　G1/H1 组下的 E4 方案下湖区不同水质类别和不同流速水平所占面积百分比变化

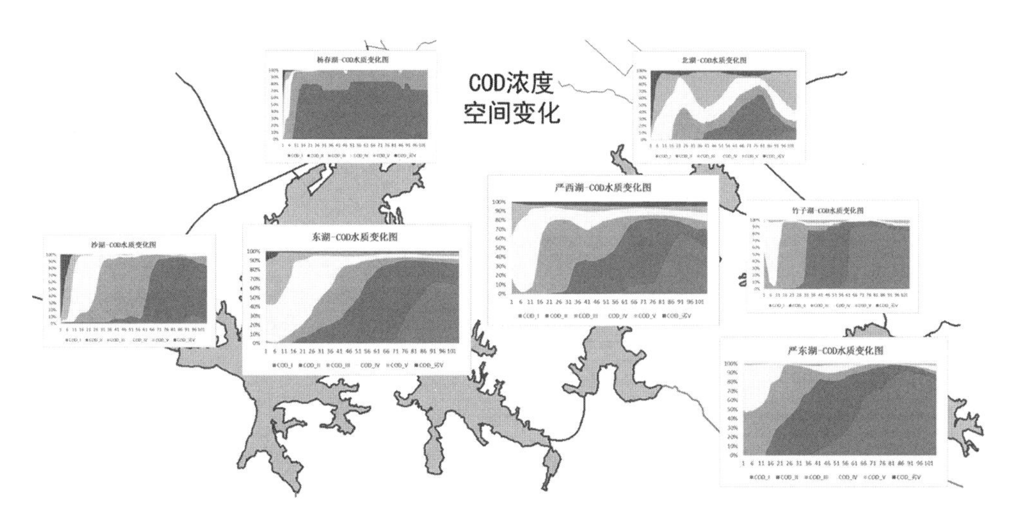

图 5-73　G1/H1 组下的 E4 方案下主要湖泊 COD 不同水质类别所占面积百分比变化

湖水系水面面积大，水深浅，因此风力的存在显著改变了湖区表面流的紊动程度，湖区大于 0.01 m/s 的区域占了大多数。与"G1/H1 组下的 A3/B4/C2/D2/E1/F1 方案"相比，湖区 COD 有明显改善，TN、TP 变化不明显。同样对湖区不同水质类别面积进行统计分析，结果如图 5-80 所示。统计结果表明，模拟工况 100 天后，湖区 COD 达到Ⅲ类水以上的水域面积占 95%；湖区 TN 达到Ⅲ类水以上的水域面积近 50%，

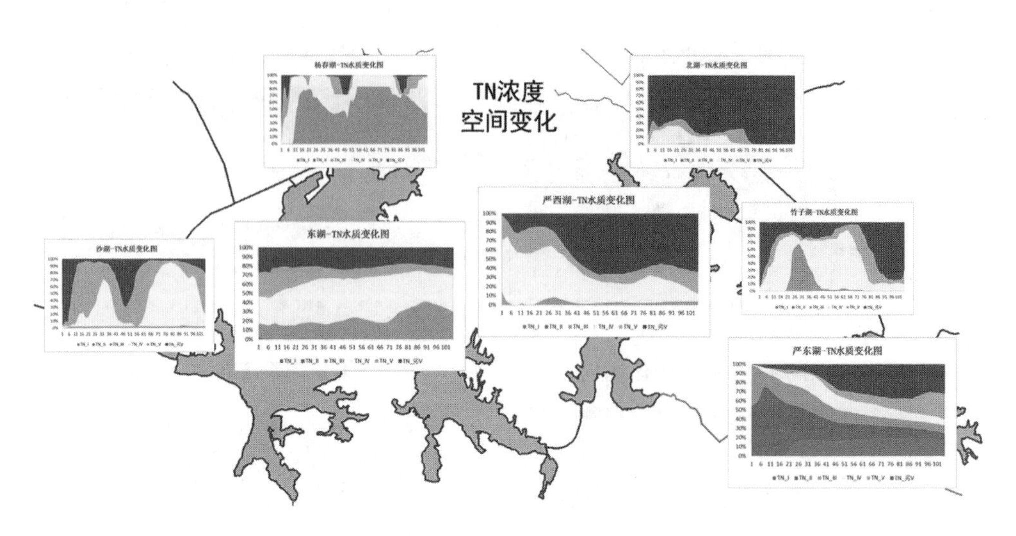

图 5-74　G1/H1 **组下的** E4 **方案下主要湖泊** TN **不同水质类别所占面积百分比变化**

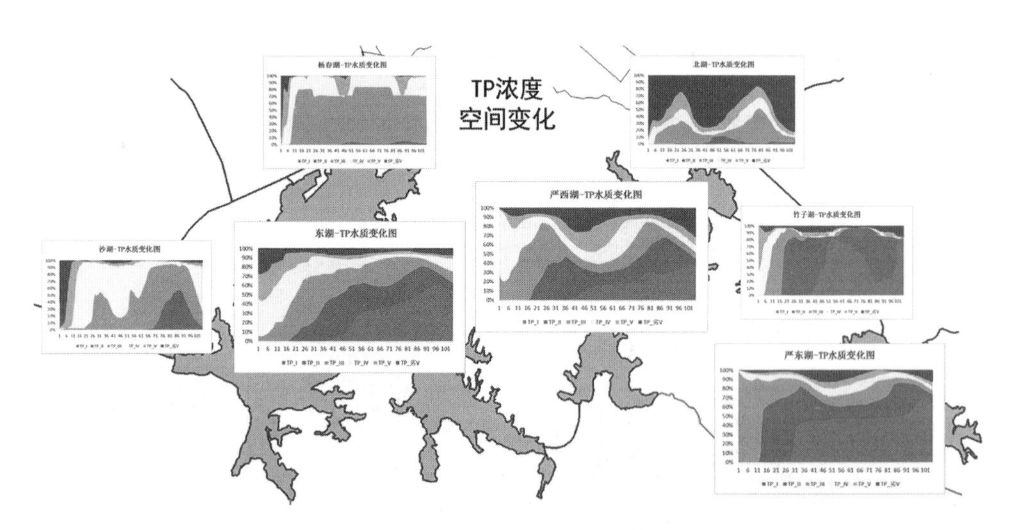

图 5-75　G1/H1 **组下的** E4 **方案下主要湖泊** TP **不同水质类别所占面积百分比变化**

而 TP 约占 70%。从模拟结果来看，对比“G1/H1 组下的 A3/B4/C2/D2/E1/F1 方案”可以看出，风力存在的情况下，湖区紊动程度加大，加剧了湖区点源和面源污染入湖后的扩散速度，从而表现为湖区 TN 和 TP 达到Ⅲ类水以上的水域面积比下降，但从长远来看，风力条件还是有利于湖区水质改善的。图 5-81～图 5-83 给出了大东湖水系中主要湖泊 COD、TN、TP 不同水质类别的面积占各自水体总面积的百分比。从图中可以看出，风力条件对于 COD 的改善有益，有利于北湖的水质改善；对于 TN 而言，加速了 TN 的扩散导致严东湖Ⅲ类水以上的水域面积下降；对于 TP 来说，影响效果不显著。

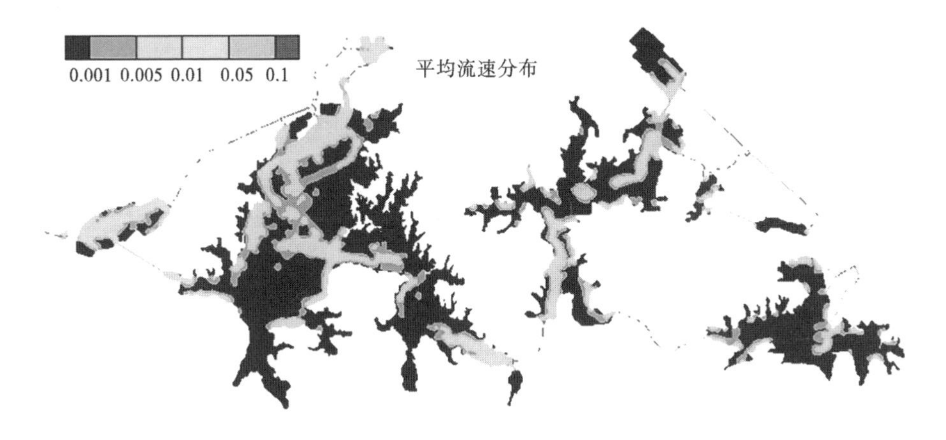

图 5-76　G1/H1 组下的 F4 方案下湖区水动力特征

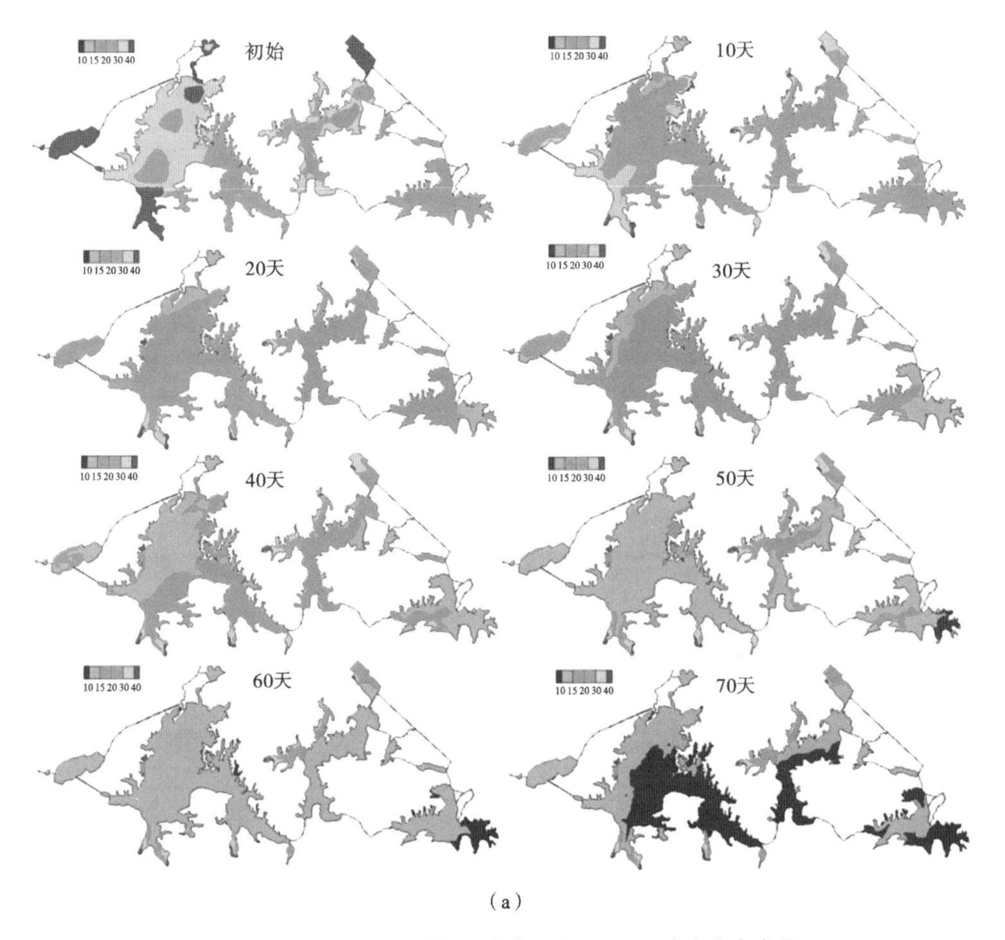

(a)

图 5-77　G1/H1 组下的 F4 方案下湖区 COD 浓度分布变化

(a) 前 70 天(每 10 天);(b) 70～100 天(每 10 天)

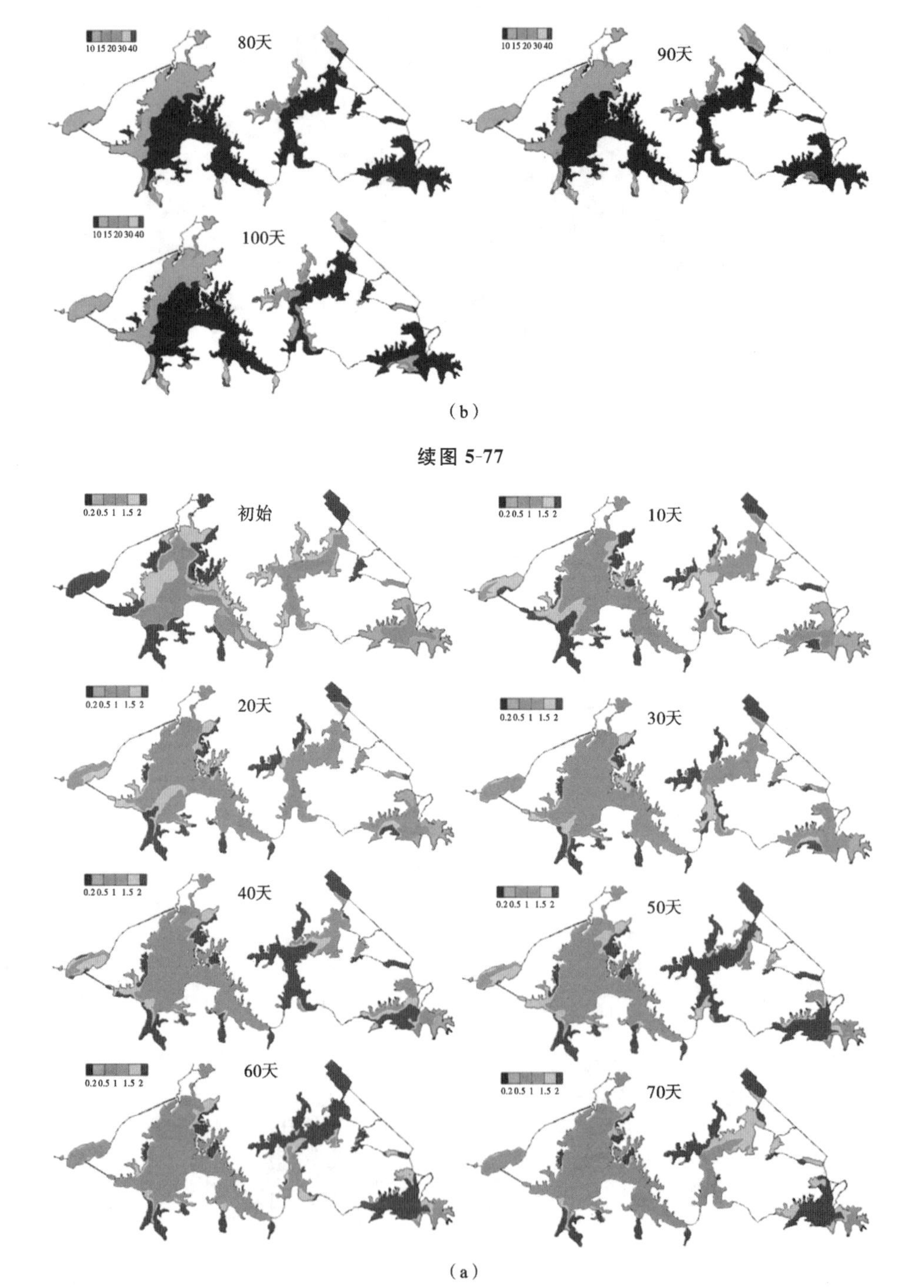

图 5-78 G1/H1 组下的 F4 方案下湖区 TN 浓度分布变化

(a) 前 70 天(每 10 天);(b) 70~100 天(每 10 天)

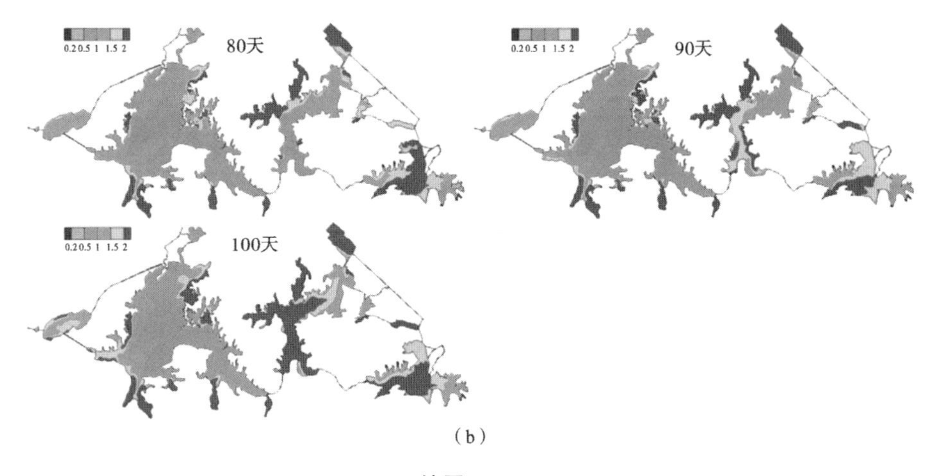

(b)

续图 5-78

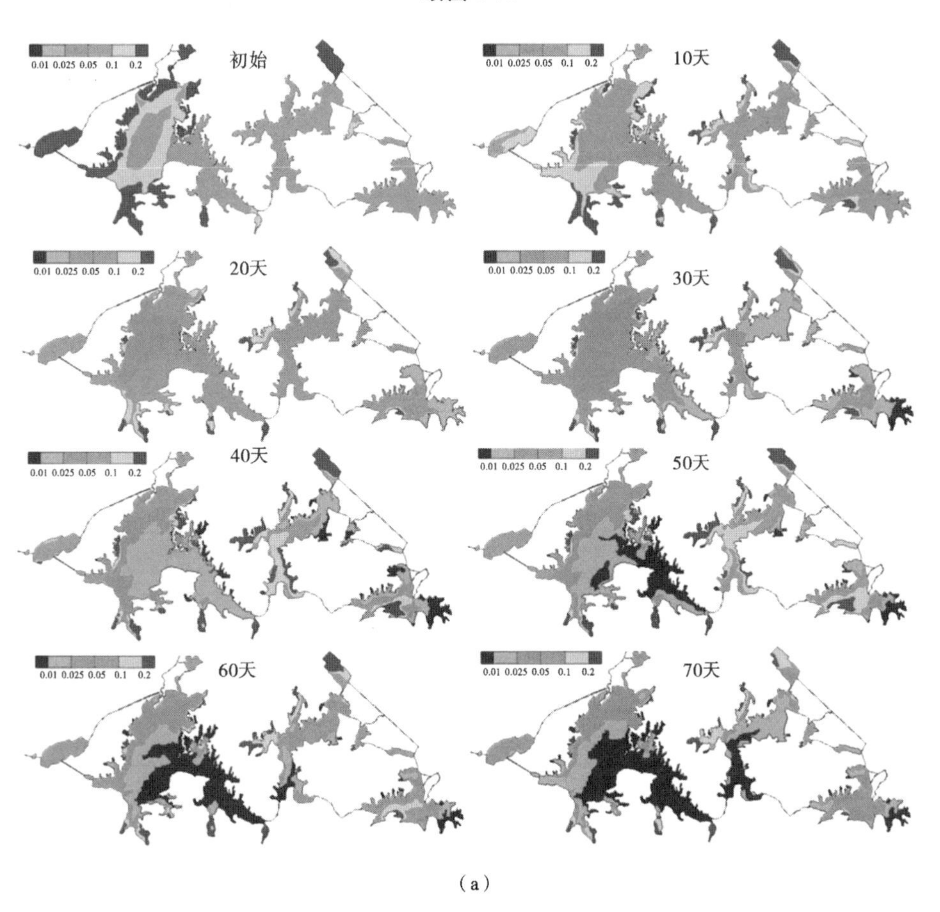

(a)

图 5-79　G1/H1 组下的 F4 方案下湖区 TP 浓度分布变化

(a) 前 70 天(每 10 天);(b) 70～100 天(每 10 天)

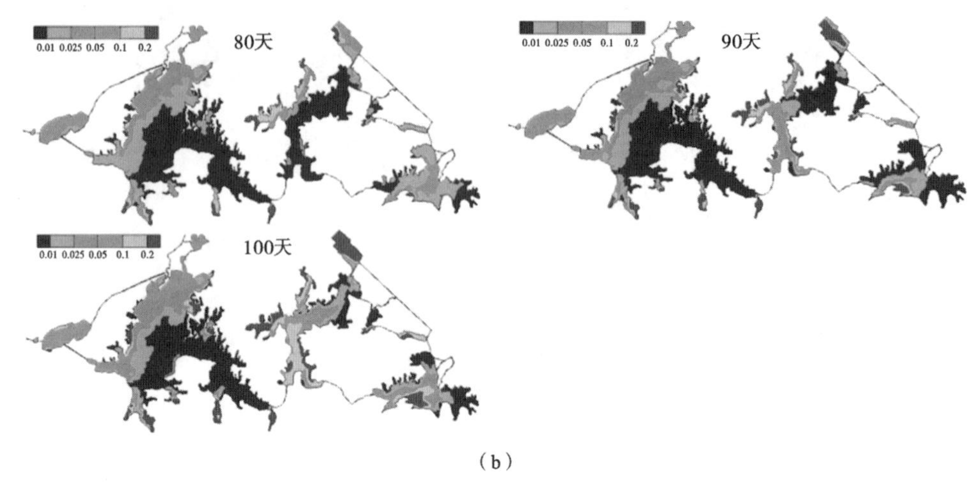

(b)

续图 5-79

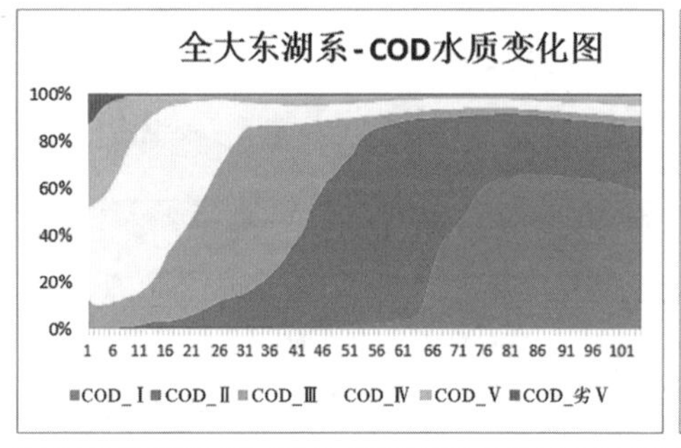

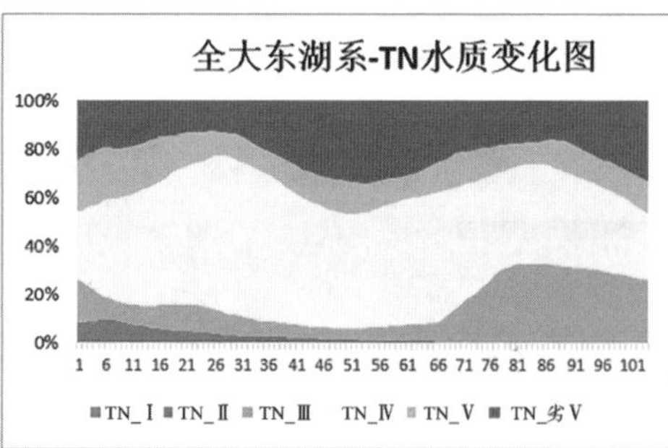

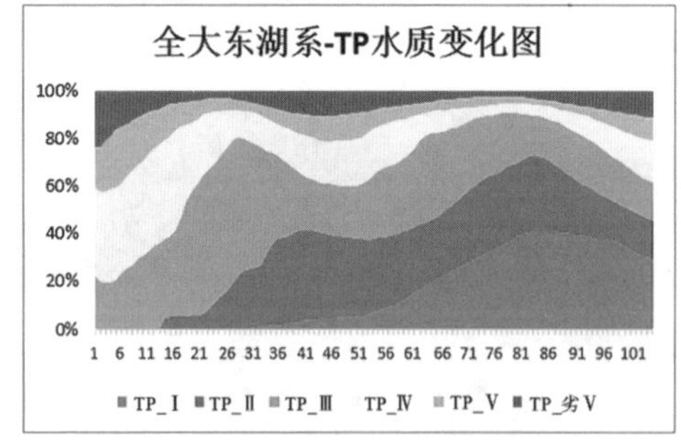

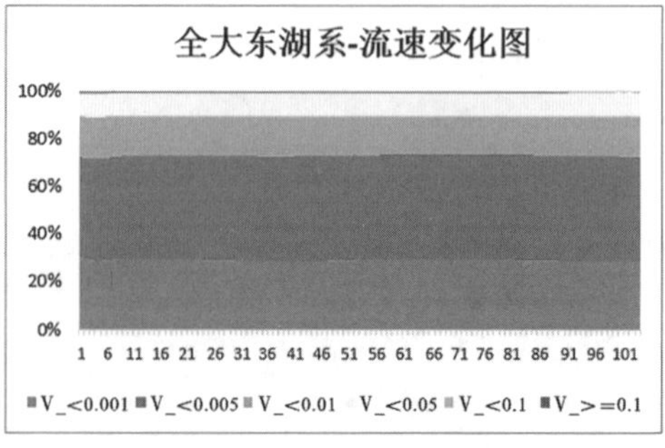

图 5-80 G1/H1 组下的 F4 方案下湖区不同水质类别和不同流速水平所占面积百分比变化

8) 曾家巷入水口入流流量变化方案模拟结果对比分析

曾家巷入流变化方案对应工况见表 5-32。这五种工况下，整个大东湖湖区Ⅲ类水水质所占湖区面积的百分比变化(水质曲线)，以及流速小于 1 cm/s 所占湖区面积百分比变化(流速曲线，图 5-84 中顶端线簇所示)，如图 5-84 所示(以下模拟结果对比图类同，不再说明)。

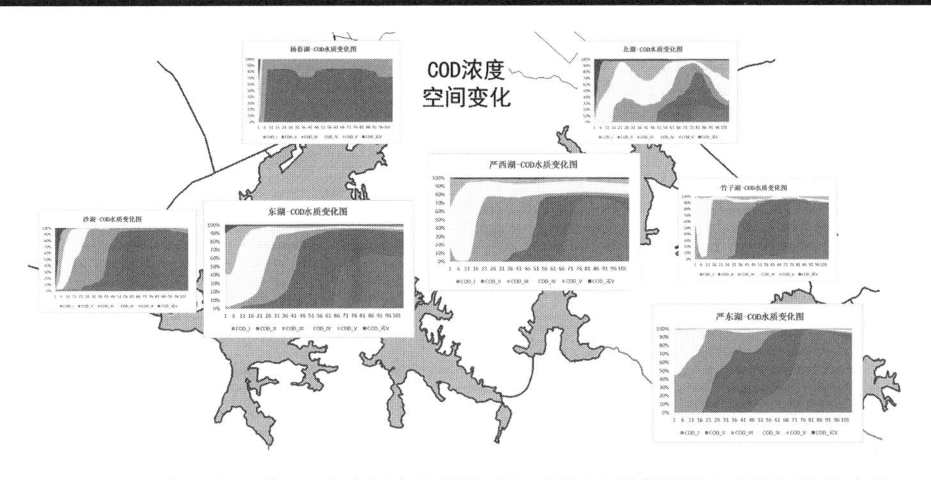

图 5-81　G1/H1 组下的 F4 方案下主要湖泊 COD 不同水质类别所占面积百分比变化

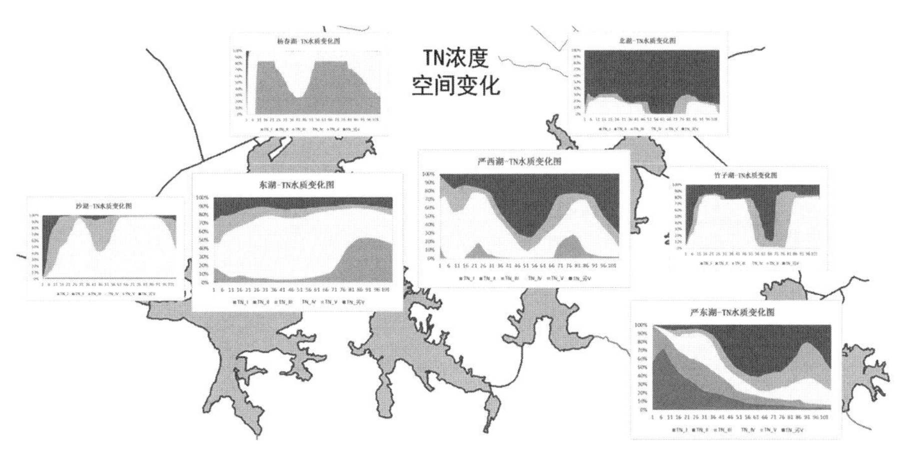

图 5-82　G1/H1 组下的 F4 方案下主要湖泊 TN 不同水质类别所占面积百分比变化

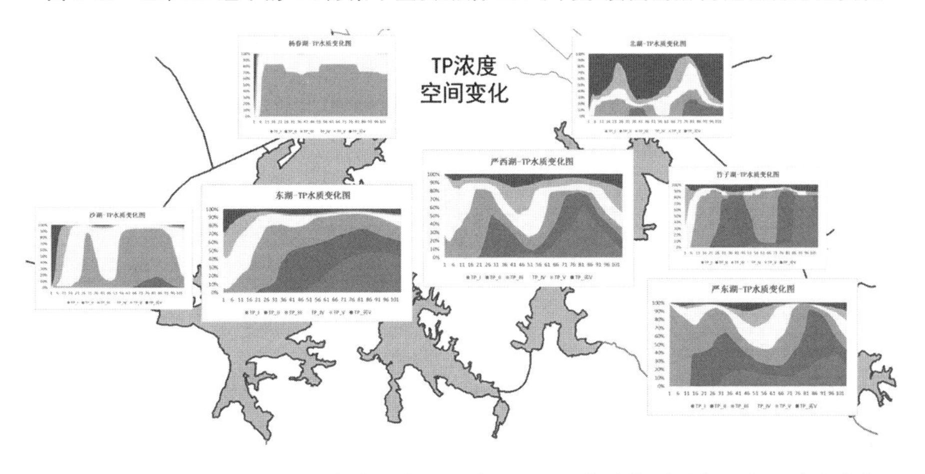

图 5-83　G1/H1 组下的 F4 方案下主要湖泊 TP 不同水质类别所占面积百分比变化

表 5-32　曾家巷引流流量变化方案

工况	青山港入流流量/(m^3/s)	曾家巷入流流量/(m^3/s)	其他相同条件
A1	15	5	现状入湖点源、面源 恒定入流 无风速 闸门全开
A2	30	5	
A3	30	10	
A4	30	15	
A5	30	20	

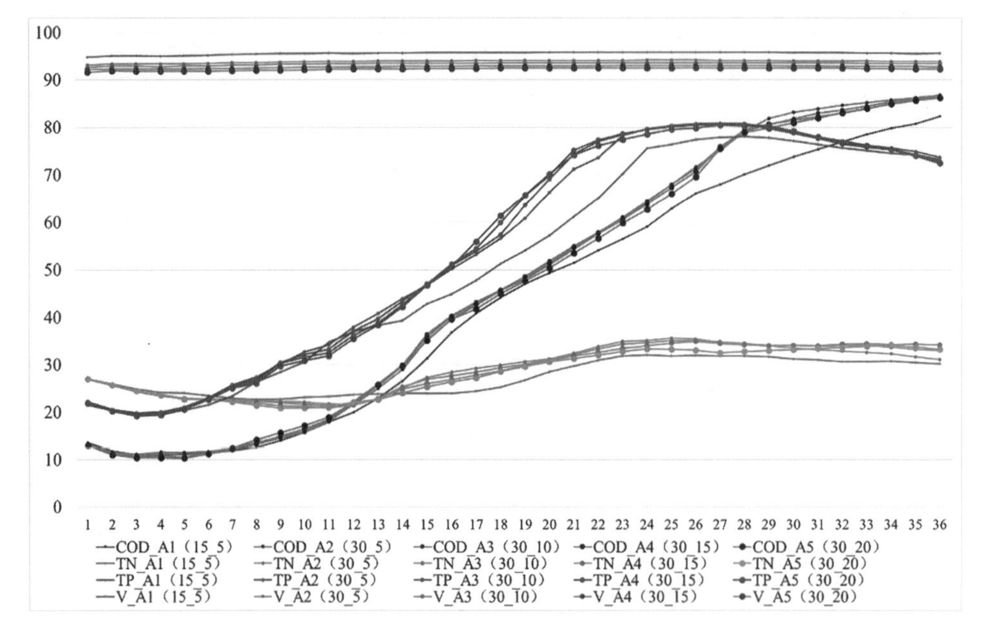

图 5-84　曾家巷入流五种工况下大东湖水系Ⅲ类水以上水质所占湖区面积百分比(%)

从图 5-84 中可见，A1(无圆点的线条)相对于 A2～A5，青山港和曾家巷入流流量较低(15 m^3/s、5 m^3/s)，因此流速曲线较高，低流速百分比较大；水质曲线较低，对水质的改善作用最小，A1 相对于 A2～A5 区分明显。而从 A2 到 A5，逐步增大了曾家巷的入流流量，而流速曲线和水质曲线稍有差异，但差异区分不够明显。

由此可见，青山港入流流量从 15 m^3/s 增至 30 m^3/s 产生的效果(A1 至 A2)，比曾家巷入流流量从 5 m^3/s 增至 20 m^3/s(A2 至 A5)产生的效果，要明显得多。同样增加 15 m^3/s 的入流流量，从青山港入流的效果，比从曾家巷入流的效果更好，而单独增加曾家巷的入流流量，效果并不明显。因此，在考虑引水工程投资与运行成本的情况下，建议优先考虑青山港入流流量的增加。

图 5-85 为曾家巷入流五种工况下东湖水域Ⅲ类水水质所占湖区面积百分比变化图。可以看出青山港入流从 15 m^3/s 增至 30 m^3/s 产生的效果(A1 至 A2)，比曾家巷入流从 5 m^3/s 增至 20 m^3/s(A2 至 A5)产生的效果，要明显得多。另外，增加曾家巷的入流流量，对东湖水动力的影响并不显著，但能在一定程度上改善东湖的水质。

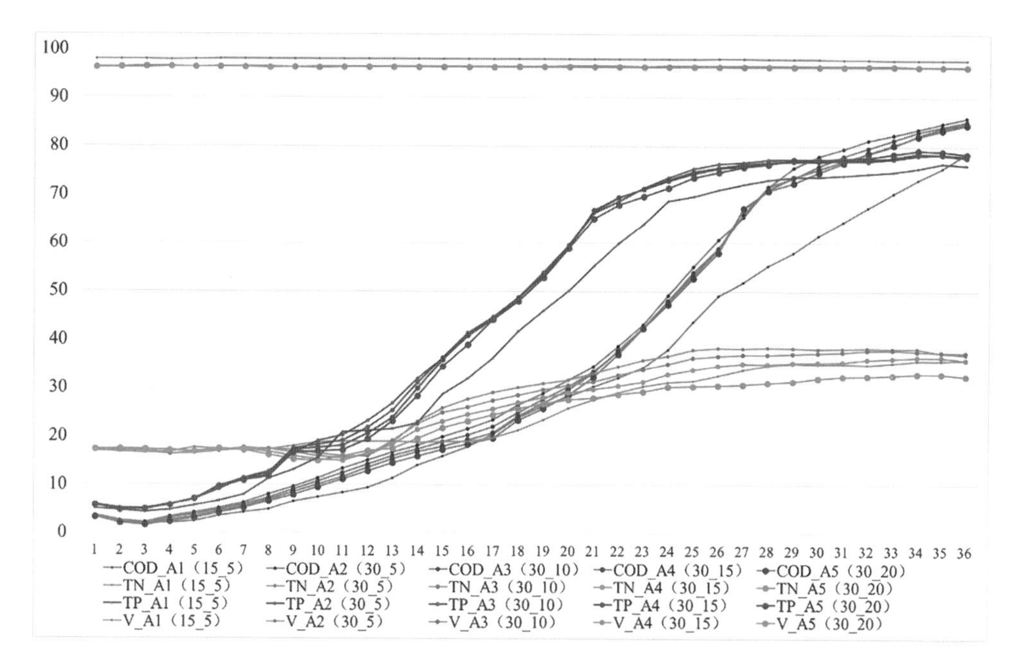

图 5-85　曾家巷入流五种工况下东湖水域Ⅲ类水以上水质所占湖区面积百分比(%)

图 5-86 为曾家巷入流五种工况下严西湖水域Ⅲ类水水质所占湖区面积百分比变化图。与东湖的情况有所不同，严西湖的水质变化，受曾家巷入流流量的影响较大，由于曾家巷入流自东向西，经过东湖流入严西湖，沿途受地形阻碍较小，因此随曾

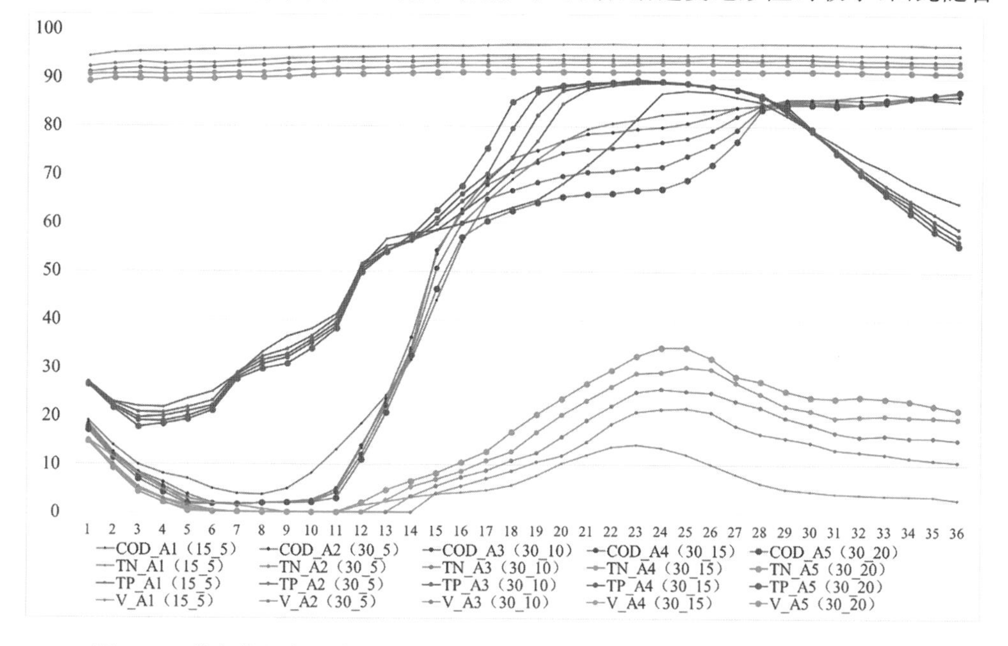

图 5-86　曾家巷入流五种工况下严西湖水域Ⅲ类水水质所占湖区面积百分比(%)

家巷入流流量增大而水动力条件显著改善，水质指标中 TN 的Ⅲ类水水域面积随曾家巷入流流量增大而增大，水动力和水质有明显改善。

相比严西湖的显著影响效果，严东湖受曾家巷入流的影响不明显(图 5-87)，水动力和水质没有太大的差异，其原因可能是严东湖距离曾家巷出水口已经太远，受到入流的影响明显减弱。

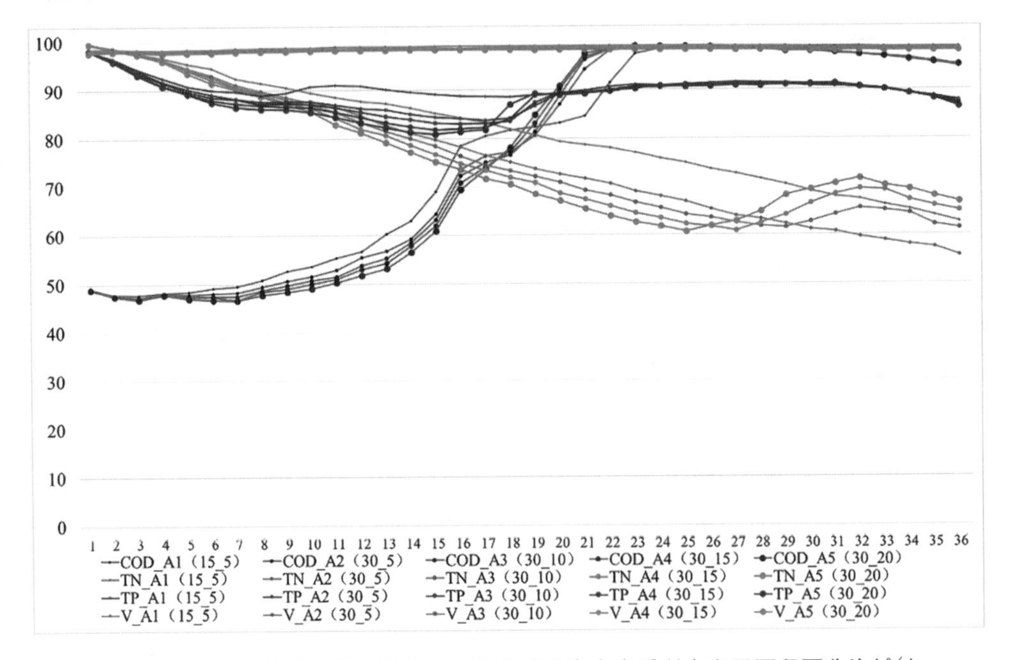

图 5-87 曾家巷入流五种工况下严东湖水域Ⅲ类水水质所占湖区面积百分比(%)

9) 青山港入水口入流流量变化方案模拟结果对比分析

青山港入流变化方案对应工况见表 5-33。这六种工况下，青山港的入流流量从 15 m^3/s 增加到 40 m^3/s，湖区的水动力条件不断改善(见图 5-88)，流速小于 1 cm/s 所占湖区面积百分比随引流量增加而逐步减小，湖区流速增大。从水质变化来看，由于水动力条件的改善，Ⅲ类水水质所占湖区面积百分比均逐步增大，湖区的水质情况有了更好的改善。

表 5-33 青山港引流流量变化方案

工况	青山港入流流量/(m^3/s)	曾家巷入流流量/(m^3/s)	其他相同条件
B1	15	10	现状入湖点源、面源 恒定入流 无风速 闸门全开
B2	20	10	
B3	25	10	
B4	30	10	
B5	35	10	
B6	40	10	

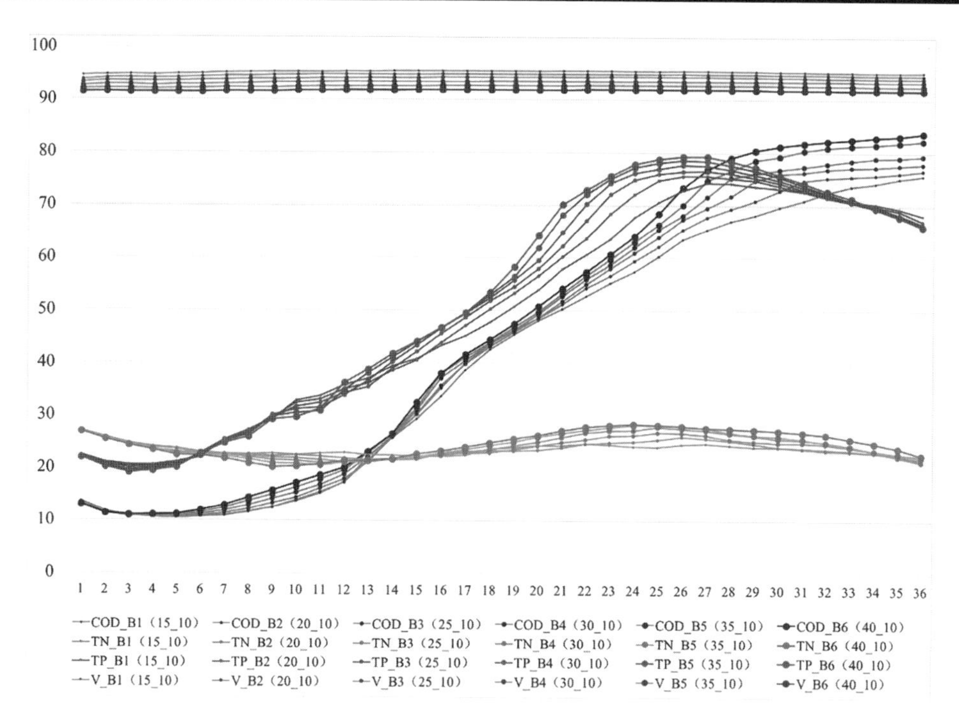

图 5-88 青山港入流六种工况下大东湖水系Ⅲ类水以上水质占湖区面积百分比(%)

东湖的模拟结果,与整个大东湖水系的趋势一致(见图 5-89)。严西湖的模拟结

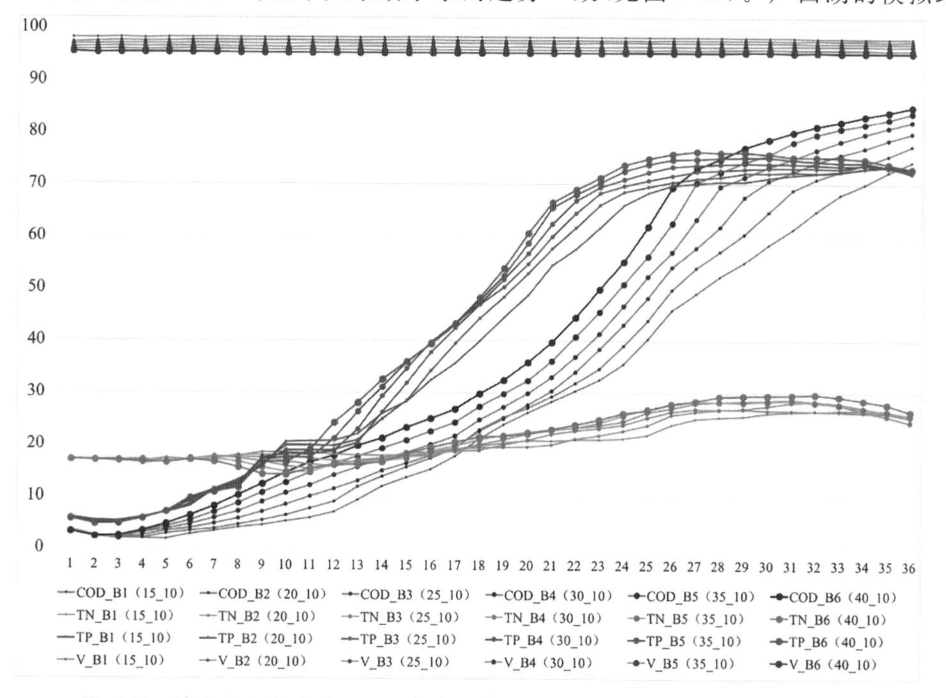

图 5-89 青山港入流六种工况下东湖Ⅲ类水以上水质占湖区面积百分比(%)

果基本上与整个大东湖水系的趋势一致，但具有一定的波动性。在图 5-90 中曲线中部有一个反曲的现象。由于严西湖没有直接的入水口，而是接收东湖的水流入湖，波动和反曲的区域很可能是因为东湖的污染物在水流作用下大量扩散迁移至严西湖，才会导致大流量方案(B6)的水质改善效果不明显，甚至出现反曲现象。严东湖的模拟结果，受青山港入流的影响不明显(见图 5-91)，水动力及水质(除了 TN 以外)没有太大的差异，其原因可能是严东湖距离引水口太远，受到入流的影响明显减弱。而 TN 曲线随入流流量增大而水质恶化，则可能是因为严西湖的 TN 浓度较高，流入严东湖后不仅没有改善水质反而增加了严东湖的污染物浓度。

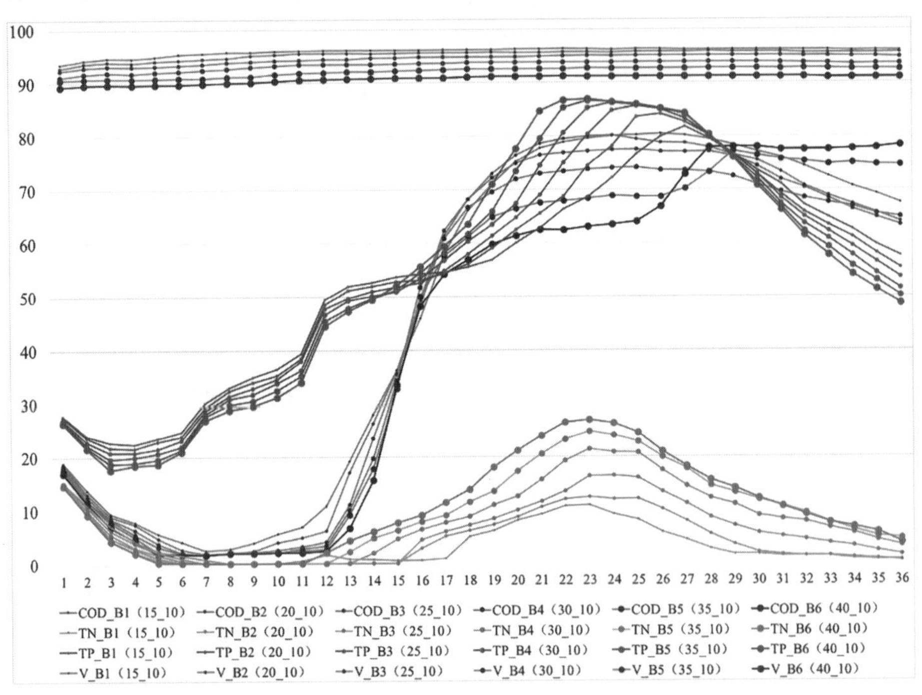

图 5-90 青山港入流六种工况下严西湖Ⅲ类水以上水质占湖区面积百分比(%)

10) 青山港和曾家巷入流方案模拟结果对比分析

青山港和曾家巷入流变化方案对应工况见表 5-34，共五种工况。从模拟结果来看(见图 5-92)，首先，两个入流口总入流为 30 m^3/s 的 C3 工况效果最差，流速曲线最高，低流速比例最大，水质曲线最低，水质改善最差。其次，两个入流口总入流同样为 40 m^3/s 的方案(C1/C2/C4/C5)中，C1 的模拟效果最好，C2 的效果次好，C4 的效果最差，C5 的效果次差。结果表明，要改善大东湖的水质状况，总流量越大，效果越好。其次，不同入流口的流量分配也十分关键，以 40 m^3/s、0 m^3/s(青山港 40 m^3/s，曾家巷 0 m^3/s，以下类似)的流量分配最好，30 m^3/s、10 m^3/s 的流量分配其次，0 m^3/s、40 m^3/s 的流量分配再次，最差的是 10 m^3/s、30 m^3/s 的流量分配。因此，在实际运行中，应充分论证引水闸的运行调度方案。

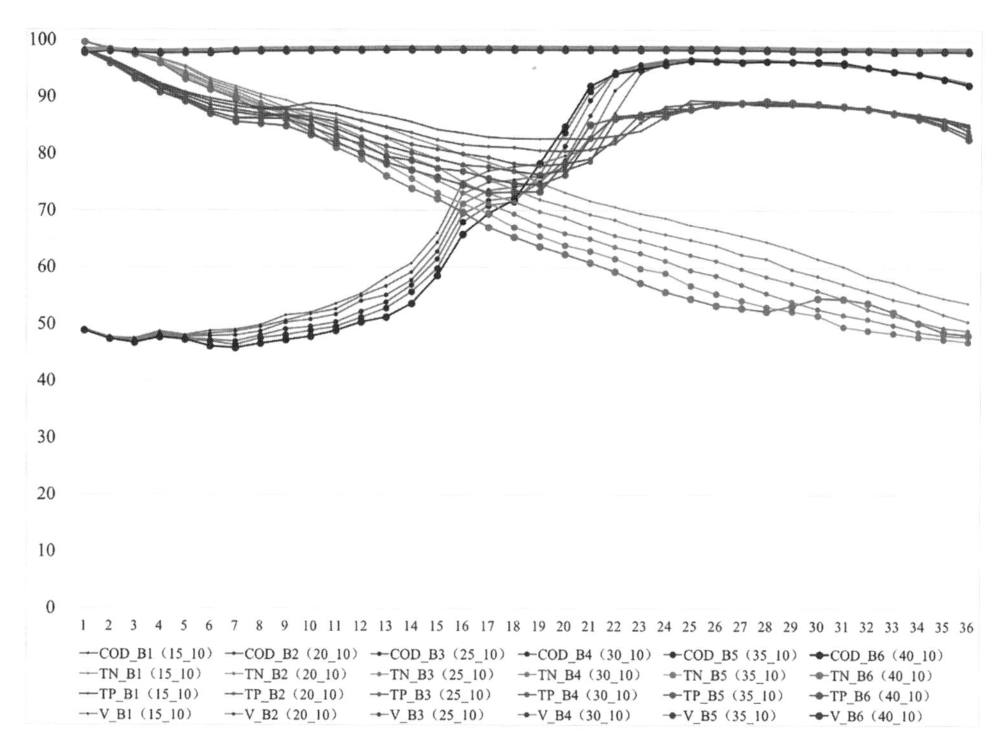

图 5-91　青山港入流六种工况下严东湖Ⅲ类水以上水质占湖区面积百分比(%)

表 5-34　点源和面源污染模拟工况

工况	青山港入流流量/(m^3/s)	曾家巷入流流量/(m^3/s)	其他相同条件
C1	40	0	现状入湖点源、面源 恒定入流 无风速 闸门全开
C2	30	10	
C3	10	20	
C4	10	30	
C5	0	40	

11）闸门不同运行方案模拟结果对比分析

不同闸门运行控制方案对应工况见表 5-35，共六种工况。D1 至 D6 六种工况下，水动力条件均不相同(见图 5-93)，对大东湖水系各个区域的影响作用也不一样。从整个湖区的结果来看，模拟各个方案主要改善局部水动力水质状况，因此对于整体的水质变化不太明显(见图 5-94)，但可以看出南湖连通渠和梁子湖连通渠放水后，整个湖区的 COD 和 TP 的水质状况得到了一定的改善，说明目前的闸渠系统方案下整个湖区存在一定的水动力死角，连通渠放水增加了水流通路后，能带动湖区水动力死角的流动，从而改善整体水动力情况。

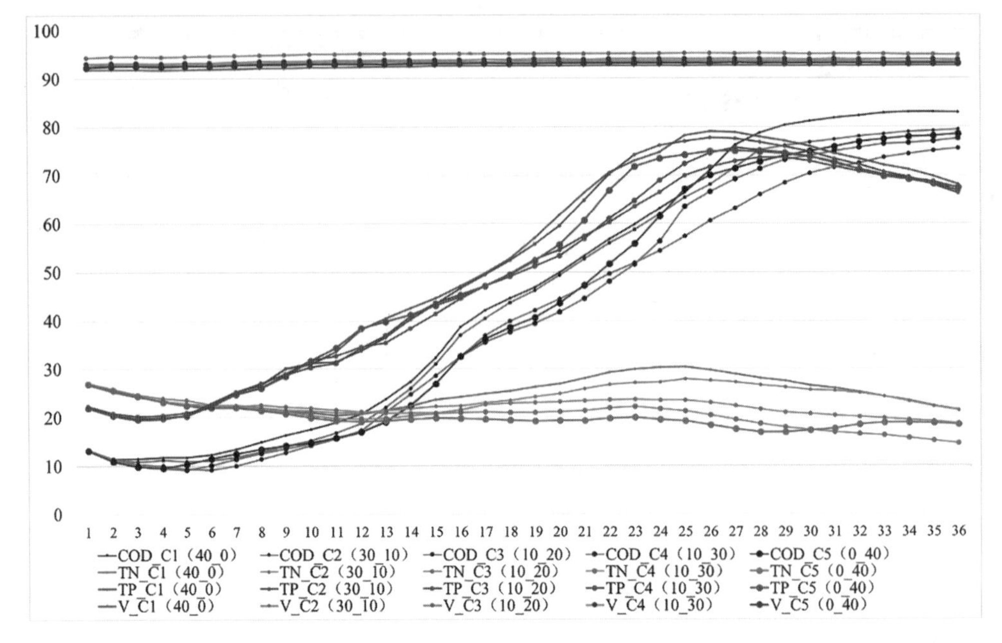

图 5-92 青山港和曾家巷入流同时变化五种工况下大东湖水系Ⅲ类水以上水质占湖区面积百分比(%)

表 5-35 引江水调度方案和闸门运行状态工况设计

<table>
<tr><th>工况</th><th>闸门开闭情况</th><th>其他相同条件</th></tr>
<tr><td>D1</td><td>关闭沙湖支渠闸、花山船闸，南湖连通渠、梁子湖连通渠不放水</td><td rowspan="6">现状入湖点源、面源
恒定入流
无风速
青山港入流 30 m³/s
曾家巷入流 10 m³/s</td></tr>
<tr><td>D2</td><td>闸门全开，南湖连通渠、梁子湖连通渠不放水</td></tr>
<tr><td>D3</td><td>关闭沙湖支渠闸，南湖连通渠、梁子湖连通渠不放水</td></tr>
<tr><td>D4</td><td>关闭花山船闸，南湖连通渠、梁子湖连通渠不放水</td></tr>
<tr><td>D5</td><td>闸门全开，南湖连通渠放水，梁子湖连通渠不放水</td></tr>
<tr><td>D6</td><td>闸门全开，南湖连通渠、梁子湖连通渠放水</td></tr>
</table>

从箐箕湖的模拟结果来看(见图 5-95)，D3 相对于 D2 关闭了沙湖支渠闸，因此青山港的水流不能通过沙湖支渠闸直接排到罗家巷出水口，而必须进入箐箕湖，再从新沟渠排出，这样增加了箐箕湖附近的水流流通长度，从而能明显改善箐箕湖的水质。

同时，D6 相对于 D2 来说，增加了南湖连通渠和梁子湖连通渠排水，因此增加了排水口数量，使得经过箐箕湖新沟渠的出水流量变小，另有一部分水通过新开的南湖连通渠和梁子湖连通渠放水，导致箐箕湖的水动力条件减弱，水质反而有所下降。因此 D6 明显比 D2 水质差一些。

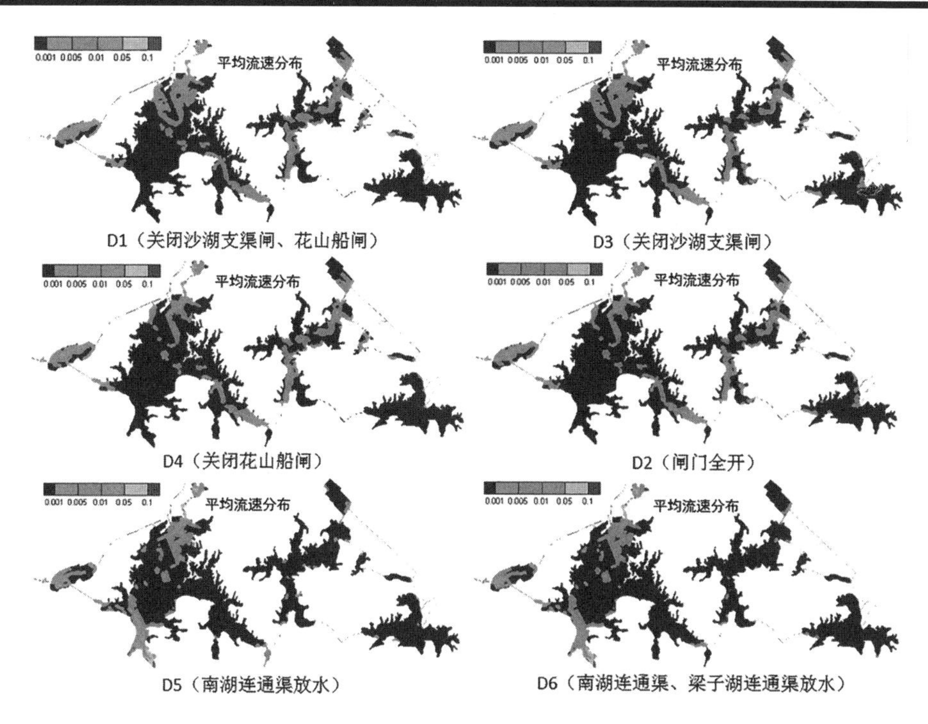

图 5-93　不同闸门运行控制六种工况下大东湖水系水动力变化特征

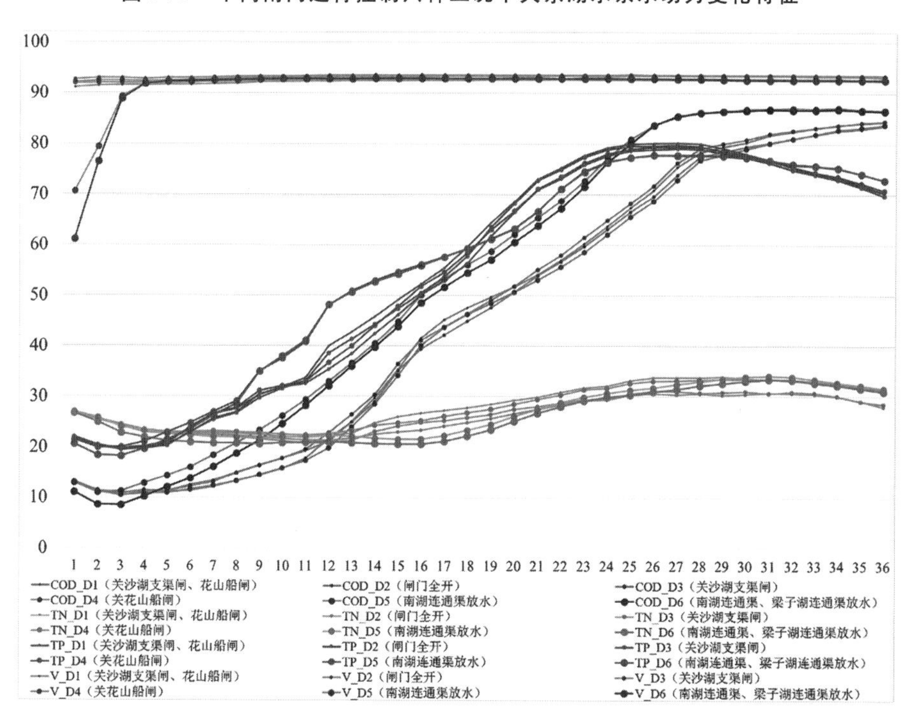

图 5-94　不同闸门运行控制六种工况下大东湖水系Ⅲ类水以上水质占湖区面积百分比(%)

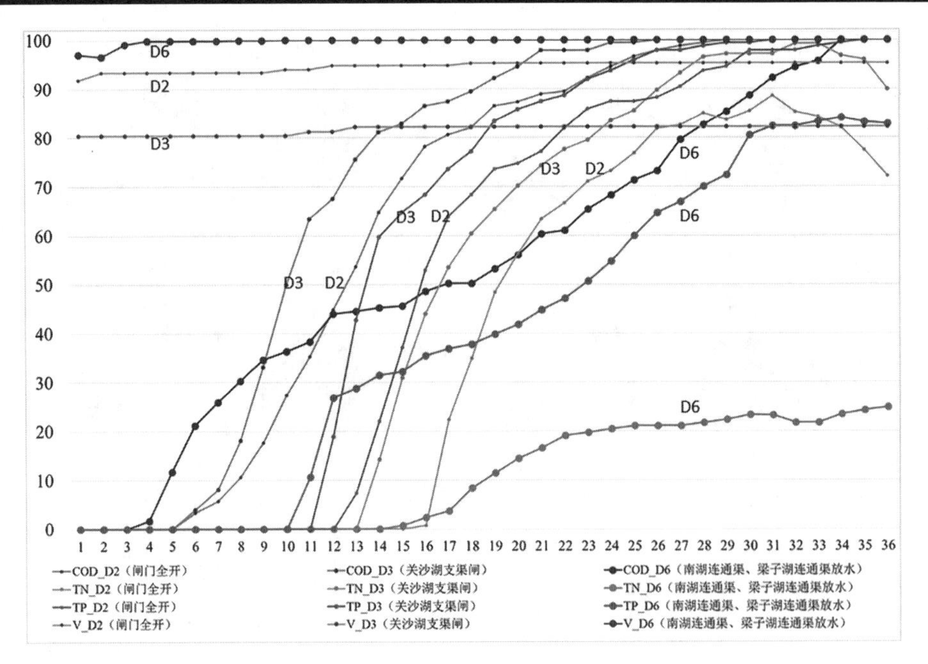

图 5-95　不同闸门运行控制六种工况下筲箕湖模拟结果对比图(占湖区面积百分比,%)

庙湖模拟结果如图 5-96 所示，方案 D5/D6 相对于方案 D1/D2/D3/D4 的区别在于南湖连通渠和梁子湖连通渠排水。由于南湖连通渠的出口属于庙湖,因此一旦

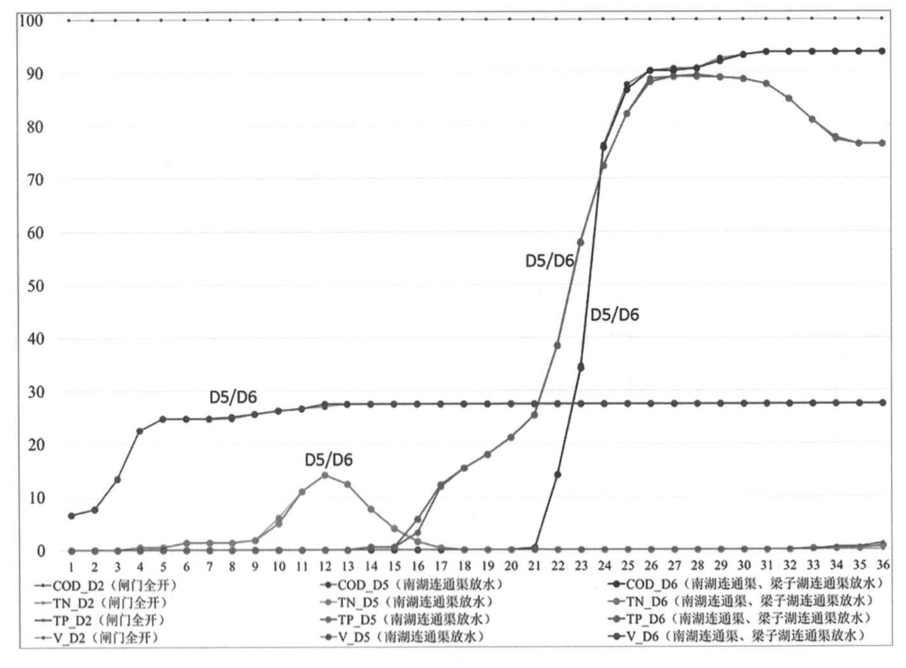

图 5-96　不同闸门运行控制六种工况下庙湖模拟结果对比图(占湖区面积百分比,%)

南湖连通渠排水，能大大改善庙湖的水动力水质状况，流速小于 1 cm/s 的面积百分比从 100%下降至不到 30%，庙湖水动力大大增强，COD、TN 等指标代表的Ⅲ类水面积百分比也从 0%开始大大提高。水动力改善导致的污染物扩散输移及从南湖连通渠排走，使得原本一潭死水、脏水的庙湖发生了显著的变化，水质显著改善。

D4 相对于 D2，严东湖水质状况反而更好（见图 5-97），其原因可能是关闭了花山船闸，使得严西湖的水不能通过花山船闸进入严东湖，而严西湖的水相对于严东湖的较脏，因此关闭花山船闸会防止严东湖的水质变坏。D6 相对于 D2，水质状况有所改善，可能因为增加了梁子湖连通渠放水，与庙湖增加南湖连通渠放水的效果一样，能有效地改善水动力和湖区水质。

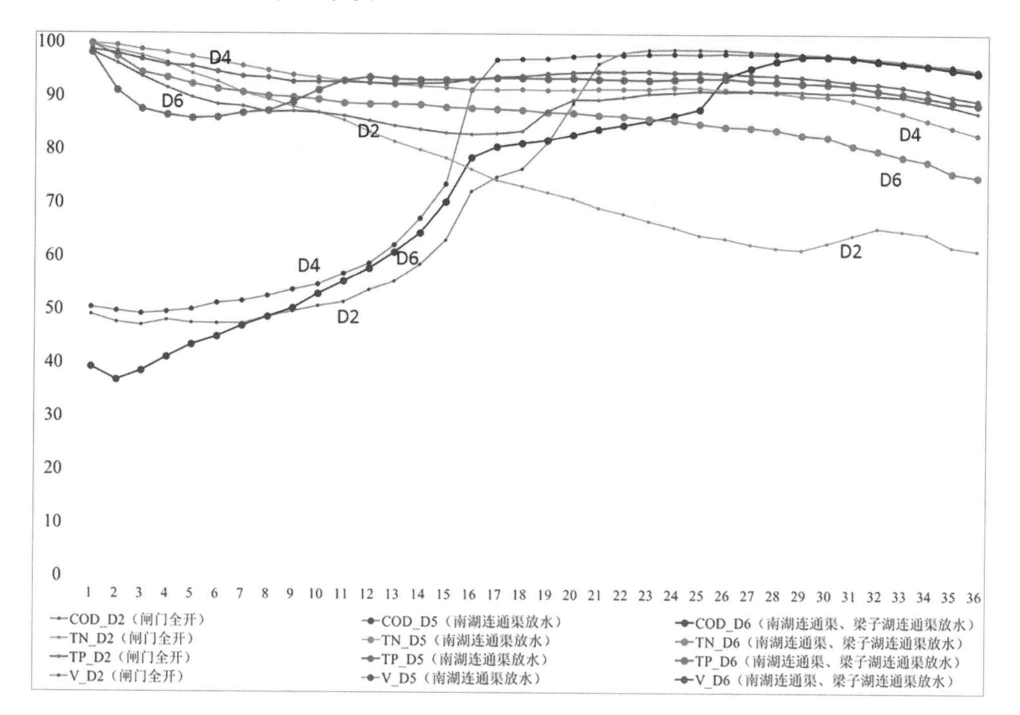

图 5-97 不同闸门运行控制六种工况下严东湖模拟结果对比图（占湖区面积百分比，%）

12）两引水口间歇式引流方案模拟结果对比分析

不同闸门运行控制方案对应工况见表 5-36，共六种工况。从东湖的水动力水质模拟情况来看（见图 5-98），对比连续不间断的引水（E1）及间断不同天数引水（E2/E3/E4/E5/E6），可知：

① 间断引水会造成湖区整体水动力的波动，波动周期与引水间隔一致，有差异但总体区别不大；

② 相比间断引水，不间断引水对于水质的改善有很大的帮助，能较好地改善湖区水动力（如图中红、绿、蓝分布在最上的一根细线），因此在条件允许、成本充足的情况下，建议采用连续不间断的引水方式；

表 5-36 水系中闸门不同运行方案

工况	间隔入流天数	其他相同条件
E1	0天,恒定入流	现状入湖点源、面源 无风速 青山港入流 30 m^3/s 曾家巷入流 10 m^3/s 闸门全开
E2	1天,引水1天停1天	
E3	2天,引水2天停2天	
E4	3天,引水3天停3天	
E5	4天,引水4天停4天	
E6	5天,引水5天停5天	

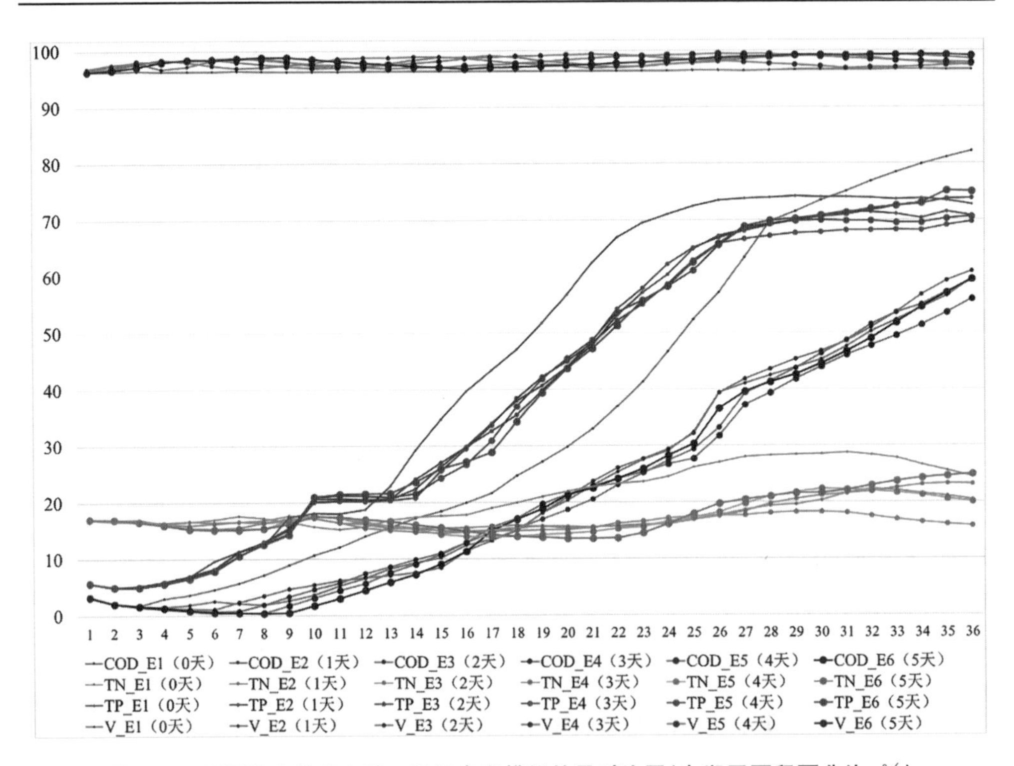

图 5-98 不同引水模式六种工况下东湖模拟结果对比图(占湖区面积百分比,%)

③ 间断引水不同天数的方案之间对比,虽然比不间断引水的水质改善要差一些,但相互之间的区别却不显著,排除周期影响的干扰,初步得出的结论是,间隔1～5天引水对于改善水质效果不明显;

④ 图中 COD 不间断引水曲线一直在间断引水的曲线上部,是因为引进的长江水 COD 浓度设为Ⅱ类水质,对于水质改善效果十分明显;而 TN、TP 的不间断引水曲线,在前期有一定的优势,但最后与间隔引水的曲线达到基本接近的效果,这是因为引进的长江水 TN、TP 浓度设为Ⅲ类水质。因此,建议在长江水质很好的时候,采

用连续不间断引水，而在长江水质较差的时候，根据成本选择采用间隔 1～5 天的引水方式。

从严西湖的水动力水质模拟情况来看（见图 5-99），连续不间断引水的水动力，比间断引水的水动力好，并且水质改善也较好，但改善效果没有东湖明显，这是因为引水口离东湖近，引水间隔产生的水动力效应，经过东湖的缓冲之后，到达严西湖产生了一定的削弱。甚至从长期引水的角度来看，不间断引水的效果基本与间断引水效果相同，因此从引水成本的角度来看，采取间断 3～5 天的引水方式，反而效果更好。

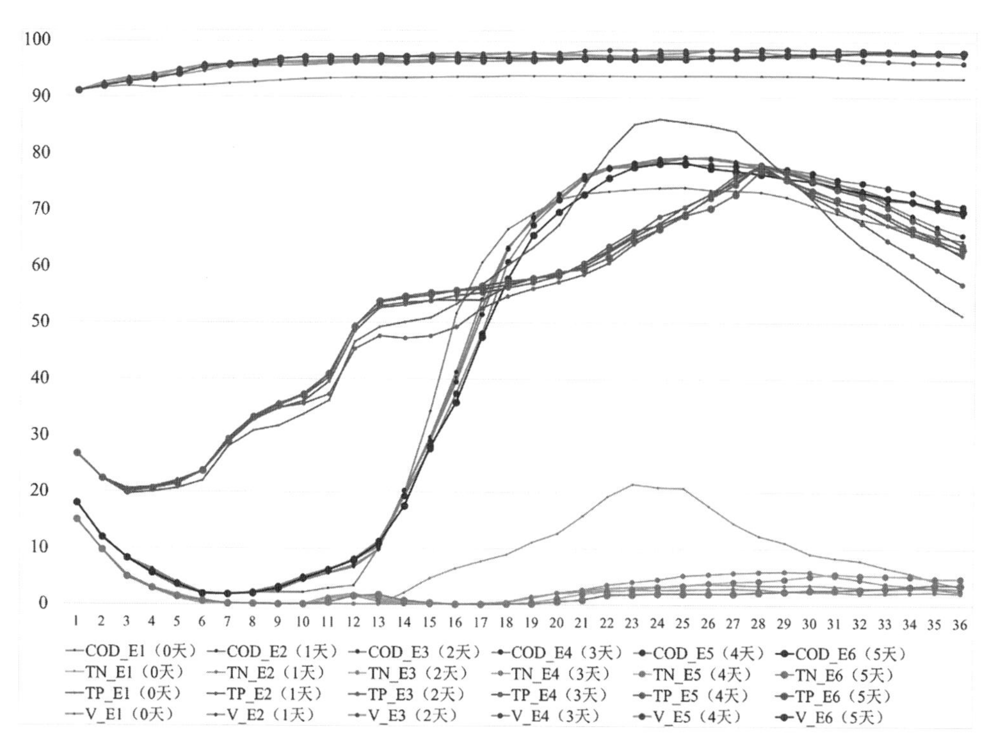

图 5-99　不同引水模式六种工况下严西湖模拟结果对比图（占湖区面积百分比，%）

从严东湖的水动力水质模拟情况来看（见图 5-100），连续不间断引水的水动力，基本与间断引水的水动力一致，并且水质改善效果也基本一致，这是因为引水口离严东湖太远，经过东湖、严西湖的缓冲之后，在严东湖产生的效果基本消失。同样，从长期引水的角度来看，考虑引水成本，建议采取间断 3～5 天的引水方式，同样能很好地改善严东湖水质。

13）不同风力条件方案模拟结果对比分析

不同风力条件方案对应工况见表 5-37，共四种工况。由图 5-101 可知，随着风速的增大，湖区平均流速分布更加均匀。因此，3 m/s 的风速加大了东湖的掺混作用，搅动了东湖的湖水，增大了湖区的水动力紊动。

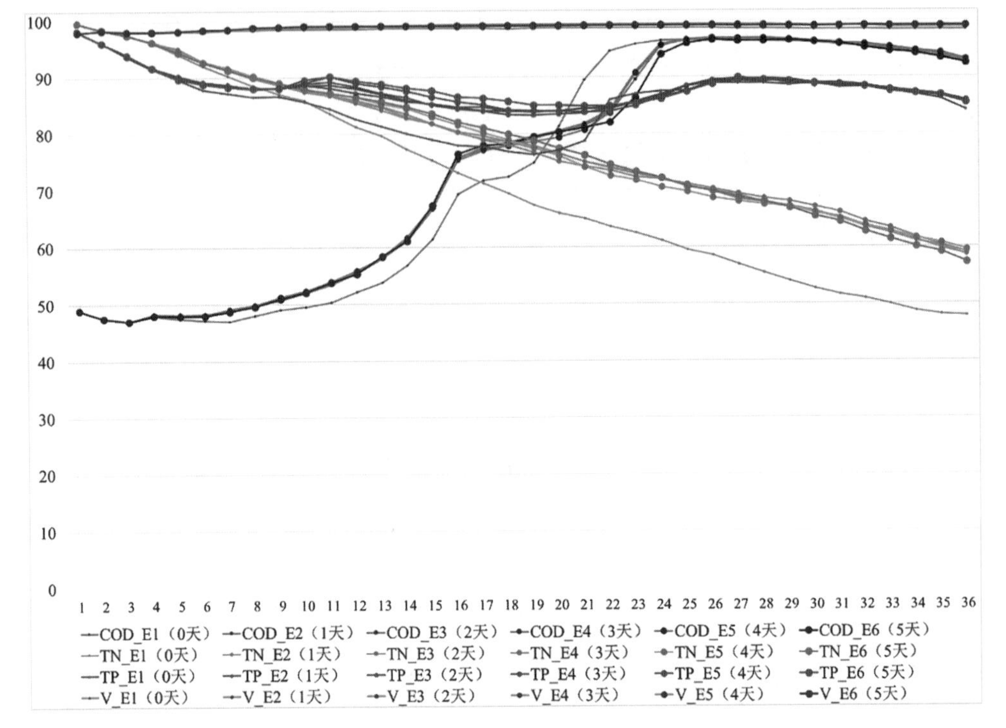

图 5-100　不同引水模式六种工况下严东湖模拟结果对比图(占湖区面积百分比,%)

表 5-37　不同风力条件方案

工况	风 速 影 响	其他相同条件
F1	风速为 0,不考虑风速	现状入湖点源、面源
F2	风速 1 m/s,风向 135°	恒定入流 青山港入流 30 m^3/s
F3	风速 2 m/s,风向 125°	曾家巷入流 10 m^3/s
F4	风速 3 m/s,风向 130°	闸门全开

如图 5-102 中所示,F1 表示不考虑风速作用(圆点最大),F2、F3、F4 表示分别考虑风速为 1 m/s、2 m/s、3 m/s(F2、F3、F4 圆点依次减小),可知圆点越大,风速越小,COD、TN、TP Ⅲ类水水质所占百分比越高,流速小于 1 cm/s 所占的百分比也越高。由于风向为东南风(130°),与湖区水流的方向相反,因此可以认为风速整体上会削弱湖区的水动力流通,但会增加局部水动力紊动。因此,风速越大,流速小于 1 cm/s 的百分比越小,即局部水动力大于 1 cm/s 的区域越大;同理,风速越大,湖区整体水动力紊动越强,导致湖区边缘的流动死角的水流掺混作用更明显,而点源、面源入口在湖边,因此容易将死角的高浓度污染物带到湖区内部,导致湖区整体水质降低,所以Ⅲ类水质的百分比曲线也落下方。

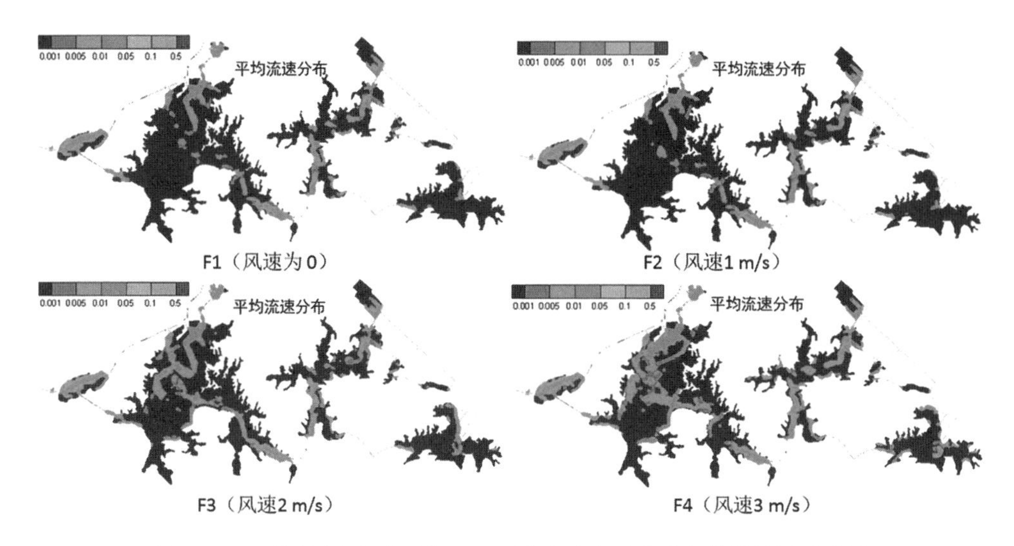

图5-101 不同风力条件四种工况下大东湖水系水动力模拟结果对比图

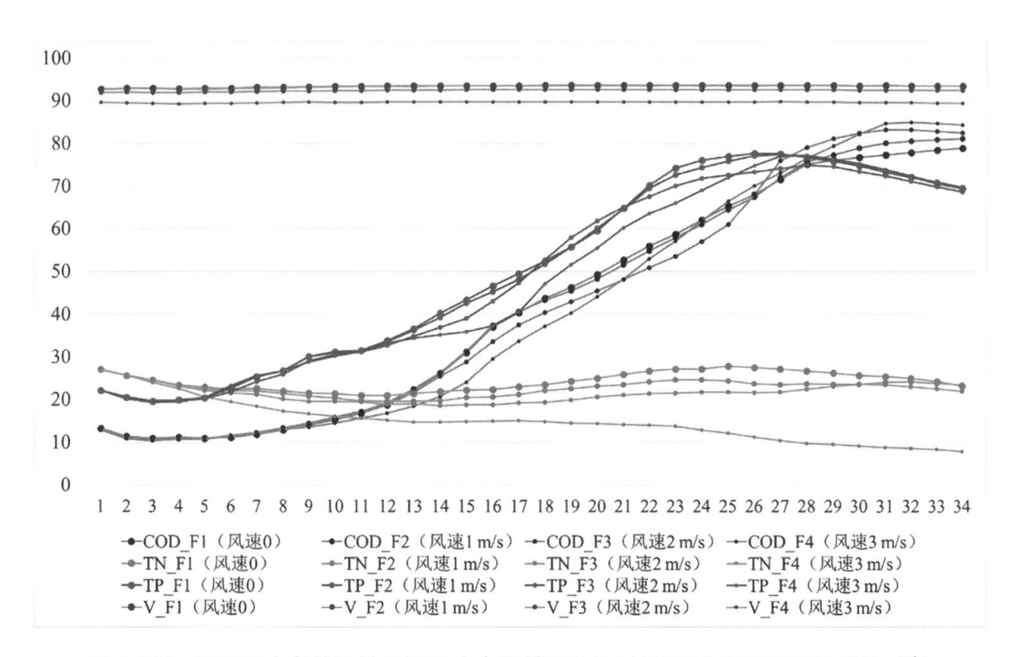

图5-102 不同风力条件四种工况下大东湖模拟结果对比图(占湖区面积百分比，%)

14）不同点源削减方案模拟结果对比分析

不同点源削减方案对应工况见表5-38，共四种工况。从图5-103中可知，逐步消减点源，能改善湖区的水质状况。东湖的水质的改善程度与不同的消减百分比并不是完全线性的正相关关系(见图5-104)。消减点源中COD及TP的水质浓度，对东湖的水质改善效果不太明显，但消减点源中的TN浓度，能较好地改善东湖的水质。

表 5-38　不同点源污染削减方案

工况	点源平均浓度/(mg/L)				其他相同条件
	指标	COD	TN	TP	
G1	现状	68.49	11.18	0.77	现状入湖面源 无风速 恒定入流 青山港入流 30 m^3/s 曾家巷入流 10 m^3/s 闸门全开
G2	现状消减 30%	47.95	7.83	0.54	
G3	现状消减 60%	27.4	4.47	0.31	
G4	现状消减 90%	6.85	1.12	0.08	

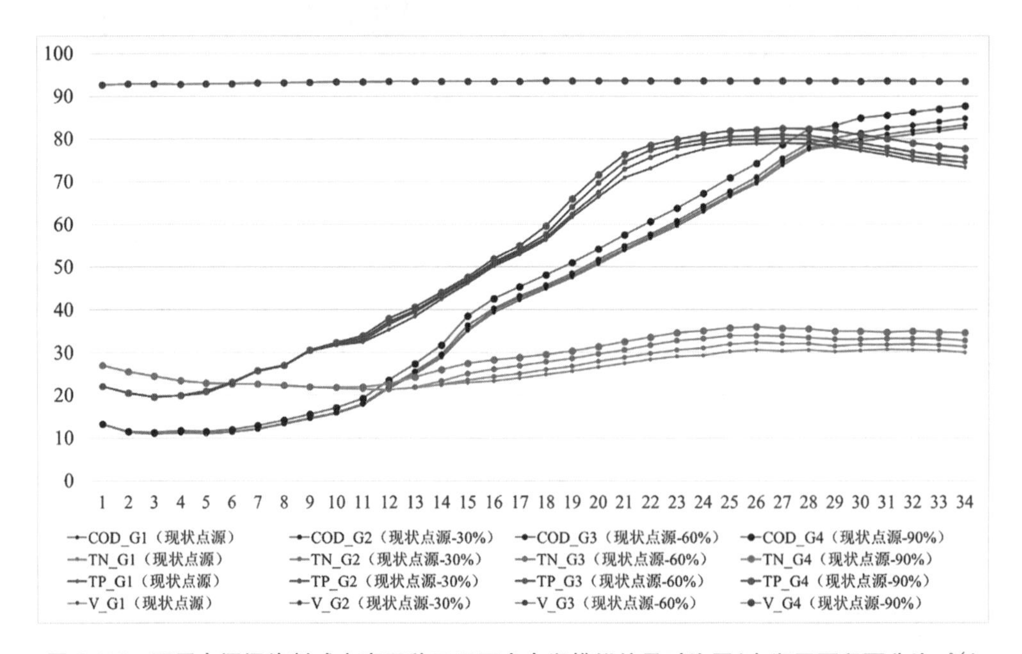

图 5-103　不同点源污染削减方案四种工况下大东湖模拟结果对比图(占湖区面积百分比,%)

与东湖类似,严西湖的水质的改善程度与不同的消减百分比也不是完全线性的正相关关系(见图 5-105)。但与东湖不同的是,消减点源中 COD 及 TP 的水质浓度,对严西湖的水质改善效果明显,但消减点源中的 TN 浓度,对严西湖的水质改善效果不明显。由于严东湖地区没有点源排放口,因此消减点源污染物排放浓度,对于严东湖地区的水质基本没有影响(见图 5-106)。

15）不同面源控制方案模拟结果对比分析

不同面源控制方案对应工况见表 5-39,共四种工况。从图 5-107 中可知,面源消减 50%,能改善整个湖区的水质状况,相反,如果不采取控制措施,导致面源入湖量增加 50%,则整个湖区的水质会向更坏的方向转变。面源的消减及增加,对于东湖地区的影响,趋势上与整个东湖的影响效果一致(见图 5-108)。面源入湖中有大部

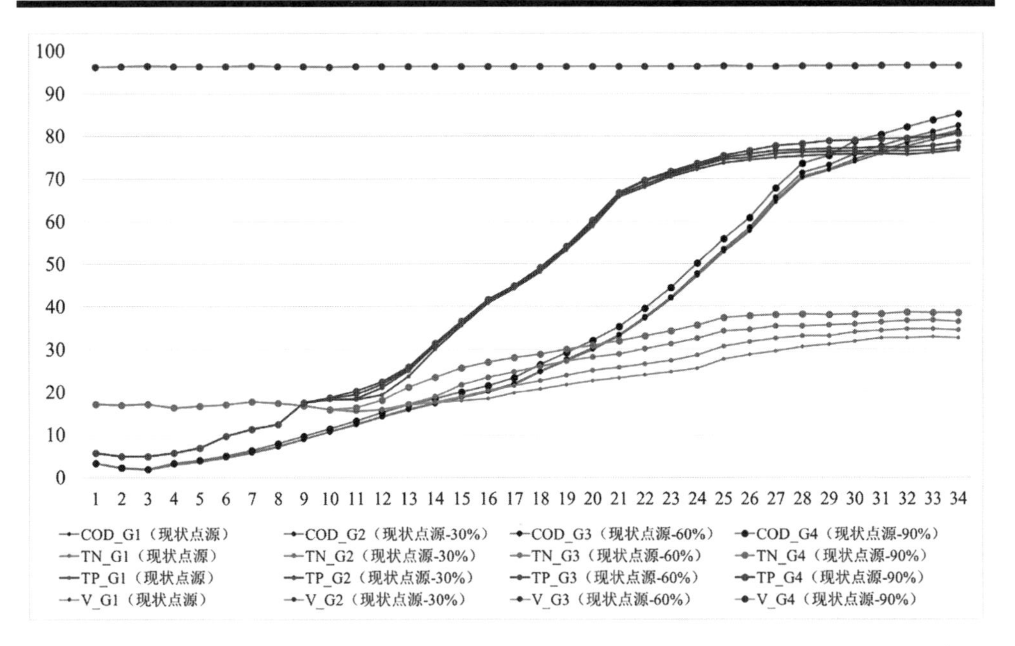

图 5-104　不同点源污染削减方案四种工况下东湖模拟结果对比图(占湖区面积百分比,%)

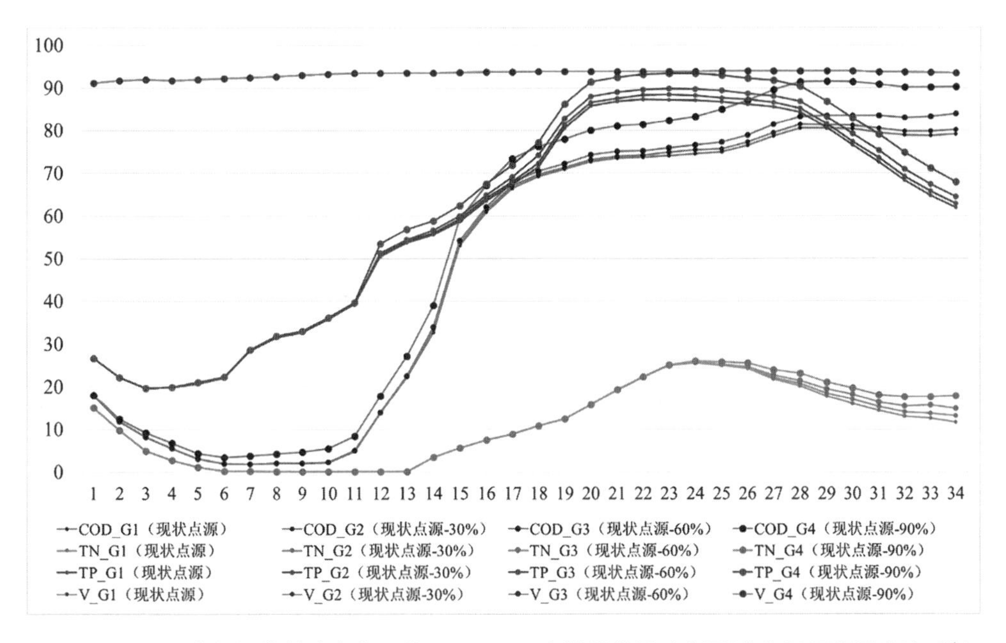

图 5-105　不同点源污染削减方案四种工况下严西湖模拟结果对比图(占湖区面积百分比,%)

分是流入东湖的,因此东湖水质对于入湖面源量的变化,有直接的正相关效应。严西湖的水质对于整个湖区入湖面源的变化十分敏感(见图 5-109),面源的变化会导致水质变化差异明显。与严西湖类似,严东湖的水质对于湖区入湖面源的变化也十分敏感(见图 5-110)。因此,有效控制面源入湖污染负荷,对改善大东湖水系水质十分重要。

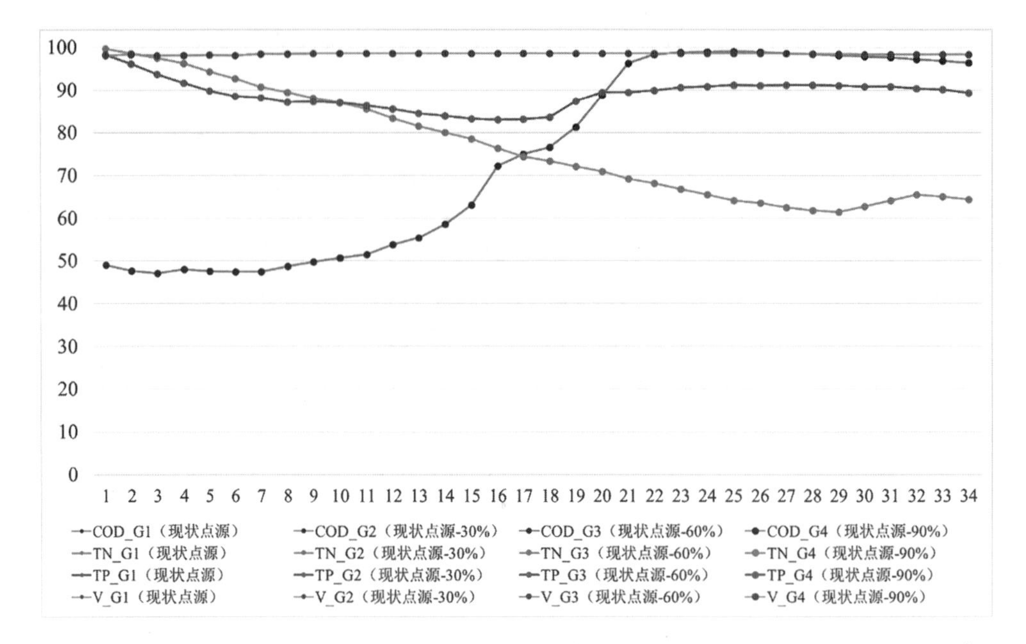

图 5-106 不同点源污染削减方案四种工况下严东湖模拟结果对比图(占湖区面积百分比,%)

表 5-39 不同面源污染控制方案

工况	面源平均浓度/(mg/L)				其他相同条件
	指标	COD	TN	TP	
H1	现状	36.1	17.63	1.36	现状入湖点源 无风速
H2	现状增加 50%	54.15	26.45	2.05	恒定入流 青山港入流 30 m^3/s
H3	现状消减 50%	18.05	8.82	0.68	曾家巷入流 10 m^3/s 闸门全开

3. 结论

通过建立水质模型,本节对不同背景场下的大东湖水系水动力水质变化特征进行了模拟分析,主要结论如下。

①无论是从参数率定结果,还是从各工况模拟结果的合理性来看,浅水湖泊二维水动力水质模型能够有效应用于典型湖泊,结果具有可靠性。

②从长江引水进入大东湖水系,能够显著改善湖区水动力条件和水质。从相应工况的模拟结果对比分析来看,引水量和引水运行模式对大东湖水系的总体水质变化都有非常明显的影响,但由于大东湖水系湖泊的水力联系复杂,不同的引水量和引水运行模式,存在对大东湖水系中的部分湖泊效果显著,而对个别湖泊效果不明显,甚至有相反作用。因此,在实际的运行管理过程中,应充分权衡各湖泊的响应,同时

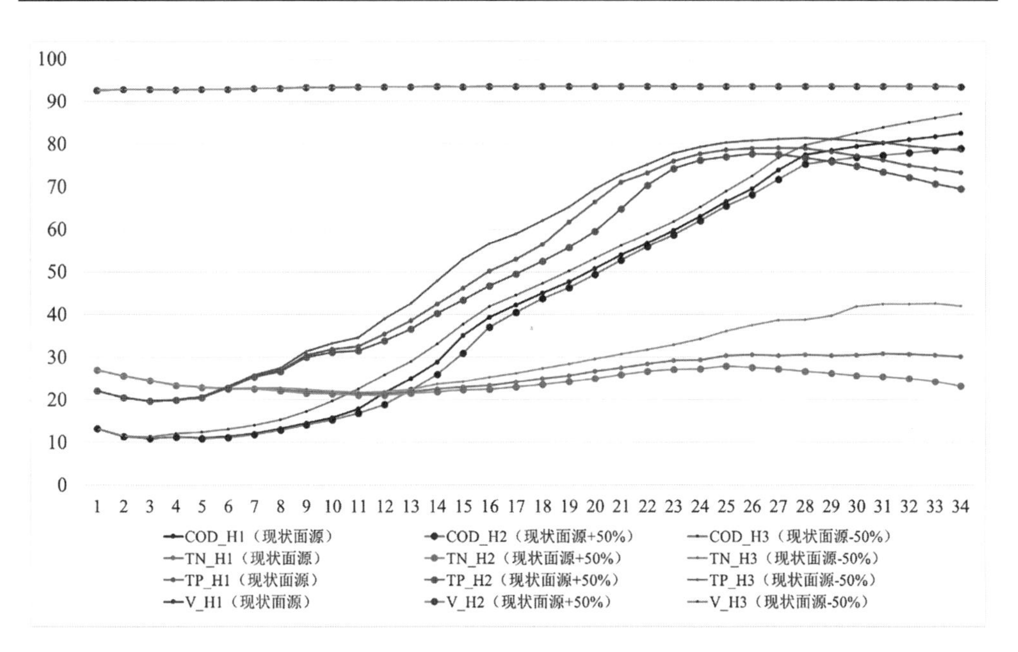

图 5-107　不同面源污染控制方案三种工况下大东湖水系模拟结果对比图(占湖区面积百分比,%)

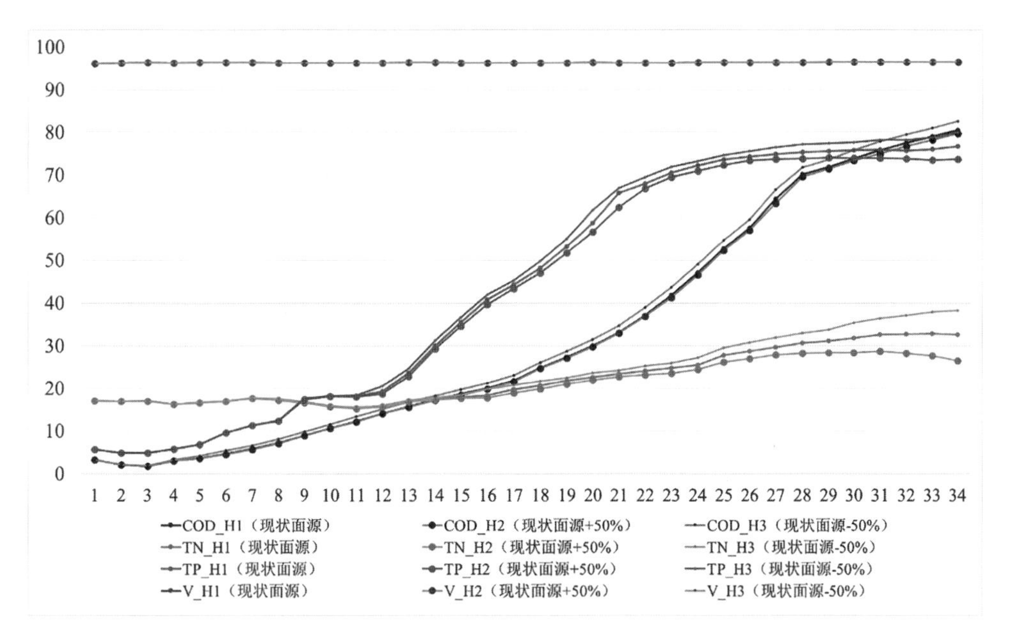

图 5-108　不同面源污染控制方案三种工况下东湖模拟结果对比图(占湖区面积百分比,%)

结合经济效益和环境效益目标,进行深入的综合论证。

③点源污染和面源污染对湖区的水污染贡献程度相当,两者的有效控制能够改善湖区的水质。但受限于水流条件,在点源排放口和面源汇流入口处的湖体水质问

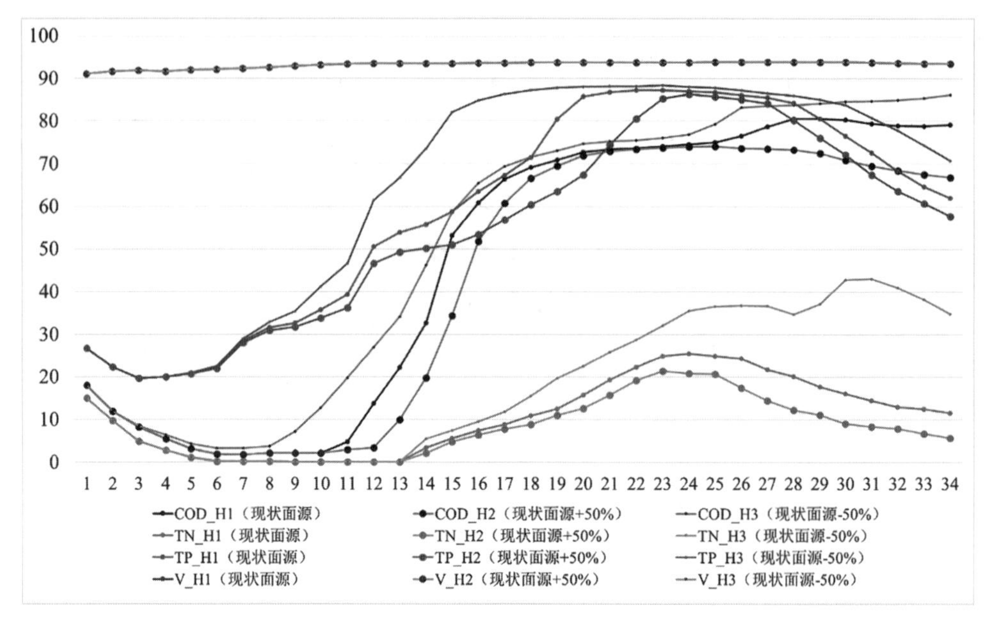

图 5-109 不同面源污染控制方案三种工况下严西湖模拟结果对比图(占湖区面积百分比,%)

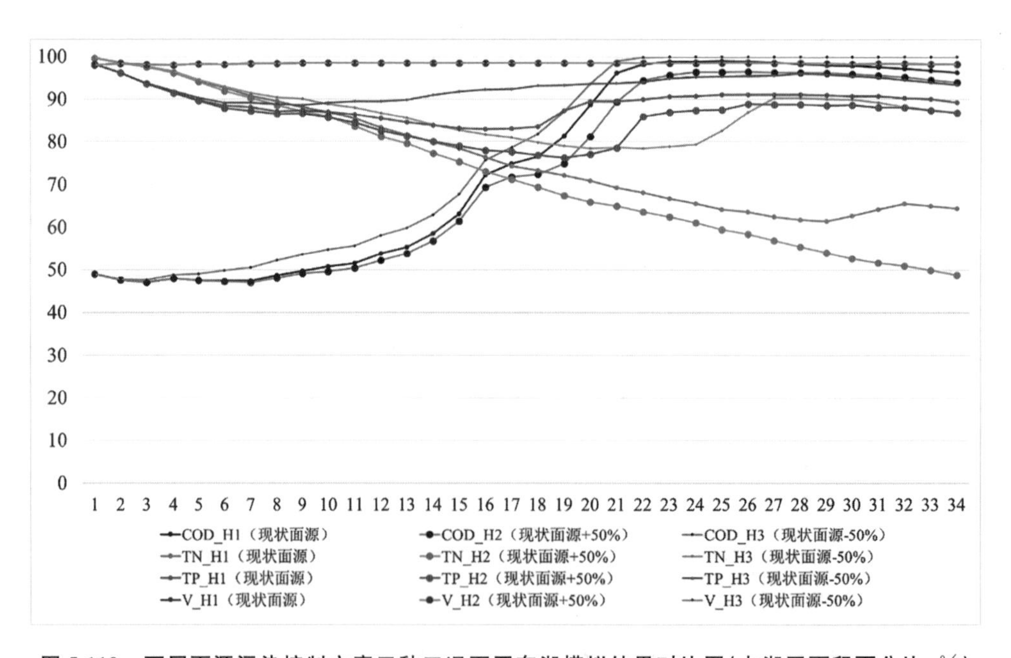

图 5-110 不同面源污染控制方案三种工况下严东湖模拟结果对比图(占湖区面积百分比,%)

题改善效果不明显。另外,点源和面源污染控制到一定程度后,需要综合考虑引水方案和运行方式,权衡各湖区的响应特征,进一步论证合理的污染削减目标,使得控制方案具有合理性、经济性和环境效应。

④对于TN和TP，北湖、严西湖和严东湖的问题相对比较严重，后续研究应重点考虑如何有效改善其水体环境。另外从方案模拟结果看，庙湖、筲箕湖等的局部问题也较为严重。

⑤大东湖水系闸渠系统的运行方式对距离引水口较远的湖泊，如北湖、严西湖和严东湖的水动力和水质改善影响较小，远景规划的南湖连通渠和梁子湖连通渠对进一步改变局部湖区的水动力和水质具有重要的作用。在本次研究中，仅仅考虑了闸门全开的模型，后续研究中，需要进一步从整体上研究引水闸和排水闸之间的联合调度运行对湖区水动力水质的控制效果，为湖区的运行调度提供决策依据。

⑥由于大东湖污染严重的月份的盛行风向与湖区水流方向几乎相反，因此风力对湖区水动力的改善主要表现在增加局部紊动，从而加速湖区污染物的扩散过程，对缓解排污口区域的水污染问题有一定作用。同时，风力的作用对不同湖泊表现为不同的效果。由于污染物扩散过程的加强，在一定时间段内，有可能会降低整个湖区的水质，但经过一定时间后，其局部不利影响将得到削弱。

⑦模型尚未考虑湖区底泥污染的内源污染的释放，以及湖区植被对水流的影响，后续研究需要进一步加强。

参考文献

[1] 邵军荣，吴时强，周杰，等. 二维输运方程高精度数值模拟[J]. 水科学进展，2012，23(3)：383-389.

[2] 张小峰，张红武. Crank-Nicolson格式精度的改进[J]. 水科学进展，2001，12(1)：33-38.

[3] 王志力，陆永军，耿艳芬. 基于非结构网格有限体积法的二维高精度物质输运模拟[J]. 水科学进展，2008，19(4)：531-536.

[4] 江春波，杜丽惠. 二维扩散输移问题的一种新的有限体积算法[J]. 水科学进展，2000，11(4)：351-356.

[5] 耿艳芬，王志力，陆永军. 基于无结构网格单元中心有限体积法的二维对流扩散方程离散[J]. 计算物理，2009，26(1)：17-26.

[6] BENKHALDOUN F，ELMAHI I，SEAID M. Well balanced finite volume schemes for pollutant transport by shallow water equations on unstructured meshes[J]. Journal of Computational Physics，2007，226 (2)：1753- 1783.

[7] WEIL S，MAZZIA A，PUTTI M，et al. Coupling water flow and solute transport into a physically-based surface-subsurface hydrological model[J]. Advances in Water Resources，2011，34(1)：128-136.

[8] 毕胜，周建中，陈生水，等. Godunov格式下高精度二维水流-输运耦合模型[J]. 水科学进展，2013，24(4)：706-714.

[9] Covar A P. Selecting the proper reaeration coefficient for use in water quality models[C]. Proceedings of the Conference on Environmental Modeling and Simulation. Cincinnati, OH, EPA-600/9-76-016, Environmental Protection Agency, Washington, DC, July, 1976: 340-343.

[10] O'Connor D J. Wind Effects on Gas-Liquid Transfer Coefficients[J]. Journal of Environmental Engineering, 1983, 109(3):731-752.

[11] Blake A, Kineke G, Milligan T, et al. Sediment trapping and transport in the ACE Basin, South Carolina[J]. Estuaries and Coasts, 2001, 24(5):721-733.

[12] Oecd. Eutrophication of waters-Monitoring, assessment and control[M]. OECD, Paris, 1982.

[13] 谢杰，王心源，张 洁. 基于 TM/ETM+影响分析巢湖叶绿素 a 浓度变化趋势[J]. 中国环境科学，2010，30(5):677-682.

[14] 严江涌，黎南关. 武汉市大东湖水网连通治理工程浅析[J]. 人民长江，2010，41(11):82-84.

[15] 田勇. 湖泊三维水动力水质模型研究与应用[D]. 武汉:华中科技大学，2012.

第6章　湖泊水质水量多维联合优化调控

面向水质水量调度的湖泊水网生态系统是一个开放的复杂大系统，其优化配置与管理不是孤立的，而是处在一定的自然环境、经济环境、社会环境之中，连通湖泊水生态系统与外部环境不断进行物质、能量和信息的交换，系统交织着各种物质流与信息流的映射关系，这些作用关系相互耦合，极为复杂。在新的连通湖泊水网空间背景场和边界条件下如何实现湖泊群的多维水量水质调控，迫切需要从新的理论、模型、方法和技术上开展深入系统的专门研究。

本章在湖泊水下地形、水质基础监测等资料的基础上，综合运用连通湖泊分布式水动力学模型、东湖水系水体污染物迁移模型及非恒定流的水质水量耦合模型，研究调度过程中典型污染物运移路径、运移通量和对大东湖水质的贡献，分析不同调水方案下污染物的时空分布规律、迁移状态及水体置换速度，确定面向湖泊群水质改善的大东湖生态水网调度策略；研究水质水量综合调度的关键因素、指标及变量，采用水力学、水文学和环境水力学相结合的建模途径，发展湖泊群水质水量多维联合优化调控的新方法，具有较高的理论和工程应用价值。

6.1　面向湖泊群水质改善的水网调度策略

本节以大东湖生态水网重建及湖泊水质改善为切入点，以大东湖湖泊群水质现状为基础，运用二维湖泊水动力水质模型，系统分析不同引水调度方案下湖泊的水流运动模式和污染物的时空变化规律。综合考虑湖泊间污染物的迁移风险，提出逐级改善的水网调度策略。选取水体置换率及COD、TP等典型污染物的改善程度为水质指标，兼顾大东湖生态水网调度工程的社会经济效益，采用定性与定量相结合的方式对比分析不同引水路线及引水策略的水质改善效果，并确定最优水网调度策略，为建立大东湖水质水量联合优化调度模型提供理论依据。

6.1.1　大东湖水网引水调度连通方案研究

1. 大东湖水网调度工程背景

大东湖生态水网建设项目以东湖为中心，由东沙湖水系和北湖水系的江、湖、港、渠构成。该项目旨在满足城市防洪、排涝、调蓄等基础设施功能的前提下，改善人居环境和城市水生生态环境，提高环境承载能力，形成城市独特的水体景观和水上游览通道，将该区域打造成水网交织、人与自然和谐共处的滨江滨湖生态城区，实现"一船摇遍大东湖区域"的美妙设想。

大东湖生态水网构建工程总投资158.78亿元，实施期为12年，分近期和远期两阶段完成，其中近期建设项目可概括为"三大工程、一个平台"：三大工程为污染控制工程、生态修复工程和水网连通工程；一个平台是监测评估研究平台。水网连通工程是改善湖泊水质的关键，通过实施该工程，可恢复长江与湖泊自然联系，为生态修复创造良好的外部条件和生境。

2. 引水时机

考虑每年的水文循环条件，参考汉口水文站资料，其多年月平均水位年内分配与长江江流年内分配相应，一年内汛期主要集中在6—9月份，降雨量大，江水水位不断上涨，外江水位在较多时段可以满足自流引水的工程需求。具体参考《三峡工程运用后对长江中游北段河势与闸站工程影响及对策研究》报告和《大东湖生态水网构建水网连通工程（近期）可行性研究报告》（以下简称可研报告），由于三峡水库的调节作用，每年的5—6月上旬为降低库水位至防洪限制水位，大大增加出库流量，会引起下游水位上升，综合分析长江水位特性和三峡水库对下游水位的影响，外江高水位均出现在每年的5—10月份，最高水位出现在每年的7—8月份；据汉口水位站1952—2002年资料统计结果，历史最高水位为29.73 m（发生于1954年8月18日），最低水位为10.08 m（发生于1865年2月4日），多年平均水位为19.09 m。根据《长江流域防洪规划》和《湖北省武汉市江堤整险加固工程初步设计报告》中设计洪水位，并结合武汉市长江干堤上泵闸站的具体位置，采用内插方法，计算得出：曾家巷进水闸的设计洪水位为27.66 m，青山港进水闸的为27.46 m，北湖泵站的为27.11 m。按大东湖水网连通工程设计资料，大东湖水网连通项目的理论引水时间为每年5—11月，因此根据以上分析并按照"闸引为主，泵引为辅"的原则，尽量选取能够自流引水的时段作为调度期。自流引水主要受到引水口处外江水位的限制，为了考虑城市湖泊的防洪、景观、旅游功能设计，特别是为了降低防洪风险，因此选取了7月为调度期。

3. 大东湖生态水网连通方案

根据大东湖水系湖泊群区域地形地质条件、经济社会发展状况及各湖泊之间的水质、生态需求情况，按照进水口通道和连通渠道的引水水流流向确定连通方案。

为减少建设成本，实现大东湖水网中江与湖及湖与湖之间的连通首先利用现有港渠通道，在此基础上，再改建或新建引水设施，实现大连通。根据现有工程设施状况，已实现江湖连通的进水口有四处，自上而下为曾家巷进水闸、罗家路泵站、青山港进水闸、武惠闸。由于罗家路闸站是东沙湖水系的主要排水通道，也是沙湖等污水处理厂尾水排水通道，若用于引水，与原有功能相冲突，需进行改造，工程投资过大。武惠闸在这四个引水口中居于最下游，自流引水概率最低，且严东湖也是引水线路上控制常水位最低的，引水进入东湖需要两级提水，运行费用高。因此，可以初步确定以曾家巷、青山港为引水入口。本章考虑以下三种连通方案。

1）方案一：以青山港进水闸和曾家巷进水闸为进水口的水网连通方案

该方案的引水线路见图 6-1。该方案同时拥有青山港进水闸和曾家巷进水闸两个进水口，从这两个进水口引水的水流线路分别如下。

①青山港进水闸：长江→青山港闸→青山港→东湖港→东湖→九峰渠→严西湖→北湖→北湖泵站→长江。

②曾家巷进水闸：长江→曾家巷进水闸→沙湖→东沙湖渠→东湖→九峰渠→严西湖→北湖→北湖大港→北湖泵站→长江。

北湖水系布置一条支线：严西湖→竹子湖→青潭湖→北湖泵站→长江。

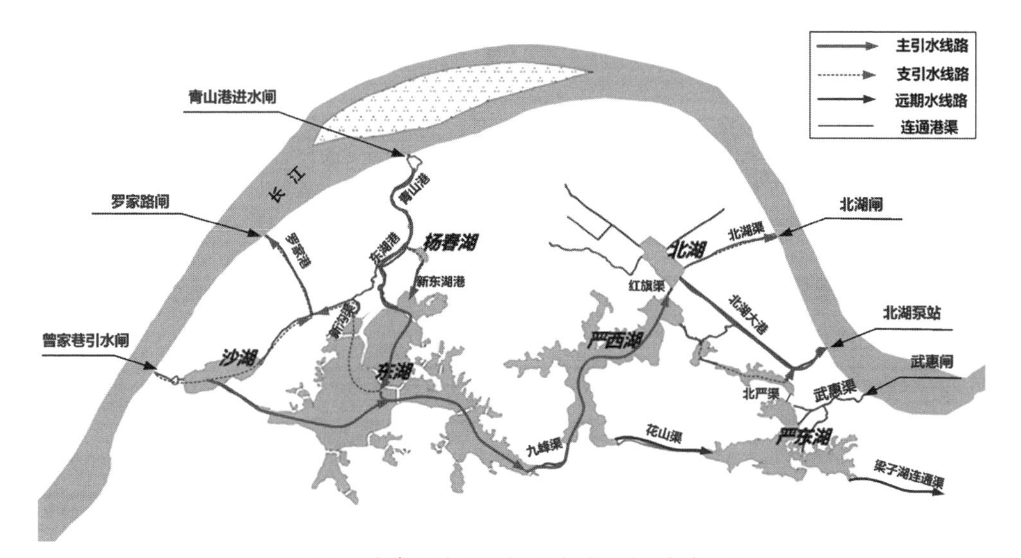

图 6-1　大东湖水网连通引水路线图（方案一）

2）方案二：以青山港进水闸站为进水口的水网连通方案

该方案的引水线路见图 6-2。该引水线路主流方向为西进东出：长江→青山港闸→青山港→杨春湖→新东湖港→东湖→九峰渠→严西湖→北湖→北湖泵站→长江。

在东沙湖水系另布置两条支线：

①新东湖港→汤菱湖→郭郑湖→筲箕湖→新沟渠→沙湖港→罗家港→罗家路泵站→长江；

②新东湖港→汤菱湖→郭郑湖→水果湖→东沙湖渠→沙湖→沙湖港→罗家港→罗家路泵站→长江。

北湖水系布置一条支线，其线路同方案一。

3）方案三：以曾家巷进水闸站为进水口的水网连通方案

该方案的引路路线图见图 6-3。该方案的主流方向仍为西进东出：长江→曾家

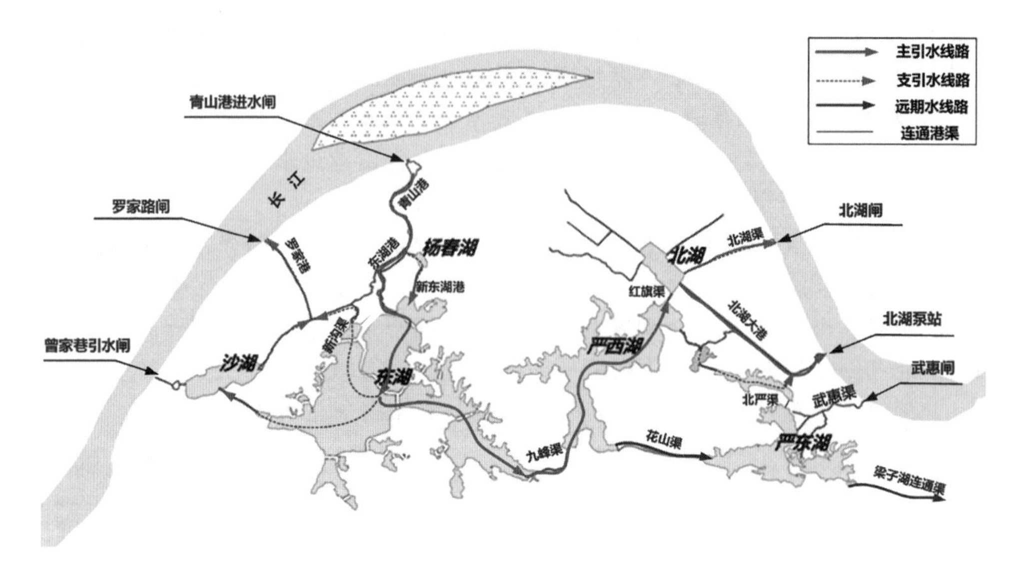

图 6-2 大东湖水网连通引水路线图(方案二)

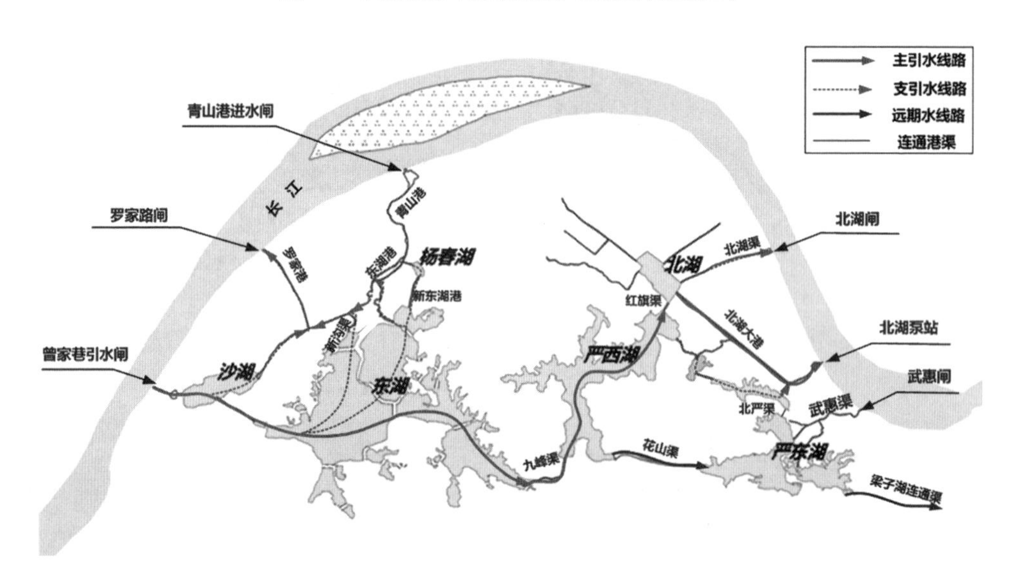

图 6-3 大东湖水网连通引水路线图(方案三)

巷进水闸→沙湖→东沙湖渠→东湖→九峰渠→严西湖→北湖→北湖大港→北湖泵站→长江。

在东沙湖水系另布置三条支线,这三条支线均通过东沙湖渠与水果湖连通,引水至郭郑湖后再分为三路,其共同路线为:东沙湖渠→水果湖→郭郑湖。分开后的三路为:

①郭郑湖→筲箕湖→新沟渠→沙湖港;

②郭郑湖→汤菱湖→东湖港→沙湖港;

③郭郑湖→汤菱湖→新东湖港→杨春湖→东杨港→沙湖港。

三路在沙湖港重新汇聚后，再通过相同的线路排入长江，路线为：沙湖港→罗家港→罗家路泵站→长江。

北湖水系布置一条支线，其线路同方案一。

根据大东湖水系湖泊的分布特点和特性，综合考量引调水、控污及水网连通工程建设规模、建设难度和建成后运行管理等方面因素，对上述三种方案进行初步比对，各方案的主要优缺点如下。

方案一的主要优势是从长江引水时可充分利用现有设施（主要包括青山港和东湖港），建设规模和工程投资相对较少。由于有两个进水口，该方案具有最好的调度灵活性。如调水初期，沙湖水质较差，东湖水质相对较好，连通这两个湖泊时必须考虑沙湖水进入东湖从而进一步加重东湖污染的问题。通过优化调度，方案一可较好地解决该问题，即先从曾家巷向沙湖引水，经沙湖港由罗家路排入长江，通过实施沙湖小循环调度避免前期污染严重水体迁移至东湖。

方案二以青山港为主引水口，优势同样是可充分利用现有设施。此外，由于主引水线路是从东湖流向沙湖，避免了沙湖水二次污染东湖的问题。但此方案将长江水引入东湖的线路较长，工程投资规模要高于方案一。此外，引水成功性很大程度受制于长江水位，调度灵活性也不如方案一。

方案三的引水口位于区域长江段最上游，顺应地势，自流引水条件好，引水线路较短；但其有明显劣势，沙湖水质较东湖差，经沙湖大量引水会将污染较严重水体带入水质相对较好的东湖郭郑湖区，不利水质改善。此外，方案二建设量和征地面积虽然较小，但其建设用地位于中心城区，土地成本和征地拆迁难度均较大，总体投资规模在三个方案中最大。

4. 大东湖水网连通数值模型

1）连通方案评价指标

为了对不同水网连通方案下的调度效果进行评价，需要建立评价指标体系。从有利于水质改善角度出发，较优的引调水方案应能尽量加大湖泊水流速度，死水区或滞水区所占比重较小，湖泊水体置换率较高，湖泊污染物平均浓度较低。除此之外，还需考虑社会经济因素，如工程建设规模和施工难度，因施工需要而引起的征地拆迁成本和拆迁难度，工程建成后的运行费用。据此，建立了表6-1所示的湖泊引水调度模式评价指标体系[1]。

表6-1中滞水区面积比例（滞水区是指流速小于某一阈值的区域，如流速小于0.0005 m/s）直接根据水动力模型模拟结果进行统计计算。以下简要介绍水体更新率的计算方法。

水体更新是一个动态的过程。在不同时刻，进出湖泊的水量及湖泊总水量总是动态变化的，湖泊中已被更新水量与剩余的前期水量的比例也在不断变化。设 t_i 为数值模型中某一计算时间步，该时间步长内，进入湖泊的总水量为 $Q_I(t_i)$，包括引水量

表 6-1 湖泊引调水方案评价指标体系

指标类别	指标名称	指标含义
水动力评价指标	全湖或分区平均流速	反映湖水活性和置换速率。湖水流速大，则水体活性较好，复氧能力强
	流速标准差	反映流速均匀性。改值越大，表明流场越不均匀
	流速值范围	反映湖泊流速区间
	滞水区面积比例	反映滞水区或死水区面积大小。滞水区面积小，表明湖水整体更新程度好
	水体更新率	反映水体动态更新过程。水体更新率越大，表明水体更新越快，所需引水时间越少
水质改善评价指标	TN、TP浓度削减比例	反映湖泊富营养化改善程度
	DO浓度提升比例	提升比例越高，说明水质改善效果越好
	未达标水域面积比例	反映湖泊水质改善效果
社会经济指标	工程总投资	反映工程建设总投入
	工程运行费用	反映工程运行期间投入
	工程费效比	综合反映工程投入运行后产生的社会经济效益

和湖面接收的总降雨量，流出湖泊的总水量为 $Q_O(t_i)$，包括由排水口排出的水量以及水面总蒸发量；第 t_i 时段，湖泊总蓄水量为 $V(t_i)$，则经过每个计算时间步的水体更新，第 t_i 时间步待更新的前期水量占水体蓄水量的比例 $a(t_i)$ 计算公式为[2]

$$a(t_i) = \exp\left(-\int_{t_0}^{t_i} \frac{Q_I(t)}{V(t)}\right)dt \tag{6-1}$$

在每个时间步内，能够被更新的前期水量 $q(t_i)$ 为

$$q(t_i) = Q_O \exp\left(-\int_{t_0}^{t_i} \frac{Q_I(t)}{V(t)}\right)dt \tag{6-2}$$

对每个时间步内被更新的前期水量 $q(t_i)$ 求和，可得截至当前时间步的累积更新水量 $Q_R(t_i)$，$Q_R(t_i)$ 与水体更新初始时刻湖泊的蓄水量 $V(t_0)$[3,4] 的比值即为水体更新率 $r(t_i)$：

$$r(t_i) = \sum_{t=t_0}^{t_i} \frac{q(t)}{V(t_0)} \tag{6-3}$$

表 6-1 中的水质改善指标是根据水质模型结果计算得到的，社会经济指标由于涉及详细的工程投资概算，本章中仅作定性分析而不作定量计算。

2）调水方案设计

由图 6-1 至图 6-3 可知，三种引水方案中北湖水系的引水路线均相同，而东沙湖水系的引水路线及流量在三种方案中各不相同。表 6-2 给出了三种水网连通方案下

的东沙湖水系的引水位置、排水位置、分水港渠及相应的流量设计，以比较相同引水量下，不同引水路线对大东湖水系整体水质的改善效果。表6-3给出了北湖水系引水流量分配。

表6-2　东沙湖水系引水调度方案设计(表中流量单位为 m^3/s)

方案名称	引水闸门及流量	分水港渠及流量	排水港渠及流量
方案一	青山港：30 曾家巷：10	东湖港：20 新东湖港：10 东杨港：10 东沙湖渠：5	九峰渠：20 新沟渠：15 沙湖港：5
方案二	青山港：40	东湖港：30 东杨港：10 新东湖港：10 东沙湖渠：10	九峰渠：20 新沟渠：10 沙湖港：10
方案三	曾家巷：40	东沙湖渠：35	沙湖港：10 九峰渠：20 新沟渠：5 东湖港：5 新东湖港：5

表6-3　北湖水系引水调度方案设计(表中流量单位为 m^3/s)

方案名称	引水位置及流量	排水位置及流量
严西湖	九峰渠：20	红旗渠：10 西竹港：10
北湖	红旗渠：10	北湖渠：5 北湖大港：5
严东湖	北严港：10	武惠渠：10

3) 计算网格与模型配置

为简化模拟，对连通后的湖泊仍采用各自单独计算的模式。各湖泊的计算网格仍采用前文所使用的网格，湖底地形由遥感影像反演获得。但与前文章节不同的是，在各湖泊的入流、出流处需额外设置相应的边界条件，具体参数设置见随后章节。

4) 边界条件

①气象数据：采用2011年7月武汉站每小时的气象观测数据。

②长江引水水质。依据《地表水环境质量标准》(GB 3838—2002)评价显示，长江和汉江干流水体总体水质良好，水质为Ⅲ类，结合近几年长江水质监测数据，引水中主要污染物浓度设定如下：TP为0.06 mg/L，TN为0.96 mg/L，COD为5.85

mg/L,叶绿素 a 为 10 μg/L。

③长江引水水温:目前缺乏长江水温的实测值,但据历史资料分析,长江水温较同期湖泊水温要低 2～3 ℃,模拟中以此为依据,根据同期湖泊水温来推算长江水温。

④入湖点源污染:依据大东湖项目总体方案,入湖污染量消减为原总量的 5%。

⑤入湖面源污染:入湖面源污染量消减为原总量的 40%。

⑥各湖引水、排水处的流量按调度方案设计始终保持不变,但引水水质则根据被引水湖泊相应排水处的水质来设定,如计算方案二时,需首先计算沙湖的水动力水质过程,以确定东沙湖渠入口处的水质变化过程,以此过程作为东湖的输入边界条件,再计算东湖的水质时空变化过程。其他湖泊均按此方式进行处理。根据这一方法,三种方案中东沙水系中各湖泊的计算顺序依次为:

方案一,杨春湖、东湖、沙湖;

方案二,沙湖、东湖、杨春湖;

方案三,沙湖、杨春湖、东湖。

三种方案中北湖水系各湖泊计算顺序相同,计算顺序依次为严西湖、北湖、严东湖。

5) 初始条件

不同方案下的水网调度模型采用相同的初始条件。表 6-4 给出了水动力模型的初始条件。表中,各湖泊的初始水位给定为丰水期正常水位,初始水温给出为 7 月初各湖泊的日平均水温,初始流速均设为 0 m/s。各湖泊的水质初始条件采用 2011 年水质状况(见表 6-5)。除东湖以外各湖泊在空间上均采用统一的数值,东湖按其子湖区监测数据分别设置(见表 6-6)。

表 6-4 水网调度模型初始条件设置

项目	东湖	严东湖	严西湖	沙湖	杨春湖	北湖
初始水位/m	19.15	17.65	18.4	19.15	19.15	18.4
初始水温/℃	30.5	30.7	30.3	31.5	31.8	32.5
初始流速/(m/s)	0	0	0	0	0	0

表 6-5 水网调度模型水质初始条件设置

湖泊名称	TN/(mg/L)	TP/(mg/L)	COD/(mg/L)	DO/(mg/L)	Chl-a/(μg/L)
严东湖	0.7	0.05	10.0	7.0	25
严西湖	1.2	0.12	15.0	6.5	20
沙湖	2.5	0.35	45.0	4.5	25
杨春湖	1.5	0.25	30.0	5.0	30
北湖	2.0	0.25	40.0	3.8	35

表 6-6　东湖水质初始条件设置

湖区名称	TN/(mg/L)	TP/(mg/L)	COD/(mg/L)	DO/(mg/L)	Chl-a/(μg/L)
郭郑湖	0.7	0.15	22.5	6.0	25
汤菱湖	0.6	0.1	15.0	6.5	22
鹰窝湖	0.42	0.05	14.0	7.0	18
团湖	0.42	0.05	14	7.0	15
庙湖	5.0	0.4	50	3.5	35
水果湖	1.85	0.35	30	4.5	22
筲箕湖	0.9	0.08	24	6.0	15
菱角湖	0.8	0.15	15	5.5	22
喻家湖	1.5	0.2	27	5.5	25

5. 数值模拟结果

1）水流流态与运动模式分析

（1）东沙湖水系。

经分析发现，水网连通后，东湖表层、中层和底层流速及流向基本一致，这与原来处于封闭情况下的流场有很大区别。以下仅分析各湖泊垂向平均流场。图 6-4～图 6-6 为三种方案下引水第 15 天东湖垂向平均流场，图中用白色箭头标示出了主流方向。

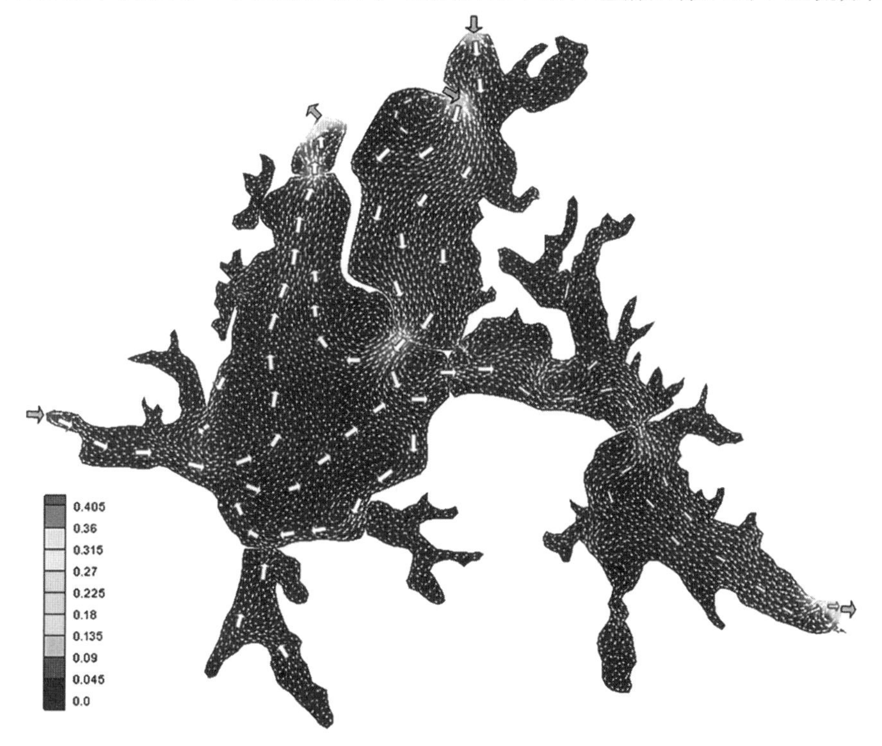

图 6-4　方案一：东湖垂向平均流场图（引水第 15 天）

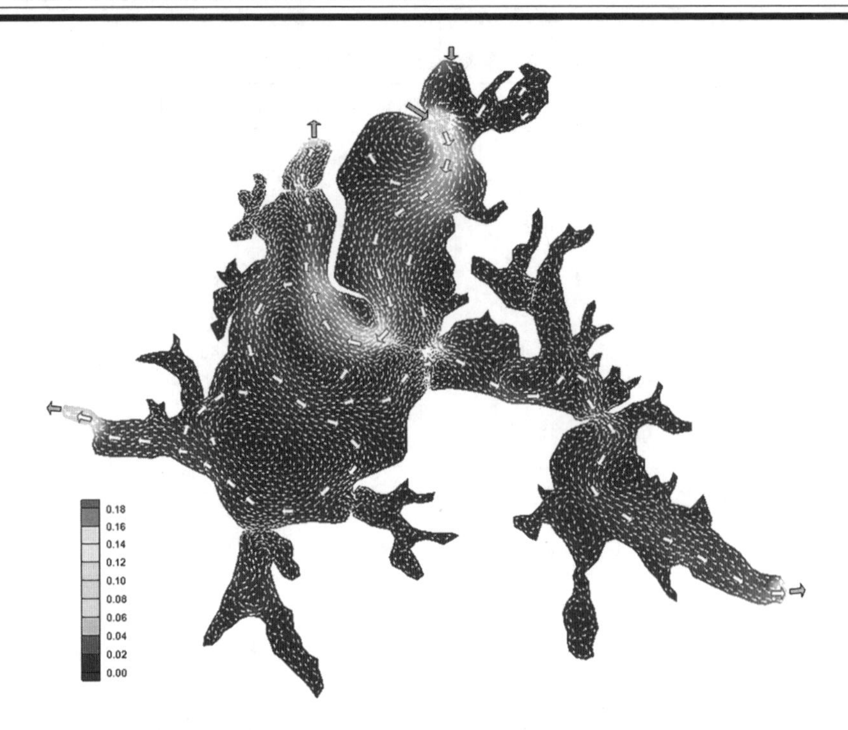

图 6-5 方案二:东湖垂向平均流场图(引水第 15 天)

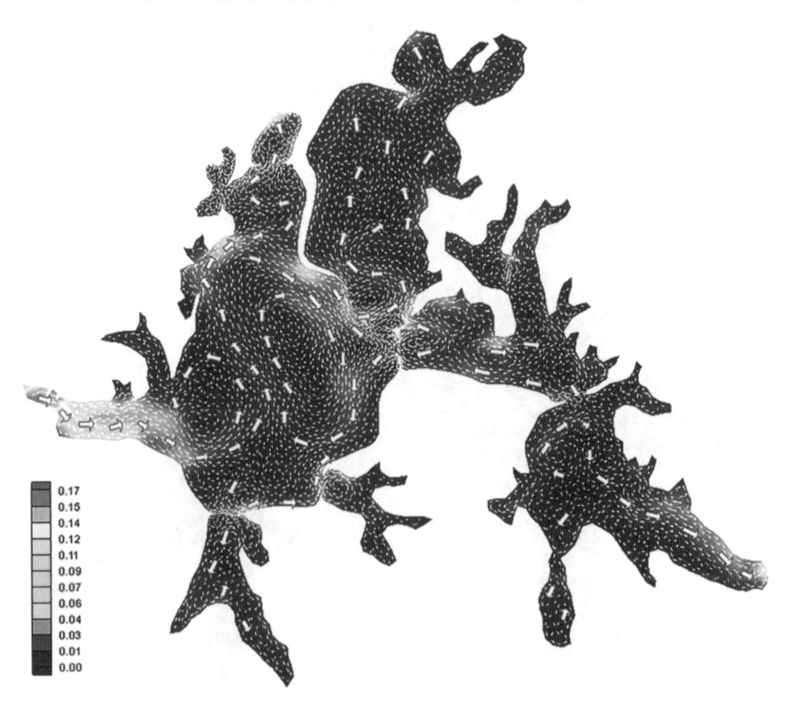

图 6-6 方案三:东湖垂向平均流场图(引水第 15 天)

由图6-4可看出，东湖在三个引水口和两个出水口的引排水作用下，引发了全湖范围的水体流动，原先存在于子湖区的环流不复存在。图中，从汤菱湖北部两个引水口引入的水流向南运动，穿过落雁路后分为两股：一股折向北与从水果湖引入水流汇合，经筲箕湖由新沟渠排出；另一股折向东进入团湖水域，进而穿过鹰窝湖达到九峰渠入口。整体来看，东湖主湖区部分水流运动加快，但各汊湖水流运动迟缓，这主要是由于主流的顶托作用限制了汊湖内水流的运动。另外，在郭郑湖区南部形成了局部环流，在该环流的带动作用下，庙湖区域内的水流向北流动，使得原来处于停滞状态的水流得以与外部水体交换，有利于庙湖水质改善，但也不可避免地将庙湖高浓度污染物带出进入主湖区。

图6-5中从东湖港和新东湖港引入的江水，由北向南流经汤菱湖并穿过落雁路后，主流方向折向北，途中该水流分作两支：一支继续北上经筲箕湖后进入，另一支则再次转向并以"S"形路径在郭郑湖内向南迂回前进，途中该支水流再次分作两支，其中一支继续以"S"形路径前进，到达南部庙湖出口处后与来自庙湖的水流汇合西进，穿过水果湖后进入东沙渠；另一支则进入团湖，进而东进穿过鹰窝湖后进入九峰渠。比较方案一和方案二下的水流形态，发现两者在郭郑湖区和水果湖区完全不同，而在汤菱湖、团湖和鹰窝湖水域基本相似。

同方案一相比，方案二下郭郑湖的水流以迂回方式前进，水流流速受到极大影响，影响了水体置换效率。图6-6中由东沙渠引入的水进入水果湖后，大大加快了该湖区的水流速度，水流进入郭郑湖后由东南向西北前进，达到筲箕湖口门附近后水流分成两支：一支进入筲箕湖到达新沟渠；另一支则南下，在南下水流的带动下郭郑湖湖区形成一个范围较大的环流。另外，南下水流的一部分穿过落雁路进入汤菱湖，并继续北上分别流入东湖港和新东湖港。由图6-6还可看出，以水果湖为主引水口引入的水流，由于受到湖中道路的阻隔无法直接进入团湖水域，这与调水初衷有很大偏差。

图6-7对比了三种连通方案下引水第15天时东湖垂向平均流速分布图。从图中明显看出，方案一下东湖整体水流速度最快，方案二次之，方案三最慢。加快湖水流动速度有利于加速水体置换，从这个角度讲，方案一在引水效率方面较其余两个为优。在接下来的分析中，将重点分析方案一。

为进一步分析执行方案一后东湖流速变化规律，在东湖各子湖区分别设置采样点以采集表层流速，其中郭郑湖采样点位于湖心亭附近，其他采样点位于各子湖区湖心位置。图6-8给出了各采样点处流速时间序列，从图中可看出，郭郑湖和筲箕湖采样点流速明显大于其余采样点。引水后湖心亭处流速明显加大，平均流速增加约一倍，最大流速可达14 cm/s；团湖和汤菱湖流速较为接近，均在0～6 cm/s流速区间内；鹰窝湖流速略大于这两个湖泊，最大流速可达8 cm/s；水果湖和庙湖流速最小，其平均流速不到1 cm/s。

图6-9显示了三种方案下，东湖和沙湖在引水第31天的水温空间分布情况。对东湖而言，方案一和方案二下东湖水温分布较为一致，即通过东湖港和新东湖港从长

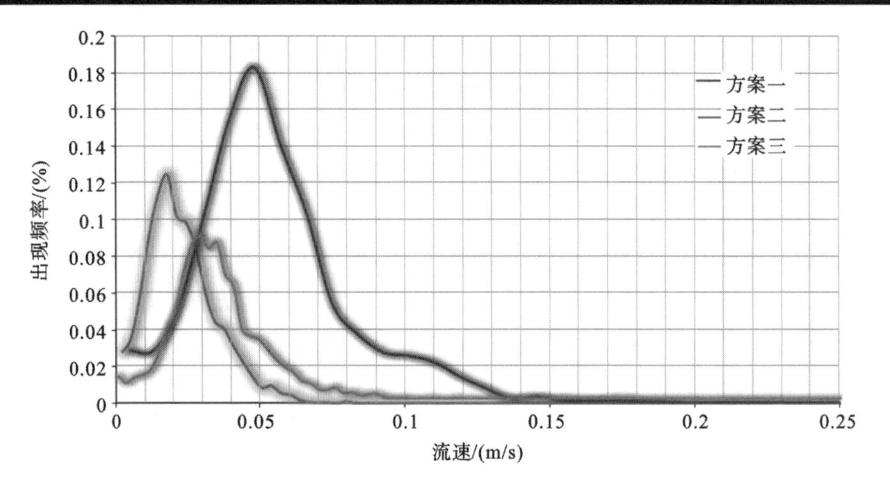

图 6-7 三种连通方案下东湖垂向平均流速分布图(引水第 15 天)

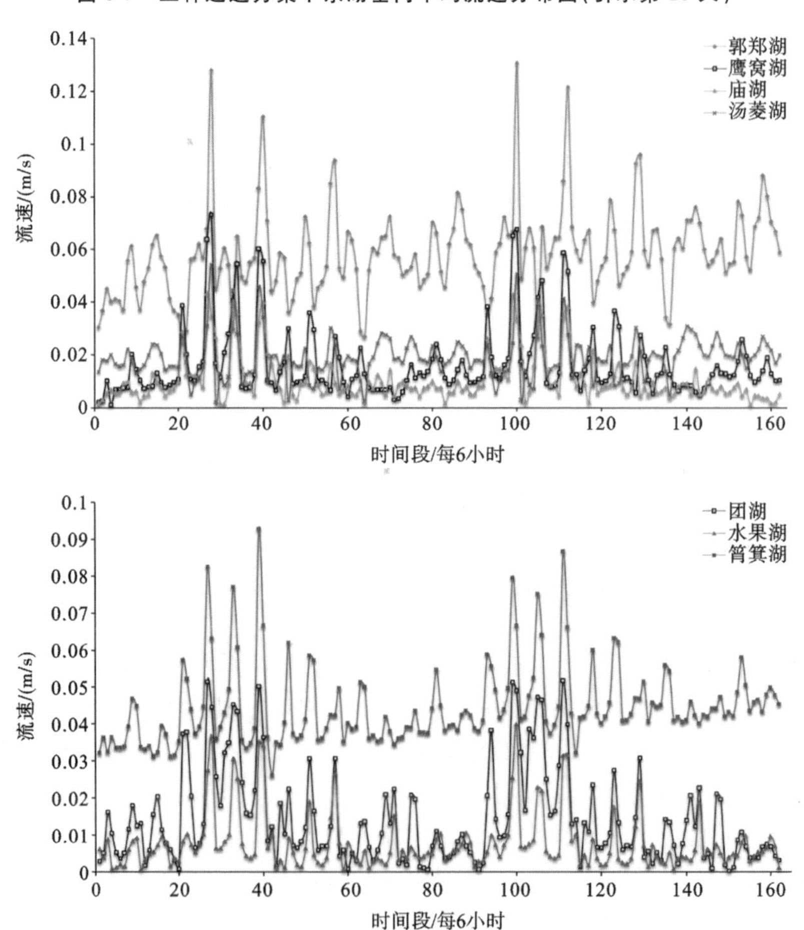

图 6-8 方案一:东湖各子湖区采样点平均流速时间序列

江引入温度较低的水后，使得汤菱湖区水温较低，而郭郑湖、团湖和鹰窝湖则保持相对较高的水温；方案三以水果湖为主引水口，故该方案下水果湖及向东扩展至郭郑湖一部分为低温区域，北部汤菱湖水温较前两个方案有所升高。

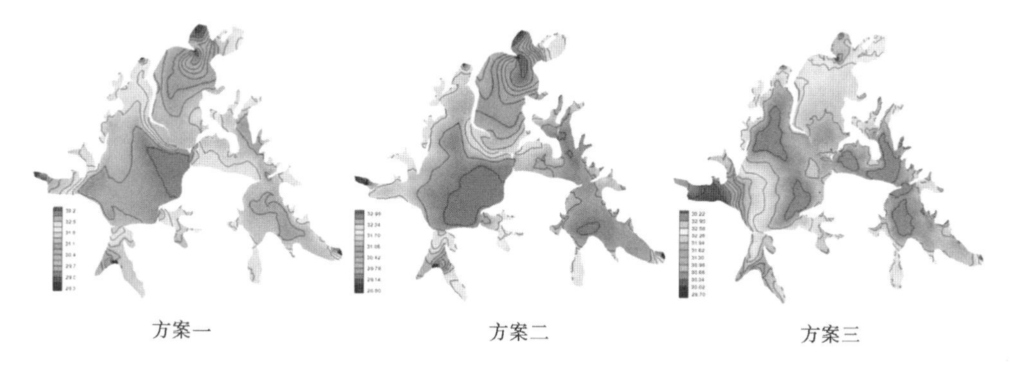

图 6-9　不同方案下东湖水温空间分布

图 6-10 显示了方案一中沙湖在引水第 15 天时的垂向平均流场，图中从曾家巷引入的水流进入沙湖后分作两股，一股水流自西向东流至沙湖港入口，另一股向东南方向流动进入东沙湖渠。图中西南角出现一局部环流。流速最大处位于引入口，最大流速约为 9 cm/s，全湖平均流速约为 4 cm/s。沙湖温度场不再做具体分析。

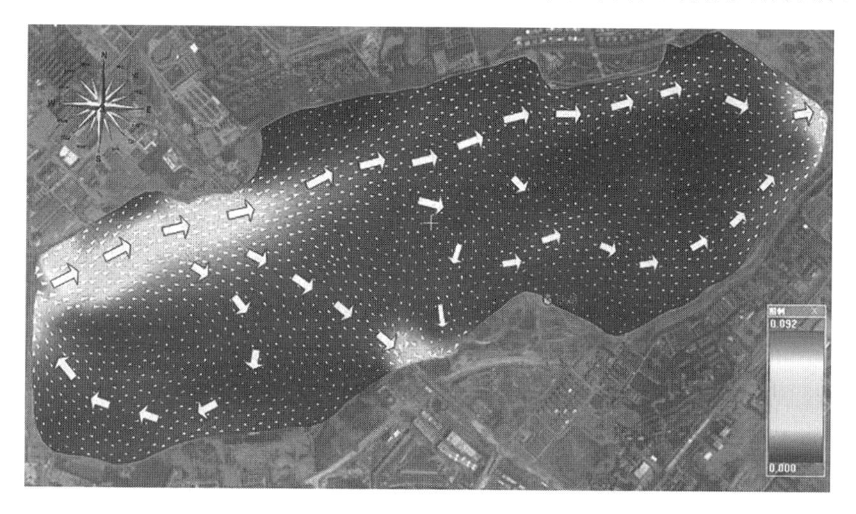

图 6-10　方案一：引水第 15 天沙湖垂向平均流场

通过计算水体更新率，可以从时间尺度上把握湖泊水体的可交换更新能力。研究中以天为单位，计算了东湖和沙湖的整体水体更新率。计算时，考虑了降雨和蒸发因素，将降雨量和引水量之和作为总进水量，将蒸发量和排水量之和作为总出水量。图 6-11 显示了方案一东湖和沙湖的水体更新率随引水时间的变化过程。由图中可见，以 40 m^3/s 的总引水量引水 31 天，东湖水体更新率超过 80%，而沙湖由于面积较小，引水第 31 天时水体已几乎全部被更新。

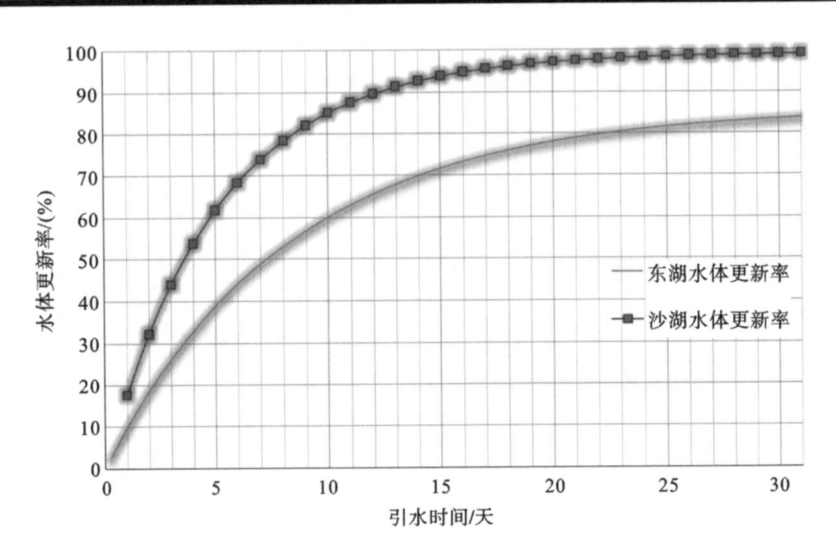

图 6-11 方案一:东湖和沙湖水体更新率变化过程

(2) 北湖水系。

图 6-12～图 6-14 分别显示了方案一北湖、严西湖和严东湖在引水第 31 天的垂向平均流场、水位场和温度场。

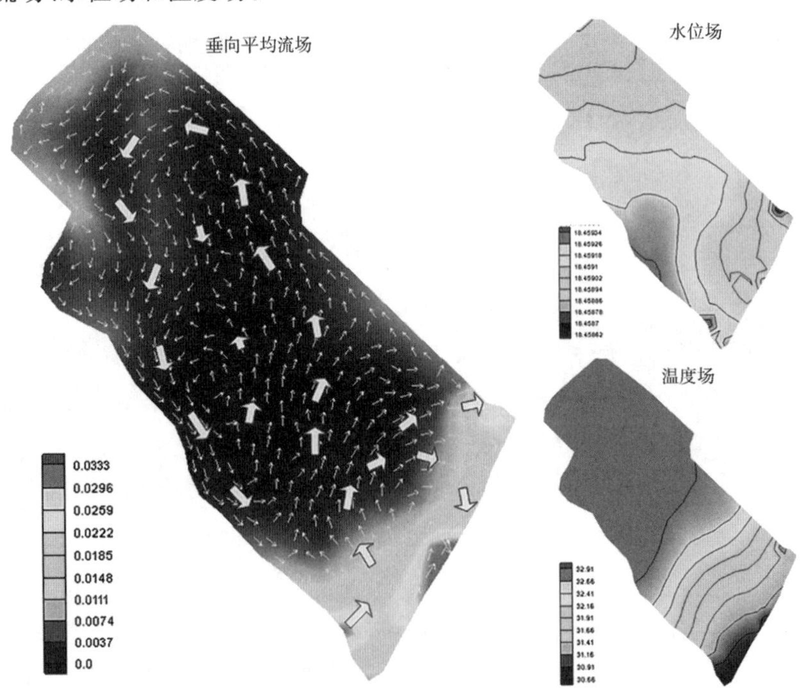

图 6-12 方案一:北湖流场、水位场和温度场(引水第 31 天)

图 6-12 中,从红旗渠引入北湖的水量,向北运动一段距离后分成三支,一支折

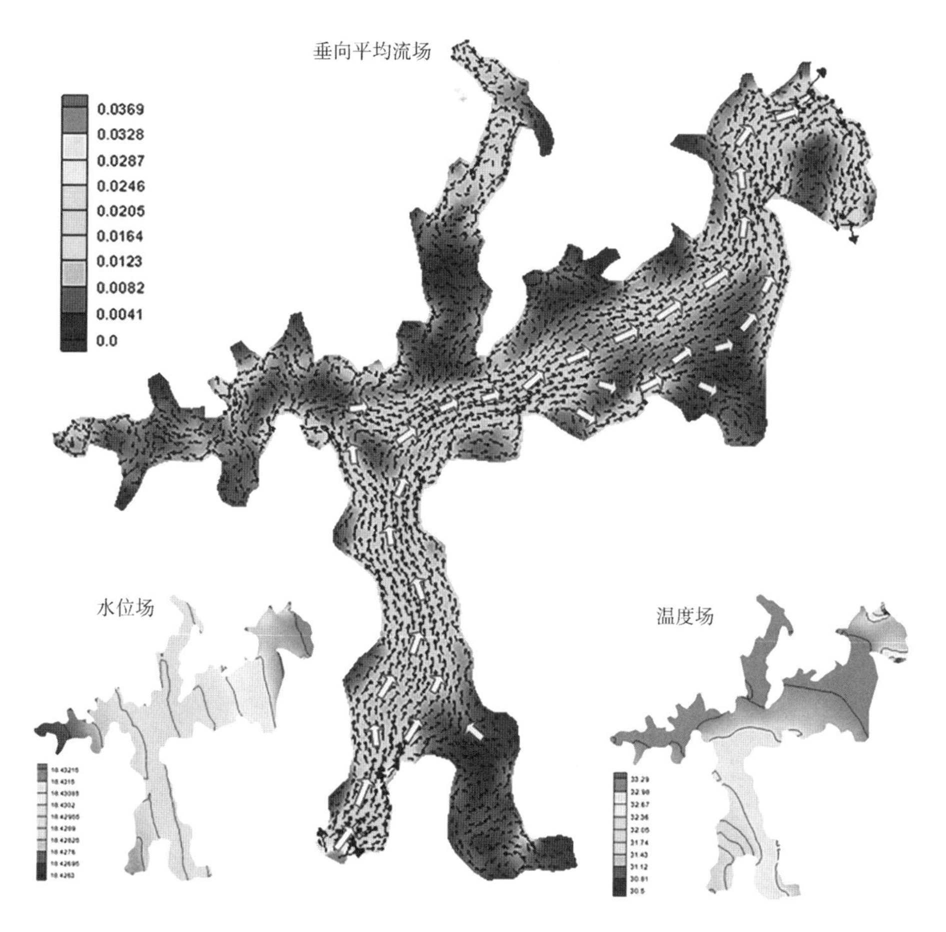

图 6-13　方案一：严西湖流场、水位场和温度场(引水第 31 天)

向南流入北湖大港，第二支向东流入北湖渠，第三支则继续向北流动并形成一个逆时针环流。但由温度场和水位场又可看到，北湖的引水、排水口集中在湖区南部，很多时候引排水对水流的带动作用仅局限在湖区南部，限制了北部湖区的水流和物质交换。

图 6-13 中严西湖在南部引水口和东北角排水口的共同作用下，形成了贯穿湖泊主体的水流运动模式，打破了原先存在于各湖段大大小小的环流形态。但由图中也应看到，位于严西湖西部分支的后湾湖区和其北部分支水流运动缓慢，未能参与到全湖的水流置换过程，这对改善这两部分的水质是不利的，尤其是后湾湖区，该处靠近工业区，接纳的入湖污染物要高于其他湖区。

图 6-14 中严东湖的计算区域与前一章有所不同。现实情况下严东湖西部、北部和东部三个湖区未连为一体，其间被大量的养殖池塘分割，故前一章仅计算了西部湖区。本章则以严东湖各湖区连为一体的情景进行计算。图中，由西竹渠引入的水进入严东湖后，由北向南流经北部湖区，然后主流方向折向东深入东湖湖区，西部湖区

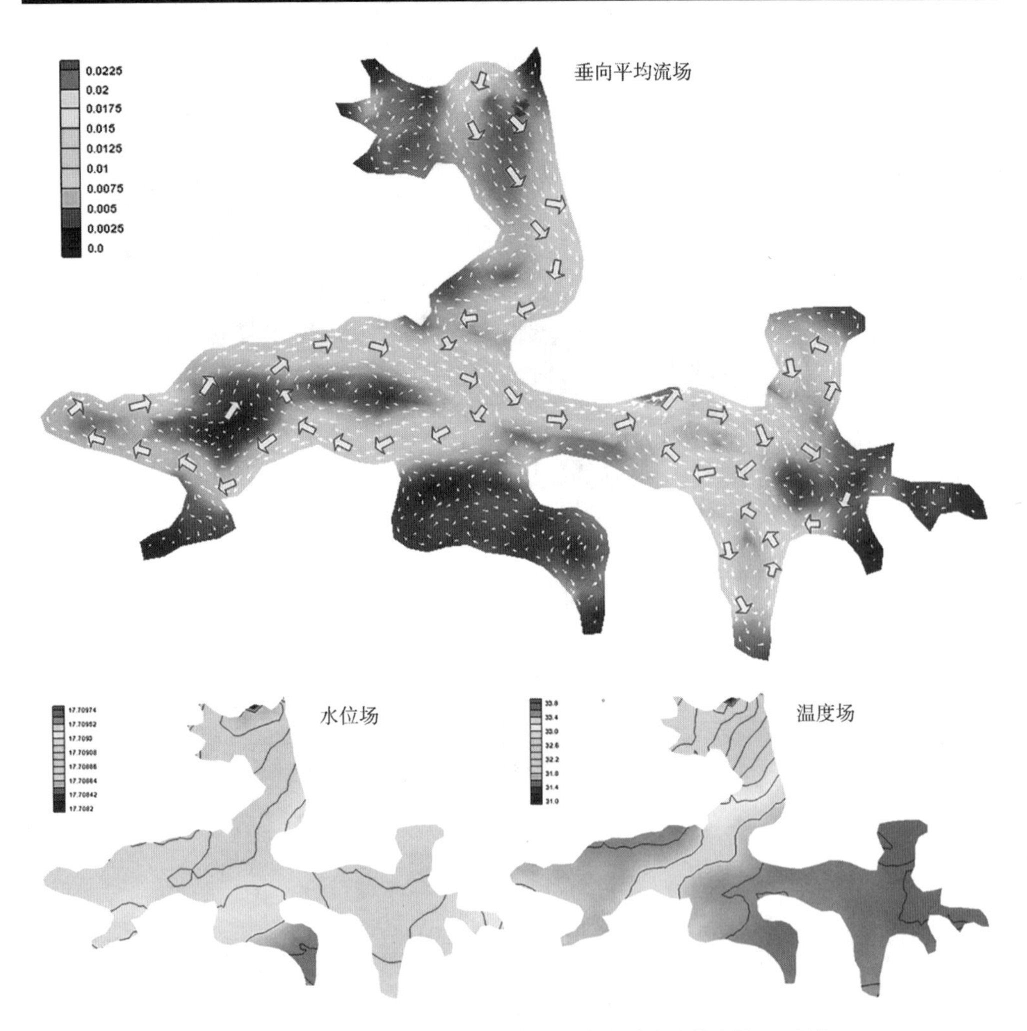

图 6-14　方案一：严东湖流场、水位场和温度场(引水第 31 天)

的水流在主流的带动下也向东流动，并引发局部环流。未来严东湖和严西湖之间将通过花山渠连通，这将有利于加速严东湖西部湖区的水流运动。

采用前述水体更新率计算方法，计算方案一北湖水系三个湖泊的水体更新率，并绘图显示(见图 6-15)。引水第 31 天时，北湖水体更新率超过 100%，即已全部被更换；严西湖水体更新率接近 95%；而严东湖水体更新率则不足 70%，这说明仅以 10 m^3/s 的引水流量对严西湖而言显得不足，需尽快实施花山渠连通工程。按远期规划，未来严东湖和梁子湖也将实现连通，这对进一步加快严东湖水体流动大有裨益。

(3) 不同方案比较。

按表 6-1 中的水动力指标对不同方案进行比较，结果见表 6-7 和表 6-8。表中滞水区流速阈值设为 0.05 cm/s。分析表 6-7 可得出以下结论：

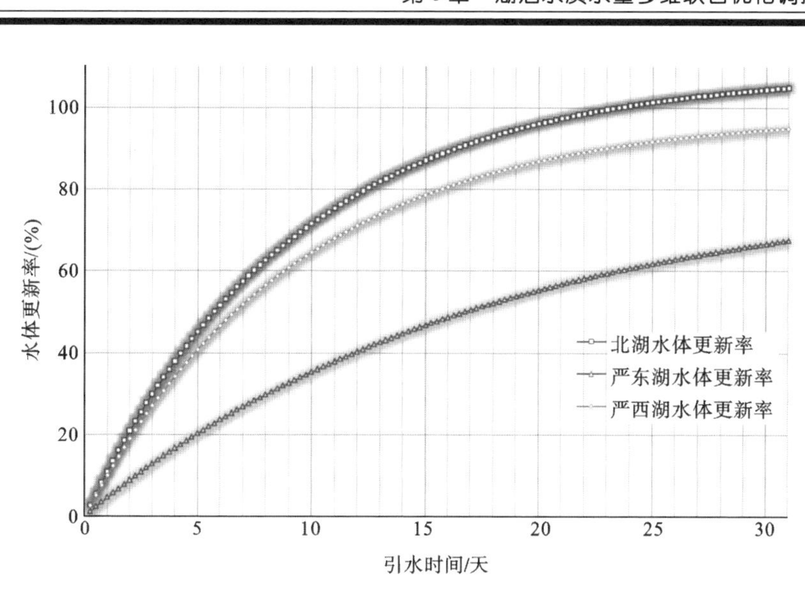

图 6-15　方案一：严东湖流场、水位场和温度场(引水第31天)

表 6-7　不同引调水方案东沙水体水动力指标比较结果

方案名称	指标名称	东　湖	沙　湖	杨春湖
方案一	平均流速/(cm/s)	1.83	1.1	1.9
	流速标准差/(cm/s)	2.1	1.4	2.0
	流速值范围/(cm/s)	67.5	14.3	14.5
	滞水区比例/(%)	2.55	1.5	0.56
	水体更新率/(%)	85	100	75
方案二	平均流速/(cm/s)	1.62	0.8	1.9
	流速标准差/(cm/s)	1.41	0.93	2.0
	流速值范围/(cm/s)	24.97	13.6	14.5
	滞水区比例/(%)	2.38	1.2	0.56
	水体更新率/(%)	86	100	75
方案三	平均流速/(cm/s)	1.5	2.8	1.6
	流速标准差/(cm/s)	1.5	3.4	0.8
	流速值范围/(cm/s)	19.5	29.7	5.1
	滞水区比例/(%)	2.8	0.0	0.52
	水体更新率/(%)	81	100	82

表 6-8 不同引调水方案北湖水体水动力指标比较结果

方案名称	指标名称	北湖	严西湖	严东湖
方案一	平均流速/(cm/s)	1.5	1.3	1.4
	流速标准差/(cm/s)	1.1	0.9	1.3
	流速值范围/(cm/s)	5.5	9.7	6.8
	滞水区比例/(%)	0.76	2.1	4.1
	水体更新率/(%)	100	92	66

① 对东湖而言，方案一对加快湖泊水流速度效果最为显著，方案二次之，方案三最差。方案一中东湖的平均流速为 1.83 cm/s，最大流速可超过 67.5 cm/s，滞水区面积比例仅为 2.55%；方案二除水体更新率指标略高于方案一外，其余指标全部劣于方案一；方案三各项指标全面劣于方案一；

② 对沙湖而言，方案三对改善湖泊水流情况效果最佳，方案一次之，方案二最差。方案一和方案二中，沙湖平均流速均为超过 1.0 cm/s，滞水区面积比例不超过 1.5%；而方案三中沙湖几乎不存在滞流区，平均流速和最大流速也显著增大；

③ 对杨春湖而言，由于方案一和方案二引水线路和流量完全一致，故结果相同，各方案几乎都不存在滞水区，但水体更新率均未达到 100%。

表 6-8 对比显示了北湖水系水动力指标，由于三种方案下北湖水系各湖泊的引排水方案基本相同，故表中仅列出方案一的结果。由表可知，湖泊连通后，严西湖平均流速最小，约为 1.3 cm/s，但其流速分布相对均匀，流速标准差为 0.9 cm/s；北湖平均流速和水体更新率均最大，而滞水区面积比例也最小，说明引水对改善北湖水动力指标效果明显；严东湖水体更新率不仅在北湖水系中最低，在整个大东湖水网中也最低，其滞水区面积也最大，说明各引水方案对改善严东湖流动过程仍显不足，有必要实施进一步的引调水工程。综合上述分析，方案一对改善湖泊水流状况、加速水体置换最为有利。

2) 水质改善效果分析

(1) 东沙水系。

以方案一为例来分析实施水网连通后湖泊水质改善情况。图 6-16 和图 6-17 分别显示了方案一下东湖 TN、TP 空间分布随引水时间的变化过程。由图 6-16 可知，TN 改善效果较好的子湖依次为庙湖、水果湖、喻家湖和郭郑湖；汤菱湖、团湖和筲箕湖的 TN 含量未明显减低，且处于波动状态。

由图 6-17 看出各子湖的 TP 都有不同程度的下降，若以 TP 作单因子评价，除庙湖外其他子湖水质均可达到Ⅲ级或Ⅳ级。在引水第 5 天，由于在从水果湖引水水流带动下，庙湖中含高浓度 TP 的水进入主湖区，随后这部分污水排源源不断地排出，在引水第 20 天后，已达到相对稳定的状态。东湖的西南湖区水质整体较差，方案一

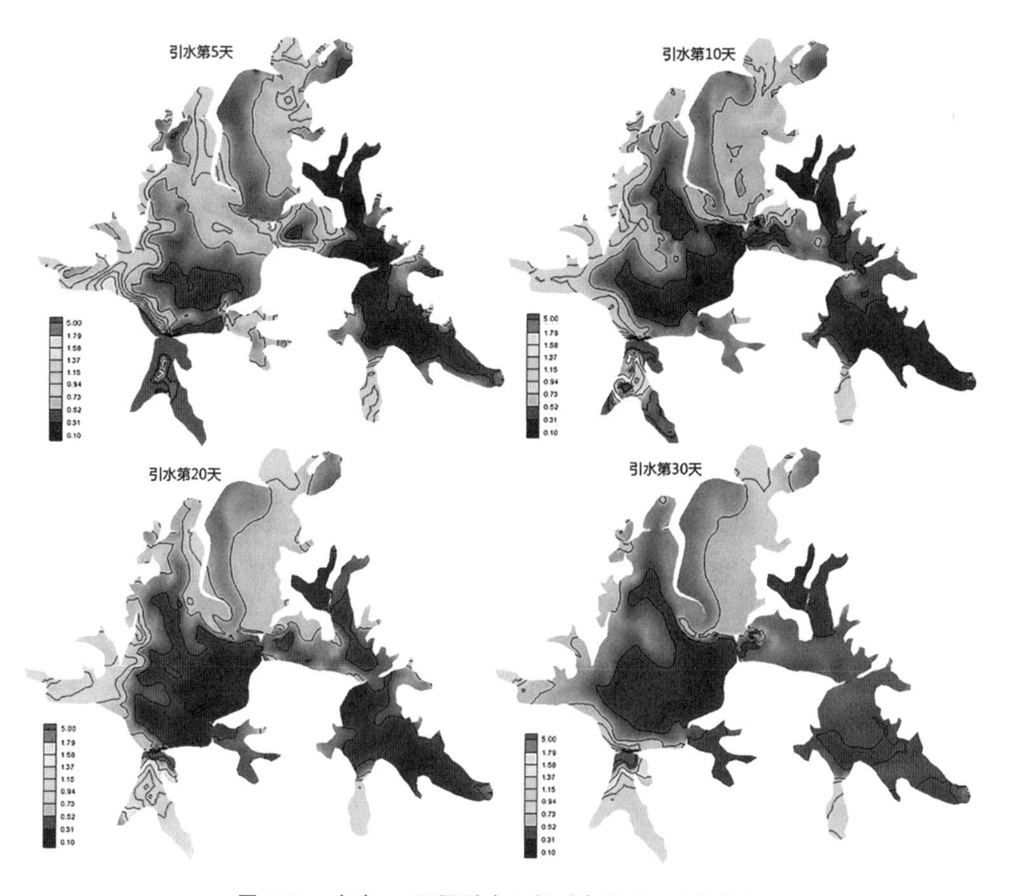

图 6-16　方案一：不同引水天数时东湖 TN 空间分布

中新沟渠成为西南湖区排水的主通道，因此筲箕湖的水质在引水初期不可避免地变差，随后将逐渐好转。而东湖东南湖区原本水质较好，主要超标项目为 TP。在引水初期，团湖和鹰窝湖的 TN 未见下降，但在整个引水周期内，TP 却始终呈下降趋势。

为进一步分析，在前述各子湖区设置采样点，采集 TN 和 TP 随时间变化的过程，具体见图 6-18。综合分析图 6-15～图 6-18 可知：

①汤菱湖在引水初期，TN 含量不降反升，这主要是由于从新东湖港引入了水质较差的杨春湖湖水，使其 TN 含量加剧。但引水期间，TP 含量一直降低。

②郭郑湖在引水期间，TN 和 TP 整体呈下降趋势，但在某些时段 TN 出现上升，这主要与水流运动方向有关，由西南湖区带来的污染物可能会加重郭郑湖的污染程度，尤其是在郭郑湖北部区域。

③引水对改善庙湖水质效果较为明显，尤其是对 TN 的改善。引水虽然能降低庙湖 TP 含量，但以 TP 来作单因子水质评价，庙湖在引水 31 天后，水质仍是劣Ⅴ类。可见，单纯采用引水方式不能根本扭转庙湖的污染现状，需采取综合措施。此外，引水还会使庙湖重度污染水体进入主湖区，加大了污染其他水体的风险，须给予关注。

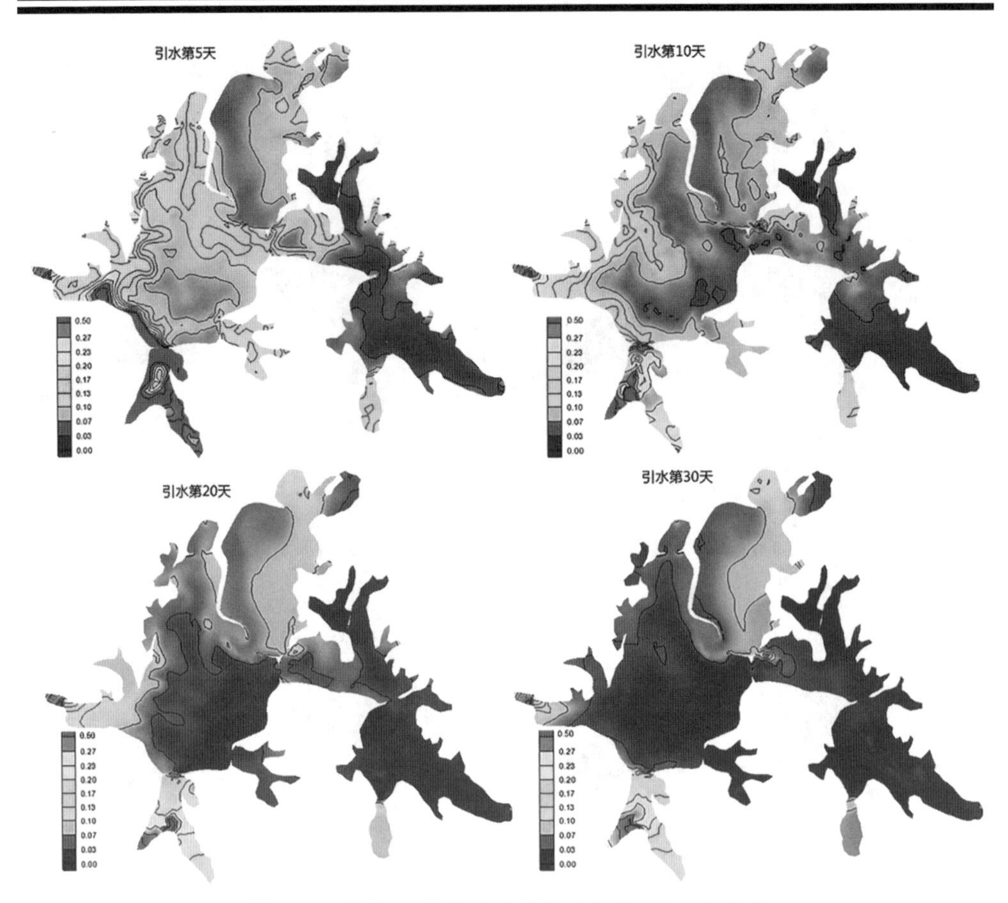

图 6-17 方案一:不同引水天数时东湖 TP 空间分布

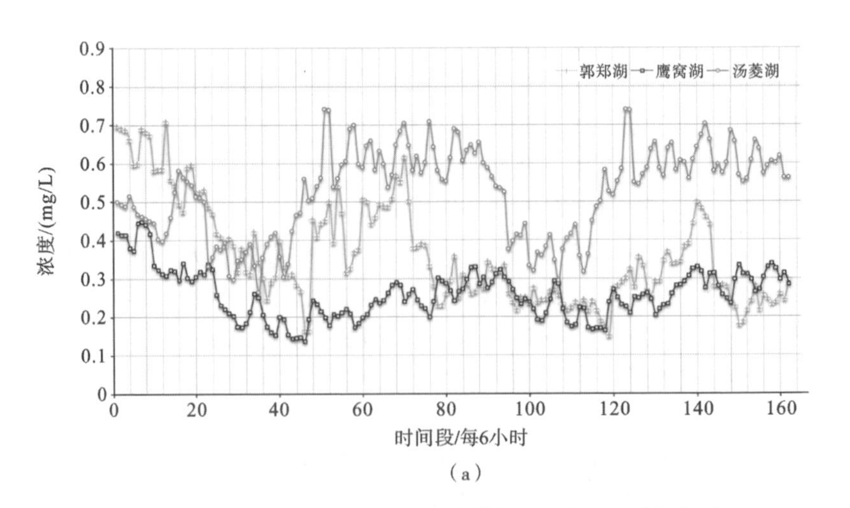

图 6-18 方案一:东湖各子湖区采样点 TN 和 TP 时间序列

(a)～(c) TN 时间序列;(d)～(f) TP 时间序列

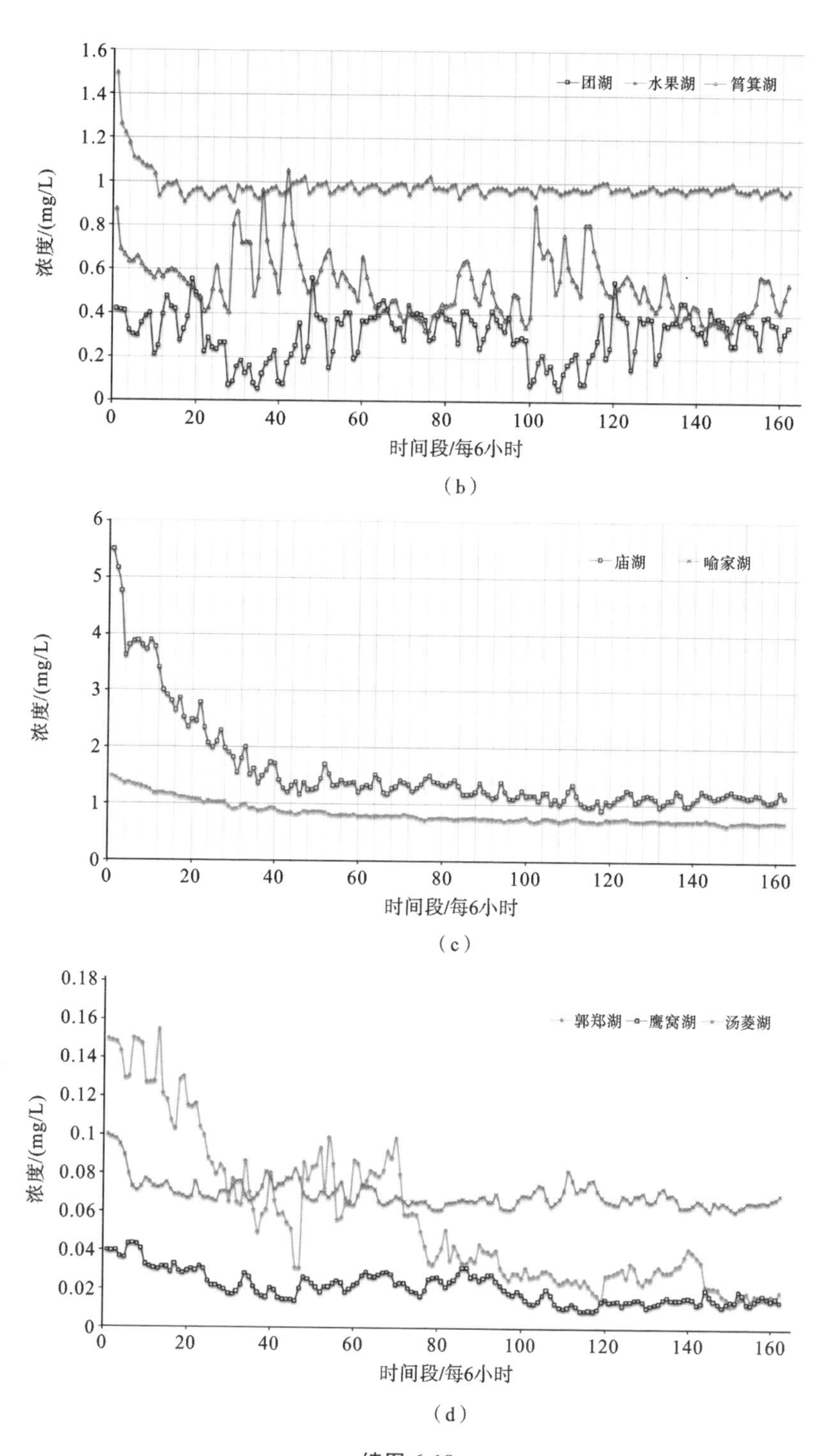

1.6
1.4
1.2
1
0.8
0.6
0.4
0.2
0
浓度/(mg/L)
团湖
水果湖
筲箕湖
0
20
40
60
80
100
120
140
160
时间段/每6小时
6
5
4
3
2
1
0
庙湖
喻家湖
0.18
0.16
0.14
0.12
0.1
0.08
0.06
0.04
0.02
0
郭郑湖
鹰窝湖
汤菱湖

（b）

（c）

（d）

续图 6-18

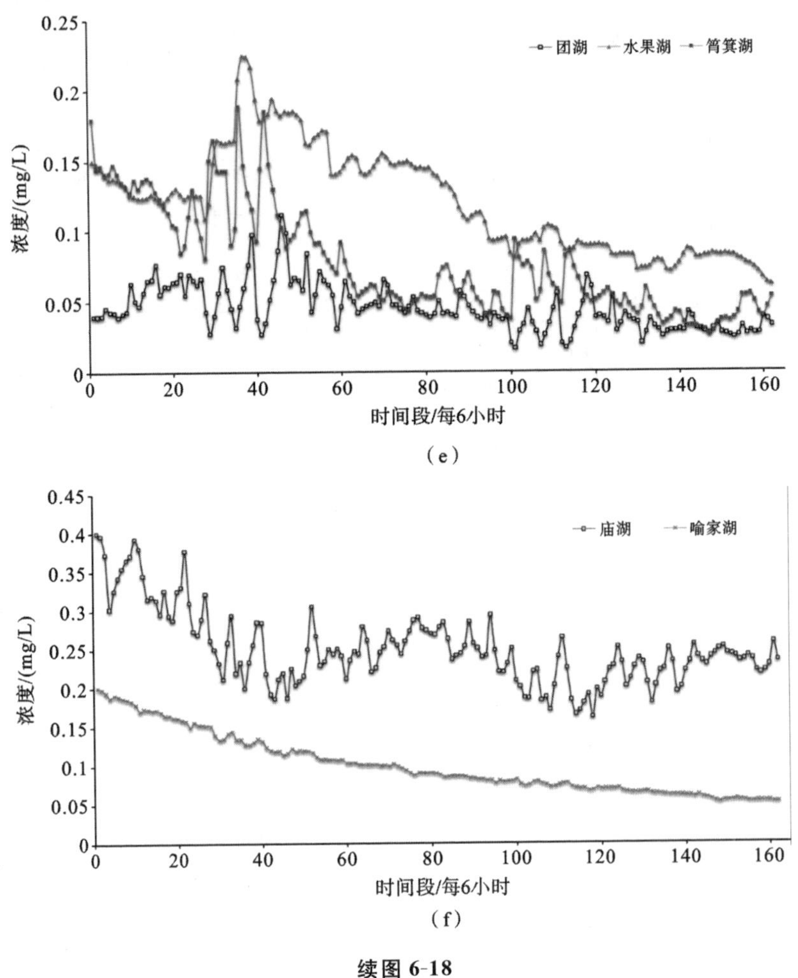

（e）

（f）

续图 6-18

图 6-19 显示了方案二和方案三引水第 31 天东湖 TN、TP 和 DO 的空间分布。方案二中，东湖主要湖区的 TN 和 TP 浓度降低明显，除庙湖外，其余湖区水质均达到Ⅲ级，但在某些湖汊处 TN 和 TP 含量仍然较高。方案三中，在水果湖至郭郑湖的入口处出现了一个水质严重下降的区域，该处的 TN 和 TP 含量显著升高，这可能是由于该处存在一个局部环流，导致污染物不断在此累积，而又无法汇入湖区主流使污染物排走。

沙湖在不同方案下引水后，水质有较大程度改善（见图 6-20）。对方案一，引水后第 31 天沙湖主体部分都能达到预定的水质等级即Ⅳ级，但在西南角及北部边界处，水质未能达到Ⅳ级，这主要是由于这几片区域水流缓慢，水体无法有效得到置换。

（2）北湖水系。

图 6-21～图 6-23 显示了方案一中北湖水系三个湖泊引水 31 天后 TN、TP 和 DO 的空间分布情况。由图可知，各湖在引水后水质均得到不同程度改善，尤其是北

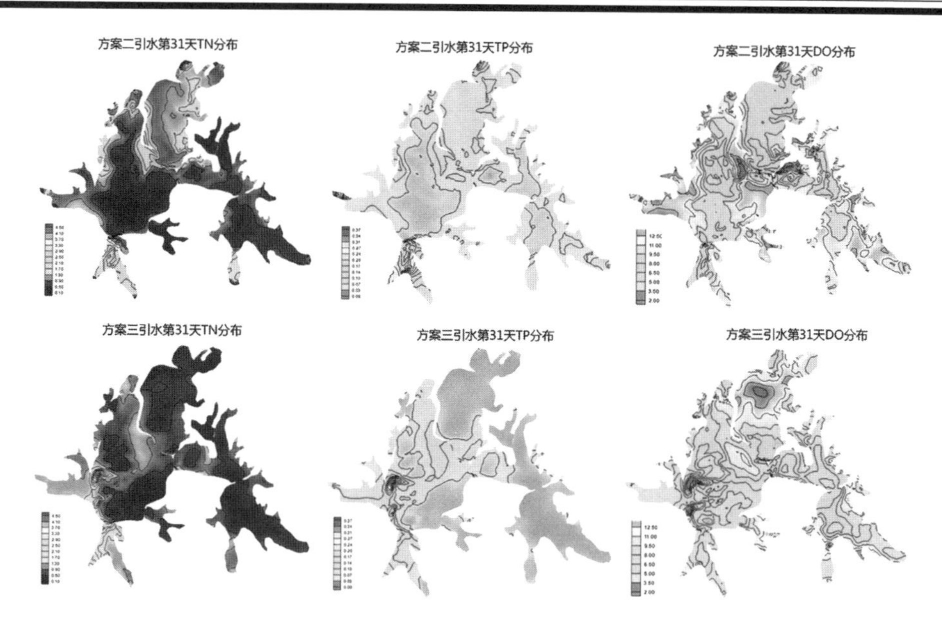

图 6-19　方案二和方案三：引水第 31 天东湖 TN、TP 和 DO 的空间分布

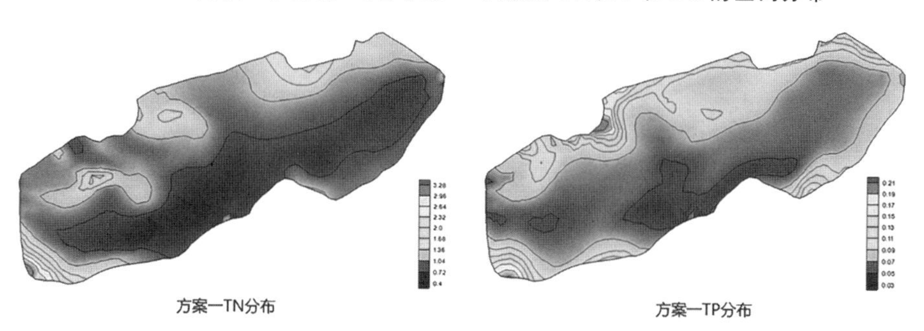

图 6-20　方案一：引水第 31 天沙湖 TN 和 TP 的空间分布

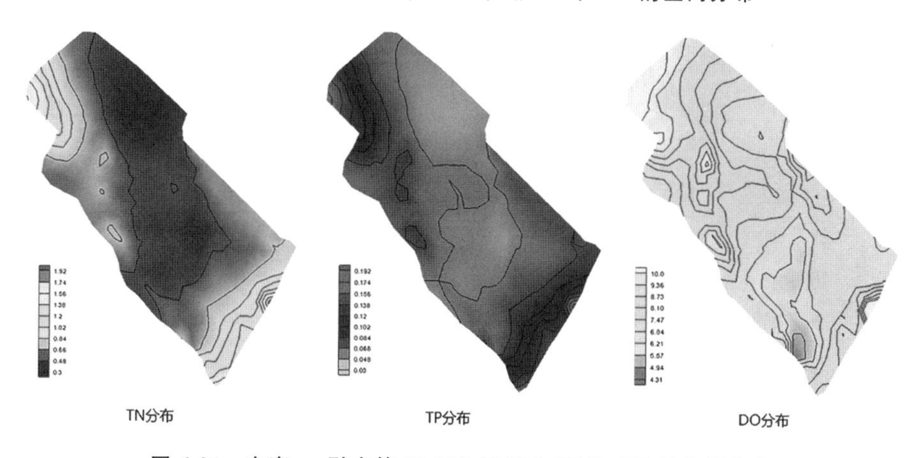

图 6-21　方案一：引水第 31 天北湖 TN、TP 和 DO 的空间分布

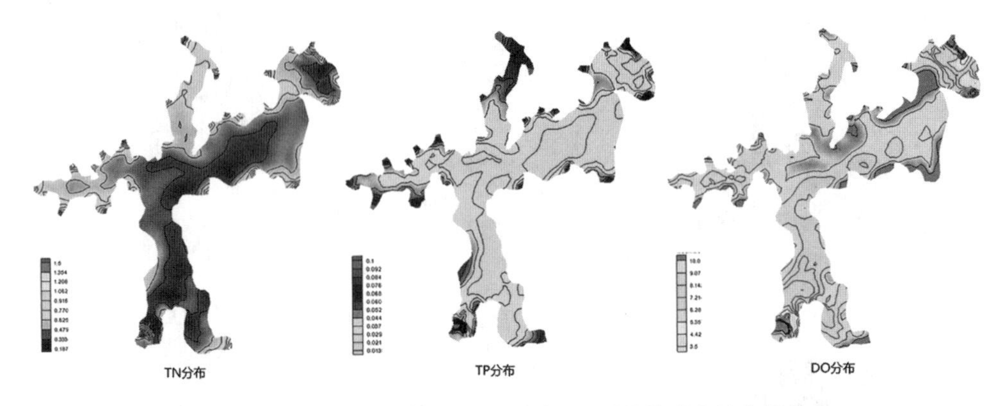

图 6-22　方案一:引水第 31 天严西湖 TN、TP 和 DO 的空间分布

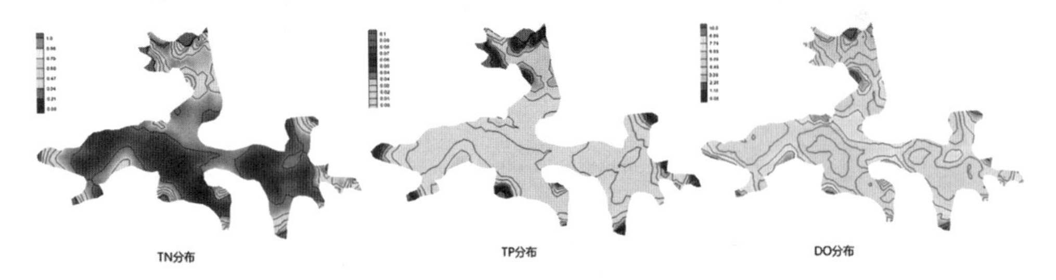

图 6-23　方案一:引水第 31 天严东湖 TN、TP 和 DO 的空间分布

湖,其主体湖区水质维持在Ⅳ级左右,但其西北角存在一个水质较差的集中区域。对严西湖而言,引水主流流经的区域水质较西端的后湾湖区和北部的支汊湖区要好,但整个湖泊的水质基本为Ⅲ级,达到了水质改善目的。严东湖水质未有明显改善,其主要湖区水质等级也为Ⅲ级,但在某些汊湖位置,水质有明显下降。

(3) 不同方案比较。

根据表 6-1 中列举的水质指标对不同方案进行比较,比较结果见表 6-9～表 6-12。以下以东湖为例分析各方案对水质的改善效果。

表 6-9　三种连通方案总氮(TN)降低率统计

湖泊名称		方案一		方案二		方案三	
		浓度	降低率/(%)	浓度	降低率/(%)	浓度	降低率/(%)
东湖	郭郑湖	0.418	40.294	0.363	48.129	0.643	8.114
	汤菱湖	0.429	28.571	0.480	19.981	0.518	13.685
	团　湖	0.378	9.953	0.333	20.778	0.509	(+19.048)
	鹰窝湖	0.364	13.428	0.292	30.485	0.420	0.003
	庙　湖	1.247	75.068	1.159	76.816	1.807	63.868
	水果湖	0.979	47.058	0.599	67.618	1.030	44.320

续表

湖泊名称	方案一		方案二		方案三	
	浓度	降低率/(%)	浓度	降低率/(%)	浓度	降低率/(%)
东湖平均	0.52	35.802	0.46	43.21	0.67	17.28
沙　湖	1.108	55.68	1.15	54.0	0.74	70.4
杨春湖	0.949	36.73	0.949	36.73	1.23	18.0
北　湖	0.484	75.8	0.439	78.05	1.25	37.5
严西湖	0.57	52.5	0.52	56.67	0.91	24.15
严东湖	0.348	34.8	0.316	54.857	0.613	12.249

注:表中浓度单位为 mg/L;(+19.048)表示该值升高。

表 6-10　三种连通方案引水第 30 天总磷(TP)含量及降低率统计

湖泊名称		方案一		方案二		方案三	
		浓度	降低率/(%)	浓度	降低率/(%)	浓度	降低率/(%)
东湖	郭郑湖	0.042	71.732	0.063	58.15	0.120	20.000
	汤菱湖	0.051	49.029	0.051	49.03	0.067	32.537
	团　湖	0.040	19.956	0.040	19.96	0.064	(+27.081)
	鹰窝湖	0.038	24.577	0.038	24.58	0.042	16.677
	庙　湖	0.178	55.499	0.178	55.50	0.240	40.029
	水果湖	0.201	42.577	0.201	42.58	0.199	43.085
东湖平均		0.057	52.50	0.07	41.67	0.10	16.67
沙　湖		0.134	61.82	0.142	59.43	0.07	79.71
杨春湖		0.12	52.0	0.12	52.0	0.213	14.8
北　湖		0.058	76.8	0.069	72.4	0.011	56.0
严西湖		0.055	54.17	0.062	48.33	0.097	16.197
严东湖		0.038	24.0	0.045	11.0	0.058	(+16.000)

注:表中浓度单位为 mg/L;(+16.000)表示该值升高,余同。

表 6-11　三种连通方案溶解氧(DO)提升率统计

湖泊名称		方案一		方案二		方案三	
		浓度	提升率/(%)	浓度	提升率/(%)	浓度	提升率/(%)
东湖	郭郑湖	9.02	28.85	8.98	28.26	7.23	3.31
	汤菱湖	7.57	8.16	7.50	7.14	10.21	45.86
	团　湖	9.03	6.26	9.34	9.89	7.20	(−15.33)
	鹰窝湖	9.79	13.85	9.59	11.55	8.52	(−0.88)
	庙　湖	7.65	27.55	6.75	12.45	7.52	25.33
	水果湖	5.25	16.65	5.93	31.78	4.57	1.62

续表

湖泊名称	方案一		方案二		方案三	
	浓度	提升率/(%)	浓度	提升率/(%)	浓度	提升率/(%)
东湖平均	8.90	48.33	8.24	37.33	8.20	36.67
沙　湖	5.82	29.33	5.43	20.67	6.65	47.78
杨春湖	6.4	28	6.4	28	5.4	8.0
北　湖	6.8	78.95	6.2	63.158	5.45	43.21
严西湖	6.5	3.08	7.2	10.28	6.1	(−6.154)
严东湖	7.9	21.54	8.15	25.385	7.24	11.385

注:表中浓度单位为 mg /L;(−15.33)表示该值降低,余同。

表 6-12　三种连通方案湖泊 TP 和 TN 等级未达标水域面积所占比例

湖泊名称	方案一		方案二		方案三	
	TN/(%)	TP/(%)	TN/(%)	TP/(%)	TN/(%)	TP/(%)
东　湖	1.32	4.66	1.12	5.22	3.85	34.67
沙　湖	2.54	15.69	3.68	21.46	1.65	10.32
杨春湖	10.1	13.5	1.07	13.56	1.65	31.18
北　湖	0.71	2.82	0.68	3.65	2.16	6.37
严西湖	5.6	1.5	4.93	3.29	6.45	13.89
严东湖	3.22	5.63	2.97	8.21	5.46	12.63

三个方案中,东湖 TN 的降低率分别为 35.802%、43.21%和 17.28%,TP 的降低率分别为 52.5%、41.67%和 16.67%。各方案对比见图 6-24,由图可见方案一对改善 TP 效果最好,而方案二对改善 TN 效果最好。方案一中,湖泊整体的 DO 浓度提升率最高,方案二和方案三较为接近。

根据规划东湖水质应达到Ⅲ类,以此为依据考核各方案下水质未达标面积比例,结果见表 6-12。方案一和方案二中,TN 和 TP 未达标面积比例相当。图 6-25 进一步显示了方案一中 TN 和 TP 未达标面积比例的变化过程,由图可见,引水后对改善 TP 效果非常明显,TP 不达标面积从 55%下降到 4.66%。

以类似方式分析其余湖泊可知,对沙湖而言,方案三对改善其水质最为有利,但此方案不利于整个大东湖水系水质改善;对于杨春湖,方案一和方案二效果一致,但优于方案三;对于北湖水系的三个湖泊,虽然三种方案对水动力指标的影响相似,但由于不同方案下,北湖水系主要的引水来源即东湖的鹰窝湖区水质各不相同,因此三种方案下的北湖水系水质改善效果各不相同。总的来说,方案一最优,方案二次之,方案三最差。统筹考虑工程建设规模、建设难度、建成后运行管理及运行效果等因素,三种方案各有优劣,但总的来说,方案一引流效果最好,建设规模和项目投资适

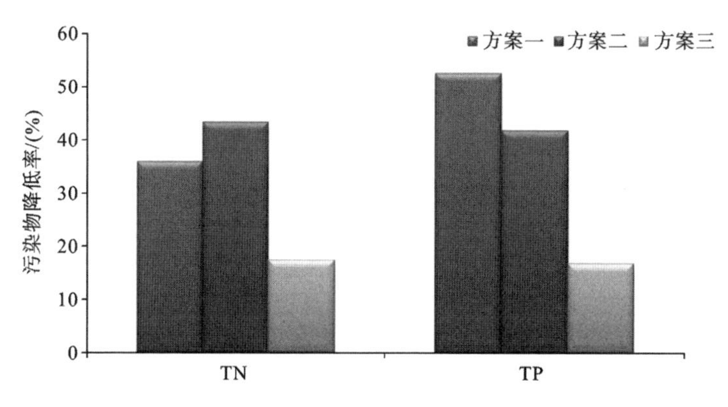

图6-24 不同方案东湖TN和TP改善效果对比

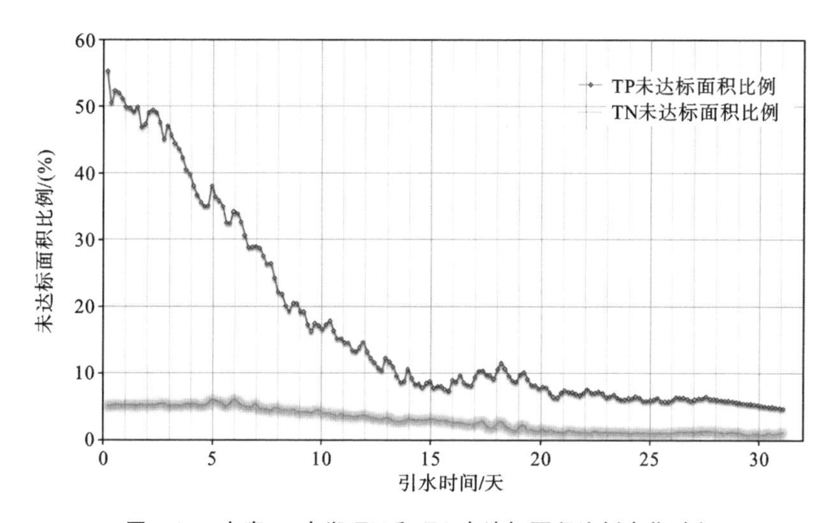

图6-25 方案一:东湖TN和TP未达标面积比例变化过程

中,因此该方案综合效益最好。大东湖生态水网调度应按图6-1所示路线进行引水调度。

6.1.2 不同引水流量下水网调度效果分析

1. 引水规模方案设计

在确定以青山港和曾家巷为进水口引水路线的基础上,对该方案的引水规模做进一步的模拟分析,即在前述引水规模为40 m^3/s进行模拟计算的基础上,对20 m^3/s、30 m^3/s、50 m^3/s及60 m^3/s的引水规模进行模拟计算,分析引水流量的变化对各湖泊水质指标的影响程度。

2. 大东湖水网调度引水规模数值模型

1)引水规模评价指标

根据表6-13所示指标体系对不同引水规模方案下的调度效果进行评价。从有利于水质改善的角度出发，较优的引水规模方案应能尽量加大湖泊水流速度，死水区或滞水区所占比重较小，湖泊水体置换率较高，湖泊污染物平均浓度较低。除此之外，还需考虑社会经济因素，如工程建设规模和施工难度，因施工需要而引起的征地拆迁成本和拆迁难度，工程建成后的运行费用。据此，建立调度模式评价指标体系见表 6-13。

表 6-13 湖泊引水调度方案评价指标体系

指标类别	指标名称	指标含义
水动力评价指标	滞水区面积	反映滞水区或死水区面积大小。滞水区面积小，表明湖水整体更新程度好
	水体置换率	反映水体动态更新过程。水体置换率越大，表明水体更新越快
水质改善评价指标	TN、TP、COD 浓度削减比例	反映湖泊水质改善程度
社会经济指标	工程总投资	反映工程建设总投入
	工程运行费用	反映工程运行期间投入
	工程费效比	综合反映工程投入运行后的产生社会经济效益

以下简要介绍水体置换率的计算方法。水体更新是一个动态的过程。在不同时刻，进出湖泊的水量及湖泊总水量总是动态变化的，湖泊中已被更新水量与剩余的前期水量的比例也在不断变化。湖区内某点处的置换率是指该点处新水量占总水量的比例，其大小反映了水体的置换程度。水体总置换率是指湖泊全部水体中新水体积占水体总体积的比例，其大小反映了水体的平均置换程度。本研究中，新水指引入的江水，水体置换率被定义为新引江水的水量占湖泊群总水量的比例。在进行水质模拟时，设置一种指示污染物，该污染物不存在于湖泊中，而在江水中的浓度为 1 mg/L，模拟结束时各个湖泊中该污染物的平均浓度即为该湖泊的水体置换率。

2）调水方案设计

按照图 6-1 所示路线进行引水调度，不同引水规模下东沙湖水系的引、排水位置，分水港渠及相应的流量设计如表 6-14 所示。表 6-15 给出了北湖水系引水流量分配。

表 6-14 引水调度规模方案设计(表中流量单位：m^3/s)

方案	引水闸门及流量	分水港渠及流量		排水港渠及流量
方案一	青山港：15	东湖港：10	东沙湖渠：5	九峰渠：10
	曾家巷：5	东杨港：5	新东湖港：5	新沟渠：10
方案二	青山港：22.5	东湖港：15	东沙湖渠：7.5	九峰渠：15
	曾家巷：7.5	东杨港：7.5	新东湖港：7.5	新沟渠：15

续表

方　案	引水闸门及流量	分水港渠及流量		排水港渠及流量
方案三	青山港：30 曾家巷：10	东湖港：20 东杨港：10	东沙湖渠：10 新东湖港：10	九峰渠：20 新沟渠：20
方案四	青山港：37.5 曾家巷：12.5	东湖港：25 东杨港：12.5	东沙湖渠：12.5 新东湖港：12.5	九峰渠：25 新沟渠：25
方案五	青山港：45 曾家巷：15	东湖港：30 东杨港：15	东沙湖渠：15 新东湖港：15	九峰渠：30 新沟渠：30

表 6-15　北湖水系引水调度方案设计(表中流量单位：m^3/s)

方　案	引水位置及流量	排水位置及流量	
方案一	九峰渠：10	红旗渠：10	北湖大港：10
方案二	九峰渠：15	红旗渠：15	北湖大港：15
方案三	九峰渠：20	红旗渠：20	北湖大港：20
方案四	九峰渠：25	红旗渠：25	北湖大港：25
方案五	九峰渠：30	红旗渠：30	北湖大港：30

3) *初始条件*

不同方案下的水网调度模型采用相同的初始条件。

表 6-16 给出了水动力模型的初始条件。表中，各湖泊的初始水位定为运行常水位，初始水温给出为 7 月初各湖泊的日平均水温，初始流速均设为 0 m/s。各湖泊的水质初始条件采用 2005 年现状水质状况(见表 6-17)。

表 6-16　水网调度模型初始条件设置

项　目	东　湖	严西湖	沙　湖	杨春湖	北　湖
初始水位/m	19.15	18.4	19.15	19.15	18.4
初始水温/℃	30.5	30.3	31.5	31.8	32.5
初始流速/(m/s)	0	0	0	0	0
风速/(m/s)	3	3	3	3	3

注：风向为武汉市常年盛行风向(西南风 91°)。

表 6-17　水网调度模型水质初始条件设置

湖 泊 名 称	TN/(mg/L)	TP/(mg/L)	COD/(mg/L)
东湖	2.32	0.196	24.0
严西湖	3.82	0.2	34.0

续表

湖 泊 名 称	TN/(mg/L)	TP/(mg/L)	COD/(mg/L)
沙湖	6.11	0.225	50.0
杨春湖	1.14	0.085	26.0
北湖	3.81	0.122	32.0

3. 水质模拟结果分析

分析在五种不同引水规模下实施“引江济湖”工程之后各湖泊水质改善效果，图6-26为COD、TP、TN的初始分布图，图6-27～图6-31分别显示了方案一至方案五大东湖水系湖泊群在引水第30天的污染物分布以及湖泊的总体置换率情况。

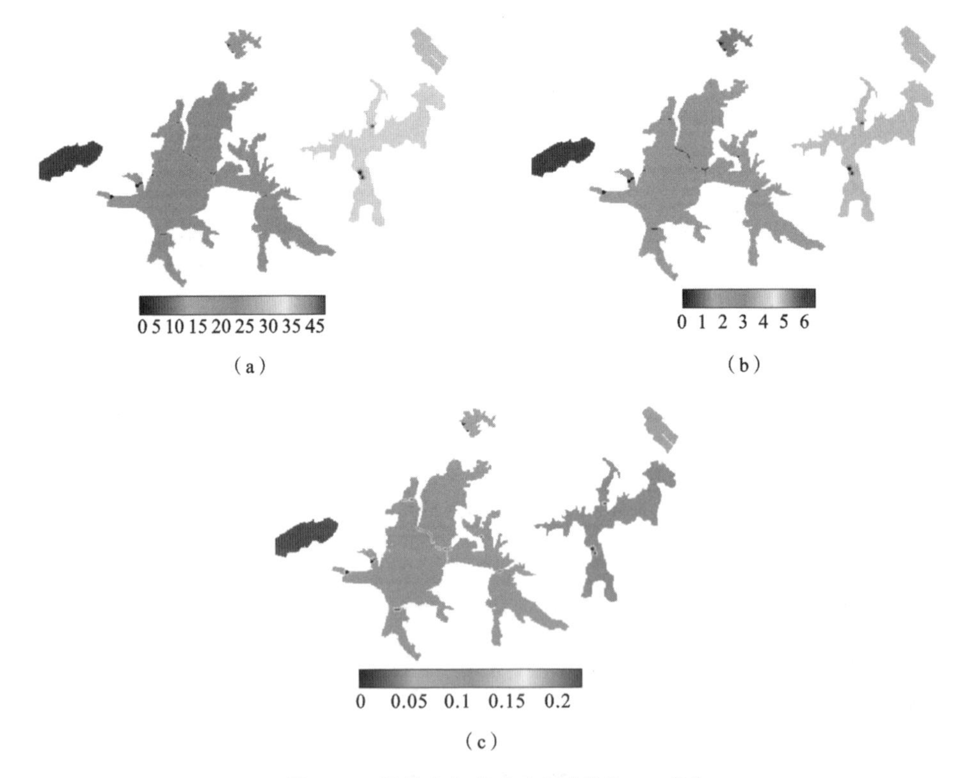

图 6-26 污染物初始分布图(单位:mg/L)

(a) COD初始分布图;(b) TN初始分布图;(c) TP初始分布图

从图6-27～图6-31可以看出随着引水规模的增加，水质改善程度逐渐提高。当引水规模为20 m^3/s时，沙湖、杨春湖及东湖子湖汤菱湖的水质改善效果较为显著，但对其他各湖泊的水质改善作用有限。从引水规模为20 m^3/s的置换率分布图6-27(d)看出，由于引水流量过小，从东湖港和新东湖港引入的江水，由北向南经过汤菱湖后，穿过落雁路后，一支水流停止于郭郑湖东部，另一支则到达后湖后停止。该方案下从长江引

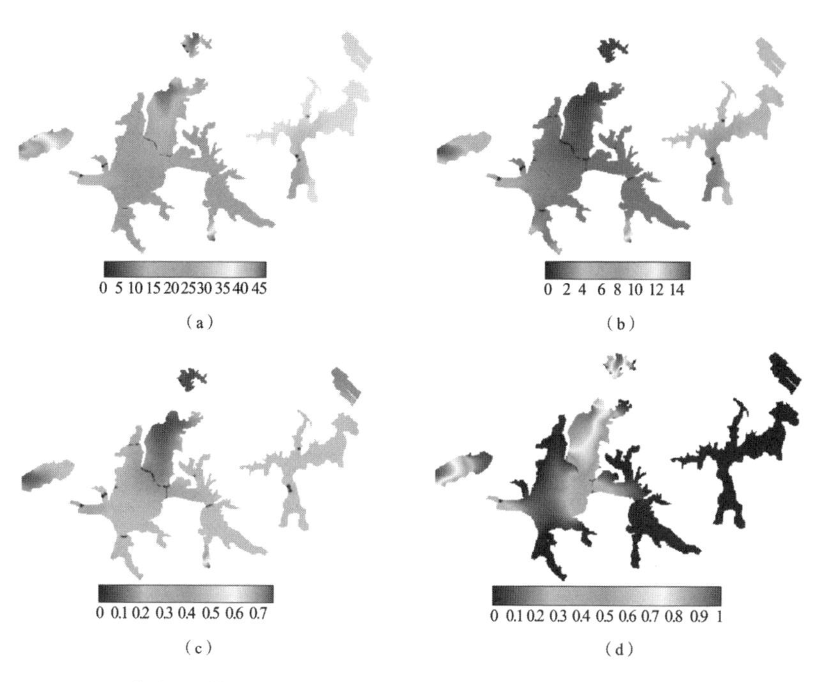

图 6-27 方案一:第 30 天污染物和置换率分布图(前三个图的单位:mg/L)

(a) COD 分布图;(b) TN 分布图;(c) TP 分布图;(d) 置换率分布图

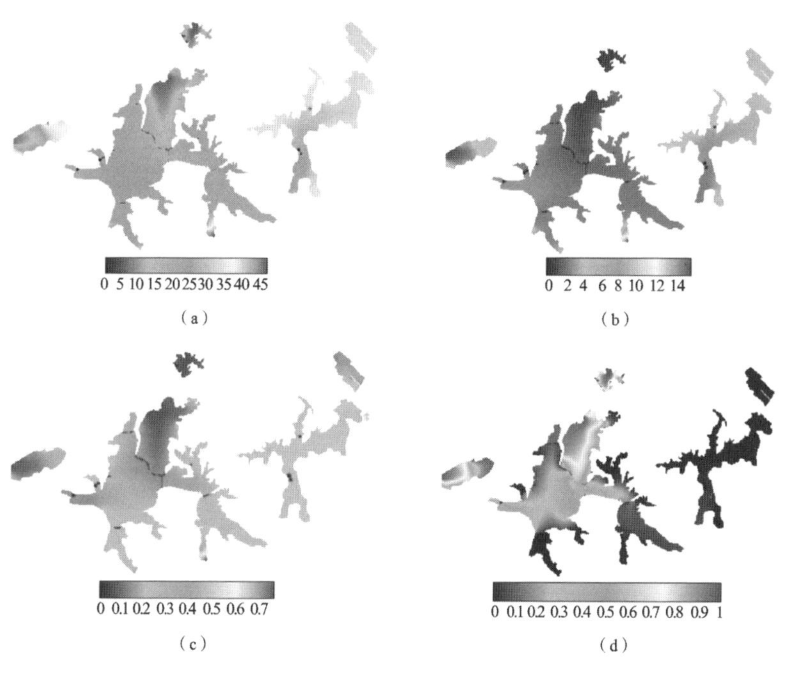

图 6-28 方案二:第 30 天污染物和置换率分布图(前三个图的单位:mg/L)

(a) COD 分布图;(b) TN 分布图;(c) TP 分布图;(d) 置换率分布图

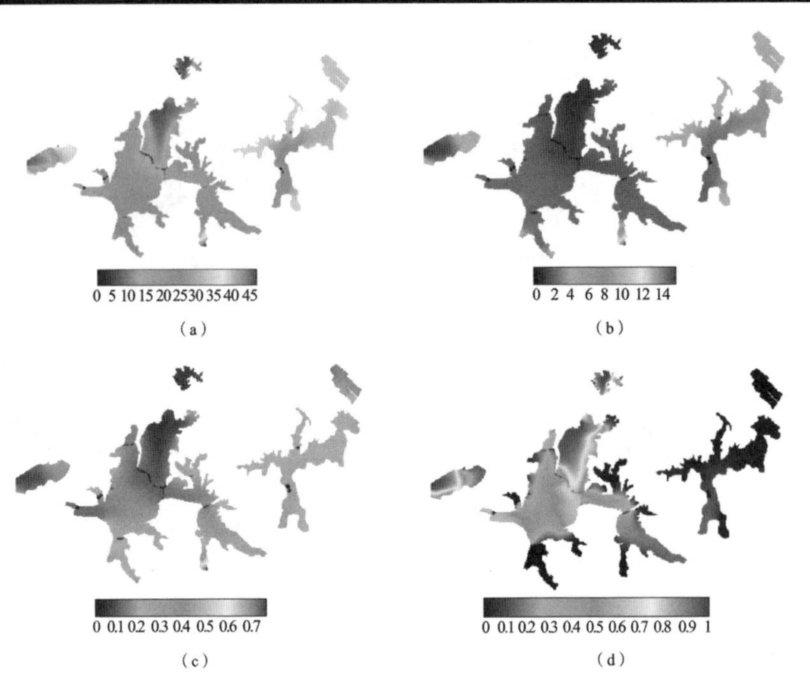

图 6-29　方案三:第 30 天污染物和置换率分布图(前三个图的单位:mg/L)

(a) COD 分布图;(b) TN 分布图;(c) TP 分布图;(d) 置换率分布图

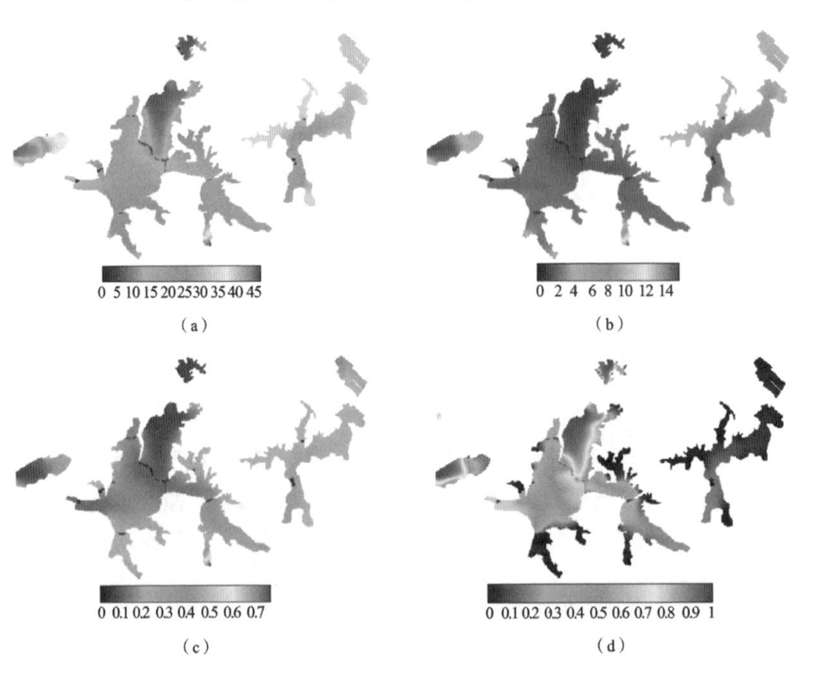

图 6-30　方案四:第 30 天污染物和置换率分布图(前三个图的单位:mg/L)

(a) COD 分布图;(b) TN 分布图;(c) TP 分布图;(d) 置换率分布图

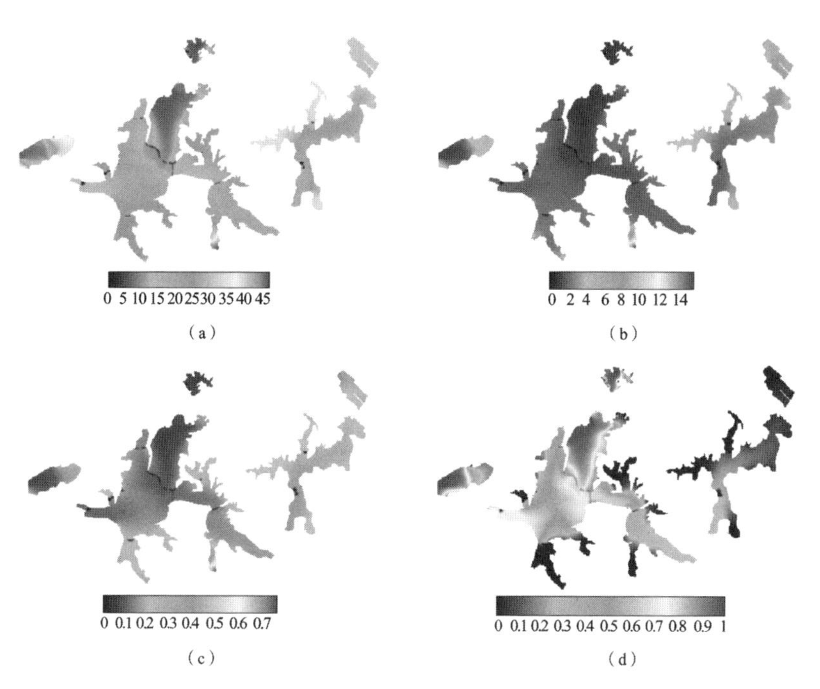

图6-31　方案五：第30天污染物和置换率分布图(前三个图的单位：mg/L)

(a) COD分布图；(b) TN分布图；(c) TP分布图；(d) 置换率分布图

入的清水未到达东湖一半的水域，且无法到达严西湖及北湖，改善效果有限。

当引水规模为30 m^3/s时，水质改善程度稍有提高，由图6-28(d)分析可得，沙湖水质改善效果明显，除东湖子湖团湖、喻家湖、菱角湖以外，引入的江水已经到达东湖大部分水域，但尚未到达严西湖及北湖。

当引水规模达到40 m^3/s时，东湖除少数死水区外，已全部和引入江水交换，严西湖也有部分江水冲入。随着引水规模的增加，江水到达严西湖水域的面积逐渐增大，同时东湖的水质改善程度已无明显提高。

当引水规模达到60 m^3/s时，在第30天新引入江水已基本覆盖严西湖，但尚未到达北湖，因此若要明显改善北湖水质，应进行更长时间的引水调度。

图6-32～图6-34为引水规模为20 m^3/s、40 m^3/s、60 m^3/s时各个湖泊污染物平均浓度随调水时间变化的曲线图。从图中可以看出，在运行初期，除北湖外各湖泊水质改善程度明显，随着时间的推移，水质改善逐渐趋近于平缓。北湖水质在运行初期阶段呈上升趋势，主要原因是严西湖水质较北湖相比略差，因此严西湖的污染物向北湖迁移，导致北湖水质的恶化。随着调度的进行，严西湖水质会逐渐改善，从而带动北湖水质的改善。

进一步统计了五种引水规模方案下连续调水30天，各湖泊的COD、TN、TP平均浓度相对于其初始浓度的改善效果，如表6-18～表6-20所示。除北湖TP以外，

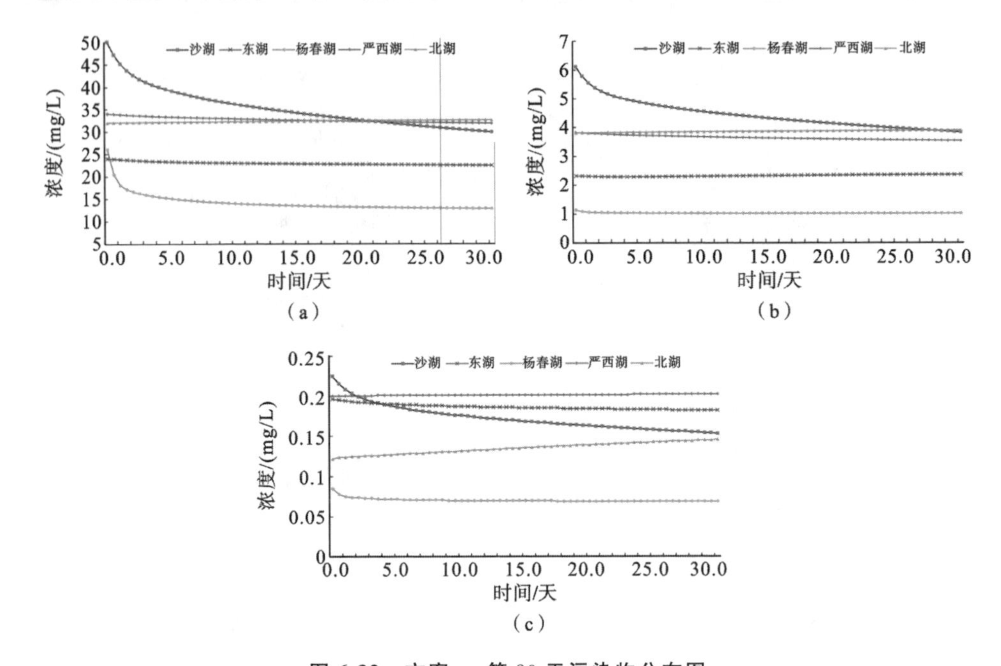

图 6-32 方案一:第 30 天污染物分布图

(a) COD 平均浓度;(b) TN 平均浓度;(c) TP 平均浓度

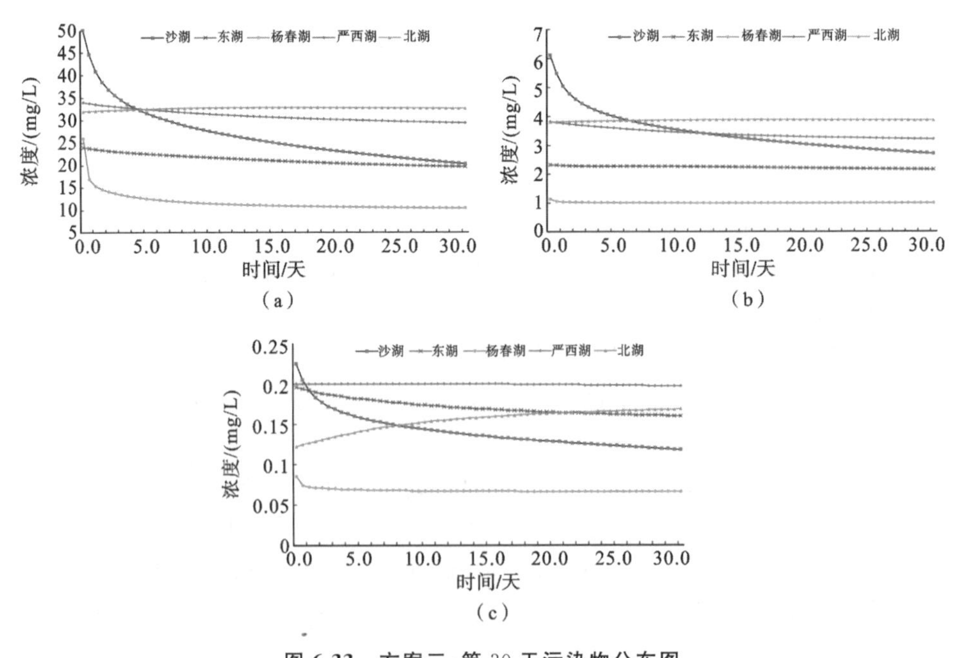

图 6-33 方案三:第 30 天污染物分布图

(a) COD 平均浓度;(b) TN 平均浓度;(c) TP 平均浓度

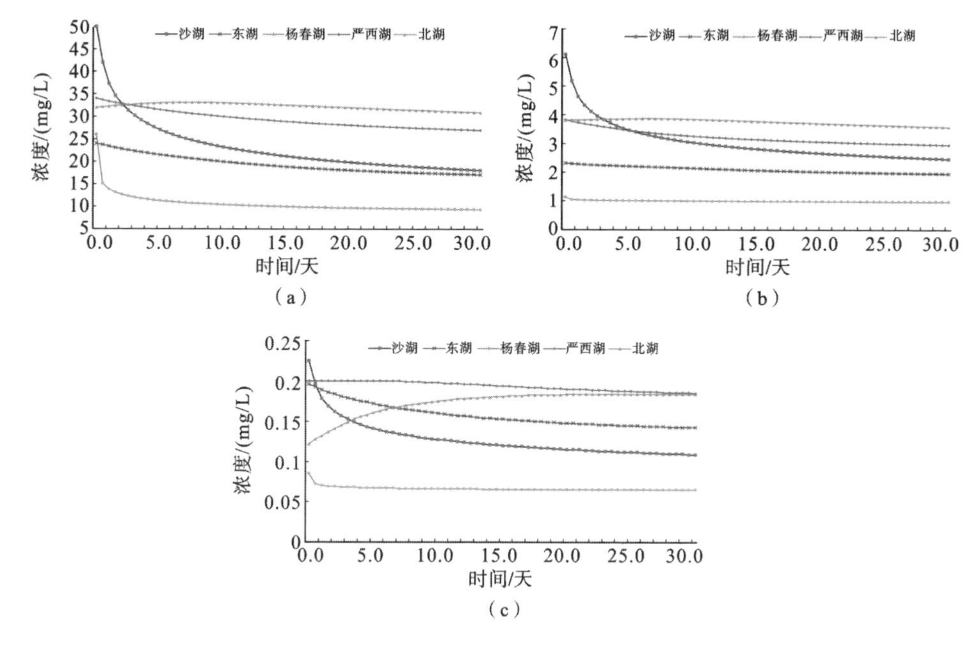

图 6-34 方案五:第 30 天污染物分布图

(a) COD 平均浓度;(b) TN 平均浓度;(c) TP 平均浓度

其他各指标均随着引水规模的增大而升高。这里着重分析北湖 TP 浓度上涨的原因,东湖 TP 浓度与严西湖 TP 浓度相当,在调水进行的过程中严西湖的 TP 浓度难以得到改善。而严西湖 TP 浓度远大于北湖 TP 浓度,这样导致水质较差的湖水进入北湖,进而使北湖 TP 浓度增大。针对水质改善程度,引水规模为 60 m^3/s 最优,同时滞水区面积最小,但引水量较大,所花费的经济成本最高。对不同流量下各湖泊改善效果进行分析发现:在东湖和严西湖,引水流量大小与水质改善程度呈明显正比关系;对沙湖而言,引水流量在 20～40 m^3/s 范围内,引水流量大小与水质改善程度呈正比关系,但当引水流量继续增大时,水质改善程度已无明显提高;对北湖而言,当引水过小时,COD、TN 指标由于受严西湖引水影响呈明显上涨趋势,当引水流量过

表 6-18 五种引水规模 COD 改善效果统计表

方案名称	引水流量/(m^3/s)	沙湖/(%)	东湖/(%)	杨春湖/(%)	严西湖/(%)	北湖/(%)
方案一	20	40.16	6.40	50.56	6.34	−1.96
方案二	30	52.80	10.11	53.71	9.19	−3.10
方案三	40	59.25	18.10	59.70	13.46	−2.04
方案四	50	60.17	23.05	63.20	16.21	−0.35
方案五	60	63.84	28.66	64.10	20.71	3.47

表 6-19 五种引水规模 TN 改善效果统计表

方案名称	引水流量/(m^3/s)	沙湖/(%)	东湖/(%)	杨春湖/(%)	严西湖/(%)	北湖/(%)
方案一	20	37.27	−0.043	0.122	0.284	−0.092
方案二	30	49.53	0.73	11.40	11.02	−2.89
方案三	40	55.58	7.16	12.72	15.89	−1.52
方案四	50	56.28	10.78	13.42	18.48	1.26
方案五	60	59.57	15.47	13.60	22.54	6.01

表 6-20 五种引水规模 TP 改善效果统计表

方案名称	引水流量/(m^3/s)	沙湖/(%)	东湖/(%)	杨春湖/(%)	严西湖/(%)	北湖/(%)
方案一	20	32.00	7.14	18.82	−1.00	−19.67
方案二	30	42.22	11.73	20.00	−0.50	−35.25
方案三	40	47.56	18.37	22.35	1.50	−38.52
方案四	50	48.44	22.45	23.53	3.50	−49.18
方案五	60	51.56	27.04	23.53	7.50	−50.82

大时，由于严西湖 TP 浓度过大，北湖 TP 浓度增加显著。

不同引水规模下的引水量、引水成本、滞水区面积等其他指标如表 6-21 所示。当引水流量从 40 m^3/s 增加到 60 m^3/s，将影响东沙湖水系的青山港、东湖港、东杨港、新东湖港、东沙湖渠和东沙湖水系和北湖水系的连通渠等 10.11 km 港渠规模，其中 5.58 km 为新建渠，以及相应的配套建筑物，除主体工程量外，还将增加占地 114 亩，增加房屋拆迁 24328 m^2，新增征地拆迁投资 14656.47 万元，加上主体工程投资，共增加投资 25348.44 万元。综合考虑在城市扩建和新建渠的建设条件，以及不同引水流量对水质的改善效果，推荐总引水规模为 40 m^3/s。

表 6-21 五种引水规模评价指标统计表

方案名称	引水量/(10^4 m^3)	引水成本/万元	滞水区面积/m^2
方案一	5184	129.6	8587500
方案二	7776	194.4	7472500
方案三	10368	259.2	6790000
方案四	12960	324.0	6340000
方案五	15552	388.8	5920000

注：滞水区面积指流速小于 0.05 cm/s 的区域面积。

6.1.3 考虑湖泊间污染物迁移风险的水网调度策略设计

利用大东湖紧邻长江的地理优势，将大东湖流域的6个湖泊（东湖、沙湖、严西湖、严东湖、北湖和杨春湖）与长江连通，引江济湖，形成江、河、湖、港连为一体的大东湖生态水网。本节分析大东湖流域各湖泊水质的时空差异性，提出“小循环、中循环、大循环”的水网引水调度策略，有效降低了大东湖水网引水调度过程中湖泊间污染物的迁移风险。

1. 大东湖水网水质时空差异性分析

大东湖水网主要湖泊水质现状情况见表6-22，严东湖水质为Ⅲ类，其他湖泊（杨春湖、严西湖、北湖、沙湖、东湖）为Ⅳ类至劣Ⅴ类，沙湖水质低于东湖总体水质，东湖总体水质低于严西湖。由于东湖面积较大，各子湖水质存在较大差异性，东湖各子湖水质现状情况见表6-23，其中团湖、后湖水质优于郭郑湖、水果湖、汤菱湖。

表6-22 主要湖泊水质现状表

名称	杨春湖	沙湖	东湖	北湖	严西湖	严东湖	合计
水面面积（最高水位）/km^2	0.46	3.03	31.63	2.62	13.28	9.1	60.12
水质现状	劣Ⅴ类	劣Ⅴ类	劣Ⅴ类～Ⅳ类	劣Ⅴ类	劣Ⅴ类	Ⅲ类	—

表6-23 东湖各子湖水质现状表

名称	面积/km^2	评价项目	面积比例/(%)	水质类别
水果湖	1.4	水温、pH、溶解氧、高锰酸盐指数、化学需氧量、五日生化需氧量、氨氮、TP、TN、铜、锌、氟化物、硒、砷、汞、镉、铬（六价）、铅、氰化物、挥发酚、石油类、阴离子表面活性剂、硫化物、粪大肠菌群	38.00	Ⅴ类
郭郑湖	11.05			
庙湖	1.67		5.29	劣Ⅴ类
汤菱湖	5.62			
菱角湖	0.92		56.71	Ⅳ类
团湖	4.31			
后湖	4.71			
喻家湖	0.48			
筲箕湖	0.52			
天鹅湖	0.94			
合计	31.62	—	100	—

通过对大东湖水网湖泊水质的年内变化分析，11月—次年4月，武汉市气温相对较低，湖泊水体溶解氧含量相对较高，水质相对较好；5—11月，武汉市气温相对较

高，特别是夏季7—8月，武汉市区天气十分炎热，此时湖泊水体溶解氧含量较低，容易出现翻塘死鱼、水体黑臭现象，此时湖泊水体水质较差，水质性缺水问题更加严重，亟须进行生态补水，对大东湖水网湖泊水体进行置换，实现对大东湖水网湖泊水质改善的目标。

2. 大东湖水网调度策略设计

大东湖水网连通工程有青山港和曾家巷2个可用进水口，两者各有其优势，青山港进水闸的现有水利设施条件好，通过综合比较现有工程条件、拆迁扩建难度、地势条件和数值模拟的水质改善效果进行了方案优选，最终推荐青山港和曾家巷2个引水口的引水方案作为水网连通优选方案。由于大东湖水网各湖泊水质存在差异性，比如沙湖处于严重富营养态，水质较差，严西湖水质较好，若按照此方案进行常规引水，会引起污染物在不同湖泊或者同一湖泊的不同湖区间发生迁移，使水质相对较好的湖泊或湖区面临水质恶化的风险。为此，本节分析了大东湖水网各湖泊水质的时空差异性，解析了复杂湖泊连通水网的流场特性，针对大东湖水网引水调度过程中湖泊间污染物的迁移风险，提出了“小循环、中循环、大循环”的大东湖水网引水调度策略。

1）小循环引水调度

沙湖地理位置特殊，水质为劣Ⅴ类，沙湖水质低于东湖总体水质，为减小沙湖污染物向东湖迁移的风险，优先设置小循环引水策略。

小循环引水路线为：长江→曾家巷进水闸→沙湖→沙湖港→罗家港→罗家路泵站→长江。通过GIS图层绘制小循环线路如图6-35所示。

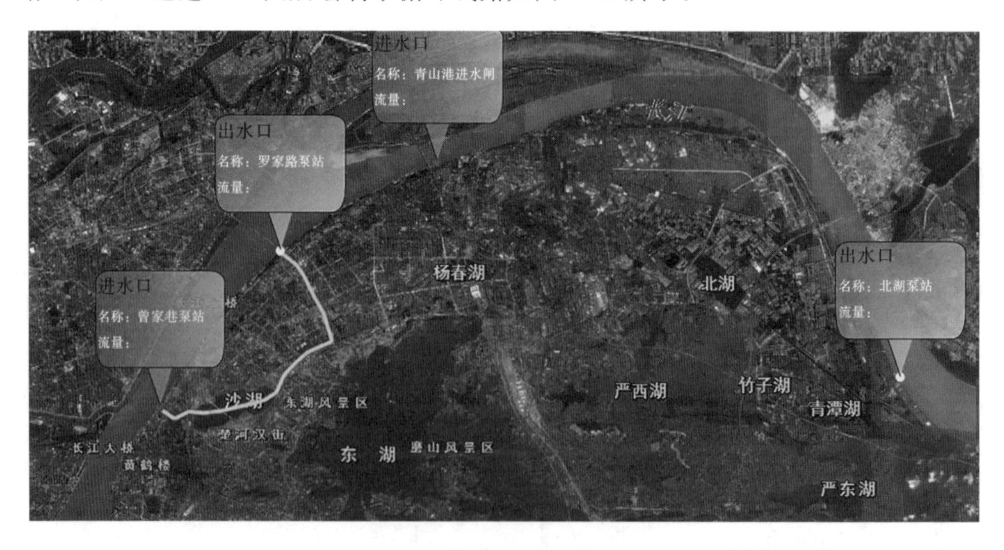

图6-35 小循环调水线路图

小循环沿线闸门开闭情况、边界条件（包括港渠最大过流量和湖泊水位参数）分别如表6-24、表6-25和表6-26所示：

表 6-24　小循环沿线闸门开闭情况

闸门名称	启闭情况
内沙湖闸	开
东沙湖渠西闸	关
沙湖闸	开
新沟闸	关
沙湖支渠闸	关

表 6-25　小循环沿线进水闸最大过流量参数

港渠名称	最大过流量/(m^3/s)
曾家巷进水闸	10
沙湖港西段	18
罗家港	85
罗家路泵站	85

表 6-26　沙湖水位参数

湖泊名称	正常水位/m	最高水位/m
沙湖	19.15	19.65

2）中循环引水调度

东湖各子湖的水质存在差异性，东湖的子湖团湖、后湖水质优于郭郑湖、水果湖、汤菱湖，东湖总体水质低于严西湖、北湖，为降低水质较差湖区的污染物向下游湖泊迁移扩散的风险，继小循环引水调度后，设置中循环引水调度。

中循环引水只对东沙湖水系（沙湖、杨春湖和东湖）进行引江济湖，引水线路包括两条主引水线路和一条支线，如图 6-36 所示，分别为

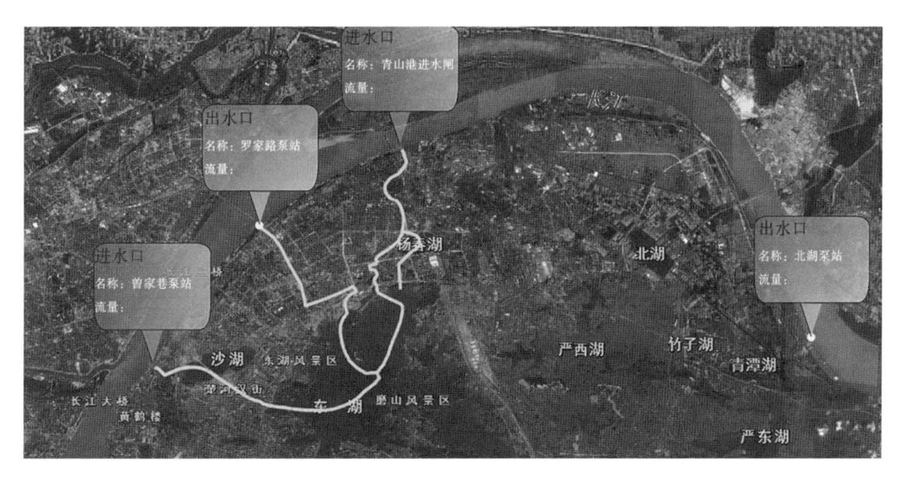

图 6-36　中循环调水线路图

(1) 始于青山港进水闸：长江→青山港进水闸→青山港→东湖港→东湖→新沟渠→沙湖港→罗家港→罗家路泵站→长江。

(2) 始于曾家巷进水闸：长江→曾家巷进水闸→沙湖→东沙湖渠→东湖→新沟渠→沙湖港→罗家港→罗家路泵站→长江。

(3) 杨春湖支线：东湖港→东杨港→杨春湖→新东湖港→东湖。

中循环沿线闸门开闭情况、边界条件(包括港渠最大过流量和湖泊水位参数)分别如表 6-27、表 6-28 和表 6-29 所示。

表 6-27　中循环沿线闸门开闭情况

闸门名称	启闭情况
内沙湖闸	开
沙湖闸	关
东沙湖渠西闸	开
东沙湖渠东闸	开
落步咀闸	开
东湖港闸	开
长山咀闸	开
新东湖闸	开
九峰渠节制闸	关
新沟闸	开

表 6-28　中循环沿线进水闸最大过流量参数

港渠名称	最大过流量/(m^3/s)
曾家巷进水闸	10
东沙湖渠	10
青山港进水闸	30
青山港	30
东湖港	30
东杨港	10
新东湖港	10
新沟渠	85
沙湖港东段	85
罗家港	85
罗家路泵站	85

表6-29 东沙湖水系水位参数

湖泊名称	正常水位/m	最高水位/m
沙湖	19.15	19.65
杨春湖	19.15	19.65
东湖	19.15	19.65

3）大循环引水

东湖总体水质低于严西湖、北湖，为避免湖泊间污染物的迁移，使东湖中水质较差的水体进入水质相对较好的严西湖、北湖，造成下游湖泊水质的恶化，因此最后设置大循环引水调度，待东湖总体水质优于或接近严西湖时，再向严西湖、北湖进行生态引水。

大循环引水调度可以涵盖整个大东湖地区湖泊群，引水线路如图6-37所示，分别为

（1）长江→青山港进水闸→青山港→东湖港→东湖→九峰渠→严西湖→北湖→北湖大港→北湖泵站→长江；

（2）长江→曾家巷进水闸→沙湖→东沙湖渠→东湖→新沟渠→沙湖港→罗家港→罗家路泵站→长江；

（3）东湖港→东杨港→杨春湖→新东湖港→东湖；

（4）严西湖→西竹港→竹子湖→竹青连通渠→青潭湖→北严港→北湖大港→北湖泵站→长江。

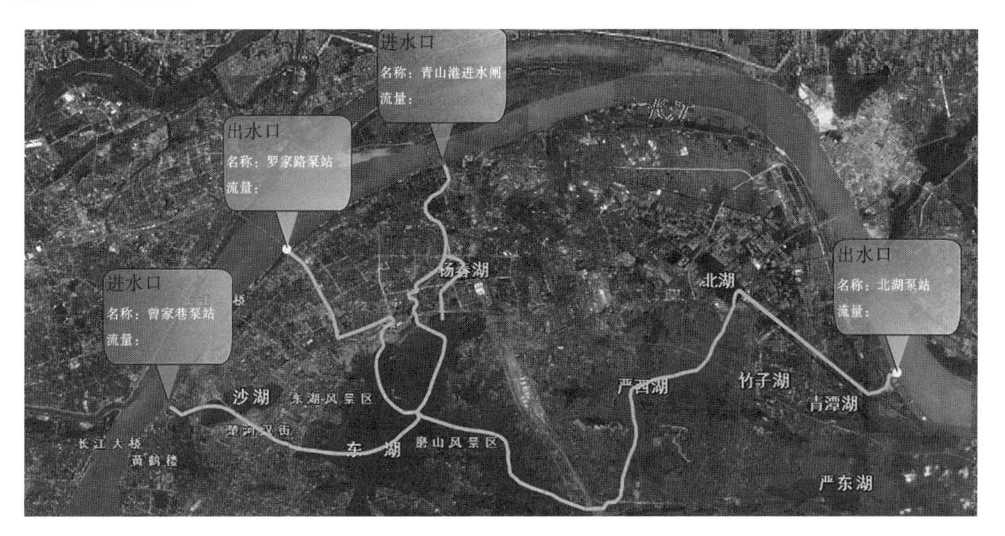

图6-37 大循环调水线路图

大循环沿线闸门开闭情况、边界条件（包括港渠最大过流量和湖泊水位参数）分别如表6-30、表6-31和表6-32所示。

表 6-30 大循环沿线闸门开闭情况

闸门名称	启闭情况
内沙湖闸	开
沙湖闸	关
东沙湖渠西闸	开
东沙湖渠东闸	开
落步咀闸	开
东湖港闸	开
长山咀闸	开
新东湖闸	开
东杨港闸	开
新沟闸	开
九峰渠节制闸	开
红旗闸	开
北湖闸	关
西湖小闸	开
永贤宝闸	开
连通港闸	开
联丰闸	开

表 6-31 大循环沿线进水闸最大过流量参数

港渠名称	最大过流量/(m^3/s)
曾家巷进水闸	10
东沙湖渠	10
青山港进水闸	30
青山港	30
东湖港	30
东杨港	10
新东湖港	10
新沟渠	85
沙湖港东段	85
罗家港	85
罗家路泵站	85
九峰渠	30
红旗渠	48.9

续表

港渠名称	最大过流量/(m^3/s)
西竹港	10
周港	10
竹青港	10
北严港	28.5
北湖大港	115

表6-32　大东湖水系湖泊群水位参数

湖泊名称	正常水位/m	最高水位/m
沙湖	19.15	19.65
杨春湖	19.15	19.65
东湖	19.15	19.65
北湖	18.4	19.55
严西湖	18.4	19.55
竹子湖	17.65	18.85
青潭湖	17.65	18.85

3. 大东湖水网优化调度方案设计

为了使大东湖水质水量联合调度更加经济合理，基于"小循环、中循环、大循环"的大东湖水网引水调度策略，提出了四种不同的水网调水方案，进行大东湖水网优化调水方案设计，如表6-33所示。

表6-33　大东湖生态水网调度方案设计(表中流量单位：m^3/s)

调水方案	循环设置及调度天数	进水口及饮水流量	分流港闸及流量	排水港闸及流量
方案一	大循环：30	青山港：30 曾家巷：10	东湖港：20 沙湖港：0 九峰渠：30	新沟渠：21.26 罗家港：21.26 北湖大港：30.98
方案二	小循环：5	曾家巷：10	东湖港：0 沙湖港：10.28 九峰渠：0	新沟渠：0.98 罗家港：10.28 北湖大港：0.98
	大循环：25	青山港：30 曾家巷：10	东湖港：20 沙湖港：0 九峰渠：30	新沟渠：21.26 罗家港：21.26 北湖大港：30.98

续表

调水方案	循环设置及调度天数	进水口及饮水流量	分流港闸及流量	排水港闸及流量
方案三	中循环：10	青山港：30 曾家巷：10	东湖港：20 沙湖港：0 九峰渠：0	新沟渠：41.26 罗家港：41.26 北湖大港：0.98
	大循环：20	青山港：30 曾家巷：10	东湖港：20 沙湖港：0 九峰渠：30	新沟渠：21.26 罗家港：21.26 北湖大港：30.98
方案四	小循环：5	曾家巷：10	东湖港：0 沙湖港：10.28 九峰渠：0	新沟渠：0.98 罗家巷：10.28 北湖大港：0.98
	中循环：10	青山港：30 曾家巷：10	东湖港：20 沙湖港：0 九峰渠：0	新沟渠：41.26 罗家港：41.26 北湖大港：0.98
	大循环：15	青山港：30 曾家巷：10	东湖港：20 沙湖港：0 九峰渠：30	新沟渠：21.26 罗家港：21.26 北湖大港：30.98

注：表格中流量为综合考虑大东湖水系各港闸渠的最大过流量限制和湖泊水质性需水量而制定。

4. 数值模拟

选用上一章提出的二维综合水动力水质模型，以武汉大东湖水系城市湖泊群为研究区域，选取COD、TN、TP浓度作为评价指标，综合考虑沉降、污染物的生化反应等影响因素，定量解析相关水质指标在水体中的迁移、转化规律，对提出的四种水网优化调水方案进行数值模拟，对大东湖各湖泊的水质改善效果、引水总量、湖泊滞水区面积、水体置换率进行定量分析，为大东湖水质水量联合调度提供决策支持。

选用的综合水质模型求解过程以有限体积法为基础，将水质输移方程集成进水流方程，通过HLLC黎曼同时近似计算水量、水流通量及输移对流项，采用二阶中心差分的方法来计算扩散项。

1）水质模型设置

大东湖水系各湖泊均离散成50 m×50 m大小的正交规则网格。因严东湖水质较好，目前为Ⅲ类水体，不需要调水置换，以及实际工程数据缺乏，综合水质计算模型暂时未考虑严东湖及各个湖泊的湖岸区域，沙湖、东湖、杨春湖、严西湖和北湖分别划分成了1451、14268、363、4857和1214个网格，本书采用自适应的时间步长，CFL取0.6。由于实际工程仍处在初步实施阶段，关于各个输水港渠尚未有明确的资料，因此模型根据引水线路顺序计算各个湖泊，暂时不考虑湖泊之间的连接港渠。计算中各个进水口的引水流量、各港渠的通过的分水流量、相关泵闸站的开闭情况、各湖泊的上下游关系均由设计的调水方案给出。将长江水入湖口处所在的网格概化成源，对其采用流量边界条件。各湖出水口根据工程规划的出水口节制闸的水位流量关系曲线，通过设定水位控制其流量。

2）模型初始条件

调度期设置：模拟选取7月为调水期。

各个湖泊水质设置：取近几年的水质平均值作为初始条件。

外江水质设置：大东湖水网连通工程引入的长江水体通过进水涵闸处絮凝池的净化作用后水质为COD：5.58 mg /L，TN：0.95 mg /L，TP：0.06 mg /L。

点源信息设置：大东湖点源污染主要源自工业污水和城市生活污水排放，自2003年点源截污工程启动以来，点源污染已经得到较好的控制，但仍未彻底。根据武汉市城市排水监测站、长江水利委员会荆江水文水资源勘测局和武汉市环境保护科学研究院等单位最新调查，截至2008年5月，在大东湖水网区域，全年由点源汇入湖泊的污水总量尚有195817.33 t，包含大量生活污水和部分工业废水，其中污染物含量：COD为4896.73 t/a，TN为797.23 t/a，TP为53.34 t/a。根据大东湖水系点源截污要求，污水处理厂排放结果均需达到《城镇污水处理厂污染物排放标准》(GB 18918—2002)中的一级标准。因此，本研究取一级标准中的B标准设置点源水质指标值，流量根据2008年调查实际年入湖量折算，具体数值见表6-34。水位、温度、风力、水流速度的初始条件设置如表6-35所示。

表6-34　大东湖水网调度各水源水质初始条件设置

水源名称	COD/(mg/L)	TN/(mg/L)	TP/(mg/L)
长江	5.58	0.95	0.06
杨春湖	26	1.14	0.085
东湖	24	2.32	0.196
沙湖	50	6.11	0.225
严西湖	34	3.82	0.2
严东湖	15	0.76	0.022
北湖	32	3.81	0.122
点源	60	20	1

表6-35　大东湖水网调度数值模型初始条件设置

参数名称	沙湖	东湖	杨春湖	严西湖	北湖	严东湖
水位/m	19.15	19.15	19.15	18.4	18.4	17.65
温度/℃	20	20	20	20	20	20
风力/(m/s)	3	3	3	3	3	3
水流速度/(m^3/s)	0	0	0	0	0	0

注：汛期水位选取各个湖泊的正常运行水位；温度取常温；风向的选择根据武汉市常年盛行风向(西南风91°)，风力大小为3级；水流初始流态假设为静态，流速为零。

5. 数值模拟结果分析

1）水质改善效果分析

分析四种水网调度方案下各个湖泊水质改善情况，以 COD 指标为例，图 6-38～图 6-41 分别显示了不同水网调度方案下大东湖 COD 空间分布随引水时间变化过程。

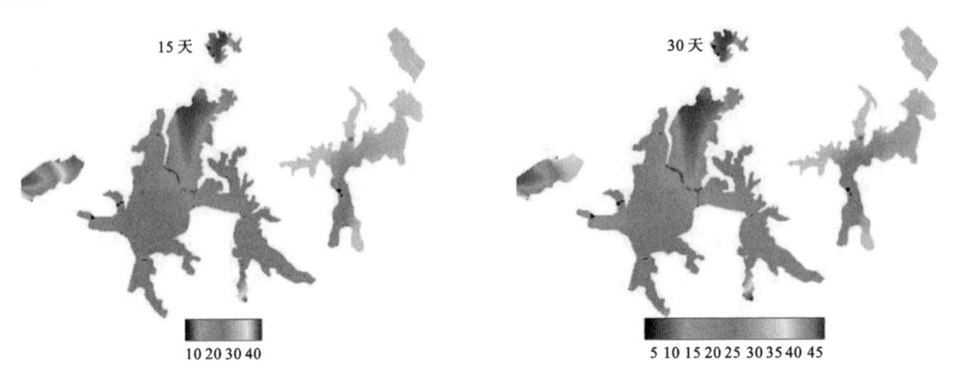

图 6-38　方案一：大东湖 COD 时空分布

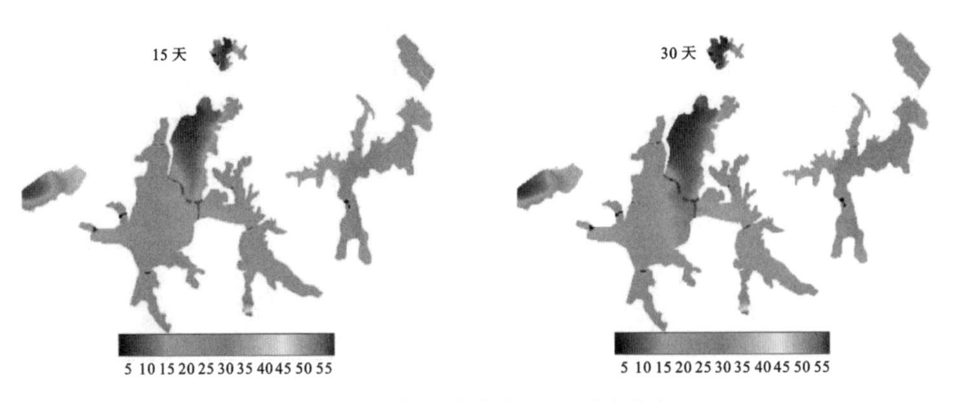

图 6-39　方案二：大东湖 COD 时空分布

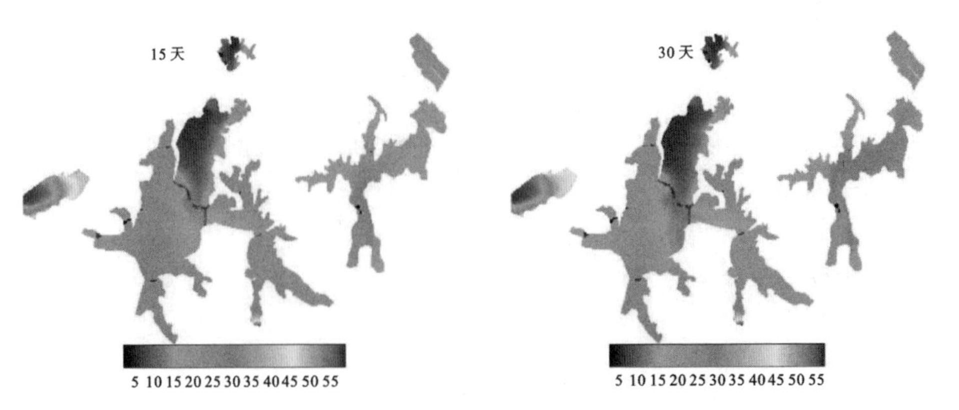

图 6-40　方案三：大东湖 COD 时空分布

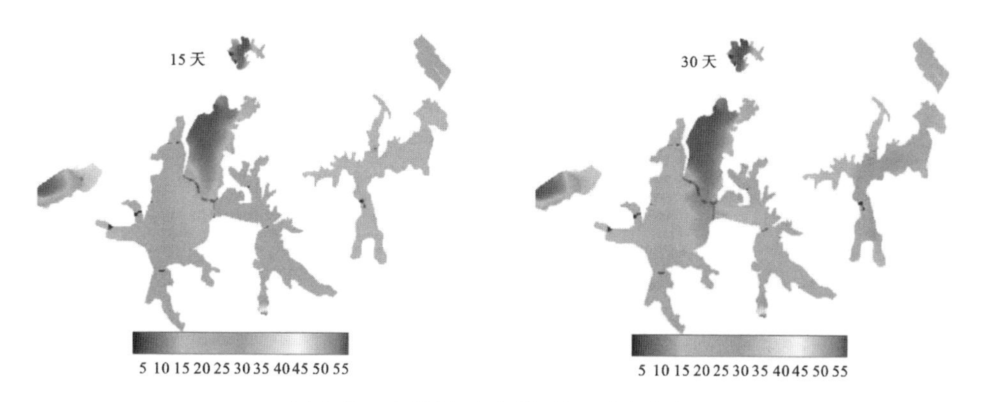

图 6-41　方案四:大东湖 COD 时空分布

四种水网调度方案下湖泊水质改善效果如表 6-36～表 6-38 所示。

表 6-36　四种水网调度方案下 COD 改善效果统计

湖泊名称	初始浓度/(mg/L)	方案一		方案二		方案三		方案四	
		改善度/(%)	污染物减少量/t	改善度/(%)	污染物减少量/t	改善度/(%)	污染物减少量/t	改善度/(%)	污染物减少量/t
沙湖	50	59.25	68794	58.48	67893	53.84	62513	53.50	67916
东湖	24	18.1	247603	23.27	318339	22.76	311328	23.35	319365
杨春湖	26	59.70	3244	60.92	3310	61.73	3354	60.92	3310
严西湖	34	13.46	104447	11.76	91234	11.20	86898	9.61	74598
北湖	32	−2.04	−2753	−3.46	−4660	−3.66	−4929	−0.04	−4908

表 6-37　四种水网调度方案 TN 改善效果统计

湖泊名称	初始浓度/(mg/L)	方案一		方案二		方案三		方案四	
		改善度/(%)	污染物减少量/t	改善度/(%)	污染物减少量/t	改善度/(%)	污染物减少量/t	改善度/(%)	污染物减少量/t
沙湖	6.11	55.58	7885	54.55	7739	50.07	7102	54.57	7741
东湖	2.32	7.16	9462	10.30	13623	8.66	11457	10.22	13509
杨春湖	1.14	12.72	30.3	12.89	30.7	13.07	31.1	12.89	30.7
严西湖	3.82	15.89	13852	13.46	11729	12.57	10954	10.81	9425
北湖	3.81	−1.52	−244	−1.65	−265	−2.18	−349	−2.47	−396

表 6-38　四种水网调度方案 TP 改善效果统计

湖泊名称	初始浓度/(mg/L)	方案一		方案二		方案三		方案四	
		改善度/(%)	污染物减少量/t	改善度/(%)	污染物减少量/t	改善度/(%)	污染物减少量/t	改善度/(%)	污染物减少量/t
沙湖	0.225	47.56	248.5	46.67	243.8	48.11	225.2	47.11	246.1
东湖	0.196	18.37	2052	22.96	2565	23.47	2622	22.96	2565
杨春湖	0.085	22.35	3.97	22.35	3.97	23.53	4.18	22.35	3.97
严西湖	0.2	1.50	68.46	1.00	45.64	1.00	45.64	0.00	0
北湖	0.122	−38.52	−197.9	−49.18	−252.6	−45.08	−231.5	−40.16	−206.3

经过小循环引水调度，沙湖的水质改善效果明显，有效降低沙湖污染物向东湖迁移的风险；经过中循环引水调度，对东湖中水质较差的水果湖、郭郑湖、汤菱湖的改善效果明显，对团湖、后湖有一定的改善效果，能改善东湖大部分湖区的水质，东湖水质基本接近严西湖，有效降低东湖中水果湖和郭郑湖的污染物向团湖、后湖和下游湖泊的迁移风险；经过大循环引水调度，严西湖水质有一定的改善，北湖水质小幅度地恶化。

四个水网调度方案下各个湖泊的 COD 浓度均有大幅降低（除了北湖 COD 浓度小幅上升外），其中沙湖、东湖、杨春湖 COD 浓度降低明显。在水网调度方案四下，东湖 COD 改善效果最优，沙湖、杨春湖、严西湖 COD 改善效果较优，北湖 COD 浓度上升幅度最小，方案二和方案四对大东湖水网的重点湖泊沙湖、东湖的 COD 改善效果最优，并且在方案四下北湖的 COD 浓度上升最小。

四个水网调度方案下各个湖泊的 TN 浓度有一定程度的降低（除了北湖 TN 浓度小幅上升外），其中沙湖 TN 浓度下降幅度较大，方案二和方案四对沙湖、东湖的 TN 改善效果最优。

四个水网调度方案下各个湖泊的 TP 浓度有一定程度的降低（除了北湖 TP 浓度上升幅度较大外），其中沙湖、东湖、杨春湖 TP 浓度降低较明显，方案四对沙湖、东湖的 TP 改善效果较优，并且在方案四下北湖的 TP 浓度上升较小。考虑到 TP 是影响大东湖水系水质的主控因素，因此方案四对改善湖泊水质最为有利。

综合考虑以上四种方案，可知方案四为最优水网调度方案，说明“小循环、中循环、大循环”分步实施调水的大东湖水网调度策略是合理可行的，可以有效降低不同湖泊或同一湖泊的不同湖区间污染物的迁移风险，避免水质较好的湖泊或湖区面临水质恶化的风险，在水网优化调度方案下沙湖、东湖等湖泊的水质改善效果明显。

2）水体置换率分析

基于考虑湖泊间污染物迁移风险的水网调度策略，分析不同调水方案下各个湖泊的水体置换率，置换率利用水质模型进行计算，入流浓度设为 1，本底浓度设为 0，不考虑降解，计算所得湖体的加权平均浓度即为置换率。四种水网调度方案下湖泊水体置换率空间分布如图 6-42～图 6-45 所示，水体置换率统计如表 6-39 所示，引水量、滞水区面积统计如表 6-40 所示。

图 6-42　方案一：大东湖水体置换率空间分布

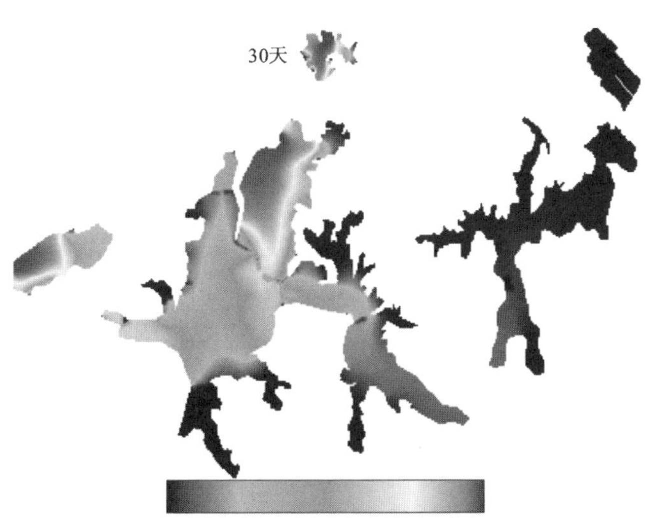

图 6-43　方案二：大东湖水体置换率空间分布

在调度方案四下大东湖水网的水体置换率分布更合理，滞水区面积较小，关键性湖泊沙湖、东湖的水体置换率分布更优，湖区水体的置换更高效。

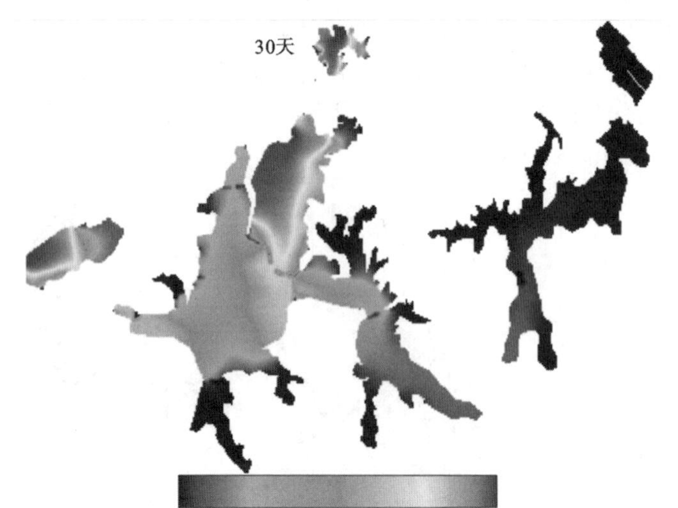

图 6-44 方案三:大东湖水体置换率空间分布

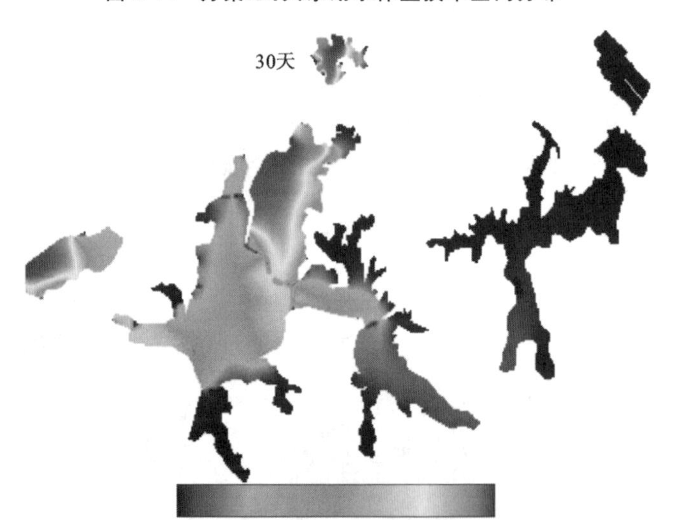

图 6-45 方案四:大东湖水体置换率空间分布

表 6-39 四种水网调度方案水体置换率统计

湖泊名称	方案一	方案二	方案三	方案四
沙湖	0.61	0.66	0.61	0.66
东湖	0.37	0.36	0.38	0.37
杨春湖	0.79	0.78	0.79	0.78
严西湖	0.04	0.03	0.03	0.02
北湖	0.00	0.00	0.00	0.00

表 6-40　四种水网调度方案引水量、滞水区面积统计

指　　标	方案一	方案二	方案三	方案四
引水量/(10^4 m^3)	10368	9072	10368	9072
滞水区面积/m^2（流速小于 0.001 m/s）	11650000	10335000	10300000	10290000
滞水区面积/m^2（流速小于 0.0005 m/s）	6790000	5875000	5945000	5940000

6.1.4　大东湖水网调度湖泊运行水位优选

1. 引水水位方案设计

湖泊运行水位受防洪、供水、生态、景观等多方面因素控制，同时不同的运行水位也会影响引水调度下湖泊水质的改善程度，为此本节利用水质模拟技术对该问题进行研究。该研究以中循环路线(参照 6.1.3 节)为基础，以东湖为研究对象，对湖泊水位为 19.00 m、19.15 m、19.30 m、19.45 m 及 19.60 m 进行模拟计算，分析运行水位变化对东湖水质改善的影响程度。

2. 大东湖水网调度运行水位数值模型

不同运行水位下青山港设计引流 30 m^3/s，曾家巷引流 10 m^3/s，新沟渠出流 40 m^3/s。设计方案一至方案五的运行水位依次为 19.00 m、19.15 m、19.30 m、19.45 m 及 19.60 m。沙湖及东湖初始水温、初始流速及风速采用表 6-16 中的数据，初始水质采用表 6-17 中的数据，调度时长设置为 20 天。

3. 水质模拟结果分析

分析五种不同运行水位下实施“引江济湖”工程之后各湖泊水质改善效果。图 6-46～图 6-50 分别显示了第 20 天方案一至方案五湖泊水体置换率分布情况。

图 6-46　方案一：水体置换率分布图

图 6-47 方案二:水体置换率分布图

图 6-48 方案三:水体置换率分布图

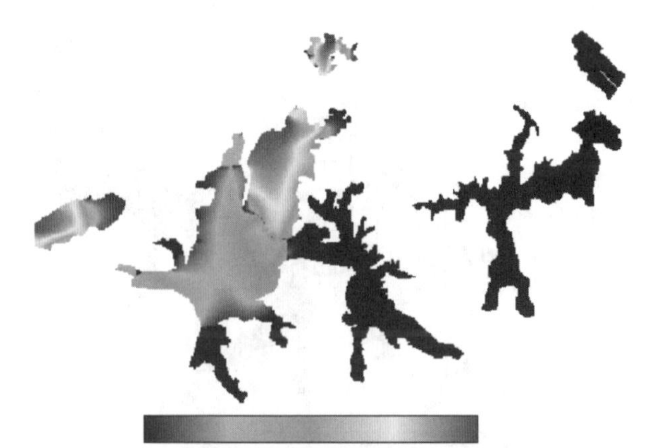

图 6-49 方案四:水体置换率分布图

图 6-50　方案五:水体置换率分布图

分析可得,不同水位进行水网调度时,调水效果有显著差异。当水位较低时,沙湖与东湖改善面积和改善程度均较高。随着水位的上升,改善面积及改善程度逐渐降低。表 6-41 显示了东湖各方案下不同污染的改善程度。

表 6-41　五种运行水位东湖水质改善效果统计表

方案名称	运行水位/m	COD/(%)	TN/(%)	TP/(%)
方案一	19.00	21.72	9.91	21.43
方案二	19.15	17.44	6.34	18.37
方案三	19.30	14.73	4.83	16.33
方案四	19.45	12.85	3.71	14.80
方案五	19.60	10.73	2.37	13.27

模拟结果表明,在相同调水条件下,湖泊运行水位越低,其水质改善效果越好,且有利于排涝以保证湖泊水位不超过最高控制水位。但是,当湖泊水位低于常水位时,将无法满足景观及生态需求。因此,在引水调度期间,各湖泊应保持常水位运行,具体水位如表 6-42 所示。

表 6-42　各湖泊推荐运行水位表

湖泊	沙湖	东湖	杨春湖	严西湖	北湖
水位/m	19.15	19.15	19.15	18.4	18.4

6.2　考虑综合效益的湖泊水网水质水量联合优化调度方法

针对湖网内部水体置换及引江济湖调水特点,以大东湖水下 DEM、水质分布及连通湖泊的泵闸渠的设计参数等信息数据为基础，运用二维非恒定流的水质水量耦合模型，解析了不同引水条件下受水区水质的动态演变机制，确定了水质水量综合调度的关键因素、指标及变量，采用水力学、水文学和环境水力学相结合的建模途径，以受水区水质综合改善程度最大、引水量最小、工程运行费用最小等为目标，以各闸泵站的提水、排水流量等为决策变量，综合考虑江湖水网水量平衡、湖网各分区水质指标要求、关键控制点水位限制、主要输水通道过水能力、调水经济成本等复杂约束条件，建立江湖水量调度和水质调度耦合的多目标联合优化调度模型；研究并提出了一类可同时优化多个目标并能有效处理复杂约束条件的多目标模型高效求解方法，快速生成大量非劣调度方案供决策者评价优选，从而为决策者提供理论依据与技术支撑。

6.2.1 水质模型与水量水质模型耦合调度关键技术研究

研究初期，拟采用水质模型与水质水量模型实时动态响应来进行优化求解，但是根据目前国内外的水动力学水质模型的模拟计算时间进行推算，大东湖生态水网引水调度周期设为 30 天，进行一组流量数据模拟需要 8 天左右的时间，若采用优化算法进行迭代优化，以标准粒子群算法为例，设置微粒空间为 20 个，优化迭代次数为 300 次，那么寻优过程便需要 6000 次计算，计算时间将高达 48000 天，无法求得结果，因此需要对求解方法进行极大的简化。

本节采用人工神经网络的方法建立了大东湖引水调度水质预测模型。人工神经网络(Artificial Neural Network，ANN)是基于当前人类对生物神经系统的理解，而模拟人的智能的一条重要途径。它是一种大规模的并行连接机制系统，整个神经网络由一些近似神经元的计算单元组成。单元间连接以权、单元特性及训练和学习规则加以描述。ANN 高速的大规模并行处理特性，高维的非线性问题的研究，高度的容错性和鲁棒性，适用于非线性问题的研究。使用 ANN 能够实现多输入至多输出的非线性映射。首先需要以 6.1 节研究为基础建立水质预测知识库。由于曾家巷引水 10 m^3/s 进行小循环 5 天后，沙湖水质已无法继续改善，因此确定小循环天数为 5 天。在此基础上，使用水质模型模拟不同中循环天数和大循环天数、不同引流量下，各湖泊的污染物改善情况，并据此建立水质预测知识库。使用神经网络进行水质预测的过程如下。

步骤一：给神经网络赋一组小的随机初始权值，将中循环天数、中循环青山港流量、中循环曾家巷流量、大循环天数、大循环青山港流量、大循环曾家巷流量作为输入信号，以此种情况下调度完成后某一湖泊的某种污染物浓度作为网络的期望输出。

步骤二：逐层计算神经网络的实际输出值。

步骤三：将实际输出与期望输出进行比较，通过网络不断地学习和训练，调整神经网络的权系数，直到满足阀值的要求。

步骤四：将拟计算的各参数输入该神经网络，则相应的输出即为水质预测值。

通过神经网络与知识库的使用，可以取代水质水量调度模型中水质模拟部分，为采用智能算法进行优化调度提供精确直观的水质水量关系数据，从而实现水质水量调度的耦合计算。在本书中需要建立五个湖泊三种污染一共 15 个神经网络来实现对水质的预测。

水质模拟选取 COD、TN 和 TP 为污染物指标，针对不同引水流量组合下产生的模拟指标值变化趋势不同的现象，为分析湖泊总体水质改善效果，需对调水后多种水质指标进行综合评价。由于 COD、TN 和 TP 对湖泊的污染均起着重要的影响，本书将三个指标的权重均设为 1/3，同时根据湖泊污染现状及各湖泊的重视程度，计算得到各湖泊的权重（具体计算过程参考 7.1.2 节）：沙湖为 0.246、东湖为 0.350、杨春湖为 0.096、严西湖为 0.171、北湖为 0.138。在此基础上根据各湖泊各污染物引水调度后的改善程度加权得到综合改善程度。

6.2.2　面向湖泊水质改善的水质水量耦合调度

1. 以水质改善程度最大为目标

1）模型描述

该模型以中循环天数、中循环青山港流量、中循环曾家巷流量、大循环天数、大循环青山港流量、大循环曾家巷流量为决策变量，综合考虑流量和水位约束，以湖泊水质改善程度最大为目标，构建水质水量联合优化调度模型。其目标函数如式(6-4)所示：

$$\text{Max}\quad D=\sum_{i=1}^{5}\alpha_i d_i \quad (i=1,2,\cdots,5) \tag{6-4}$$

单个湖泊的水质改善程度计算公式如式(6-5)和式(6-6)所示：

$$d_i=\frac{(c_i^{\text{COD}}-f_i^{\text{COD}}(X))/c_i^{\text{COD}}+(c_i^{\text{TN}}-f_i^{\text{TN}}(X))/c_i^{\text{TN}}+(c_i^{\text{TP}}-f_i^{\text{TP}}(X))/c_i^{\text{TN}}}{3} \tag{6-5}$$

$$X=\{mD,mQ_{青},mQ_{曾},lD,lQ_{青},lQ_{曾}\} \tag{6-6}$$

式中：D 为综合改善程度；α_i 为第 i 个湖泊的权重；d_i 为第 i 个湖泊的水质改善程度；c_i^{COD}、c_i^{TN}、c_i^{TP} 分别为第 i 个 COD、TN、TP 的初始浓度；$f_i^{\text{COD}}(X)$、$f_i^{\text{TN}}(X)$、$f_i^{\text{TP}}(X)$ 分别为第 i 个湖泊以 X 为输入变量时，利用人工神经网络预测调度完成后 COD、TN、TP 的浓度值；mD 为中循环天数；$mQ_{青}$ 为中循环青山港流量；$mQ_{曾}$ 为中循环曾家巷流量；lD 为大循环天数；$lQ_{青}$ 为大循环青山港流量；$lQ_{曾}$ 为大循环曾家巷流量。

2）约束条件

大型城市湖泊群引江济湖调度工程中涉及众多复杂的约束条件，其中流量约束主要表现为各闸门、引水通道的最大流量限制，水位约束表现为各湖泊的防洪水位限制、生态水位限制及水位变幅限制。具体约束条件如下。

(1) 湖泊水量平衡约束：

$$v=v_0+v_{\text{flowin}}+v_{\text{pcp}}+v_{\text{d}}-v_{\text{flowout}}-v_{\text{evap}}-v_{\text{seep}}-v_{\text{use}} \tag{6-7}$$

式(6-7)中：v 为时段末湖泊容积；v_0 为初始库容；v_{flowin}、v_{pcp}、v_d 分别为湖泊的入流量、降雨量、污水排放量；$v_{flowout}$、v_{evap}、v_{seep}、v_{use} 分别表示湖泊的出流量、蒸发量、下渗水量、居民或者工业取水量。

(2) 流量约束：

$$Q_{min} < Q < Q_{max} \tag{6-8}$$

式(6-8)中：Q_{min} 和 Q_{max} 分别表示泵闸站的最小和最大引水流量，Q 为泵闸站的实际引水流量。

3) 模型求解

针对差分进化算法(DE)全局寻优能力差，无法有效地求解工程中复杂的高维非线性优化问题等缺点，提出混沌差分文化算法(CDECA)。算法模型将 DE 嵌入文化算法的框架作为主群体空间的进化过程；同时，引入具有较强局部搜索性能的混沌搜索来进行信念空间的进化，并通过设计一组联系操作实现文化算法模型中两个空间的互相影响和互相促进，提高算法的寻优效率。

利用混沌差分文化算法求解水质水量调度模型的具体流程如下。

步骤一：初始化算法参数、主群体空间及信念空间。

步骤二：用适应度函数评价两个空间中的每个个体，找出其中的最优个体。

步骤三：两个种群进行独立进化，其中主群体空间采用 DE 作为其进化方式，而信念空间采用混沌搜索进行演化。

步骤四：若 Flag1 为真，则进行接受操作，否则转步骤五。

步骤五：若 Flag2 为真，则进行影响操作，否则转步骤六。

步骤六：判断算法停止条件是否满足，若是则算法停止，否则进化代数加 1，转入步骤二继续进行。

其中，信念空间的种群大小设计为主群体空间大小的 10%，Flag1 和 Flag2 为进行接受操作和影响操作的标识符，一般指定进化固定代数(设定为 10)后进行上述两个操作，其操作的具体流程设计如下。

①接受操作：假设信念空间的大小为 N，当进行接受操作时，主群体空间向信念空间提供适应度最优的 N 个个体，信念空间通过比较这 N 个个体与自身所包含的个体的适应度大小，取最优的 N 个个体作为新一代的信念空间群体。

②影响操作：当进行影响操作时，信念空间向主群体空间提供适应度最优的 $0.5N$ 个个体替换主群体空间的适应度较差的同等数目的个体。

2. 达到目标水质用时最短

1) 模型描述

该模型以中循环天数、中循环青山港流量、中循环曾家巷流量、大循环天数、大循环青山港流量、大循环曾家巷流量为决策变量，综合考虑流量和水位约束，以湖泊水质改善程度最大为目标，构建水质水量联合优化调度模型。其目标函数如式(6-9)所示：

$$\mathrm{Min(Obj)}=mD+lD \tag{6-9}$$

2）约束条件

①湖泊水量平衡约束如式(6-10)所示：

$$v=v_0+v_{\mathrm{flowin}}+v_{\mathrm{pcp}}+v_{\mathrm{d}}-v_{\mathrm{flowout}}-v_{\mathrm{evap}}-v_{\mathrm{seep}}-v_{\mathrm{use}} \tag{6-10}$$

②流量约束如式(6-11)所示：

$$Q_{\min}<Q<Q_{\max} \tag{6-11}$$

③水质约束如式(6-12)所示：

$$\begin{cases} f_i^{\mathrm{COD}}(X)<\mathrm{Target}_i^{\mathrm{COD}} \\ f_i^{\mathrm{TN}}(X)<\mathrm{Target}_i^{\mathrm{TN}} \quad (i=1,2,\cdots,5) \\ f_i^{\mathrm{TP}}(X)<\mathrm{Target}_i^{\mathrm{TP}} \end{cases} \tag{6-12}$$

式(6-12)中：$\mathrm{Target}_i^{\mathrm{COD}}$、$\mathrm{Target}_i^{\mathrm{TN}}$、$\mathrm{Target}_i^{\mathrm{TP}}$ 分别为第 i 个湖泊的目标水质。

3. 达到目标水质引水量最小

1）模型描述

该模型以中循环天数、中循环青山港流量、中循环曾家巷流量、大循环天数、大循环青山港流量、大循环曾家巷流量为决策变量，综合考虑流量和水质约束，以达到目标水质时间最短为目标，构建水质水量联合优化调度模型。其目标函数如式(6-13)所示：

$$\mathrm{Min(Obj)}=mD(mQ_{曾}+mQ_{青})+lD(lQ_{曾}+lQ_{青}) \tag{6-13}$$

2）约束条件

①湖泊水量平衡约束如式(6-14)所示：

$$v=v_0+v_{\mathrm{flowin}}+v_{\mathrm{pcp}}+v_{\mathrm{d}}-v_{\mathrm{flowout}}-v_{\mathrm{evap}}-v_{\mathrm{seep}}-v_{\mathrm{use}} \tag{6-14}$$

②流量约束如式(6-15)所示：

$$Q_{\min}<Q<Q_{\max} \tag{6-15}$$

③水质约束如式(6-16)所示：

$$\begin{cases} f_i^{\mathrm{COD}}(X)<\mathrm{Target}_i^{\mathrm{COD}} \\ f_i^{\mathrm{TN}}(X)<\mathrm{Target}_i^{\mathrm{TN}} \quad (i=1,2,\cdots,5) \\ f_i^{\mathrm{TP}}(X)<\mathrm{Target}_i^{\mathrm{TP}} \end{cases} \tag{6-16}$$

6.2.3　兼顾调水经济成本的大东湖多目标水质水量调度

1. 多目标模型描述

生态水网构建的经济指标是实际且必须考虑的一个重要指标，现有的引江济湖工程问题研究多为概化模型，均将此指标忽略不计，综合水质改善程度最大和经济费用最低的目标，构建水质水量多目标优化模型，具体模型描述如式(6-17)所示：

$$\mathrm{Obj1:}\quad \mathrm{Min}\Big(\sum_{i=1}^{T}Y(Q)_i^j\Big),\quad i=1,2,\cdots,T \tag{6-17}$$

$$\text{Obj2:}\quad \text{Max}(D) = \sum_{i=1}^{5}\alpha_i d_i,\quad i = 1,2,\cdots,5 \tag{6-18}$$

式(6-19)中,单湖经济费用 $Y(Q)$ 经推导得计算公式如下:

$$Y(Q) = \sum_{j_1=1}^{n}\sum_{T_1=1}^{24} C_{T_1}\cdot p_{j_1}(Q)\cdot T_1 + \sum_{j_2}^{m}\sum_{T_2=1}^{24} C_{T_2}\cdot p_{j_2}(Q)\cdot T_2 \tag{6-19}$$

式(6-19)中,泵站功率 $p(Q)$ 可由式(6-20)计算:

$$P(Q)=\frac{\gamma\cdot Q\cdot h}{\eta_1\cdot \eta_2} \tag{6-20}$$

以上公式中,j_1 表示该湖泊的进水口数量,假设有 n 个;j_2 表示该湖泊的出水口数量,假设有 m 个;C_{T_1}、C_{T_2} 分别表示在该湖泊的进出水时相应的时段电价;p_{j_1}、p_{j_2} 分别表示进水口和出水口的泵的功率;Y 表示所用的总费用;j 为目标闸坝的编号;i 是闸坝调度的总时段数;Y_i^j 是时段调水费用;γ 为水的重度,取 $10^4\ \text{N/m}^3$;Q 为泵站提水流量;h 为泵站工作扬程;η_1 和 η_2 分别为水泵及电机的效率。

根据武价商字【2006】134 号文件,武汉市非工业普通工业电价为 0.72 元/千瓦时。罗家路泵站设计扬程为 6.5~16 m,对应长江最高水位 27.642 m(相应的吴淞高程为 29.73 m)。4—8 月之间长江月最高水位平均值为 17.11~23.00 m(相应的吴淞高程为 19.20~25.08 m),水泵的常工作扬程为 6.5~8 m,效率为 80%以上。因此,设计大东湖调水于 7 月进行,取罗家路泵站固定扬程为 8 m,效率为 80%。北湖泵站设计净扬程为 7.75 m,最高净扬程为 9.37 m,在计算中取固定扬程 8 m,泵站和电机的工作效率为 80%;根据以上参数及公式,可计算大东湖调水运行的经济成本。

2. 约束条件

①湖泊水量平衡约束如式(6-21)所示:

$$v=v_0+v_{\text{flowin}}+v_{\text{pcp}}+v_{\text{d}}-v_{\text{flowout}}-v_{\text{evap}}-v_{\text{seep}}-v_{\text{use}} \tag{6-21}$$

②流量约束如式(6-22)所示:

$$Q_{\min}<Q<Q_{\max} \tag{6-22}$$

3. 模型求解

针对上述多目标调度模型,如何以最少的计算资源通过一次计算获得能覆盖整个可行调度空间、分布均匀、靠近真实 Pareto 前沿的调度方案集是算法追求的最终目标,其核心内容包括 Pareto 最优解搜索策略、非劣解集的维护和解的多样性保持技术等。本书提出的多目标混合粒子群算法(MOSPSO)是以混合蛙跳算法(SFLA)的分组-混合循环优化方式作为算法基本框架,通过将群体 P 排序并划分成 m 个族群(memeplex),对族群内个体采用 PSO 飞行策略进行调整,并周期性地对族群进行混合操作,以实现算法在可行域内的全面搜索。为提高算法的收敛性和非劣解集的多样性,在算法中引入外部精英集(archive)来保存当前搜索到的非劣解,并建立一种新的自适应小生境方法对精英集进行维护。算法的计算步骤如下。

步骤一：算法基本参数设置，构造外部精英集。

步骤二：随机初始化群体 P，并设置每个个体的初始飞行速度为 0。

步骤三：筛选群体中的非劣个体加入精英集。

步骤四：从 $g=1$ 到最大混合迭代次数(Gshuf)。

① 对群体进行排序并划分为 m 个族群；

② 采用 PSO 飞行调整策略指导族群内个体进化；

③ 将族群内个体重新混合组成新的群体；

④ 筛选群体中的非劣个体加入精英集中，更新精英集。

步骤五：计算结束，输出精英集作为计算结果。其中，非劣个体指的是群体中产生的 Pareto 最优解，也可称之非劣解或非支配个体，而群体中剩下的个体就是支配个体，即劣解。

借鉴以往的多目标算法，本书采用外部精英集来保存算法中搜索到的非劣解，并通过小生境技术对精英集进行维护：将每一代进化后群体中产生的非劣解加入精英集，并剔除其中的劣解；若精英集中的个体数超过精英集容量，则根据小生境技术来计算个体的适应度，删除适应度最小的部分个体，维持精英集的多样性。给出的适应度的计算方法为

$$F(i)=\frac{1}{\sum_{j=1}^{m}\mathrm{sh}(d_{ij})},\quad \mathrm{sh}(d_{ij})=\begin{cases}1-(d_{ij}/\sigma_{\mathrm{share}})^{\alpha}, & d_{ij}<\sigma_{\mathrm{share}}\\ 0, & d_{ij}\geqslant\sigma_{\mathrm{share}}\end{cases} \tag{6-23}$$

式(6-23)中：m 为精英集内非劣解数量；$F(i)$为个体 i 的适应度；$\mathrm{sh}(d_{ij})$为个体 i 和 j 的共享函数；d_{ij} 为它们之间目标向量的欧式距离 $d_{ij}=\|\boldsymbol{y}_i-\boldsymbol{y}_j\|$；$\alpha$ 为常数；σ_{share} 为小生境半径。

由式(6-23)可见，σ_{share} 对维护精英集的分布性起到了决定性作用，σ_{share} 选择过大或过小都会导致精英集个体分布不均，而 σ_{share} 的确定又极为困难。因此提出了一种自适应小生境半径计算方法，σ_{share} 随着算法的迭代过程自动进行调整，以使精英集内个体达到最好的分布效果。其计算公式为

$$\begin{cases}\sigma_{\mathrm{share}}=\begin{cases}C, & m=1\\ \dfrac{\sum_{i=1}^{m}d_i}{m}, & m\geqslant 2\end{cases}\\ d_i=\min\limits_{j\neq i}(\|\boldsymbol{F}_i(x)-\boldsymbol{F}_j(x)\|)\quad (i,j=1,2,\cdots,m)\end{cases} \tag{6-24}$$

式(6-24)中：m 表示当前精英集内个体数；C 为正常数，一般可设置为 1；d_i 表示精英集内个体 i 到其他个体的目标向量的欧式距离的最小值。该公式表示当精英集内个体数大于 1 时，小生境半径为精英集内个体间目标向量距离最小值的平均值。

在对族群进化划分之前，首先需要按个体适应值降序对群体进行排序。在单目标优化问题中，可以将目标函数值作为个体适应值，而对于多目标问题，由于支配关

系，各目标之间相互影响，相互制约，个体适应值无法简单地根据个体的目标值确定。为此，采用文献方法对群体进行排序。

首先确定整个群体中的非支配个体，并根据它们之间的聚集密度按降序排序。对于群体中剩下的支配个体，计算其与之距离最近的非支配个体的欧式距离，并按降序排序在非劣个体后。

排序后的个体序列为 $X=\{x[i];i=1,2,\cdots,p\}$，其中 $x[1]$和 $x[p]$分别为具有最好和最差适应值的个体。然后，将 X 根据公式(6-25)依次放入 m 个族群中，每个族群包含个体数为 $n=P/m$。

$$Y^k=\{y^k[j]\mid y^k[j]=x[k+m(j-1)];k=1,2,\cdots,m;j=1,2,\cdots,n\} \quad (6\text{-}25)$$

结合 PSO 个体的飞行调整策略，采用如下步骤重新定义适应于多目标问题的族群进化方式。

步骤一：令 $lg=1$，确定族群 k 中的最优和最劣个体 xb^k 和 xw^k 及全局最优个体 xg。其中，xb^k 和 xw^k 分别对应族群中的 $y^k[1]$和 $y^k[n]$，xg 从精英集中随机选取，以指导个体向着 Pareto 最优解方向进化。

步骤二：按照粒子群的飞行策略调整 xw^k 的飞行速度和位置，以 xb^k 代替个体自身历史最佳位置指导个体飞行，如式(6-26)、式(6-27)：

$$\text{new}v_{xw^k d}=w\times v_{xw^k d}+c_1\times r_1\times[xb_d^k-xw_d^k]+c_2\times r_2\times[xg_d-xw_d^k] \quad (6\text{-}26)$$

$$\text{new}xw_d^k=xw_d^k+\text{new}v_{xw^k d} \quad (6\text{-}27)$$

式中：w 为惯性因子；c_1、c_2 为学习因子；r_1、r_2 为$[0,1]$内的随机数。

步骤三：计算 newxw^k 的目标函数值，比较 newxw^k 与 $y^k[n]$之间的支配关系。

①如果 new$xw^k \succ y^k[n]$，则令 $y^k[n]=$newxw^k，并更新个体 $y^k[n]$的速度。

②如果 new$xw^k \prec y^k[n]$，则根据式(6-28)在 xg 周围随机生成 newxw^k，令 $y^k[n]$=newxw^k，并根据新位置确定 $y^k[n]$的飞行速度。

$$\text{new}xw_d^k=\lambda\cdot xg_d+(1-\lambda)\cdot \text{rand}\cdot(\overline{x_d}-\underline{x_d}) \quad (6\text{-}28)$$

式中：$\lambda\in[0,1]$，rand 为$[0,1]$内随机数，$\overline{x_d}$、$\underline{x_d}$ 表示变量上下限约束。

③如果既无 new$xw^k \sim y^k[n]$，则按 50%的概率令 $y^k[n]=$newxw^k，并更新个体 $y^k[n]$的速度，否则 $y^k[n]$及其飞行速度不变。

步骤四：按支配关系重新调整族群 k 内个体位置：从 $y^k[1]$开始，将新生成的 $y^k[n]$依次与 $y^k[j]$进行比较，如果 $y^k[n]\succ y^k[j]$，则将 $y^k[n]$插入到 $y^k[j]$位置，$y^k[j]$及其之后个体依次后移。

步骤五：$lg=lg+1$，重复步骤一至四，直到设定的族群内进化代数 $lg=Gmeme$。

6.3 大东湖水网调度效果分析与调度效果改善措施

本书以大东湖生态水网重建与湖泊水质改善的现有引水方案为基础，运用二维湖泊水动力水质模型，全面分析与总结了现有引水方案下湖泊水流运动模式与污染物时空变化规律；综合考虑大东湖水网整体与局部的水质改善效果，引出现有方案下调度措施的可优化之处；采用定性与定量相结合的研究方式，提出并证明了可有效提升水质改善效果的水网引水过程中的运行措施，为大东湖水网水质水量联合优化调度提供支持。

6.3.1　面向死水区水质改善的波动调水技术研究

1. 波动调水方案设计

大东湖水域湖岸曲折，港汊交错。33 km^2 的水域内，分布有 12 个湖泊，112 km 湖岸线，众多子湖被人工修建的堤坝公路所分隔，庙湖、菱角湖等子湖与郭郑湖的水体交换仅靠过流能力有限的人工闸门实现。由于湖泊地形的复杂性，在大东湖生态水网重建工程现有的引水方案下，极易出现水体流速过缓的相对死水区。在 19.15 m 的运行水位下，经过 5 天小循环、10 天中循环及 15 天大循环调水，庙湖、喻家湖及菱角湖等东湖子湖水体置换率偏低，水质改善程度有限，如图 6-51 所示。同时，以庙湖为代表的子湖水域处于人口相对密集区，湖体受污染情况严重，如表 6-43 所示，且这些水域对水质改善的需求也最为强烈。在不改变工程建设情况的前提下如何通过合理调度减少死水区，最大化地改善湖泊水质，成为需要解决的重大技术问题。

图 6-51　小、中、大循环后水体置换率分布图

表 6-43　东湖各子湖(区)2007 年水质情况(单位:mg/L)

湖泊名称	COD	TN	TP
水果湖	46.55	2.08	0.34
郭郑湖	42.25	0.69	0.28
后湖	30.12	1.43	0.15
团湖	20.24	0.57	0.15

续表

湖泊名称	COD	TN	TP
汤菱湖	30.36	0.43	0.20
庙湖	40.24	2.66	0.37
喻家湖	38.46	1.76	0.27
筲箕湖	32.19	1.55	1.38
天鹅湖	60.17	4.68	0.85
菱角湖	41.04	1.74	0.11

在目前的引水方案设计中，正常运行水位固定在19.15 m，总调水时间约60天，其中持续调水时间约30天。长时间的定水位运行将破坏湖泊在天然状态下的涨落规律，对大东湖水网现有生态系统不利。在大东湖水网调水过程中实现湖泊水位涨落，是保持大东湖水网生态系统健康的切实需求。

大东湖水网调度工程在排水泵站的设计中为满足防洪、排涝需求，排水泵站的最大排水能力远高于水网调度过程中一般情景下的排水能力需求，具体数值见表6-44。如何有效利用现有泵站资源实现优化调度，是此次研究的重要目标。

表6-44 泵站设计流量表

排水泵站	设计流量/(m^3/s)
罗家路泵站	85.0
北湖泵站	109.6

鉴于以上待解决问题与工程实际情况，提出了波动调水模式，即在整体调水过程中保持入流稳定，出流则周期性波动，出入流平均值保持相等，由此实现湖泊水位可控的周期性涨落，进一步提高湖泊水质改善程度。

2. 波动调水模式描述

在波动调水模式下，随着波动周期与波动幅度的不同，湖泊水位的涨落幅度与涨落速度随之发生变化。湖泊水位将由静态改变为动态，随着动态水位差的出现，原本处于主流场边缘的水体将可加快与主流场水体的交换过程，从而减少相对死水区面积。同时，原本仅通过闸孔与主湖体连通的子湖，在动态水位差的作用下，亦将加强与主湖体的水体交换能力。合理利用动态水位差实现原有死水区与主流场以及各子湖与主体湖泊间水体的有效交换是波动调水模式的核心思路。

在6.1.4节中已明确指出，湖泊运行水位越低，调水后的水质改善程度越大。为有效改善湖泊水质，在波动调水模式中，将首先加大排水流量降低湖泊水位，之后减小排水流量恢复湖泊水位至正常运行水位。

针对大东湖水网的实际情况及现有调水方案策略，可在中循环阶段采用波动调水模式：青山港进水闸引水流量为 30 m^3/s、曾家巷进水闸引水流量为 10 m^3/s，共计 40 m^3/s，连续引流；新沟渠出水流量以 48 小时为一周期，前 24 小时排水流量加大，后 24 小时排水流量减小。

新沟渠最大排水能力为 85 m^3/s，则在波动调水模式下，24 小时内东湖最大净出水量为 388.8×10^4 m^3；在停止排水的情况下，24 小时内东湖最大进水量为 207.26×10^4 m^3。参照表 6-45 可知，在起始水位为 19.15 m 的情况下，以最大排水能力出水 24 小时后，湖泊平均水位不低于 19.00 m；以最大引水能力引水 24 小时后，湖泊平均水位不高于 19.30 m。即在波动调水模式的极端情景下，湖泊水位变幅未超出可控范围。

表 6-45 东湖水位容积关系表

东湖水位/m	湖泊容积/(10^4 m^3)
19.50	6779.5
19.15	5699.9
19.00	5237.3

3. 数值模拟

本次数值模拟试验，以小循环、中循环、大循环调水方案为基础，选择湖泊水体置换率为改善指标，利用二维湖泊水动力水质模型，进行波动调水模式对比试验，通过定性与定量相结合的研究方式系统分析不同波动幅度下的水质改善效果。

调水路线选择为中循环路线（参照 6.1.3 节），即青山港进水闸、曾家巷进水闸同时引水，排水泵站则仅使用罗家路泵站；调水时长总计 20 天；波动周期为 48 小时，即每 24 小时变换一次排水流量；常规中循环调水过程中罗家路泵站排水流量为 40 m^3/s。由于新沟渠至罗家路泵站最大过流能力为 85 m^3/s，故在对比试验中，加大后的排水流量可取为 50 m^3/s、60 m^3/s、70 m^3/s、80 m^3/s，相对应减小后的排水流量则为 30 m^3/s、20 m^3/s、10 m^3/s、0 m^3/s。由于完全停止排水不利于排水泵站的持久运行，故在本次模拟试验中设计的三种波动调水方案（即方案一、二、三）与原方案（即方案四）进行数值模拟对比试验，四组方案的详细数值信息见表 6-46，下文中将使用表中所示名称指代相应方案。

表 6-46 四组方案排水流量统计表（单位：m^3/s）

时间	方案一	方案二	方案三	方案四
1 天	40	50	60	70
2 天	40	30	20	10
3 天	40	50	60	70
4 天	40	30	20	10

续表

时间	方案一	方案二	方案三	方案四
5 天	40	50	60	70
6 天	40	30	20	10
7 天	40	50	60	70
8 天	40	30	20	10
9 天	40	50	60	70
10 天	40	30	20	10
11 天	40	50	60	70
12 天	40	30	20	10
13 天	40	50	60	70
14 天	40	30	20	10
15 天	40	50	60	70
16 天	40	30	20	10
17 天	40	50	60	70
18 天	40	30	20	10
19 天	40	50	60	70
20 天	40	30	20	10

4. 结果分析

在中循环调水路线下，主要改善东湖水质，在本次试验中选择东湖水体平均置换率作为方案评价指标，用以比较各方案调水效果。未引水情况下，湖泊水体置换率即为 0；湖泊水体被完全置换后，置换率即为 1。

选择 5 天、10 天、15 天及 20 天结束时刻水体置换率代表各方案内置换率变化过程。四组方案下在所选时刻的东湖平均置换率结果如表 6-47 所示，相应时刻东湖水体置换效果见图 6-52～图 6-67。

表 6-47 各方案东湖平均置换率

时间	方案一	方案二	方案三	方案四
5 天	0.12	0.12	0.13	0.13
10 天	0.21	0.21	0.21	0.21
15 天	0.27	0.27	0.27	0.28
20 天	0.30	0.31	0.31	0.32

图 6-52　方案一：调水 5 天的水体置换率分布图

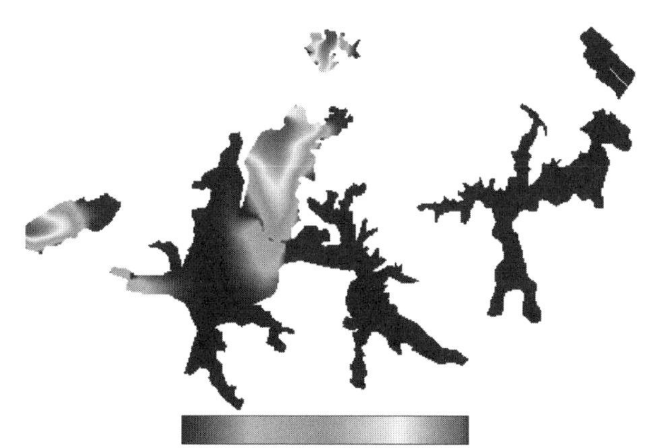

图 6-53　方案二：调水 5 天的水体置换率分布图

图 6-54　方案三：调水 5 天的水体置换率分布图

图 6-55 方案四:调水 5 天的水体置换率分布图

在中循环进行 5 天后,各方案中通过青山港进水闸所引入江水的影响范围仍限于汤菱湖,并开始逐渐进入郭郑湖水域,汤菱湖水体置换率平均值均已超过 0.5。由于汤菱湖水域较为开阔且湖岸线相对平整,四组方案下湖泊水体置换率分布情况差别不明显,仅在方案一与方案四直接对比时可见方案四中影响范围略大。

中循环进行 10 天后,青山港进水闸所引江水影响范围已扩展至郭郑湖,郭郑湖东部区域水体置换率已达 0.5。郭郑湖与后湖由人工修筑的带闸孔堤坝所分隔,在图 6-56(方案一)中可见两子湖水域明显分界线,此分界线即为堤坝。分界线左侧郭郑湖水域置换率已达 0.5,分界线右侧后湖水域置换率依旧接近于 0。而在图 6-57～图 6-59 中,后湖水域水体置换率逐渐提高,所引江水的影响范围已通过闸孔顺利扩展至堤坝另一侧,且方案二至方案四影响区域逐渐增多。

图 6-56 方案一:调水 10 天的水体置换率分布图

图 6-57　方案二:调水 10 天的水体置换率分布图

图 6-58　方案三:调水 10 天的水体置换率分布图

图 6-59　方案四:调水 10 天的水体置换率分布图

中循环进行 15 天后，四组方案间水体置换率效果已出现明显差别。在汤菱湖水域，方案一至方案四水体置换率依次升高(见图 6-60 至图 6-63)。但同时，四组方案下后湖水域水体置换率均接近于 0，与郭郑湖水域对比明显，且明显低于中循环 10 天后该水域水体置换率值。此现象的发生由波动调水模式的自身特点所决定，在波动调水模式中，排水流量周期性改变，湖泊水位随之发生周期性涨落，在第 15 天，方案一至方案四的排水流量依次为 40 m^3/s、50 m^3/s、60 m^3/s 和 70 m^3/s，故第 15 天郭郑湖水位处在下降阶段，在水位差的作用下，后湖水体逐渐回流至郭郑湖，因此在第 15 天结束时，四组方案下后湖水域的湖泊水位不同，但水体置换率较为接近。

图 6-60　方案一：调水 15 天的水体置换率分布图

图 6-61　方案二：调水 15 天的水体置换率分布图

中循环 20 天后，四组方案间差别继续扩大，方案一至方案四中，被堤坝所分隔的后湖水域水体置换率呈明显不同，波动幅度为 0 的方案一中，该区域基本未获得改善，而在波动幅度最大的方案四中，该区域水体置换率改变明显(见图 6-64 至图6-67)。随着

图 6-62　方案三：调水 15 天的水体置换率分布图

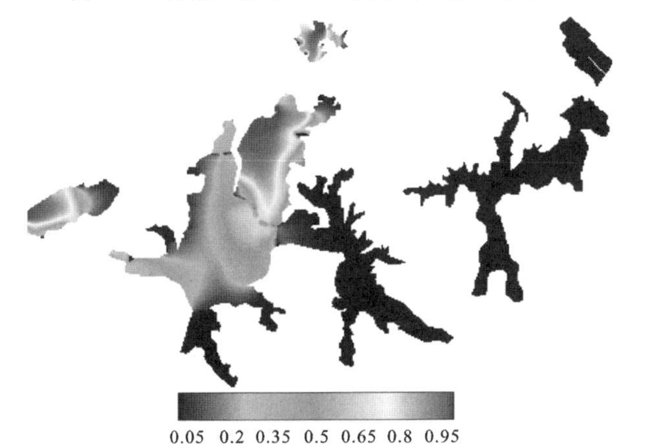

图 6-63　方案四：调水 15 天的水体置换率分布图

图 6-64　方案一：调水 20 天的水体置换率分布图

图 6-65 方案二:调水 20 天的水体置换率分布图

图 6-66 方案三:调水 20 天的水体置换率分布图

图 6-67 方案四:调水 20 天的水体置换率分布图

波动幅度的提高，引入新水所带来的水质改善影响范围逐步扩大，特别是对堤坝闸孔的穿透能力明显提高，东湖平均水体置换率亦由0.30提升至0.32。所以，方案一至方案四依次更优，即波动调水模式较原有方案能获得更优的湖泊水质改善效果。

在波动调水模式下，各方案总引水量相同，水质改善效果不同。方案间结果差别主要体现在对原有湖泊相对死水区的改善。随着波动调水模式中出流波幅的加大，湖面所形成动态水位差随之加大，在其作用下，处于堤坝闸孔两侧的水体交换速度加快、水量交换增多，具体表现为堤坝闸孔后水域水体置换率的提高，同时，湖泊水位的每一次涨落均可带来更高效的水体置换效果，涨落次数越多，置换效果越好，引水方案的整体影响范围越大。

在不改变工程原有设施、不增加工程运营成本的情况下，波动调水模式可有效提高湖泊水质改善效果，有效解决人工堤坝与复杂地形所带来的相对死水区问题，在工程实际运营中，建议在中循环、大循环中均采用波动调水模式。

6.3.2 不同引水流量分配方案对大东湖水网调度效果的影响分析

为加强对北湖水系的水质改善，均衡大循环对东沙湖水系与北湖水系水质的改善程度，本次实验对新沟渠和九峰渠进行了流量分配对比模拟，分析不同的引水流量分配对大东湖水系各子湖泊水质指标的影响程度，以期对工程实际做出指导。

1. 方案设计

新沟渠和九峰渠的设计流量分别为85 m^3/s和30 m^3/s，青山港和曾家巷合计引水40 m^3/s。平均分配引水流量，初始设计新沟渠和九峰渠排水流量均为20 m^3/s，共40 m^3/s。在此基础上，九峰渠阶梯改变排水流量，再以总排水流量为约束，得到四个引水流量分配方案，如表6-48所示。

表6-48 大东湖生态水网引水流量分配方案设计(单位：m^3/s)

方案	引水		排水	
	青山港	曾家巷	新沟渠	九峰渠
方案一	30	10	25	15
方案二			20	20
方案三			15	25
方案四			10	30

2. 各方案调度结果间对比分析

各湖泊初始水质及引调水数值模拟研究结果间对比如表6-49所示。可以看出，东沙湖水系的三项水质指标得到较大程度改善，但各方案间结果差别不大。虽然严西湖与北湖的结果不如沙湖、东湖和严西湖改善程度明显，但指标浓度显示各方案调度结果有所不同：对于 COD 和 TN，其浓度在严西湖和北湖中从方案一到方案四递减，改善程度逐渐增加；对于 TP，其浓度在严西湖中基本不随方案变化，而在北湖中从方案一到方案四递增，这是因为严西湖和北湖的初始 TP 浓度分别为 0.2 m^3/s 和 0.12 m^3/s，调水是从严西湖（在水动力作用下）进入 TP 浓度相对较低的北湖，造成北湖 TP 浓度上升，九峰渠流量越大，下降效果就越明显。所以在严西湖 TP 浓度尚未降到比北湖 TP 浓度低之前，北湖 TP 浓度将逐渐增加，从上升到降低的拐点有待更长时间的调水才能出现。

表 6-49 不同引水流量分配方案水质模拟结果(单位:mg/L)

湖泊水质		初始浓度	方案一	方案二	方案三	方案四
COD	沙湖	50.00	20.51	20.37	20.5	20.38
	东湖	24.00	19.66	19.66	19.66	19.56
	杨春湖	26.00	10.48	10.48	10.48	10.48
	严西湖	34.00	30.80	29.42	28.72	27.75
	北湖	32.00	32.99	32.65	32.15	31.13
TN	沙湖	6.11	2.73	2.71	2.73	2.72
	东湖	2.32	2.16	2.15	2.16	2.16
	杨春湖	1.14	1.00	1.00	1.00	1.00
	严西湖	3.82	3.39	3.21	3.13	3.02
	北湖	3.81	3.92	3.87	3.77	3.60
TP	沙湖	0.23	0.12	0.12	0.12	0.12
	东湖	0.20	0.16	0.16	0.16	0.160
	杨春湖	0.09	0.07	0.07	0.07	0.07
	严西湖	0.20	0.20	0.20	0.195	0.19
	北湖	0.12	0.17	0.17	0.18	0.19

3. 各方案调度结果与初始对比分析

四种引水流量分配方案下水质改善效果，与初始浓度比较的统计结果如表 6-50～表 6-52 所示。东沙湖水系的水质改善结果对方案变化不敏感。由于杨春湖和沙湖距离引水口较近，它们的改善效果较东湖更为显著；总体上东沙湖水系水质改善程度优于北湖水系。对于北湖水系，从方案一到方案四，严西湖的三项水质指标均随方案变化得到更好的改善，尤其方案四分别提高了 18.4%、20.9%和 4.5%；但是，从北湖改善效果统计来看，方案一和方案二的调度结果使得北湖的三项水质指标改善效果统计出现负值，表现出不同程度的水质恶化，方案三也使 COD 和 TP 指标不仅没有改善反而恶化；在 30 天调度时间条件下，方案一、方案二和方案三对北湖的改善效果不尽如人意，不能满足工程需求。

表 6-50 四种引水流量分配方案 COD 改善效果统计表(单位:%)

湖泊名称	方案一	方案二	方案三	方案四
沙湖	58.99	59.25	59.00	59.24
东湖	18.09	18.10	18.10	18.50
杨春湖	59.70	59.70	59.70	59.70
严西湖	9.42	13.46	15.52	18.39
北湖	−3.09	−2.04	−0.48	2.71

表 6-51 四种引水流量分配方案 TN 改善效果统计表(单位:%)

湖泊名称	方案一	方案二	方案三	方案四
沙湖	55.32	55.58	55.32	55.56
东湖	6.98	7.16	7.07	7.11
杨春湖	12.72	12.72	12.72	12.72
严西湖	11.18	15.89	18.01	20.92
北湖	−2.89	−1.52	1.18	5.54

表 6-52 四种引水流量分配方案 TP 改善效果统计表(单位:%)

湖泊名称	方案一	方案二	方案三	方案四
沙湖	47.56	47.56	47.56	47.56
东湖	18.37	18.37	18.37	18.88
杨春湖	22.35	22.35	22.35	22.35
严西湖	0.00	1.50	2.50	4.50
北湖	−35.25	−38.52	−49.18	−52.46

四个方案对北湖的改善效果如图 6-68～图 6-70 所示，其中方案四中 COD 和 TN 两项指标都较初始情况有所改善，调度效率与趋势都优于前三个方案。虽然 TP 指标结果劣于前三个方案，但结合方案四在 COD 和 TN 随时间变化的曲线特点及其在 TP 的曲线斜率看，北湖 TP 浓度下降的拐点出现时间将较早，即如果延长调水时长，方案四将能更早出现北湖 TP 浓度下降的现象。

五个湖泊的平均改善效果如表 6-53 所示，方案四的 COD 与 TN 改善程度与方案一相比分别提高了 3.1%和 3.7%，TP 改善程度低于方案一 2.5%。综合来看，方案四最有利于大东湖水网调度的整体效果改善。

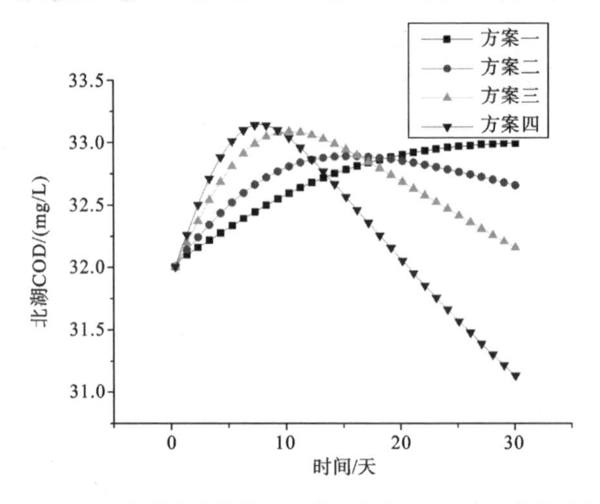

图 6-68 四种引水流量分配方案下北湖 COD 浓度变化过程

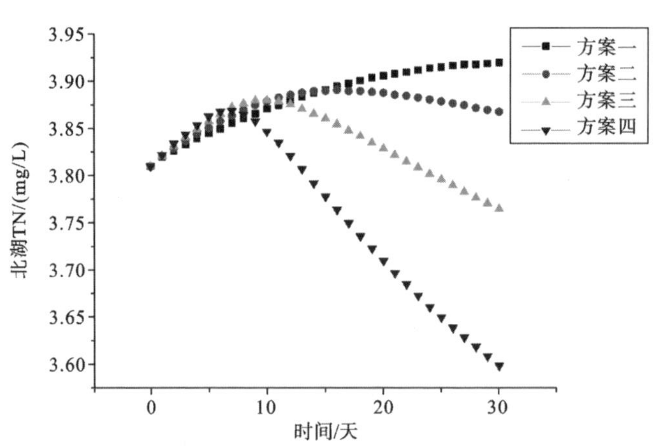

图 6-69 四种引水流量分配方案下北湖 TN 浓度变化过程

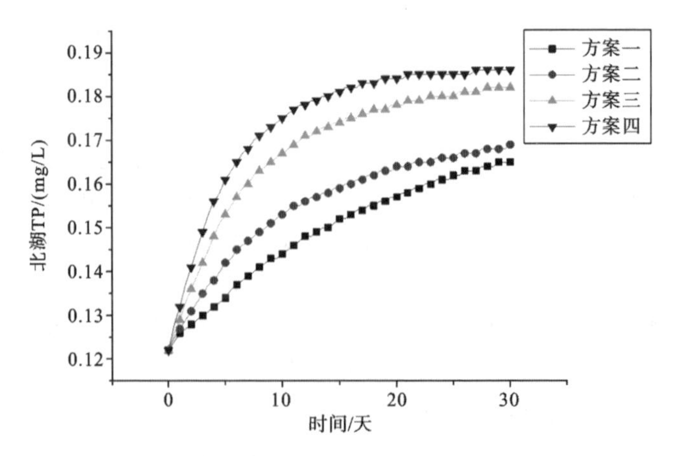

图 6-70 四种引水流量分配方案下北湖 TP 浓度变化过程

表 6-53　五个湖泊平均改善效果(单位:%)

水质指标	方案一	方案二	方案三	方案四
COD	28.62	29.69	30.37	31.71
TN	16.66	17.96	18.86	20.37
TP	10.61	10.25	8.32	8.17

4. 各方案置水率比较分析

大东湖水网调度为引长江水置换湖泊水,置换率主要指长江水置换湖泊水的比率,设置大东湖水体和长江水体为不同的初始颜色,通过 30 天的水动力学置换率模拟计算,比较“大东湖”各个部分颜色变化,分析长江水深入湖泊与湖泊水交换的程度与分布状况,结果如图 6-71～图 6-74 所示。

图 6-71　方案一的置换效果分布图

图 6-72　方案二的置换效果分布图

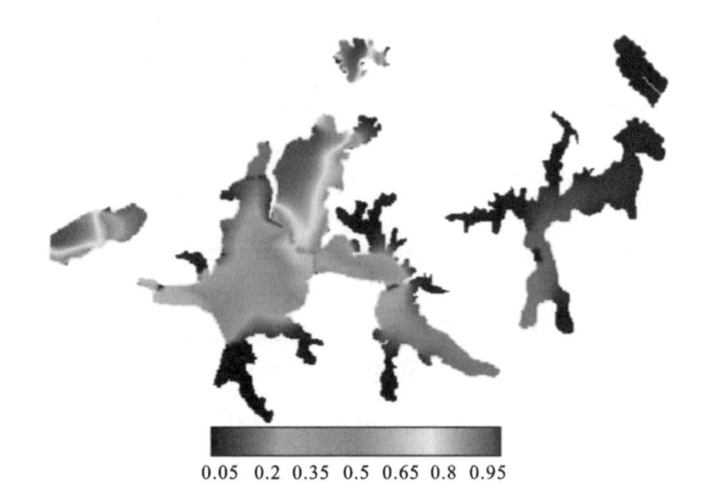

图 6-73 方案三的置换效果分布图

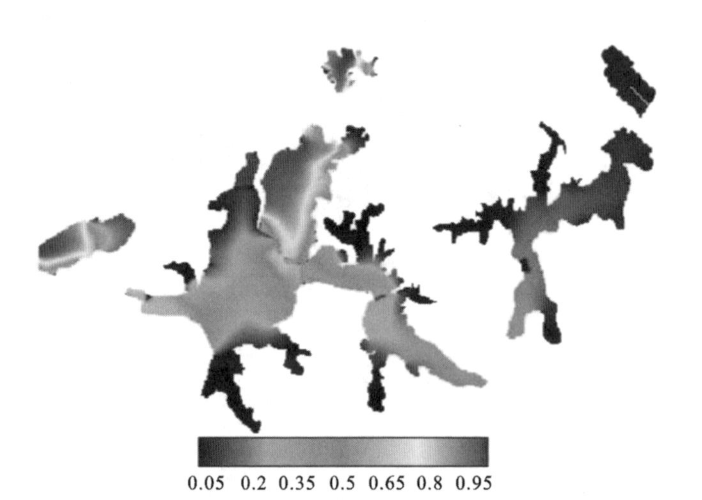

图 6-74 方案四的置换效果分布图

图中青山港和曾家巷引水口附近置换率最大，呈现红色，杨春湖、沙湖和东湖水体得到有效更新。由于各方案中新沟渠和九峰渠流量分配的不同，受之影响的东湖西部与严西湖随之变化，方案一中东湖受新沟渠影响的颜色为 0.5 左右的面积，比其他三个方案大，置换率较高；而方案四中，东湖东部与严西湖颜色为 0.3 左右的面积，较其他方案更大，水体置换更多，北湖的颜色值虽然变化微小，但在方案四中也最大，效果最好。整体上讲，大循环对“大东湖”西部置换效果更佳，为兼顾东部严西湖和北湖，选择方案四即新沟渠 10 m^3/s、九峰渠 30 m^3/s 更合适。

5. 各方案滞水区面积比较

大东湖水网调度过程中，某些区域水体流速慢、置换率低，得不到有效更新，水质无法改善。当区域流速低于临界域值时，视为滞水区。利用水动力学模拟各区域水体流速，比较各方案滞水区面积如表6-54所示。在两个阈值下，方案四滞水区面积都最小，且分别低于方案一6%和5%，更多水域水体可得到流动更新，因此方案四最优。

表6-54 各方案滞水区面积统计结果

临界域值/(m/s)	方案一/m^3	方案二/m^3	方案三/m^3	方案四/m^3
0.001	12050000	11650000	11362500	11347500
0.0005	6927500	6790000	6702500	6602500

综上所述，方案四在没有削弱东沙湖水系整体改善效果的基础上，提高了北湖水系水质改善效果，推荐方案四较为合适。

参考文献

[1] 田勇. 湖泊三维水动力水质模型研究与应用[D]. 武汉：华中科技大学，2012.
[2] 王燕生. 工程水文学[M]. 北京：水利电力出版社，1992.
[3] Slutsky A H, Yen B C. A macro-scale natural hydrologic cycle water availability model[J]. Journal of Hydrology, 1997, 201(1-4): 329-347.
[4] 王学立. 东湖生态水网工程调度模型及其应用研究[D]. 武汉：华中科技大学，2008.
[5] 周建中，李英海，肖舸，等. 基于混合粒子群算法的梯级水电站多目标优化调度[J]. 水利学报，2010，41(10)：1212-1219.

第7章　湖泊生态水网调度综合评价

大东湖生态水网调度不仅可以最大限度地改善城市湖泊水环境，保障饮水安全，还可为水体污染物控制和生态系统修复等提供有力的决策支持。然而，在生态约束和引水经济费用限制条件下，大东湖生态水网调度存在高维度、非线性强、目标耦合困难等问题，导致决策因子的确定和调度方案集的排序优选极为困难。同时，由于大东湖湖泊群流场时空演化规律极其复杂，表面风应力、地球自转柯氏力、降雨和引水路径等多种水动力学边界特性解析困难，不足以反映生态因子与水文过程、引水调度及其组合情景模式时空效应的耦合机理下湖泊群的生态学响应过程和动力机制，流域水文、气象、水生态、水环境也受到诸多不确定因素的影响。因此，研究不确定条件下兼顾生态和经济性的调度方案优劣排序方法，是大东湖水网调度面临的一个重要问题。

随着人类社会的进步、科学技术的发展，简单依赖经验决策已无法满足日益复杂的决策需求，经验决策向科学决策的转变趋势已日益突现，已逐渐演变成一种完备的、系统化的决策理论。学术界于20世纪80年代初对多属性决策达成共识并形成规范。多属性决策问题是评价、选择问题，决策者通过分析现有决策数据和样本信息，对有限个已知方案的综合评价和排序。一般而言，多属性决策过程可简单理解为：给定一组备选方案，每个方案都由多个属性来表达现有状态。决策工作需要依据不同的评价准则，对备选方案进行综合评价排序，找出最好方案和最差方案。因此，完整的多属性决策过程由决策目标、属性、决策者、偏好信息、指标权重和备选方案六个要素构成。多属性决策分析要经过决策矩阵建立、递归层次结构构建、属性值归一化处理、指标权重确定、综合属性效用值计算、备选方案排序等步骤。由于不同领域的多属性决策问题存在各属性之间的不可公度性和矛盾性，多属性决策问题中最佳方案的求解变得异常复杂。由于多属性决策问题往往无法得到最优解，目前研究的方向是在备选方案中找出偏优解或非劣解，对备选方案的优劣做一个综合评价排序，得到各个方案的相对优劣程度解。

在大东湖生态水网调度研究中，面向湖泊群水质改善的综合评价属于多目标、多层次、多阶段、不确定和信息不完备的复杂决策过程。由于面临时刻的湖泊群水情、雨情、工情和水质改善侧重点各异，以及决策者的知识经验、偏好、决策层次的差异，导致大东湖生态水网调度决策易于偏离实际工程需求。为此，本章首先针对大东湖水网调度方案集综合评价的理论瓶颈，建立了面向湖泊群生态水网调度的多属性决策优选方法，通过引入模糊数[1]、区间数及逼近理想解法等相关理论发展了基于生态水网调度多属性决策与对策的理论与方法。同时，深入分析并探究了水质水量调度评价指标体系的模糊性和不确定性，结合模糊理论[2]、投影寻踪原理[3~5]及高效求解算法研究了水质改善的多级模糊综合评判模型，提出了基于模糊聚类迭代的水质改善程度多级评判方法，建立了基于投影寻踪先进理论的水质改善程度关联性评价模型，解析了调度方案集与实际水质改善效果的耦合关系，解决了大东湖生态水网调度的复杂优化决策问题，具有很强的普适性和应用价值。

7.1　湖泊生态水网调度多属性决策优选及评价理论

7.1.1　基于模糊层次分析法的指标权重计算

传统层次分析法(AHP)进行评价指标权重计算时，采用的判断矩阵通常为“1～9”比较标度法，但其不能确切地描述人类实际思维中判断选择、定性定量、偏好综合的复杂过程。为了准确地反映决策专家思维过程的不确定性和模糊性，使判断矩阵的模糊决策过程更符合实际情况，将属性区间识别理论(TrFN)[6]来改进 AHP 标度等级，并邀请多位决策专家进行综合判定，最终客观、合理地确定指标的权重。首先，给出梯形模糊数的基本概念[7]。

定义 7-1　设梯形模糊数 $\widetilde{A}=(a_1,a_2,a_3,a_4)$，其中 $a_1\leqslant a_2\leqslant a_3\leqslant a_4$，其隶属函数 $\mu_{\widetilde{A}}(x)$ 为

$$\mu_{\widetilde{A}}(x)=\begin{cases}0, & x<a_1\\ \dfrac{x-a_1}{a_2-a_1}, & a_1\leqslant x\leqslant a_2\\ 1, & a_2\leqslant x\leqslant a_3\\ \dfrac{a_4-x}{a_4-a_3}, & a_3\leqslant x\leqslant a_4\\ 0, & x>a_4\end{cases}\tag{7-1}$$

式中：闭区间$[a_2,a_3]$称为 $\widetilde{A}$ 的中值，a_1 和 a_4 分别为 $\widetilde{A}$ 所支撑的上界和下界。隶属函数 $\mu_{\widetilde{A}}(x)$的图形如图 7-1 所示。

显然，当 $a_1=a_2=a_3=a_4$ 时，$\widetilde{A}$ 退化为一个实数值；当 $a_1=a_2$ 且 $a_3=a_4$ 时，$\widetilde{A}$ 退化为一个区间；当 $a_1<a_2=a_3<a_4$ 时，$\widetilde{A}$ 转化为一个三角模糊数。梯形模糊数能直观地表达各种数学意义，在概念和计算上都比较简单，成为现在比较常用的模糊数表达方式。因此，为了简便起见且不失一般性，本章的模糊数都为梯形模糊数。

定义 7-2　设有正实数表达的梯形模糊数 $\widetilde{A}=(a_1,a_2,a_3,a_4)$和 $\widetilde{B}=(b_1,b_2,b_3,$

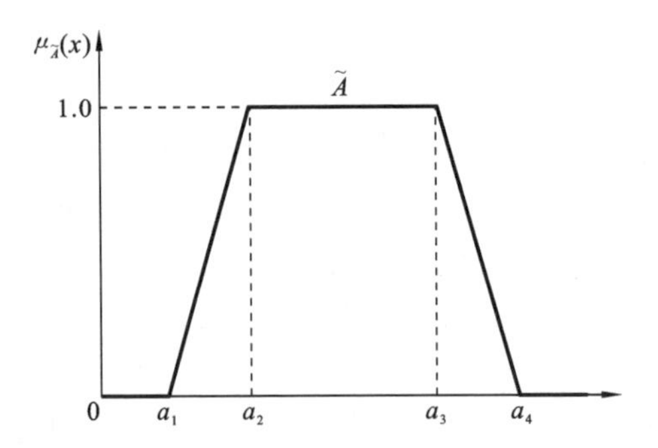

图 7-1 梯形模糊数 $\widetilde{A}=(a_1,a_2,a_3,a_4)$的隶属函数

b_4)，即 $0\leqslant a_1\leqslant a_2\leqslant a_3\leqslant a_4$，$0\leqslant b_1\leqslant b_2\leqslant b_3\leqslant b_4$，$r$ 为任意一个正实数，则 $\widetilde{A}$ 和 $\widetilde{B}$ 的基本运算规则如表 7-1 所示。

表 7-1 两梯形模糊数 $\widetilde{A}$ 和 $\widetilde{B}$ 的基本运算规则

运算符	表达式
加	$\widetilde{A}\oplus\widetilde{B}=(a_1+b_1,a_2+b_2,a_3+b_3,a_4+b_4)$
减	$\widetilde{A}$! $\widetilde{B}=(a_1-b_4,a_2-b_2,a_3-b_3,a_4-b_1)$
乘	$\widetilde{A}\otimes\widetilde{B}=(a_1b_1,a_2b_2,a_3b_3,a_4b_4)$
	$r\cdot\widetilde{A}=(r\cdot a_1,r\cdot a_2,r\cdot a_3,r\cdot a_4)$
除	$\widetilde{A}\varnothing\widetilde{B}=(a_1/b_4,a_2/b_3,a_3/b_2,a_4/b_1)$
	$\widetilde{A}/r=(a_1/r,a_2/r,a_3/r,a_4/r)$
	$r/\widetilde{A}=(r/a_4,r/a_3,r/a_2,r/a_1)$
反	$\widetilde{A}^{-1}=(1/a_4,1/a_3,1/a_2,1/a_1)$

定义 7-3 设梯形模糊数 $\widetilde{A}=(a_1,a_2,a_3,a_4)$，则 $\widetilde{A}$ 的模糊期望值计算公式为

$$v(\widetilde{A})=\frac{a_1+a_2+a_3+a_4}{4} \tag{7-2}$$

定义 7-4 梯形重心最能代表梯形模糊数的特征。设梯形模糊数 $\widetilde{A}=(a_1,a_2,a_3,a_4)$，其重心计算公式为

$$c(\widetilde{A})=\frac{(a_3^2+a_3a_4+a_4^2)-(a_1^2+a_1a_2+a_2^2)}{3(a_3+a_4-a_1-a_2)} \tag{7-3}$$

根据表 7-2 中采用的梯形模糊数及其重心计算公式(7-3)可以推导出梯形模糊数的重心 $c(\widetilde{A})\in[a_2,a_3]$。

定理 7-1 对于梯形模糊判断矩阵 $\boldsymbol{C}=[\widetilde{A}_{ij}]_{m\times m}$，这里 $\widetilde{A}_{ij}=(a_{ij},b_{ij},c_{ij},d_{ij})$为梯形模糊数，如果对所有的 $i,j(i,j=1,2,\cdots,m)$，存在实数 $b_{ij}\leqslant\theta_{ij}\leqslant c_{ij}$ 使简约矩阵 $\boldsymbol{\theta}=[\theta_{ij}]_{m\times m}$是一致性判断矩阵，则梯形模糊判断矩阵 $\boldsymbol{C}$ 是一致性模糊判断矩阵[6,8]。

因此，根据定理 7-1，在一致性判断时计算梯形模糊数的重心，将 $\boldsymbol{C}$ 转化为实数表述的简约矩阵 $\boldsymbol{\theta}$，只要 $\boldsymbol{\theta}$ 符合一致性要求，就可以认为 $\boldsymbol{C}$ 也是一致的。否则需要进

行一致性的调整，或者让决策者重新给出判断矩阵。

在定义7-1～定义7-4及定理7-1的基础上，TrFN-AHP的详细计算步骤如下。

步骤一：对属性进行相对重要性程度比较，构造梯形模糊数判断矩阵。将传统AHP的标度等级[9]结合表7-2的梯形模糊数来反映，用表7-3所示的新的标度等级来构建梯形模糊数判断矩阵。邀请D位决策专家进行打分评估，考虑到专家评价的主观、模糊和不确定性，以表7-2中的梯形模糊数反映决策者的主观偏好，记第k位专家的梯形模糊数判断矩阵为$\boldsymbol{C}^k=[\widetilde{A}_{ij}^k]_{m\times m}$，这里$\widetilde{A}_{ij}^k$是第$k$位专家给出的$i$属性相对于$j$属性的重要性程度。

表7-2 梯形模糊数及其隶属度函数[10]

梯形模糊数	隶属度函数
$\widetilde{1}$	(1,1,3/2,2)
$\widetilde{x}$	$(x-1,x-1/2,x+1/2,x+1)$，$x=2,3,\cdots,8$
$\widetilde{9}$	(8,17/2,9,9)

表7-3 改进的判断矩阵标度等级及其赋值

元素x_i与x_j重要性比较	传统r_{ij}赋值	改进r_{ij}赋值
同等重要	1	$1'=\widetilde{5}/\widetilde{5}=(1,1,1,1)$
稍微重要	3	$3'=\widetilde{6}/\widetilde{4}=(1,11/9,13/7,7/3)$
明显重要	5	$5'=\widetilde{7}/\widetilde{3}=(1.5,13/7,3,4)$
强烈重要	7	$7'=\widetilde{8}/\widetilde{2}=(7/3,3,17/3,9)$
极端重要	9	$9'=\widetilde{9}/\widetilde{1}=(4,17/3,9,9)$

注：(2,4,6,8)和(2′,4′,6′,8′)表示重要程度在相邻两个等级之间。

步骤二：利用梯形模糊数进行判断矩阵一致性的检验。根据定理7-1，对第k位专家的梯形模糊数判断矩阵$\boldsymbol{C}^k$的简约矩阵$\boldsymbol{\theta}^k=[\theta_{ij}^k]_{m\times m}$进行一致性检验。一致性指标CI和一致性比例CR计算公式分别如下：

$$\mathrm{CI}=\frac{\lambda_{\max}-m}{m-1} \tag{7-4}$$

$$\mathrm{CR}=\frac{\mathrm{CI}}{\mathrm{RI}} \tag{7-5}$$

式中：m是指标数目（也即判断矩阵的阶数），$\lambda_{\max}$是$\boldsymbol{\theta}^k$的最大特征根，RI为随机一致性指标，其值与简约矩阵阶次有关，如表7-4所示。

表7-4 随机一致性指标赋值表

m	3	4	5	6	7	8	9	10	11	12	13
RI	0.58	0.90	1.12	1.24	1.32	1.41	1.45	1.49	1.51	1.48	1.56

当 CR 满足如下条件时，矩阵通过一致性检验：

①当矩阵行列数为 3 时，CR≤0.05；

②当矩阵行列数为 4 时，CR≤0.08；

③当矩阵行列数超过 4 时，CR≤0.1。

若简约矩阵 $\boldsymbol{\theta}^k$ 没有满足一致性检验要求，则需要第 k 位专家重新进行打分，直至具有满意的一致性为止。

步骤三：确定综合梯形模糊数判断矩阵。当所有专家给定的判断矩阵通过一致性检验后，假设各专家本身重要程度平等，根据梯形模糊数的运算规则，综合 D 位决策专家评分意见得到梯形模糊数判断矩阵：

$$\boldsymbol{C}=[\widetilde{A}_{ij}]_{m\times m}=\frac{1}{D}(\boldsymbol{C}^1+\boldsymbol{C}^2+\cdots+\boldsymbol{C}^D)=\left[\frac{1}{D}(\widetilde{A}_{ij}^1+\widetilde{A}_{ij}^2+\cdots+\widetilde{A}_{ij}^D)\right]_{m\times m} \tag{7-6}$$

式中：$\widetilde{A}_{ij}=(a_{ij},b_{ij},c_{ij},d_{ij})$ 为属性 i 和 j 的综合相对重要性程度比较。同样的，也用式(7-4)和式(7-5)对 $\boldsymbol{C}$ 的简约矩阵 $\boldsymbol{\theta}$ 进行一致性检验。

步骤四：计算梯形模糊数权重。根据几何平均法计算权重 $\tilde{\omega}_j=(\omega_{j1},\omega_{j2},\omega_{j3},\omega_{j4})$：

$$\begin{cases}\tilde{\omega}_j=(\omega_{j1},\omega_{j2},\omega_{j3},\omega_{j4})=(a_i/d,b_i/c,c_i/b,d_i/a)\\ a_i=\left(\prod_{j=1}^{m}a_{ij}\right)^{1/m},\ b_i=\left(\prod_{j=1}^{m}b_{ij}\right)^{1/m},\ c_i=\left(\prod_{j=1}^{m}c_{ij}\right)^{1/m},\ d_i=\left(\prod_{j=1}^{m}d_{ij}\right)^{1/m}\\ a=\sum_{i=1}^{m}a_i,b=\sum_{i=1}^{m}b_i,c=\sum_{i=1}^{m}c_i,d=\sum_{i=1}^{m}d_i\end{cases} \tag{7-7}$$

步骤五：归一化确定评价指标权重。根据模糊期望值计算公式，得到各指标的模糊评价期望为

$$\omega'_j=\frac{\omega_{j1}+\omega_{j2}+\omega_{j3}+\omega_{j4}}{4},\quad j=1,2,\cdots,m \tag{7-8}$$

最后进行归一化处理，可得到各指标的权重：

$$\omega_j=\omega'_j\Big/\sum_{j=1}^{m}\omega'_j,\quad j=1,2,\cdots,m \tag{7-9}$$

因此，TrNP-AHP 确定评价指标权重的流程如图 7-2 所示。

在大东湖生态水网调度水质改善程度综合评价中，综合考虑各个湖泊水质因素的重要性程度，构建了沙湖、东湖、杨春湖、严西湖和北湖综合改善程度的判断矩阵：

$$\boldsymbol{C}_1=\begin{bmatrix}1' & (2')^{-1} & 5' & 2' & 4'\\ 2' & 1' & 8' & 3' & 5'\\ (5')^{-1} & (8')^{-1} & 1' & (2')^{-1} & (3')^{-1}\\ (2')^{-1} & (3')^{-1} & 2' & 1' & 2'\\ (4')^{-1} & (3')^{-1} & 3' & (2')^{-1} & 1'\end{bmatrix} \tag{7-10}$$

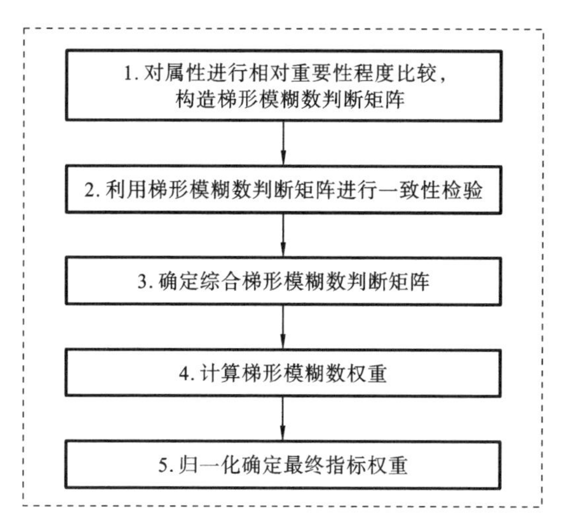

图7-2 TrFN-AHP确定权重的流程

通过一致性检验后，计算得到5个指标的权重：

$$\omega_1=(0.246, 0.350, 0.096, 0.171, 0.138) \tag{7-11}$$

同样，在大东湖生态水网多目标调度综合评价中，兼顾经济性和水质改善程度，综合考虑引水量和各个湖泊水质因素的重要性程度，构建了引水量、沙湖综合改善程度、东湖综合改善程度、严西湖综合改善程度、北湖综合改善程度的判断矩阵：

$$\boldsymbol{C}_2=\begin{bmatrix} 1' & 3' & 2' & 4' & 5' \\ (3')^{-1} & 1' & (2')^{-1} & 2' & 4' \\ (2')^{-1} & 2' & 1' & 3' & 5' \\ (4')^{-1} & (2')^{-1} & (3')^{-1} & 1' & 2' \\ (5')^{-1} & (4')^{-1} & (5')^{-1} & (2')^{-1} & 1' \end{bmatrix} \tag{7-12}$$

同样的，通过一致性检验后，计算得到5个指标的权重：

$$\omega_1=(0.297, 0.197, 0.243, 0.151, 0.112) \tag{7-13}$$

7.1.2 模糊折中型多目标多属性决策方法

大东湖水网调度方案集优选属于一个多目标、多属性和多阶段的决策过程，调度过程中不仅仅要考虑水质改善程度，还需要同时考虑防洪安全、经济费用等多种因素，虽然现在国内外已经有较为成熟的多目标解决方案，但是对于多目标非劣解集的优选一直是困扰决策者的一大难题。本章提出了一种基于区间优势可能势的模糊折中型多属性决策方法，运用区间数模糊化理论，克服了传统多属性决策决策过程中优先度带来的误差[8, 11]。并根据不同方案与理想方案之间优势可能度的高低，对防洪多目标方案集进行贴近度排序，得出多目标方案集的最佳优选顺序，为水网生态调度多目标多属性决策提供了一条新途径。

1. 区间型不确定性决策模型

1）区间数的基本概念

定义 7-5　设 $\alpha=[\alpha^l,\alpha^u]$ 为实数域上的一个闭区间，那么 α 就称作是一个区间数，其中 $\alpha^l\leqslant\alpha^u$，当 $\alpha^l=\alpha^u$ 时，α 退化为一个实数。

定义 7-6　若 α,β 中至少一个为区间数，假设 $\Delta\alpha=\alpha^u-\alpha^l,\Delta\beta=\beta^u-\beta^l$，$\alpha,\beta$ 之间比较的存在：

$$p(\alpha\geqslant\beta)=\frac{\min\{\Delta\alpha+\Delta\beta,\max(\alpha^u-\beta^l,0)\}}{\Delta\alpha+\Delta\beta}\tag{7-14}$$

则称 $p(\alpha\geqslant\beta)$ 为 $\alpha\geqslant\beta$ 的可能度。

定理 7-2　设 α,β 为实数域上的区间数，则

(1) $0\leqslant p(\alpha\geqslant\beta)\leqslant1$；

(2) $p(\alpha\geqslant\beta)=1$ 当且仅当 $\beta^u\leqslant\alpha^l$；

(3) $p(\alpha\geqslant\beta)=0$ 当且仅当 $\alpha^u\leqslant\beta^l$；

(4) 可能度 $p(\alpha\geqslant\beta)+p(\beta\geqslant\alpha)=1$，特别地当 $\alpha=\beta$ 时，有 $p(\alpha\geqslant\beta)=1/2$；

(5) 可能度 $p(\alpha\geqslant\beta)\geqslant1/2$ 时当且仅当 $\alpha^u+\alpha^l\geqslant b^u+b^l$，特别地，当 $p(\alpha\geqslant\beta)=1/2$ 当且仅当 $\alpha^u+\alpha^l=b^u+b^l$；

(6) 对于三个区间数 α,β,γ，若有 $p(\alpha\geqslant\beta)\geqslant1/2$，而且 $p(\beta\geqslant\gamma)\geqslant1/2$，则有 $p(\alpha\geqslant\gamma)\geqslant1/2$。

2）区间型不确定决策方法

首先将多属性非劣解集区间化，使得区间数最大可能地包含非劣解集的精确解。区间数上下界主要通过求取解的可能误差范围来确定（一般遵循 3δ 原则）。

$$(x_1,x_2)\xrightarrow{\text{区间化}}([x_1-e_1,x_1+e_1],[x_2-e_2,x_2+e_2])\tag{7-15}$$

区间型多属性决策模型根据相应的备选方案的区间化处理可以得到区间决策矩阵 $\boldsymbol{A}=([a_{ij}^l,a_{ij}^u])_{n\times m}$，$n$ 为备选方案的个数，m 为目标函数的个数。令 $[a_{ij}^l,a_{ij}^u]$ 为第 i 个方案的第 j 个属性的区间数，可以得到区间决策矩阵 $\boldsymbol{A}$。

为了统一描述不同属性下各方案的优劣程度，需要对决策矩阵进行归一化处理。针对效益型和成本型目标，在对决策矩阵的归一化处理中采用以下变换。

效益型目标：

$$\begin{cases}p_{ij}^l=a_{ij}^l\Big/\sqrt{\sum\limits_{i=1}^{n}(a_{ij}^u)^2}\\ p_{ij}^u=a_{ij}^u\Big/\sqrt{\sum\limits_{i=1}^{n}(a_{ij}^l)^2}\end{cases}\tag{7-16}$$

成本型目标：

$$\begin{cases} p_{ij}^l = (1/a_{ij}^u) \Big/ \sqrt{\sum_{i=1}^{n}(1/a_{ij}^l)^2} \\ p_{ij}^u = (1/a_{ij}^l) \Big/ \sqrt{\sum_{i=1}^{n}(1/a_{ij}^u)^2} \end{cases} \tag{7-17}$$

通过归一化处理，可以得到区间矩阵 $\boldsymbol{P}=[p_{ij}]_{n\times m}$，$p_{ij}$ 为区间数，且 $p_{ij}^u, p_{ij}^l \in [0, 1]$ 分别为区间数 p_{ij} 的上下界。

$$\boldsymbol{P}=\begin{bmatrix} [p_{11}^l, p_{11}^u] & [p_{12}^l, p_{12}^u] & \cdots & [p_{1m}^l, p_{1m}^u] \\ [p_{21}^l, p_{21}^u] & [p_{22}^l, p_{22}^u] & \cdots & [p_{2m}^l, p_{2m}^u] \\ \vdots & \vdots & & \vdots \\ [p_{n1}^l, p_{n1}^u] & [p_{n2}^l, p_{n2}^u] & \cdots & [p_{nm}^l, p_{nm}^u] \end{bmatrix} \tag{7-18}$$

随后，运用 WAA 算子对各给定属性区间进行加权 $D_j = \sum_{i=1}^{n} w_j p_{ij}$，可以得到矩阵 $\boldsymbol{D}=[D_j]_{n\times 1}$，其中 D_j 为区间数，且仍满足 $D_j^l, D_j^u \in [0,1]$，由此，运用下式计算：

$$p(D_i \geqslant D_j) = \frac{\min\{\Delta D_i + \Delta D_j, \max(D_i^u - D_j^l, 0)\}}{\Delta D_i + \Delta D_j} \tag{7-19}$$

根据任意两方案之间的排列组合，可以得到可能度矩阵 $\boldsymbol{Q}=(q_{ij})_{n\times m}$，$q_{ij}\in \mathbf{R}^+$ 且满足 $q_{ij}+q_{ji}=1(\forall i=1,2,\cdots,n; j=1,2,\cdots,m)$，根据相应的可能度计算可以得到各方案的权重：

$$w_i' = \frac{\sum_{j=1}^{n} q_{ij} + \frac{n}{2} - 1}{n(n-1)} \tag{7-20}$$

从而根据 w_i' 的大小排序，确定多目标备选方案集的优先顺序，并最终选取权值最大的方案作为最佳方案。

2. 基于区间数的模糊折中型多属性决策方法

由于区间型多属性决策只能反映各属性下备选方案间的优先序关系，而无法反映优劣程度的差异，无法做到备选方案与理想方案差异度的精确描述。为此，在区间型多属性决策的基础上作了一些改进，即根据不同属性下各方案的区间数分别建立可能度矩阵，再运用式(7-20)确定该属性下备选方案的排序，并从备选方案集中选取正理想方案和负理想方案。此外，还提出了一种基于优势可能势的稳定排序方法，据此判断备选方案集与理想方案之间的差异程度，并运用模糊折中型决策理论，最终确定备选方案集中的最佳方案。

在得到决策方案的归一化矩阵 $\boldsymbol{P}$ 之后，分别针对各属性的特点求得相应的可能度矩阵 $\boldsymbol{Q}_j(j=1,2,\cdots,m)$：

$$\boldsymbol{Q}_j = \begin{bmatrix} 1 & p(q_{1j} \geqslant q_{2j}) & \cdots & p(q_{1j} \geqslant q_{nj}) \\ p(q_{2j} \geqslant q_{1j}) & 1 & \cdots & p(q_{2j} \geqslant q_{nj}) \\ \vdots & \vdots & & \vdots \\ p(q_{nj} \geqslant q_{1j}) & p(q_{nj} \geqslant q_{2j}) & \cdots & 1 \end{bmatrix} \tag{7-21}$$

根据式(7-20)得到的多目标方案集中了各方案的客观重要程度,可进一步确定各个属性下备选方案的排列顺序,优先度最高的看作是正理想点,优先度最差的看作是负理想点,而所有的正理想点组成正理想方案 M^+,所有的负理想点组成负理想方案 M^-。

$$\begin{cases} M^+ = (q_1^+, q_2^+, \cdots, q_m^+) \\ M^- = (q_1^-, q_2^-, \cdots, q_m^-) \end{cases} \tag{7-22}$$

结合给定权重 $w=[w_1, w_2, \cdots, w_m]$,计算备选方案与 M^+ 和 M^- 之间的差异程度 s_i^+, s_i^-。传统决策方法一般采用欧式距离来计算方案之间的差异度,然而,区间数之间是无法用距离来精确度量的。为此,提出区间优势可能势的概念来描述方案之间的差异程度。

假设在同一属性下方案集的排列序号为 $\tau=\{\tau_1, \tau_2, \cdots, \tau_n\}$,为了更为准确地描述各方案与正、负理想方案的差异度,在此基础上加入优势可能势,进一步体现了各方案与理想方案在不同属性下的差异程度,其中优势可能势的具体表达式如下:

$$\begin{cases} s_{\tau_i}^+ = (p_{\tau_i}^+ - 0.5) + \sum\limits_{\tau_j=\tau_i}^{\tau_1} (p_{\tau_{j-1}\tau_j} - 0.5) \\ s_{\tau_i}^- = (p_{\tau_i}^- - 0.5) + \sum\limits_{\tau_j=\tau_i}^{\tau_n} (p_{\tau_j\tau_{j+1}} - 0.5) \end{cases} \tag{7-23}$$

优势可能势的引入可以更为准确地刻画方案与方案之间的差异程度,传统的可能势无法区别图 7-3 与图 7-4 中的两种情形,通常均以 $p(A''>A')=1$ 表示,难以精确描述区间数之间的拓扑关系。在引入优势可能势后,可能势的取值范围也相应扩大,但仍满足非负性和方案排序的稳定性要求。

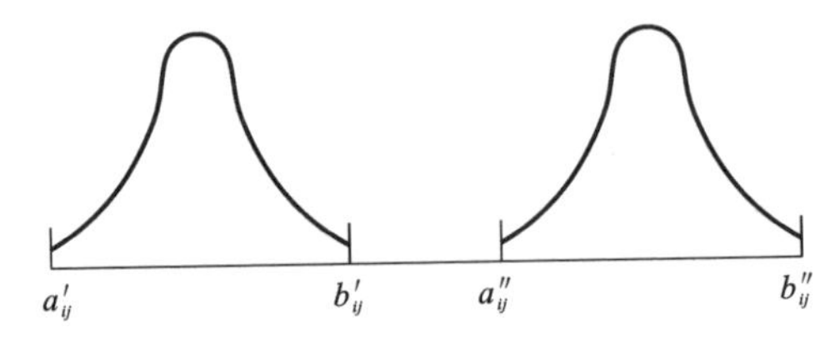

图 7-3 当 $p(A''>A')=1$ 的情形(a)

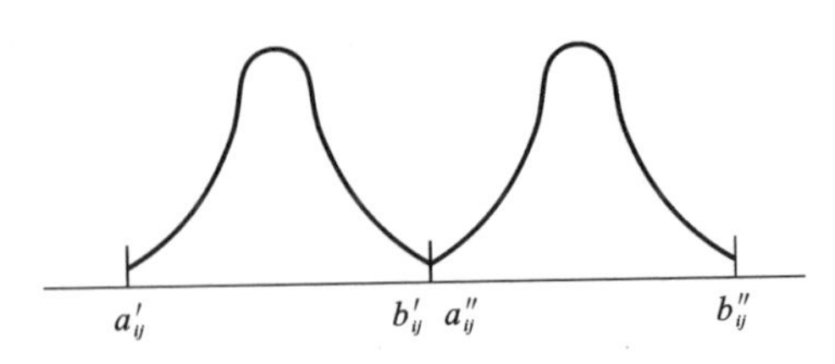

图 7-4 当 $p(A''>A')=1$ 的情形(b)

优势可能势同时具有非负性和方案优劣排序的稳定性,其合理性证明如下。

证明：

（1）非负性：由于正理想方案优于方案 τ_i，而方案 τ_i 又优于方案 τ_{i+1}，则根据定理7-2有 $p_{\tau_i}^+$，$p_{\tau_{j-1}\tau_j}$ 均大于等于0.5，并且可以得到 $\sum_{\tau_j=\tau_i}^{\tau_1}(p_{\tau_{j-1}\tau_j}-0.5)\geqslant 0$，故 $s_{\tau_i}^+\geqslant 0$。同理，也可以得到 $s_{\tau_i}^-\geqslant 0$。

（2）稳定性：针对方案与正理想方案的差异度 $s_{\tau_i}^+$ 而言，方案排序的稳定性即是要对于任意的 $\tau_i\geqslant\tau_{i+1}$，均满足 $s_{\tau_i}^+\leqslant s_{\tau_{i+1}}^+$。

首先，由公式(7-23)对优势可能势定义得出

$$s_{\tau_i}^+-s_{\tau_{i+1}}^+=p_{\tau_i}^++\sum_{\tau_j=\tau_i}^{\tau_1}(p_{\tau_{j-1}\tau_j}-0.5)-p_{\tau_{i+1}}^+-\sum_{\tau_j=\tau_{i+1}}^{\tau_1}(p_{\tau_{j-1}\tau_j}-0.5)$$

进一步化简可以得到

$$s_{\tau_i}^+-s_{\tau_{i+1}}^+=p_{\tau_i}^+-p_{\tau_{i+1}}^+-(p_{\tau_i\tau_{i+1}}-0.5)$$

由于正理想方案优于 τ_i，而 τ_i 又优于 τ_{i+1}，所以 $p_{\tau_i}^+\leqslant p_{\tau_{i+1}}^+$。而由上述非负性的证明可以得到 $p_{\tau_i\tau_{i+1}}-0.5\geqslant 0$，因此可以得 $s_{\tau_i}^+\leqslant s_{\tau_{i+1}}^+$。同理，也可以证明 $s_{\tau_i}^-\geqslant s_{\tau_{i+1}}^-$。因此，基于优势可能势的排序过程是稳定的。

在得到了各方案在不同属性下的优势可能势之后，根据给定的各属性指标权重 $w^0=(w_1^0,w_2^0,\cdots,w_m^0)$，运用式(7-39)得出各方案与正、负理想方案的差异度：

$$\begin{cases}d_i^+=\sum_{j=1}^{m}w_j^0 s_i^+\\ d_i^-=\sum_{j=1}^{m}w_j^0 s_i^-\end{cases}\tag{7-24}$$

在此基础上，运用模糊折中型决策方法，综合考虑各方案与正、负理想点之间的差异程度，确定备选方案 A_i 与模糊理想解 M^+、M^- 的相对贴近度 z_i^+、z_i^-：

$$\begin{cases}z_i^+=\dfrac{d^+}{d^++d^-}\\ z_i^-=\dfrac{d^-}{d^++d^-}\end{cases}\quad(i=1,2,\cdots,m)\tag{7-25}$$

最后，根据不同方案的正、负相对贴近度 z_i^+、z_i^-，确定多目标方案集的优劣顺序，选择正贴近度最小或者负贴近度最大的备选方案为最优方案。

3. 基于区间优势可能势的模糊折中型多属性决策方法流程

在模糊区间数的基础上提出了以优势可能势为度量标准的多属性折中型决策方法，通过模糊化决策矩阵的量化信息，从而避免优化方案误差带来的决策偏差。因此，首先将由多目标方案组成的决策矩阵模糊化为区间数决策矩阵，然后根据不同属性的性质分别得到不同属性的可能度矩阵，并运用可能势元素判定相同属性下不同方案的优劣程度排序。进而，确定方案集的正、负理想方案，计算出各方案与正、负理想方案的优势可能势，最后，采用折中型决策理论得到折中型决策结果的优选顺序。

基于区间优势可能势的模糊折中型多属性决策方法的具体流程如下。

步骤一：对决策矩阵进行区间模糊化，由此可以得到区间决策矩阵 $\boldsymbol{A}=[a_{ij}]_{n\times m}$。

步骤二：根据式(7-16)、式(7-17)，对区间化后的决策矩阵进行归一化处理得到区间数矩阵 $\boldsymbol{P}$。

步骤三：将同一属性下的不同方案进行两两组合，结合两区间数之间可能度的定义，分别求取不同属性下相应的可能度矩阵 $\boldsymbol{Q}_1,\boldsymbol{Q}_2,\cdots,\boldsymbol{Q}_m$。

步骤四：根据式(7-20)计算各属性下不同方案的重要程度，确定各属性不同方案的排列顺序，并选取多目标方案集的正理想方案 D^+ 和负理想方案 D^-。

步骤五：根据式(7-23)计算各方案与正、负理想方案间的优势可能势，进而求得不同方案的正、负理想差异度。

步骤六：运用式(7-25)计算各方案的正、负贴近度，并得到其折中型贴近度，最后据此确定方案集中各方案的优选顺序。

7.1.3　多属性决策评价逼近理想解法

1. 逼近理想解法

TOPSIS(Technique for Order Preference by Similarity to Ideal Solution)简称为逼近理想解法，是典型的多属性决策方案排序方法之一。TOPSIS 基本逻辑是首先定义正、负理想解，以此为标准衡量评价方案与理想解的距离，进而从有限的选项集合中识别解决方案。这种方法的主要优势在于其计算过程简单及其能生成一个明确的评价对象优先排序的能力，鉴于 TOPSIS 方法在多属性决策领域独特的优势，本节选取其作为大东湖生态水网调度多属性决策的核心方法之一。表 7-5 给出了目前广泛应用的几种多属性决策方法与 TOPSIS 性能上的对比分析，其中包括方法的稳定性、涉及的数学计算过程复杂程度、计算时间和简单性等。

表 7-5　多属性决策方法的特性对比分析

MADM 方法	稳定性	数学计算复杂程度	所需计算时间	难易性
TOPSIS	一般	中等	中等	一般
AHP	很差	复杂	很长	较难
ELECTRE	一般	中等	长	一般
PROMETHEE	一般	中等	长	一般

2. 求解思路

设多属性决策问题中有决策评价对象 m 个，决策指标属性 n 个，则决策矩阵为 $\boldsymbol{D}=[x_{ij}]_{m\times n}$，评价对象集 $X=\{x_1,x_2,\cdots,x_m\}$，属性集 $C=\{c_1,c_2,\cdots,c_n\}$，此时，第 i 个评价对象 x_i 的 n 个属性值构成的向量成为 n 维空间的一点，唯一的表征评价对象 i 的空间位置。

设定评价对象的正、负理想解，并确定其在 n 维空间中的位置，然后测量每个评价对象与正、负理想评价对象在 n 维空间中的距离，以此来衡量评价对象的优劣。这里的正、负理想评价对象是虚拟的、不存在的，正理想评价对象的每个指标属性都是最佳状态，反之，负理想评价对象的每个指标属性都是最差状态，这样的情况在实际应用中是不存在的。之所以设定一正一负两个理想解，是为了避免同时存在两个评价对象与正理想解的距离相等时无法判断二者优劣的情况。关于正、负理想解的设定原则定义如下。

定义 7-7　正、负理想解分别由决策目标矩阵中所有指标属性的最好值和最差值组成。

以效益型指标为例，TOPSIS 的基本运算思路如图 7-5 所示。

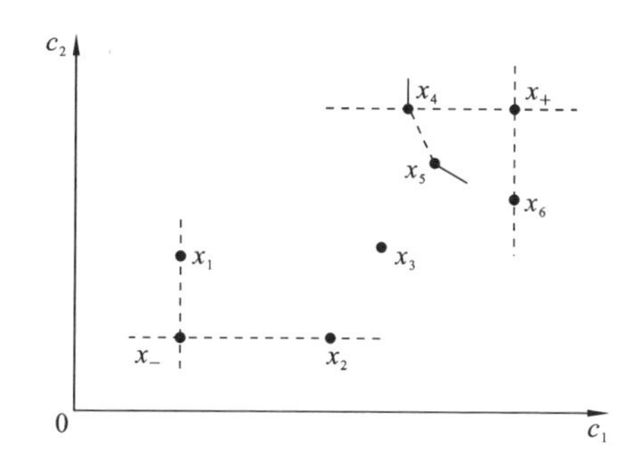

图 7-5　效益性指标的正、负理想解示意图

图 7-5 给出了针对两个效益型指标 c_1 和 c_2 的二维空间内六个评价对象 $x_1 \sim x_6$ 的空间位置，以及正负理想解的位置，图中很明确每个评价对象与正、负理想解的距离，由此对这六个评价对象进行优劣排序，可得 $x_4 > x_5 > x_6 > x_3 > x_2 > x_1$。这里只给了两个指标属性，因此只有二维空间，而实际的多属性决策问题中涉及的指标属性非常多，评价对象的排序问题放到 n 维空间里进行探讨，决策过程将要复杂得多。

3. 算法流程

基于上述求解思路，TOPSIS 的基本算法流程如图 7-6 所示，具体计算步骤如下。

步骤一：决策指标属性归一化，得到归一化的决策矩阵。

假设决策初始矩阵为 $\boldsymbol{V}=[v_{ij}]$，归一化之后的标准决策矩阵为 $\boldsymbol{R}=[r_{ij}]$，则常用的归一化公式如下：

$$r_{ij} = \frac{v_{ij}}{\sqrt{\sum_{i=1}^{m} v_{ij}}}, \quad i = 1,2,\cdots,m; j = 1,2,\cdots,n \tag{7-26}$$

步骤二：构造加权归一化决策矩阵 $\boldsymbol{X}=[x_{ij}]$，设已知 n 个决策指标属性权重向量为 $\boldsymbol{W}=(w_1,w_2,\cdots,w_n)^{\mathrm{T}}$，则有

$$\begin{cases} x_{ij}=w_j \cdot r_{ij}, \\ \boldsymbol{X}=\boldsymbol{W} \cdot \boldsymbol{R}, \end{cases} \quad i=1,2,\cdots,m; j=1,2,\cdots,n \tag{7-27}$$

步骤三：设定正、负理想解 x^+ 和 x^-，针对不同类型的指标属性，设定原则如下。

$$\begin{cases} 效益型指标：\begin{cases} x_j^+ = \max\limits_i x_{ij}, \\ x_j^- = \min\limits_i x_{ij}, \end{cases} \quad i=1,2,\cdots,m;\ j=1,2,\cdots,n \\ 成本型指标：\begin{cases} x_j^+ = \min\limits_i x_{ij}, \\ x_j^- = \max\limits_i x_{ij}, \end{cases} \quad i=1,2,\cdots,m;\ j=1,2,\cdots,n \end{cases} \tag{7-28}$$

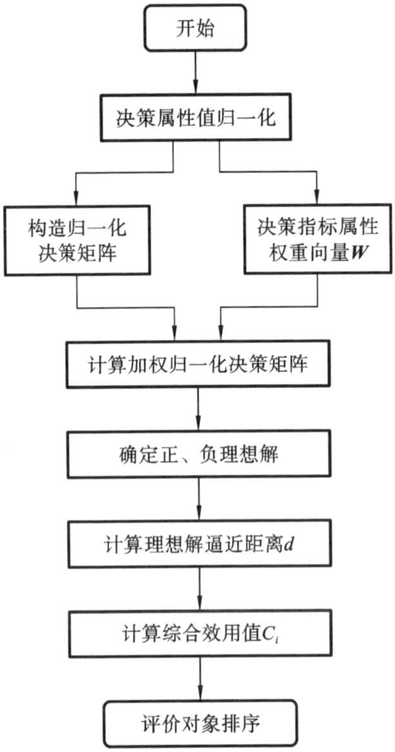

开始

决策属性值归一化

构造归一化决策矩阵

决策指标属性权重向量 $\boldsymbol{W}$

计算加权归一化决策矩阵

确定正、负理想解

计算理想解逼近距离 d

计算综合效用值 C_i

评价对象排序

图 7-6 TOPSIS 算法流程

步骤四：计算 n 维空间内，各评价对象与正、负理想解的距离。

第 i 个评价对象与正理想解的距离：

$$d_i^+ = \sqrt{\sum_{j=1}^{n} (x_{ij} - x_j^+)^2}, \quad i = 1,2,\cdots,m \tag{7-29}$$

第 i 个评价对象与负理想解的距离：

$$d_i^- = \sqrt{\sum_{j=1}^{n} (x_{ij} - x_j^-)^2}, \quad i = 1,2,\cdots,m \tag{7-30}$$

步骤五：计算各评价对象的优劣排序综合效用值。

第 i 个评价对象的综合效用值为

$$C_i = \frac{d_i^-}{d_i^+ + d_i^-}, \quad i=1,2,\cdots,m \tag{7-31}$$

步骤六：按照评价对象的优劣排序综合效用值 C_i 的大小排序，取值越大则说明该评价对象对决策总目标而言更优，反之则越差。

综上所述，逼近理想点解法 TOPSIS 以各评价对象与正、负理想解的距离为依据判断各评价对象的相对优劣性，计算过程简单，没有涉及过于复杂的数学公式，是一种客观合理、简单可行的决策评价对象排序方法。

7.1.4 TOPSIS 方法的多目标调度方案集评价

采用 TOPSIS 对总时长为 30 天的大、中、小循环不同时长分配得到的大东湖生态水网多目标调度方案集进行综合评价，方案集数据如表 7-6 所示。

这里采用上文基于模糊层次分析法得到 5 个指标的权重，即主观权重为 $\omega_1=(0.297, 0.197, 0.243, 0.151, 0.112)$；同时，根据变异系数权重计算方法得到客观权重为 $\omega_2=(0.231, 0.183, 0.388, 0.132, 0.065)$，并根据最小相对信息熵法得到组合权

表 7-6　大东湖生态水网多目标调度方案集

方案编号	沙湖综合改善程度	东湖综合改善程度	严西湖综合改善程度	北湖综合改善程度	总调水量/m^3
1	0.585434	0.114557	0.074037	−0.15689	7128
2	0.538022	0.096995	0.074046	−0.15689	6696
3	0.538022	0.102096	0.076573	−0.15688	6912
4	0.512736	0.09724	0.07659	−0.15688	6480
5	0.585434	0.143844	0.077548	−0.15688	8424
6	0.566315	0.112293	0.076468	−0.15688	7128
7	0.528875	0.110628	0.065155	−0.14513	7128
8	0.522854	0.098071	0.076564	−0.15688	6696
9	0.466009	0.089849	0.07659	−0.15688	6264

重为 $\omega=(0.266,0.193,0.312,0.143,0.087)$。逐步实现 TOPSIS 算法流程，得到综合效用值为

$$C=(0.5798,0.4689,0.4873,0.4824,0.5845,0.5591,0.4734,0.4405,0.4642) \tag{7-32}$$

从以上效用值可得：方案5为最优，方案8为最劣，且方案5中东湖和沙湖改善程度均为最佳，符合生态水网调度主要目标。

7.2　湖泊水质变化对引水调度时空响应关联性评价

针对目前存在的投影寻踪特征值评价模型的不足[3]，提出一种水质改善程度评价投影寻踪(PP)多项式函数模型，依据已知的水质特征值表中的边界数据归一化建立目标函数，运用基于分段线性映射的自适应差分进化(ADE)算法求出最佳投影方向，利用各特征值边界数据的投影值解出它的系数，用于评估已知调度方案集水质改善样本的改善特征值。

7.2.1　投影寻踪指标函数研究

投影寻踪技术的基本思想是根据实际问题的需要，通过建立一个准则函数，将多维分析问题通过最优投影方向转化为一维问题进行处理，然后根据投影后的数据建立数学模型对系统进行分析、分类或预测。

投影指标是衡量高维空间投影到低维空间上的数据是否有意义的目标函数，用于寻找合适的投影方向，使得指标值最大或者最小。

1974年，Friedman 和 Tukey 首次提出了投影寻踪的概念并被模拟数据和分类

数据进行了分析，其提出的投影指标用于寻找高维数据的一维或二维投影，可以用下式表示：

$$Q_F(\boldsymbol{a})=S(\boldsymbol{a})D(\boldsymbol{a}) \tag{7-33}$$

式中，$S(\boldsymbol{a})$表示投影数据的离散度，为数据扩展的度量，$D(\boldsymbol{a})$表示沿投影方向 $\boldsymbol{a}$ 投影后数据的局部密度，$\boldsymbol{a}$ 为投影方向。

1987 年，Jones 和 Sibson 提出了 Shannon 一阶熵权投影指标函数，可表示为

$$Q_E(a)=-\int f(y)\log f(y)\mathrm{d}y \tag{7-34}$$

其中，式(7-34)称为 Shannon 熵，标准正态密度可以使得该函数达到最小值。

同年，Friedman 通过对投影数据进行变换排除异常点对指标的影响，高维数据 X 化后进行投影，可以得到 Friedman 投影指标函数为

$$Q(a)=\int_{-1}^{1}(f(y)-0.5)^2\mathrm{d}y \tag{7-35}$$

式中，$f(y)$为概率密度函数。

1989 年，Hall 提出了基于多项式的投影寻踪渐近理论，使用投影后数据的概率密度函数与标准正态密度函数之差的 L_2 距离作为投影指标，可表示为

$$Q(a)=\int_{-\infty}^{+\infty}(f(y)-\phi(y))^2\mathrm{d}y \tag{7-36}$$

式中，$f(y)$为概率密度函数，$\phi(y)$为标准正态密度函数，可以通过对 $f(y)$的 Hermite 展式，构造出投影指标多项式进行计算。

1993 年，Cook、Buja 等在 Friedman 研究的基础上，对 Friedman 的变换思想一般化，提出了 Cook 指标函数，可表示为

$$Q(a)=\int_{\mathbf{R}}(f(y)-\Psi(y))^2\Psi(y)\mathrm{d}y \tag{7-37}$$

式中，$\Psi(y)$是经过 T 变换后的概率密度函数。

同年，以估计 Bayes 准则为目标，Poss 等提出了投影寻踪判别分析指标函数。

设在 $G_1,G_2,\cdots,G_G$ 集合中，定义从 m 维实数空间到该集合的一个映射 r：$\{x\in\mathbf{R}^m\}\rightarrow R_g, g=1,2,\cdots,G$，$r$ 把 $\mathbf{R}^m$ 分成 G 个互不相交的集合 $R_1,R_2,\cdots,R_G$，则 PPDA 投影指标可表示为

$$Q(y,a)=1-\sum_{g=1}^{G}\int_{R_g}(\pi_g f_g(y))\mathrm{d}y \tag{7-38}$$

式中，π_g 是类别 G_G 在总体中所占的比重。

7.2.2　投影寻踪多项式函数模型

选择直接用水质改善特征值表的边界数据构造一个多项式函数评估水质改善样本。水质改善特征值评价的 PP 多项式函数模型的建模主要步骤如下。

步骤一：构造投影指标函数。设待评估水质改善分为 n 级(即 n 个样本)，评价特

征值表中各指标值在各经验特征值 $y(i)$ 的上限为初始样本集 $\{x^*(i,j) \mid i=1,2,\cdots,n; j=1,2,\cdots,d\}$，其中，$x^*(i,j)$ 为第 i 个样本第 j 个指标值，d 为指标的数目（即空间维数）。为消除各指标值因量纲不同对结果造成的影响，采用下面越小越优的指标对样本进行归一化处理[4~5]。

$$x(i,j)=\frac{x_{\max}(j)-x^*(i,j)}{x_{\max}(j)-x_{\min}(j)} \tag{7-39}$$

式中，$x_{\max}(j)$，$x_{\min}(j)$ 分别为第 j 个指标值的最大值和最小值，$x(i,j)$ 为指标特征值归一化的序列。把 d 维数据 $\{x^*(i,j) \mid i=1,2,\cdots,n; j=1,2,\cdots,d\}$ 综合成以单位向量 $\boldsymbol{a}=(a(1),a(2),\cdots,a(d))$ 为投影方向的一维投影值 $z(i)$，即

$$z(i)=\sum_{j=1}^{d} a(j)x(i,j) \tag{7-40}$$

式中，投影方向 $\boldsymbol{a}$ 为平方和等于 1 的向量。

根据 $z(i)$ 和 $y(i)$ 的关系，使得投影值 $z(i)$ 可以最大限度地提取归一化后的样本 $x(i,j)$ 的变异信息，从而保证对经验特征值 $y(i)$ 具有很好的解释性，构造出投影指标函数：

$$Q(a)=S_z\left|R_{zy}\right| \tag{7-41}$$

式中，$|\cdot|$ 为取绝对值，S_z 为投影值 $z(i)$ 的标准差，即

$$S_z=\left(\sum_{i=1}^{n}\frac{(z(i)-E_z)^2}{n-1}\right)^{0.5} \tag{7-42}$$

式中，R_{zy} 为 $z(i)$ 和 $y(i)$ 的相关系数，即

$$R_{zy}=\frac{\sum_{i=1}^{n}(z(i)-E_z)(y(i)-E_y)}{\left(\sum_{i=1}^{n}(z(i)-E_z)^2\sum_{i=1}^{n}(y(i)-E_y)^2\right)^{0.5}} \tag{7-43}$$

式中，E_z，E_y 分别为序列 $\{z(i)\}$ 和 $\{y(i)\}$ 的均值。

步骤二：优化投影指标函数。当给定标准特征值及其对应的评价指标数据 $\{y(i) \mid i=1,2,\cdots,n\}$ 和 $\{x^*(i,j) \mid i=1,2,\cdots,n; j=1,2,\cdots,d\}$ 时，$Q(a)$ 只随投影方向 a 的变化而变化，最佳投影方向就是最大可能暴露评价对象高维数据排序特征结构的投影方向，可通过求解投影指标函数 $Q(a)$ 最大化问题来估计，即

$$\max Q(a)=S_z\left|R_{zy}\right| \tag{7-44}$$

$$\text{s.t.}\quad \sum_{j=1}^{d} a^2(j)=1,\quad -1\leqslant a(j)\leqslant 1 \tag{7-45}$$

这是一个以投影方向 $a(j)$ 为优化变量的约束优化问题，常规方法很难处理。目前的文献多采用基于实数编码的加速遗传算法来求解，研究工作中采用了采样计算效率更高、结构更为简单的 CDE 算法。

步骤三：求解水质改善特征值评价的 PP 多项式函数模型的系数。将步骤二中求出的最优投影方向 a^* 代入式(7-40)可以得到灾害特征值为 i 的洪水的投影值

$z^*(i)$,建立如下的水质改善特征值 $y^*(i)$ 关于投影值 $z^*(i)$ 的 $n-1$ 次多项式函数:

$$y^*(i)=c_1(z^*(i))^{n-1}+c_2(z^*(i))^{n-2}+\cdots+c_{n-1}z^*(i)+c_n \tag{7-46}$$

令 $y^*(i)=y(i)$,将 $\{z^*(i)\mid i=1,2,\cdots,n\}$ 分别代入式(7-46),可得下面的 n 阶线性方程组:

$$\boldsymbol{A}^*\boldsymbol{c}=\boldsymbol{y}^* \tag{7-47}$$

式中,矩阵 $\boldsymbol{A}=\begin{bmatrix}(z^*(1))^{n-1} & (z^*(1))^{n-2} & \cdots & 1\\ (z^*(2))^{n-1} & (z^*(2))^{n-2} & \cdots & 1\\ \vdots & \vdots & & \vdots\\ (z^*(n))^{n-1} & (z^*(n))^{n-2} & \cdots & 1\end{bmatrix}$,$\boldsymbol{c}=\begin{bmatrix}c_1\\ c_2\\ \vdots\\ c_n\end{bmatrix}$,$\boldsymbol{y}^*=\begin{bmatrix}y^*(1)\\ y^*(2)\\ \vdots\\ y^*(n)\end{bmatrix}$。

由于 $z^*(i)$ 已经求得,可以求得向量 $\boldsymbol{c}$ 的值,代入式(7-46),可得 $n-1$ 次多项式函数的系数,由于 n 个系数可以确定一个 $n-1$ 次多项式函数,因此,函数 y^* 成为估算水质改善特征值的连续函数。

步骤四:用待评估的 m 个样本 $\{x^{**}(k,j)\mid k=1,2,\cdots,m;\ j=1,2,\cdots,d\}$ 替换数据 $x^*(i,j)$ 代入式(7-40),计算出它们的投影值 $z^{**}(k)$,再将 $z^{**}(k)$ 代入多项式函数式(7-14),可以计算出第 k 个样本的灾级 $y^{**}(k)$。

7.2.3 大东湖水网调度工程应用

对大东湖水网历史水质改善样本资料进行分析,制定的水质改善指标特征值标准和边界值如表 7-7 所示。

表 7-7 大东湖水网水质改善特征值标准

地区	沙湖综合改善程度	东湖综合改善程度	严西湖综合改善程度	北湖综合改善程度	总调水量/m^3
1	0.50275	0.09528	0.07468	−0.15673	7771.58
2	0.55014	0.10605	0.07593	−0.15659	6930.31
3	0.57779	0.12838	0.07691	−0.15596	6529.83
4	0.58543	0.14384	0.07754	−0.14513	6264

采用上述方法对总时长为 30 天的大、中、小循环不同时长分配得到的 9 组经过初步优选的调度方案集进行评价,结果如表 7-8 所示。

表 7-8 大东湖水网调度方案评价结果

方案编号	投影值	方案优选排序结果
1	1.22749	1.818161
2	1.36173	0.968659
3	1.31916	1.111538

续表

方案编号	投影值	方案优选排序结果
4	1.36859	0.960170
5	0.98097	4.071317
6	1.24259	1.674502
7	1.35453	0.982173
8	1.42642	1.078674
9	1.23829	1.714579

上述结论表明，方案 5 仍为最优，方案 8 为最劣，且实施方案 5 后东湖和沙湖的改善程度均为最佳，符合生态水网调度主要目标。方案集按优劣排序为方案 5＞方案 1＞方案 9＞方案 6＞方案 3＞方案 8＞方案 7＞方案 2＞方案 4。

7.3　多重循环调度对水质改善的多级模糊综合评价

在大东湖生态水网水质水量调度中采用了多重循环相结合的调度方案，本节通过对不同时间步长分配下的多重循环调度方案集进行水质改善程度多级模糊综合评价，在考虑总耗时及调水总量等边界条件的情况下为调度方案决策者提供信息支持。针对调度方案集中存在的边界条件不确定性及指标体系的复杂性，本节主要提出了用加权模糊核聚类模型，结合自适应差分进化算法所实现的水质改善评价方法，结果显示该方法合理可靠，可为湖泊水质水量调度方案集决策优选提供一种新的有效途径。

7.3.1　加权模糊核聚类模型原理

1. 核函数

通过对模式识别理论的分析可知，用非线性映射函数可将线性不可分的低维样本空间投影到线性可分的高维特征空间，然而直接采用这种技术在高维空间进行分类或回归的最大难点在于高维特征空间运算时存在的“维数灾”问题，除此之外还需要确定许多相关参数。核函数技术是一种合适的求解途径，其基本思想是利用 Mercer 核将样本映射到特征空间，使处理后的样本更适合于聚类运算。

设 $x,y\in X$，$X\subseteq \mathbf{R}^n$，$\Phi(x)$ 函数描述样本空间 X 映射到特征空间 F 的方式，其中 $F\in \mathbf{R}^m$。由相关理论可得

$$K(x,y)=\Phi(x)\Phi(y) \tag{7-48}$$

由上式可知，核函数通过核映射将样本空间映射到高维特征空间，并在高维特征空间推求线性回归方程，使处理后的样本更适合于聚类运算，能有效提高聚类效果和

聚类准确率，且其计算复杂度不会随着特征空间维数的增加而有明显变化。

选取核函数的唯一条件就是必须满足 Mercer 定理。Mercer 定理概述为：$r(x)$ 若平方可积，且满足

$$\iint_{L_2 \leftarrow L_2} K(x,y)r(x)r(y)\mathrm{d}x\mathrm{d}y \geqslant 0 \tag{7-49}$$

则可以根据特征函数 $\Phi(x)$ 和特征值 λ_i 得到核函数表示式：

$$K(x,y) = \sum_{i=1}^{N_H} \lambda_i \Phi_i(x)\Phi_i(y) \tag{7-50}$$

常见的核函数如下：

①多项式核函数 $K(x,x_i)=(x \cdot x_i+1)^d, d=1,2,\cdots,N$；

②高斯核函数 $K(x,x_i)=\exp\left(-\frac{\| x-x_i \|^2}{2\sigma^2}\right)$；

③两层神经网络 Sigmoidal 核函数 $K(x,x_i)=\tanh(-b(x \cdot y)-c)$，其中 b,c 是自定义参数。

本书采用的是高斯核函数。

2. 加权模糊核聚类模型

加权模糊核聚类模型是在模糊 C 均值核聚类方法的基础上发展而来的。核函数技术成功应用于支持向量机(Support Vector Machine,SVM)后，研究人员对于核函数对其他算法的改进产生了很大兴趣，提出了很多基于核函数的方法并应用于多个领域。在模糊 C 均值核聚类方法中，将原始特征值空间映射到高维空间，有效改善了聚类过程中对于样本间特征差异的依赖。

首先建立加权模糊核聚类模型的目标函数。设给定数据样本集 $X=\{X_1,X_2,\cdots,X_N\}\subset \mathbf{R}^L$，每个样本 X_j 有 L 维属性，即 $X_j=\{X_{j1},X_{j2},\cdots,X_{jL}\}$；聚类中心矩阵设为 $V=\{v_1,v_2,\cdots,v_C\}\subset \mathbf{R}^L$，并且有 $v_j=\{v_{i1},v_{i2},\cdots,v_{iL}\}$ 为第 i 个聚类中心。水质改善数据有着不同的属性与条件，为了提高水质改善程度排序的普适性，用下式将原始样本标准化：

$$x_{jk} = \frac{X_{jk}-X_{\min k}}{X_{\max k}-X_{\min k}} \tag{7-51}$$

式中：x_{jk} 为样本 j 指标 k 的特征值，$j=1,2,\cdots,N$；$k=1,2,\cdots,L$；$X_{\max k}$、$X_{\min k}$ 分别表示指标 k 的最大值和最小值。

非线性映射定义为 $\Phi: x \rightarrow \Phi(x) \in F, x \in X$，其中 F 是将 X 映射到高维空间中的非线性函数。如果以所有样本到所属类别聚类中心的欧式权距离平方和最小为目标，采用高斯核的模糊核聚类方法的优化目标函数可描述为[12]

$$J_{\mathrm{WFKCA}} = \sum_{i=1}^{C}\sum_{j=1}^{N}\sum_{k=1}^{L} u_{ij}^{m}\omega_{ik}^{\beta} \| \Phi(x_{jk})-\Phi(v_{ik}) \|^2$$

$$\text{s.t.}\begin{cases}u_{ij}\in[0,1],\ \sum_{i=1}^{c}u_{ij}=1,\ 1\leqslant j\leqslant N\\ \omega_{ik}\in[0,1],\ \sum_{k=1}^{L}\omega_{ik}=1,\ 1\leqslant i\leqslant C\end{cases}\tag{7-52}$$

式中：C 是聚类类别数，是一个被选定的数值；N 是样本数量；u_{ij} 是 x_j 对于类别 i 的隶属度；ω_{ik} 是第 i 类第 k 维属性的权重值；m 和 β 是模糊性系数，且 $m>1,\beta>1$。

目标函数中的平方距离 $\|\Phi(x_{jk})-\Phi(v_{ik})\|$ 在核空间中用下面的核函数进行计算：

$$\begin{aligned}\|\Phi(x_{jk})-\Phi(v_{ik})\|^2&=\Phi(x_{jk})\Phi(x_{jk})-2\Phi(x_{jk})\Phi(v_{ik})+\Phi(v_{ik})\Phi(v_{ik})\\&=K(x_{jk},x_{jk})-2K(x_{jk},v_{ik})+K(v_{ik},v_{ik})\end{aligned}\tag{7-53}$$

其中，$K(x,y)=\Phi(x)\Phi(y)$ 属于内积核函数，可以用于在高维特征空间中表示点积。如果这里使用高斯核函数，例如 $K(x,y)=\exp(-\|x-y\|^2/\sigma^2)$，其中 σ 是标准方差，那么有 $K(x,x)=1$，目标函数可以简化为

$$\|\Phi(x_{jk})-\Phi(v_{ik})\|^2=2-2K(x_{jk},v_{ik})=2(1-K(x_{jk},v_{ik}))\tag{7-54}$$

综上所述，WFKCA 的目标函数可以改写为

$$J_{\text{WFKCA}}=2\sum_{i=1}^{C}\sum_{j=1}^{N}\sum_{k=1}^{L}u_{ij}^{m}\omega_{jk}^{\beta}(1-K(x_{jk},v_{ik}))\tag{7-55}$$

其意义在于通过对目标函数最小值求解，可以得到隶属度矩阵 $\boldsymbol{U}$、聚类中心矩阵 $\boldsymbol{V}$ 和权重矩阵 $\boldsymbol{\omega}$：

$$u_{ij}=\left[\sum_{r=1}^{C}\frac{\sum_{k=1}^{L}\omega_{ik}^{\beta}(1-K(x_{jk},v_{ik}))}{\sum_{k=1}^{L}\omega_{ik}^{\beta}(1-K(x_{jk},v_{rk}))}\right]^{-\frac{1}{m-1}}\tag{7-56}$$

$$v_{ik}=\frac{\sum_{j=1}^{N}u_{ij}^{m}K(x_{jk},v_{ik})x_{jk}}{\sum_{j=1}^{N}u_{ij}^{m}K(x_{jk},v_{ik})}\tag{7-57}$$

$$\omega_{ik}=\left[\sum_{t=1}^{L}\frac{\sum_{j=1}^{N}u_{ij}^{m}(1-K(x_{jk},v_{ik}))}{\sum_{j=1}^{N}u_{ij}^{m}(1-K(x_{jk},v_{ik}))}\right]^{-\frac{1}{\beta-1}}\tag{7-58}$$

为了获得目标函数最小值，用 $\boldsymbol{V}=[v_{ik}]_{C\times L}$ 表示聚类中心矩阵，$\boldsymbol{\omega}=[\omega_{ik}]_{C\times L}$ 表示权重矩阵，$\boldsymbol{U}=[u_{ij}]_{C\times N}$ 表示隶属度矩阵，那么加权模糊核聚类算法流程可以描述如下：

步骤一：设迭代次数为 $t=1$。

步骤二：初始化聚类中心 v_{ik} 和权重 $\omega_{ik}=1/L$；初始化标准方差 σ，模糊性系数 m 和 β；设置计算精度 ε，设置第 $t-1$ 代目标函数值为一个大数值的常量 ξ。

步骤三：根据公式(7-56)计算隶属度矩阵$[u_{ij}^t]$。

步骤四：根据公式(7-57)计算聚类中心矩阵$[v_{ik}^t]$。

步骤五：根据公式(7-58)计算权重矩阵$[\omega_{ik}^t]$。

步骤六：根据公式(7-55)计算目标函数值J_{WFKCA}^t。

步骤七：比较第t代和第$t-1$代目标函数值，如果$|J_{\mathrm{WFKCA}}^t - J_{\mathrm{WFKCA}}^{t-1}| < \varepsilon$，则停止迭代运算，否则返回步骤三。

7.3.2 运用WFKCA与ADE相结合的水质改善评价方法框架及流程

1. 搜索变量编码

当ADE应用在对WFKCA的模糊聚类目标函数优化工作中时，确定搜索变量的编码方式是非常重要的。因为ADE属于实参优化算法，必须找到一种搜索变量的实数编码方式，使得算法不仅能优化聚类中心，还能对多个聚类中心进行划分[13]。将聚类中心矩阵$\boldsymbol{V}=(\boldsymbol{v}_1,\boldsymbol{v}_2,\cdots,\boldsymbol{v}_C)=[v_{ik}]_{C\times L}$选为优化对象，并且编码为种群个体。这就意味着总共有$C\times L$优化变量需要进行编码[14]。ADE向量可描述为

$$\boldsymbol{X}_i=[x_{i,1},x_{i,2},\cdots,x_{i,C\times(L-1)+1},x_{i,C\times(L-1)+2},\cdots,x_{i,C\times L}] \tag{7-59}$$

其中，前L个元素$x_{i,1},x_{i,2},\cdots,x_{i,L}$表示第一类聚类中心，接下来的$L$个元素$x_{i,L+1}$，$x_{i,L+2},\cdots,x_{i,2L}$表示第二类聚类中心，以此类推。用这种方法，可以将聚类中心矩阵$\boldsymbol{V}=[v_{ik}]_{C\times L}$编码为ADE向量$\boldsymbol{X}_i$并进行优化运算。

2. 适应度函数

采用适应度函数为WFKCA的目标函数，如下式[15]：

$$f=J_{\mathrm{WFKCA}}=\sum_{i=1}^{C}\sum_{j=1}^{N}\sum_{k=1}^{L}u_{ij}^m\omega_{ik}^\beta\,\|\Phi(x_{jk})-\Phi(v_{ik})\|^2 \tag{7-60}$$

适应度函数值最小意味着目标函数值的最小化，代表着对数据集的最优划分。

3. 水质改善程度排序方法流程

WFKCA与ADE相结合的水质改善特征值评价方法计算流程如下。

步骤一：初始化聚类中心矩阵v_{ik}和$\omega_{ik}=1/L$；初始化标准差σ，模糊系数m和β，设置运算停止精度ε，设置目标函数初值$J_{\mathrm{WFKCA}}^{t-1}=\xi$，$\xi$是一个较大的常量[16]。

步骤二：设置当前进化代数$G=1$，设置ADE参数种群规模NP，最大进化代数$G_{\max}$，初始交叉因子CR_0，初始变异因子F_0。

步骤三：进行ADE优化算法的变异、交叉、选择操作，对聚类中心矩阵进行优化。

步骤四：计算当前代隶属度矩阵$[u_{ij}^t]$。

步骤五：计算当前代权重矩阵$[\omega_{ik}^t]$。

步骤六：计算当前代适应度函数值J_{WFKCA}^G。

步骤七：比较J_{WFKCA}^G和J_{WFKCA}^{G-1}，如果$|J_{\mathrm{WFKCA}}^G - J_{\mathrm{WFKCA}}^{G-1}| < \varepsilon$或者$G>G_{\max}$，则运算

停止，否则转步骤三继续运行。

步骤八：由隶属度矩阵按下式计算出水质改善程度特征值：

$$H_j = \sum_{i=1}^{C} u_{ij} \cdot i \tag{7-61}$$

运算流程图如图7-7所示。

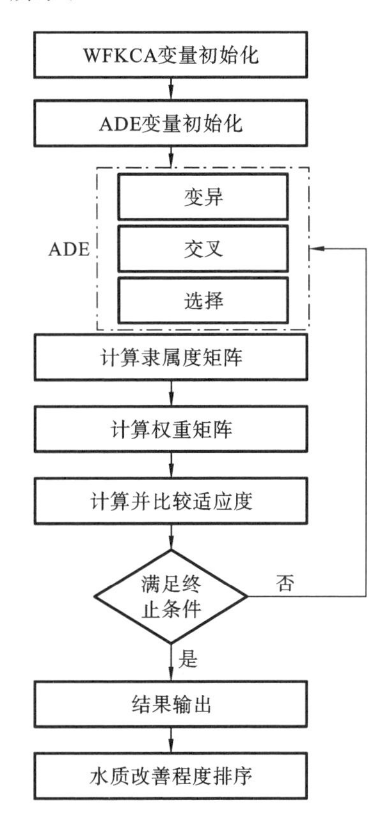

图7-7　基于WFKCA和ADE的水质改善程度排序流程图

7.3.3　多重循环调度工程应用

采用WFKCA方法对总时长为30天的大、中、小循环不同时长分配得到的9组经过初步优选的调度方案集进行评价，结果如表7-9所示。

表7-9　大东湖生态水网多目标调度方案集

方案编号	沙湖综合改善程度	东湖综合改善程度	杨春湖综合改善程度	严西湖综合改善程度	北湖综合改善程度	总调水量/m^3	方案优选排序结果
1	0.585434	0.114557	0.304713	0.074037	−0.15689	7128	2.986096
2	0.538022	0.096995	0.304713	0.074046	−0.15689	6696	1.920511
3	0.538022	0.102096	0.304713	0.076573	−0.15688	6912	2.038899

续表

方案编号	沙湖综合改善程度	东湖综合改善程度	杨春湖综合改善程度	严西湖综合改善程度	北湖综合改善程度	总调水量/m^3	方案优选排序结果
4	0.512736	0.09724	0.304713	0.07659	−0.15688	6480	1.680575
5	0.585434	0.143844	0.304713	0.077548	−0.15688	8424	3.999881
6	0.566315	0.112293	0.304713	0.076468	−0.15688	7128	2.851066
7	0.528875	0.110628	0.304713	0.065155	−0.14513	7128	1.961618
8	0.522854	0.098071	0.304713	0.076564	−0.15688	6696	1.040649
9	0.466009	0.089849	0.304713	0.07659	−0.15688	6264	2.518169

从表7-9可以看到，方案5最优，方案8最劣，且采用方案5后东湖和沙湖水质综合改善程度均为最佳，符合生态水网调度主要目标。方案集优劣排序结果为：方案5＞方案1＞方案6＞方案9＞方案3＞方案7＞方案2＞方案4＞方案8。

7.4 湖泊群水网连通对水环境生态影响评价

为了实现湖泊群水网连通对水环境生态影响的评价，提出了能同时反映连通湖泊群生态系统结构水平和系统水平变化的综合性指标体系，应用模糊聚类分析法和直接测量法构建了湖泊群生态系统健康评价模型，并结合湖泊生态系统健康评价标准，对大东湖水网连通工程的科学性进行综合评价，研究了湖泊群不同连通方案对大东湖水网生态系统健康程度的影响。

7.4.1 湖泊群生态系统健康评价指标体系研究

拥有健康的生态系统结构和功能是湖泊生态系统健康的核心，而要了解生态系统结构和功能，就必须了解生态系统的形成、演变、过程、特征及其发展规律，必须了解生态系统与环境因子的作用机制。同时，健康的生态系统应该在时间和空间上能维持自身组织结构，能自我调节，对胁迫具有恢复能力。所以，生态系统健康评价指标最重要特性是要能反映生态系统的完整性、适应性和效率。

评价指标确立的原则主要包括全面性原则、准确性原则、灵活性与可持续性原则、普适性原则[17]。同时，确立评价指标还需具备科学性、可操作性、可比性、便利性、预后性，以及符合国情，适合国家发展需求等标准。

不同的湖泊，其组织结构相差很大，专家将根据研究对象的生态状况及经验赋予结构指标不同的值，从而使得不同湖泊结构指标的主要因子不同，所以在筛选组织结构上的指标时，得依据具体情况而定。

不论湖泊差异性多大，湖泊生态系统水平上的变化都是通过系统对外界压力的抵抗力和生态发展程度等方式表现，所以系统水平上的指标在不同湖泊间可以通用。此处采用层次分析法对系统水平上的指标进行筛选[18~19]。经过筛选后的系统水平上的指标层次关系如图7-8所示。对于组织水平上的指标，可依据具体的湖泊研究情况而定。

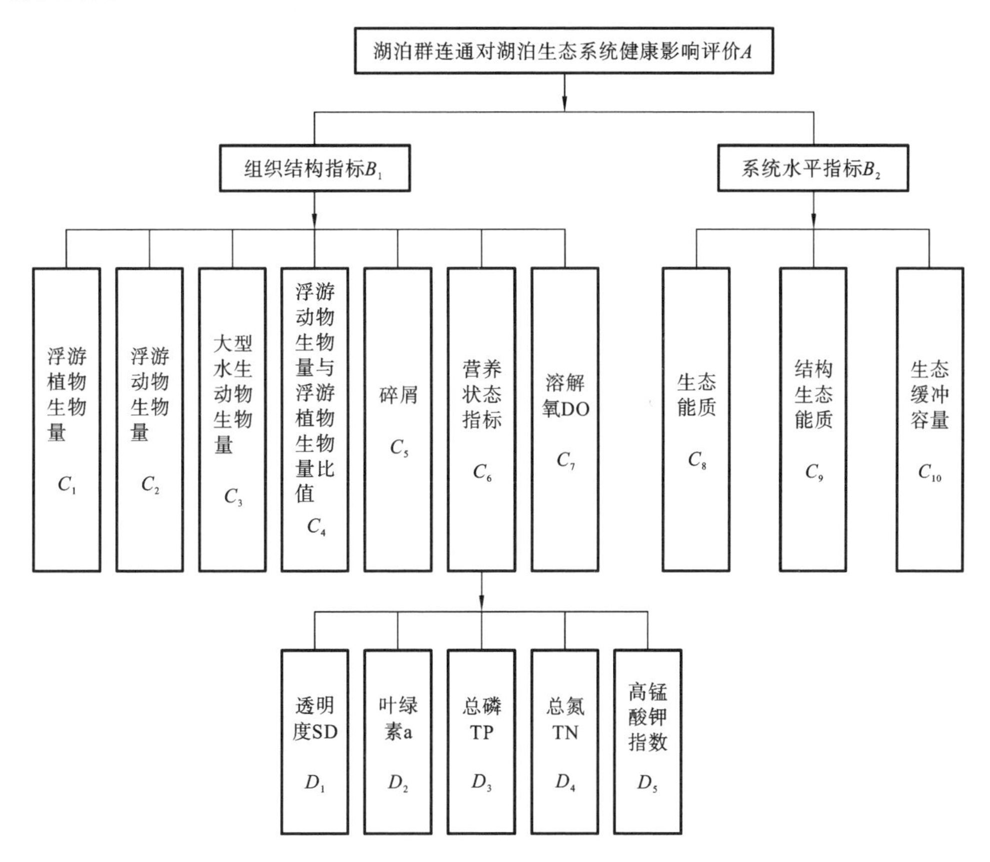

图7-8 系统水平指标经过筛选后的湖泊群指标体系图

结构指标表征影响湖泊生态系统发展的主要内部因素，除了营养状态指标（TSI）外，其他指标大多都是通过实验测量得到。营养状态指标常采用下式来反映：

$$\begin{cases} TSI(Chla)=10\times(2.5+1.086\ln Chla) \\ TSI(TP)=10\times(9.436+1.624\ln TP) \\ TSI(TN)=10\times(5.453+1.694\ln TN) \\ TSI(SD)=10\times(5.118-1.94\ln SD) \\ TSI(COD_{\mathrm{Mn}})=10\times(0.109+2.661\ln COD) \end{cases} \tag{7-62}$$

$$w_j=\frac{r_{ij}^2}{\sum_{j=1}^{m} r_{ij}^2} \tag{7-63}$$

$$TSI\left(\sum\right)=\sum_{j=1}^{m}w_j\cdot TSI(j) \tag{7-64}$$

式中：w_j 为第 j 个参数的相对权重因子；r_{ij} 是第 j 个参数与基本参数的相对系数；TSI 代表综合营养状态指标，$TSI(j)$ 为第 j 个参数的营养状态指标值，m 为参数总数；叶绿素 a 的单位为 mg/m^3，其他参数的单位为 mg/L。计算 TSI 值时，一般将叶绿素 a 作为基本营养参数。在国内湖泊研究中，叶绿素 a 与其他参数的相关系数如表 7-10 所示。

表 7-10　国内湖泊(水库)研究中叶绿素 a 与其他参数间的相关系数

参数	叶绿素 a	总磷(TP)	总氮(TN)	透明度(SD)	化学需氧量(COD_{Mn})
r_{ij}	1	0.84	0.82	−0.83	0.83
r_{ij}^2	1	0.7056	0.6724	0.6889	0.6889

为了更好地对湖泊群营养状况进行分析，将 TSI 值按照营养状态等级进行分类，如下所示：

$TSI\left(\sum\right)<30$，湖泊群处于贫营养化状态；$30\leqslant TSI\left(\sum\right)\leqslant 50$，湖泊群为中营养状态；$TSI\left(\sum\right)>50$，处于富营养化状态；$50<TSI\left(\sum\right)\leqslant 60$，轻度富营养化；$60<TSI\left(\sum\right)\leqslant 70$，中度富营养化；$TSI\left(\sum\right)>70$，高度富营养化状态。通过计算湖泊的 TSI 值，依据营养状态指标等级分类，可以判断湖泊的营养状态。

系统水平上的指标包含生态能质(exergy)、结构生态能质(structural exergy)、生态缓冲容量(buffer capacity)，各个指标的含义及获得方法如下：

生态能质由 Jorgensen 于 1995 年从热力学概念衍生出来。在热力学中，生态能质是指系统从给定状态到与其周围介质达到平衡所做的最大功。在湖泊生态研究中，它代表湖泊系统的有序化程度，能在时间尺度上度量湖泊系统的发展状态，反应生态系统的结构及生态系统所包含的信息。生态能质值越大，意味着湖泊生态系统的组织化程度越高，稳定性越强，外界想要破坏湖泊使之恢复到混沌无序状态所需的能量就越多；值越小，则表示湖泊生态系统组织化越低，稳定性越低，外界破坏该湖泊使之恢复到热平衡状态所需的能量就越少。生态能质可由下式得到：

$$Ex=\sum_{i=1}^{n}\beta_i C_i \tag{7-65}$$

式中：C_i 为湖泊生态系统中第 i 种组成成分的浓度；β_i 表示系统中第 i 种组成成分的转换因子，可由存储在物种基因中的信息量计算得到。对于不同的湖泊，其内部不同有机成分物种中非重复基因数目存在差异，致使浮游植物和浮游动物的 β_i 值在不同湖泊生态系统环境中表示的转换因子值有所不同，分别取值为 3.9，36.75。表 7-11 列出了不同生物的 β_i 相对值。

表 7-11 不同生物的 β_i 相对值

生　　物	特征基因数目	转换因子 β_i 值
Detrutus 碎屑	0	1
Minimal cell 原核生物	470	2.6
Bacteria 细菌	600	3.0
Algae 藻类	850	3.9
Yeast 酵母	2000	6.4
Fungus 真菌	3000	10.2
Sponges 海绵动物	9000	30
Molds 真菌	9500	32
Plants,trees 植物 树木	10000～30000	30～87
Worms 蠕虫	105000	35
Insects 昆虫	10000～15000	30～46
Jellyfish 水母	10000	30
Zooplankton 浮游动物	10000～15000	30～46
Fish 鱼	100000～120000	300～370
Birds 鸟	120000	390
Amphibians 两栖动物	120000	370
Reptiles 爬行动物	130000	400
Mammals 哺乳动物	140000	430
Human 人	250000	740

结构生态能质代表了高等生物的主导作用，因为高等生物有更高的 β 值，携带更多的信息，它也描述了湖泊生态系统利用可用资源的能力，湖泊生态系统网络越复杂，生态系统循环利用系统更好，则湖泊的生态能质值越高。计算公式如下：

$$Ex_{st}=\sum_{i=1}^{n}\frac{C_i}{C_t}\beta_i \tag{7-66}$$

式中：C_t 代表总的生物量，等于所有 C_i 的和。

生态缓冲容量是生态系统状态变量与生态系统所受外部胁迫之比，表示方式为

$$\beta=\frac{1}{\delta(c)/\delta(f)}=\frac{\delta(f)}{\delta(c)} \tag{7-67}$$

式中：c 为决定系统的内在变量，如浮游植物、浮游动物浓度等；f 为外部胁迫，如可溶性磷浓度、可溶性氮浓度，风、太阳辐射、温度等。我国大多数湖泊污染问题都是因为富营养化造成的，而磷是造成湖泊富营养化的主要因素，它一般被选作胁迫因子；

浮游植物作为主要生产者，在湖泊生态系统中起着重要作用，它通常被认为是描述湖泊富营养化的指标。基于此，此处采用下式计算生态缓冲容量：

$$\beta=\beta\left(\frac{TP}{Phyt}\right)=\frac{\delta(TP)}{\delta(Phyt)} \tag{7-68}$$

湖泊群连通工程实施后，湖泊生态系统健康状况如何变化，需要有一定的评判标准，否则就不能保证评价结果的正确性和合理性。因此，在确定评价指标体系后，有必要依据湖泊生态系统情况，确定合理的湖泊群连通工程生态系统健康评价标准。

依据结构指标和系统水平指标的特点，结合 Jorgensen 对生态能质等的定义，最终确定的湖泊生态统健康评价标准如表 7-12 所示（此处只列了几个具有代表性的指标）：

表 7-12 湖泊群连通工程各个层面的指标特点

指标		生态指标	相对健康状况		得到指标值的方法
			好	坏	
系统水平		生态能质	高	低	计算
		结构生态能质	高	低	计算
		生态缓冲容量(β)	高	低	计算
结构功能		浮游植物生物量	低	高	测量
		浮游动物生物量	高	低	测量
		浮游动物生物量与浮游植物生物量的比值	高	低	计算
		大型水生动物	高	低	测量
	营养状态指标 TSI	总磷 TP	低	高	测量
		总氮 TN	低	高	测量
		叶绿素 a	低	高	测量
		化学需氧量(COD_{Mn})	低	高	测量
		透明度 SD	清澈	浑浊	测量

7.4.2 湖泊群连通工程模糊相似性矩阵聚类分析模型

以对湖泊进行采样的时间为模糊聚类的对象，以被研究湖泊的相关指标来表示对象的性状进行分类研究。

步骤一：依据湖泊群连通工程具体情况，设定样本，并对其进行数据预处理。采用平移极差变化法进行数据标准化，公式如下：

$$x''_{ik}=\frac{x'_{ik}-\min\limits_{1\leqslant i\leqslant n}\{x'_{ik}\}}{\max\limits_{1\leqslant i\leqslant n}\{x'_{ik}\}-\min\limits_{1\leqslant i\leqslant n}\{x'_{ik}\}}\quad(k=1,2,\cdots,m) \tag{7-69}$$

步骤二：对样本进行标定，求解出的模糊相似矩阵应具有自反性和对称性。采用绝对值减数法进行处理：

$$r_{ij}=\begin{cases}1, & i=j\\ 1-c\sum_{k=1}^{m}x_{ik}-x_{jk}, & i\neq j\end{cases} \tag{7-70}$$

式中，c 的选取要能满足使 $0\leqslant r_{ij}\leqslant 1$。

步骤三：聚类，画聚类图。前两步计算出的模糊相似矩阵只具有自反性和对称性，若要聚类，则矩阵 $\boldsymbol{R}$ 还得有传递性，所以在聚类之前，首先得转换成模糊等价关系矩阵。采用传递闭包法，即自乘直到 $\boldsymbol{R}^{2k}=\boldsymbol{R}^{k}$ 为止得到模糊等价关系矩阵，然后聚类。

7.4.3 大东湖水网连通工程生态系统健康评价

以东沙湖为研究对象，分析东沙湖连通前后，两湖泊系统生态指标变化情况，根据生态系统健康评价原则，预测湖泊发展趋势，采用模糊相似性矩阵聚类模型对湖泊群连通工程的科学性进行评估。

湖泊群连通导致湖泊生态系统重组，各个生态指标也会相应发生变化，据监测数据，采用DMM法求解，得出东湖与沙湖相关指标变化曲线如图7-9至图7-14所示。

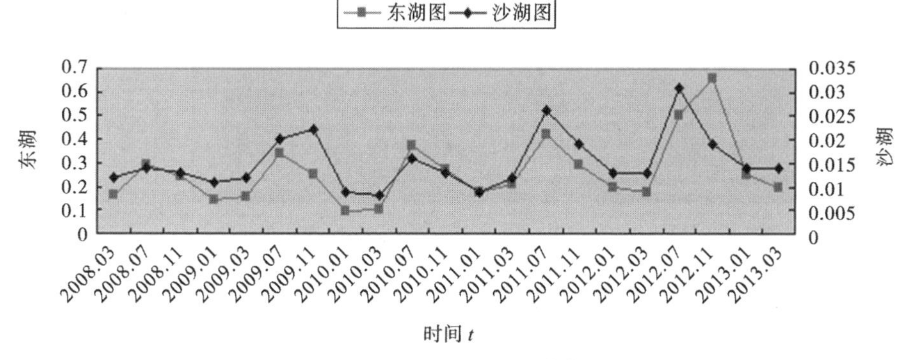

图7-9 两湖 $\beta_{zoop}/\beta_{Phyt}$ 的变化

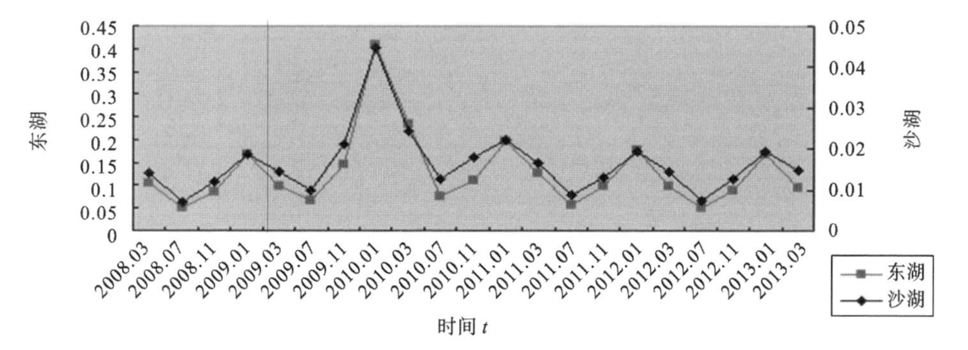

图7-10 两湖 $\beta_{(TP/Phyt)}$ 的变化

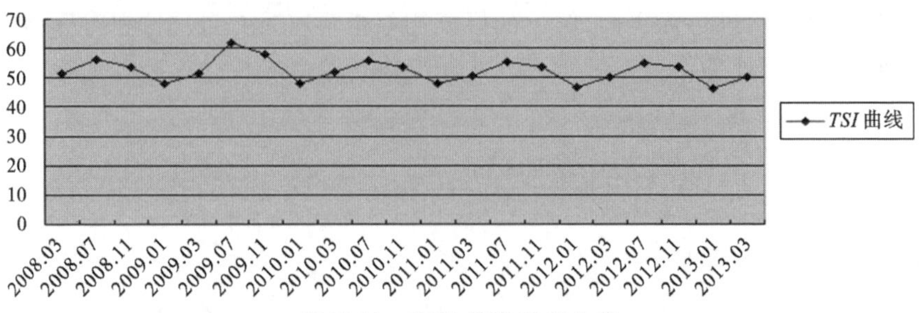

图 7-11 东湖 TSI 变化曲线

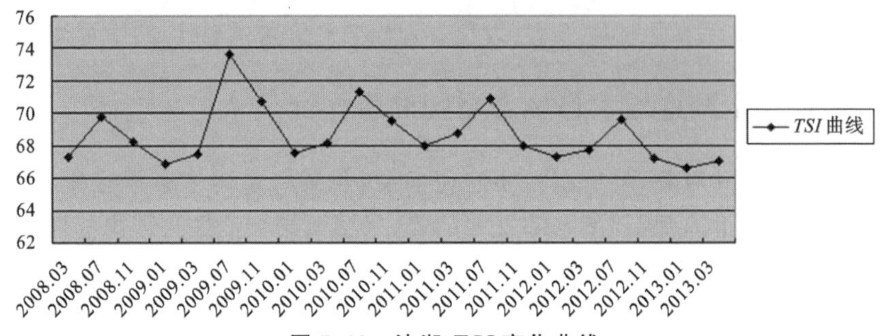

图 7-12 沙湖 TSI 变化曲线

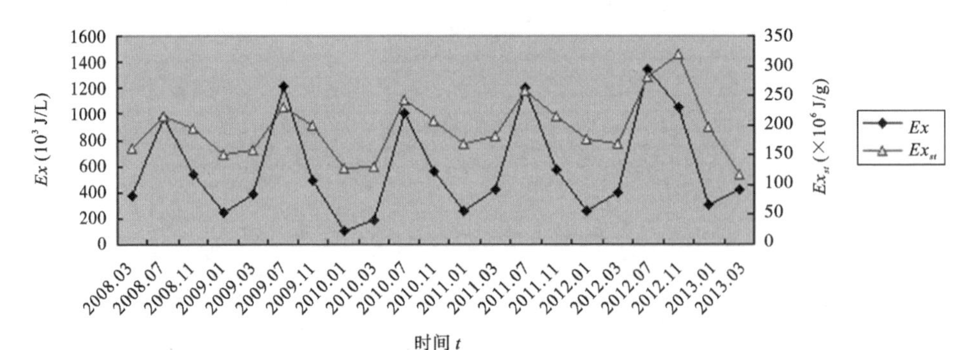

图 7-13 东湖 Ex 与 Ex_{st} 的变化

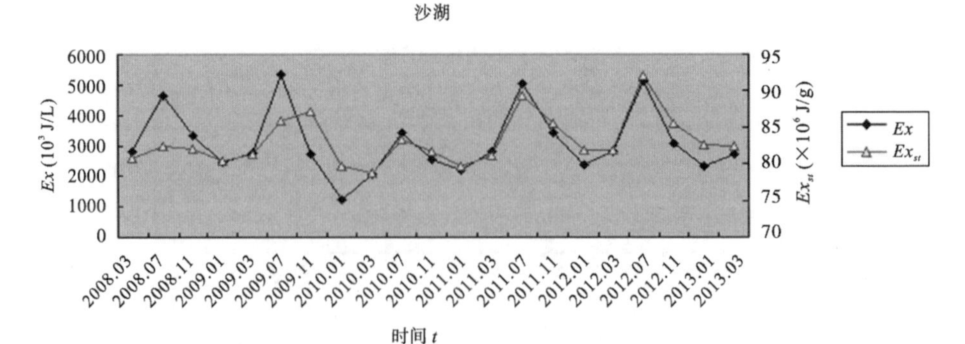

图 7-14 沙湖 Ex 与 Ex_{st} 的变化

参考文献

[1] 陈守煜. 工程模糊集理论与应用[M]. 北京:国防工业出版社,1998.

[2] Zadeh L A. Fuzzy sets[J]. Information and Control,1965(8):338-353.

[3] 李爱花,刘恒,耿雷华,等. 水利工程风险分析研究现状综述[J]. 水科学进展,2009,20(3):453-459.

[4] 王栋,朱元甡. 基于最大熵原理的水环境模糊优化评价模型[J]. 河海大学学报:自然科学版,2002,30(6):56-60.

[5] 周晓蔚,王丽萍,张验科. 基于最大熵的河流水质恢复能力模糊评价模型[J]. 中国农村水利水电,2008(1):23-25.

[6] 李群,宁利. 属性区间识别理论模型研究及其应用[J]. 数学的实践与认识,2002,32(1):50-54.

[7] 刘雨华. 基于梯形模糊数的指标权重确定方法的应用研究[J]. 南京信息工程大学学报:自然科学版,2009(4):369-372.

[8] 邹强,周建中,杨小玲,等. 属性区间识别模型在溃坝后果综合评价中的应用[J]. 四川大学学报:工程科学版,2011,43(2):45-50.

[9] Greening L A, Bernow S. Design of coordinated energy and environmental policies: use of multi-criteria decision-making [J]. Energy Policy, 2004, 32: 721-735.

[10] 陈守煜,王子茹. 基于对立统一与质量互变定理的水资源系统可变模糊评价新方法[J]. 水利学报,2011,42(3):253-261.

[11] 张礼兵,金菊良,程吉林,等. 基于非线性测度函数的改进属性识别模型在水质综合评价中的应用[J]. 水科学进展,2008,19(3):422-427.

[12] Palm R. Multiple-step-ahead prediction in control systems with Gaussian process models and TS-fuzzy models[J]. Engineering Applications of Artificial Intelligence, 2007(20):1023-1035.

[13] Swagatam D, Sudeshna S. Kernel-induced fuzzy clustering of image pixels with an improved differential evolution algorithm[J]. Information Sciences, 2010,180(8):1237-1256.

[14] Li Liao, Jianzhong Zhou, Qiang Zou. Weighted fuzzy kernel-clustering algorithm with adaptive differential evolution and its application on flood classification[J]. Natural Hazards, 2013,69:279-293.

[15] Lu YL, Zhou JZ, Qin H, Li YH, Zhang YC. An adaptive hybrid differential evolution algorithm for dynamic economic dispatch with valve-point effects [J]. Expert Syst. Appl., 2010,37(7):4842-4849.

[16] Shen HB, Yang J, Wang ST, Liu XJ. Attribute weighted Mercer Kernel based fuzzy clustering algorithm for general non-spherical datasets[J]. Soft Comput., 2006,10(11):1061-1073.

[17] 魏一鸣,金菊良,杨存建,等. 洪水灾害风险管理理论[M]. 北京:科学出版社,2002.

[18] 刘雨华. 基于梯形模糊数的指标权重确定方法的应用研究[J]. 南京信息工程大学学报:自然科学版,2009(4):369-372.

[19] 罗志猛,周建中,张勇传,等. 基于支持向量机和模糊层次分析法的虚拟研究中心合作伙伴优选决策[J]. 计算机集成制造系统,2009,15(11):2266-2271,2279.

第8章 湖泊水环境模拟及调控决策支持系统开发集成及应用

以大东湖生态水网工程为背景的湖泊水网调度决策支持系统是一个受诸多方面因素影响的复杂系统，且湖泊水网调度决策过程涉及社会、经济、水文、水动、水工和生态等多个领域，是一个典型半结构化的多层次、多主体、多目标决策问题。本章以建立具有普适性意义的湖泊水网调度决策支持原型系统为目标，基于"大技术、大平台、大共享、大应用"的理念，综合集成地球科学、信息科学、计算机科学、空间科学、通信科学、管理科学、经济人文科学等多学科理论和技术成果，结合数字工程方法克服传统信息系统的物理边缘、技术边缘、功能边缘和逻辑思维边缘，建立了流域水资源管理统一数据共享平台，研发了网络分布式模型驱动的水资源管理智能化开放式模型库，设计并实现了基于 WPF 与 GIS 的动态生成交互平台，为基于松耦合模型驱动(LCMD)理论框架的大东湖生态水网调度决策支持系统提供了核心技术支撑。本章的最后部分论述了示范系统在具体工程中的应用，主要包括湖泊群多源污染影响分析、生态水网调度规程制定、水质水量多目标联合优化调度辅助决策、突发水安全事件应急决策和基于 OpenGraphScene 的城市湖泊三维可视化仿真系统。

8.1 决策支持系统建模与设计方法

面对严重的水安全危机和复杂的湖泊水网调度问题，基于信息管理系统的传统模式已无法适应现代湖泊水网调度的需求。基于预报、分析、评估、模拟等多学科算法模型的决策支持系统将辅助管理人员更好地做出决策[1]，其中实现决策需求的动态适应性是决定此类决策支持系统性能的关键[2]。

针对湖泊水网调度决策过程多层次、多主体、多目标且半结构化的特点，研究团队首次提出了松耦合模型驱动的湖泊水网调度决策支持系统方法。以解决系统中各决策辅助单元的动态适应性问题为切入点，分析并识别了不确定条件下湖泊水网调度决策支持系统的决策行为与决策技术问题，设计了基于双层迭代优化结构的持续集成松耦合系统体系，明确了系统生命周期中各相关角色的作用与分工，归纳了系统基本特性，探讨了这一系统方法在湖泊水网调度领域的决策机理，描述了面向湖泊水网调度 LCMD -DSS 的系统架构及持续集成策略。

8.1.1 松耦合模型驱动的湖泊水网调度系统特性分析

模型驱动决策支持系统(MD -DSS)是以代数、微分方程、多属性多目标决策、局部搜索、预报、最优化、模拟、评估等数学决策模型为中心,在复杂和不确定的决策环境中实现系统各主要分析功能[1],对决策方案影响下可能发生的情景进行评估与判断,从若干可行方案中选择或综合成一个满意合理的方案,从而辅助决策者更好地进行决策[2]。

MD-DSS 的核心是 Simon 三段式决策过程(见图 8-1)或其改良型方法,并使用瀑布模型(Waterfall Model)[3]进行软件开发。作为一种高效的软件开发技术,其本质是一个仅针对明确需求的紧耦合决策支持系统,无法适应湖泊水网调度决策支持系统中复杂、具有不确定性的非结构化或半结构化决策问题的求解。

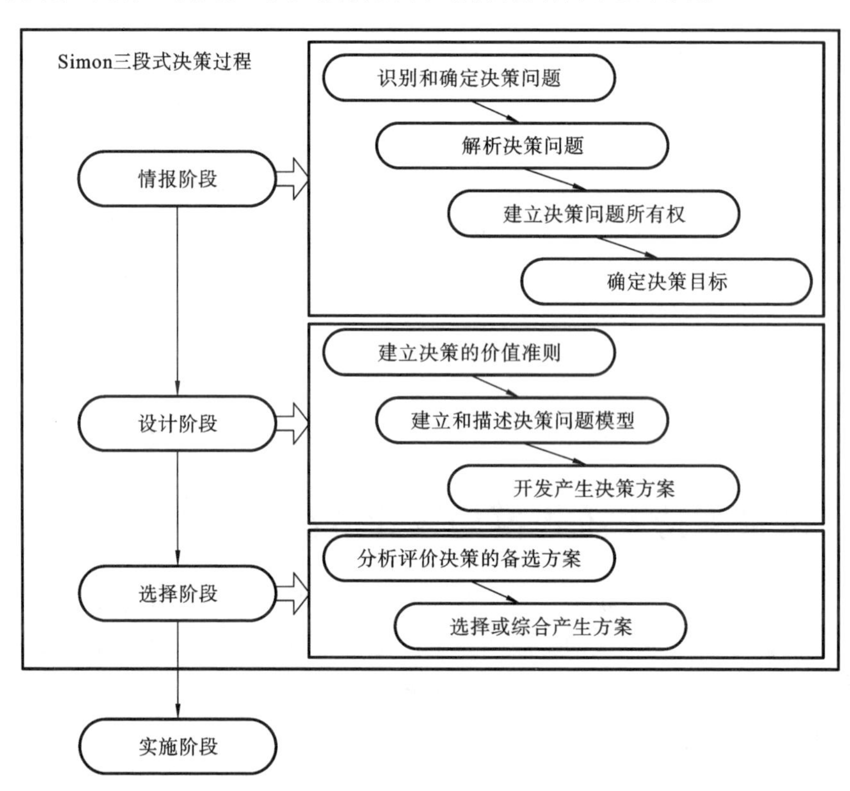

图 8-1 经典的 Simon 三段式决策过程模型[4]

针对这一系列的问题,研究团队首次提出了一种全新的决策支持系统方法,相关定义如下。

定义 8-1 模型泛指所有具有辅助决策相关功能的运算单元,主要包括(不限于)四个类型:①多学科融合的多属性多目标决策、局部搜索、预报、最优化、模拟、评估等决策模型;②以各种统计方法与数学函数为代表的通用标准计算方法;③以专家系统为代表的决策知识的获取、表示、储存、推理及搜索等知识管理工具;④用于提供统一数据支持、可视化仿真或群体决策等其他功能的数字化平台。

定义8-2 决策行为优化环特指为保证系统动态适应性而设计的决策行为迭代优化结构,具体包括以下几个主要步骤:①模型的描述、匹配、协商与组合;②模型信用值的评估;③决策任务分解与数据-模型链生成;④应用到实际工程问题中并获取反馈;⑤按需增量式扩充模型库;⑥从步骤①开始循环。

定义8-3 决策技术优化环特指为保证系统异质包容性而设计的决策技术迭代优化结构,具体包括以下几个主要步骤:①面向普适性需求设计实现LCMD基础平台;②根据决策任务需求进行数据、模型、交互平台持续集成;③持续测试;④持续部署;⑤持续反馈;⑥从②开始循环。

定义8-4 松耦合模型驱动决策支持系统(Loose-coupling Model-driven Decision Support System,LCMD-DSS)是一种以模型为中心,以决策行为优化环与决策技术优化环双层松耦合迭代优化结构为主要特点的决策支持系统。

LCMD-DSS的核心思想和主要创新点是使系统处于松耦合且持续集成的迭代优化状态,基于双层行为与技术并行优化环机制,为决策者、各学科科学家、从业专家提供一个动态适应与异质包容的决策平台,合理整合决策资源与先进的各学科算法模型,着重处理传统决策支持系统无法有效解决的非结构化或半结构化决策问题。

1. LCMD-DSS的生命周期

传统决策支持系统的生命周期(Systems Development Life Cycle)通常是按时间分程、逐步推进的,一般包括系统分析、系统设计与系统实施等几个主要环节[1]。有别于此,LCMD-DSS是一种持续迭代优化的动态系统[5],其完整的生命周期是基于双层并行优化环的新型迭代优化结构(见图8-2),其核心是决策行为优化环与决策技术优化环的统一,两者分别基于各自的优化策略迭代进化且同时相互影响,使LCMD-DSS的系统功能逐步适应湖泊水网调度的日常决策工作与突发事件处理等决策任务。

此外,由于湖泊水网调度决策支持系统的决策过程具有高度的复杂性与不确定性,因此,在设计这个生命周期方案时,是以复杂的决策需求为中心,丰富的多学科模型为工具,适宜的决策流程为手段,完善的双层反馈机制为保证,非结构化或半结构化决策问题的解决为主要目的。

2. LCMD-DSS相关角色分析

在基于双层并行优化环的迭代优化机制下,运用LCMD-DSS进行辅助决策,至少需要以下四个方面的能力做支撑:①湖泊水网调度相关领域宏观视野与风险型决策能力;②现代湖泊水网大系统分析与规划能力;③相关学科专业知识与建模能力;

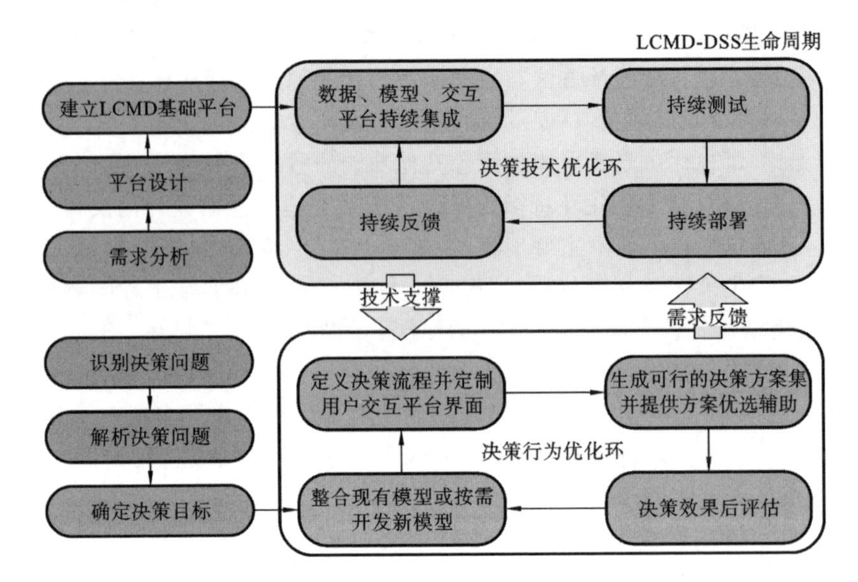

图 8-2 基于 LCMD 方法的湖泊水网调度决策支持系统生命周期

④数字化技术、信息学知识与现代软硬件开发设计能力。

传统决策支持系统的相关角色主要包括系统开发人员和系统用户两种，陈晓红等[1]提出的 SmartDecision 中将系统用户又细分为专家用户和最终决策用户。考虑到湖泊水网调度系统，存在着以下多个问题：①决策目标往往比较复杂且不确定性大；②各专业模型种类繁多但普适性差，且往往缺乏工程验证；③决策流程不确定，需要行业专家设计规划；④各学科科学家专注于本学科知识，而缺乏针对特定湖泊水网调度决策问题的整体认识。因此将专家用户又进一步细化为行业专家与各学科科学家，即 LCMD -DSS 生命周期中的相关角色是由决策者、行业专家、各学科科学家、技术支持专家四个用户群体组成，具体特征如表 8-1 所示。

表 8-1 LCMD -DSS 生命周期中相关角色的作用分析

角色	知识构成特点	参与阶段	分工
决策者	湖泊水网调度相关领域宏观视野与风险型决策能力	LCMD -DSS 工程应用阶段； 决策行为优化环中的反馈部分； 决策技术优化环中的反馈部分	提炼决策问题； 与 LCMD -DSS 交互完成决策任务； 对决策效果进行评估并反馈意见
行业专家	现代湖泊水网大系统分析与规划能力	LCMD -DSS 工程应用阶段； 决策行为优化环中的规划与反馈部分； 决策技术优化环中的反馈部分	选取适宜的模型和工具整体规划设计决策过程； 指导各学科科学家修改各自算法模型以适应特定决策任务； 定制系统交互平台

续表

角色	知识构成特点	参与阶段	分工
各学科科学家	相关学科专业知识与建模能力	LCMD-DSS工程应用阶段； 决策行为优化环中的维护部分； 决策技术优化环中的反馈部分	发挥各自专业特长，针对特定湖泊的具体决策问题，选择合适的数学方法，建立相应的决策模型； 在决策者反馈意见、行业专家与实际工程需求的指导下，修改各自模型或发布新模型以适应特定决策任务
技术支持专家	数字化技术、信息学知识与现代软硬件开发设计能力	LCMD-DSS原型系统开发阶段； LCMD-DSS工程应用与设计阶段； 决策行为优化环中的设计与维护部分； 决策技术优化环中的设计、维护部分	LCMD-DSS原型系统的开发与设计； 决策技术优化环的建立与维护； 在决策者反馈意见、行业专家、各学科科学家与实际工程需求的指导下，选择合适的技术手段，支撑系统的业务功能

3. LCMD-DSS的基本特征

1）跨平台与松耦合架构

LCMD-DSS系统的核心是其松耦合性。基于面向服务架构(Service Oriented Architecture，SOA)，LCMD-DSS将功能单元发布成服务，并通过定义良好的接口和契约联系起来的组件模型，实现了分布式模型间结构形式上相对独立而功能逻辑上松耦合联系的统一。在SOA体系下，服务组合(Service Composition)用于面向满足用户复杂的业务需求，将独立、分布、可用的基本服务组合起来。同时，成熟的网络支撑技术，如通用描述-发现-集成服务(UDDI)、Web服务描述语言(WSDL)、简单对象访问协议(SOAP)等，这些技术为Web服务的发布和使用提供了有力的支撑，整合了现有分布式服务资源，动态构建了松耦合普适模型运行环境，为快速生成具有高度动态适应性专业系统提供技术支撑。

另一方面，基于LCMD-DSS的松耦合架构，各功能单元间的通信都是以标准的XML进行，最大限度地降低了对系统框架内开发环境、编程语言与运行环境的约束，同时由于各功能单元处于低耦合度的黑箱模式，在功能的重用与维护及知识产权的保护等方面都具有明显优势。

2）开放式模型集成与异步通信

调用开放式计算模型需要通过三层结构：请求层、业务层及均衡层。通过分布式计算服务发布的消息接口，各算法模型和系统功能模块可经主服务中转发送分布式计算请求，分布式计算服务将创建唯一标示的XML状态标记记录模型计算信息并实时反馈，再由均衡层通过主服务上服务组合(Service Composition)的注册信息指导业务层来完成计算过程。

3）持续集成与可拓展性

开发的系统是一个持续更新的动态系统，科研人员可以通过调用统一的数据库操作服务完成模型前数据处理、模型参数设置、模型结果输出等功能的格式化工作，即可将各种平台各种程序语言开发的算法模型发布为 Web Service，再通过上传 WSDL 发现文档以完成在主服务上的注册，结果的可视化展示则可以通过主服务中转在 GIS 功能服务与界面管理服务上完成注册。

4）自定义生成可视化界面

所开发的系统支持各种不同类型的客户端，只要能通过 Web 访问主服务所发布的表示层消息接口而推送操作命令的都能视为本系统的客户端。系统默认的客户端是基于 WPF 的动态客户端，提供了统一的编程模型、语言和框架，分离了系统界面的设计工作和功能模块开发，允许通过界面管理服务新建或管理窗体。

8.1.2 松耦合模型驱动的湖泊水网调度决策机理研究

本章将 LCMD-DSS 定义为一种基于松耦合平台且以各学科模型为中心，从而辅助决策者制定决策方针并对可行性方案集合进行优选的决策支持系统。本小节将通过研究决策行为优化环的工作原理以阐述 LCMD-DSS 决策机理。

总的来说，在面向湖泊水网调度的系统功能范畴内包含着数量庞大、种类繁多的模型方法，例如：① 非线性代数和微分方程模型；② 各种决策分析工具，包括层次分析法、决策矩阵和决策树；③ 多属性和多准则的模型；④ 预测模型；⑤ 网络和优化模型；⑥ 蒙特卡罗和离散事件仿真模型；⑦ 多智能体模拟的定量行为模型等。因此，LCMD-DSS 的中心任务是如何制定并运用统一的标准与接口，基于信用值评估结果选择性地整合上述模型，同时还需要保证模型的表述足够通俗化，从而保证决策者所获取的决策辅助信息足够明确且清晰。

LCMD-DSS 的主要创新点在于系统一直处于“持续迭代优化”状态。换言之，基于持续集成的松耦合模式（见图 8-3），其系统的主要组件、功能、逻辑设置、模型适应性等都随着决策系统的工程应用与反馈机制逐步优化。

8.1.3 松耦合模型驱动的湖泊水网调度系统架构研究

系统的核心在于以模型为中心及各主要组成部分设计实现时较高的松耦合性。总的来说，松耦合性主要面向于系统的灵活性、扩展性与容错性需求，尽可能降低各组件间的依赖度（Dependency）。依赖度越低，单一组件的修改或错误对整个系统的影响就会越低；另一方面，这种模式使跨地域快速组织并联合分析成为可能。

为促进基于 LCMD 方法系统模式的推广，在体系架构的设计上遵循简单、清晰的原则，只限定最基本的行为模式来指导技术集成。LCMD 体系兼容任意形式的用户交互平台、任意计算机语言编写的算法模型、任意数据类型的专题或空间数据等。

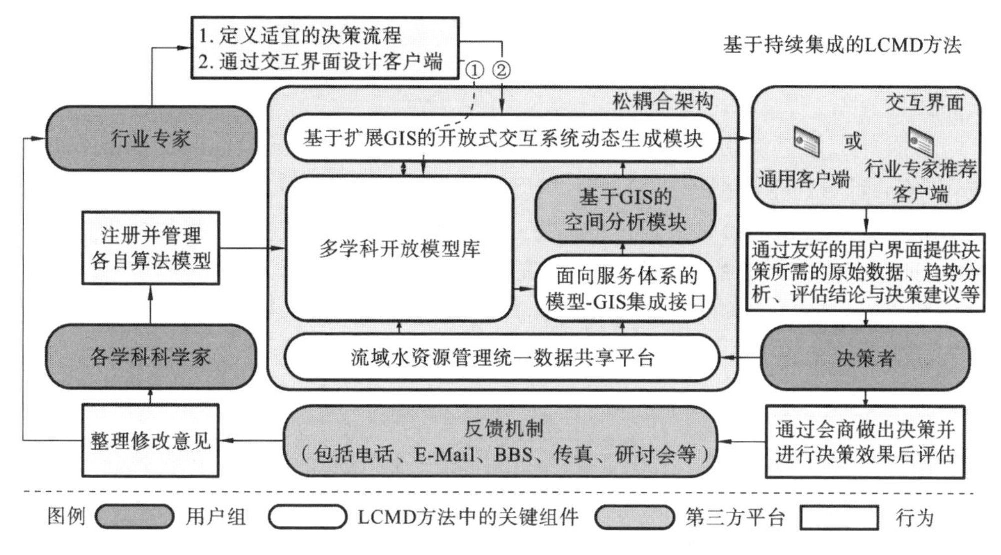

图 8-3　基于 LCMD 方法的湖泊水网调度决策支持系统生命周期

其中，用户交互平台负责收集决策者的命令与模型参数，以 XML 数据流的形式发送到总服务器群，由均衡服务器负责消息的转发，寻找已注册的模型组合对命令进行解析与处理，整个流程终止于数据库的更新。行业专家可以定义模型组合，各学科科学家可以对各自模型算法进行管理，决策者可以通过自定义的交互平台查看命令的处理情况及模型的计算结果。

由于 LCMD -DSS 中包含大量的高耗时、高耗系统资源的计算过程，使用传统线性逻辑系统架构已无法保证系统的实时交互性及稳定性。基于松耦合模型驱动的新型系统架构支持使用异步计算、分布式计算及云计算等新兴技术来解决此类问题。

整个集成平台围绕数据集成、计算集成、应用系统集成三个方面来进行搭建，通过以 GIS 服务器和算法模型服务群为核心的 Web Services 群来实现空间数据和模型数据的动态交互，将提高各数据库群的数据内聚性，并增强异构系统之间的数据耦合性，从而保障系统数据的安全性及独立性，作为整个面向湖泊水网调度决策支持系统的数据支撑；建立了专业模型内部与模型之间消息传递与同步机制，通过子任务划分、多任务协同调度，实现网格环境下分布式并行计算与协同处理；通过面向服务体系的持续集成方法创建分布式、异步协作的多工作流应用系统，为跨区域的湖泊水网日常管理与应急处置决策提供辅助支持。

以功能划分，LCMD -DSS 系统属于三层软件结构（见图 8-4），包括基础层（Base Layer）、服务层（Services Layer）与执行层（Implementation Layer）。

①基础层包括统一数据支持平台与用户交互平台两大部分。其中统一数据支持平台通过数据管理服务与服务层进行数据交流，针对不同的开发平台与编程语言，数据管理服务提供了统一格式的标准数据规范；用户交互平台在形式上没有严格限定，

研究工作研发了一套基于 WPF 的开放式动态生成交互系统，可以将可视化定制的交互平台信息通过界面服务（Interface Service）传送到指定模块自动集成客户端并发布使用。

②服务层是整个分布式系统的核心，由主服务与若干个异步伺服的功能服务组成，其核心部分包括数据库通信服务、GIS 服务、界面服务与算法模型服务等，各种功能服务不受地域和平台的限制，只需要在主服务上完成服务注册以提供标准的消息接口，即可以服务组合的形式集成进系统。

③执行层通过完善的决策行为优化环框架进行设计，以 Web Service 为主要形式支撑服务层的正常运行，并通过异步增量式维护模式对服务层进行更新。

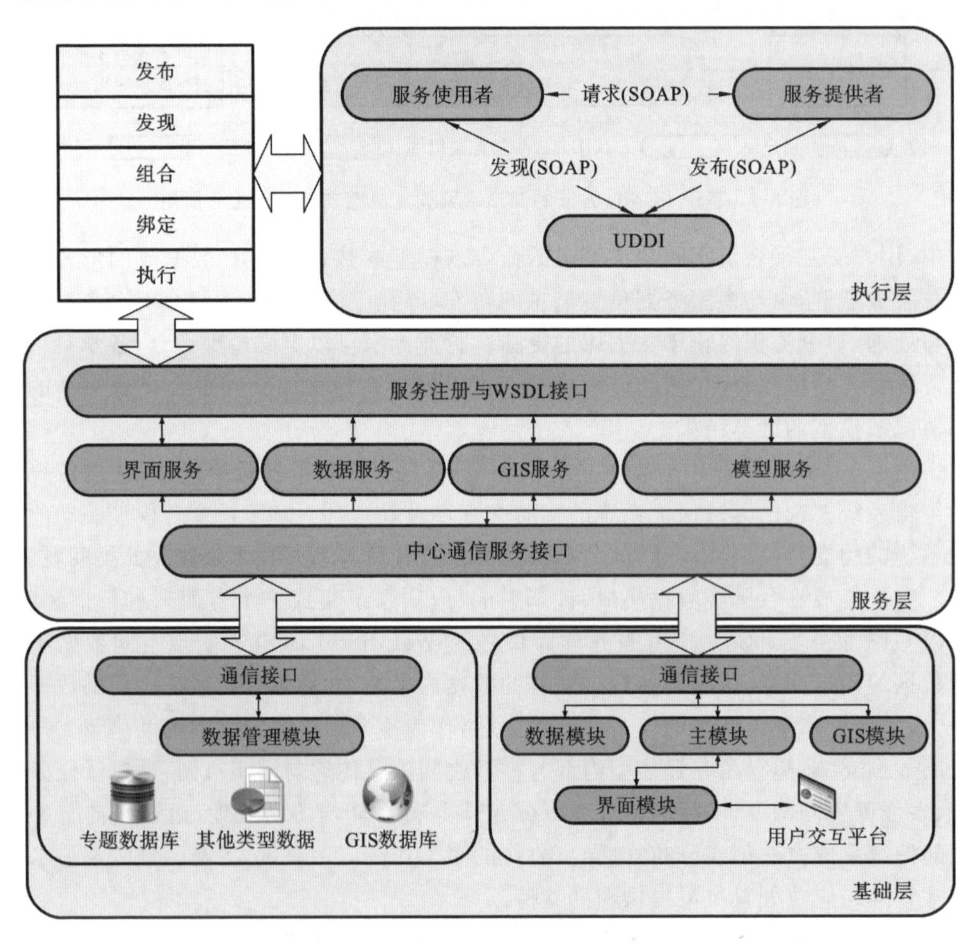

图 8-4　LCMD-DSS 的三层软件架构

8.1.4　松耦合模型驱动的湖泊水网调度决策支持系统的持续集成策略

在系统集成阶段，传统方式是将多个异构子系统进行单独的一次构建后分别发布，由此会带来三个方面的问题：①高风险，各子系统在系统开发的最后阶段才进行集成测试，会将长期积累的缺陷引入到总系统框架中来，严重影响系统开发进度及健康属性；②大量的重复过程，在代码编译、数据库集成、测试、审查、部署和反馈过程中，各个子系统之间会出现大量的冗余工作；③可见性差，各子系统在开发过程中无法部署测试，无法实时提供当前的构建状态和品质指标等信息。

针对以上问题及分布式系统实际应用特点，本节提出了一种新型的持续集成方法。实验证明，它能高效、自动而稳定地完成分布式系统的集成部署工作。包括持续数据集成、持续测试、持续部署、持续反馈等多个方面。

1. 持续数据集成

在面向服务的系统中，数据库管理员将数据库管理看作一个 Web 服务，与其他模块服务之间的通信也是按 XML 数据流的形式通过主服务来进行中转，通过维护好统一的消息接口，数据库管理员可以把更多的时间用来对数据库层次设计的优化工作中去。通过数据库集成服务，数据库管理员将修改提交给版本控制系统，再借此集成发布器对数据库服务器进行更新，并发布新的 Web 服务以实现修改（见图 8-5）。

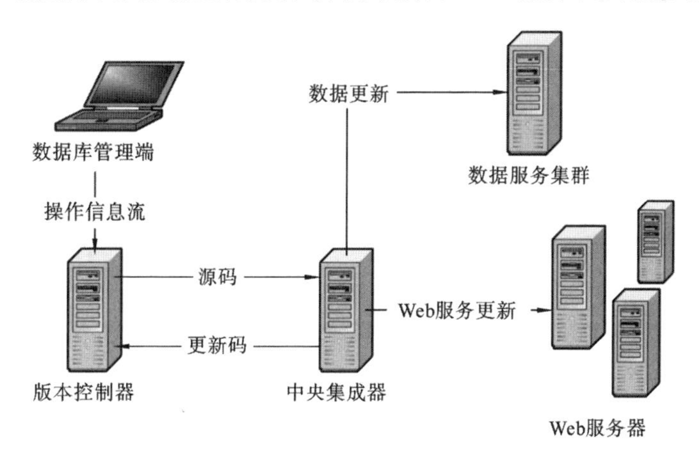

图 8-5 持续数据库集成

2. 持续测试

在分布式系统中，各功能服务是通过服务组合的形式共同实现对应功能的，因此如有一个或多个功能服务发生改变，则应该自动测试与之相关的服务组合中的其他功能服务，因此将持续测试机制引入集成体系是必要的。

自动测试机制包括类库测试、单个服务测试、数据支持测试、服务组合测试四大步骤，持续测试服务器将测试结果提交给反馈服务器，以达到对管理者的提醒作用。

3. 持续部署

虽然各个功能服务、平台与目标域都有独特的要求，但一般而言包括以下六个步骤：① 通过版本控制服务器列出相关服务组合的文件列表；② 创建干净的发布环境，减少对条件的假设；③ 创建一个发布队列及针对性报告；④ 运行测试服务器，对已发布部分进行监控;⑤ 通过反馈服务器将发布过程实时反馈给相关责任人;⑥ 提供版本回滚功能,以保证始终拥有可运行版本。

4. 持续反馈

反馈是集成阶段重要的输出部分。通过反馈机制,开发者可以快速排除问题并保证系统稳定发布。反馈服务将对应信息推送到用户、开发者、管理者及任何与系统相关的责任人,并保证实时、有效且表意明确(见图 8-6)。

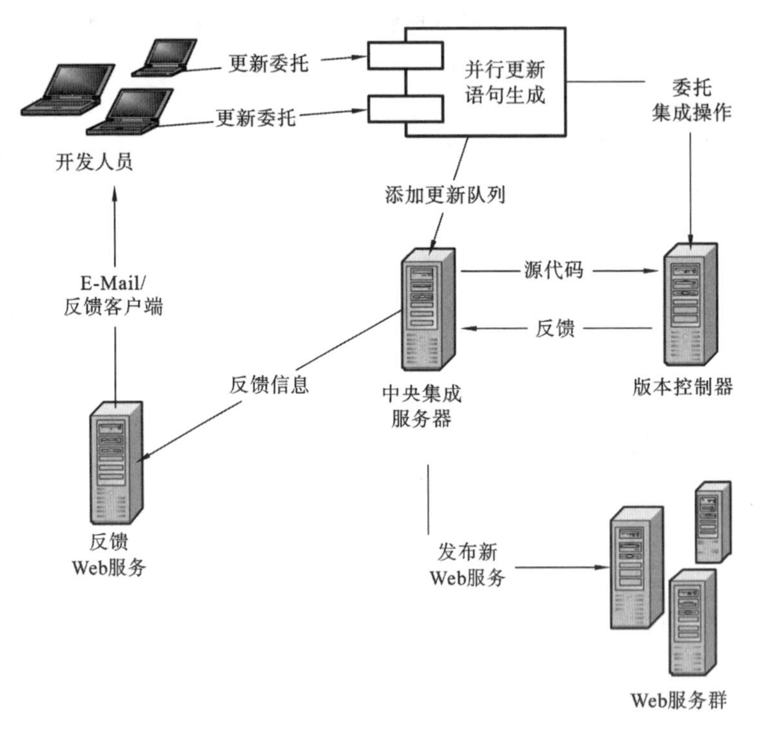

图 8-6 持续反馈

反馈服务提供两种方式来推送信息,分别是邮件形式或任务栏提示图标,其中邮件形式更加稳定,但是不够实时,常常以持续闪烁的任务栏图标和提示音来进行提示。

8.2 湖泊水网调度决策支持系统关键技术

针对湖泊水网调度决策支持系统的复杂性和湖泊水网调度决策过程范围的广泛性,本节以建立具有普适性意义的湖泊水网调度决策支持原型系统为目标。基于“大技术、大平台、大共享、大应用”的理念,综合集成地球科学、信息科学、计算机科学、空间科学、通信科学、管理科学、经济人文科学等多学科理论和技术成果,结合数字工程方法克服传统信息系统的物理边缘、技术边缘、功能边缘和逻辑思维边缘,其系统集成工作需要多类型科学方法和技术手段的协作,基于 LCMD 方法的湖泊水网调度决策支持系统关键技术研究主要包括以下几个方面：① 基于统一平台的海量多源异构数据集成、组织与共享；② 网络分布式多模型环境下决策支持模型库构建方法；③ 基于GIS的开放式决策支持系统交互平台动态生成技术。

8.2.1　基于统一平台的海量多源异构数据集成、组织与共享方法研究

湖泊水网系统是一个开放式非线性复杂大系统，其数据源具有不确定性、多样性、动态性等特征，在利用先进的空间信息技术对现代水资源系统及其分项要素演变进行数据解读的基础上，需要引入适合于非线性复杂大系统的有效分析方法[7]。在此基础上，首先识别了湖泊水网调度决策支持系统数据集成方面的诸多新特性、新需求，采用多源异构数据集成技术路线，通过对各数据源的分析和总结建立针对数据源的配置说明文件，研究了普适计算环境下多源异构数据的抽取方法，将半结构化和非结构化的数据源集成为结构化的数据集，并在此基础上，基于可信度与相似度分析方法解决多源异构数据集成中数据不一致(Data Discrepancies)问题，提出了跨领域的自动模式匹配方法及数据清洗算法，将来自多个数据源的数据融合到统一的数据视图中，为后续决策工作提供高质量的数据支持。

1. 湖泊水网调度决策支持系统数据统一支持平台需求分析

各类信息是湖泊水网大系统规划和决策模型中起决定性作用的重要资源，主要包括三个方面：①现有相关行业、部门的关键业务信息系统日常工作所必需的专题数据源；②海量多源、多类型、多要素、多尺度、多时相空间数据；③通过互联网络和监控设备实时监测收集的动态数据。复杂湖泊水网大系统的内在特征给数据的集成、组织和共享等方面提出了新的挑战，主要表现为以下几个方面。

1) 湖泊水网调度系统数据源的新特性

在湖泊水网调度中，数据管理技术面临很多传统决策支持系统所不具有的新特性。

(1) 多样性。湖泊水网调度系统的信息资源通常是基于动态配置的多组织网络、松散耦合、动态整合的信息。关键业务信息通常跨越各种数据模型，是属于自治组织的异构数据库，需要对数据进行快速、有效的数据集成，以支持数据的有效共享和科学决策；通常是半结构化或非结构化的数据，需要进行快速、精确的数据融合和分析，并且将其进行结构化处理，为科学决策提供更丰富的数据支持。

(2) 不确定性。湖泊水网调度系统的信息，尤其是各类预报及历史数据具有很大的不确定性，很多信息存在缺失、不完整、错误的情形，部分数据甚至是以自然语言表达，难以对信息进行完整、精确地描述，需要对异构的信息进行有效的清洗和数据融合，以支持科学决策。

(3) 分布性。湖泊水网调度系统的数据源是高度分散的。对任何水质水量调度任务来说都将存在大量相关的信息源，与湖泊水网调度相关的信息可能分布在跨地域、跨行业的不同机构中，因此确定并整合这些信息源将是一个巨大的挑战。

(4) 实时性或准实时性。湖泊水网调度日常辅助与应急决策都强调信息的实时

性，数据集成平台必须满足决策层对数据时效性的要求，需要能够实时、准确地集成多数据源的信息。此外，用于辅助决策的信息资源会随着决策进程的发展，动态地增加或者减少，这也对系统的可扩展性和鲁棒性提出了更高的要求。

2）跨行业、跨部门的数据融合需求

湖泊水网调度系统所涉及的信息资源具有跨行业、跨部门的特征，需要对不同领域、不同部门的信息（涉及政治、经济、环境、人口、文化、工程、管理等）进行融合，因此对数据集成技术提出了极高的要求。由于相同领域知识的数据模型便于统一，因此同领域的数据集成技术得到了很大的发展。如何将不同领域的数据进行融合仍然是数据管理领域的一个难题。

3）数据集成需求的动态演进

对所有可能发生的情景都预先计划是不可行的，并且应对日常管理与突发事件应急所需的潜在资源也不可预测。另外，在湖泊水网调度的不同阶段，数据资源的需求也会发生变化。因此需要建立一个灵活的数据支撑平台，该平台应支持动态信息集成。

综上所述，如何基于动态配置、多组织的互联网络，面向跨行业、跨部门、多层次的机构组织，针对海量、异构的信息，实现实时收集、快速处理、精确分析和有效共享，形成应对湖泊水网日常管理与突发事件应急的关键信息处理理论和技术体系，是本章需要着重解决的问题和难点。

2. 非结构与半结构数据集成中数据抽取问题研究

湖泊水网调度决策支持系统所涉及的数据源有相当一部分来源于各业务单位的异构数据库、互联网网页发布的历史报告和报表、监控设备实时数据流、卫星遥感航拍数据等，具有半结构化和非结构化等特征，需要进行快速、精确的数据抽取和分析。常用的解决方案包括数据仓库与包装器（Wrapper）[8]两种。其中，数据仓库方案[9]的关键是数据抽取、转换和加载（Extraction-Transformation-Loading，ETL）及增量更新技术，通过将所涉及的分布式异构数据源中的关系数据或平面数据文件全部抽取到中间层后进行清洗、转换、集成，其主要缺点是无法保证数据的实时性。包装器[10]则适用于对数据量比较大且需要实时处理的集成需求，首先通过对目标数据源的数据元素及属性标签进行预分析，由人工辅助生成良好的训练样例，以此分别训练针对特定数据源的包装器，通过海量异构数据源的快速数据映射，实现了各数据源之间的统一数据视图支持。

本节中数据抽取所采用的技术路线是基于正则表达式（Regex）描述异构数据源中的有价信息，即针对不同数据源集成要求，人工设计生成适用的正则表达式及其分析树，制定数据抽取规则并开发数据抽取模型，建立由多个叶节点（即匹配子串）组成的统一异构数据源集成分析树。正则表达式是一串由普通字符与元字符组成的用于描述一定语法规则的模式字符串。文本形式的 Regex 由多层嵌套的圆括号对组成，实际应用时具有书写维护困难且可读性差等问题，通常需要将 Regex 映射成 Regex 分析树，LCMD-DSS 中使用图形用户界面（Graphic User Interface，GUI）来支持此类分析树可视化构造，方便非专业用户定义多源异构数据配置信息。

3. 多源异构数据融合中数据不一致问题研究

湖泊水网调度决策支持系统数据融合方法的核心问题是建立跨领域的自动模式匹配方法，将来自多个数据源的数据融合到统一的模式中。其主要工作是：分析数据集成领域现有的数据一致性处理技术的特点和不足，根据湖泊水网调度数据的自身特点和实际需求，利用实体识别、相似性比较等方法研究跨领域、异构、动态、海量的实时数据不一致自动发现和清洗方法。其基本步骤为：首先根据领域专家的知识，来描述该领域一般数据模式；随着新数据源的不断加入，不断发现新的属性，并通过概率和统计的方法来计算新属性成为一般数据模式中属性的可能性，逐步完善数据模型描述库，从而实现领域数据模式的自动维护。通过数据类型、结构等的相似性的定义，研究相似性的算法，提高匹配算法的效率和准确率。

模式匹配的最终目的是为了辅助生成映射关系，以便于查询或数据转换，因此在生成匹配结果后，研究数据映射的表示方法和映射操作，从而给出相应的数据转换机制。湖泊水网调度决策支持系统数据融合的主要技术路线如下：首先针对相同领域的数据源研究自动模式匹配的方法，实现同领域数据源之间的数据集成；然后，对不同领域中共享数据部分的数据模式进行匹配，从而实现跨领域、异构数据源的数据集成。

湖泊水网调度决策支持系统数据融合方法的研究重点是解决数据不一致问题的自动发现算法及自动清洗算法。在湖泊水网调度决策支持系统数据集成过程中，数据源可能会在三个层次上产生冲突[11]：① 数据模式，数据可能来源于不同的数据模型或是同一数据模型中的不同数据模式；② 数据表示方法，数据在数据源中由不同的自然语言或者表述体系表示；③ 数据值，在描述同一对象时可能使用了不同的数据值。由于数据描述的是现实世界的实体，首先要从实体的角度找到描述同一实体的相同属性的数据，然后再根据这些数据通过相似性等算法进行属性值之间的比较，基于自动发现算法找出不一致的数据及对不一致数据的分类，根据不同类别不一致性数据的特点，设计针对不同类别不一致性数据的清洗算法。

Rahm[12]将数据质量问题按数据源和发生的阶段不同分为四类：单数据源模式层问题、多数据源模式层问题、单数据源实例层问题和多数据源实例层问题，如图8-7所示。

如何解决多源数据库集成中的数据冲突问题一直是国内外的研究热点。Schallehn[13]指出，数据冲突问题主要发生在对包含重叠语义和互补信息的多数据源进行数据清理过程中，使用传统的商业工具（如 SQL 的 Grouping 和 Join 等）可以解决部分数据冲突，但对于那些没有明确相等的属性项的数据源而言，数据冲突问题依然是一个难题。基于相似性的数据集成模型（Similarity-based Data Integration Model，SDIM）被用来处理多源数据中的复杂冲突。

4. 湖泊水网调度统一数据共享平台

湖泊水网调度统一数据共享平台是集成平台学科交叉需求的重要支持，共享平

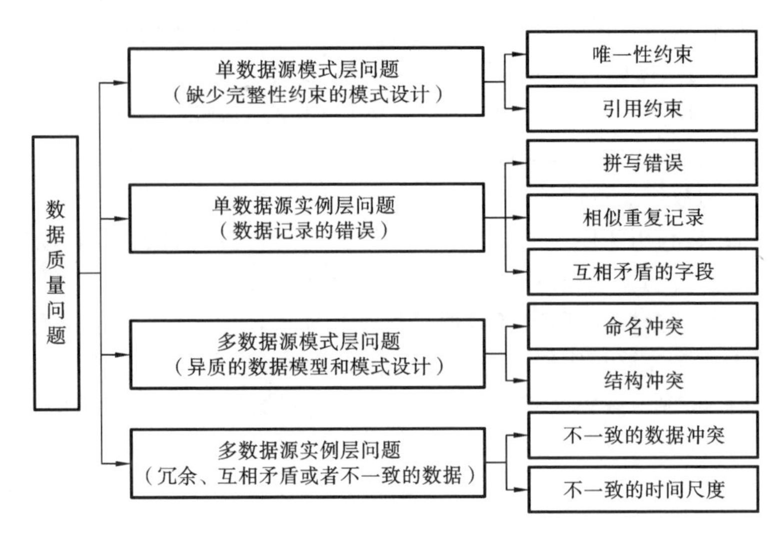

图 8-7　数据质量问题

台将基于互联网建立多学科多领域知识、案例、空间信息及专题数据的统一共享站点，由各相关方将本学科本领域的相关知识及研究成果发布到平台中，提供上下游合作者基于知识产权保护下的黑箱调用接口。此外，共享平台还将基于行业内部网络建立各部门间的数据共享和调用机制，实现多个湖泊水网调度相关部门（如国土部门、气象部门等）间的内部模型和数据共享，同时支持跨部门的数据调用。调研各相关管理部门的数据调用接口，建立针对分布式系统集成的 Web 服务共享平台数据存取应用程序编程接口（Application Programming Interface，API），在此基础上支持部门间的数据交互的调用。

LCMD-DSS 需要处理大量原始数据，其中包括传统的结构化专题数据及其他半结构化或非结构化数据，如遥感图像、视频直播、实时音频和传感器流等。充分考虑分布式系统数据支持的特殊需求，遵循 SOA 设计思想，建立了具有高度数据质量的统一数据共享平台（见图 8-8），并为多框架多开发语言的普适计算环境提供 RESTful（状态无关）数据支持接口。系统的数据需求分为两大部分，即专题数据支持与空间数据支持，通过对半结构化或非结构化专题数据的抽取，并与结构化数据进行清理和融合，从而生成统一的专题数据支持视图。

8.2.2　网络分布式多模型环境下决策支持模型库构建方法研究

面对分布在网络上的各种多学科算法模型，如何高效集成多种模型构建开放式智能模型库是 LCMD-DSS 体系的基础平台研究的重要内容。

湖泊水网调度决策事件往往具有不确定性、复杂性与多样性等特点。随着湖泊水网调度领域信息化程度的高速发展，基于决策支持系统的智能化辅助方法成为湖泊水网调度的主要技术手段与研究方向。面向湖泊水网调度的 LCMD-DSS 成败的

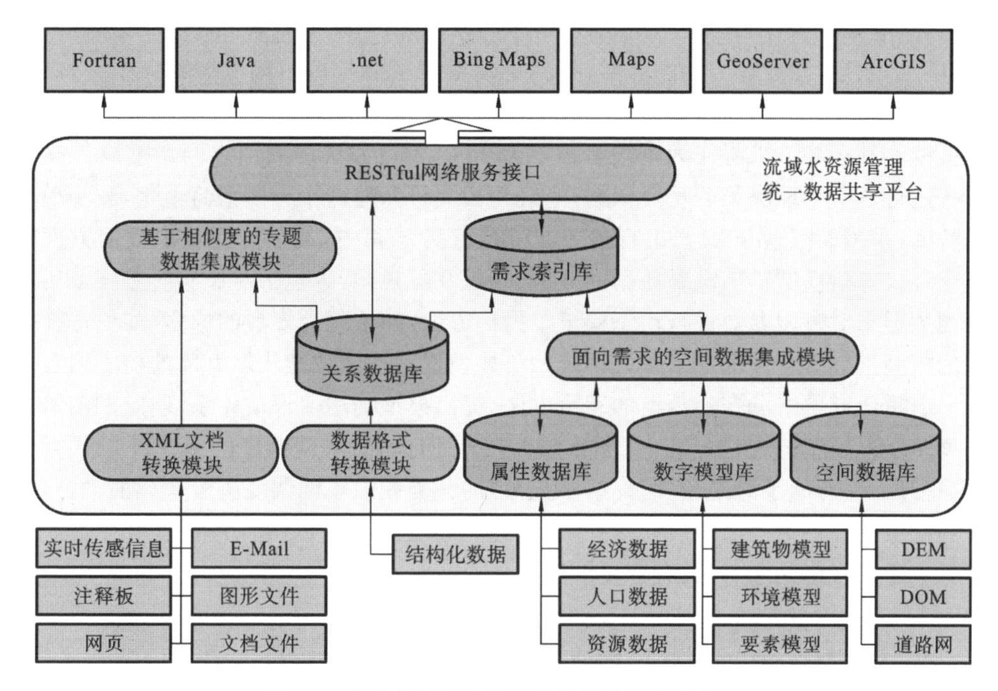

图 8-8　湖泊水网调度统一数据共享平台架构图

关键很大程度上取决于系统是否具备了健全的“眼”“脑”“手”[14]。湖泊立体监测网是系统的眼睛，湖泊水量优化调配、水电联合调度、洪水风险控制、水生态调控等是系统的“手”和“脚”。多学科开放模型库就是 LCMD-DSS 的大脑，是进行科学合理湖泊水网调度决策，使系统具有智能化的关键部分，而多学科算法模型就是实现管理决策智能化的保证。

LCMD-DSS 的有效运行离不开模型库的支持。模型库中存放着各类湖泊水网调度日常辅助与应急决策模型，包括水文预报、防洪调度、发电调度、水电联合调度和会商决策等算法模型，这些模型能够对湖泊水网调度事件相关要素进行分析、预测、评价和优化，因此模型库及其管理系统是基础平台系统的核心。高效集成多种模型，构建开放式智能化模型库就是构建一个功能强大的决策指挥之“脑”，是面向湖泊水网调度 LCMD-DSS 研究的重要内容。

面向湖泊水网调度决策支持系统开放式多学科模型库是一个开放复杂的系统，所涉及和处理的算法模型具有：① 涵盖领域广泛，应用对象众多，包含涉水安全事件、水利工程管理、水资源规划和生态修复四大领域；② 模型种类繁多，复杂程度和颗粒度也不一致，包括不同尺度、不同分辨率的模型，也包括多学科、多目标模型等；③ 模型是离散分布在网络上的，模型源是高度分散的。对任何湖泊水网调度事件来说，都将存在大量相关的模型源。

在行业专家专业意见与决策者实际需求的指引下，根据不同水平年梯级水库枢组组合、电力市场背景、来水情况及湖泊内生产生活用水等情况，综合考虑防洪、发电、供水、航运、泥沙等方面的因素，并满足模型信用值与适用环境等约束条件，湖泊水网调度开放式模型库需要面向不同决策任务需求，动态生成针对不同决策目标的模型链。其运算结果将作为决策者依靠基于 LCMD 方法的湖泊水网调度决策支持系统进行科学合理决策的重要依据。目前，相关研究趋向于将模型简单化，减小模型颗粒度，采用模型-数据交叉组合的方式完成任务。其中，关于模型链中数据方面的研究不仅包括模型输出结果数据的分析、处理及可视化，也包括对照实时监测或历史观测数据来对模型参数进行动态校正。另一方面，随着复杂模型的增多，如何选择合适的模型进行组合并保证增量式系统的鲁棒性成为构建智能化模型库的核心内容。

着重研究网络分布式模型的表示方法，提出模型信用值评估体系，制定湖泊水网调度多学科模型链构建标准（见图 8-9），建立面向湖泊水网调度的系统开放式智能化模型库，将有助于跨平台、跨部门、跨学科的各类湖泊水网调度决策单元的耦合，能够为决策者提供更全面的决策信息，对于进一步提升湖泊水网日常管理与突发涉水事件应急的智能化水平，具有重要的意义。

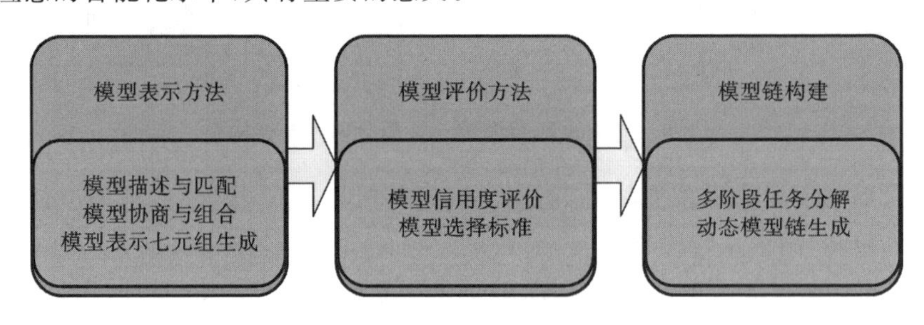

图 8-9 模型库构建技术路线图

1. 网络分布式模型的表示方法研究

为使模型易于管理、组合和应用，需要进行模型规范化，而模型表示是模型规范化的核心内容。LCMD -DSS 框架下模型被表达为一个七元组：

$$M=\langle O,G,T,V,R,S,C\rangle$$

其中，各元素分别是对象集、目标集、环境与约束、变量集、关系集合、状态集及信用集。

考察用于集成的分布在网络上的湖泊水网调度决策模型的特点，将模型群进行基础分类（例如，分为监测预警模型和应对决策模型两大类），并在此基础上基于处置内容、任务和流程等将两类模型进行进一步细化分类；分析每类模型的特征参数，如参数定义、结构定义、输入输出数据等，建立模型分类库，研究湖泊水网调度决策多阶段任务组织结构；基于多阶段任务组织结构，构建湖泊水网调度模型-数据交叉关系模型。基于此关系模型，研究模型规范化文件定义与封装方法，完成模型-数据交叉组合的模型表示方法；模型组合是以一定的方法、准则融合现有模型，从而生成更具有泛化性的模型链的过程，在这个过程中保证相匹配的数据类型是至关重要的。研究模型数据类型与结构，建立模型-数据类型匹配函数，从而便于进行模型连接。

2. 模型信用值的评价方法与湖泊水网调度模型链的生成方法研究

模型的信用值是决策阶段任务中进行模型选择的基础，模型的信用值通常是与特定湖泊特定决策事件环境参数有关的一组可信概率函数。决策任务处置过程按时间、任务等进行多阶段任务分解，收集各阶段湖泊水网调度模型。分析模型的输入参数，建立蒙特卡洛法、支持向量机方法和云计算方法耦合的网络分布式模型运算耗时评价模型，构建网络分布式模型的适用性评价方法。将案例库中适合模型模拟运算的案例组成该模型的评价案例集合，建立案例集。研究案例数据挖掘、支持向量机方法和云计算方法耦合的网络分布式模型运算结果可信度评价模型，构建网络分布式模型的可信度评价方法。针对不同的地区和部门及不同环境参数，对模型的表现能力进行参数敏感性分析，研究模型误差和不确定性对信用值的影响，构建湖泊水网调度模型选择标准。

3. 网络分布式模型驱动的湖泊水网调度智能化开放模型库

基于面向服务的体系结构，湖泊水网调度模型被单独发布为服务，通过统一的通信接口，这一服务可以与其他服务组成串并联组合。这些技术上无依赖性关系的功能单元以松耦合的形式分布在互联的网络环境中[15]。在这一体系中，Web 服务描述语言(WSDL)被用于描述服务，通用描述发现和集成接口(UDDI)用于管理服务的注册与发现，简单对象访问协议(SOAP)用于支撑消息交换，整个通信过程都基于标准的 XML 格式。

执行层是整个开放式多学科模型库的核心，是一个基于企业服务总线(Enterprise Service Bus，ESB)的异质包容松耦合 Web 服务管理平台(见图 8-10)，其中 ESB 负责提供连通性、数据转换、智能路由、处理安全、处理的可靠性、监测和记录、管理模型

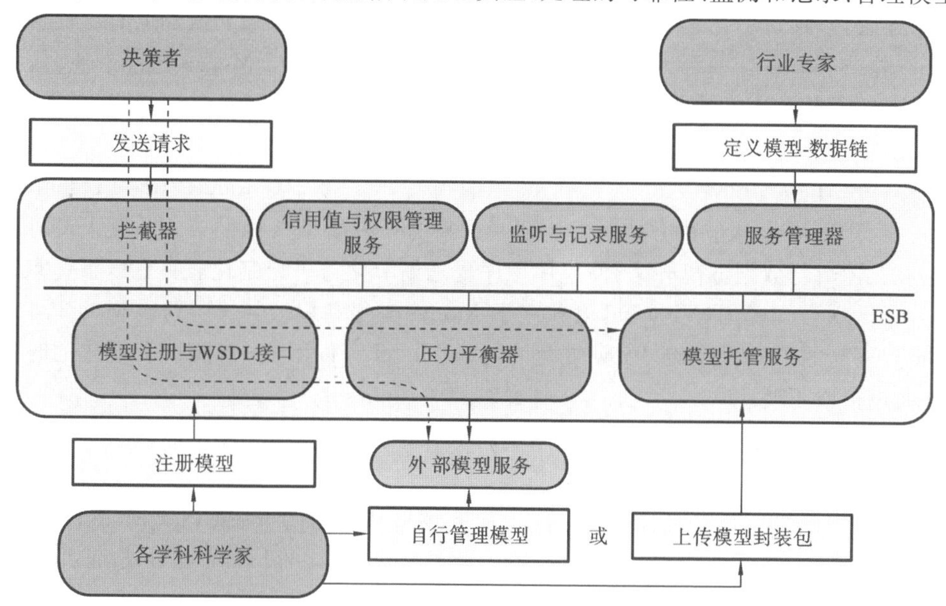

图 8-10　LCMD-DSS 开放式多学科模型库原理图

组合、模型的注册与寄存等,为灵活的添加、管理及调用模型提供技术支撑。

出于保护知识产权的考虑,各学科科学家可以选择自行管理或是系统托管两种方式发布各自的服务,不论哪种方式的模型集成,系统都将黑箱化处理,并只显示相关的模型注册信息,实现了湖泊水网调度模型的安全性与推广之间的统一。

8.2.3 基于 GIS 的开放式决策支持系统交互平台动态生成技术研究

区域化的湖泊水网调度问题是一个湖泊尺度的考虑物理和社会经济环境的决策问题[6]。湖泊空间信息由空间对象和专题对象组成。其中,空间对象代表现实世界的实体,具有地理、物理、环境和社会经济属性;专题对象代表与空间对象有关的方法、模型与主题。因此,使用 GIS 来整合空间对象与专题对象以表达真实空间实体,并提供空间分析与数据处理功能是当前最可行的方案。另一方面,模型驱动方法的核心是保证系统能最大限度地适应非专家用户(如决策者)的需求,因此,用户交互平台的灵活性与丰富性是决定决策支持系统性能的主要指标[16]。首先介绍实现 LC-MD-DSS 交互平台的相关技术,并对交互平台的核心特性进行分析,再在此基础上提出基于 WPF 的开放式交互系统动态生成方法,最后,面向不同系统需求所研发的基于 GIS 的湖泊水网调度空间信息交互仿真平台。

1. 开放式决策支持系统平台相关技术简介

1) WPF 与 MVVM

Windows 演示基础(Windows Presentation Foundation,WPF)作为微软新一代图形系统,通过引入一套完全革新的技术平台为所有界面元素提供了统一的描述和操作方法,并预留了几乎全部的定制接口,允许用户对任何界面元素的所有属性进行编辑,并结合清晰且平台无关的可扩展应用程序标记语言(XMAL)进行描述,最大限度降低了开发环境的限制。另一方面,WPF 基于功能强大的 DirectX 基础架构,极大地提高了交互界面对视频文件与 3D 内容的支持。

MVVM 是 Model-View-ViewModel 的简写,是 MVP(Model-View-Presenter)模式与 WPF 结合的应用方式时发展演变过来的一种新型架构框架。开发人员可以将显示、逻辑与数据分离开来,使应用程序更加细节化与可定制化。具有以下优点:

①低耦合。视图(View)可以独立于 Model 变化和修改,一个 ViewModel 可以绑定到不同的 View 上,当 View 变化的时候 Model 可以不变,当 Model 变化的时候 View 也可以不变。

②可重用性。你可以把一些视图逻辑放在一个 ViewModel 里面,让很多 View 重用这段视图逻辑。

③独立开发。开发人员可以专注于业务逻辑和数据的开发(ViewModel),设计人员可以专注于页面设计,使用 Expression Blend 可以很容易设计界面并生成 XAML 代码。

④可测试性。界面素来是比较难于测试的,而现在测试可以针对 ViewModel 来写。

2）ArcEngine

ArcEngine(AE)是ESRI公司提供的用于构建定制应用的一个完整的嵌入式的GIS组件库。AE是基于核心组件库ArcObjects(AO)搭建，拥有AO中大部分接口、类的功能，并具有相同的方法与属性，这一特性可以帮助开发人员快速调用组件库中3000余对象，并组合成各种类型的GIS功能以进行GIS平台的二次开发。实际应用时，AE可以通过开发平台以控件、工具、菜单及类的形式调用AO对象，有助于保持交互平台功能性与易用性的统一。

另一方面，AE应用在部署后需要庞大的AE Runtime支撑，并需要软件授权，极大地限制了GIS平台的推广，因此，在LCMD-DSS中，AE应用往往只部署在服务器端，其核心GIS功能被C#.NET类封装并发布为Web Server以方便系统框架内的自由调用，交互平台部分的GIS功能实现将采用无需安装运行环境且免费使用的ArcGIS API来完成。

3）ArcGIS Server与ArcGIS API for Microsoft Silverlight/WPF

ArcGIS Server是一种服务器级别的Web GIS应用软件，用于帮助用户在分布式环境下处理、分析并共享地理信息，支持以跨部门和跨Web网络的形式共享GIS资源，具体包括：①地图服务，提供ArcGIS缓存地图和动态地图；②地理编码服务，查找地址位置；③地理数据服务，提供地理数据库访问、查询、更新和管理服务；④地理处理服务，提供空间分析和数据处理服务；⑤Globe服务，提供ArcGIS中制作的数字globe；⑥影像服务，提供影像服务的访问权限；⑦网络分析服务，执行路线确定、最近设施点和服务区等交通网络分析；⑧要素服务，提供要素和相应的符号系统，以便对要素进行显示、查询和编辑；⑨搜索服务，提供当前组织中的所有GIS内容的搜索索引；⑩几何服务，提供缓冲区、简化和投影等几何计算。

ArcGIS API for Microsoft Silverlight/WPF用于辅助构建富Internet和桌面应用，在应用中可以利用ArcGIS Server和Bing服务提供的强大的绘图、地理编码和地理处理等功能。其API构建在Microsoft Silverlight和WPF平台之上，可以整合到Visual Studio 2010和Expression Blend 4。Microsoft Silverlight平台包含了一个.NET Framework CLR(CoreCLR)的轻量级版本和Silverlight运行时，都可运行在浏览器插件中。

4）OpenSceneGraph(OSG)与OSGGIS

OSG开发包框架是基于C++平台与OpenGL技术的应用程序接口，包含了一系列的开源图形库，提供了快速开发高性能跨平台三维交互式虚拟现实平台的技术环境，它使用可移植的ANSI C++及标准模板库(STL)编写，以中间件的形式为应用程序提供各种渲染特性和空间结构组织函数，并使用OpenGL底层渲染API，因而具备良好的跨平台特性，对计算机硬件要求不高，可以在普通的电脑上实现逼真的仿真效果。

OSGGIS是OSG的一个分支，专注于GIS的应用，是使用OSG作为图形显示引擎的三维 GIS 项目，其宗旨是利用矢量数据建立 OSG 模型，从而建立三维 GIS 可视化展示数据。目前虽然还比较简单，但已经将很多基础的 GIS 理论与 OSG 进行了比较好的结合。OSGGIS 可将 GIS 中的矢量数据转化为 OSG 中的场景图，OSGGIS 采用一条装配线来完成这个转化过程，矢量数据从装配线的入口进入转配线，OSG-GIS 引擎将矢量数据依次传递给离散的各个处理单元，最终输出 OSG 的场景图，供三维仿真使用。

2. 基于 GIS 的湖泊水网调度空间信息仿真交互技术研究

1) 基于 GIS 的二维仿真平台

面向湖泊水网调度的 LCMD -DSS 系统二维 WebGIS 平台采用 SOA 系统架构模式，可有效地将客户浏览器端、Web 服务器端、数据库服务器端和 GIS 服务器端整合在一起，WebGIS 系统总体结构如图 8-11 所示。

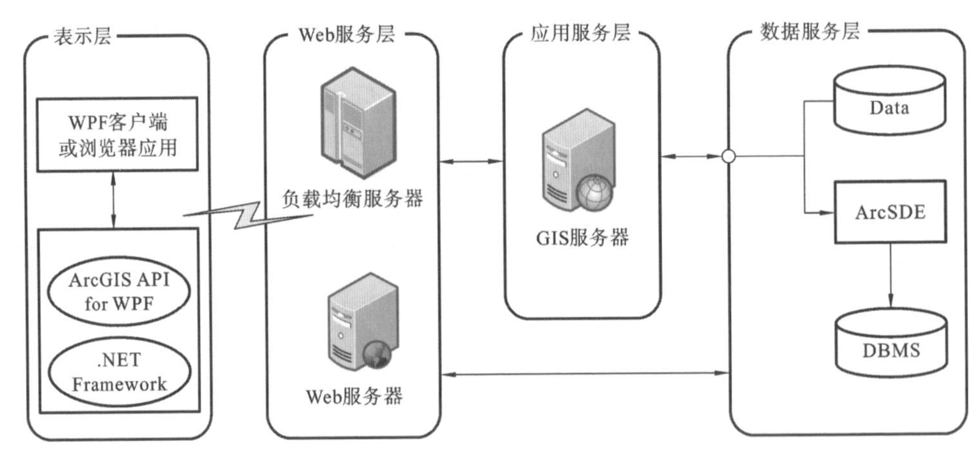

图 8-11　WebGIS **系统总体结构图**

Web 服务层主要负责处理用户通过 Web 浏览器和 WebServices 发送的请求，根据用户请求经负载均衡服务分配，从 GIS 服务器中获取相应的地图服务对象，或利用 WebServices 直接与后台数据库进行交互，获取数据和信息。

GIS 服务器主要承担两方面作用：一是动态地图渲染和地图切片，利用地图切片技术，尽可能地减少服务器的计算负载与通信，使系统快速响应用户对地图的请求；另一个作用是提供用户访问地图的 REST 接口，通过这些接口服务，再配合使用 ArcGIS API for WPF，就可以将 ArcGIS Server 和 WPF 结合起来在. NET 环境下开发应用系统。

表示层提供空间数据表示和信息可视化功能，主要完成以下工作：为用户进行 GIS 应用提供友好的人机界面和交互手段，接收和处理用户操作，向服务器发送服务请求，接收和处理返回的结果数据集，并将数据或服务进行可视化表现。

2) 基于 GIS 的三维仿真平台

面向湖泊水网调度的 LCMD -DSS 系统三维 GIS 仿真平台是以 Globe Control

场景可视化为基础,实现了基于 ArcEngine 开发包的湖泊水网调度决策支持系统三维仿真平台,其系统结构图如图 8-12 所示。

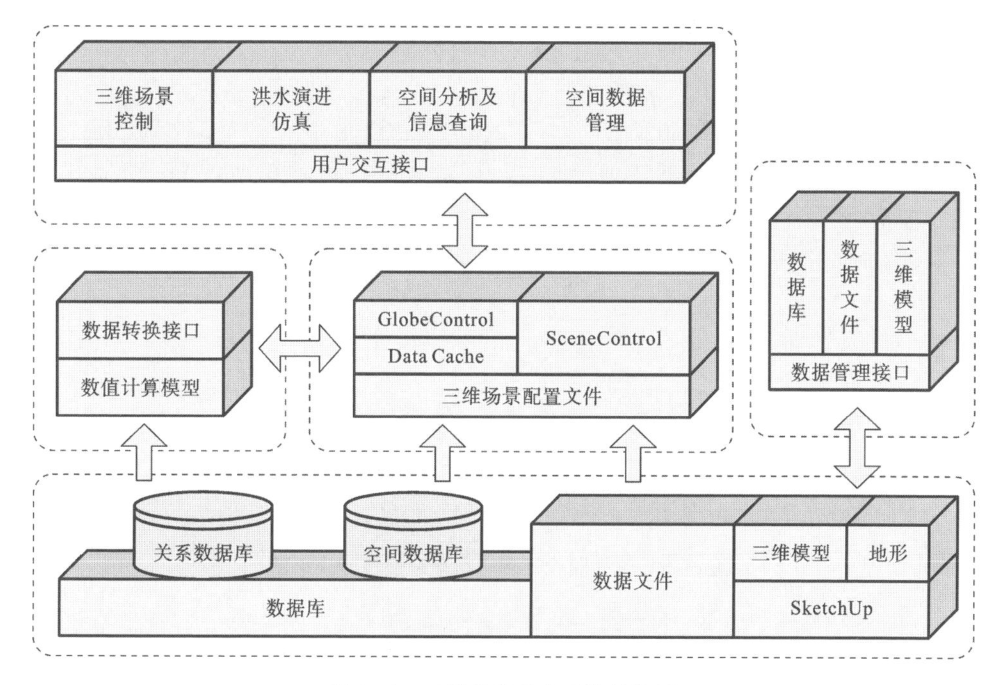

图 8-12 三维仿真平台系统结构图

在系统实现过程中,大数据量的 DEM 数据的调用,是一个很实际的问题。因为本系统使用的是高精度栅格 DEM 数据,因此,如果研究区域范围过大,则会由于数据量过大而引起的内存不足或者低效率的计算问题。对此,本系统采用了一种数据分割读取的解决方案,即借用影像金字塔读取数据的技术方式,在预处理时将 DEM 数据进行分割,并建立索引头文件,然后根据实际需求来进行区域性的读取。这样就可以解决一次性读取数据过大的问题。在系统三维场景的显示部分,采用了细节层次模型技术,将 DEM 和遥感影像按照场景视角的距离分成多个层次。当视角远离地形和建筑时,使用低分辨率的场景影像进行显示,当视角靠近地形和建筑时,使用高分辨率的影像进行显示。这样可以大大提高三维场景的显示速度,同时又降低系统资源占用量。

3) 基于 OSGGIS 的高精度三维仿真平台

三维仿真平台采用 C++进行开发,读取洪水模型计算的数据,利用 OSG 进行渲染后输出到屏幕上。渲染的水面采用水面波动法或离散傅里叶变换实现水流的模拟,采用 OpenGL 进行纹理的映射或粒子效果在仿真平台中进行显示。精细化仿真平台效果如图 8-13 和图 8-14 所示,具体实现步骤如下。

(1) 湖泊三维空间建模。

采用 SketchUP、3Dmax 等建模工具对所辖范围的重要建筑物进行 3D 模型的构

图 8-13 天气事件仿真与物理碰撞模型效果图

图 8-14 浅水三维仿真干湿界面处理效果图

建；对所辖范围的高程数据、影像等数据，采用 ArcGIS 软件进行处理，最后用 VPB 进行三维地形建模，同时使用 OSGGIS 实现湖泊矢量信息的建模和融合。

（2）仿真平台的构建。

采用 Visual C＋＋和 OSG 进行仿真平台的开发，实现三维场景的多种漫游，如轨迹球漫游、飞行、驾驶、地形漫游等；实现大东湖水网调度情景的实时三维仿真；实现洪水淹没、洪水研究的动态可视化功能；实现可视化查询功能等。

(3) 数学模型接口开发。

实现三维仿真平台和水文、调度等模型的结合，读取这些模型的计算结果，通过 OSG 进行渲染，实现大东湖水网调度情景的可视化仿真。

3. 基于 WPF 的动态生成交互平台

LCMD-DSS 的核心目的是追求系统的功能适应性，即保证系统的决策流程能最大限度地解答决策者所关注的非结构或半结构问题，其中用户交互平台是面向决策者直接参与决策过程最主要的窗口，其高度适应性直接决定着整个面向湖泊水网调度决策支持系统的成败。Quesenbery[17] 提出了“5E”评判法来判断一个用户界面是否具有良好的可用性，分别对应有效性、效率、吸引力、容错性、易学性。其中有效性与效率部分，在 LCMD-DSS 架构中，由行业专家负责交互平台的界面设计，决策者负责反馈，在模型信用度评价机制的支撑下，这一分工将有效保证交互平台的有效性与效率，另一方面，这个行业专家与决策者一般情况下都不具备专业的计算机知识，因此在解决高效开发技术难题的基础上，还需要提供一套简单易用的设计平台与流程，使行业专家能直观地以界面形式传达其决策流程的设计理念；吸引力问题，需要提供多种主题选项，由行业专家规划出交互平台逻辑构成后，可以方便地选择不同的主题进行美化；容错性与易学性问题，作为交互平台的最终使用者，应该具有足够权限和功能支撑以对推荐的客户端进行个性化的修改。

基于 WPF 的动态生成交互平台如图 8-15 所示。

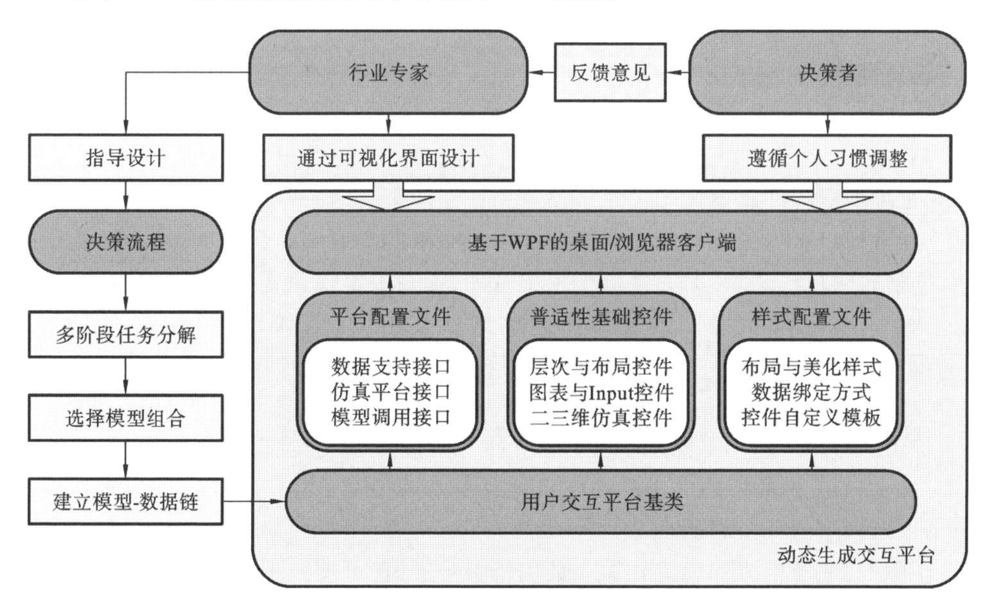

图 8-15　基于 WPF 的动态生成交互平台

8.3 城市湖泊三维可视化仿真

本节深入研究了数字高程模型与数字正射影像数据处理、大规模地形建模与可视化仿真、水环境渲染与波浪模拟、三维场景动态交互等关键技术；基于开源的三维渲染引擎 OpenSceneGraph(OSG)，综合运用“3S”技术、计算机图形技术、虚拟现实与可视化建模技术、人机交互及数据调度等技术，构建了城市湖泊三维可视化仿真系统。

8.3.1 基于虚拟现实技术的城市湖泊建模基础

综合应用计算机技术、3S 技术、多媒体技术及大规模数据存储技术，在虚拟现实技术的基础上对空间进行的多分辨率、多尺度、多时空与多类型的三维描述，利用信息技术手段对湖泊进行的多时空信息数字化虚拟实现[18]，涵盖湖泊区域内的地形地貌、道路交通、建筑植被、水体等一系列城市环境的虚拟仿真。

1. 数字正射影像的制作方法

数字正射影像(Digital Orthophoto Map，DOM)是利用数字高程模型对经扫描处理的数字化航空图像，按需求范围裁切生成的数字正射影像数据集，它同时具有地图集合精度和影像特征，具有精度高、信息丰富、直观真实等优点[19-20]。

卫星影像的获取是制作 DOM 的关键步骤，使用的卫星影像数据来自于快鸟卫星提供的分辨率为 0.5 m 的影像图片，目标区域为北纬 30.5°～30.6°、东经 114.34°～114.46°的区域范围。将卫星影像在 ArcGIS 软件中依据 DEM 的坐标系与投影系进行投影和配准，便制作好了目标区域的 DOM，影像图见图 8-16。

2. 基于 Terra Vista 的大规模地形建模方法

Terra Vista 是一个基于 Windows 平台的实时 3D 地形数据库生成工具系统软件，在三维地形软件建模过程中是运用最为广泛的工具之一，适合大量数据地形的生成，它能自动将所需的各种原始数据合并生成丰富的三维地形数据库，输出工业标准化数据格式供用户使用，大大降低了手工劳动，提高了建模速度与效率[21]。

基于 Terra Vista 对目标区域进行的建模工作主要步骤如下。

步骤一：数据载入。将上述准备好的 DEM 与 DOM 数据后，选择相对应的坐标系与投影，载入 Terra Vista 的原始数据输入库中。

步骤二：参数设置。建模精细程度与计算机硬件能力之间存在矛盾，通过设置 LOD 的数量、三角网格的大小和密度及可视距离来实现在符合硬件的渲染能力的基础上，地形模型的分辨率最高。

步骤三：地形生成。设置好输入数据与参数后，便可按照一定的数据格式逐块生成地形模型数据，Terra Vista 提供了 OpenFlight 和 Terra Page 两种数据格式，按块生成地形并以无缝结合的形式集成在 master.flt 文件中。

图 8-16　目标区域卫星影像图

图 8-17 展示了目标区域生成的地形 FLT 模型在 OSGViewer 中的展示。

图 8-17　Terra Vista **生成的三维地形**

3. 批量城市建筑模型生成方法

建筑与道路网是城市的重要组成部分，城市范围尤其是发达区域内的建筑往往集中且繁杂。本节目标区域内包含了商业区、居民区、学校、工厂、城中村等多种形式的城市建筑，如果单个对所有建筑物进行精细化建模，不但将耗费巨大人工，模型的读取与系统的仿真实现也需要更高的软硬件环境支持。在现有人工条件与软硬件条件下，根据研究内容的需要，城市次要建筑、路网交通的建模可使用相关工具批量生产，不但大幅度提高了建模效率，同时也优化了模型存储形式，节约了运行资源。

建模第一步都需要从遥感影像数据中提取出建筑、道路等的矢量图层，利用GlobalMapper对照卫星影像提取出所需图层，并对矢量图层进行与DEM和DOM对应的重投影，矢量图层如图8-18与图8-19所示。

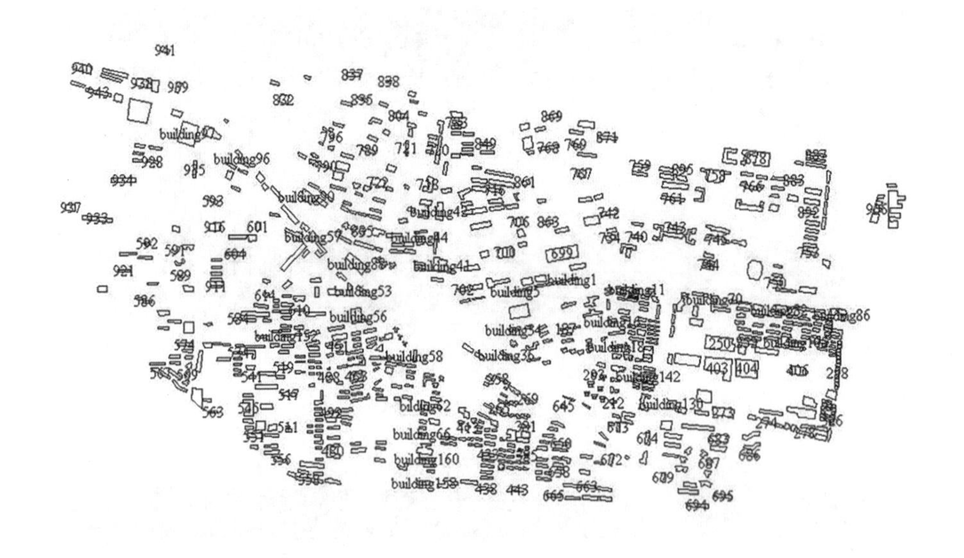

图8-18　目标区域建筑物矢量图层

将矢量图层导入批量建筑生成工具中，结合DEM与DOM数据批量生成次要建筑群，并调整建筑物的属性，建筑群与地形模型将作为一个整体模型，成为场景的地形节点。图8-20为批量建筑与地形模型整合后的模型在OSGViewer中的展示。

4. 建筑物与植物建模方法

部分需细化渲染的建筑物与植物将采用单独逐一建模，并各自以单独节点方式加入进场景中，其中建筑物建模工具为Creator、3DMAX及SketchUp，植物模型采用美国IDV公司开发的Speedtree技术中提供的树库[22]，对模型大地坐标在建模软件中修改后，导出模型并利用OSGconv工具转换为优化的ive格式，作为场景节点读取进场景根节点中。详细的建模过程在此不再赘述，图8-21展示了部分建筑物模型。

5. 基于OSGOcean模块的湖泊波浪仿真

OSGOcean是基于OSG重要扩展模块，支持波浪面的快速傅里叶变换，是模拟

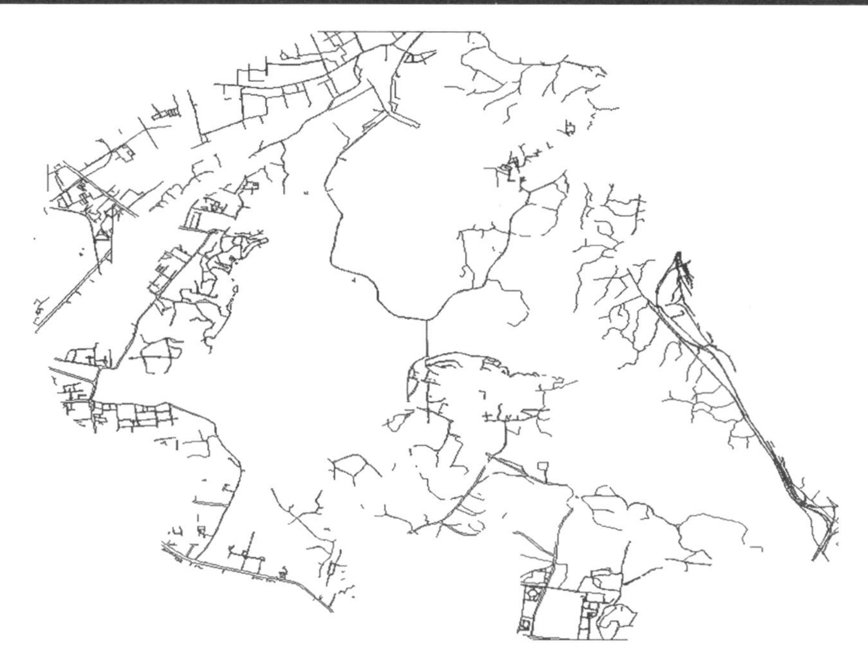

图 8-19　目标区域道路矢量图层

图 8-20　批量建筑与地形模型整合后的示意图

海洋、大型湖泊、水库等水体波浪的重要仿真工具。在本节中，对湖泊水面的仿真方法中除了采用 RTT 渲染方式外，还引入了 OSGOcean 模块，使得湖泊波浪的形成与流场、风场相联系，水面波浪效果更加逼真。

系统可以通过设置参数实现傅里叶变换的网格尺寸、驱动波浪的风场数据、水深、水面的反射与折射、水面雾效果、波浪尺寸及浪花等各种因素。生成的水面效果见图 8-22。

图 8-21　建筑物模型实例

图 8-22　基于 OSGOcean 生成的波浪效果

8.3.2　基于 OSG 的城市湖泊三维可视化仿真系统实现方法

1. 城市湖泊三维场景组织技术

三维场景的组织包括对场景中各节点的组成结构关系、节点文件的读取与模型的操作(包括移动、旋转、缩放等)、天空盒的实现、粒子系统的应用及模型的运动与回调等。

1）模型结点的操作

（1）模型的读取。

三维场景是由各种三维模型、二维图形等模型集成而成的。OSG 提供了 OSGDB 核心库实现模型文件的读取操作。OSGDB 库允许用户程序加载、使用和写入 3D 数据库。模型的读取采用插件管理的架构，OSGDB 负责维护插件的注册表，检查被载入的 OSG 插件借口的合法性。

（2）模型的坐标信息。

利用三维建模工具设计的三维模型文件中已保存了模型的坐标信息，可利用 OSGPick 工具选取模型在场景中所需放置坐标，实现在建模过程中设置模型坐标的位置。

（3）模型的缩放、移动与旋转。

导入场景中的模型需要通过对节点的操作使能以一定的方向、大小放置在选定的位置，缩放、移动、旋转模型都是对矩阵进行操作，矩阵可作为一个组节点加入至根节点中，叶节点可以继续在矩阵节点中添加，OSG 中的模型矩阵操作类为 osg::MatrixTransform。

2）动态天空盒的实现

在实时三维场景中，天空的模拟能使场景的现实感更强，在 OSG 中通常采用天空半球或天空包围盒来实现天空场景的模拟。

天空半球模型是利用三角形网格生成半球模型，并在天空球上进行纹理贴图，这种方法要进行过多的三角形计算，渲染效率不高，且在球面顶端会出现纹理聚集现象，容易产生失真。天空球模型如图 8-23 所示。

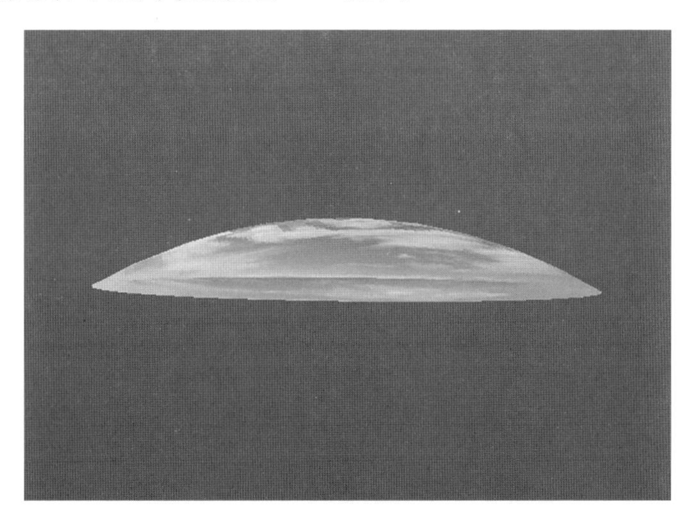

图 8-23　天空球模型

天空包围盒技术是以矩形盒将场景包围，并对立体矩形盒的 6 个面进行纹理贴图,其模型如图 8-24 所示。

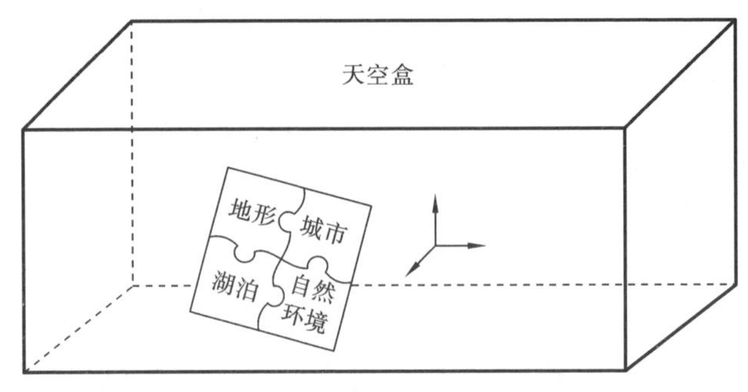

图 8-24 天空盒模型示意图

3) 粒子系统

在虚拟现实技术中,自然现象的模拟是不可或缺的,雨、雪、雾等自然现象的模拟能提高场景仿真的真实感。三维可视化应用,自然现象模拟的基本思想就是用大量的、具有状态和属性的微小粒子来描述不规则的物体,通过对每个粒子属性(颜色、形状、速度等)和状态的改变进行不规则物体运动变化的仿真模拟。

OSG 专门提供了粒子系统工具,命名空间为 OSGParticle,常用的粒子效果都附有专门的类,用以模拟各种自然现象,在 OSG 中粒子系统的建模一般为:①确定意图,包括粒子的运动方式与运动范围等;②建立粒子模板,设置粒子基本属性;③建立粒子系统并设置发射器;④设置操作器,加入影响因素;⑤加入场景视口,更新状态。图 8-25 为粒子系统工作流程示意图。

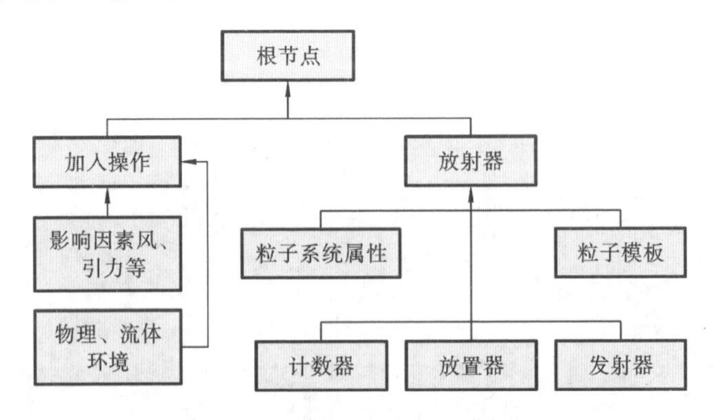

图 8-25 粒子系统工作流程示意图

OSG 提供了许多定义好的粒子模块如高效模拟爆炸、烟雾、雨雪和火光等,这些预定义的粒子直接作为节点加入三维场景中。除此之外,OSG 还允许用户自定义粒子,以实现所需的效果。

2. 城市湖泊三维场景显示与渲染

1) 坐标系统与坐标系变换

坐标系是精确定位对象位置的框架,所有的图形变换都是在一定的坐标系下进行的，常用的坐标系有世界坐标系、物体坐标系与摄像机（屏幕）坐标系。世界坐标系是系统的绝对坐标系，是描述其他坐标系统的参考框架。物体坐标系是对某一特定的物体建立的坐标系，主要用来描述物体的内部特征，如顶点、法向量等，当物体发生位移或角度变化时，实际上就是对应的物体坐标系相对于世界坐标系的变换；摄像机坐标系与屏幕坐标系都是与观察者相关的坐标系（摄像机坐标系是三维坐标，屏幕坐标为二维坐标），是描述物体是否被渲染或显示在屏幕上的坐标系，主要包括物体的视野范围、渲染顺序和物体的遮挡绘制等。

坐标系变换是计算机图像处理的基础，对于三维对象要经过一系列坐标系的变化才能实现正确的显示。世界坐标系-物体坐标系的转换是用于实现对象自身的运动过程，物体的移动、朝向等都基于物体坐标系的变化过程。物体坐标系-世界坐标系的变换适用于获取物体对象在场景中的世界坐标信息，在 OSG 中有多种方式来实现物体坐标系-世界坐标系的变换。

世界坐标系-摄像机（屏幕）坐标系变换是正确显示场景中实体对象的基本方法，三维场景的显示过程也就是世界坐标系到屏幕坐标系的变化过程，场景中的实体对象要经过模型三维变换、投影变换和视口变换得到屏幕的窗口坐标，才能将三维的世界坐标系转换为二维的屏幕坐标系，正确显示在二维的屏幕上，其过程如图 8-26 所示。

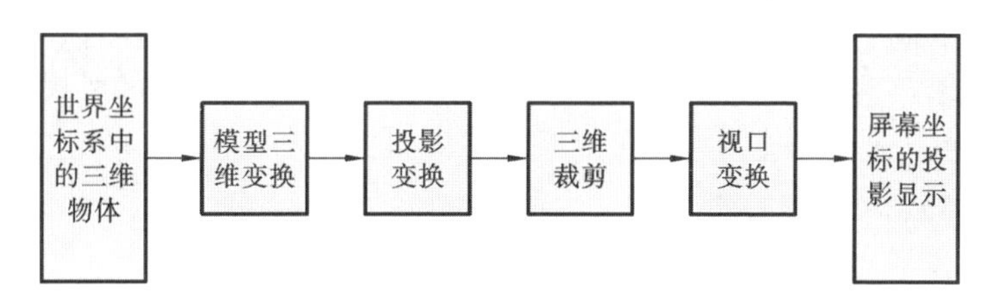

图 8-26　三维场景可视化过程

2）三维场景渲染

三维可视化的结果是三维场景经过渲染绘制后映射到二维屏幕上的，实时渲染的实现是将每一帧的渲染时间分为用户更新、场景剪裁和场景的绘制三个步骤。①更新：更新遍历允许程序修改场景图形，实现实时动态场景，通常使用回调来实现场景的更新。②拣选：拣选遍历场景图形库对场景里所有节点的包围体进行检查。③绘制：绘制遍历时，场景图形遍历由拣选遍历生成的几何体列表，并调用底层 API，实现几何体的渲染。

OSG 的渲染过程中，常用 RTT（Render To Texture）与 HUD（Head Up Display）技术进行图片或文字显示。RTT 可将场景中渲染的内容（主要是 COLOR_BUFFER）存放在一个纹理中，而不将其绘制在某一个视口中，图 8-27 展示了利用 RTT 渲染纹理技术模拟水面波纹的效果。HUD 是将渲染顺序放在最后，以便将对象显示在视口的最上层，在三维场景中常用于文字信息的处理与图片等标记的显示，在本系统中，HUD 与摄像机节点 Camera 结合实现了动态显示当前视点坐标、汉字及风向标和指南针的功能。

图 8-27 RTT 实现的湖泊水波纹理效果

3. 城市湖泊三维场景优化方法

在大规模的三维场景中，由于模型数量大，部分模型复杂程度高，大地形中计算的三角形网格量也是海量的，这对计算机的 CPU 与 GPU 在处理图像的能力方面提出了很高的要求，为了在一定的硬件条件下满足场景的流畅显示的要求，必须对仿真的三维场景进行优化处理。本章主要采用了模型优化和 LOD 技术对三维场景进行优化，提高了场景的渲染效率。

1）模型优化

首先，景观式的模型一般为城市居民区等繁杂的建筑群，不是研究的主要建模对象或标志性建筑，采用批量生成的方式进行建模处理，建模后的模型与地形将融合为一个模型，生成 FLT 格式的地形模型。这样生成的建筑模型复杂面少，模型的纹理简单，占用的渲染资源较少。其次，对于需要用建模工具建模的三维模型，可以采用尽量减少复杂面的构造、减少布尔运算、压缩或减少不必要的纹理等方法降低模型的复杂程度；对于植物模型，大规模树林生成时可采用十字交叉法进行植物群批量建模，减少复杂度高的植物模型的使用。最后，对所有三维模型利用 OSG 模型格式转换工具转制成 IVE 格式，对模型与其纹理进行内部优化，也可提高渲染效率。

2）LOD 技术

细节层次模型(Level of Detail，LOD)技术是指对同一个场景或场景中的物体，使用具有不同细节的描述方法得到的一组模型，供绘制时选择使用。在 OSG 中，每个 LOD 的子节点都是一种层次的表达方案，用户可为每个方案所对应的观察范围进行设置，观察视点处于这个范围以内时，该表达方案即可启用，OSG 为 LOD 节点提供了 osg::LOD 类，便于模型的细节层次操作。

4. 城市湖泊三维场景漫游的实现方法

在三维场景的虚拟仿真中，场景漫游的实现是最基本的功能。虚拟场景漫游是虚拟现实的一个重要应用，它具有人机交互的特征，在虚拟场景中不受现实中时间、空间的限制，具有身临其境的效果。在 OSG 中有专门的工具库及处理事件的基类负责实现三维场景的交互与漫游功能，为用户提供各种事件处理及操作处理的解决方法。

1）场景交互与漫游器

OSG 中三维场景的交互主要靠 OSGGA 库来实现的，OSGGA 的事件处理主要由事件适配器与动作适配器两大部分组成。其中，事件适配器提供了窗口系统的 GUI 事件接口，包含一系列的枚举事件类型，对不同的事件类型实现相关的操作。

场景的核心管理器是 Viewer，在交互过程中，用户通过交互操作实现视点的转换，从一个视点转移到另一个视点的过程中，摄像机坐标的发生变化，而场景中的绝对坐标不变。漫游的流程图如图 8-28 所示。

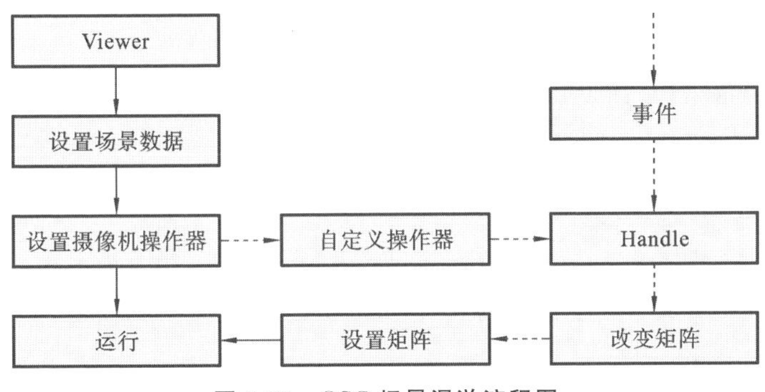

图 8-28　OSG 场景漫游流程图

2）碰撞检测

碰撞检测是三维虚拟场景中不可缺少的功能，其目的是模仿运动在现实场景中不可穿透的实体（如大地、建筑等）时与之进行碰撞运动，如皮球落地后不会穿透地面而是反弹做相反运动，在可视化漫游仿真中，往往表现为视点与不可穿透的实体之间的碰撞运动。

在 OSG 中使用交运算进行碰撞检测，场景图形的交运算封装在 osgUtil 工具库中，其进行碰撞检测的原理如图 8-29 所示。

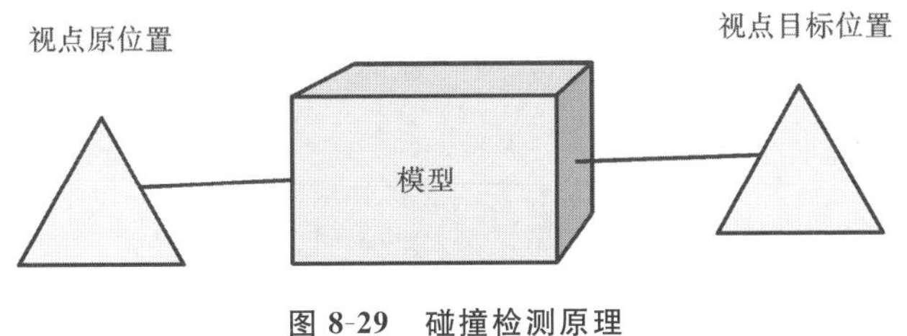

图 8-29　碰撞检测原理

从图中可以看出，视点运动时，在原位置与变换后的位置中间作一条直线，计算该直线与模型是否有相交点，若有，则继续移动会产生碰撞。具体实现步骤如下：

步骤一：在漫游器中设置模型的节点变量，设置场景中需要计算碰撞的节点。

步骤二：设置线段对象即 osg::LineSegment 类用于测试交点，线段的起点与终点分布对应于变换前后的视点位置。

步骤三：利用 OSG 中用于碰撞检测的交运算类，即 osgUtil::IntersectVisitor，进行几何体交点的计算，并将场景节点数据与交叉访问的实例绑定。

步骤四：使用 osgUtil::IntersectVistor. hits 方法判断进行相交测试，判断线段与模型是否有交点并做出相应的动作处理。

3）路径漫游

路径漫游对于三维场景的漫游演示非常重要，能使用户以第一视角的方式沿着定义好的路径进行漫游，模拟车辆或船只驾驶员的视角对场景进行浏览操作。比模型按路径运动更方便的是，OSG 中提供了路径漫游器类，该类继承自 osgGA::CameraManipulator 类，通过一系列的矩阵变换操作控制摄像机坐标，实现线路漫游。

8.3.3 城市湖泊三维可视化仿真系统应用实例

1. 虚拟城市展示

在对目标区域遥感数据集进行处理后，建立了城市三维地形与批量城市建筑，并利用建模工具对城市道路、房屋、植物等进行了建模仿真，融合为虚拟城市部分，以三维模型方式加入场景节点中去。场景展示如图 8-30、图 8-31 所示。

图 8-30 虚拟城市建筑与道路

图 8-31 虚拟城市鸟瞰图

2. 湖泊水面渲染与仿真

湖泊的渲染与可视化仿真是重点内容之一，为了全面反映东湖的湖泊水环境，需要在保证实时渲染效果的同时，提高渲染效率，保证三维场景的浏览质量。以下采用三种方式仿真水面，用户可根据需要切换渲染方式。

1）基于 RTT 的水波纹理渲染

在 8.3.2 节中介绍过映射至纹理的方式实现动态水波模拟水面，将纹理面与处理的地形结合，实现湖泊效果，此方式占用资源较少，在重点关注城市地形时，可采用该方式进行湖泊模拟，效果见图 8-32。

2）基于 OSGOcean 的水波渲染

前文详细介绍了 OSGOcean 模块模拟水波的实现方式，该方式实现的水波逼真，同时将波浪的渲染驱动参数与实时的风场数据相结合，将文本数据中的风速、风向作为 OSGOcean 函数的实现参数，使得波浪的真实感更接近真实效果。实现效果见图 8-33。

3）基于动态纹理方式实现水面污染物扩散过程模拟

系统三维展示的重要研究内容是对在东湖的流场环境中污染扩散过程的数学建模。OSG 提供的动态图片显示方式 osg::ImageSequence 能实现在三维展示系统中动态展示污染物在湖泊中的扩散效果。图 8-34 中的四幅图分别表示了某污染物在湖泊流场中的时空变化过程。

3. 场景漫游

系统中采用了多种漫游方式，使用户能用不同方式对场景进行全方位浏览，除了

图 8-32 RTT 实现动态水波模拟

图 8-33 基于 OSGOcean 实现湖泊仿真

OSG 提供的轨迹球漫游器外，还设计了通过键盘与鼠标实现人机交互的自定义漫游器及路径漫游。图 8-35 与图 8-36 分别展示了以路面运动的汽车和湖泊上运动的汽船的驾驶视角进行漫游的场景图。

4. 天气效果

气象因素特别是风场及降水，是湖泊水动力过程的重要影响因素，通过对天气效果的可视化仿真，使城市湖泊三维场景更加真实化。对天空盒节点增加运动回调后，

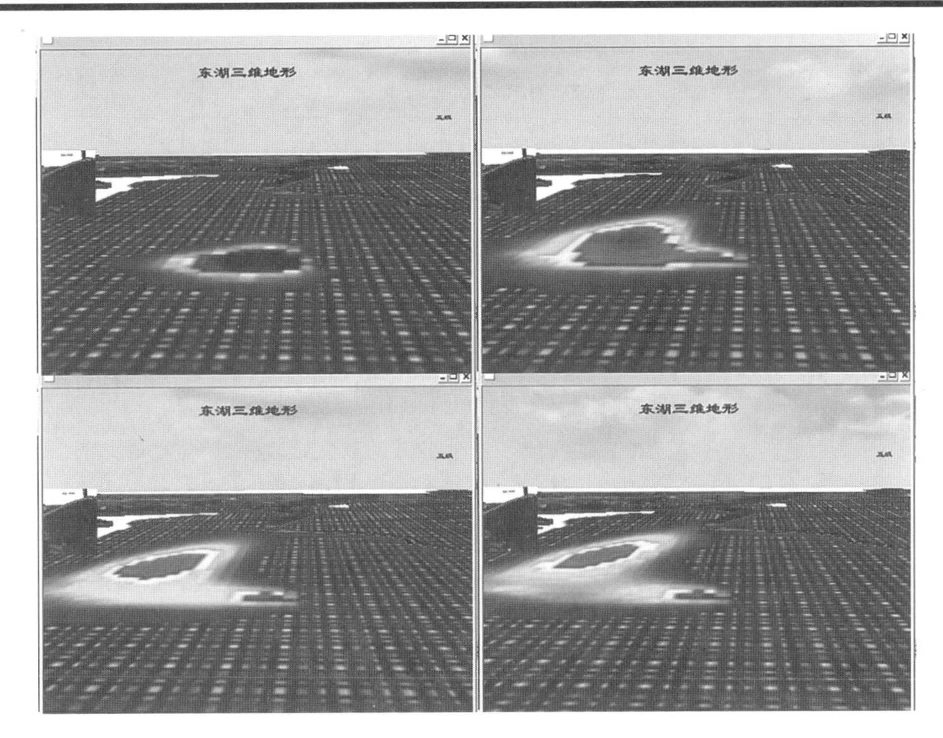

图 8-34　动态纹理显示污染物扩散过程

图 8-35　汽车驾驶视角路径漫游

包围盒绕轴运动，实现白云在空中飘动的效果。此外，根据天气的变化，天空可按需要切换，模拟蓝天白云与乌云的效果，显得更为逼真。天空的效果在上图中已有体现，在此不再重述。

图 8-36 汽船驾驶视角路径漫游

雨雪效果采用OSG粒子系统实现，同时，粒子系统中生成雨雪粒子的风向与风速参数与基于OSGOcean进行水波渲染的参数一致，均采用外部的风场文本文件读取参数传递，风向与风速通过HUD摄像机再形成风向标展示，风级按标准分级，这样使整个系统的天气与流场驱动参数一致，更接近现实中的自然环境。在切换雨雪效果的同时，天空盒纹理贴图随之变化，也使得场景更加真实。图8-37和8-38分别为雨、雪效果与风向标的实现效果。

图 8-37 降雨效果

图 8-38　降雪效果

8.4　湖泊群水文水循环分析子系统

针对大东湖水系水资源分布和水循环条件，本节综合考虑大东湖水系下垫面条件、蒸发、降水、下渗、经济社会用水及自然水系水量交换等不同因素，研究大东湖水系复杂水循环过程及其时空响应特征，建立基于分布式栅格新安江模型的大东湖水循环时空模型，揭示水体自然循环与人工循环的时空特性和演变规律，为分析大东湖水系水循环对水污染形成与演变过程的影响提供重要的依据。

8.4.1　系统总体结构

湖泊群水文水循环分析子系统主要包括水文信息管理、分布式水循环模拟、典型情景分析三个模块。通过水文信息管理模块，系统可综合查询展示湖区历史降雨、气温、风速、相对湿度等水文气象观测资料，同时还集成了大东湖 DEM 数据，统计分析了大东湖上层、下层、深层张力水容量和大东湖自由水容量信息，为大东湖分布式水循环模拟提供必要的基础数据。结合充分考虑大东湖区域下垫面空间分布的异质性和不同水文单元间的水平联系，将流域划分成若干个具有水平联系和垂向联系的栅格单元，建立了适用于大东湖流域的分布式栅格新安江模型，实现了大东湖区域分布式产汇流计算。典型情景分析模块提供了几种典型情景下大东湖区域分布式产汇流变化规律，为决策者充分认识大东湖区域水文情势变化规律提供参考依据。系统总体结构如图 8-39 所示。

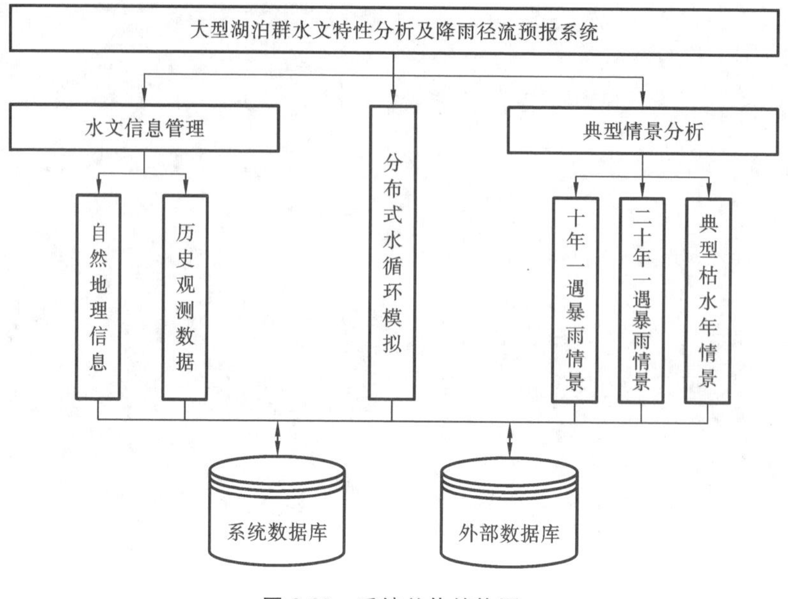

图 8-39 系统总体结构图

8.4.2 水文信息管理模块

水文信息管理是对大东湖区域的降雨、平均气温、平均风速、相对湿度等水文气象观测资料进行查询和管理，同时还展示了大东湖 DEM 数据、大东湖上层、下层、深层张力水容量和大东湖自由水容量。图 8-40 展示了大东湖周边地区的 DEM 数据，

图 8-40 大东湖周边地区地理信息(GIS)展示

图中浅色区域为高程较低的区域，深色则为较高的区域。图8-41通过可缩放的柱状图形式展示某时段内降雨数据，并在右下方配备了数据表格。

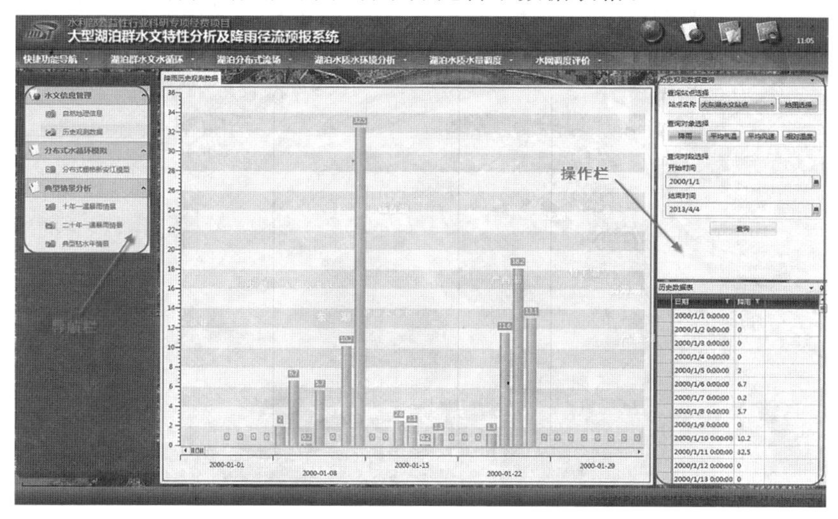

图8-41 历史观测数据管理

8.4.3 分布式水循环模拟模块

该模块的主要功能是利用所建立的适用于大东湖流域的分布式栅格新安江模型，实现大东湖区域分布式的产汇流计算。图8-42为产汇流计算的参数设置界面，在计算完成并通过Arcengine进行地图文件制作与发布后，可对其结果进行模拟查

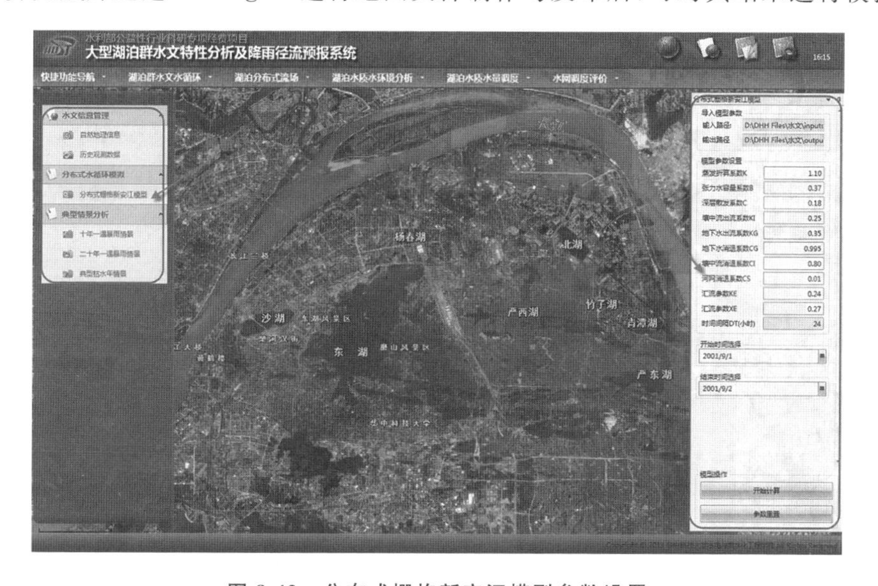

图8-42 分布式栅格新安江模型参数设置

看(见图 8-43)。

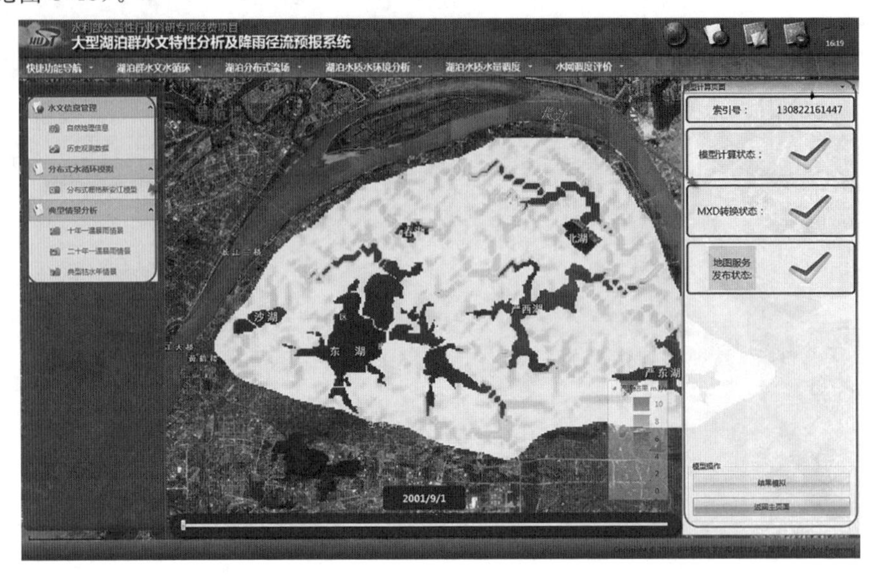

图 8-43 产汇流计算结果模拟展示

8.4.4 典型情景分析模块

该模块的主要功能是给出十年一遇暴雨、二十年一遇暴雨、典型枯水年三种情景下大东湖区域分布式汇流变化规律,从而为决策者充分认识大东湖区域水文情势变化规律提供参考依据。图 4-44 与图 4-45 分别展示了十年一遇暴雨情境下的六湖入

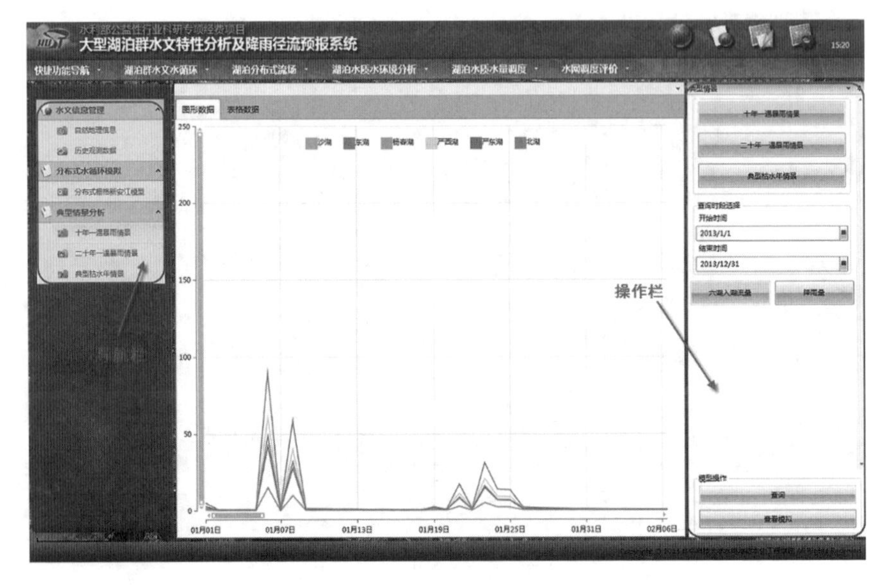

图 8-44 典型情景下六湖入湖流量结果

湖流量与降雨量,图 4-46 是对此典型情景下的产汇流结果模拟。

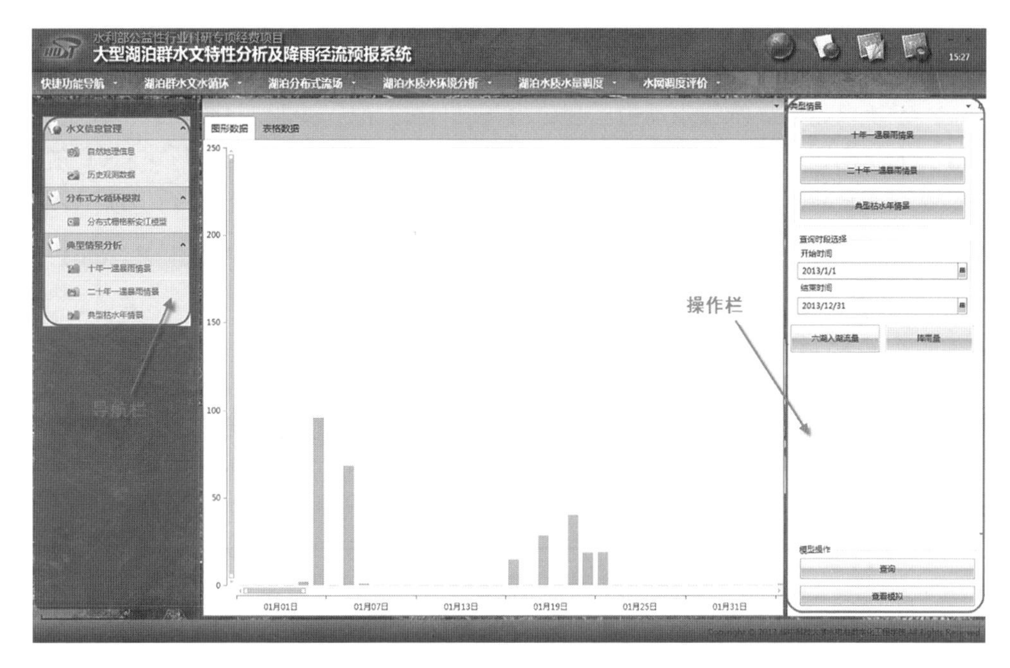

图 8-45　典型情景下降雨量结果展示界面

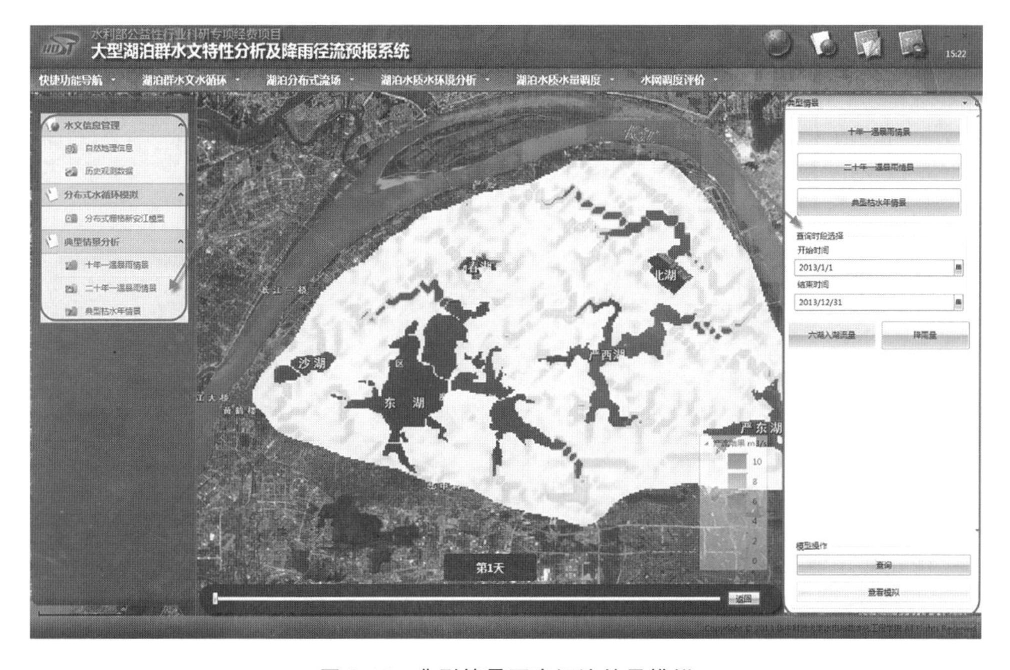

图 8-46　典型情景下产汇流结果模拟

8.5 湖泊分布式流场模拟子系统

本系统以湖泊二维浅水动力学理论为基础，建立了大东湖二维流场数值模型，用于计算大东湖区域各单元的水深、流速等水力要素。模型综合考虑了风驱动力、闸泵引水及地球自转柯氏力等动力因子造成的湖泊分布式流场。另外，对湖泊滞水区域特性进行分析，为大东湖水质模拟和六湖水网调度提供了重要的基础数据和技术支撑。

8.5.1 系统总体结构

湖泊污染物迁移模拟系统主要包括大东湖基础数据查询、湖泊流场模拟及死水区分析三个模块。系统数据库是本系统自带的数据库。系统总体结构如图 8-47 所示。

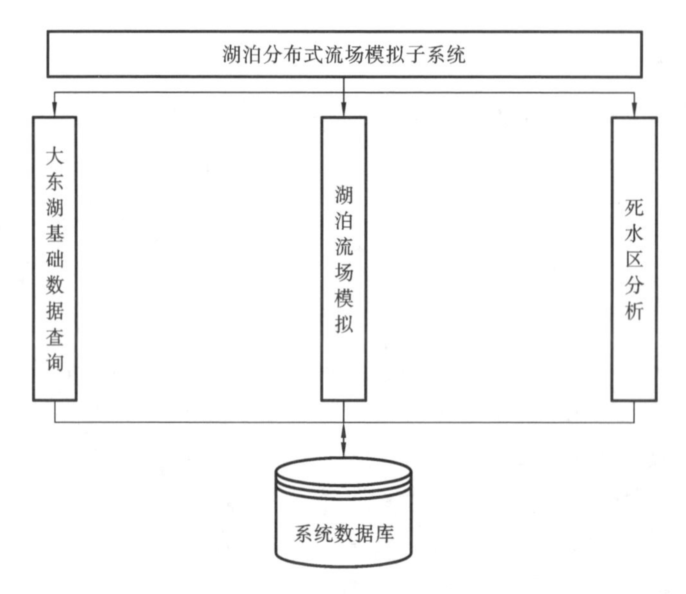

图 8-47 系统总体结构图

8.5.2 大东湖基础数据查询模块

该功能主要是对“大东湖”湖泊群的基础信息及生态水网相关设施的工程信息进行查询与管理，主要包括湖泊水文信息（湖泊面积、水温）和泵闸等相关工程信息（设计流量及功能描述）。工程信息管理主要是对“大东湖”湖泊群的泵闸设施信息及引水路线的工程信息进行查询与管理，使其可以用于其他功能模块。图 8-48 为泵闸站信息查询界面，图 8-49 为湖泊水文基础信息查询界面。

图 8-48　泵闸站信息查询界面

图 8-49　湖泊水文基础信息查询界面

8.5.3　湖泊流场模拟模块

湖泊流场模拟模块以二维浅水方程为水流控制方程，集成并求解了自适应矩形网格上的高精度有限体积模型，可以模拟具有大东湖区域内复杂地形上的浅水流动问题。进入流场计算模块后首先加载并查看计算域内水下DEM(见图8-50)；依次设置各闸口、泵站的引水流量及各湖泊的初始运行水位，并选取计算域内风项背景场；模块预置了8种风向(风速2.3 m/s)下三种引水方案的湖泊流场计算结果(见图8-51)。此外，模型还提供了自定义边界条件的流场计算模式。用户可以根据经验或

图8-50　湖泊群地形预览界面

图8-51　东风大循环条件下流场模拟结果图

专家决策方案手动输入各闸泵引水流量、背景风风速大小及风向，并提供了湖泊流场实时计算的辅助模块接口，最终查看流场的计算结果。

8.5.4　死水区分析模块

死水区分析模块主要是分析湖泊群在不同引水方案与自然条件下的滞水区域特性，并划分各个湖泊中的死水区域，为大东湖水质模拟和大东湖水质水量联合调度提供数据支持和技术支撑。在进行“引水方案”“引水流量”“初始水位”“柯氏力项”及死水区的“判断阈值”等参数设置后，进行实时计算得到死水区结果。图 8-52 为东风与小循环调水策略下设定阈值为 0.001 m/s 的死水区计算结果。

图 8-52　东风与小循环条件下死水区分析结果图(阈值=0.001 m/s)

8.6　湖泊水质水环境分析子系统

本系统是在大东湖水系分布式流场模型的基础上，研究水体污染物在不同气候条件和流场条件下的迁移规律，另外根据降水导致的面源污染带来的各相交换特性及其空间分布规律，综合考虑大东湖水系水体中各污染物相自身变化规律，建立大东湖水系污染物变化的时空预测模型，对大东湖水质进行预测。

8.6.1　系统总体结构

湖泊水质水环境分析系统主要包括纳污能力计算、典型情景模拟、突发污染物模拟及暴雨情景模拟四个模块。其中纳污能力计算分为均匀混合模型、非均匀混合模型和富营养化模型三种。系统数据库是本系统自带的数据库。系统总体结构如图8-53所示。

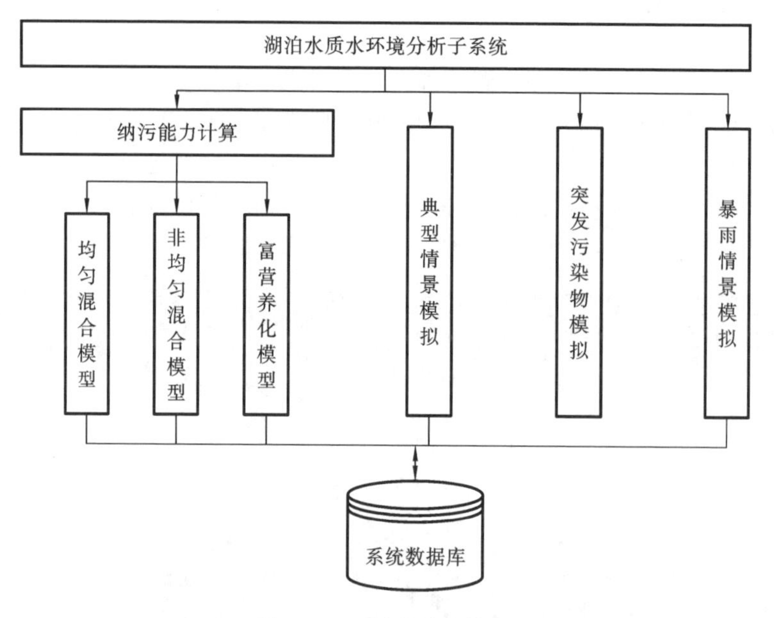

图 8-53 系统总体结构图

8.6.2 纳污能力计算模块

水体纳污能力计算包括三个湖泊纳污计算模型，用于计算不同湖泊的水体最大纳污能力。主要根据湖泊的大小、种类、污染物混合能力等自身特性，分别建立了针对小型湖泊的均匀混合模型、针对大中型湖泊的非均匀混合模型，以及针对富营养化湖泊的富营养化纳污模型。图8-54～图8-56分别为以上三种模型的相应界面。

8.6.3 典型情景模拟模块

典型情景模拟模块结合了观测资料、专题图、监测站实测数据，在不同的引水条件下对大东湖综合水质进行模拟，本模块主要考虑了三种典型的污染物指标，包括COD、TP和TN。综合考虑这三种污染物时空过程的内在机制及外在驱动力，模拟大东湖水系水质的时空演化规律，为大东湖水质水量调度提供数据支持。图8-57为典型情景下的水质模拟，模拟动画的上方实时显示5个湖泊三种污染物的浓度，通过点击湖泊按钮，右边展示出相应湖泊三种污染物的浓度变化曲线。

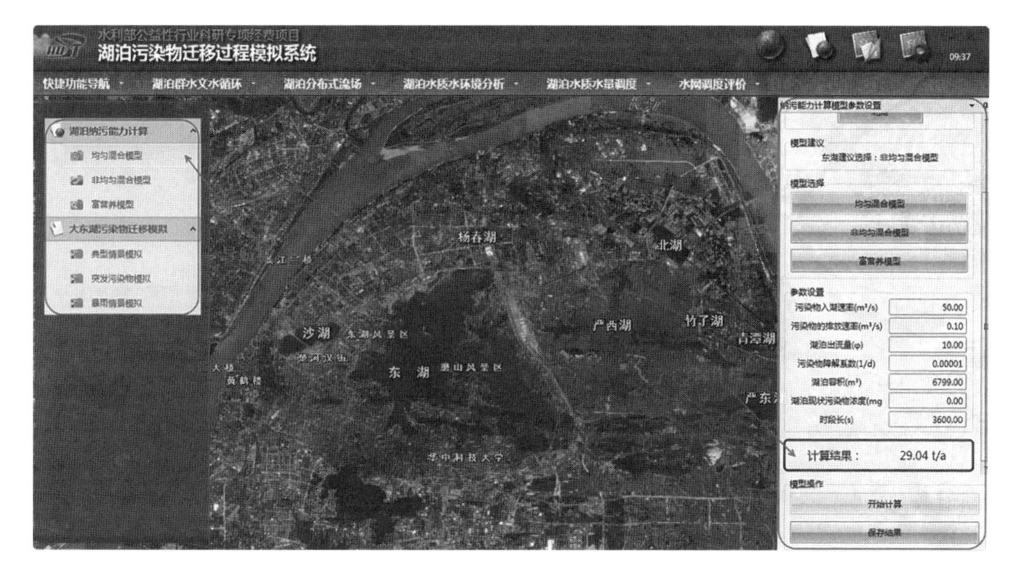

图 8-54　均匀混合模型计算结果界面图

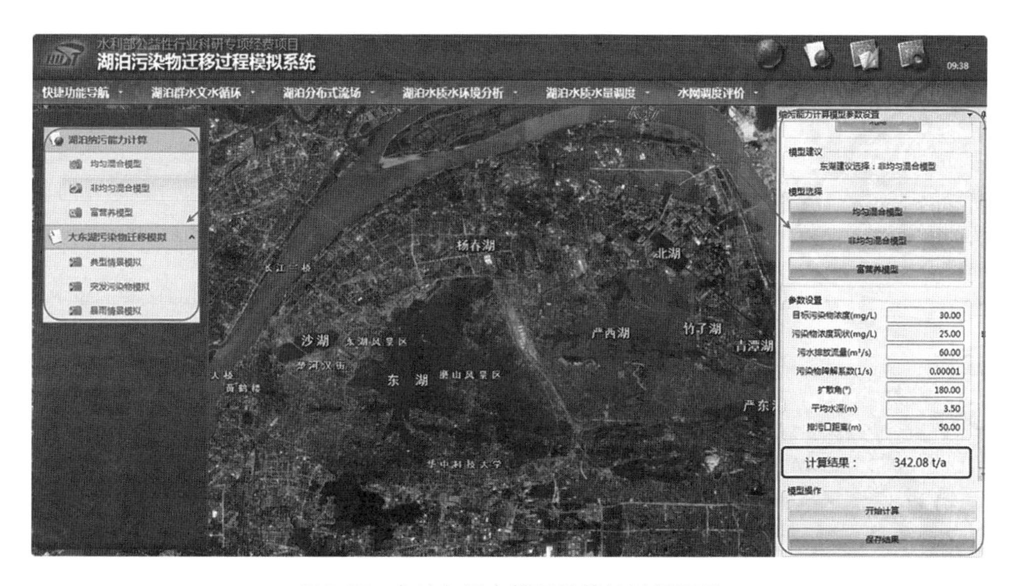

图 8-55　非均匀混合模型计算结果界面图

8.6.4　突发污染物模拟模块

突发污染物模拟功能主要针对不确定性因素导致湖泊发生水体污染，模拟突发污染物在湖泊内随时间变化的迁移和扩散过程，为相关部门寻求突发水污染应急策略提供科学依据。图 8-58 为突发污染物模拟界面。

图 8-56　富营养化模型计算主界面

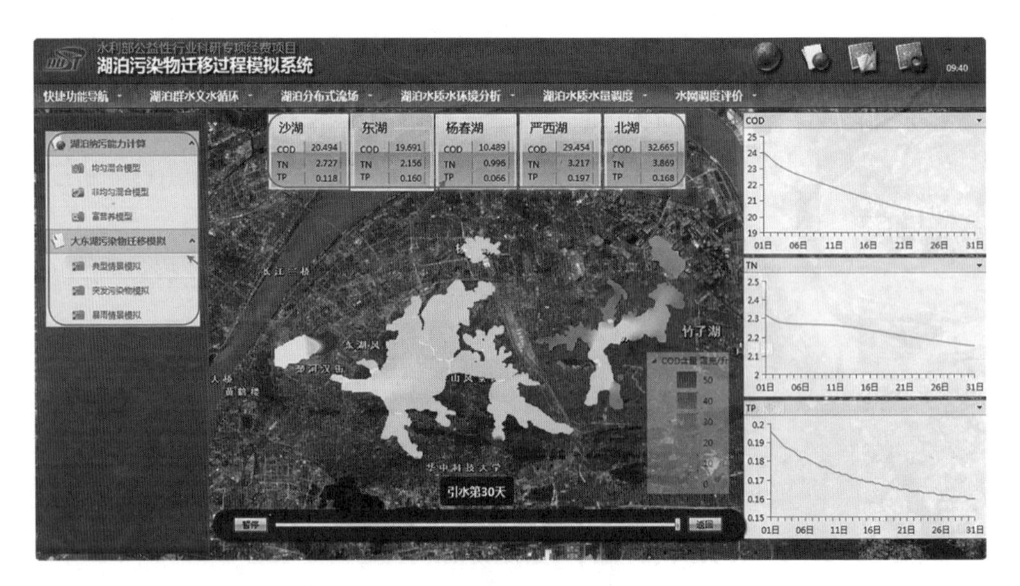

图 8-57　典型情景模拟界面

8.6.5　暴雨情景模拟模块

暴雨情景模拟模块主要描述一场暴雨过后，降雨径流将地表的、沉积在下水管网的污染物，在短时间内冲刷汇入湖泊造成湖泊污染物的迁移和扩散。模型结合了流域污染物排放强度和浓度、产流与入湖系数等参数，并且分析了流域污染负荷计算和趋势。图 8-59 为暴雨情景水质模拟界面，模拟动画上方实时显示各湖泊 COD、TP、

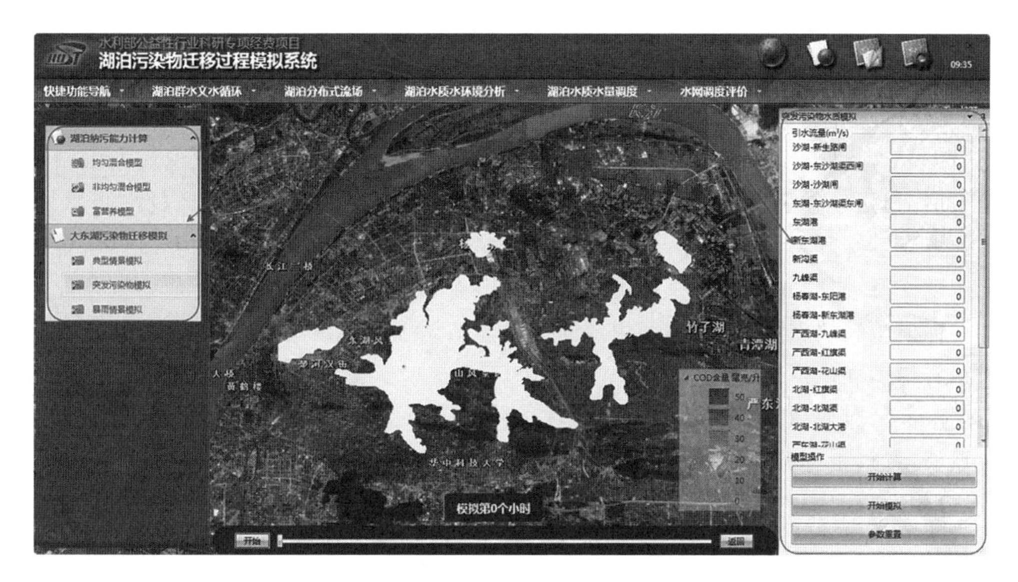

图 8-58　突发污染物模拟界面图

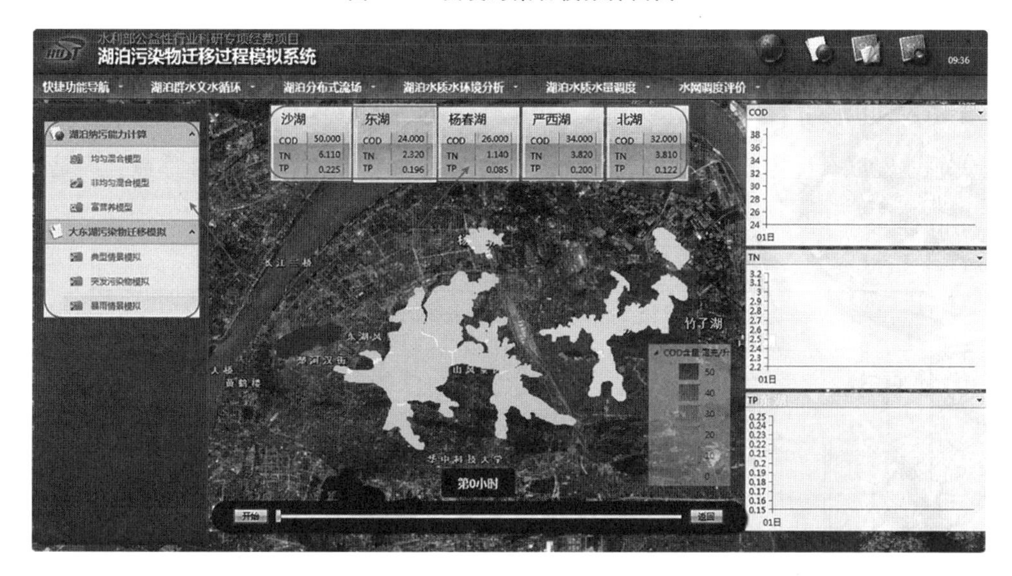

图 8-59　暴雨情景水质模拟界面图

TN 的浓度值。当点击某一湖泊浓度数值栏后，主界面右侧会显示出污染物随时间变化的浓度曲线。

8.7　湖泊水质水量调度子系统

湖泊水质水量调度模块针对湖网内部水体置换及引江济湖调水的特点，以大东湖水下 DEM、水质分布及连通湖泊的泵闸渠的设计参数等信息数据为基础，运用二维非恒定流的水质水量耦合模型,解析了不同引水条件下受水区水质的动态演变机制,确定了水质水量综合调度的关键因素、指标及变量,采用水力学、水文学和环境水力学相结合的建模途径,以受水区水质综合改善程度最大、引水量最小、工程运行费用最小等为目标,以各闸泵站的提水、排水流量等为决策变量,综合考虑江湖水网水量平衡、湖网各分区水质指标要求、关键控制点水位限制、主要输水通道过水能力、调水经济成本等复杂约束条件,建立了江湖水量调度和水质调度耦合的多目标联合优化调度模型;研究并提出了一类可同时优化多个目标并能有效处理复杂约束条件的多目标模型高效求解方法,快速生成了大量非劣调度方案供决策者评价优选,从而为决策者提供理论依据与技术支撑。

本部分对连通湖泊水质水量联合优化调度决策支持系统的特点及功能进行了整体概述,包括系统的总体结构、系统功能和系统性能特点。

8.7.1 系统总体结构

该决策支持系统主要包括工程信息管理、调水方案、调度效果影响分析、湖泊水网调度及方案综合评价五个模块。其中,调水方案又分为引水路线制定、引水流量优选、引水策略确定、运行水位推荐、调度规程五个子模块;调度效果影响分析包括九峰渠引水流量优化及泵站排水过程优化两个子模块;湖泊水网调度模块能够选择不同目标进行水质水量联合优化调度计算。系统数据库是本系统自带的数据库,外部数据库是指外部数据源,为湖泊水质监测中心水质数据库。系统总体结构如图8-60 所示。

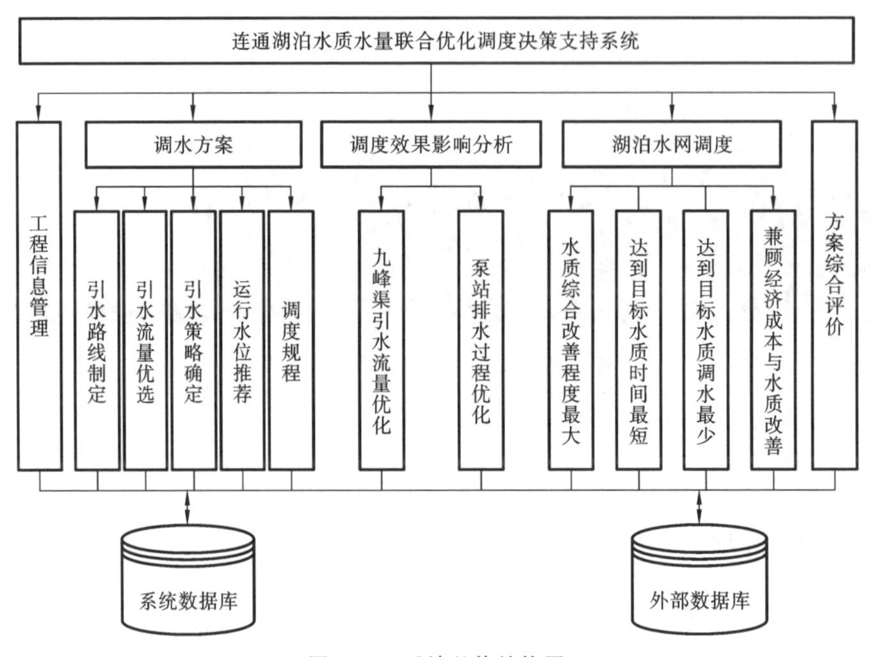

图 8-60 系统总体结构图

本系统以湖泊水质综合改善为目标，以泵闸引水流量为核心，以流场模拟及污染物扩散迁移模型为纽带，综合考虑防洪、景观用水等约束，较为全面地实现了湖泊群水质水量联合优化调度各方面的计算及管理功能。系统功能主要包括工程信息管理、调水方案（引水路线制定、引水流量优选、引水策略确定、运行水位推荐、调度规程等功能）、调度效果影响分析（九峰渠引水流量优化及泵站排水过程优化）、湖泊水网调度及方案综合评价。

（1）工程信息管理。该功能主要是对“大东湖”湖泊群的基础信息及生态水网相关设施的工程信息进行查询与管理，主要包括湖泊水文水质信息（湖泊面积、COD 浓度、TP 浓度、TN 浓度、水温）和泵站工程信息（设计流量及功能描述）。

（2）调水方案。该功能主要是根据湖泊污染程度及工程设施现状，综合考虑调水经济成本，采用流场模拟及污染物扩散迁移模型，分别确定引水路线、引水规模、湖泊运行水位及调水策略，最终给出大东湖水网调度规程。

（3）湖泊水网调度。该功能以大东湖水下 DEM、水质分布及连通湖泊的泵闸渠的设计参数等为基础，运用二维非恒定流的水质水量耦合模型，以受水区水质综合改善程度最大、引水量最小、工程运行费用最小等为目标，以各闸泵站的提水、排水流量等为决策变量，进行水质水量联合优化调度，从而求解出泵闸站的引水流量及引水时长，用于指导“大东湖”生态水网调度的优化运行。

（4）调度效果影响分析。该功能在调度策略的基础上，给出并模拟有效提升水质改善效果的水网运行措施，包括九峰渠引水流量优化及泵站排水过程优化。

（5）方案综合评价。将联合优化调度结果进行对比分析及评价，并将对比结果以图表形式直观地反映出来，调度员可以从中选择一个方案或将多个方案作为最终的调度方案提交给上级主管部门。

8.7.2　工程信息管理模块

工程信息管理主要是对“大东湖”湖泊群的基础信息及生态水网相关设施的工程信息进行查询与管理，使得可以用于其他功能模块。图 8-61 为泵闸站信息查询界面，图 8-62 为湖泊信息查询界面，可查询到泵闸站的设计流量，地理位置，湖泊的基本介绍与污染物实时浓度等相关信息。

8.7.3　调水方案模块

该模块的主要功能是确定引水路线、引水规模、湖泊运行水位及调水策略，最终给出大东湖水网调度规程。

1. 引水路线制定

“路线查看”菜单提供了观看不同方案的引水路线的功能（见图 8-63）。

“开始模拟”功能在主界面地图上显示各个湖泊的水质情况，上方实时显示各湖

图 8-61　泵闸站信息查询界面

图 8-62　湖泊信息查询界面

图 8-63　引水路线查看界面

泊 COD、TP、TN 的浓度值。当点击某一湖泊浓度数值栏后，主界面右侧会显示出污染物随时间变化的浓度曲线（见图 8-64）。

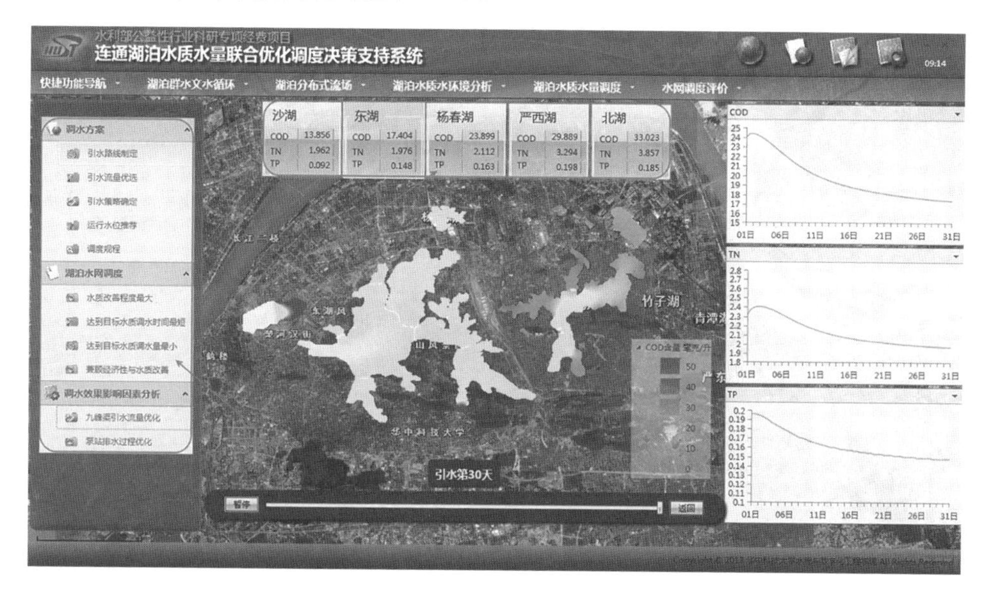

图 8-64　各方案水质模拟过程展示界面

“查看结果”功能，会显示采用不同引水路线情况下，各湖泊的水质模拟结果（见图 8-65）。

2. 引水流量优选

本单元用于对水网调度的引水流量进行优选（见图 8-66）。“方案推荐”功能，会

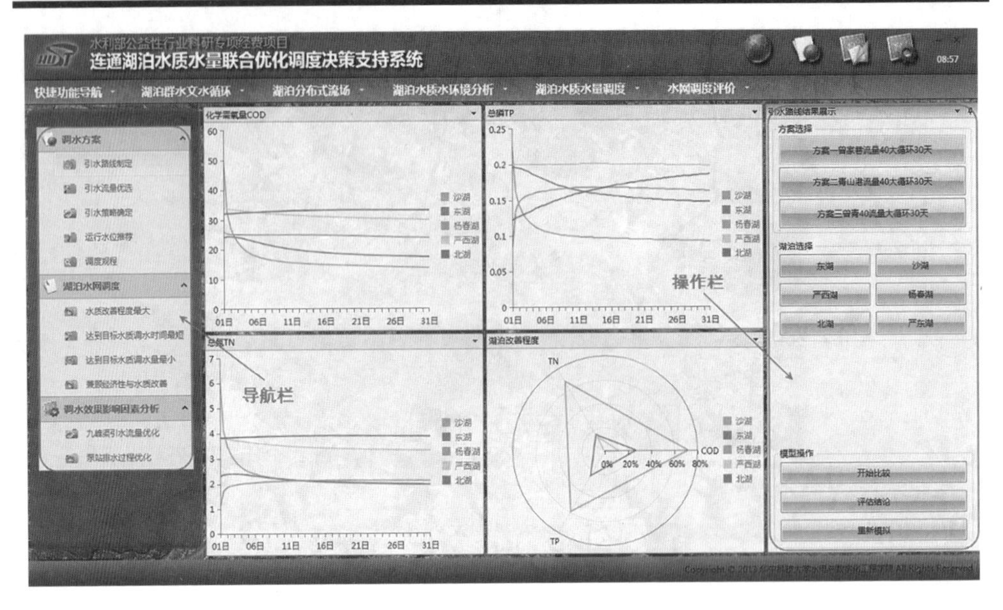

图 8-65　各方案水质模拟结果对比界面

显示引水流量优选的结论，推荐相应的引水流量方案，从而为湖泊管理者制定调度策略提供依据（见图 8-67）。

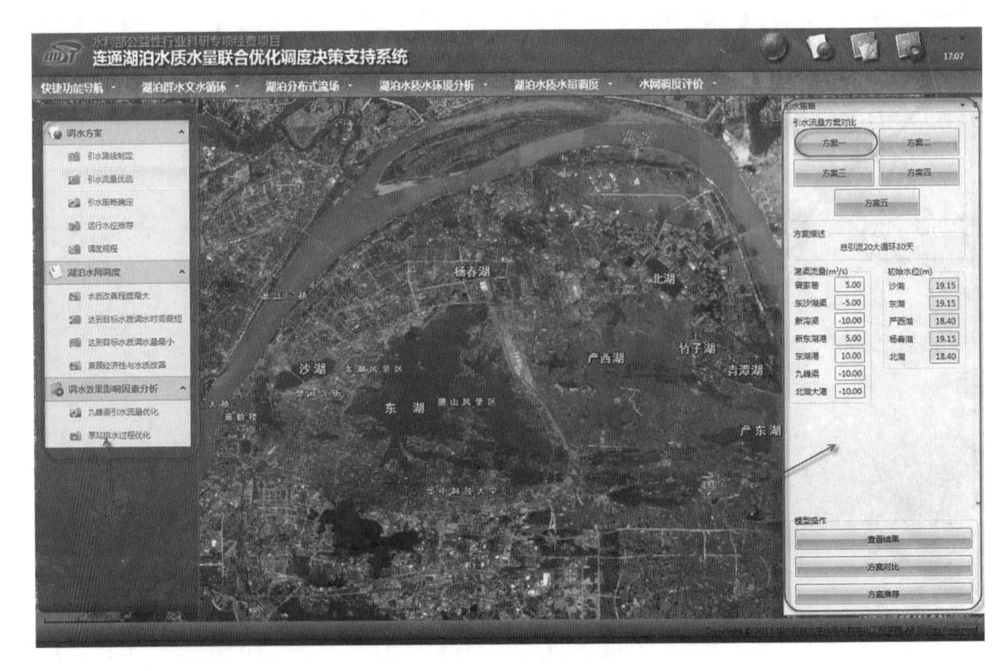

图 8-66　引水流量优选界面

3. 引水策略确定

本单元用于指定水网调度的引水策略。引水策略查看界面和方案推荐界面分别

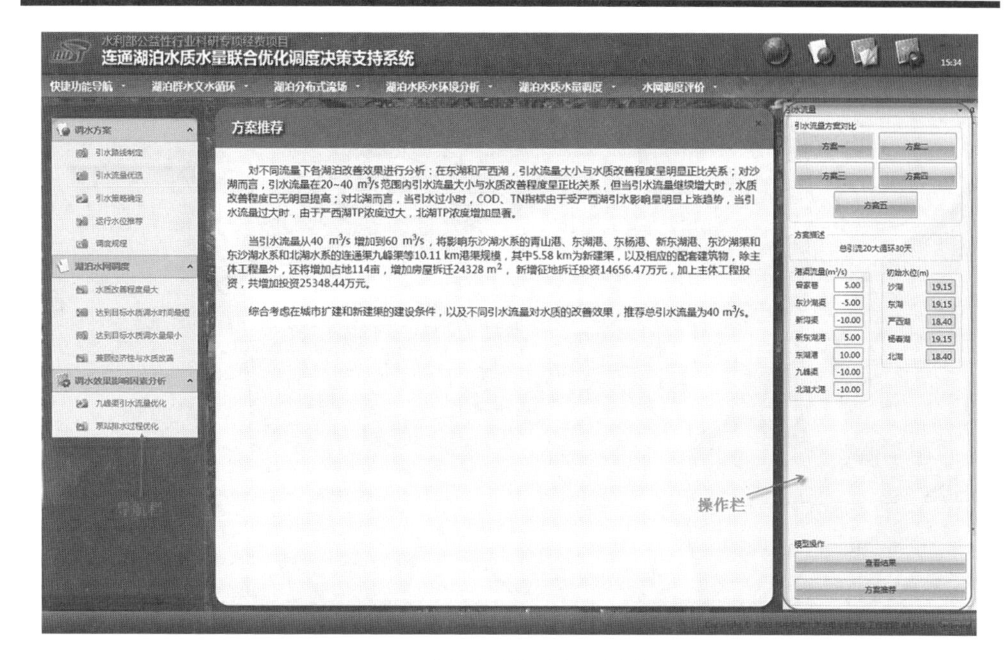

图 8-67　引水流量优选方案推荐界面

如图 8-68 和图 8-69 所示。

图 8-68　引水策略查看界面

4. 运行水位推荐

本单元用于确定进行水位调度时各湖泊的运行水位，其推荐界面和推荐方案对

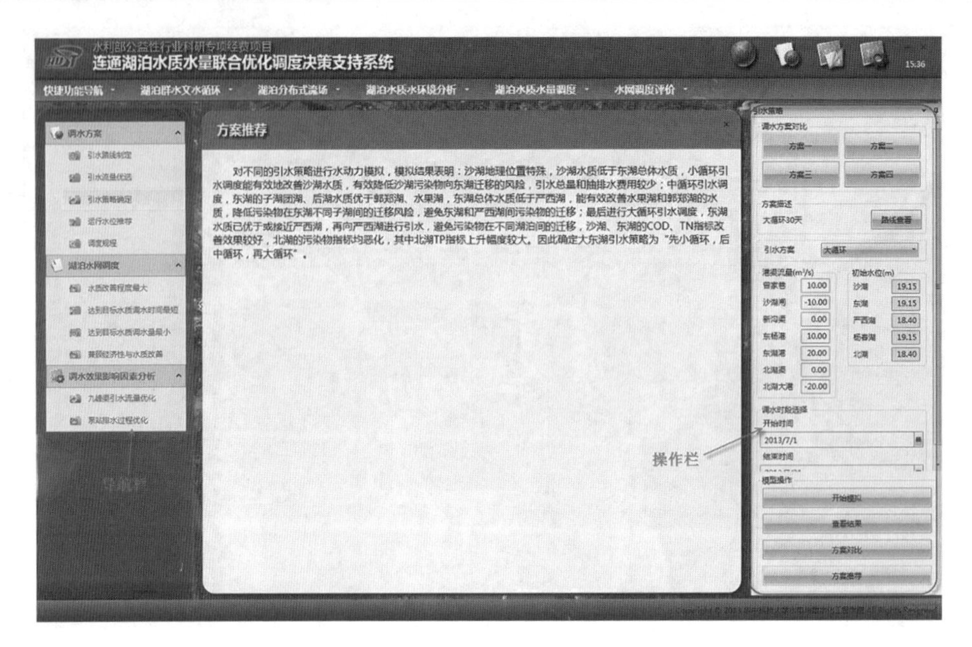

图 8-69　引水策略方案推荐界面

比界面分别如图 8-70 和图 8-71 所示。

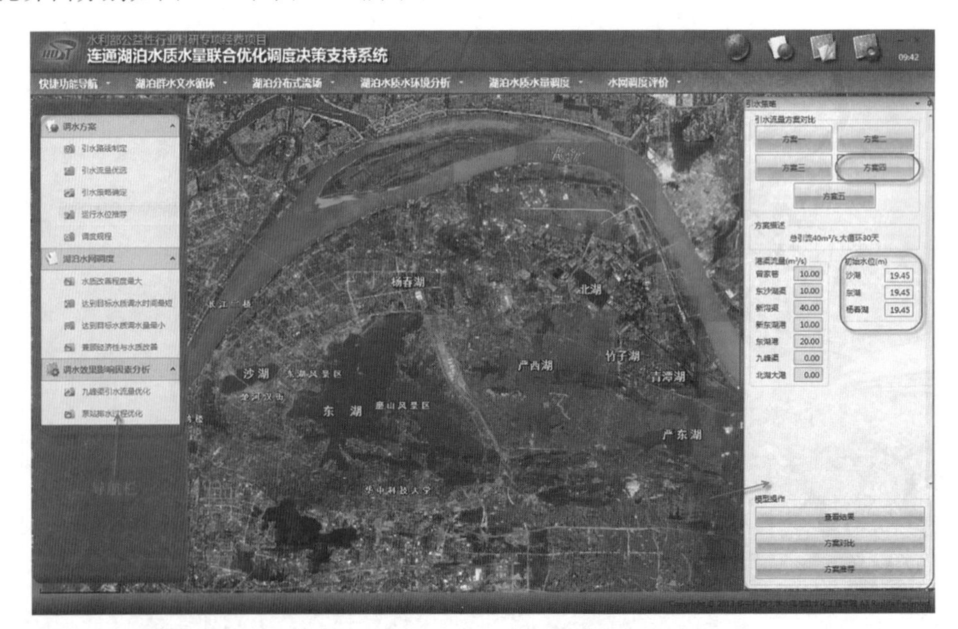

图 8-70　运行水位推荐界面

5. 调度规程

本单元用于展示所制定的调度规程，如图 8-72 所示。

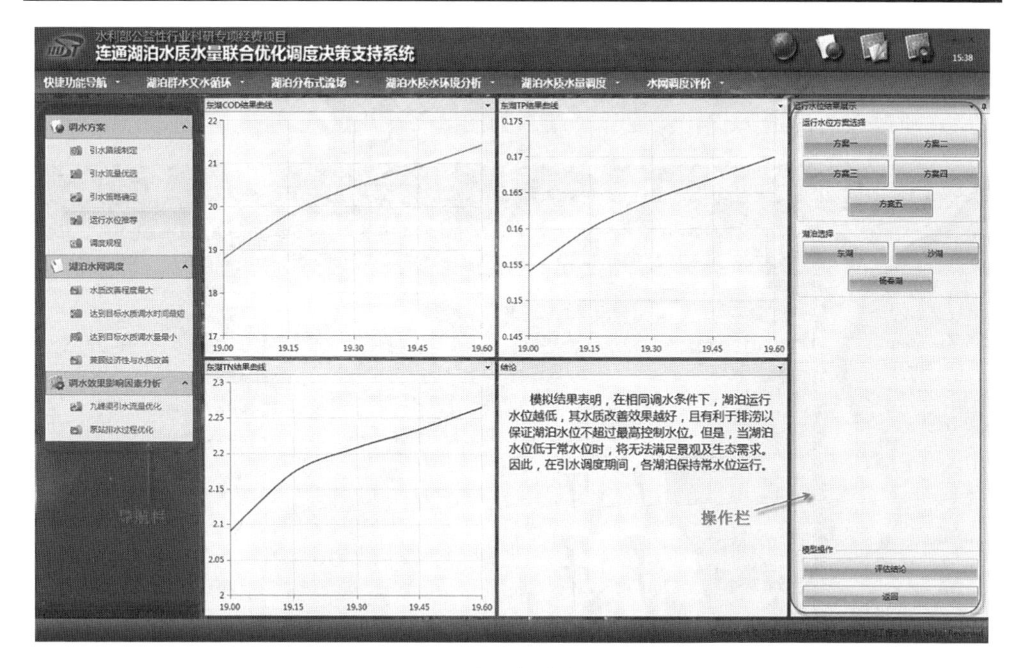

图 8-71　运行水位推荐方案对比界面

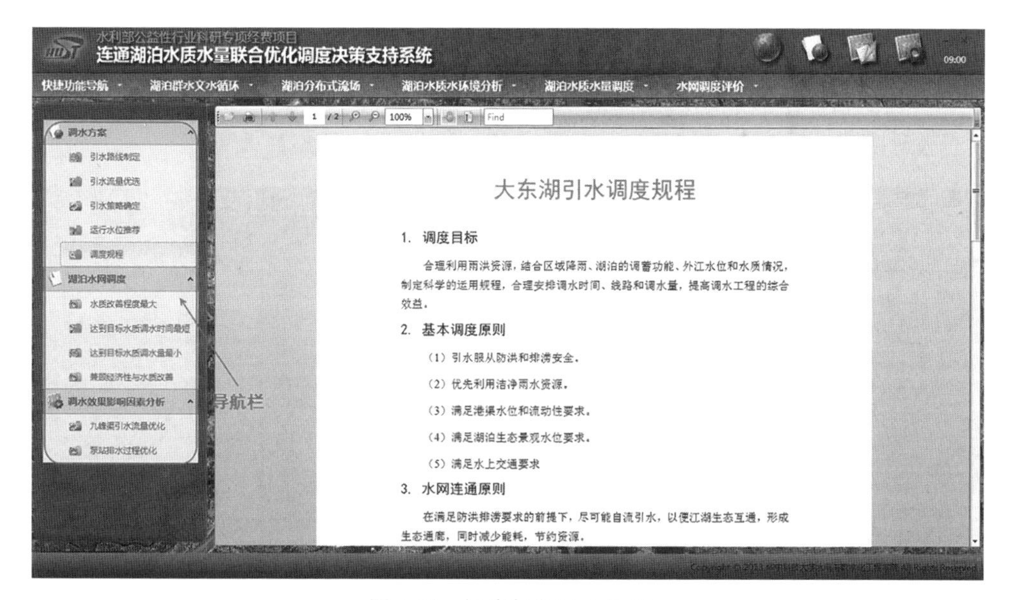

大东湖引水调度规程

1. 调度目标

合理利用雨洪资源，结合区域降雨、湖泊的调蓄功能、外江水位和水质情况，制定科学的运用规程，合理安排调水时间、线路和调水量，提高调水工程的综合效益。

2. 基本调度原则

（1）引水服从防洪和排涝安全。

（2）优先利用洁净雨水资源。

（3）满足港渠水位和流动性要求。

（4）满足湖泊生态景观水位要求。

（5）满足水上交通要求

3. 水网连通原则

在满足防洪排涝要求的前提下，尽可能自流引水，以便江湖生态互通，形成生态通廊，同时减少能耗，节约资源。

图 8-72　调度规程展示界面

8.7.4　湖泊水网调度模块

该模块的主要功能是以各闸泵站的提水、排水流量等为决策变量，进行水质水量联合优化调度，从而求解出泵闸站的最优引水流量及引水时长，用于指导大东湖生态水网调度的优化运行。

1. 水质改善程度最大

水质改善程度最大优化调度计算结果如图 8-73 所示。

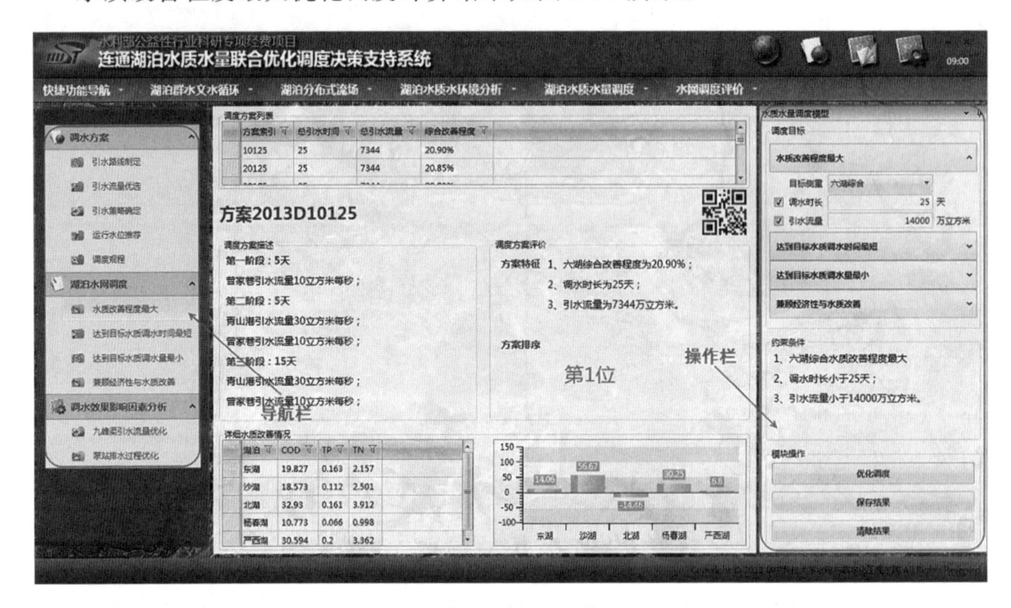

图 8-73　调度结果展示界面

2. 达到目标水质调水时间最短

达到目标水质调水时间最短的优化调度计算结果如图 8-74 所示。

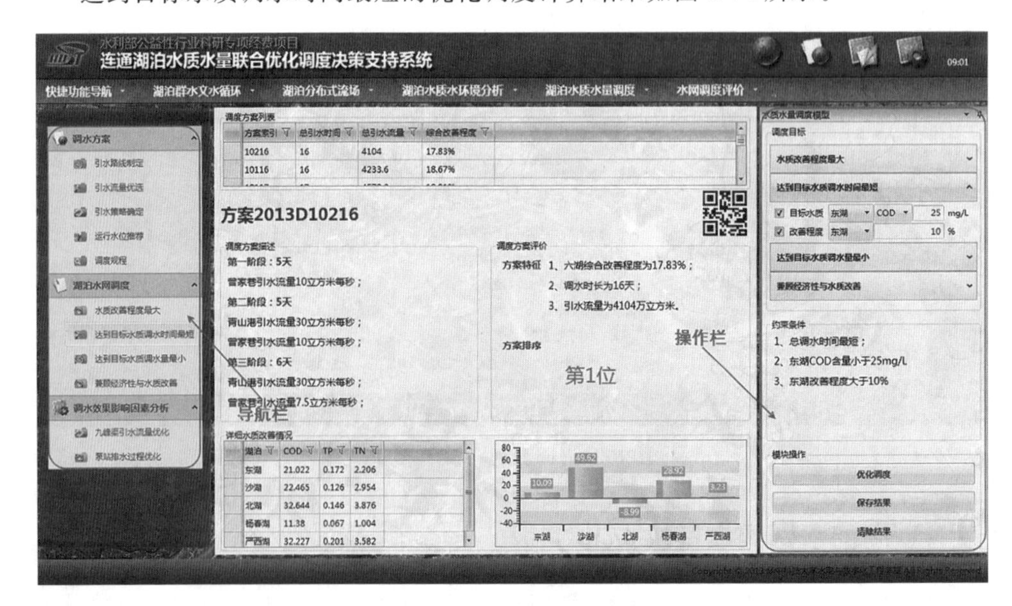

图 8-74　调度结果展示界面

3. 达到目标水质调水量最小

达到目标水质调水量最小的优化调度计算结果如图 8-75 所示。

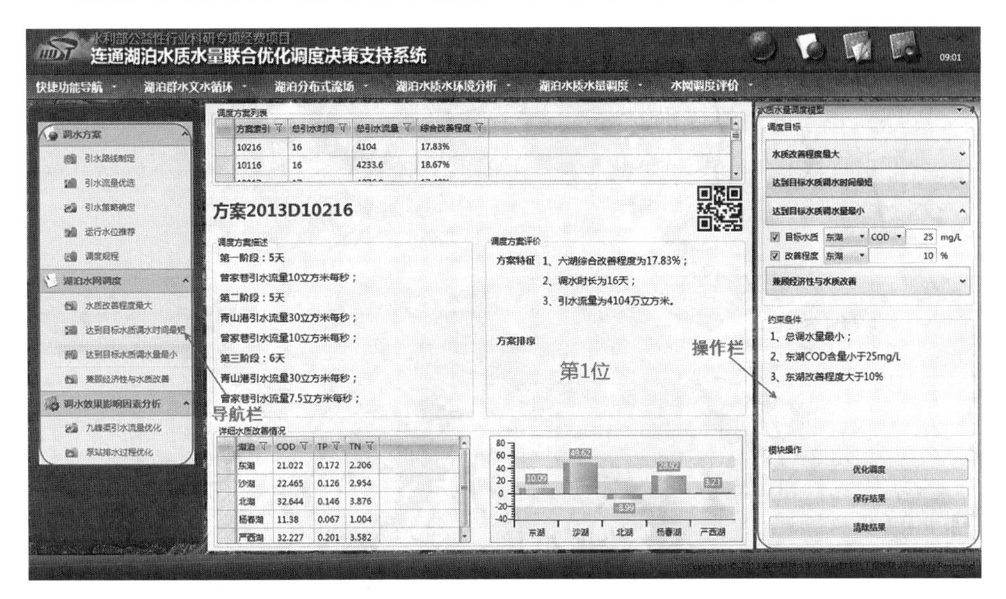

图 8-75　调度结果展示界面

4. 兼顾经济性与水质改善

兼顾经济性与水质改善的优化调度计算结果如图 8-76 所示。

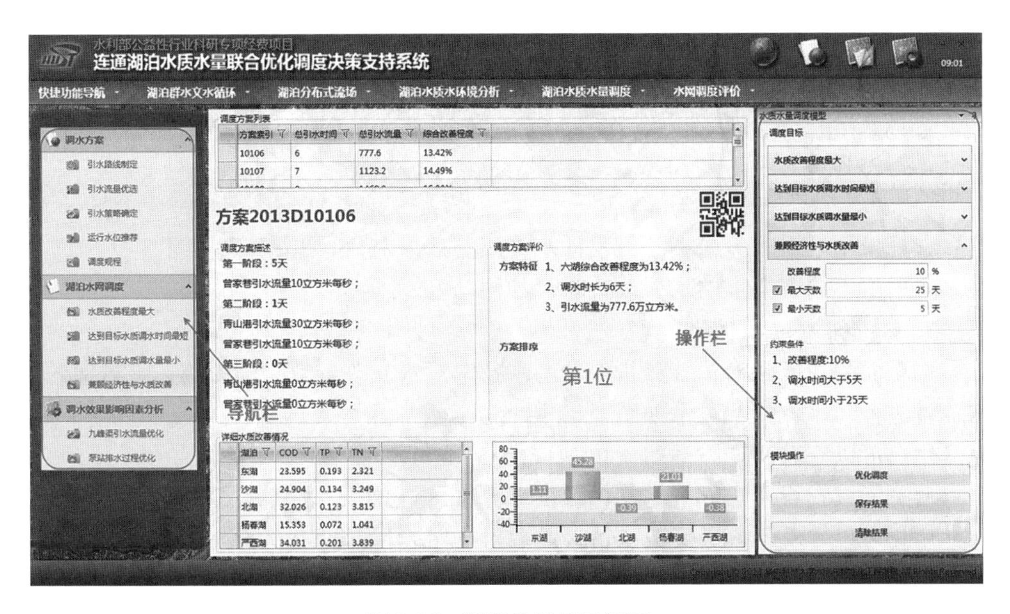

图 8-76　调度结果展示界面

8.7.5 调度效果影响分析模块

该模块的主要功能是在已有调度策略的基础上，给出并模拟有效提升水质改善效果的水网运行措施。

1. 九峰渠引水流量优化

本单元的功能是模拟并分析九峰渠不同引水流量对“大东湖”整体水质改善效果的影响。该方案各港渠过流量显示在操作栏中，如图 8-77 所示。

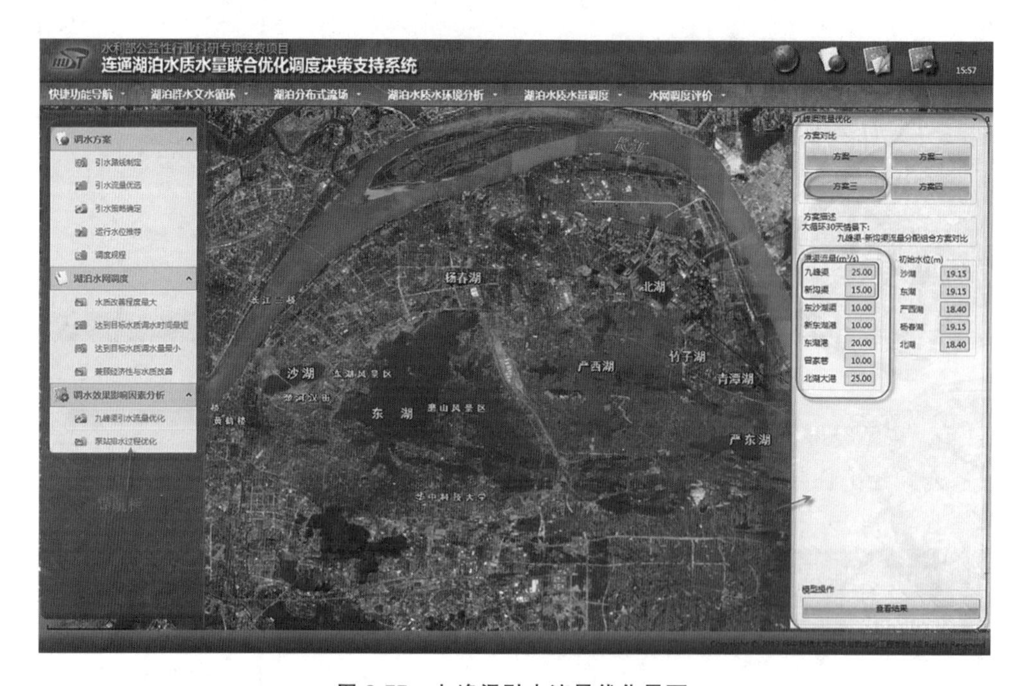

图 8-77 九峰渠引水流量优化界面

九峰渠不同引水流量下各方案的水质改善效果对比，如图 8-78 所示。

各湖泊不同方案下的水质改善效果如图 8-79 所示。

2. 泵站排水过程优化

本单元的功能是模拟并分析波动调水技术对水质改善效果的影响。该方案的排水流量过程和水位变幅显示如图 8-80 所示。

用户可以查看所选方案的流场，如图 8-81 所示。

用户可以查看所选方案的水体置换率分布图，如图 8-82 所示。

用户可以查看不同方案的水体置换率对比图表，如图 8-83 所示。

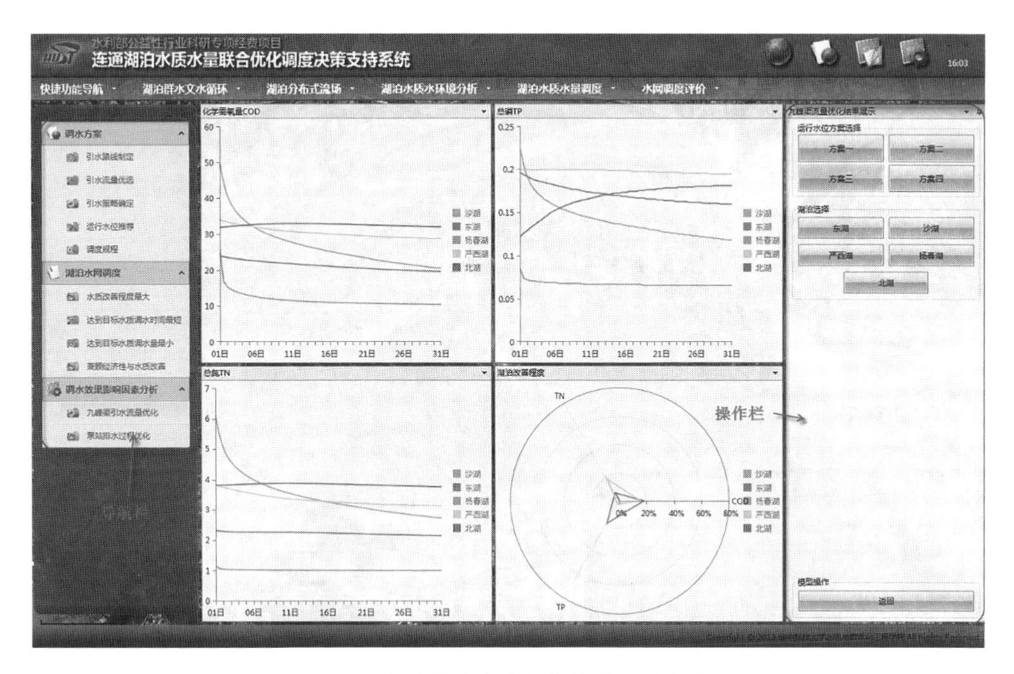

图 8-78　九峰渠引水流量优化结果对比界面

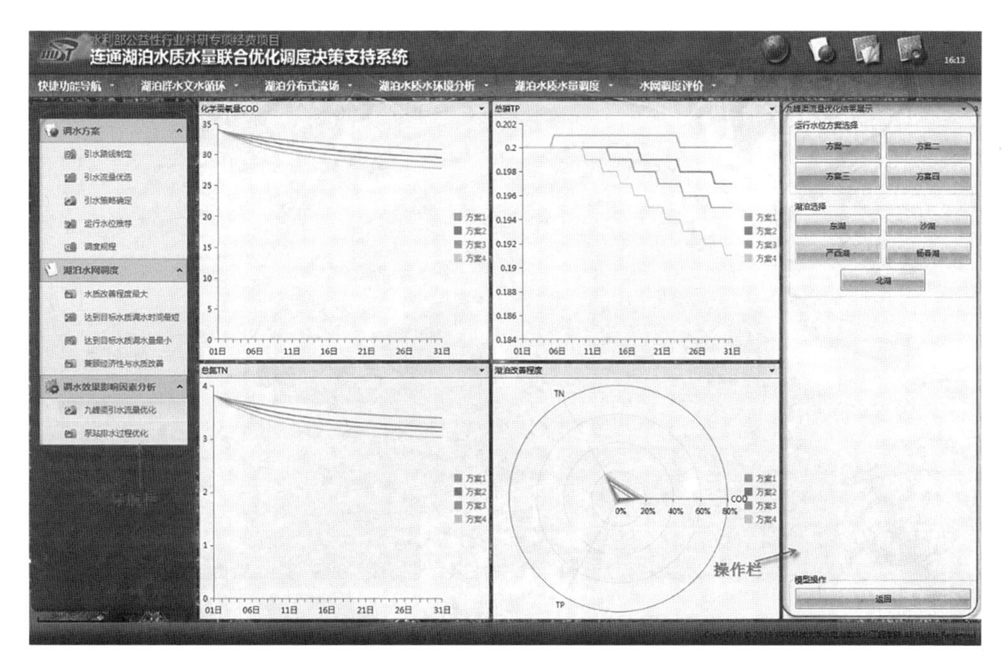

图 8-79　九峰渠引水流量优化各湖泊结果对比界面

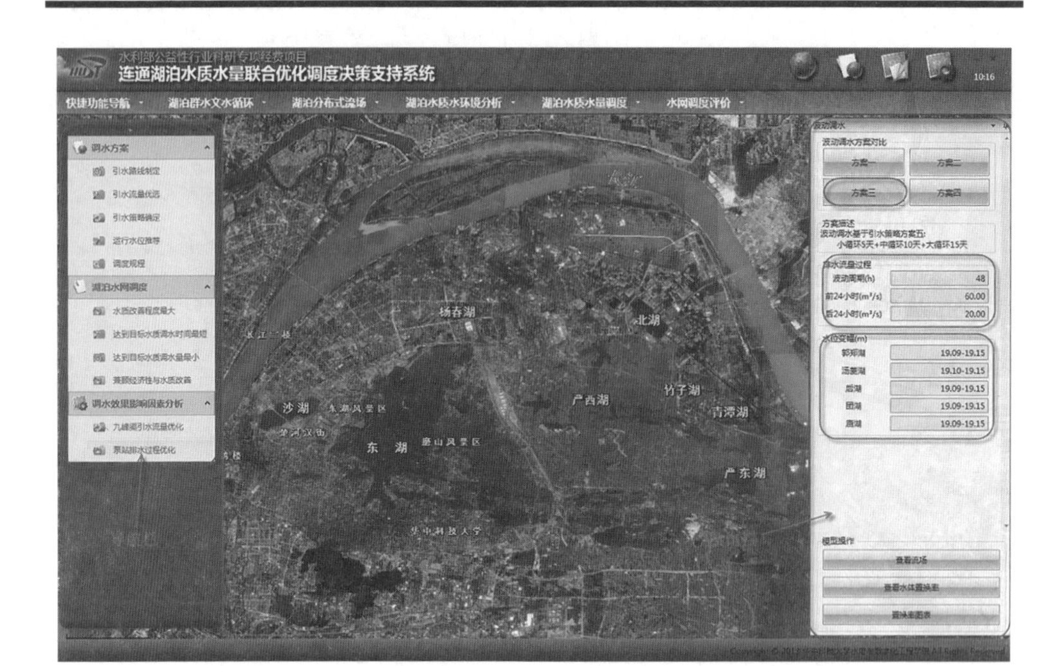

图 8-80 泵站排水过程优化界面

图 8-81 各方案流场展示界面

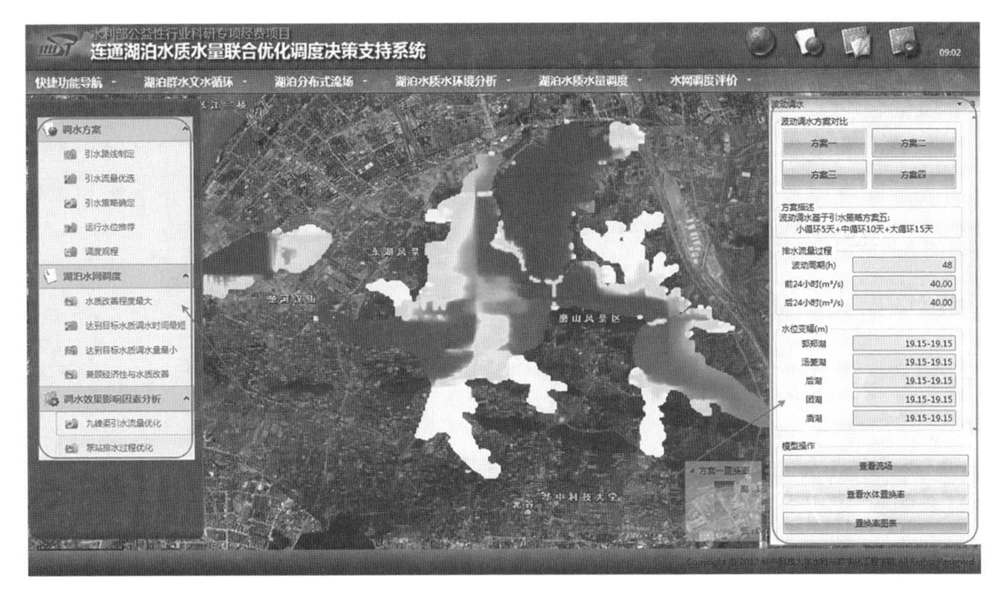

图 8-82　各方案水体置换率展示界面

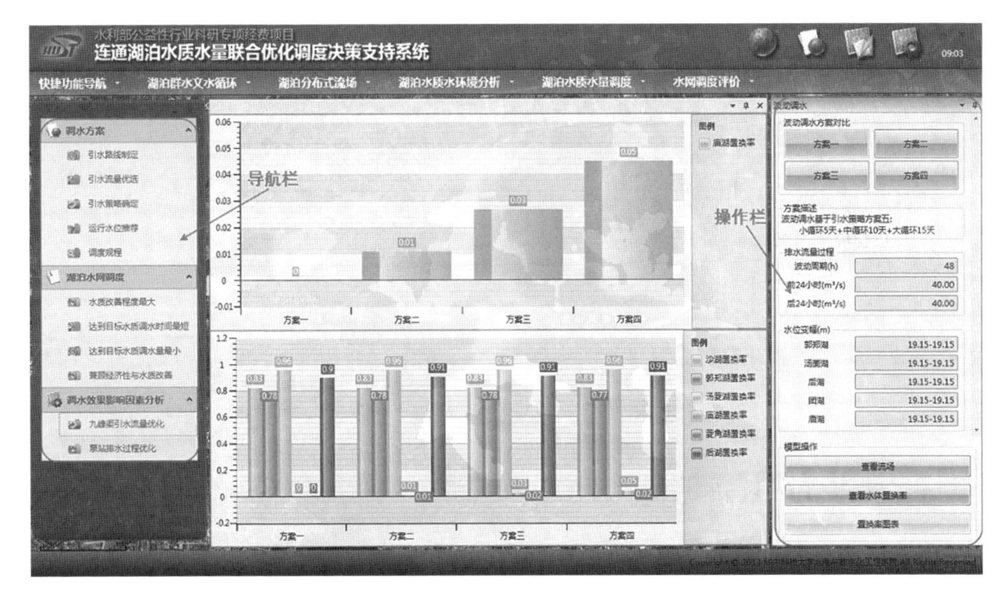

图 8-83　各方案水体置换率对比界面

8.8　水网调度评价子系统

在水质水量调度评价模块中，基于水质水量多目标调度模型的模拟结果，获取了不同引水方案集下大东湖湖区内不同参数的数值模拟结果，构建了水质水量调度综合评价指标体系。在此基础上，利用模糊聚类迭代评价模型、投影寻踪评价模型和TOPSIS模型共三种方法，面向不同调度方案模式下的水质改善效果、生态环境需水量等不同目标，对引水调度方案集进行了结果分析与决策优选。

该模块的主要功能是将联合优化调度结果进行对比分析及评价，并将对比结果以图表形式直观地反映出来，调度员可以从中选择一个方案或将多个方案作为最终的调度方案提交给上级主管部门。

8.8.1 模糊聚类迭代评价模型

用户依次点击操作栏中的“导入”按钮、“聚类中心计算”按钮、“隶属度矩阵计算”按钮及“方案优劣排序”按钮，即可得到最终的评价结果，如图 8-84 所示。

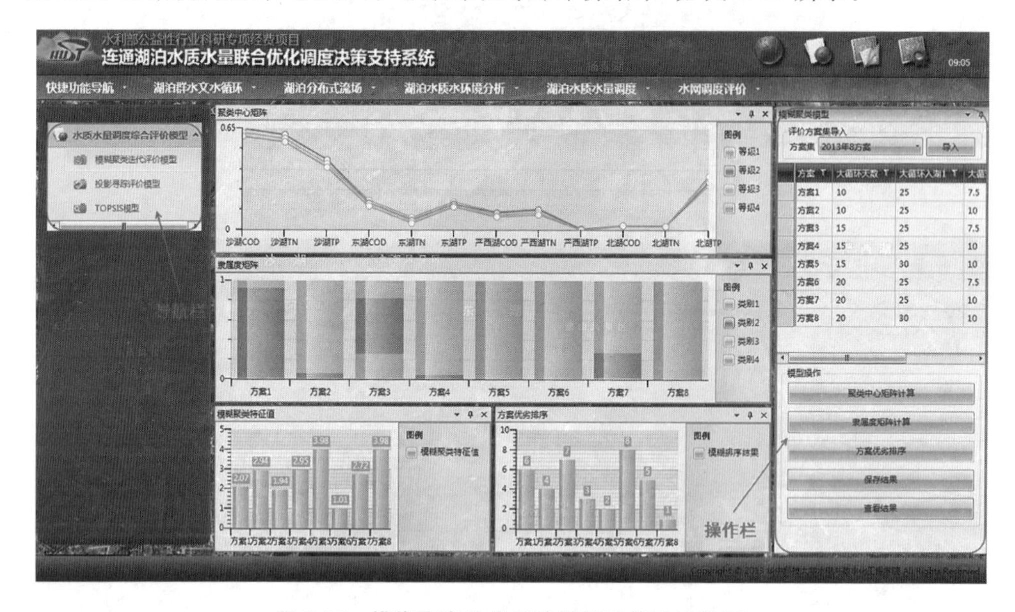

图 8-84 模糊聚类迭代评价模型计算结果界面

8.8.2 投影寻踪评价模型

用户依次点击操作栏中的“导入”按钮、“投影最优向量计算”按钮及“方案优劣排序”按钮，即可得到最终的评价结果，如图 8-85 所示。

8.8.3 TOPSIS 模型

用户依次点击操作栏中的“导入”按钮、“归一化值计算”按钮、“加权矩阵计算”按钮及“方案优劣排序”按钮，即可得到最终的评价结果，如图 8-86 所示。

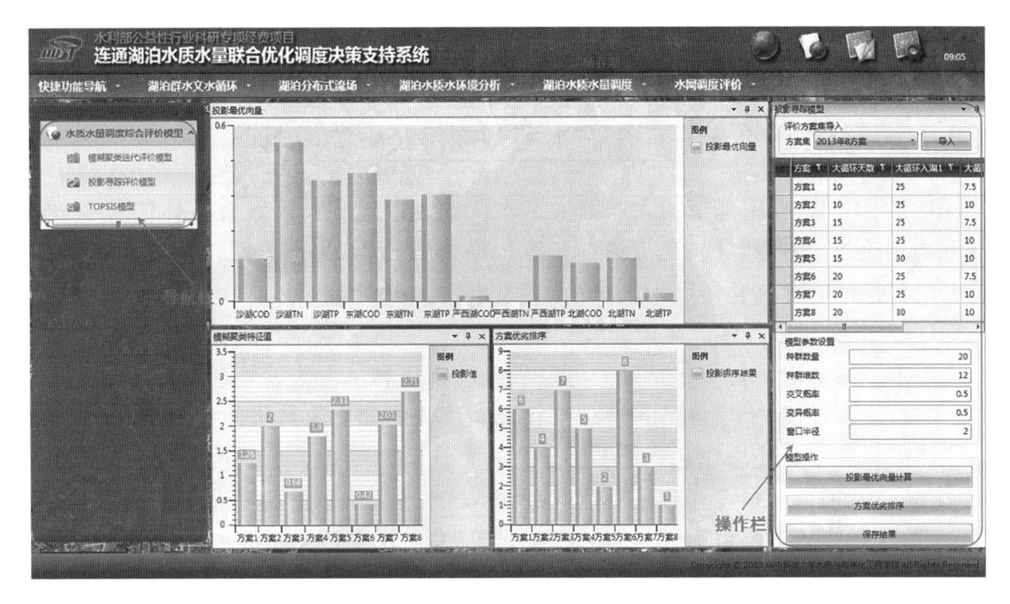

图 8-85　投影寻踪评价模型计算结果界面

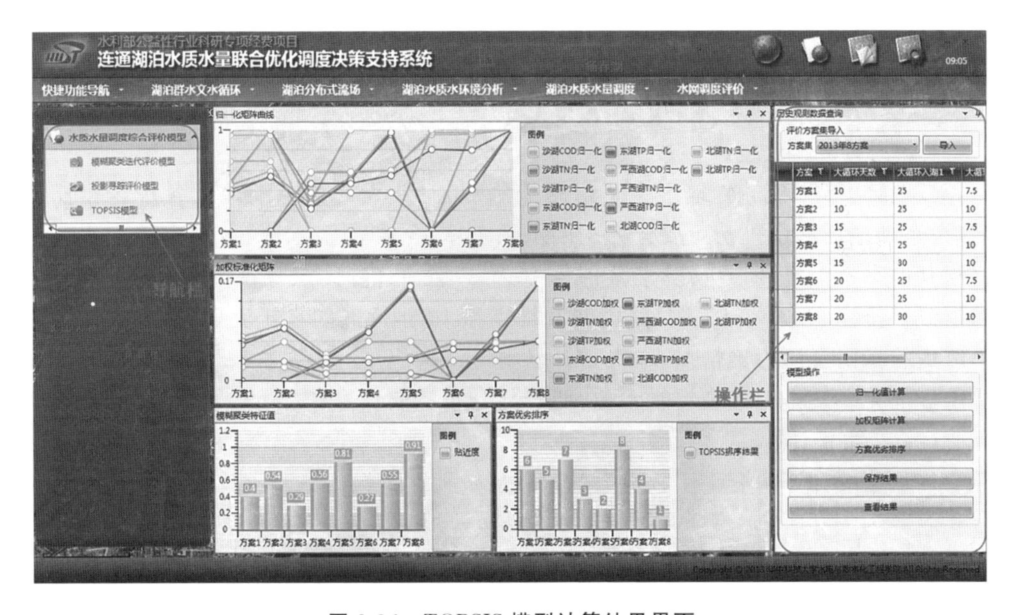

图 8-86　TOPSIS 模型计算结果界面

8.9　大东湖生态水网调度决策系统应用示范

本书深入研究了数字高程模型与数字正射影像数据处理、大规模地形建模与可视化仿真、水环境渲染与波浪模拟、三维场景动态交互等关键技术；基于开源的三维渲染引擎 OSG,综合运用"3S"技术、计算机图形技术、虚拟现实与可视化建模技术、人机交互及数据调度等技术,构建了城市湖泊三维可视化仿真系统。

8.9.1 示范系统在大东湖生态水网调度决策中的应用

基于 LCMD 理论框架的大东湖生态水网调度决策支持系统在具体工程中的应用主要包括四个方面,分别是湖泊群多源污染影响分析、生态水网调度规程制定、水质水量多目标联合优化调度辅助决策、突发水安全事件应急决策。

1. 大东湖湖泊群多源污染影响分析

湖泊流域的面源污染包括降尘、降雨、养殖投饵和水面旅游等直接入湖的面源污染和经由地表径流、土壤渗透和地下水径流间接入湖的面源污染。其中,暴雨径流是面源污染物的主要输出途径,自身也会带来大量的污染物,水量和水质时空变化极大,短时间内携带大量泥沙和污染物入湖,污染冲击极强。欧美等发达国家在 20 世纪 60 年代就开始了流域面源污染的调查,结果显示湖泊污染物有一半或者一半以上来自流域面源污染。我国从 20 世纪 80 年代开始了暴雨径流的污染监测工作,据 1988 年滇池流域监测结果,TP、TN、泥沙、氨氮的暴雨冲刷量占自然径流负荷总量的 85%~89%。因此,研究暴雨径流污染造成的水量水质时空变化的数值模拟,进而采取污染控制措施是任重而道远的。

1) 暴雨情景设计

(1) 设计暴雨。

按照《武昌"大东湖"地区生态水网控制规划》中设计大东湖地区各排区排涝标准,大东湖地区水系排涝主要分为东湖水系汇水区、沙湖汇水区、北湖直接汇水区和北湖其他水系汇水区,排涝标准分别为 10 年一遇一日降雨三日排完、30 年一遇一日降雨三日排完、20 年一遇一日降雨四日排完和 10 年一遇四日排完,为研究大东湖整个区域的暴雨径流污染情况,本次设计暴雨统一采用 20 年一遇一日暴雨(263 mm),排涝标准为一日排至最高控制水位,调蓄部分水量两日排完。

(2) 产水量计算。

产水量的计算主要采用径流系数法,计算公式如下:

$$W=1000 \cdot \alpha \cdot F \cdot I \tag{8-1}$$

式中:W 为产水量,单位为 m^3;α 为径流系数;F 表示汇水面积,单位为 km^2;I 表示设计暴雨大小,单位为 mm。

参照大东湖地区径流系数成果表(见表 8-2),径流系数取为 0.65;本次汇水区包括杨东沙湖水系和北湖水系中的严西湖和北湖,汇水面积为 299.7 km^2,总的汇水量计算结果为 51243840 m^3。

(3) 大东湖各湖泊汇流流量计算。

由于大东湖水系汇流入口具体信息不详,在不影响暴雨径流污染在湖泊中的扩散行为的基础上,研究工作根据点源污染输入口位置来设定暴雨径流汇流入湖地点,

表8-2　径流系数成果表

降雨量/mm	东湖	北湖	严西湖
0	0.25	0.23	0.21
30	0.4	0.37	0.35
50	0.45	0.42	0.4
80	0.49	0.46	0.44
120	0.54	0.51	0.49
150	0.58	0.545	0.525
180	0.62	0.58	0.56
210	0.655	0.62	0.6
240	0.69	0.655	0.635
270	0.73	0.69	0.67
300	0.77	0.73	0.71

进行数值模拟。

依据各个湖泊的汇流面积不同及入口分布情况，在设计暴雨(263 mm)情景下，求得转化为24 h均匀入流后的各湖汇流流量值，如表8-3所示。

表8-3　设计暴雨(263 mm)情景下大东湖地区各湖泊汇流量

汇流区名称	沙湖汇水	东湖汇水	严西湖汇水	北湖汇水
汇流流量/(m^3/s)	46	261.1	140	146

(4) 排水港渠流量设计。

为降低模型计算复杂度，采取三日排水流量相同的设置进行模拟。各港渠排水流量值具体见表8-4。

表8-4　设计暴雨(263 mm)情景下大东湖各湖泊排水渠道流量值

港渠名称	新沟渠	沙湖港	东沙湖渠	九峰渠	红旗渠	北湖大港
排水流量/(m^3/s)	85	15	0	0	49	100

(5) 暴雨径流污染物浓度计算。

根据武汉市城市面源污染主要污染物浓度，本次设计暴雨径流污染物浓度取其平均值，COD为85 mg/L，TP为0.4 mg/L，TN为5.5 mg/L。

2) 调度结果分析

运用项目研究团队提出的二维水动力综合水质模型进行分析。模型自身参数、初始水位、温度、风力、水流速度等初始条件如表8-5所示，水质初始条件设置见表8-6。

表 8-5　大东湖水网调度数值模型初始条件设置

参数名称	沙湖	东湖	杨春湖	严西湖	北湖	严东湖
水位/m	19.15	19.15	19.15	18.4	18.4	17.65
温度/℃	20	20	20	20	20	20
风力/(m/s)	3	3	3	3	3	3
水流速度/(m^3/s)	0	0	0	0	0	0

表 8-6　大东湖水网调度各水源水质初始条件设置

水源名称	COD/(mg/L)	TN/(mg/L)	TP/(mg/L)
长江	5.58	0.95	0.06
杨春湖	26	1.14	0.085
东湖	24	2.32	0.196
沙湖	50	6.11	0.225
严西湖	34	3.82	0.2
严东湖	15	0.76	0.022
北湖	32	3.81	0.122
点源	60	20	1

对大东湖地区暴雨径流污染事件进行实例研究，数值模拟结果见图 8-87 和图 8-88及表 8-7。

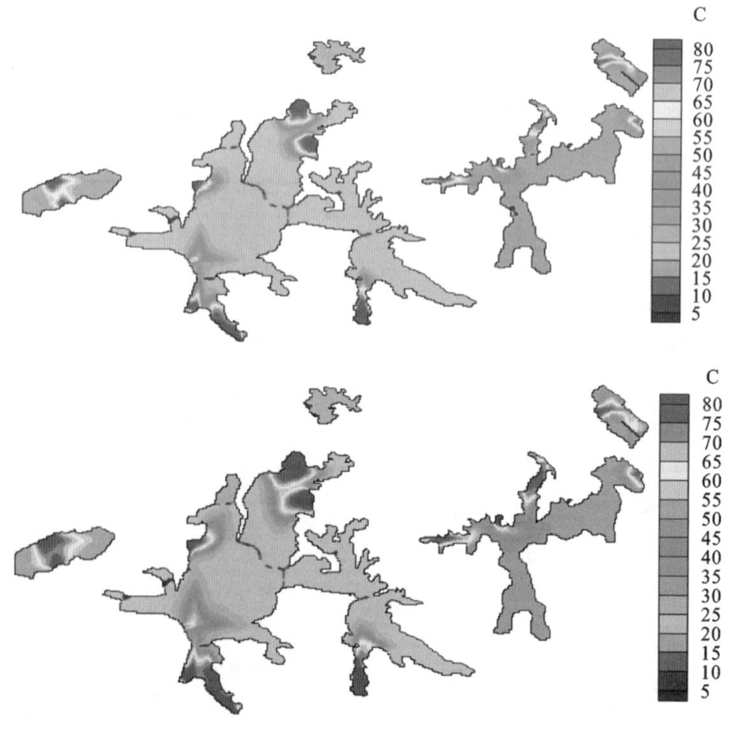

图 8-87　暴雨情景一时段湖泊内水质变化模拟结果(t=6 h、12 h、18 h 和 24 h)

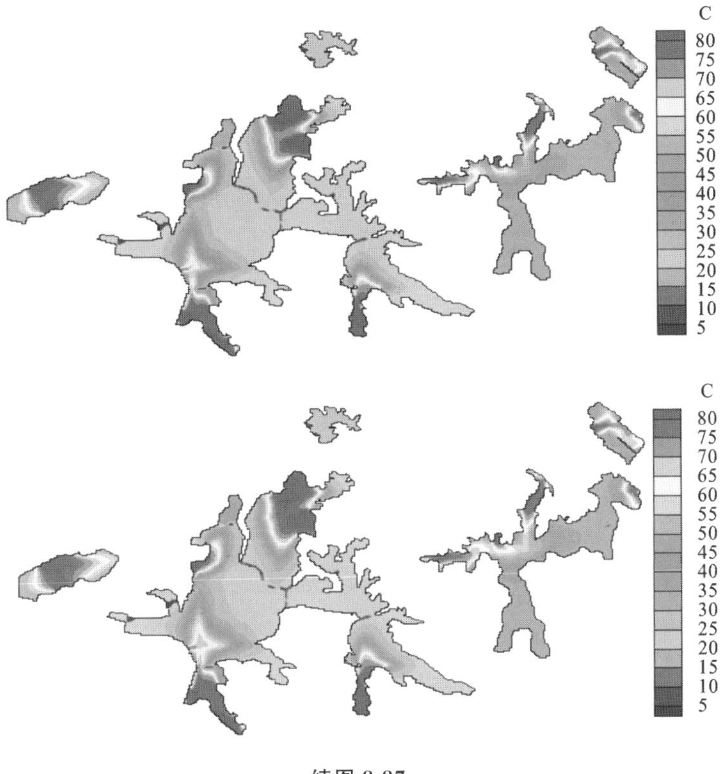

续图 8-87

图 8-88　暴雨情景二时段湖泊内水质变化模拟结果(t=36 h、48 h、60 h 和 72 h)

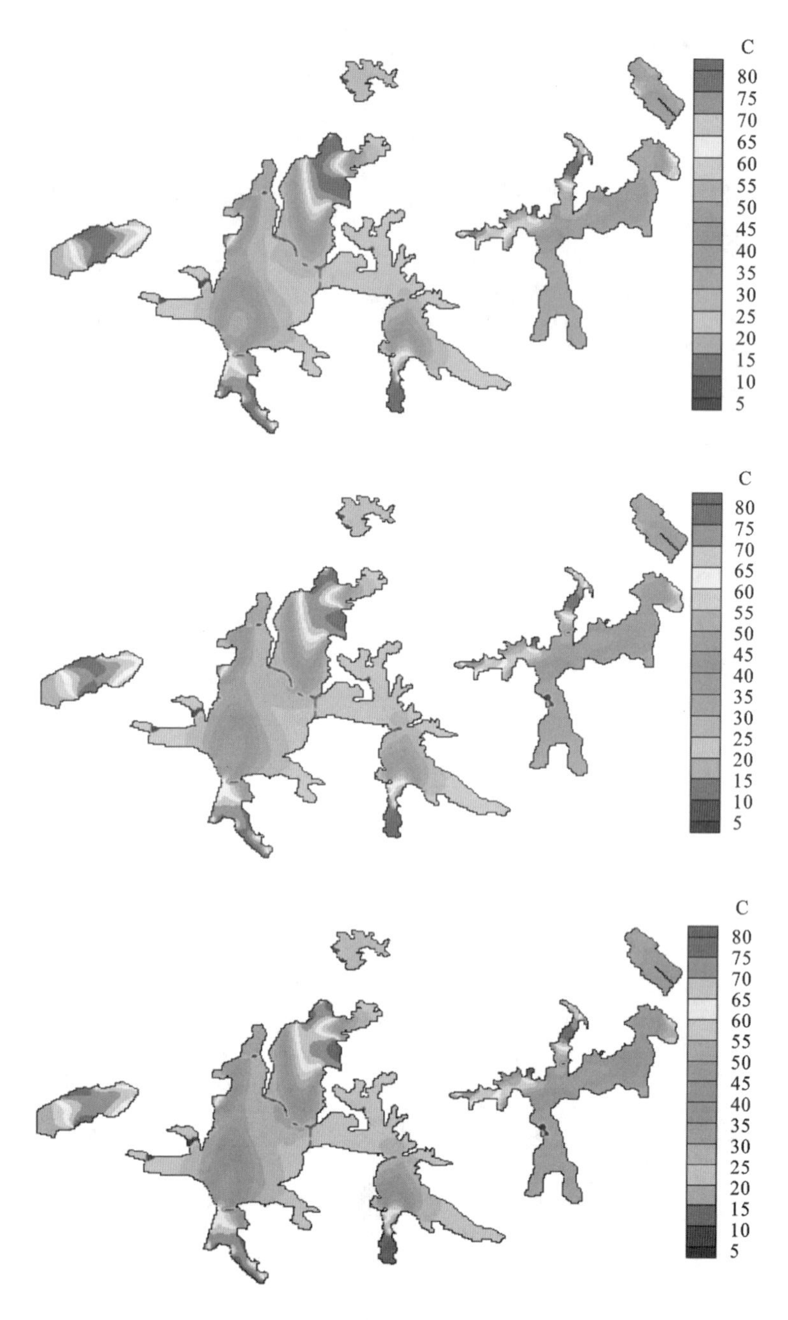
C
80
75
70
65
60
55
50
45
40
35
30
25
20
15
10
5
C
80
75
70
65
60
55
50
45
40
35
30
25
20
15
10
5
C
80
75
70
65
60
55
50
45
40
35
30
25
20
15
10
5

续图 8-88

表 8-7　暴雨影响下湖泊内三种水质指标总体上升统计

湖泊名称	COD/(mg/L)		TN/(mg/L)		TP/(mg/L)	
	一时段末	二时段末	一时段末	二时段末	一时段末	二时段末
沙湖	68.538	66.10	5.789	5.858	0.318	0.307
东湖	38.085	35.814	3.053	2.946	0.243	0.236
杨春湖	26	26	1.14	1.14	0.085	0.085
严西湖	45.042	44.09	4.183	4.168	0.243	0.240
北湖	54.415	42.650	4.520	4.152	0.245	0.203

①由图 8-87 所示的暴雨情景一时段湖泊水质数值模拟结果，可以非常直观地看出，随着暴雨汇流入湖，由暴雨径流带来的污染物数量多、时间短、冲击大。汇流入口处的红色高浓度污染区域 COD 浓度高达 85 mg/L，其面积不断变大，并且扩散缓慢，与湖泊本底污染情形形成明显界限。

②由图 8-88 所示的暴雨情景二时段湖泊水质数值模拟结果可以看出，红色高浓度污染区域的颜色随着时间逐渐变淡，这是由于一时段降雨已经结束，二时段暴雨径流无污染物入湖，随着扩散作用，绝大部分汇入湖泊的污染物均逐渐扩散到湖泊的其他区域，形成整体污染，具体污染情况见表 8-7 中的统计。

③暴雨径流带来的湖泊面源污染由表 8-7 中数据清晰呈现，由于暴雨径流冲刷带来的污染，在暴雨排涝结束后，湖泊内的 COD 浓度均在 40 mg/L 以上，TN 浓度大于 2.0 mg/L，TP 浓度大于 0.2 mg/L（因暴雨径流汇入口概化，杨春湖无暴雨径流输入，不符合实际，所以此时分析不包括杨春湖），根据《地表水环境质量标准》(GB 3838—2002)知，此时湖泊水体水质已降为劣 V 类，属重富营养性。

④观察图 8-87 和图 8-88，暴雨带来的污染汇集在两个时段均有一个突出的现象，个别区域的水体污染很难扩散出去，即便暴雨停止时浓度依然居高不下，高浓度面积几乎不变，因此视这些区域成为死水区，比较明显的如东湖的庙湖、喻家湖和北湖的北部地形狭窄区域，因地理原因，湖流运动缓慢，其污染状况往往更难治理。

综合以上四种暴雨径流带来的水质污染模拟结果分析，由暴雨径流带来的污染需要慎重对待，本次模拟可以直观地给出暴雨径流带来的水质污染影响程度和影响范围的扩散变化，结合大东湖生态水网构建、引江济湖调水工程的实施，建议此级别暴雨径流污染后开启引江济湖调水工程来改善湖泊水质。

2. 大东湖生态水网调度规程制定

示范系统分别针对不同引水路线、引水流量、引水策略及运行水位方案进行数值模拟，结合可研报告中的相关论述，制定了大东湖水网调度规程，具体如下。

1) 调度目标

合理利用雨水资源，结合区域降雨、湖泊的调蓄功能、外江水位和水质情况，制定科学的运用规程，合理安排调水时间、线路和调水量，提高调水工程的综合效益。

2）基本调度原则

①引水服从防洪和排涝安全；

②优先利用洁净雨水资源；

③满足港渠水位和流动性要求；

④满足湖泊生态景观水位要求；

⑤满足水上交通要求。

3）水网连通原则

在满足防洪排涝要求的前提下，尽可能自流引水，以便江湖生态互通，形成生态通廊，同时减少能耗，节约资源。

4）引水方式

引水方式应以闸引为主，泵引为辅。

5）连通方案

以青山港进水闸和曾家巷进水闸为进水口。主流方向为西进东出：

①长江→青山港进水闸→青山港→东湖港→东湖→九峰渠→严西湖→北湖→北湖大港→北湖泵站→长江；

②长江→曾家巷进水闸→沙湖→东沙湖渠→东湖→九峰渠→严西湖→北湖→北湖大港→北湖泵站→长江。

6）引水策略

①为尽量减少湖泊间污染物的迁移，在实施大东湖引水调度之前，先期改善沙湖水质。引水路线为：长江→曾家巷进水闸→沙湖→沙湖港→罗家港→长江。

②为避免东湖内区间污染物的迁移，在引水过程中采取分步实施引水调度方案。引水初期不向严西湖调水，先实施东湖引水调度，待东湖水质接近或优于严西湖时，再向严西湖进行调水。

7）引水流量分配

引水流量小于 10 m^3/s 时，优先保证沙湖、水果湖、筲箕湖一带的生态需水；当引水流量介于 10～20 m^3/s 时，新沟渠控制流量为 10 m^3/s，剩余流量经九峰渠汇入北湖水系；当引水流量介于 20～40 m^3/s 时，新沟渠、九峰渠各按 50%分配；严西湖、北湖污染严重时，加大九峰渠流量至设计流量 30 m^3/s。

8）运行水位

湖泊水位调度按照有利于排涝、生态和景观的需求为原则。汛初，各湖泊水位回落至常水位，以备调蓄雨水，保证湖泊水位不超过最高控制水位；汛末，湖泊水位可逐步调蓄至最高控制水位。引水调度期间先排后引再蓄：

①排（或引）水至常水位；

②引、排流量保持一致，持续运行。沙湖水位 19.15 m，东湖水位 19.15 m，杨春湖水位 19.15 m，严西湖水位 18.40 m，北湖水位 18.40 m；

③调度目标达到后，只进不出，引水至目标水位。

9）引水起始条件

当曾家巷外江水位达到 19.32 m，青山港外江水位达到 19.27 m，且湖泊水质需要改善时，即可开闸引水。

10）引水停止条件

大东湖引水应服从于长江防洪和内部排涝的需求，当武汉关水位超警戒水位 25.21 m 时停止引水；东湖水位可能超过控制最高水位 19.65 m 时停止引水；日降水量达到 25 mm 时停止引水，以减轻排涝压力，降低泵站运行成本。

11）排涝

东湖水位超过正常水位后，向新沟渠和九峰渠分流，同时开启罗家路泵站排水，泵站排水流量为沙湖渠、新沟渠分配流量与日常排水量之后。严西湖水位超过正常水位后，向红旗渠和西竹港分流；北湖、青潭湖水位超过正常水位后，退水入北湖大港，开启北湖泵站排水，泵站排水流量为北湖大港退水流量与日常排水量之和。

泵站提引期间，涵闸可自排出江，涵闸排水按湖泊水位要求调度。

3. 湖泊群水质水量多目标联合优化调度辅助决策

示范系统以水力学、水文学和环境水力学为支撑，以受水区水质综合改善程度最大、引水量最小、工程运行费用最小等为目标，以各闸泵站的提水、排水流量等为决策变量，综合考虑江湖水网水量平衡、湖网各分区水质指标要求、关键控制点水位限制、主要输水通道过水能力、调水经济成本等复杂约束条件，建立江湖水量调度和水质调度耦合的多目标联合优化调度模型。

1）以水质改善程度最大为目标

以大东湖水网湖泊群为对象，以 30 天为调度期，寻求湖泊水质改善结果最好的引调水方案。调水前 5 天固定为小循环阶段，曾家巷引水 10 m^3/s，因此初始沙湖水质为小循环改善后的水质。经过计算得到改善程度最大的方案为：中循环 5 天，曾家巷引水 10 m^3/s，青山港引水 30 m^3/s；大循环引水 20 天，曾家巷引水 10 m^3/s，青山港引水 30 m^3/s。为了验证结果的合理性，选择以下两种方案与其进行对比。

方案一：小循环 5 天＋大循环 25 天，曾家巷引水 10 m^3/s，青山港引水 30 m^3/s。

方案二：小循环 5 天＋中循环 10 天＋大循环 15 天，曾家巷引水 10 m^3/s，青山港引水 30 m^3/s。

优化方案与对比方案的结果如表 8-8 所示，可以看出计算所得方案优于其他两种方案，水质综合改善程度最优。综上所述，湖泊中污染物因特性不同，其扩散系数不同，整体调水过程水质指标改变的趋势可能不同，很难通过定性考虑得到最优引水方案，而湖泊单目标水质水量优化模型在通过数值模拟建立水质水量关系的基础上，采用高效智能优化算法进行求解，可以得到改善湖泊水环境的最优引调水方案，对于湖泊水生态修复、生态水网的构建具有重大意义。

表 8-8 各方案湖泊改善效果统计表(单位:%)

方案名称	沙湖	东湖	杨春湖	严西湖	北湖	综合
方案一	52.58	19.26	31.09	7.96	−21.21	21.09
方案二	52.76	19.25	31.09	6.12	−17.90	21.28
优化方案	58.54	15.44	30.47	7.94	−15.69	21.92

2) 达到目标水质用时最短

设置东湖目标 COD 浓度为 20 mg/L,采用上述模型进行计算。计算结果为:小循环 5 天,曾家巷引水 10 m^3/s;中循环 5 天,曾家巷引水 10 m^3/s,青山港引水 30 m^3/s;大循环 14 天,曾家巷引水 10 m^3/s,青山港引水 30 m^3/s。该方案共调水 24 天,引水 6998.4×10^4 m^3,综合改善程度为 20.7%。调度结束后各湖泊污染物浓度如表 8-9 所示,东湖 COD 浓度满足目标水质要求。

表 8-9 湖泊各污染物浓度统计表(单位:mg/L)

污染物名称	沙湖	东湖	杨春湖	严西湖	北湖
COD	18.793	19.921	10.816	30.73	32.928
TN	2.527	2.161	0.999	3.379	3.911
TP	0.112	0.164	0.066	0.2	0.16

3) 达到目标水质引水量最小

设置东湖目标 COD 浓度为 22 mg/L,采用上述模型进行计算。计算结果为:小循环 5 天,曾家巷引水 10 m^3/s;中循环 5 天,曾家巷引水 5 m^3/s,青山港引水 30 m^3/s;大循环 1 天,曾家巷引水 5 m^3/s,青山港引水 30 m^3/s。该方案共调水 11 天,引水 2246.4×10^4 m^3,综合改善程度为 15.09%。调度结束后各湖泊污染物浓度如表8-10 所示,东湖 COD 浓度满足目标水质要求。

表 8-10 湖泊各污染物浓度统计表(单位:mg/L)

污染物名称	沙湖	东湖	杨春湖	严西湖	北湖
COD	26.606	22	12.27	33.604	32.167
TN	3.457	2.224	1.012	3.78	3.829
TP	0.141	0.181	0.068	0.201	0.128

4) 兼顾调水经济成本的大东湖多目标水质水量调度

调度时间设置为 20～30 天,多目标计算结果如表 8-11 所示,非劣方案集及非劣集如图 8-89 所示。

表 8-11　多目标非劣方案集结果表

方案序号	综合改善/(%)	经济成本/万元	大循环天数/d	大曾流量/(m^3/s)	大青流量/(m^3/s)	中循环天数/d	中曾流量/(m^3/s)	中青流量/(m^3/s)
1	16.79	140.40	3	20	5	15	30	5
2	20.05	143.64	3	20	10	15	20	10
3	20.22	150.12	4	20	10	15	20	10
4	20.38	156.60	5	20	10	15	20	10
5	20.57	163.08	6	20	10	15	20	10
6	20.79	169.56	7	20	10	15	20	10
7	21.17	192.24	16	30	10	5	30	10
8	21.33	200.88	17	30	10	5	30	10
9	21.59	209.52	18	30	10	5	30	10
10	21.70	218.16	19	30	10	5	30	10

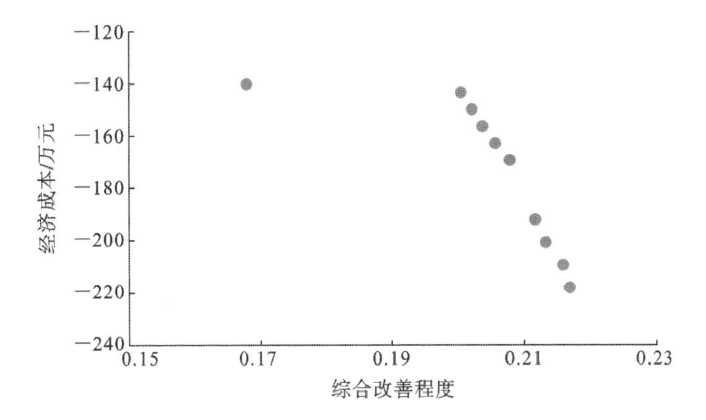

图 8-89　多目标非劣集分布图

其中通过方案 1 进行引水调度污染物浓度的结果如表 8-12 所示，通过方案 10 进行引水调度的结果如表 8-13 所示。而基于 MOSPSO 的湖泊群标水质水量调度可以同时考虑多个目标，一次求解即可得到分布均匀、分布范围广的非劣方案集，求解效率较高，具有较大的理论与应用价值。

表 8-12　方案 1 湖泊各污染物浓度统计表(单位:mg/L)

污染物名称	沙湖	东湖	杨春湖	严西湖	北湖
COD	24.735	21.07	10.862	32.996	32.409
TN	3.233	2.222	0.999	3.7	3.857
TP	0.135	0.174	0.066	0.202	0.137

表 8-13 方案 10 湖泊各污染物浓度统计表(单位:mg/L)

污染物名称	沙湖	东湖	杨春湖	严西湖	北湖
COD	17.759	19.501	10.631	30.125	32.896
TN	2.408	2.14	0.997	3.305	3.909
TP	0.109	0.161	0.066	0.199	0.164

4. 大东湖湖泊群突发水安全事件应急决策

突发性点源污染事故是指因为某种不确定性因素导致的某种污染物短时间大量排入水体造成的水体污染事件,不仅对自然湖泊生态系统及湖岸河滩、湿地具有很大程度的危害,而且对城市工农业取用水、湖泊景观功能和鱼类养殖安全等造成严重影响,处理不当的话将会造成长期的恶劣影响。虽然突发性点源污染事件的性质决定其无法完全避免,但是其危害程度却受污染物性质和湖泊水环境条件影响,并与人们采取应急措施的速度相关。

由于受多种因素影响,武汉大东湖城市湖泊群与长江已失去自然联系,湖泊的流场速度主要受风力影响,湖流速度缓慢,因此,封闭型湖泊水体的突发性点源污染事故的危害大小很大程度上是受相关部门是否能够采取有效应对措施影响,找出影响范围与扩散时间的关系对制定有效措施来说非常重要。

1) 模型设置

采用水动力综合水质模型,针对大东湖水系湖泊群湖流运行特点,主要考虑风应力作用下的湖流输移作用,模型主要参数设置如下。

位置设置:假设污染物位于东湖某处($x=536125$,$y=3381975$)。

初始浓度:假设该污染物只有单一污染因子,浓度为 50 mg/L。

污染面积:设计初始污染区域以前面污染物发生位置点为中心,面积为 50 m×50 m。

风力:湖泊驱动力为风应力,以武汉市常年盛行风取值,与正东方向夹角为 91°的东南风,风速为 3 m/s,并假设风力拖曳系数 0.0013。

温度:假设突发性点源污染发生在常温 $T=20$ ℃,为降低模型复杂度,不考虑模拟时段内的温度变化。

空气密度:按照一般情况下 20 ℃时的空气密度值,取 1.205 kg/m^3。

扩散系数:本次模拟选择 $D_x=D_y=1\ m^2/s$。

2) 数值模拟结果分析

采取上述模型设置对东湖某处发生的突发性点源污染事故进行了 22 h 的水质模拟,图 8-90 描述了 $t=1$ h、2 h、5 h、10 h、15 h、22 h 的模拟结果。由模拟结果可以清晰看出污染物的扩散过程中湖泊水质的变化情况和污染范围随时间的变化。

从水质影响来说,污染物随着时间的推移,慢慢影响到湖泊的水质变化,初始污染区为红色区域,即水质最差,后期以此为中心向外荡漾开去。

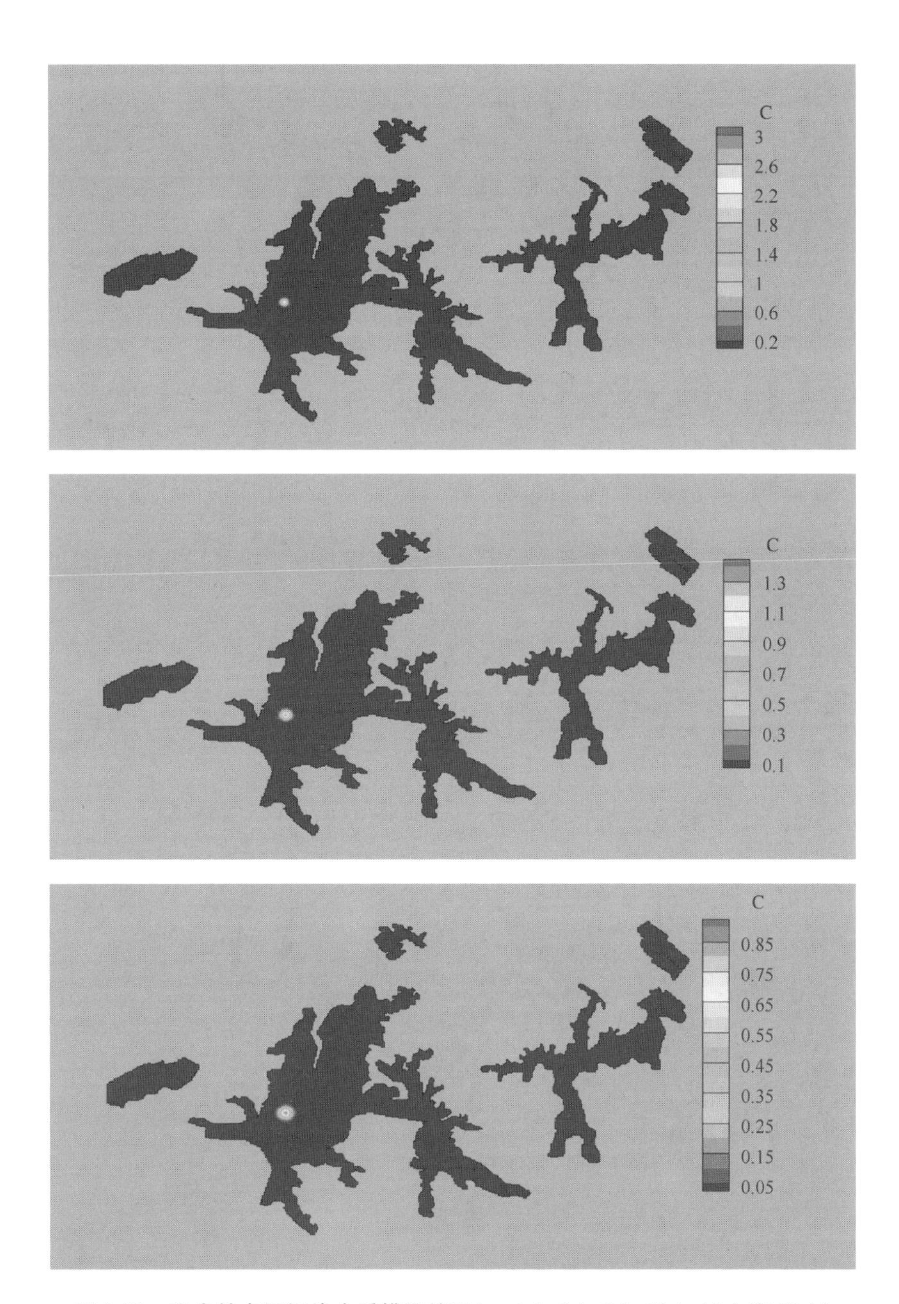

图 8-90　突发性点源污染水质模拟结果(t=1 h、2 h、5 h、10 h、15 h 和 22 h)

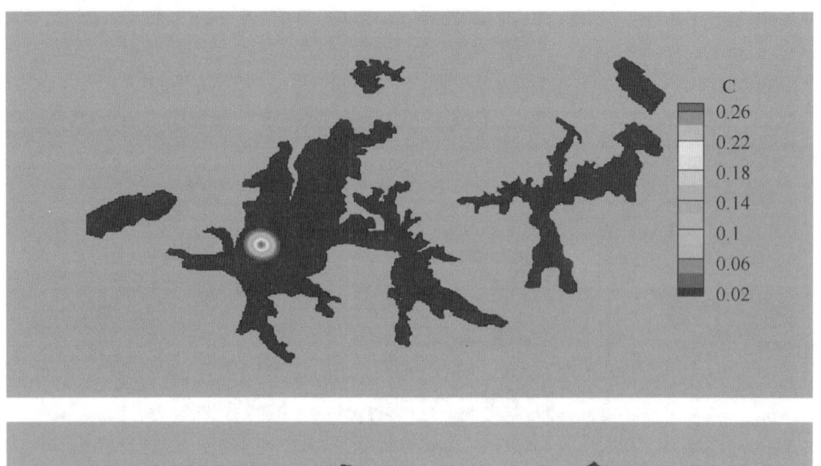

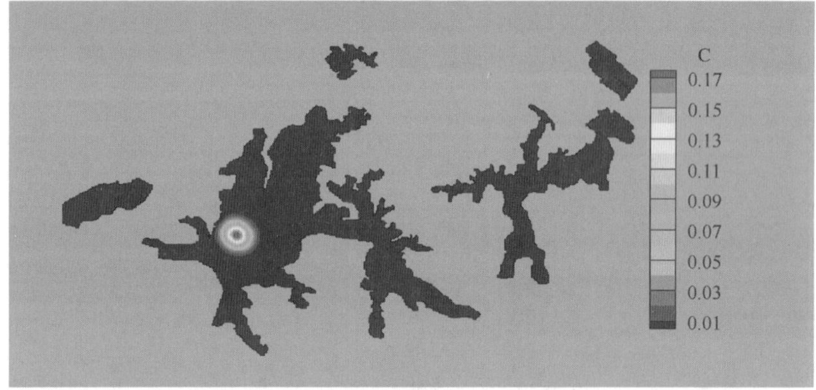

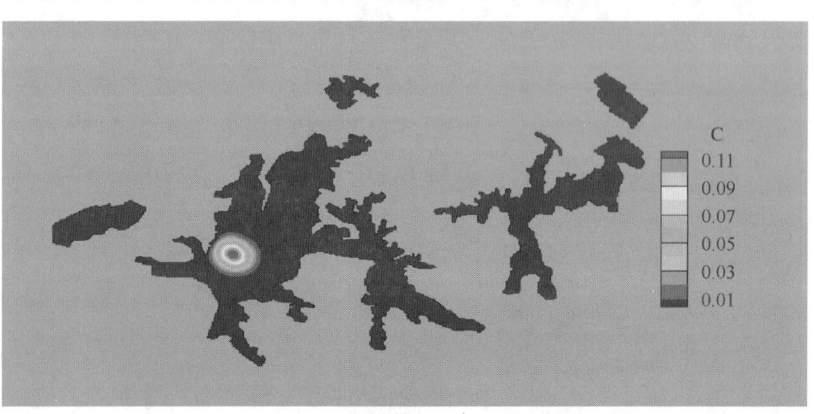

续图 8-90

从污染范围来看，表 8-14 给出了污染面积随时间扩散的数据统计结果，前期污染区域面积较小，扩散的速度相对缓慢，而后期随着污染区域面积变大，污染范围变大的速度也不断提高，在 15 h 时污染物的水质影响范围已达到东湖的湖岸，水质污染面积达 1766250 m^2。

表8-14　突发性点源污染面积随时间扩散数值统计

污染时间/h	1	2	5	10	15	22
扩散面积/m^2	158962	282600	635850	1130400	1766250	2009600

由模拟结果定量分析了湖泊突发性点源污染事件的扩散行为，分析结果显示，若发生类似事故，相关单位必须及时采取治理措施方可降低灾害程度，本次模拟结果可为制订应急计划提供较准确的数据支持，更是为类似城市浅水型湖泊发生类似问题时的实例研究提供了一种有效途径。

8.9.2　项目取得的重大工程应用成果

针对城市湖泊水环境改善、水体污染物控制、饮用水安全保障、生态系统修复与持续改善的科学和技术需求，本书在湖泊水文水循环分析、分布式流场模拟、多源污染物输移机理、连通湖泊水质水量多目标联合优化调度、引水调度生态风险评估方法及大东湖生态水网调度应用示范系统集成关键技术等若干研究方向实现了理论探索、技术攻关、系统开发的集成创新。理论层面研究了大东湖复杂水系空间背景场中非线性水文水环境动力学机理、水体污染物分布迁移规律、生态水网多约束多目标优化调度决策及方案评价的理论与方法；技术层面解决了基于3S技术的多源污染扩散过程模拟、多目标多属性全局优化方案生成及风险决策、基于LCMD方法的分布式高级应用示范系统集成关键技术等难题；应用层面实现了面向大东湖“六湖连通”生态水网工程调度决策需求的典型工况模拟与优化方案精细化仿真。研究成果为在我国全面推广基于“数字湖泊”的大型湖泊群水网调度提供了理论依据和技术规范。

参考文献

[1] 胡东波，模型驱动的决策支持系统研究[D]. 长沙：中南大学，2009.
[2] 陈晓红，徐选华. 决策应用软件开发平台 SmartDecisio 研制[J]. 管理学报，2006，3(3)：253-257.
[3] 童明生. MIS系统开发模型及其方法[J]. 计算机工程与应用，1996，32(5)：70-73.
[4] 李欣苗. 决策支持系统[M]. 北京：清华大学出版社，2012.
[5] Liu Y，Zhou J Z，Song L X，et al. Efficient GIS-based model-driven method for flood risk management and its application in central China[J]. Natural Hazards and Earth System Sciences Discussions，2013(1)：1535-1577.
[6] McKinney D C，Cai X. Linking GIS and water resources management models：an objectoriented method[J]. Environmental Modelling & Software，2002(17)：413-425.

[7] 刘宁,王建华,赵建世.现代水资源系统解析与决策方法研究[M].北京:科学出版社,2010.

[8] Abiteboul S,Buneman P,Suciu D. Data on the Web: from relations to semistructured data and XML[M]. Morgan Kaufmann Pub,2000.

[9] Schäfer E,Becker J D,Boehmer A,et al. DB-Prism: Integrated data warehouses and knowledge networks for bank controlling[C]. Proceedings of the international conference on very large data bases,2000:715-718.

[10] Schwinn A,Schelp J. Data integration patterns[J]. Business Information Systems,Colorado Springs,2003:232-238.

[11] Anokhin P,Motro A. Data integration: Inconsistency detection and resolution based on source properties[C]. Proceedings of FMII-01, International Workshop on Foundations of Models for Information Integration, 2001.

[12] Rahm E,Do H H. Data cleaning: Problems and current approaches[J]. IEEE Data Engineering Bulletin, 2000, 23(4): 3-13.

[13] Schallehn E,Sattler K U,Saake G. Efficient similarity-based operations for data integration[J]. Data & Knowledge Engineering,2004,48(3):361-387.

[14] 邵荃.突发事件应急平台模型库中模型链构建方法的研究[D].北京:清华大学,2009.

[15] Hu J, Khalil I, Han S, et al. Seamless integration of depend ability and security concepts in SOA: A feedback control system based framework and taxonomy[J]. J. Netw. Comput. Appl., 2011,34(4): 1150-1159.

[16] Power D J,Sharda R. Model-driven decision support systems: Concepts and research directions[J]. Decision Support Systems,2007,43(3):1044-1061.

[17] Quesenbery W. The five dimensions of usability[J]. Content and complexity: Information design in technical communication,2003:75-93.

[18] 刘立娜.虚拟城市建设中建模及可视化的研究与实践[D].郑州:解放军信息工程大学,2005.

[19] Emmanuel P. Baltsavias. Digital ortho-images — a powerful tool for the extraction of spatial and geo-information[J]. ISPRS Journal of Photogrammetry and Remote Sensing, 1996, 51(2): 63-77.

[20] 张彩仙,宁小琴.浅析数字正射影像图的生成[J].三晋测绘,2004,11(1):25-30.

[21] 张尚弘,张超,郑钧,等.基于 Terra Vista 的流域地形三维建模方法[J].水力发电学报,2006,25(3):36-39.

[22] 刘颖.Speedtree 与 OSG 模型转换插件的研究与实现[D].北京:北京林业大学,2012.